소방시설관리사 2차시험 길잡이

포인트 소방시설관리사

권 순 택 著

소방기술사
소방시설관리사

소 방 시 설 의
점검실무행정

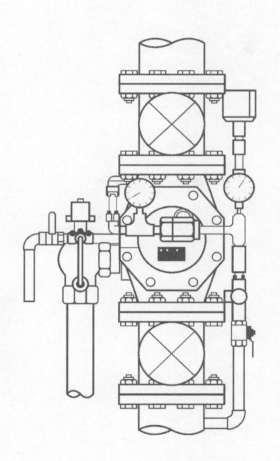

예문사

머리말

　현대의 건축물은 날로 초고층화, 지하화, 복잡다양화, 인텔리전트화되어 가고 있는 가운데, 인간사회의 문화적 욕구가 어느 정도 충족되어감에 따라, 이제는 안전에 대한 욕구가 갈수록 더욱 중요시되고 있습니다.

　이에 따라 정부의 인명안전과 방재관리에 대한 정책도 강화되고 있으며, 앞으로 소방시설 점검대상의 확대로 소방시설관리사의 수요가 더욱 증가할 것으로 예상됩니다.

　이 책은 소방시설관리사 2차시험 수험서로서 소방시설의 구조원리 등 기초 상세사항에 대하여는 수험생들이 이미 기사과정 및 관리사 1차시험 준비과정에서 충분히 다루었을 것으로 헤아려, 여기서는 2차시험 관련 중요내용 위주로 정리하였으므로 수험생이 단기간에 보다 효과적인 학습능률을 올릴 수 있을 것으로 봅니다.

　저자는 건축 실무현장에서 다년간 쌓은 소방방재시설의 설계·감리·시공·점검기술의 실무경력과 또 소방설비기사(기계·전기), 소방시설관리사, 소방기술사 등의 자격시험 공부와 소방기술학원 강의를 다년간 하면서 축적한 Know-How를 토대로, 수험생의 공부기간을 최대한 단축할 수 있도록 내용을 엄선하여 다음과 같이 구성하였습니다.

[이 책의 구성 및 특징]

1. 실제 시험문제와 관련되고 향후 출제 가능성이 있는 내용만을 선별하여 요점위주로 수록함으로써 수험생이 단기간에도 높은 학습효과를 올릴 수 있도록 엮었다.
2. 근래 소방시설에 적용되고 있는 신기술 제품에 대한 내용을 모두 수록하였고, 특히 과거에는 출제에서 소외되어 왔으나 앞으로는 출제 강화가 예상되는 부분들을 집중 분석하여 보강하였다.
3. 각종 법규·기준(소방관계법규, 건축관계법규 및 화재안전기준 등)은 최근까지 개정된 내용을 모두 적용하였다.
4. [부록]에는 답안작성의 예시, 작동기능·종합정밀점검 및 소방시설점검관련 각종 고시 등 관련법규를 총망라하여 수록하였다.

　광범위한 내용을 압축·정리하다 보니 일부는 편협한 점도 있을 수 있겠으나, 이런 부분에 대하여는 독자 여러분의 기탄없는 제언(提言)을 반영하여 향후 개정판에서 보완해 가도록 하겠습니다. 아무쪼록 이 책이 소방시설관리사 2차시험을 준비하는 수험생 여러분에게 실질적인 도움이 되기를 기대합니다.

　끝으로, 이 책의 출판에 힘써 주신 도서출판 예문사 사장님과 편집부 직원 여러분의 노고에 깊이 감사드립니다.

2024 년 1 월

저자 권 순 택(stk9797@hanmail.net)

소방시설관리사 자격시험 정보

1. 시험방법

(1) 시험과목

1차 시험(객관식)			2차 시험(주관식)	
과목	문항	시간	과 목	시간
1.소방안전관리론 및 화재역학	25문제			
2.소방수리학, 약제화학 및 소방전기	25문제		1.소방시설의 점검실무행정	180분 (과목당 90분)
3.소방관계법규	25문제	125분	2.소방시설의 설계 및 시공	
4.위험물의 성상 및 시설기준	25문제			
5.소방시설의 구조원리	25문제			

(2) 면제과목

	면제 대상	면제 과목
1차 시험	소방기술사 자격을 취득한 후 15년 이상 소방실무경력이 있는 자	소방수리학, 약제화학, 소방전기(소방관련 전기공사 재료 및 전기제어에 관한 부분에 한함)
	소방공무원으로 15년 이상 근무한 경력이 있는 사람으로서 5년 이상 소방청장이 정하여 고시하는 소방관련 업무경력이 있는 자	소방관계법규
2차 시험	소방공무원으로 5년 이상 근무한 경력이 있는 자	소방시설의 점검실무행정
	기술사(소방 · 건축기계설비 · 건축전기설비 · 공조냉동기계	소방시설의 설계 및 시공
	건축사, 위험물기능장	

(3) 합격기준

[1차시험]
• 각 과목당 40점 이상 및 전과목 평균 60점 이상 득점

[2차시험]
• 각 과목당 40점 이상 및 전과목 평균 60점 이상 득점
• 5인의 채점위원이 각각 채점한 점수에서 각 과목 100점 만점기준 채점점수 중 최고점수와 최저점수를 제외한 점수가 각 과목당 40점 이상 및 전과목 평균 60점 이상 득점

2. 소방시설관리사 응시자격

(1) 소방기술사, 위험물기능장, 건축사, 건축기계설비기술사, 건축전기설비기술사 또는 공조냉동기술사
(2) 소방설비기사 자격을 취득한 후 2년 이상 소방에 관한 실무경력이 있는 자
(3) 소방설비산업기사 자격을 취득한 후 3년 이상 소방에 관한 실무경력이 있는 자
(4) 대학에서 소방안전관리학과를 전공하고 졸업한 후 3년 이상 소방실무경력이 있는 자
(5) 소방안전공학(소방방재공학, 안전공학 포함)분야 석사학위 이상을 취득한 후 2년 이상 소방실무경력이 있는 자
(6) 위험물산업기사 또는 위험물기능사 자격을 취득한 후 3년 이상 소방실무경력이 있는 자
(7) 소방공무원으로 5년 이상 근무한 경력이 있는 자
(8) 소방관련학과(기계·전기·전자·건축·화공·산업안전 등)의 학사학위를 취득한 후 3년 이상 소방실무경력이 있는 자
(9) 산업안전기사 자격을 취득한 후 3년 이상 소방실무경력이 있는 자
(10) 다음 각 목의 어느 하나에 해당하는 사람
　① 특급 소방안전관리대상물의 소방안전관리자로 2년 이상 근무한 사람
　② 1급 소방안전관리대상물의 소방안전관리자로 3년 이상 근무한 사람
　③ 2급 소방안전관리대상물의 소방안전관리자로 5년 이상 근무한 사람
　④ 3급 소방안전관리대상물의 소방안전관리자로 7년 이상 근무한 사람
　⑤ 10년 이상 소방실무경력이 있는 사람

3. 소방시설관리사 시험의 면제

(1) 1차시험 면제

전회 1차시험 합격자는 다음회 1회에 한하여 1차시험이 면제된다. 즉, 지난 회(제11회) 소방시설관리사 시험에서 1차시험 합격자는 당회(제12회)에서는 1차시험이 면제된다.

(2) 2차시험 면제

• 위의 응시자격기준 중 (1)항에 해당하는 자 : 제2차시험 중 "소방시설의 설계 및 시공" 과목 면제
• 위의 응시자격기준 중 (7)항에 해당하는 자 : 제2차시험 중 "소방시설의 점검실무 행정" 과목 면제

목차

제13장 피난 · 방화시설

제14장 각 설비별 유지관리 및 점검방법

중요예상문제

부 록

소방시설관리사 과년도 출제문제 및 해답

제1장

소방시설의 자체점검대상 및 점검결과보고

01 소방대상물(공공기관 포함)의 자체점검

〈개정 : 2022.12.1〉

	작동점검	종합점검
점검 구분	소방시설등을 인위적으로 조작하여 소방시설이 정상적으로 작동하는지를 점검하는 것	소방시설등의 작동점검을 포함하여 소방시설별 주요 구성부품의 구조·기능이 화재안전기준과 「건축법」등 관련 법령에서 정하는 기준에 적합한지 여부를 점검하는 것
대상	「소방시설법 시행령」 제5조에 따른 특정소방대상물(다만, 아래의 특정소방대상물은 제외한다.) <제외대상> ① 위험물제조소등 ② 소방안전관리자 선임 대상에 해당하지 않는 특정소방대상물 ③ 「화재예방법 시행령」 별표 4 제1호 가목의 특급소방안전관리대상물	① 최초점검 : 소방시설이 신설된 경우 ② 스프링클러설비가 설치된 특정소방대상물 ③ 물분무등소화설비(호스릴방식은 제외)가 설치된 연면적 5,000m² 이상인 특정소방대상물(위험물제조소등은 제외) ④ 다중이용업소 중 단란주점영업·유흥주점영업·영화상영관·비디오물감상실업·복합영상물제공업·노래연습장업·산후조리업·고시원업·안마시술소로서 연면적이 2,000m² 이상인 특정소방대상물 ⑤ 제연설비가 설치된 터널 ⑥ 공공기관 중 연면적이 1,000m² 이상인 것으로서 옥내소화전설비 또는 자동화재탐지설비가 설치된 것

	작동점검	종합점검
점검자 자격	① 관계인 ② 「소방시설공사업법 시행규칙」 별표 4의2에 따른 특급기술자 ③ 관리업에 등록된 소방시설관리사 ④ 소방안전관리자로 선임된 소방시설관리사 및 소방기술사 ※ 단, 위의 ① 및 ②는 간이스프링클러설비 또는 자동화재탐지설비가 설치된 특정소방대상물에 한정함	① 관리업에 등록된 소방시설관리사 ② 소방안전관리자로 선임된 소방시설관리사·소방기술사
점검 횟수 및 점검 시기	① 횟수 : 연 1회 이상 ② 시기 　㉮ 종합정밀점검대상 : 종합정밀점검을 받은 달로부터 6개월이 되는 달에 실시 　㉯ ㉮에 해당하지 않는 특정소방대상물은 특정소방대상물의 사용승인일이 속하는 달의 말일까지 실시	① 횟수 : 연 1회 이상(단, 특급 소방안전관리대상물은 반기에 1회 이상) ② 시기 　㉮ 최초점검 : 건축물을 사용할 수 있게 된 날부터 60일 이내 　㉯ ㉮ 외의 특정소방대상물은 건축물의 사용승인일이 속하는 달에 실시 　㉰ 학교 : 건축물의 사용승인일이 1월 ~6월 사이인 경우에는 6월 30일까지 실시할 수 있다.
점검 방법	「소방시설법 시행규칙」 별표 3에 따른 점검장비를 이용하여 점검	「소방시설법 시행규칙」 별표 3에 따른 점검장비를 이용하여 점검
점검 결과 보고서	점검이 끝난 날부터 15일 이내에 소방본부장 또는 소방서장에게 제출하고 2년간 자체보관	점검이 끝난 날부터 15일 이내에 소방본부장 또는 소방서장에게 제출하고 2년간 자체보관

※ [**공공기관 소방시설의 외관점검**] : (개정 없이 과거와 동일함)
1. 점검횟수 : 월 1회 이상 실시(작동점검 또는 종합점검을 실시한 달에는 제외 가능함)
2. 점검자 : 관계인, 소방안전관리자 또는 소방시설관리업자
3. 점검결과 : 2년간 자체보관

02 \ 점검결과의 보고

1. 법규적 근거

(1) 「소방시설법」 제22조(소방시설등의 자체점검) 제1항 본문 후단
(2) 「소방시설법」 제23조(소방시설등의 자체점검 결과의 조치 등) 제3항
(3) 「소방시설법 시행규칙」 제23조(소방시설등의 자체점검 결과의 조치 등) 제1항
   및 제2항

2. 제출서류

소방시설등 자체점검 실시결과 보고서(「소방시설법 시행규칙」 별지 제9호 서식)에
다음 각 호의 서류를 첨부하여 제출
(1) 점검인력 배치확인서(관리업자가 점검한 경우만 해당)
(2) 소방시설등의 자체점검결과 이행계획서(「소방시설법 시행규칙」 별지 제10호서식)
(3) 소방시설등의 점검표

3. 보고 기한 및 대상

(1) 점검을 실시한 관리업자가 관계인에게 보고 : 점검이 끝난 날부터 10일 이내
(2) 관계인이 소방본부장 또는 소방서장에게 보고 : 점검이 끝난 날부터 15일 이내

4. 보고의무자(소방본부장 또는 소방서장에게 하는 보고의 의무자)

(1) 특정소방대상물의 관계인
(2) 공공기관인 경우에는 공공기관의 장

5. 보고서 보관의무

자체점검 실시결과 보고를 마친 관계인은 소방시설등 자체점검 실시결과 보고서
(소방시설등 점검표 포함)를 점검이 끝난 날부터 2년간 자체 보관해야 한다.

6. 점검결과보고 등의 위반 시 벌칙

(1) 자체점검을 하지 않거나 관리업자 등으로 하여금 정기적으로 점검하게 하지 않은
   자 : 1년 이하의 징역 또는 1천만 원 이하의 벌금 : (「소방시설법」 제58조제1항)
(2) 점검결과 중대위반사항이 발견된 경우 조치의무 위반 : 벌금 300만원 이하

(3) 관계인에게 점검결과를 제출하지 아니한 관리업자등 : 과태료 300만원 이하

(4) 소방본부장 또는 소방서장에게 점검결과를 보고하지 않거나 또는 거짓으로 보고한 관계인 : 과태료 300만원 이하

(5) 점검인력의 배치기준 등 자체점검 시 준수사항을 위반한 자 : 과태료 300만원 이하

(6) 관계인의 점검결과 보고지연 시 벌칙 : (「소방시설법 시행령」 별표 10)

  1) 지연보고기간 10일 미만 : 과태료 50만원

  2) 지연보고기간 10일 이상 1개월 미만 : 과태료 100만원

  3) 지연보고기간 1개월 이상이거나 보고하지 않은 경우 : 과태료 200만원

  4) 점검결과를 축소·삭제하는 등 거짓으로 보고한 경우 : 과태료 300만원

03 \ 점검면적·점검일수의 계산방법

※ 아래의 점검면적 및 점검일수의 계산방법은 2022. 12. 1. 개정된 「점검인력 배치기준」의 전문소방시설관리업을 기준으로 수록된 것이며, 만일 일반소방시설관리업인 경우에는 개정된 법규의 시행일이 2024. 12. 1.이므로 그때까지는 개정 전의 舊기준을 적용하여야 한다.

1. 점검인력의 기본단위(점검인력 1단위)

(1) 소방시설관리업자가 점검하는 경우

점검인력 1단위＝소방시설관리사 또는 특급점검자 1명＋보조기술인력 2명
단, 점검인력 1단위에 2명(같은 건축물을 점검할 경우 4명) 이내의 보조기술인력 추가 가능

(2) 소방안전관리자로 선임된 소방시설관리사 또는 소방기술사가 점검하는 경우

점검인력 1단위＝소방시설관리사 또는 소방기술사 1명＋보조기술인력 2명
단, 점검인력 1단위에 2명 이내의 보조기술인력 추가 가능

(3) 관계인 또는 소방안전관리자가 점검하는 경우

점검인력 1단위＝관계인 또는 소방안전관리자 1명＋보조기술인력 2명

2. 1일 점검한도면적(점검인력 1단위가 하루 동안 점검할 수 있는 연면적)

구분	일반건축물 (아파트 외의 건축물)	아파트
종합점검	8,000m²	250세대
작동점검	10,000m²	
보조기술인력 추가 시	점검인력 1단위에 보조기술인력을 1명씩 추가할 때마다 종합점검은 2,000m², 작동점검은 2,500m²씩을 점검한도면적에 더한다.	점검인력 1단위에 보조기술인력을 1명씩 추가할 때마다 60세대씩을 점검한도 세대수에 더한다.

3. 점검면적(세대수) 계산

(1) 일반건축물(아파트 외의 건축물)

1) 점검면적 = 실제점검면적 × 아래의 용도별 가감계수

구분	대상 용도	가감계수
1류	문화 및 집회시설, 종교시설, 판매시설, 의료시설, 노유자시설, 수련시설, 숙박시설, 위락시설, 창고시설, 교정시설, 발전시설, 지하가, 복합건축물	1.1
2류	공동주택, 근린생활시설, 운수시설, 교육연구시설, 운동시설, 업무시설, 방송통신시설, 공장, 항공기 및 자동차 관련시설, 군사시설, 관광휴게시설, 장례시설, 지하구	1.0
3류	위험물 저장 및 처리시설, 문화재, 동물 및 식물 관련시설, 자원순환관련시설, 묘지관련시설	0.9

2) 소방설비 미설치계수 적용

특정소방대상물이 다음의 어느 하나에 해당할 때에는 다음에 따라 계산된 값을 위의 1)에 따라 계산된 값에서 **뺀다**.

① 스프링클러설비가 설치되지 않은 경우 : 1)에서 계산된 값 × 0.1

② 물분무등소화설비가 설치되지 않은 경우 : 1)에서 계산된 값 × 0.1

③ 제연설비가 설치되지 않은 경우 : 1)에서 계산된 값 × 0.1

∴ 일반건축물의 점검면적 계산식

> 점검면적 = (실제점검면적 × 가감계수) − (실제점검면적 × 가감계수 × 미설치계수의 합)

3) 2개 이상의 특정소방대상물을 하루에 점검하는 경우

특정소방대상물 상호 간의 좌표 최단거리 5km마다 점검한도면적에 0.02를 곱한 값을 점검한도면적에서 **뺀다**.

(2) 아파트

※ 적용범위 : 아파트 단지 내의 공용시설, 부대시설 또는 복리시설은 포함하고, 아파트가 포함된 복합건축물의 아파트 외의 부분은 제외한다.

1) 점검세대수 = 실제점검세대수 - 아래의 미설치계수를 적용한 값

〈소방설비 미설치계수〉

① 스프링클러설비가 설치되지 않은 경우 : 실제점검세대수 × 0.1

② 물분무등소화설비가 설치되지 않은 경우 : 실제점검세대수 × 0.1

③ 제연설비가 설치되지 않은 경우 : 실제점검세대수 × 0.1

∴ 아파트의 점검세대수 계산식

점검세대수 = 실제점검세대수 - (실제점검세대수 × 미설치계수의 합)

2) 2개 이상의 아파트를 하루에 점검하는 경우

아파트 상호 간의 좌표 최단거리 5km마다 점검한도세대수에 0.02를 곱한 값을 점검한도세대수에서 **뺀다.**

(3) 추가 보상값 적용

1) 아파트와 아파트 외 용도의 건축물을 하루(동시)에 점검할 경우

종합점검의 경우 위의 점검세대수로 계산된 값에 32, 작동점검의 경우 위의 점검세대수로 계산된 값에 40을 곱한 값을 점검대상 연면적으로 보고, 점검한도면적을 일반건축물 기준으로 적용한다.

2) 종합점검과 작동점검을 하루(동시)에 점검하는 경우

작동점검의 점검대상 연면적 또는 세대수에 0.8을 곱한 값을 종합점검 점검대상 연면적 또는 세대수로 본다.

※ 위의 모든 계산된 값은 소수점 이하 둘째 자리에서 반올림한다.

04 점검면적·점검일수의 계산 예시

※ 다음 각 예시의 계산에서, 개정된 「점검인력 배치기준」의 전문소방시설관리업을 기준으로 계산되었음. 그러나 일반소방시설관리업인 경우에는 개정된 법규의 시행일이 2024. 12. 1.이므로 그때까지는 개정 전의 舊기준을 적용하여 계산해야 한다.

[예시 1] 일반건축물

───────────── 〈조건〉 ─────────────
(1) 용도 : 오피스텔(업무시설)
(2) 연면적 : 15,000m²
(3) 미설치된 소방설비 : 물분무등소화설비, 제연설비
(4) 점검의 종류 : 종합점검

1. 점검면적 계산

점검면적 = (실제점검면적 × 가감계수) − (실제점검면적 × 가감계수 × 미설치계수의 합)

(1) 용도별 가감계수를 반영한 면적

15,000m² × 1.0(가감계수) = 15,000m²

(2) 소방설비 미설치계수 해당 면적

$(15,000m^2 × 0.1) + (15,000m^2 × 0.1) = 3,000m^2$

(3) 점검면적

$15,000m^2 - 3,000m^2 = 12,000m^2$

2. 점검일수 계산

※ 1일 점검한도면적 : 8,000m²

(1) 주인력 1명+보조인력 2명 경우 : 12,000m² ÷ 8,000m² = 1.5 ⇒ **2일**
(2) 주인력 1명+보조인력 4명 경우 : 12,000m² ÷ 12,000m² = 1.0 ⇒ **1일**

※ 여기서, 보조인력이 4명인 경우 점검인력 1단위(주인력 1명＋보조인력 2명)보다 보조
인력 2명이 추가된 것이므로, 「점검인력 배치기준」 제4호에 따라 4,000m²(2,000m²
×2)를 추가하여 8,000m²＋4,000m²＝12,000m²를 적용한다.

[예시 2] 아파트

<조건>

(1) 용도 : 공동주택
(2) 세대수 : 700세대
(3) 미설치된 소방설비 : 물분무등소화설비
(4) 점검의 종류 : 작동점검

1. 점검세대수 계산

점검세대수＝실제점검세대수－(실제점검세대수 × 미설치계수의 합)

(1) 실제점검세대수

700세대(아파트는 가감계수를 적용하지 않는다)

(2) 소방설비 미설치계수 해당 세대수

700세대 × 0.10＝70세대

(3) 점검세대수

700세대－70세대＝<u>630세대</u>

2. 점검일수 계산

※ 1일 점검한도 세대수 : 250세대

(1) 주인력 1명＋보조인력 2명 경우 : 630세대 ÷ 250세대＝2.52 ⇒ <u>3일</u>
(2) 주인력 1명＋보조인력 4명 경우 : 630세대 ÷ 370세대＝1.70 ⇒ <u>2일</u>

※ 여기서, 보조인력이 4명인 경우 점검인력 1단위(주인력 1명＋보조인력 2명)보다 보조
인력 2명이 추가된 것이므로, 「점검인력 배치기준」 제7호 나목에 따라 120세대(60세
대×2)를 추가하여 250세대＋120세대＝370세대를 적용한다.

[예시 3] 복합건축물

<조건>

(1) 용도 : 공동주택(500세대), 업무시설(오피스텔), 판매시설(백화점)
(2) 연면적 : 400,000m²(업무시설, 판매시설, 상업용주차장 및 기타부속시설 : 250,000m²
/아파트의 부속주차장 및 기타부속시설 : 150,000m²)
(3) 미설치된 소방설비 : 없음(미설치계수 해당설비가 모두 설치됨)
(4) 점검의 종류 : 종합점검

1. 점검면적 계산

(1) 용도별 가감계수를 반영한 면적

① 아파트의 환산면적 : 500세대 × 32 = 16,000m²

② (아파트의 환산면적 + 아파트 외 시설, 상업용주차장 및 기타부속시설 면적)
× 가감계수(복합건축물 : 1.1) = (16,000m² + 250,000m²) × 1.1 = 292,600m²

※ 여기서, 아파트용 주차장 및 부속용도의 면적은 세대수를 환산한 아파트의 점검
면적에 포함된 것으로 간주한다. 즉, 상업용 주차장 및 부속용도의 면적만 적용
하여 합산한다.

(2) 소방설비 미설치계수 해당 면적

미설치계수 해당 설비가 모두 설치되어 있어 감소면적이 없음

(3) 점검면적

292,600m² − 0m² = <u>292,600m²</u>

2. 점검일수 계산

(1) 주인력 1명 + 보조인력 2명 경우 : 292,600m² ÷ 8,000m² = 36.58 ⟹ <u>37일</u>
(2) 주인력 1명 + 보조인력 4명 경우 : 292,600m² ÷ 12,000m² = 24.38 ⟹ <u>25일</u>
(3) 주인력 2명 + 보조인력 6명 경우 : 292,600m² ÷ 20,000m² = 14.63 ⟹ <u>15일</u>

[예시 4] 2개 대상물(아파트, 업무시설) 동시 점검

─────────〈조건〉─────────

(1) A 대상물

    1) 용도 및 규모 : 공동주택, 600세대

    2) 미설치된 소방설비 : 물분무등소화설비

    3) 점검의 종류 : 작동점검

(2) B 대상물

    1) 용도 및 규모 : 업무시설, 연면적 2,500m²

    2) 미설치된 소방설비 : 물분무등소화설비, 제연설비

    3) 점검의 종류 : 종합점검

    4) A 대상물에서 B 대상물까지 최단주행거리 : 16km

※ 위 2개의 대상물을 하루(동시)에 점검하는 것으로 한다.

1. A 대상물의 점검세대수 계산

점검세대수 = 실제점검세대수 - (실제점검세대수 × 미설치계수의 합)

(1) 실제점검세대수

    600세대(아파트는 가감계수를 적용하지 않는다)

(2) 소방설비 미설치계수 해당 세대수

    600세대 × 0.1 = 60세대

(3) 점검세대수

    600세대 - 60세대 = 540세대

(4) 아파트의 환산면적

    540세대 × 40 = <u>21,600m²</u>

(5) 작동점검과 종합점검을 하루(동시)에 점검하는 보상값 적용

    21,600m² × 0.8 = <u>17,280m²</u>

2. B 대상물의 점검면적 계산

$$점검면적 = (실제점검면적 \times 가감계수) - (실제점검면적 \times 가감계수 \times 미설치계수의 합)$$

(1) 용도별 가감계수를 반영한 면적

$2,500m^2 \times 1.0(가감계수) = 2,500m^2$

(2) 소방설비 미설치계수 해당 면적

$(2,500m^2 \times 0.1) + (2,500m^2 \times 0.1) = 500m^2$

(3) 점검면적

$2,500m^2 - 500m^2 = 2,000m^2$

3. 전체 환산점검면적

$17,280m^2 + 2,000m^2 = \underline{19,280m^2}$

4. 점검대상물 상호 간 최단거리를 반영한 1일 점검한도면적 계산

$16km \div 5km = 3.2 \Rightarrow 4$

$8,000m^2(1일\ 점검한도면적) - [8,000m^2 \times (0.02 \times 4)] = 7,360m^2$

$\therefore 1일\ 점검한도면적 = 7,360m^2$

5. 점검일수 계산

(1) 주인력 1명 + 보조인력 2명 경우 : $19,280m^2 \div 7,360m^2 = 2.62 \Rightarrow \underline{3일}$

(2) 주인력 1명 + 보조인력 4명 경우 : $19,280m^2 \div 11,360m^2 = 1.69 \Rightarrow \underline{2일}$

※ 여기서, 보조인력이 4명인 경우 점검인력 1단위(주인력 1명 + 보조인력 2명)보다 보조인력 2명이 추가된 것이므로, 「점검인력 배치기준」 제4호에 따라 $2,000m^2 \times 2$를 추가하여 $7,360m^2 + 4,000m^2 = 11,360m^2$를 적용한다.

제 2 장

점검기구 사용방법

01 \ 소방시설별 해당 점검기구

[소방시설별 점검장비] 〈개정 2022. 12. 1〉

소방시설	장비	규격
공통시설(공통장비)	방수압력측정계, 절연저항계(절연저항측정기), 전류전압측정계	
소화기구	저울	
옥내소화전설비 옥외소화전설비	소화전밸브압력계	
스프링클러설비 포소화설비	헤드결합렌치	
이산화탄소소화설비 분말소화설비 할론소화설비 할로겐화합물 및 불활성기체 소화설비	검량계, 기동관누설시험기, 그 밖에 소화약제의 저장량을 측정할 수 있는 점검기구	
자동화재탐지설비 시각경보기	열감지기시험기, 연(煙)감지기시험기, 공기주입시험기, 감지기시험기연결막대, 음량계	
누전경보기	누전계	누전전류 측정용
무선통신보조설비	무선기	통화시험용
제연설비	풍속풍압계, 폐쇄력측정기, 차압계	
통로유도등 비상조명등	조도계(밝기 측정기)	최소눈금 0.1럭스 이하인 것

1. 설비별 기본(공통) 점검기구

(1) 절연저항계

〈규격〉: 최고전압 DC 500V 이상

최소눈금 0.1MΩ 이하

(2) 전류전압측정계

2. 설비별 추가 점검기구

(1) 옥내소화전설비 · 옥외소화전설비

소화전밸브압력계, 방수압력측정계

(2) 스프링클러설비 · 포소화설비

포콜렉터, 포콘테이너, 방수압력측정계, 헤드결합렌치

〈규격〉: 1,400ml

(3) 가스계소화설비(CO_2 · 할론 · 분말 · 할로겐화합물 및 불활성기체)

입도계, 습도계, 검량계, 토크렌치, 기동관 누설시험기

〈규격〉: 표준체(80, 100, 200, 325메시)

(4) 자동화재탐지설비 · 시각경보기

열감지기시험기, 연기감지기시험기, 공기주입시험기

(5) 누전경보기

누전계

〈규격〉: 누전전류 및 부하전류 측정용

(6) 무선통신보조설비

무선기(절연저항계는 제외)

〈규격〉: 통화시험용

(7) 제연설비

풍속풍압계, 폐쇄력측정기, 차압계(압력차 측정기)

(8) 축전지설비

비중계, 스포이드

(9) 비상조명등 · 통로유도등

조도계(밝기 측정기)

〈규격〉: 최소눈금이 0.1Lux 이하인 것

(10) 소화기구

소화기 고정틀, 내부조명기, 저울, 반사경, 캡 스패너, 가압용기 스패너, 메스실린더 또는 비이커

3. 법정 점검기구 사용대상에서 제외되는 소방시설

(1) 비상경보설비
(2) 비상방송설비
(3) 비상콘센트설비

02 \ 방수압력 측정계

1. 용도

소화설비의 방수압력(동압)을 측정

2. 사용방법

(1) 옥내소화전 호스를 구부러짐 없이 편다.

(2) 소화전 관창과 방수압력 측정계를 잡고 방수구를 개방한다.

(3) 그림과 같이 방수 시 관창선단으로부터 관창구경의 $\frac{1}{2}$ 거리 떨어진 위치에서

(4) 압력계를 방수류와 직각이 되도록 한 상태에서 압력계의 지침을 읽는다.

 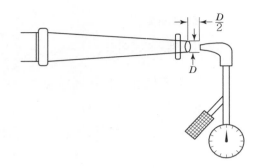

3. 방수량 산출

$$Q = 2.065 \times D^2 \times \sqrt{P}$$

여기서, D : 노즐오리피스 구경[mm]
P : 방수압력[MPa]
Q : 방수량[ℓ/min]

4. 주의사항

(1) 초기 방수시, 물속에 존재하는 이물질 및 공기 등을 완전히 배출한 후 측정 : 이 물질로 인하여 측정관이 막힐 우려가 있기 때문이다.
(2) 반드시 직사형 관창으로 사용
(3) 최상층(최대 5개 동시개방), 최하층(1개 개방), 최다층에 대하여 실시
(4) 반드시 봉상주수의 수류방향과 직각이 되게 설치하여 측정

5. 사용할 수 있는 소화설비의 종류

(1) 옥내·옥외 소화전설비
(2) 스프링클러설비
(3) 포소화설비

03 \ 소화전밸브 압력측정계

1. 용도

방수압력(동압)측정이 곤란한 경우 정압측정시 사용

2. 사용방법

(1) 소화전밸브(방수구)에 연결된 소화전 호스를 탈거
(2) 시험압력계를 방수구에 연결
(3) 방수구 개방
(4) 시험압력계의 밸브 개방
(5) 압력(정압) 측정

3. 주의사항

(1) 연결 어댑터를 확실하게 조임(누수장치)
(2) 측정 후 Air Cock을 개방하여 기구 내의 압력을 제거한 후 방수구에서 분리한다.

4. 사용대상

(1) 옥내소화전설비
(2) 옥외소화전설비

04 \ 포콜렉터 · 포콘테이너

[포 콘테이너]

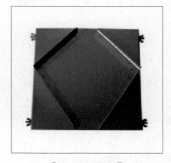

[포 콜렉터]

1. 용도

(1) 포소화약제의 25% 환원시간 및 발포배율을 측정
(2) 포소화약제의 발포성능시험을 위하여 채집한 포 및 포수용액을 담아 놓기 위한 기구

2. 사용방법

(1) 발포지점의 위치에 1,400mℓ의 포시료 용기 2개를 얹어 놓은 포콜렉터를 설치한다.
(2) 당해 용기에 포를 가득 채운 후 용기를 외부로 옮긴다.
(3) 용기의 상면을 평행하게 하고 용기 외측에 누락된 포는 제거한다.
(4) 포의 중량을 측정
(5) 발포배율을 계산한다.

$$발포배율 = \frac{1,400[\mathrm{m}\,\ell]}{포의\ 전\ 중량[g](포콘테이너\ 자체중량은\ 제외)}$$

---

05 \ 액화가스 Level Meter [검량계]

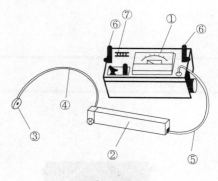 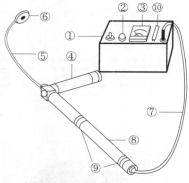

[LM90D형]

① 계기(Meter) ⑥ 탐침 받침대
② 액면계 탐침 ⑦ 온도계
③ 방사선원
④ 지지 암(Arm)
⑤ 전선(Cord)

[LD45S형]

① 전원스위치 ⑥ 방사선원
② 조정 볼륨   ⑦ 전선(Cord)
③ 계기(Meter) ⑧ 접속기구
④ 액면계 탐침 ⑨ 연결기구
⑤ 지지 암(Arm) ⑩ 온도계

1. 용도

CO$_2$ 등 액화가스 저장용기 내의 약제량을 측정하는 기구이다.

2. 측정순서

(1) 기기 설치

탐침(Probe)의 연결 및 방사선원의 캡 탈거 등

(2) 배터리 Check

1) 전원스위치를 "Check"로 한다.
2) 이때 계기지침이 안정되지 않고 바로 내려가면 전지가 소모된 상태이다.

(3) 전원스위치 : On

조정볼륨으로 지침 조정 : 40~45에 Setting한다.

(4) 액면높이 측정

1) 액면계 탐침과 방사선원을 용기의 양쪽 옆에 대고 지지 암을 상하로 천천히 이동한다.
2) 이때 지침이 크게 흔들리는 최초 지점의 높이를 측정한다.

(5) 전원스위치 : Off

(6) 용기실내 온도 측정

(7) 약제량 환산

1) 전용의 환산척 이용
2) 약제량 환산표 이용
3) 약제량 계산식을 이용하여 계산

$$약제저장량[g] = S \cdot \rho_i \cdot b + S \cdot \rho_g \cdot (L - b)$$

여기서, S : 저장용기 단면적[cm^2]

ρ_i : 액화가스 밀도[g/cc]

ρ_g : 기체가스 밀도[g/cc]

b : 측정액면 높이[cm]

L : 저장용기 길이[cm]

[온도별 CO_2 밀도]

온도	액체밀도(g/cc)	가스밀도(g/cc)	증기압(atm)
0	0.914	0.096	34.3
5	0.888	0.114	39.0
10	0.856	0.133	44.2
15	0.814	0.158	55.0
20	0.766	0.190	56.3
25	0.703	0.240	63.3
28	0.653	0.282	67.7
29	0.630	0.303	69.2
30	0.598	0.334	70.7
31.35	0.464	0.464	72.9

(8) 약제량 판정

약제량 측정 결과값을 약제량 중량표와 비교하여 그 차이가 10% 이하이면 양호

3. 사용시 주의사항

(1) 측정장소의 온도가 높을 경우 액면의 판독이 곤란하게 되므로 유의할 것
임계점 이상에서는 측정불가(임계점 : CO_2 31.35℃, 할론 67℃)

(2) 방사선원(코발트 60)은 부착한 채 관리하고 분실에 유의할 것

(3) 코발트 60의 사용기한(약 3년)이 지난 것은 취급점에 연락하여 조치

06 \ 기동관 누설 시험기

1. 용도

가스계 소화설비의 기동용 배관(동관) 부분의 누설시험을 위한 기구

2. 구성

(1) 3.5 ℓ 이상의 고압가스용기 : 질소충전 50kg/cm² 이상

(2) 케이스 : 800 × 400 × 250[mm]

(3) 압력조정기

(4) 압력게이지

3. 사용방법

(정면)　(밑면)

(1) 압력조정기 연결부에 호스를 연결

(2) 호스의 밸브를 잠근다.

(3) 용기밸브를 서서히 개방

(4) 게이지 압력을 10kg/cm² 미만으로 조정

(5) 본 용기와 연결된 차단밸브가 모두 잠겼는지 확인

(6) 호스밸브를 서서히 열어 압력이 5kg/cm² 되게 함

(7) 비누거품을 붓에 묻혀 기동관 접속부 등의 각부에 칠하여 누설 여부를 확인한다.

(8) 확인이 끝나면 용기밸브를 잠근다.

(9) 호스밸브를 잠근다.

(10) 연결부를 분리시킨다.

07 \ 열감지기 시험기

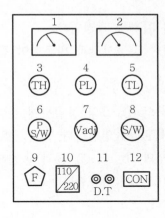 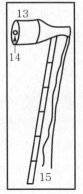

1. 전압계　　　　　　　　　　　　2. 온도지시계

3. 실온감지소자 : TH　　　　　　4. 전원램프 : PL

5. 미부착감지기 동작램프 : TL　　6. 전원스위치

7. 온도조절볼륨(Knob)　　　　　　8. 온도선택(전환)스위치

9. Fuse　　　　　　　　　　　　　10. 110/220V 절환스위치

11. 미부착감지기 연결단자　　　　12. Connector

13. 보조기(시험기 Adapter)　　　14. 온도감지소자

15. 접속플러그 · 전선

1. 용도

스포트형 열감지기의 작동시험

2. 사용방법

(1) 부착감지기 시험

1) 시험기 Adapter(보조기)의 연결 플러그(15번)를 시험기 본체 Connector(12번)에 연결
2) 본체의 전원플러그를 현장 전원의 전압(110/220V)을 확인한 후 접속
3) 본체의 전원스위치(6번) : ON(이때 전원 Lamp의 점등여부를 확인)
4) 0점 조정 : 전압계・온도지시계
5) 온도 선택스위치(8번)를 T_1에 놓고 실내온도 측정
6) 온도 선택스위치(8번)를 T_2로 전환하고, 측정에 필요한 가열온도에 이르도록 온도조절 VR(7번)를 시계방향으로 돌린다.
7) 가열온도에 도달하여 표시되면 시험기 Adapter(13번)를 부착된 감지기에 밀착시켜 덮어씌운다.
8) 감지기가 동작할 때까지의 시간을 측정한다.
9) 감지기 제조회사에서 제시한 작동시간과 비교하여 판정한다.

(2) 미부착감지기 시험

1) 상기 "부착감지기시험"에서의 ①, ②와 동일하게 한다.
2) 미부착 감지기를 D.T 단자(11)에 연결한다.
3) 상기 "부착감지기시험"에서의 ③, ④, ⑤, ⑥과 동일하게 한다.
4) 감지기 동작시 TL Lamp(5번)가 점등한다.
5) 감지기 동작시간을 측정한다.
6) 감지기 제조회사에서 제시하는 동작시간과 비교하여 판정한다.

[감지기 판정기준]

〈열감지기 동작시간표〉

형식	종별	가열온도	작동시간
차동식	1종 2종	실온＋20℃ 실온＋30℃	30초 이내 30초 이내
정온식	1종 2종	공칭작동온도＋15℃ 공칭작동온도＋15℃	120초 이내 120~480초 이내
보상식	1종 2종	실온＋25℃ 실온＋40℃	30초 이내 30초 이내

〈연기감지기 동작시간표〉

종별 (농도) \ 형식	비축적형	축적형
	이온화 및 광전식	이온화 및 광전식
1종 (5%)	30초	60초
2종 (10%)	60초	90초
3종 (20%)	60초	90초

3. 사용상 주의사항

(1) 본체의 전원플러그를 연결하기 전에 반드시 현장 주전원의 전압을 확인하여 맞춘 후 연결

(2) 온도조절스위치를 급히 돌려 급격한 가열은 삼가한다.
   : 감지기의 다이어프램 손상 우려

(3) 시험종료 후 시험기 Adapter는 완전히 냉각한 후 수납 보관한다.

(4) 시험종료 후 전원스위치는 반드시 'Off' 위치에 둔다.

08 \ 연기감지기 시험기

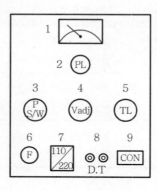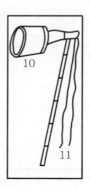

1. 전압계	2. 전원램프
3. 전원스위치	4. 온도조절볼륨(VR)
5. 미부착감지기 동작램프	6. Fuse
7. 110/220V 절환스위치	8. 미부착감지기 연결단자
9. Connector	10. 시험기 Adapter
11. 접속플러그·전선	

1. 용도

스포트형 연기감지기(이온화식, 광전식)의 작동시험

2. 사용방법

(1) 부착감지기

1) 시험기 Adapter의 접속플러그(11)를 시험기 본체 Connector(9번)에 연결한다.

2) 본체의 전원플러그를 현장전원의 전압(110V/220V)을 확인한 후 접속한다.

3) 본체의 전원스위치(3번) : On(이때 전원 Lamp의 점등여부 확인)

4) 0점 조정 : 전압계

5) 온도조절기(4번)를 조절하여 가연시험기를 규격온도에 맞도록 가열한다.(이때 전압계의 전압이 50~60V상태에서 가열)

6) 일정온도에 도달하면 발연재료(향)를 규정치에 맞게 넣는다.

　　(예)　　1종 : 향 1개비 : 연기농도 5%

　　　　　　2종 : 향 2개비 : 연기농도 10%

　　　　　　3종 : 향 4개비 : 연기농도 20%

7) 발연하기 시작하면 시험기 Adapter를 감지기에 덮어 씌워 밀착시킨다.

8) 감지기가 동작하기까지의 시간을 측정한다.

9) 감지기 제조회사에서 제시한 동작시간과 비교하여 판정한다.

(2) 미부착감지기

1) 상기 "부착감지기 시험"에서의 ①, ②와 동일하게 한다.

2) 미부착감지기를 D.T 단자(8번)에 연결한다.

3) 상기 "부착감지기 시험"에서의 ③, ④, ⑤, ⑥ 등과 동일하게 한다.

4) 감지기 동작 시 TL Lamp(5번)가 점등된다.

5) 상기 "부착감지기 시험"에서의 ⑦, ⑧, ⑨와 동일하게 한다.

3. 주의사항

(1) 발연재료는 시험기에 따라 지정된 것을 사용한다.

(2) 전원을 투입하고 약 5분 경과 후 시험기 회로가 안정되면 시험을 시작한다.

(3) 측정 부위에는 기류의 영향을 받지 않도록 방호조치한다.

(4) 고온 또는 저온 상태에 있는 연기감지기는 탈거하여 상온 값으로 회복시킨 후 측정한다.

(5) 측정값이 감소전압의 기준값 이상으로 된 감지기는 현장에서 절대 분해하지 말고 제조회사로 반송처리한다.

09 \ 풍속풍압 시험기

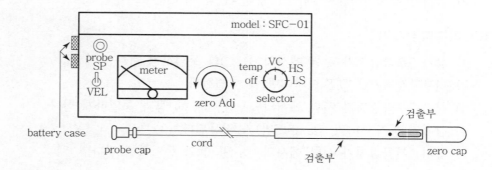

1. 준비

  (1) Probe Cap을 본체의 커넥터에 연결한다.

  (2) Battery Check : Selector를 「VC」에 위치하였을 때, 미터 지침이 「Good」 범위
     내에 오면 정상이다.

  (3) 온도측정

    1) 셀렉터를 「Temp」에 놓고

    2) 검출부의 Zore Cap을 벗긴 상태에서

    3) 검출부의 끝부분을 기류 중에 삽입하면

    4) 기류의 온도가 Meter에 표시된다.

2. 풍속 측정

  (1) 셀렉터를 「Off」에 위치

  (2) 「SP-VEL」 스위치를 「VEL」(풍속)에 위치

  (3) 0점 조정

    1) Zero Cap을 씌운다.

    2) 「LS」 레인지에 위치

    3) 약 1분 경과 후

    4) 「Zero ADJ」을 돌려 0점을 맞춘다.

  (4) Zero Cap을 벗긴다.

  (5) 검출봉을 덕트 내 기류 중에 삽입한다. 이에 검출부 점표시가 덕트 내 바람의
    방향과 직각이 되게 한 상태에서 풍속을 측정한다.

(6) 이때 풍속의 강약에 따라 LS·HS 레인지를 선택한다.

(7) Meter의 풍속을 판독한다.

3. 정압 측정

(1) 셀렉터를 「Off」에 위치

(2) 「SP – VEL」 스위치를 「SP」(정압)에 위치

(3) 0점 조정

    1) Zero Cap을 씌운다.

    2) 「LS」 레인지에 위치

    3) 약 1분 경과 후

    4) 「Zero ADJ」을 돌려 0점을 맞춘다.

(4) Zero Cap을 벗긴다.

(5) 검출부 끝부분을 정압캡에 꽂은 후

(6) 검출부의 점표시와 정압캡의 점표시가 일직선상에 오도록 한 다음, 그림과 같이 덕트 벽면의 시험구멍에 정압캡을 밀착시킨다.

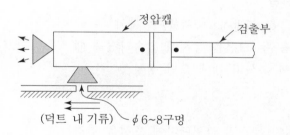

[(+)정압측정의 경우]

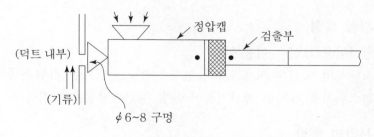

[(–)정압측정의 경우]

10 \ 절연저항 시험기

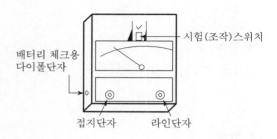

1. 용도

전선로의 절연저항을 측정하는 기구

2. 사용방법

측정하기 전 전원 및 0점을 체크한다.

(1) 내장전원 시험

1) Battery Check Dipole(다이폴) 단자의 두 극에
2) 라인시험용 두 도선을 동시에 접속시켰을 때
3) 계기지침이 흑색띠 내에 오면 정상

(2) 0점 확인

1) 계기의 접지단자 및 라인단자에 도선을 연결하고
2) 두 도선을 서로 쇼트시킨 상태에서 시험스위치를 눌렀을 때
3) 지시값이 0[Ω]이면 정상

(3) 절연저항 측정

1) 라인시험용 도선을 이용하여
2) 접지단자의 도선은 피측정물의 접지측에, 라인단자는 라인측에 접속한다.
3) 시험스위치를 누르면 계기지침이 해당 절연저항값을 지시한다.

(4) 교류전압의 측정

1) 상기와 같이 접지단자와 라인단자에 도선을 연결하여
2) 일반 전압계와 같이 측정한다.

3. 주의사항

(1) 사용전압에 적합한 정격의 절연저항계를 선정하여 측정한다.

(2) 탐침을 맨손으로 잡지 말고, 고무장갑 등을 착용하고 측정한다.

(3) 지시값은 천천히 변동할 수 있으므로 1분 정도 경과한 후에 읽는다.

(4) 사용 후에는 전로나 기기를 충분히 방전시킨다.

(5) 도선 간의 절연저항을 측정시에는 개폐기를 모두 개방하고 측정한다.

11 \ 전류전압 시험기 (회로시험기)

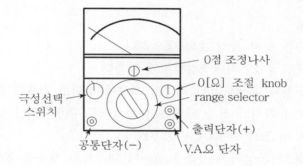

1. 용도

약전류 회로의 전압, 전류, 저항을 측정하는 시험기이며, 회로의 단선, 단락 등 기기·설비의 고장, 점검, 검사에 필수적인 장비이다.

2. 0점 조정 및 전원 Check

(1) 전원 Check

1) 「BAT Check」 단자를 눌러서 확인하거나

2) 0점 조정시 지침이 0점으로 오지 않을 경우에는 건전지가 소모된 상태이다.

(2) 0점 조정

1) 모든 측정을 하기 전에 반드시 바늘을 0점 조정한다.

2) 시험기의 (+), (-) 리드선을 쇼트해서 「R × 1Ω」 레인지에서 바늘의 위치가 0위치에 오도록 0[Ω] 조절 Knob를 돌려 맞춘다.

3. 직류전류 측정

(1) 전지 Check

(2) 적색도선을 시험기의 (+)측 단자에, 흑색도선을 (-)측 단자에 연결한다.

(3) Range Selector를 「DC mA」의 적정한 위치로 하고

(4) 위의 적색도선과 흑색도선을 피측정 회로에 직렬로 접속한다.

(5) 계기판의 지침이 가리키는 DC 눈금상의 수치를 Range에 대응하는 배수를 곱해서 읽는다.

(6) 이때 지침이 반대방향으로 기울어지면 리드선(도선)을 반대로 바꾸어 접속한다.

4. 직류전압 측정

(1) 전원 Check

(2) 도선의 접속은 상기 항 2)호와 동일하다.

(3) 셀렉터를 「DC V」의 최대측정범위에 맞춘다.

(4) 위의 적색도선과 흑색도선을 피측정 회로에 병렬로 접속한다.

(5) 이때 Tester의 지시가 작을 때에는 순차적으로 측정범위를 낮추어 측정한다.
(예 : 1,000V → 250V → 100V → 25V)

(6) 계기판의 DC 눈금상의 수치를 Range에 대응하는 배수를 곱해서 읽는다.

(7) 이때 지침이 반대방향으로 기울어지면 측정코드를 반대로 바꾸어 접속한다.

5. 교류전압 측정

(1) 전원 Check

(2) 적색도선은(+)측 단자에, 흑색도선은 (-)단자에 연결한다.

(3) 셀렉터를 「AC V」의 위치로 맞추고,

(4) 위의 적색도선과 흑색도선을 피측정 회로에 병렬로 접속한다.

(5) 계기판의 AC 눈금상의 수치를 Range에 대응하는 배수를 곱해서 읽는다.

6. 직류저항 측정

(1) 건전지 check

(2) 적색도선은 (+)측 단자에, 흑색도선은 (-)단자에 연결한다.

(3) 셀렉터를 「R × 1[Ω]」에 위치한다.

(4) 위의 (+), (-) 도선을 단락시킨 상태에서 0[Ω]이 되도록 조정셀렉터를 [Ω]

의 최대 측정범위에 놓는다.

(5) 위의 (+), (−) 도선을 피측정범위에 접속한다.

(6) 이때 지침의 지시가 작을 때에는 순차적으로 측정범위를 낮추어 측정한다.

(7) 계기판의 [Ω] 눈금상의 수치를 Range에 대응하는 배수를 곱해서 읽는다.

7. 콘덴서 품질시험

(1) 전원 Check

(2) 적색도선은(+)측 단자에, 흑색도선은 (−)단자에 연결한다.

(3) 셀렉터를 [Ω]에 위치

(4) Range를 「× 10kΩ」에 위치

(5) 위의 (+), (−) 도선을 피측정 콘덴서의 양끝에 접속

[판정방법]

① 양호한 콘덴서(지침이 한쪽으로 크게 움직이고 난 후 움직임이 서서히 작게
되면 양품이다.) : 지침이 한쪽으로 크게 기울었다가 서서히 ∞의 위치로 되
돌아간다.

② 불량한 콘덴서 : 지침이 한쪽으로 기울지 않는다.(움직이지 않는다.)

③ 단락된 콘덴서 : 지침이 ∞의 위치(원위치)로 되돌아가지 않는다.

8. 주의사항

(1) 측정범위가 미지수일 때는 Range의 최대 범위에서 시작하여 점차 범위를 낮추
어 간다.

(2) 측정 전에 측정장비용 전원은 반드시 차단한다.

(3) 측정시 시험기는 수평으로 놓는다.

(4) 보관시 측정 선택스위치는 중앙에 둔다.

12 \ 기타 각종 점검기구

1. 공기주입시험기

(1) 용도

차동식분포형의 공기관식감지기에서 공기관의 누설과 작동상태를 시험하는 기구로서 공기주입기, 주사바늘, 붓, 비이커, 누설시험유, 등으로 구성되어 있다.

(2) 사용방법

(50페이지의 공기관식 감지기 시험 참조)

2. 누전계

(1) 용도

전기선로의 누설전류 및 일반전류를 측정하는데 사용한다.

(2) 사용방법

1) 교류(AC)의 누설전류[mA] 측정

① 끄기/켜기/고정 셀렉터에서 "켜기"를 선택한다.

② 200mA/20A/200A 셀렉터에서 "200mA" 선택한다.

③ 전류인지 집게를 열어 측정대상을 누른다.

④ 켜기/끄기/고정 셀렉터에서 "고정"을 선택하면 표시창에 데이터가 고정된다.

⑤ 표시창에 표시되는 누설전류값을 읽는다.

2) 교류(AC)의 일반전류[A] 측정

① 끄기/켜기/고정 스위치에서 "켜기"를 선택한다.

② 200mA/20A/200A 스위치에서 "200A" 선택한다.

③ 전류인지 집게를 열어 측정대상을 누른다.

④ 켜기/끄기/고정 스위치에서 "고정"을 선택하면 표시창에 데이터가 고정된다.

⑤ 표시창에 표시되는 누설전류치를 읽는다.

(3) 주의사항

   1) 600V 이상의 고압에는 사용하지 않도록 한다.

   2) 선택한 셀렉터의 한계전류 이상으로 측정하지 않도록 한다.

3. 무선기

(1) 용도

   지하층, 지하가 등에서 소화활동 시 소방대의 무선
통신을 원활하게 해 주는 무선통신보조설비에서 송
수신기의 용도로 사용하는 기기이다.

(2) 사용방법

   1) 로드안테나를 분리하고 접속케이블의 콘넥터를
무선기에 연결한다.

   2) 다른 또하나의 콘넥터는 무선기 접속단자에 연결한다.

   3) 무선기 접속단자에 연결한 무선기와 지하층의 무선기와의 상호 교신을 확인
한다.

4. 폐쇄력(개방력) 측정기

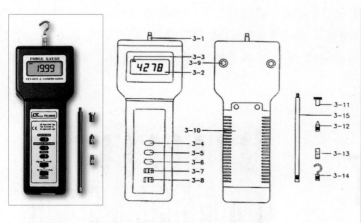

번호	명칭
1	인지 센서
2	LCD 표시창
3	빠름 표시기
4	빠름/느림 버튼
5	LCD 반대표시 버튼
6	영점 버튼
7	kg/LB/Newton 단위스위치
8	전원 : 끄기/켜기 /피크홀드
9	마운틴 구멍 /고정 스크류
10	배터리 커버/분리
11	Plate-head 어댑터
12	Cone 어댑터
13	Chisel 어댑터
14	Hook 어댑터
15	120mm 확장로드

(1) 용도

   방화문 또는 제연구역 출입문의 폐쇄력 또는 개방력을 측정하는 기구

(2) 측정방법

1) 계단실의 출입문을 폐쇄한다.
2) 급기가압제연설비를 가동시켜 제연구역을 가압한다.
3) 폐쇄력측정기의 전원을 켜고 영점조정버튼을 길게 눌러 영점조정을 한다.
4) 압력의 단위를 설정하고, 방화문의 손잡이를 돌려 락을 푼다.
5) 제연구역 바깥쪽에서 방화문 손잡이 부분에 측정기의 인지센서(1) 끝을 대고 밀어서 출입문의 열림 각도가 5±1° 가 되었을 때 측정기의 지시값을 읽는다.
6) 이때 출입문 개방에 필요한 힘이 110N 이하인지를 확인한다.

5. 차압계

(1) 용도

제연구역과 비제연구역의 압력차를 측정하는 기구

(2) 사용방법

1) 전원을 켜고 영점 조정버튼을 길게 눌러 영점조정을 한다.
2) 차압측정기구의 호스 연결
   제연구역(가압공간) 내에서 측정시는 (-)부분에 연결하고, 제연구역의 바깥(비가압공간)에서 측정시에는 (+)에 연결한 후 측정구에 호스를 삽입한다.
3) 제연설비를 가동시켜 차압을 측정하고 차압의 적정성을 판단한다.

6. 비중계

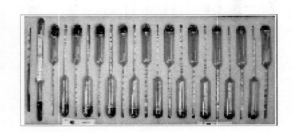

(1) 용도

액체의 비중 및 농도를 재는 계량기로서 소방에서는 축전지 전해액의 비중을 측정하는 기기이다.

(2) 종류

1) 표준 비중계와 일반 비중계가 있으며 일반 비중계가 널리 사용된다.
2) 표준 비중계("A" Type)는 300mm, 분해능력이 0.001이다.
3) 일반 비중계("B" Type)는 165mm, 분해능력이 0.0005이다.

7. 스포이드

(1) 용도

축전지의 비중을 측정할 때 비중계를 스포이드에 넣고 스포이드로 증류수 또는
배터리 액을 흡입하여 측정한다.

(2) 사용방법

1) 스포이드로 증류수 또는 배터리 액을 흡입한다.
2) 이때 스포이드 속의 비중계가 배터리 액의 비중만큼
   부액하는데, 이때 액면이 비중계의 눈금과 일치되는
   값이 비중값이다.

8. 조도계

[디지털 형]

[아날로그 형]

(1) 용도

비상조명등 및 유도등의 조도를 측정하는 기구

(2) 사용방법

1) 검지부(감광부)를 본체에 끼우고, 조도계의 전원 스위치를 ON한다.
2) 빛이 노출되지 않는 상태에서 지시눈금이 "0"의 위치인가를 확인한다.
3) Selector Range를 이용하여 적정한 측정단위를 선택한다.
4) 검지부(감광부)를 유도등 바로 밑으로부터 수평으로 0.5m 떨어진 곳에 위치시

킨다. 다만, 바닥매립형 유도등일 경우에는 직상부의 1m 지점에 위치시킨다.
5) 조도의 측정값을 읽고 기록한다.

(3) 측정시 주의사항

1) 빛의 광도를 모를 경우는 Selector Range를 최대치 범위부터 차례대로 낮춰가며 측정한다.
2) 감광부는 직사광선 등 과도한 광도에 노출되지 않도록 한다.

9. 습도계(수분계)

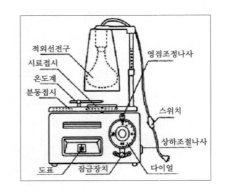

(1) 용도

분말소화약제의 수분 함량을 측정하는 기기

(2) 사용방법

1) 기기를 수평한 곳에 놓고 영점조정을 하여 지시바늘이 습도표시판의 0점에 오게 한다.
2) 5g의 추를 분동접시에 놓고 시료 5g을 정확히 채취한다.
3) 적외선 램프의 중심축이 시료 접시 위에 오도록 한 후 전원스위치를 ON한다.
4) 샘플이 건조해 가면 중심 지시바늘이 오른쪽으로 움직인다. 이때 습도표시판을 시계방향으로 돌려 중심 지시바늘이 중앙선에 오도록 한다.
5) 중심 지시바늘이 완전히 정지했을 때에 시료가 완전히 건조한 때이며, 이때 눈금판에서 증발된 습도의 %를 읽는다.

(3) 주의사항

1) 시험을 연속해서 할 경우 2개의 시료접시를 번갈아 사용하여야 한다.
2) 수분증발량이 눈금판을 넘어갈 경우에는 분동접시에서 일부 추를 제거한다.

10. 입도계

(1) 용도

분말소화약제의 분말입도시험(미세도시험)을 위해 사용하는 기구

(2) 사용방법

1) 균일하게 혼합된 시료를 100g 정량하여 채취한다.
2) 채취한 시료를 다단식으로 장착한 표준체에 올 려놓고 10분간 진동하여 표준체를 통과하지 않 은 시험체의 잔량률을 구한다.

　① 표준체 : 80, 100, 200, 325mesh
　② 진동횟수 : 280~350회/분
　③ 진폭 : 3~5mm
　④ 잔량률(%) $= \dfrac{잔량(g)}{시료(g)} \times 100$

위의 조건으로 시험을 3회 실시한 산술 평균치의 잔량률이 다음 표의 최소치와 최대치의 범위 이내이어야 한다.

표준체	ABC분말의 잔량률(%)	
	최소	최대
80Mesh(180 μm)	0	0
100Mesh(150 μm)	0	10
200Mesh(75 μm)	12	25
325Mesh(45 μm)	12	25

※ Mesh : 단위면적당 강철망 망눈의 개수를 표시하는 단위로서, 가로·세로 1인치(25.4mm) 의 면적 내에 있는 망눈 공간의 개수를 말한다. 즉, 세로 10메쉬라면 공간 1개의 세로길이 는 2.54mm이다.

11. 헤드결합렌치

(1) 용도

스프링클러 헤드를 배관에 설치하거나 떼어내는 데 사용

(2) 주의사항

1) 조립시 헤드의 나사부분이 손상되지 않도록 처음에는 손으로 조금 조인 후에 렌치로 조이도록 한다.

2) 헤드의 감열부분이나 Deflector에 무리한 힘이 가해지면 헤드의 기능이 손상될 수 있다.

3) 규정된 헤드렌치를 사용하지 않으면 헤드의 손상·변형 또는 누수현상의 원인이 될 수 있다.

12. 캡 스패너(Cap Spanner)

(1) 용도

소화기 본체의 Cap(뚜껑)을 열고 닫는 데 사용한다.

(2) 사용방법

소화기의 크기에 따라 대, 중, 소로 구별되어 있으므로 규격에 맞게 선택하여 소화기 뚜껑의 홈이 진 부분에 정확히 맞추고 시계방향으로 돌려서 연다.

13. 가압용기 스패너(Spanner)

(1) 용도

가압식 분말소화기 등 소화기구 내부의 가압용 가스용기를 본체용기로부터 분리(탈거)하는 데 사용하는 공구

(2) 사용방법

가압용기 Spanner를 적당한 크기로 벌려서 가압가스용기를 꽉 집어 반시계 방향으로 서서히 돌려서 본체로부터 떼어낸다.

(3) 주의사항

이때 너무 무리한 힘을 가하면 가압가스 용기 및 봉판 등에 손상을 입힐 수 있으므로 주의를 요한다.

14. 소화기 고정틀

(1) 용도

소화기의 점검·충약시 소화기의 Cap(뚜껑)을 열고자 할 때 소화기를 고정시키기 위한 기구

(2) 사용방법

소화기를 고정틀 위에 올려놓은 후 핸들을 시계방향으로 돌려 조이면 소화기가 고정된다.

15. 내부조명기 및 반사경

(1) 용도

소화기 내면의 부식, 방청상태 등을 점검하는 데 사용

(2) 사용방법

1) 소화기를 고정 틀에 고정시킨 후 소화기의 Cap(뚜껑)을 해당규격의 Cap Spanner로 열어 분리한다.
2) 소화기 내부에 내부조명기로 비춘다.

3) 반사경을 소화기의 내면에 넣고 내면의 부식 또는 방청 등 유무를 점검한다.

16. 저울, 매스실린더 또는 비이커(Beaker)

(1) 용도
분말소화약제의 침강시험 및 입도시험을 하기 위한 기구

(2) 사용방법
1) 담수 200ml를 담은 비이커의 수면 위에 분말시료 2g을 골고루 균일하게 살포하여 1시간 이내에 침강하지 않는지를 확인한다.
2) 1시간 이내에 침강하는 것은 불합격으로 판정하고 그 소화약제는 폐기처리한다.

(3) 주의사항
1) 저울은 미립자를 측정하는 정밀한 계기이므로 심한 충격 등을 가하지 않도록 주의한다.
2) 비이커 및 매스실린더는 사용 후 반드시 깨끗한 물로 씻어서 보관한다.

제 3 장

각종 시험방법

01 \ 분말소화약제 시험

1. 침강시험

(1) 시험순서

1) 200cc 비커에 물 200cc를 담는다.

2) 분말소화약제 시료 2g을 물 위에 균일하게 살포

3) 1시간 동안 침강이 전혀 없으면 정상

(2) 침강의 원인 : 발수제 파괴

(3) 주의사항

1) 비커는 사용 후 깨끗한 물로 씻어둔다.

2) 저울에 심한 충격을 가하지 않는다.

2. 입도시험

(1) 시험방법

1) 균일하게 혼합된 분말소화약제 시료 100g을 정량한다.

2) 시료를 다단식으로 장착한 표준체에 10분간 진동하며 통과시킨 후 시험체의 잔량률을 계산한다.

① 표준체 : 80, 100, 200, 325mesh

② 진동횟수 : 280∼350회/분

③ 진폭 : 3∼5mm

(2) 잔량률 계산

1) 잔량률$[\%] = \dfrac{\text{잔량}[g]}{\text{시료}[g]} \times 100$

2) 시료 1식에 대하여 3회 실시한 산술평균치의 잔량률(%)이 다음 표의 최소치
와 최대치의 범위 이내이어야 한다.

표준체	ABC분말의 잔량률(%)	
	최소	최대
80Mesh(180 μm)	0	0
100Mesh(150 μm)	0	10
200Mesh(75 μm)	12	25
325Mesh(45 μm)	12	25

02 공기관식 감지기 시험

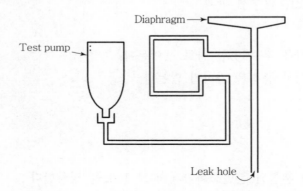

1. 공기주입시험(화재작동시험)

(1) 개요

화재에 의한 공기관 내의 공기팽창압력에 상당하는 공기량을 테스트용 펌프로
공기관에 주입하여 감지기 작동개시 시간과 경계구역표시 등을 확인하는 시험

(2) 시험방법

1) 공기관식 감지기의 검출부 시험구멍에 (공기주입)시험기를 연결한다.

   2) 시험코크 또는 Key를 조작해서 「시험」 위치에 오도록 조정한다.

   3) 검출부에 표시되어 있는 해당 공기량을 공기관에 주입한다.

   4) 공기주입 후 부터 감지기가 작동개시할 때까지의 시간을 측정한다.

(3) 판정방법

   1) 감지기 작동개시 시간은 검출부에 첨부되어 있는 제원표에 의한 범위 이내일 것

   2) 수신반에서 경계구역의 표시가 적합할 것

(4) 작동개시 시간의 판정방법

   1) 기준치 이상인 경우

     ① 공기관의 누설·변형

     ② 공기관의 길이가 너무 긴 경우

     ③ 리크저항치가 규정치보다 적다.

     ④ 접점수고값이 규정치보다 높다.

   2) 기준치에 미달인 경우

     ① 공기관의 길이가 공기주입량에 비해 짧다.

     ② 리크저항치가 규정치보다 크다.

     ③ 접점수고값이 규정치보다 낮다.

2. 작동계속시간 시험

(1) 시험방법

화재작동시험에 의하여 감지기가 작동을 개시한 때부터 작동정지할 때까지의 시간을 측정한다.

(2) 판정방법

   1) 기준치 이상인 경우

     ① 리크저항치가 규정치보다 크다.

     ② 접점수고값이 규정치보다 낮다.

     ③ 공기관의 폐쇄·변형

   2) 기준치 미달인 경우

     ① 리크저항치가 규정치보다 작다.

     ② 접점수고값이 규정치보다 높다.

     ③ 공기관의 누설

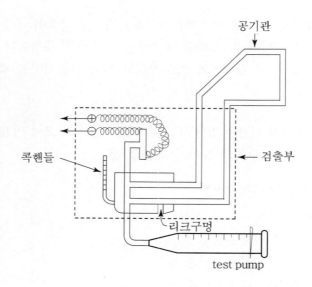

3. 유통시험

(1) 개요

공기관의 누설·찌그러짐·막힘 및 공기관의 길이 등을 확인하는 시험

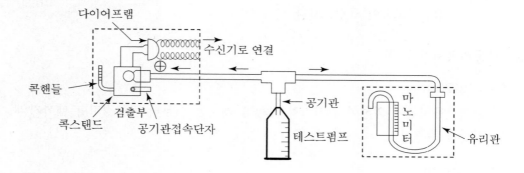

(2) 시험방법

1) 검출부에 시험구멍 또는 공기관의 한 쪽 끝에 마노미터를 접속하고 다른 한 쪽 끝에는 공기주입시험기(Test Pump)를 접속한다.

2) Test Pump로 공기를 주입시켜 마노미터의 수위를 약 100mm로 상승시킨 상태에서 수위를 정지시킨다.(이때의 수위가 정지하지 않았을 경우 접속개소 등에서 누설이 예상됨)

3) 시험 Cock 또는 Key를 조작하여 급기구를 개방

4) 이때 수위가 $\frac{1}{2}$ (50mm) 높이까지 내려가는 데 걸리는 시간을 측정

(3) 판정방법

1) 측정된 시간이 기준시간보다 빠르면 : 공기관의 누설
2) 측정된 시간이 기준시간보다 늦으면 : 공기관의 변형·막힘 등

4. 접점수고시험(Diaphragm시험)

(1) 개요

Diaphragm에 공기를 주입하여 접점이 닫히는 수고값을 측정하는 것으로 비화재보의 원인제거에 필요하다.

(2) 시험방법

1) 공기관의 시험구멍에 마노미터 및 공기주입시험기(Test Pump)를 접속한다.
2) 시험코크를 접점수고 위치에 놓는다.
3) Test Pump로 Diaphragm에 공기를 미량으로 서서히 투입한다.
4) 접점이 닫히는 수고값을 측정한다.
6) 측정값이 검출기에 표시된 값의 범위내 인지 비교 판정한다.

5. 공기관 시험시 주의사항

(1) 공기의 주입은 서서히 하며 규정량 이상 주입하지 않는다.(다이어프램 손상에 유의)
(2) 공기관이 구부러지거나 꺾이지 않도록 한다.
(3) 투입한 공기가 리크구멍을 통과하지 않는 구조의 것에 있어서는 적정공기량을 송입한 후, 신속히 시험코크 또는 Key를 정위치에 복귀시킨다.

03 \ 공기관식 감지기의 3정수 시험

1. 개요

(1) 공기관식 감지기의 3정수 시험은 감도기준 설정이 가열시험으로는 어렵기 때문에 동작시험 중 부작동시험의 이론시험으로서 비화재보 예방을 목적으로 한다.

(2) 공기관식 감지기의 비화재보 방지를 위하여 고려할 사항

1) 다이어프램의 팽창도
2) 접점간격
3) 누설저항

2. 3정수 시험의 종류

(1) 등가용량 시험

1) 다이어프램의 팽창도(등가용량)를 알기 위한 시험으로
2) 주입되는 일정한 공기량에 대한 다이어프램의 수주[mm]를 측정

(2) 접점간격 시험

접점간격이 기준 이하인 경우 비화재보의 원인이 되므로 이를 측정하는 시험

(3) 누설저항 시험

누설저항이 기준 이상으로 크면 비화재보의 원인이 되므로 이를 측정하는 시험

04 \ 열전대식 감지기 시험

1. 화재작동 시험

(1) 개요

감지기의 작동전압에 상당하는 전압을 가하였을 때 작동하는 전압치 및 경계구역의 표시가 적정한가를 확인하는 시험이다.

(2) 시험방법

1) 시험기의 셀렉터 스위치를 「작동시험」 측에 놓고
2) 시험기의 플러그를 감지기의 검출부에 삽입한다.

3) 다이얼을 조작하여 검출부에 서서히 전압을 가한다.
4) 감지기가 작동할 때의 전압치를 측정한다.

(3) 판정

1) 작동전압차가 검출부에 표시되어 있는 값의 범위 이내일 것
2) 경계구역의 표시가 적정할 것

2. 회로 합성저항 시험

(1) 시험방법

1) 감지기의 열전대 회로를 검출부 단자에서 떼어낸다.
2) 회로 저항치를 측정한다.

(2) 판정

회로의 합성저항치가 검출부에 표시되어 있는 값 이하일 것

05 \ 감지선형 감지기 시험

1. 작동 시험

(1) 감지기 말단에 회로시험기를 접속한다.
(2) 회로시험기를 조작하여 해당 경계구역의 표시 적정여부를 확인한다.

2. 회로합성저항 시험

(1) 시험방법

1) 수신기의 외선을 벗기고 측정하는 회로의 말단을 단락시킨다.
2) 회로 중 종단저항이 삽입되어 있는 것은 종단저항을 단락시킨다.
3) 회로시험기로 감지기회로의 배선과 감지선의 합성저항치를 측정한다.

(2) 판정

합성저항치가 기능에 이상이 없는 값이면 양호하다.

06 \ 수신기 시험

1. 동작시험(화재표시 작동시험)

수신기에 화재신호를 수동으로 입력하여 수신기가 정상으로 작동하는지를 확인하는 시험, 즉, 화재감지기나 발신기의 작동시 수신기에서 화재표시등 및 해당지구표시등, 음향장치의 명동 등의 정상작동을 확인하는 시험

(1) 수신기의 「동작(화재)시험」 및 「자동복구」 스위치(Button)를 누른다.

(2) 「회로선택스위치」를 순차적으로 회전시키면서

(3) 화재표시등, 해당지구표시등, 주경종, 지구경종 및 기타 연동설비의 작동여부를 확인한다.

(4) 각 회선의 표시사항과 회선번호를 대조한다.

(5) 감지기 또는 발신기를 차례로 동작시켜 각 경계구역과 지구표시등과의 접속상태를 확인한다.

〈판정기준〉

① 각 경계구역번호와 회선표시창의 일치 여부를 확인한다.

② 화재등 및 지구표시등, 음향장치의 정상작동을 확인한다.

2. 회로도통 시험

감지기 회로의 단선 유무와 기기 등의 접속사항을 확인하는 시험

(1) 「회로도통시험」 버튼을 누르고 전원지시값이 0[V]가 되는지 확인한다.

(2) 「회로선택스위치」 를 순차적으로 회전시킨다.

(3) 도통시험 확인 표시창에서 단선 여부를 확인한다.

〈판정기준〉

① 정상 : 2~6[V] 지시 또는 녹색범위 지시

② 단선 : 0[V] 지시

3. 공통선 시험

(1) 수신기 내의 접속단자에서 공통선 1개를 분리한다.

(2) 「회로도통시험」 버튼을 누른다.

(3) 「회로선택스위치」 를 순차적으로 회전시킨다.

(4) 시험용 전압계에 0[V]로 표시되는 회로수를 확인한다.

〈판정기준〉
하나의 공통선이 담당하고 있는 경계구역의 수가 7개 이하일 것

4. 동시작동 시험

감지기 회로가 동시에 수개회로 동작하더라도 수신기가 정상 작동하는지를 확인하는 것
(1) 수신기의 「화재시험」 스위치를 누른다.(「자동복구」 스위치는 누르지 않는다.)
(2) 각 회선의 「화재작동」을 복구시킴 없이 5회선을 동시에 작동시킨다.
(3) 회로의 작동수가 증가할 때마다 전류를 확인한다.
(4) 주음향장치 및 지구음향장치도 동작시키고 전류를 확인한다.
(5) 부수신기가 설치된 경우에도 모두 「정상상태」로 놓고 시험한다.

5. 회로저항 시험

(1) 수신기의 전원을 「Off」상태로 한다.
(2) 감지기회로의 공용선과 표시선 사이의 전로에 저항을 접속한다.
(3) 회로시험기의 셀렉터 스위치를 [Ω]에 놓고 저항값을 측정한다.
〈판정기준〉
하나의 감지기 회로의 합성저항치가 50[Ω] 이하일 것

6. 예비전원 시험

(1) 「예비전원시험」 스위치를 누른다.
(2) 전압계의 지시치가 지정치 범위 내인가 확인한다.
(3) 교류전원을 「Off」시킨다.
(4) 자동절환릴레이의 작동상태를 확인한다.
〈판정기준〉
① 전압계의 지시치가 약 24[V]이고
② 상용전원에서 예비전원으로 자동절환되며
③ 스위치를 복구하면 자동으로 다시 상용전원으로 복구되면 정상

07 \ 펌프성능시험

1. 개요

소방펌프의 성능시험에서는 체절운전점, 정격운전점, 최대운전점에서의 각 압력을 측정하고, 펌프의 성능곡선을 작성하여 펌프제조업체에서 제공한 성능곡선과 대비하여 이상 여부를 판단하여야 한다.

2. 성능시험배관

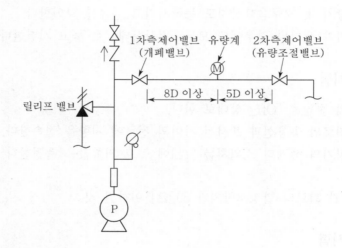

3. 시험순서

(1) 동력제어반(MCC)의 충압펌프 작동스위치 : '정지'(OFF) 위치에 놓는다.
(2) 주펌프 토출측의 개폐밸브 : 완전히 잠근다.
(3) 릴리프 밸브 : 완전히 잠근다.
(4) 성능시험배관의 1차측 밸브(개폐밸브) : 완전 개방
    2차측 밸브(유량조절밸브) : 완전 잠금
(5) 주펌프 기동 : 압력챔버의 배수밸브 개방(펌프기동 후 다시 잠근다.) 또는 제어반 수동기동스위치 'ON' 위치
(6) 성능시험 배관의 2차측 밸브를 서서히 열면서 다음 사항을 확인·측정한다.
    1) 정격부하시험 : 정격토출량 상태에서 토출압력이 정격양정 이상이면 정상
    2) 최대부하시험 : 정격토출량의 150%일 때 토출압력이 정격양정의 65% 이상이면 정상

3) 무부하시험(체절운전시험) : 토출량이 Zero(0)인 상태에서 토출압력이 정격
   양정의 140% 이하이면 정상

(7) 복구

1) 동력제어반(MCC)의 주펌프 작동스위치 : '정지' 위치에 놓는다.

2) 성능시험 배관의 2차측 밸브를 열어 배수한 다음 1 · 2차측 밸브를 모두 잠근다.

3) 주펌프의 토출측 밸브 : 완전 개방

4) 충압펌프 가동하여 충분히 충압시킨다.

5) 릴리프 밸브를 재설정한다 : 체절압력 미만에서 개방되게 설정

6) 충압펌프 작동스위치 : '자동' 위치에 놓는다 : 충압펌프 기동

7) 제어반의 주펌프 작동스위치 : '자동' 위치에 놓는다.

8) 자동기동 확인 : 압력챔버의 배수밸브를 개방하여 펌프의 자동기동을 확인한
   후 다시 잠근다.

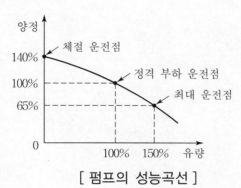

[펌프의 성능곡선]

4. 측정시 주의사항

(1) 성능시험 배관에 유량계의 1차측 밸브와 2차측 밸브 모두 설치한다.

(2) 이때 2차측 밸브는 반드시 유량조절용(Glove) 밸브로 설치한다.

(3) 1차측과 2차측 배관에 규정된 직관부를 확보한다.

(4) 유량계 통과 소화수에 기포 발견시 기포를 완전히 배출 후에 시험 실시한다.

5. 판단

(1) 소화펌프의 성능시험에서 다음과 같은 성능이 되면 정상이다.

구분	유량	압력
정격운전	100%	100~110%
최대운전	150%	65% 이상
체절운전	0%	140% 이하

(2) 펌프제조회사에서 제공한 성능시험곡선과 대비·검토하여 이상이 없어야 한다.

제 4 장

수계소화설비의 공통사항

01 \ 수계소화설비의 공통 중요 화재안전기준

1. 수조의 설치기준 (모든 수계소화설비에 공통적용)

(1) 점검이 편리한 곳에 설치할 것

(2) 동결방지조치를 하거나 동결의 우려가 없는 장소에 설치

(3) 수조의 외측에 수위계를 설치

(4) 수조의 외측에 고정식 사다리를 설치(수조의 상단이 바닥보다 높은 경우에 한함)

(5) 수조가 실내에 설치된 경우에는 그 실내에 조명설비를 설치

(6) 수조의 밑부분에 청소용 배수밸브 또는 배수관을 설치

(7) 수조의 상부에(압력수조·가압수조의 경우에는 하부에) 급수관을 설치

(8) 수조 외측의 보기 쉬운 곳에 "○○○○설비용 수조"의 표지를 설치

(9) 가압송수장치용 고가수조인 경우 추가설치 사항 : 오버플로우관, 맨홀

(10) 가압송수장치용 압력수조인 경우 추가설치 사항 : 급기관, 맨홀, 압력계, 안전 장치, 압력저하 방지를 위한 자동식 공기압축기

2. 옥상수조(2차수원)의 설치제외 대상 (단, 옥외소화전·간이스프링클러·물분무·미분무·포소화설비에는 옥상수조의 법적 설치의무가 없으므로 해당사항 없음)

층수가 29층 이하인 특정소방대상물로서 다음의 어느 하나에 해당하는 경우. 단, (2)와 (3)의 경우에는 30층 이상(고층건축물)도 옥상수조 제외대상에 해당됨

(1) 지하층만 있는 건축물

(2) 수원이 건축물의 최상층에 설치된 방수구(헤드)보다 높은 위치에 설치된 경우

(3) 고가수조를 가압송수장치로 설치한 경우

(4) 지표면으로부터 당해 건축물의 상단까지의 높이가 10m 이하인 경우

(5) 주펌프와 동등 이상의 성능이 있는 별도의 펌프로서 내연기관의 기동과 연동하

여 작동되거나 비상전원을 연결하여 설치한 경우

(6) 가압수조를 가압송수장치로 설치한 경우

3. 소방용 합성수지배관으로 설치할 수 있는 조건 (미분무소화설비를 제외한 모든 수계 소화설비에 공통적용)

(1) 배관을 지하에 매설하는 경우

(2) 다른 부분과는 내화구조로 방화구획된 덕트 또는 피트의 내부에 설치하는 경우

(3) 천장과 반자를 불연재료 또는 준불연재료로 설치하고, 그 내부에 습식 배관으로 설치하는 경우

4. 송수구 설치기준 (미분무·옥외소화전설비에는 송수구의 법적 설치의무가 없음)

(1) 송수구는 소방차가 쉽게 접근할 수 있는 잘 보이는 장소에 설치하되, 화재 층으로부터 지면으로 떨어지는 유리창 등이 송수 및 그 밖의 소화작업에 지장을 주지 아니하는 장소에 설치할 것

(2) 송수구로부터 주배관에 이르는 연결배관에 개폐밸브를 설치한 때에는 그 개폐 상태를 쉽게 확인 및 조작할 수 있는 옥외 또는 기계실 등의 장소에 설치할 것 (단, 옥내소화전설비에서 전용배관인 경우에는 개폐밸브 설치금지)

(3) 구경 65mm 쌍구형으로 할 것(단, 옥내소화전설비·간이스프링클러설비는 쌍구형 또는 단구형)

(4) 송수구에는 그 가까운 곳의 보기 쉬운 곳에 송수압력 범위를 표시한 표지를 할 것(단, 옥내소화전설비는 제외)

(5) 지면으로부터 높이 0.5m 이상 1m 이하의 위치에 설치

(6) 하나의 층의 바닥면적이 3,000m²를 넘을 때마다 1개 이상(최대 5개) 설치 : (단, 옥내소화전설비·간이스프링클러설비·연결송수관설비는 제외)

(7) 송수구에 이물질을 막기 위한 마개를 씌울 것

(8) 송수구의 가까운 부분에 자동배수밸브 및 체크밸브 설치

※ 연결송수관설비의 경우 위의 (8)을 아래의 (9)와 같이 하고 (10)·(11)을 추가한다.

(9) 송수구 부근에는 자동배수밸브 및 체크밸브를 다음과 같이 설치한다.

　1) 습식 : 송수구 – 자동배수밸브 – 체크밸브의 순으로 설치

　2) 건식 : 송수구 – 자동배수밸브 – 체크밸브 – 자동배수밸브의 순으로 설치

(10) 송수구는 연결송수관의 수직배관마다 1개 이상을 설치

(11) 송수구에는 가까운 곳의 보기 쉬운 곳에 "연결송수관설비송수구"라고 표시한 표지를 설치

5. 전원 (간이스프링클러 · 옥외소화전설비를 제외한 모든 수계소화설비에 공통적용)

(1) 상용전원회로의 설치기준

　1) 저압수전

　　인입개폐기 직후에서 분기하여 전용배선으로 한다.

　2) 고압수전 또는 특별고압수전

　　전력용 변압기 2차측의 주차단기 1차측에서 분기하여 전용배선으로 한다.
　　(다만, 상용전원의 상시 공급에 지장이 없을 경우에는 주차단기 2차측에서
　　분기할 수 있다.)

(2) 비상전원의 설치대상

　1) 옥내소화전설비 · 비상콘센트설비

　　① 층수가 7층 이상으로서 연면적 2,000m² 이상인 특정소방대상물

　　② 지하층의 바닥면적 합계가 3,000m² 이상인 특정소방대상물

　2) 위의 1)항 이외의 모든 소화설비에서는 제한없이 비상전원 설치대상 임

(3) 비상전원의 설치면제대상

　1) 2 이상의 변전소에서 전력을 동시에 공급받을 수 있도록 상용전원을 설치한 경우

　2) 하나의 변전소로부터 전력의 공급이 중단되는 때에는 자동으로 다른 변전소
　　로부터 전력을 공급받을 수 있도록 상용전원을 설치한 경우

　3) 가압수조방식의 가압송수장치를 사용하는 경우

(4) 비상전원의 설치기준

　1) 설치장소

　　① 점검에 편리하고 화재 및 침수 등의 재해로 인한 피해를 받을 우려가 없는 곳

　　② 다른 장소와의 사이에 방화구획하여야 한다.

　　③ 그 장소에는 비상전원의 공급에 필요한 기구나 설비 외의 것을 두어서는
　　　아니된다.

　2) 용량 : 해당 설비를 유효하게 20분(준초고층건축물 : 40분, 초고층건축물 : 60
　　분) 이상 작동할 수 있어야 한다.

　3) 상용전원으로부터 전력의 공급이 중단된 때에는 자동으로 비상전원으로부터
　　전력을 공급받을 수 있어야 한다.

　4) 비상전원을 실내에 설치하는 경우에는 비상조명등을 설치하여야 한다.

〈 이하 5)~8)은 스프링클러설비 및 미분무소화설비에만 해당 됨 〉

5) 옥내에 설치하는 비상전원실에는 옥외로 직접 통하는 충분한 용량의 급배기 설비를 설치할 것

6) 비상전원의 출력용량은 다음 각 목의 기준을 충족할 것

① 비상전원설비에 설치되어 동시에 운전될 수 있는 모든 부하의 합계 입력 용량을 기준으로 정격출력을 선정할 것. 다만, 소방전원 보존형발전기를 사용할 경우에는 그러하지 아니하다.

② 기동전류가 가장 큰 부하가 기동될 때에도 부하의 허용 최저입력전압 이상의 출력전압을 유지할 것

③ 단시간 과전류에 견디는 내력은 입력용량이 가장 큰 부하가 최종 기동할 경우에도 견딜 수 있을 것

7) 자가발전설비는 부하의 용도와 조건에 따라 다음 각 목 중의 하나를 설치할 것

① 소방전용 발전기 : 소방부하용량을 기준으로 정격출력용량을 산정함

② 소방부하 겸용 발전기 : 소방 및 비상부하 겸용으로서 소방부하와 비상부하의 전원용량을 합산하여 정격출력용량을 산정함. 단, 이 경우 비상부하는 국토교통부장관이 정한 건축전기설비설계기준의 수용률 범위 중 최대값 이상을 적용함

③ 소방전원 보존형 발전기 : 소방 및 비상부하 겸용으로서 소방부하의 전원용량을 기준으로 정격출력용량을 산정함

8) 비상전원실의 출입구 외부에는 실의 위치와 비상전원의 종류를 식별할 수 있도록 표지판을 부착할 것

6. 제어반 (간이스프링클러설비를 제외한 모든 수계소화설비에 공통적용)

(1) 감시제어반의 기능

1) 각 소화펌프의 작동여부의 표시등 및 음향경보 기능

2) 각 펌프를 자동 및 수동으로 작동시키거나 중단시키는 기능

3) 비상전원을 설치한 경우에는 상용전원 및 비상전원 공급여부의 확인

4) 수조 또는 물올림탱크의 저수위표시등 및 음향경보 기능

5) 각 확인회로(기동용수압개폐장치의 압력스위치회로, 수조 또는 물올림탱크의 감시회로 등)의 도통시험 및 작동시험 기능 : (스프링클러설비 및 미분무소화설비에서는 제외)

6) 예비전원이 확보되고 예비전원 적합여부의 시험기능이 있을 것

(2) 감시제어반의 설치기준

1) 화재·침수 등의 피해를 받을 우려가 없는 곳에 설치

2) 당해 소화설비의 전용으로 할 것(단, 당해 설비의 제어에 지장이 없을 경우에는 타설비와 겸용 가능함)

3) 다음 기준의 전용실 안에 설치할 것

   ① 다른 부분과 방화구획할 것

     다만, 전용실의 벽에 감시창이 있는 경우에는 다음 중 어느 하나에 해당하는 붙박이 창으로 설치하여야 한다.

     ㉮ 두께 7mm 이상의 망입유리

     ㉯ 두께 16.3mm 이상의 접합유리

     ㉰ 두께 28mm 이상의 복층유리

   ② 설치장소 : 피난층 또는 지하 1층에 설치

     다만, 특별피난계단 부속실의 출입구로부터 보행거리 5m 이내에 전용실의 출입구가 있는 경우 또는 아파트의 관리동에 설치하는 경우에는 지상 2층 또는 지하 1층 외의 지하층에 설치할 수 있다.

4) 비상조명등 및 급·배기설비를 설치

5) 무선통신보조설비의 무선기기접속단자 설치 : (단, 무선통신보조설비가 설치된 대상물에 한함)

6) 바닥면적은 화재시 소방대원이 제어반의 조작에 필요한 최소면적 이상으로 할 것

7) 다음의 각 확인회로마다 도통시험 및 작동시험을 할 수 있도록 할 것 : (스프링클러설비 및 미분무소화설비에만 해당 됨)

   ① 기동용수압개폐장치의 압력스위치회로

   ② 수조 또는 물올림탱크의 저수위감시회로

   ③ 유수검지장치 또는 일제개방밸브의 압력스위치회로

   ④ 일제개방밸브를 사용하는 설비의 화재감지기회로

   ⑤ 급수배관개폐밸브의 폐쇄상태 확인회로

   ⑥ 그 밖의 이와 비슷한 회로

(3) 감시제어반과 동력제어반을 구분하여 설치하지 않아도 되는 경우

1) 다음 각 목의 1에 해당하지 아니하는 소방대상물에 설치되는 스프링클러설비

   ① 지하층을 제외한 층수가 7층 이상으로서 연면적이 2,000m² 이상인 것

② 제①호에 해당하지 아니하는 소방대상물로서 지하층의 바닥면적의 합계
　 가 3,000m² 이상인 것. 다만, 차고·주차장 또는 보일러실·기계실·전기
　 실 및 이와 유사한 장소의 면적은 제외한다.

2) 내연기관에 따른 가압송수장치를 사용하는 소화설비

3) 고가수조에 따른 가압송수장치를 사용하는 소화설비

4) 가압수조에 따른 가압송수장치를 사용하는 소화설비

※ 미분무소화설비에서는 위 내용과 관계없이, 별도의 시방서를 제시하는 경우 또
　 는 가압수조에 따른 가압송수장치를 사용하는 경우에는 감시제어반과 동력제어
　 반을 구분하여 설치하지 않아도 된다.

02 소방펌프 주위 계통도 및 각 구성품의 기능

1. 소방펌프주변 계통도

(1) 지상식수조(정압수조) 방식

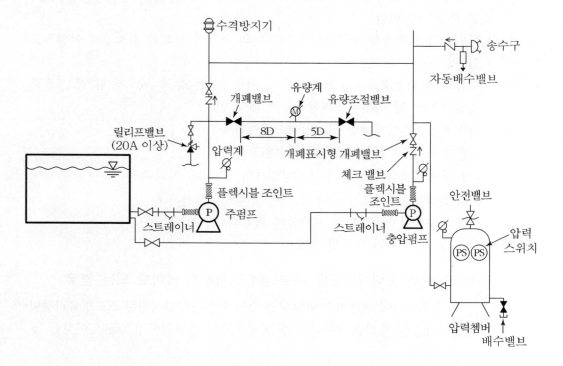

(2) 지하식수조(부압수조) 방식

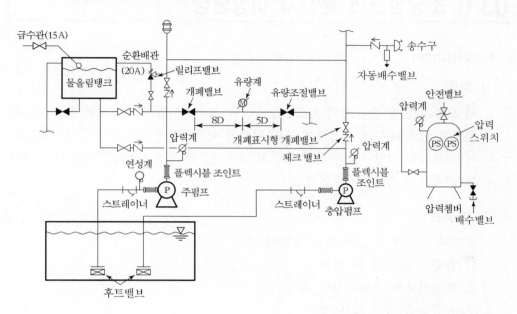

2. 소방펌프 주위 각 구성품의 명칭 및 기능

(1) 후트밸브 : 흡입되는 소화수의 이물질 여과기능 및 소화수의 역류방지기능

(2) 플렉시블조인트 : 펌프의 진동전달방지 및 배관의 신축을 흡수하는 기능

(3) 연성계 : 펌프 흡입측의 압력을 측정

(4) 압력계 : 펌프 토출측의 압력을 측정

(5) 물올림장치 : 후트밸브의 기능을 감시하고 펌프 흡입측 배관에 마중물을 공급함

(6) 순환배관 : 펌프의 체절운전시 수온상승을 방지하는 기능

(7) 릴리프밸브 : 체절압력 미만에서 개방되어 수온상승 방지

(8) 체크밸브 : 소화수의 역류방지기능

(9) 개폐표시형 개폐밸브 : 성능시험시 또는 관내 점검·보수시에 유수를 차단하며, 밸브의 개방·폐쇄 상태를 겉에서 알 수 있도록 표시되는 밸브이다.

(10) 유량계 : 펌프의 성능시험시 펌프 유량(토출량)을 측정하는데 사용

(11) 성능시험배관 : 펌프의 성능시험 하는데 사용

(12) 주펌프 : 소화설비 작동시 소화수에 규정 유속과 방사압력을 부여함

(13) 충압펌프 : 시스템 관내를 상시 충압하여 일정압력으로 유지시킴

(14) 기동용 수압개폐장치(압력스위치 및 압력챔버) : 펌프의 자동 기동·정지 및 시스템 압력변화에 대한완충작용 기능을 한다.

03 \ 소방펌프의 운전시 이상현상

1. Cavitation

(1) 정의

펌프의 운전 중 관내 물의 온도상승 등으로 포화증기압이 낮아지면 비점도 낮아지므로 펌프 내부의 저압부에 물의 일부가 비등·기화하여 기포가 생성하는데, 이 기포들이 고압부를 만나면 급격히 붕괴되면서 진동·소음을 유발하고 펌프에 기계적 손상을 주는 현상

(2) 발생원인

펌프의 무리한 흡입이 주된 원인이 된다.
1) 흡입측 양정이 큰 경우
2) 흡입관로의 마찰손실이 과대
3) 흡입측 관경이 작은 경우
4) 관 내의 유체온도가 상승된 경우
5) 정격토출량 이상 또는 정격양정 이하로 운전하는 경우(서어징현상 발생)

(3) Cavitation 발생시 현상

1) 소음과 진동이 발생
2) 펌프의 효율, 토출량, 양정이 감소
3) 심하면 임펠러나 본체 내면이 손상되어 양수 불능이 된다.

(4) 방지대책

근본적으로 펌프의 흡입 저항을 줄이는 데 목표를 둔다.
1) 흡입측 양정을 작게 한다.(펌프를 흡수면 가까이에 설치)
2) 흡입측 관경을 크게 하고, 배관을 단순 직관화
3) 수직회전축 펌프 사용
4) 정격토출량 이상으로 운전하지 말 것 : (서어징은 반대)
5) 정격양정보다 무리하게 낮추어 운전하지 말 것
6) 펌프의 회전수를 낮춘다.

2. Surging

(1) 정의

펌프, 송풍기 등을 저유량 영역(정격토출량 이하)에서 운전할 때, 유량 및 압력이 주기적으로 변화하면서 압력계 및 연성계의 지침이 흔들리고, Hunting 현상 및 진동·소음이 발생하여 불안정한 운전이 되는 현상

(2) 발생원인

1) 펌프운전시의 특성곡선에서 그 사용범위가 우측으로 올라가는 부분(A~B)일 때 발생한다.
2) 정격토출량 범위 이하에서 운전할 경우

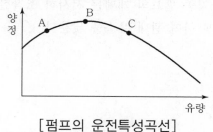

[펌프의 운전특성곡선]

3) 송수관로 중에 물탱크나 기체상태의 부분이 존재할 경우
4) 유량조절밸브가 펌프에서 원거리에 설치된 경우

(3) 방지대책

1) 펌프의 운전특성을 변화시킨다. 즉 특성곡선에서 그 사용범위가 우측하향 구배 특성의 부분(B~C)이 되도록 모든 조치를 강구 → 회전차나 안내깃의 형상·치수를 변화시킴
2) 정격토출량 범위 이하에서 운전하지 않도록 함
3) 배관 중에 수조나 기체상태의 부분이 없도록 조치
4) 유량조절밸브는 펌프 토출측 직후에 근접하여 설치
5) 펌프의 회전속도를 낮춘다.
6) 배관 마찰손실을 적게 한다.

3. Water Hammer

(1) 정의

관 내의 유속이 급변하였을 때 유체의 운동에너지가 압력에너지로 변하면서 고압이 발생하여, 관벽을 치면서 큰 진동과 굉음을 발생하는 현상

(2) 발생원인

1) 펌프운전 중 밸브를 급히 개폐한 경우

2) 펌프운전 중 정전 등으로 펌프가 급정지되는 경우

3) 원심펌프의 기동 및 정지시에 관내 물이 역류하여 체크밸브가 닫혔을 때

(3) 방지대책

1) 펌프의 동력축에 Fly Wheel을 설치 : 회전체의 관성모멘트 증대

2) 펌프 토출측에 Air Chamber 설치 : 배관 내의 압력변화를 흡수

3) 유량조절밸브를 펌프 가까이에 설치

4) 펌프 토출측의 체크밸브는 충격흡수식 밸브(스모렌스키밸브)를 사용

5) 펌프 운전 중에 각종 밸브의 개폐는 서서히 조작한다.

6) 관의 내경을 크게 하여 관내 유속을 낮춘다.

04 \ 소방펌프의 기동·정지점 설정방법

1. 개요

(1) 소방펌프의 기동·정지 압력의 설정방법에 관하여 국내에서는 법규적 기준이나 정형화된 기준은 아직 없으나, 여기서는 국내에서 통상적으로 적용되고 있는 방법 중 잘못 적용되고 있는 점을 지적하여 그 이유를 설명하고, 그 개선방안을 기술하였다.

(2) 화재안전기준 개정으로 소화펌프가 기동된 후 자동으로 정지되게 하지 않도록 규정됨에 따라 소화배관시스템의 최대사용압력이 과거의 펌프 정격압력에서 체절압력으로 변경되었다. 따라서, 소방펌프의 기동·정지점을 체절운전시스템으로 설정하여야 한다.

2. 소방펌프의 과거 운전압력 설정 및 개선된 운전압력 설정

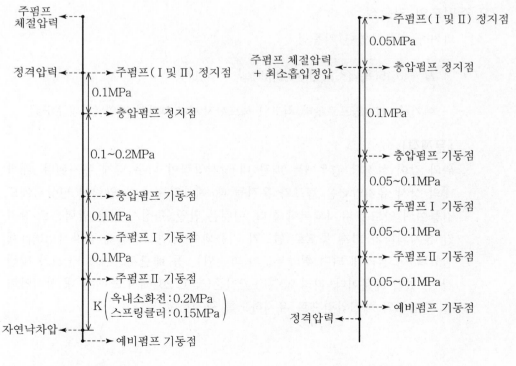

[과거의 설정] [개선된 설정]

위와 같이 [개선된 설정] 방법으로 설정한 경우에는 펌프(충압펌프는 제외)가 기동된 후 자동정지가 되지 않으므로, 화재안전기준의 자동정지금지 규정을 만족한다. 또, 이 경우 전기적인 방법인 자기유지회로기능을 적용(설치)할 필요가 없다. 그러나, 제2의 안전장치(Fail-Safe) 차원에서 자기유지회로기능도 적용(설치)하고, 기동·정지점도 위와 같이 설정해도 된다. 즉, 두 가지 방법을 함께 적용해도 문제는 없다고 할 수 있다.

[흡입정압]

최소흡입정압이란, 그림과 같이 펌프의 중심축에서 소화수조의 급수구까지의 수직거리를 말한다. 그러나, 국내의 일반적인 건축물에는 거의 대부분이 펌프와 소화수조 급수구의 높이가 유사한 높이에 설치된다. 이 경우에는 흡입정압을 무시하여도 문제가 없을 것이다.

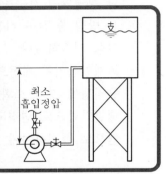

---

(1) 주펌프의 기동점

1) 과거에 적용하였던 기동점

$$H + 0.15(옥내소화전 : 0.2)\text{MPa}$$

여기서, H : 펌프로부터 최고위 헤드까지 수직거리의 자연낙차압[MPa]

[문제점]

위와 같이 설정할 경우에는 배관 내 상시압력이 너무 낮게 유지된다. 배관 내의 상시 유지압력은 펌프가 운전될 때 예상되는 높은 압력에 평상시에도 길들여져 있도록 유지되어야 한다. 이것은 만일, 평상시 낮은 압력으로 장기간 유지되다가 화재 등으로 펌프가 기동되어 배관시스템에 갑자기 고압(체절압력)이 걸리게 되면 취약부분이 파손되는 등 배관시스템에 Error가 발생될 수 있기 때문이다. 따라서, NFPA기준(NFC 20)에서도 배관 내 상시압력을 주펌프의 체절압력으로 유지하도록 규정하고 있다.

2) 개선된 기동점

① 주펌프의 기동점은 화재시 신속하게 기동될 수 있도록 충압펌프의 기동 압력 및 주펌프의 체절압력보다 너무 낮게 설정하지 않아야 한다. 즉, 주펌프의 기동점은 체절압력보다 최대 0.2MPa 이상 낮지 않아야 하며 또한, 정격압력보다는 반드시 높아야 한다.

∴ 주펌프의 기동점 = 체절압력 − (0.1 ~ 0.2) MPa

② 주펌프가 2대일 경우에는 주펌프 1번과 2번의 기동점 차이가 0.05 ~ 0.1MPa 되게 설정하여야 한다. 다만, 이 경우에도 2대 모두 펌프의 정격압력 이상에서 기동되게 설정하여야 한다.

(2) 주펌프의 정지점

1) 과거에 적용하였던 정지점 : 주펌프의 정격압력

① 과거(화재안전기준 개정 전)에는 주펌프의 정지점을 정격압력으로 설정하였다. 이렇게 하면 헤드 1개 개방 등 시스템 최소유량이 방출될 경우에는 펌프의 기동 · 정지가 짧은 시간에 반복되는 Hunting 현상 발생 및 동력제어반의 Magnet 단자의 손상 등으로 정상운전이 불가능하게 된다.

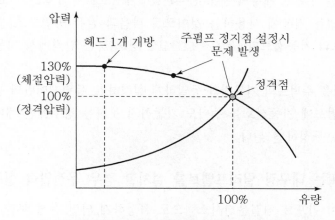

[스프링클러헤드 개방에 따른 펌프성능곡선]

② 또, 시스템 배관의 사용압력한계도 펌프의 정격압력을 기준으로 하여 1.2 MPa 이상일 경우 압력배관(KSD 3562)을 적용하였었다.

2) 개선된 정지점 : 주펌프의 체절압력 + 0.05MPa 이상

※ 여기서, "체절압력 + 0.05MPa 이상"은 체절압력보다 조금이라도 높게 설정하면 된다는 의미이다.

① 시스템의 최소유량(헤드 1개 개방 등)이 방출될 경우에도 기동된 주펌프가 자동으로 정지되지 않도록 정지점을 체절운전점의 초과압력으로 설정함으로써 체절운전이 가능하도록 하여야 한다.

② 또, 시스템 관내의 사용압력한계를 정격압력으로 하는 과거의 설계·시공 관행을 모두 개선하여 관내의 사용압력한계를 주펌프의 체절압력까지로 하여야 한다. 즉, 주펌프의 정지점을 체절압력 이상으로 설정하므로, 배관 및 그 부속류의 사용압력한계를 체절압력에 맞추어 설계 및 시공하여야 한다.

(3) 충압펌프의 기동·정지점 설정

위와 같이 평상시 배관시스템 내의 압력을 주펌프의 체절압력에 근접한 압력으로 유지되게 하려면 충압펌프의 기동·정지점을 다음과 같이 설정하여야 한다.

1) 기동점 : 주펌프 기동점 + (0.05~0.1)MPa
2) 정지점 : 충압펌프 기동점 + 0.1MPa

(4) 예비펌프의 기동·정지점 설정

예비펌프는 주펌프 대용의 Spare(Reserve) 개념으로서 주펌프가 고장 등으로 작동할 수 없는 경우에 사용하는 것이므로 다음과 같은 방법으로 설정하면 된다.

1) 주펌프의 기동점보다 (0.05~0.1)MPa 정도 낮은 압력에서 기동되게 설정하거나,
2) 기동점을 주펌프의 기동점과 동일하게 설정하고, 동력제어반의 동작 Sequence를 주펌프에 기동신호를 주어도 기동하지 못하는 경우에만 예비펌프가 기동하도록 구성하면 된다.

3. 감압밸브 또는 대구경 릴리프밸브를 설치할 경우 운전압력 설정방법

(1) 위와 같이 펌프를 체절운전시스템으로 설정하게 되면 전체 배관시스템에 고압이 걸리는 문제점이 따르게 된다. 이의 대책으로 펌프 토출측에 감압밸브 또는 대구경 릴리프밸브를 설치하고 펌프의 운전압력 설정을 다음과 같이 할 경우 배관시스템의 압력부담을 해결할 수 있게 된다.

다만, 이 방법은 펌프의 정격압력이 1.2MPa(압력배관사용압력)에 근접한 압력이면서, 주펌프의 체절압력이 정격압력과의 차이가 큰(약 125% 이상) 경우에만 적용효과가 있다.

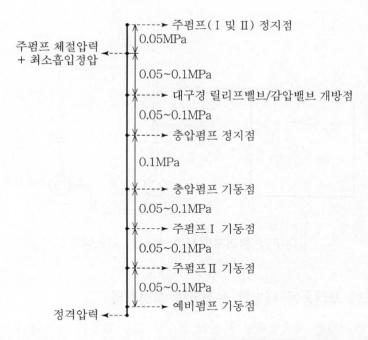

주펌프 체절압력 + 최소흡입정압

0.05MPa ----→ 주펌프(Ⅰ 및 Ⅱ) 정지점

0.05~0.1MPa

----→ 대구경 릴리프밸브/감압밸브 개방점

0.05~0.1MPa

----→ 충압펌프 정지점

0.1MPa

----→ 충압펌프 기동점

0.05~0.1MPa

----→ 주펌프 Ⅰ 기동점

0.05~0.1MPa

----→ 주펌프 Ⅱ 기동점

0.05~0.1MPa

정격압력 ----→ 예비펌프 기동점

[감압밸브 또는 대구경 릴리프밸브를 설치할 경우 운전압력 설정]

(2) 이 경우, 다음 그림과 같이 릴리프밸브나 감압밸브 중 어느 하나만 설치해도 된다. 즉, 릴리프밸브만 설치할 경우에도 시스템 내의 감압기능은 감압밸브와 유사한 효과를 얻을 수 있으며, 이 경우 By-pass 배관이 필요 없고 주배관 관경보다 3~4단계 작은 규격의 릴리프밸브를 적용할 수 있는 이점이 있으나, 릴리프밸브를 통과한 소화수를 저수조로 Return시켜야 하는 단점이 있다.

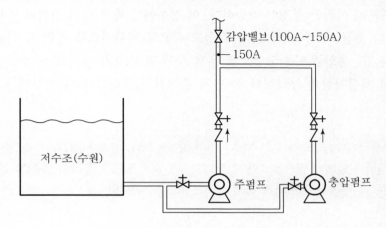

[감압밸브를 설치한 시스템]

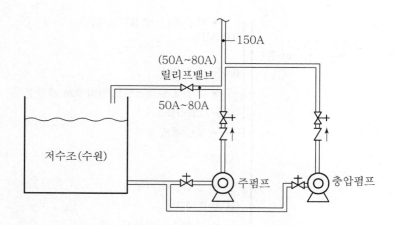

[대구경 릴리프밸브를 설치한 시스템]

4. 소화펌프의 오작동에 대비한 운전압력 설정방법

주펌프의 정지점을 체절압력보다 높게 설정할 경우 펌프가 기동된 후 자동으로 정지되지는 않는다. 그러나 화재가 아닌 상황에서 오작동(비화재 시 기동) 등으로 펌프가 기동되었다면 관리자가 수동으로 정지할 때까지 계속해서 장시간 동안 운전될 수 있는 단점이 있다. 이러한 상황에 대처할 수 있는 방안으로, 다음 그림과 같이 충압펌프의 정지점을 주펌프의 정지점보다 높은 값으로 설정하는 방법이 있다. 다만, 이 경우에는 충압펌프를 웨스코펌프와 같이 체절압력이 주펌프의 체절압력보다 높은 것으로 설치하였을 경우에만 가능하다. 이것은 웨스코펌프의 특성상 압력상승 곡선이 가파른 형태의 운전특성을 가지고 있으므로 체절압력이 주펌프보다 훨씬 높기 때문에 이러한 설정이 가능하다. 이 경우에는 배관 내의 압력이 주펌프의 체절압력보다 조금 더 상승(약 0.1MPa 정도)하므로 배관시스템 계획 시 이를 고려하여야 한다. 또, 충압펌프를 고압으로 운전 시 동력 소요가 많으므로, 충압펌프의 동력 선정 시 계산서상의 동력보다 한 단계 올려서 선정하면 보다 안정된 운전을 할 수 있다.

화재안전기준에서, 주펌프의 자동정지금지(수동정지) 규정은 화재 시 즉, 방출(유수)이 발생하는 상태에서 펌프를 자동으로 정지되게 하지 말라는 뜻이지 방출(유수)이 발생하지 않은 경우에도 정지되게 하지 말라는 의미는 아니다.

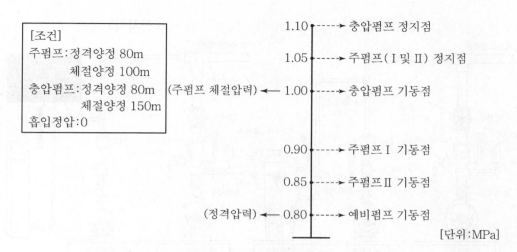

[조건]
주펌프 : 정격양정 80m
　　　　체절양정 100m
충압펌프 : 정격양정 80m
　　　　　체절양정 150m
흡입정압 : 0

1.10 ┤-----▶ 충압펌프 정지점

1.05 ┤-----▶ 주펌프(Ⅰ 및 Ⅱ) 정지점

(주펌프 체절압력) ◀── 1.00 ┤-----▶ 충압펌프 기동점

0.90 ┤-----▶ 주펌프 Ⅰ 기동점

0.85 ┤-----▶ 주펌프 Ⅱ 기동점

(정격압력) ◀── 0.80 ┤-----▶ 예비펌프 기동점

[단위 : MPa]

[펌프의 오작동에 대비한 운전압력 설정 예]

위와 같은 설정 상태에서 전기적인 방법인 자기유지회로기능을 적용할 경우에는 펌프의 오작동 시에도 펌프가 정지되지 않으므로 자기유지회로기능을 적용하지 않아야 한다.

5. 기동용 수압개폐장치의 압력스위치 개선을 권장

기존 아날로그식(기계식) 압력스위치는 게이지의 눈금이 정밀하지 못하므로 위와 같이 개선된 펌프의 기동·정지점 설정에서 정밀한 세팅이 어렵다. 그러나, 전자식 압력스위치는 압력값이 정확하게 나타나므로 정밀한 세팅에서 상당히 유리하다.

[기동용 수압개폐장치의 전자식과 기계식의 비교]

	기계식	전자식
게이지 눈금	게이지의 눈금이 0.1MPa 단위로 되어 있어 정밀한 세팅이 곤란함 : 펌프의 기동·정지점이 정확하지 못함	게이지의 눈금이 0.01MPa 단위로 되어 있어 정밀한 세팅이 가능함 : 펌프의 기동·정지점이 정확함
압력탱크(쳄버)	압력스위치 자체에 수격작용을 흡수할 수 있는 기능이 없으므로 압력쳄버가 필요함	압력스위치 자체에 수격작용을 흡수할 수 있는 기능(오리피스 설치)이 있으므로 압력쳄버가 불필요함
Diff 범위 (기동점과 정지점 간의 간격)	Diff 눈금이 1MPa용은 0.3MPa, 2MPa용은 0.5MPa까지만 표시되므로 Diff의 범위가 좁다.	Diff 값을 무한대로 적용할 수 있으므로 Diff의 범위가 넓다.

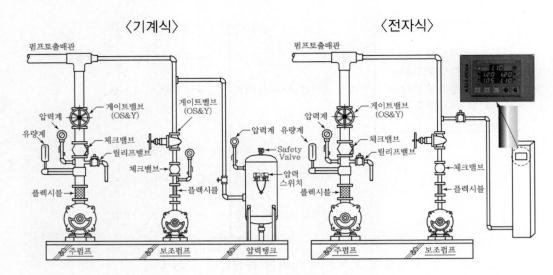

[기동용 수압계폐장치의 설치 상세도]

6. NFPA 기준(NFC 20)에 의한 설정

(1) 충압펌프 정지점 : 주펌프 체절압력＋최소급수정압(상수도 직결식인 경우의 최소급수압력)

(2) 충압펌프 기동점 : 충압펌프 정지점－10psi(0.07MPa)

(3) 주펌프 정지점 : 충압펌프 정지점과 동일(수동정지 원칙)

(4) 주펌프 기동점 : 충압펌프 기동점－5psi

7. 결론

(1) 국가화재안전기준에서 소화펌프가 기동된 후 자동으로 정지되게 하지 않도록 규정한 것은 소화펌프를 체절운전시스템으로 하라는 의미이다. 즉, 시스템 내의 최대사용압력이 펌프의 체절압력이 되도록 기동·정지점을 설정하라는 것이다.

(2) 또한, 이것은 화재 시 즉, 방출(유수)이 발생하는 상태에서 자동으로 정지되게 하지 말라는 뜻이지 방출(유수)이 발생하지 않은 경우에도 자동으로 정지되게 하지 말라는 의미는 아니다. 따라서, 펌프의 오작동(비화재 시 기동) 시 즉, 방출(유수)이 없는 상태에서는 체절압력 이상에서 펌프를 정지시키도록 정지점을 설정함으로써 펌프의 오작동 시에 펌프를 보호할 수 있다.

05 수계소화설비의 기타 Setting 및 정비방법

1. 릴리프밸브의 Setting 방법

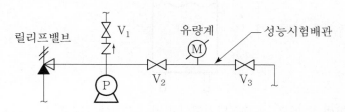

(1) 동력제어반에서 주펌프 및 보조펌프의 운전스위치를 「수동」위치로 한다.

(2) V_1밸브 : 잠근다.

(3) $V_2 \cdot V_3$밸브 : 잠근다.

(4) 주펌프를 기동시켜 체절운전을 한다.(동력제어반에서 주펌프의 수동기동스위치를 누른다.)

(5) 이때 체절운전압력이 정상압력(정격압력의 140% 미만)인지 확인한다.

(6) V_2밸브 : 개방한다.

(7) V_3밸브 : 서서히 조금씩 개방하여 체절압력 보다 조금 낮은압력(체절압력의 95% 정도)에 도달하였을 때 멈춘다.

(8) 릴리프밸브의 캡을 열어 압력조정나사를 반시계 방향으로 서서히 돌려 물이 릴리프밸브를 통과하여 배수관으로 흐르기 시작할 때 멈추고 고정너트로 고정시킨다.

(9) 주펌프를 정지시킨다.

(10) $V_2 \cdot V_3$밸브 : 잠근다.

(11) V_1밸브 : 개방한다.

(12) 동력제어반의 보조펌프 운전스위치를 「자동」에 위치시킨다.

(13) 보조펌프를 기동하여 충분히 충압된 후에,

(14) 동력제어반의 주펌프 운전스위치를 「자동」위치로 한다.

2. 압력챔버의 공기교환 방법

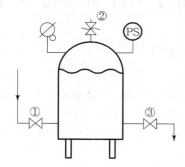

(1) 동력제어반의 펌프 운전스위치를 「정지」위치에 놓는다.

(2) ①번 밸브 : 잠근다.

(3) ②번 밸브 : 개방

(4) ③번 밸브 : 개방

(5) 챔버 내 물의 배수가 완료되면 ②·③번 밸브 : 잠근다.(압력챔버내에 공기만 가득 들어 있는 상태로 된다.

(6) ①번 밸브 : 개방(주배관의 가압수가 압력챔버로 유입된다.)

(7) 제어반의 펌프 운전스위치 : 「자동」으로 복구한다.

(8) 펌프가 압력스위치의 Setting 압력범위 내에서 작동 및 정지하는지 확인한다.

3. 수압시험 방법

(1) 충수 및 배관 내의 공기배출

1) 시험하고자 하는 배관망의 가장 높은 부위에 개구부를 설치하고 개방한다.

2) 물을 하부에서 송수하면서 상부의 개구부를 통하여 관내 공기를 배출한다.

3) 배관망에 물이 다 채워지면 송수구와 개구부를 폐쇄한다.

(2) 가압

1) 수압시험기의 어댑터를 배관망의 가장 낮은 부위에 연결한다.

2) 압력을 발생시키는 레버를 상하로 조작하여 관내의 압력을 설정압력까지 상승시킨다.

3) 설정압력에 도달하면 배관망의 밸브를 폐쇄한 후 2시간 이상 동안 압력강하의 여부를 감시한다.

(3) 설정압력

1) 상용수압이 1.05MPa 미만인 경우 : 1.4MPa

2) 상용수압이 1.05MPa 이상인 경우 : 상용수압＋0.35MPa

(4) 판정방법

위의 설정압력으로 가압하고 2시간 이상 경과한 후에, 배관과 배관부속류·밸브류·각종 장치 및 기구의 접속부분에서 누수현상이 없으면 합격으로 판정한다.

06 \ 가압수조 시스템

1. 가압수조시스템의 정의

가압수조시스템은 수계소화설비의 가압송수장치에서 전력 등의 동력공급 없이 압축공기 또는 불연성 고압기체의 자체압력을 가압원으로 하여, 화재감지 즉시 소화용수를 화재현장까지 가압 공급하는 것으로 "저수조＋가압송수장치"의 조합시스템을 말한다.

2. 가압수조시스템의 구조

(1) 계통도

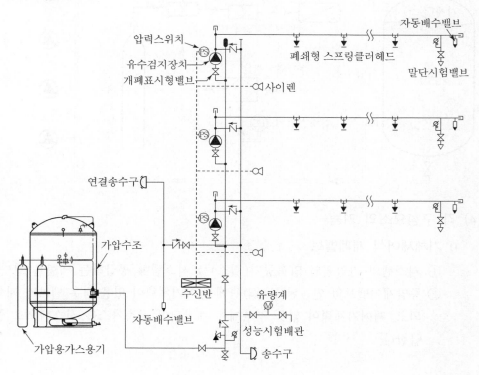

(2) 가압수조의 상세도

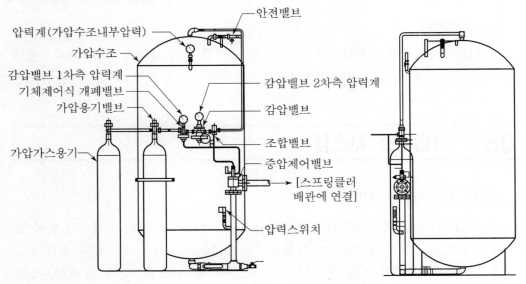

(3) 작동 흐름도

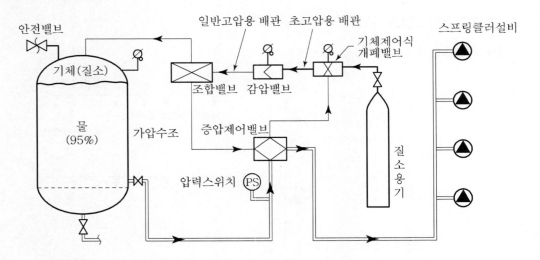

(4) 각 구성요소의 기능

1) 기체제어식 개폐밸브

① 시스템의 가압원인 압축공기(질소)를 시스템에 공급하는 역할을 한다.

② 증압제어밸브와 연결된 동(銅)관에 제어기체력이 있을 경우 밸브가 폐쇄
되고, 제어기체력이 없을 경우에는 개방되어 질소가스를 시스템으로 공
급한다.

2) 감압밸브

① 고압(15MPa)의 압축가스(질소)를 감압(2MPa)시키는 기능을 한다.

② 평상시에는 항시 고압의 밀봉성 기능을 유지시키는 기능도 있다.

3) 증압제어밸브

① 2차측 배관 내의 압력감소를 감지하여 시스템을 기동시키는 역할을 한다.

② 감압된 질소가스와 가압수조 내의 압력차이, 즉 밸브의 입구와 출구 간의 압력차에 의해 개폐되는 체크밸브식 밸브이다.

③ 헤드 개방이 아닌 소량 누수로 압력이 미량 감소될 경우에는 증압제어밸브가 작동하지 않는다.

4) 조합밸브

① 감압된 기체를 가압수조와 증압제어밸브에 공급하는 역할을 한다.

② 감압시에는 공기를 배기시키는 기능도 한다.

3. 가압수조시스템의 작동원리

(1) 스프링클러헤드의 방수로 2차측 배관 내의 압력이 감소되면,

(2) 증압제어밸브에서 입·출구 간의 압력차를 감지하여 화재로 인식되면, 증압제어밸브가 개방된다.

(3) 증압제어밸브 ↔ 기체제어식 개폐밸브 사이의 동(銅)관에 제어기체력이 감소되면 기체제어식 개폐밸브가 개방된다.

(4) 질소가압용기의 질소가스가 기체제어식 개폐밸브로 진입·통과한 후 감압밸브를 거치면서 감압(15→2MPa)된다.

(5) 감압된 질소가스가 조합밸브를 경유하여 가압수조 내를 가압하게 된다.

(6) 가압수조 내의 소화용수가 질소가스의 가압력에 의해 스프링클러헤드 쪽으로 방출된다.

4. 가압수조의 설치기준

(1) 가압수조의 압력은 해당 설비의 규정 방수량 및 방수압이 20분 이상 유지되도록 할 것

(2) 가압수조 및 가압원은 「건축법 시행령」 제46조에 따른 방화구획된 장소에 설치할 것

(3) 가압수조를 이용한 가압송수장치는 국민안전처장관이 정하여 고시한 「가압수조식가압송수장치의 성능인증 및 제품검사의 기술기준」에 적합한 것으로 설치할 것

제 5 장

스프링클러설비의 점검

01 \ 습식 스프링클러설비

1. 습식(Alarm Check)밸브의 구조

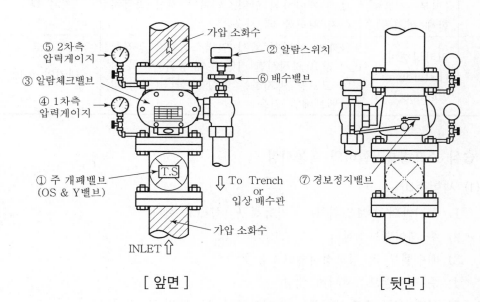

[앞면]　　　　　　　　　　　　[뒷면]

[구성요소의 명칭 및 기능]

번 호	명 칭	용도·기능	평상시 상태
①	주 개폐밸브	알람체크밸브 1차측의 소화수(물)를 제어하는 밸브	개 방
②	알람스위치	소화수가 방출될 때 그 압력(흐름)을 감지하여 그 신호를 수신기로 송신한다.	-

번 호	명 칭	용도·기능	평상시 상태
③	알람체크밸브	소화수의 역류를 방지하여 알람체크밸브 2차측의 압력을 유지시키는 기능	개 방
④	1차측 압력게이지	알람체크밸브 1차측 소화수의 압력상태를 나타낸다.	1차측 배관 내의 압력을 지시
⑤	2차측 압력게이지	알람체크밸브 2차측 소화수의 압력상태를 나타낸다.	2차측 배관 내의 압력을 지시
⑥	배수밸브	알람체크밸브 2차측 소화수를 배출시킬 때 사용	폐 쇄
⑦	경보정지밸브	압력스위치 연결용 배관에 소화수의 흐름을 차단하는 역할	개 방
	경보시험밸브 (일부 제품에 한해 설치됨)	말단시험밸브를 개방하지 않고 경보시험밸브를 개방하여 압력스위치가 정상 작동하는지 시험할 때 사용	폐 쇄
	리타딩챔버 (Retarding Chamber)	클래퍼 개방시 즉시 압력스위치가 동작하지 않고 일정시간 지연 후에 동작하도록 하여 오보를 방지하는 역할을 한다.(구형 알람밸브에만 있음)	대기압 상태

2. 습식 스프링클러설비의 작동시험

(1) 시험준비

1) 수신반의 경보스위치를 「자동복구」 상태로 한다.

2) 주 제어밸브 : 잠금

3) 배수밸브 및 경보정지밸브 : 잠금

4) 주 제어밸브 : 서서히 개방

5) 이때 배관 말단시험밸브를 개방하여 Air 제거 후 잠근다.

6) 1·2차측 압력계에서 동일 압력인지 확인

7) 경보정지밸브를 개방하여 경보발신이 없으면 시험준비완료

(2) 시험순서

1) 말단시험밸브 개방 또는 주 배수밸브 개방

2) 확인사항

① 음향경보발령(유수검지장치작동) : 주음향경보 및 지구음향경보의 작동

② 수신기의 화재표시등·지구표시등의 점등

3) 펌프의 자동기동 확인

4) 규정방수압력 및 방수량 측정

(3) 복구

1) 동력제어반에서 주펌프를 수동으로 정지시킨다.

2) 주 배수밸브(말단시험밸브)를 잠근다.

3) 경보정지밸브 잠금

4) 경보정지밸브 개방 : 경보중단 확인 후 개방

5) 동력제어반에서 주펌프의 운전스위치를 「자동」 위치에 둔다.

6) 수신반의 「자동복구」 스위치 복구 : 주경종, 지구경종 등의 복구

3. 시험 중 경보장치가 정상 작동하지 않는 경우의 점검요소

(1) 경보정지용 밸브의 잠김

(2) 알람스위치의 접점상태 불량

(3) 알람스위치와 수신반 사이의 배선회로가 단선

(4) 수신반에서 경보스위치를 「정지」 시킨 경우

(5) 전원이 저전압 상태인 경우

(6) 경종(Bell) 자체가 고장인 경우

02 \ 준비작동식 스프링클러설비

1. 프리액션밸브의 종류

(1) 프리액션밸브의 종류는 크게 Clapper Type과 Diaphragm Type으로 나뉘어 지는데, Diaphragm Type은 현재 국내 모든 제작사에서 생산하지 않고 있으므로 시험에 출제될 확률은 낮으나, 점검현장에서는 과거에 설치된 구(舊)형에 대하여도 점검은 계속 이루어지고 있으므로 이것을 배제할 수는 없는 것이다.

(2) 따라서, 현재 국내에서 생산되고 있는 프리액션밸브는 Clapper Type 한 종류로서 (주)우당기술산업, 세코스프링클러(주), (주)파라텍, (주)마스테코, 신영공업(주), 이렇게 5개 제작사에서 생산되고 있으며, 이것은 모두 구조와 외형이 거의 동일하다. 다만, 세코스프링클러(주)의 것은 배수밸브 부분이 타 사의 것과 조금 상이할 뿐이다.

2. 프리액션밸브의 구조 및 작동시험

(1) 클래퍼형 프리액션밸브의 구조

1) 세코스프링클러(주) 프리액션밸브

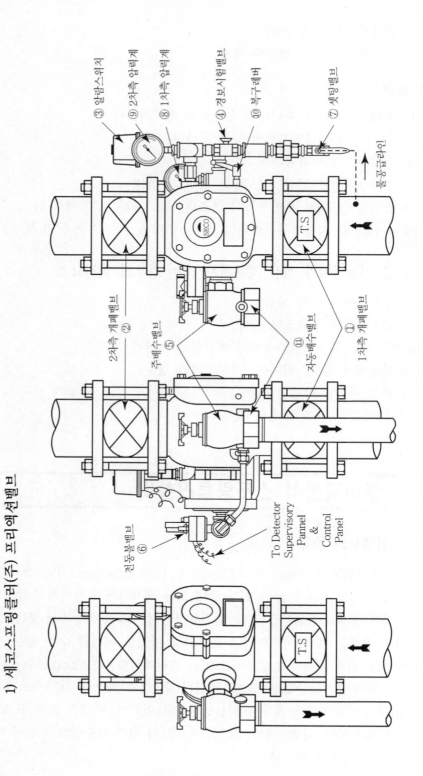

③ 압력스위치
⑨ 2차측 압력계
⑧ 1차측 압력계
④ 경보시험밸브
⑩ 복구레버
⑦ 셋팅밸브
물공급라인
② 2차측 개폐밸브
⑤ 주배수밸브
⑪ 자동배수밸브
① 1차측 개폐밸브
⑥ 전동볼밸브
To Detector Supervisory Pannel & Control Panel
T.S
SECO

2) 우당기술산업 · 파라텍 · 마스테코 · 신영공업(주) 프리액션밸브

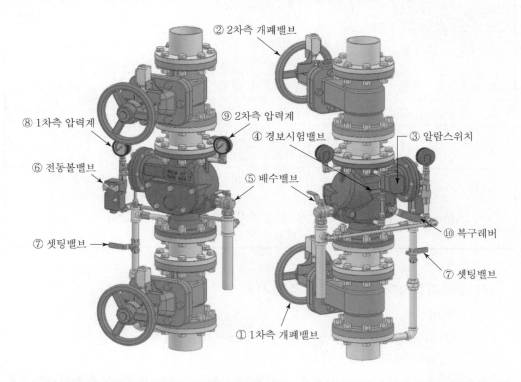

번호	명 칭	용도 · 기능	평상시 상태
①	1차측 개폐밸브 (개폐표시형 밸브)	1차측의 소화수가 프리액션밸브로 공급되는 것을 제어한다.(프리액션밸브의 세팅·복구·수리 시에 소화수의 공급을 차단한다.)	개방
②	2차측 개폐밸브 (개폐표시형 밸브)	시스템의 시험 시 소화수가 2차측으로 넘어가지 않도록 차단한다.	개방
③	알람스위치	프리액션밸브 개방 시 소화수의 압력(흐름)을 감지하여 그 신호를 수신반으로 송신한다.	–
④	경보시험밸브	프리액션밸브 개방없이 경보를 시험할 경우 개방 (알람스위치로 연결되는 급수배관을 제어한다.)	잠금
⑤	배수밸브	프리액션밸브 시험 시 클래퍼 2차측으로 넘어간 소화수를 이 밸브를 통하여 배출시킨다.	잠금
⑥	전동볼밸브	프리액션밸브 작동 시 개방되는 밸브로서, 수동기동밸브기능+수동복구밸브기능+자동복구방지기능이 있다.	잠금

번호	명 칭	용도·기능		평상시 상태
⑦	셋팅밸브	프리액션밸브의 작동 후 복구(세팅) 시 개방하여 1차측의 가압수를 중간챔버에 공급한다.		잠금
⑧	1차측 압력게이지	1차측 소화수의 압력상태를 나타낸다.		–
⑨	2차측 압력게이지	2차측 소화수의 압력상태를 나타낸다.		–
⑩	복구레버	프리액션밸브의 작동 후 복구 시에 복구레버를 시계 방향으로 돌려서 클래퍼를 닫는다.		–
⑪	자동배수밸브 (Auto Drip Valve)	배수밸브(⑤)에 내장된 것으로, 프리액션밸브 작동 후 또는 시험 종료 후 2차측 수압이 떨어지면, 밸브 내의 2차측으로 넘어간 잔류수를 자동으로 배출시키는 작용을 한다.		개방

(2) 클래퍼형 프리액션밸브의 작동시험

1) 준비

① 수신반에서 다른 설비와의 연동스위치를 「정지」상태로 한다.

② 수신반의 경보스위치를 「자동복구」상태 또는 「Off」상태로 한다.
(여기서, 「Off」상태로 하였을 경우에는 작동시험 도중에 경보스위치를 순간적으로 잠깐 풀어서 경보장치의 동작 여부를 확인한다)

③ 2차측 개폐밸브(②)를 잠근다.

④ 배수밸브(⑤)를 개방한다.

2) 작동

다음 기동방법 중 어느 하나의 방법으로 작동시험 한다.

① 감지기 A·B회로(2개 회로)를 동시에 동작시킨다.

② 수동조작함(SVP : Super Visory Pannel)의 기동스위치 작동

③ 프리액션밸브의 전동볼밸브(⑥) 수동 개방

④ 감시제어반(수신반)에서 수동기동스위치 작동

⑤ 감시제어반(수신반)에서 「동작시험」 선택 후 회로선택스위치를 돌려 각 방호구역별로 감지기 A·B회로를 동작시킨다.

3) 확인사항

① 수신반의 확인사항

㉮ 화재표시등의 점등 확인

㉯ 주 음향장치(수신반의 경보 부져)의 작동 확인

　　　　ⓒ 해당구역 화재감지기 작동표시등의 점등 확인
　　　　ⓓ 해당구역 프리액션밸브 개방표시등의 점등 확인
　　② 해당 방호구역의 경보(사이렌) 작동 확인
　　③ 프리액션밸브 1·2차측 압력계의 압력상태 확인
　　④ 소화펌프의 자동기동상태 확인

4) 복구
　　① 주펌프를 수동으로 정지시킨다.
　　② 1차측 개폐밸브(①)를 잠근다.
　　③ 세팅밸브(⑦) 및 경보시험밸브(④)를 잠근다.
　　④ 배수밸브(⑤)의 개방상태를 확인한다.
　　⑤ 배수완료(1·2차 압력계가 0상태이고 배수관 말단부에서 집수정으로 물
　　　흐르는 소리가 멈춘 상태)가 확인되면 배수밸브(⑤)를 잠근다.
　　⑥ 복구레버를 시계방향으로 돌려 클래퍼를 닫는다.
　　⑥ 프리액션밸브의 전동볼밸브(⑥)로 작동시킨 경우 : 전동볼밸브를 잠근다.
　　⑦ 세팅밸브(⑦)를 개방한다. (이때, 1차측 가압수가 1차측 압력게이지에 전
　　　달된다)
　　⑧ 1차측 개폐밸브(①)를 서서히 개방한다.
　　⑨ 1·2차측 압력계 확인 (1차측 : 가압수 압력유지, 2차측 : 압력 0이면 정상)
　　　이때, 만일 2차측 압력이 상승하면 위의 배수부터 다시 실시하여야 한다.
　　⑩ 세팅밸브(⑦)를 잠근다.
　　⑪ 수신반 상태를 복구 및 확인한다.
　　　수신반의　감지기작동표시등·화재표시등·프리액션밸브개방표시등의
　　　소등 및 경보장치의 작동 정지
　　⑫ 동력제어반에서 주펌프의 운전스위치를「자동」위치에 둔다.
　　⑬ 2차측 개폐밸브(②)를 서서히 완전 개방한다.

5) 경보장치만 작동하는 시험 (프리액션밸브 개방 없음)
　　① 2차측 개폐밸브(②)를 잠근다.
　　② 경보시험밸브(④)를 개방한다. : 알람스위치 작동 → 경보장치 작동
　　③ 경보확인 후 경보시험밸브(④)를 잠근다.
　　④ 경보시험 시 2차측으로 넘어간 물은 배수밸브(⑤)를 열어 배출시킨다.
　　⑤ 2차측 개폐밸브(②) 서서히 개방한다.
　　⑥ 수신반의 스위치 상태를 복구한다.

(3) 다이어프램형 프리액션밸브의 구조

현재 생산이 되지 않고 있으나, 기 설치된 것에 대한 점검은 계속 이루어지고 있다

1) PORV형(Pressure Operated Relief Valve : 자동복구방지밸브)

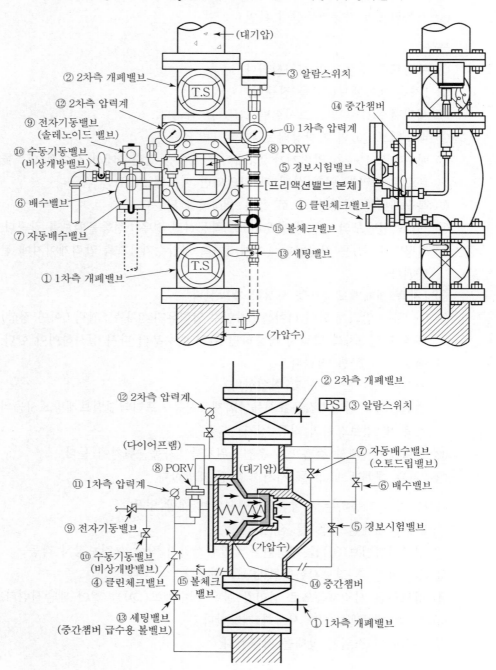

2) 전동볼밸브형(전기적인 자동복구방지기능 보유)

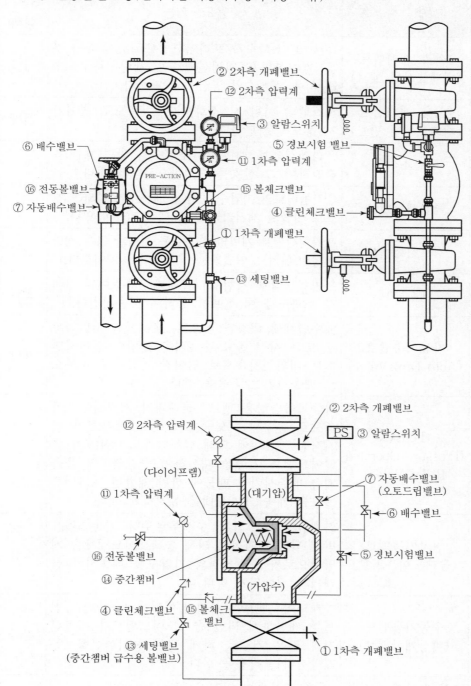

번호	명 칭	용도 · 기능	평상시 상태
①	1차측 개폐밸브 (개폐표시형 밸브)	1차측의 소화수가 프리액션밸브로 공급되는 것을 제어한다.(프리액션밸브의 세팅·복구·수리 시에 소화수의 공급을 차단한다.)	개방
②	2차측 개폐밸브 (개폐표시형 밸브)	시스템의 시험 시 소화수가 2차측으로 넘어가지 않도록 차단한다.	개방
③	알람스위치	프리액션밸브 개방 시 소화수의 압력(흐름)을 감지하여 그 신호를 수신반으로 송신한다.	－
④	클린체크밸브	중간챔버로의 가압수 공급용 배관에 설치되는 것으로 이물질 제거기능과 체크밸브기능이 있다.	－
⑤	경보시험밸브	프리액션밸브 개방없이 경보를 시험할 경우 개방 (알람스위치로 연결되는 급수배관을 제어한다.)	잠금
⑥	배수밸브	프리액션밸브 시험 시 클래퍼 2차측으로 넘어간 소화수를 이 밸브를 통하여 배출시킨다.	잠금
⑦	자동배수밸브 (Auto Drip Valve)	배수밸브에 내장된 것으로, 프리액션밸브 작동 후 또는 시험 종료 후 2차측 수압이 떨어지면 밸브 내의 2차측으로 넘어간 잔류수를 자동으로 배출시키는 작용을 한다.	개방
⑧	PORV (Pressure Operated Relief Valve)	자동복구방지용 밸브 : 클래퍼가 개방되어 2차측으로 송수되는 도중에 솔레노이드밸브가 전기적인 불균형에 의해 닫히더라도 PORV가 솔레노이드밸브 기능을 대신하여 중간챔버의 물을 계속 배출시키기 때문에 한번 개방된 프리액션밸브는 계속 개방상태를 유지하게 된다.	－
⑨	전자기동밸브 (솔레노이드밸브)	화재감지기에 의해 수신부로부터 기동출력을 받게 되면 전자석에 의해 솔레노이드밸브를 개방함으로써 중간챔버의 가압수를 배출시켜 클래퍼가 개방되게 한다.	잠금
⑩	수동기동밸브 (비상개방밸브)	솔레노이드밸브 설치지점 이전에서 수동기동밸브를 개방하게 되면 솔레노이드밸브가 개방된 것과 같은 기능을 하게 되어 프리액션밸브를 개방시키는 작용을 한다.	잠금
⑪	1차측 압력게이지	1차측 소화수의 압력상태를 나타낸다.	－

번호	명 칭	용도 · 기능	평상시 상태
⑫	2차측 압력게이지	2차측 소화수의 압력상태를 나타낸다.	−
⑬	세팅밸브 (중간챔버 급수용 밸브)	프리액션밸브의 작동 후 복구(세팅) 시 개방하여 1차측의 가압수를 중간챔버에 공급한다.	잠금
⑭	중간챔버	프리액션밸브 작동 전에는 중간챔버 내의 수압에 의해 클래퍼가 닫힌상태를 유지하다가 솔레노이드밸브의 개방에 의해 중간챔버의 수압이 배출되면 클래퍼 1차측의 수압에 의해 클래퍼가 열리게 된다.	−
⑮	볼 체크밸브	1차측의 가압수를 중간챔버로만 전달하고 역류를 방지함으로써 1차측의 압력저하 시에도 중간챔버의 압력을 유지시켜 주므로 프리액션밸브는 개방되지 않게 된다.	−
⑯	전동볼밸브	프리액션밸브 작동 시 개방되는 밸브로서, 수동기동밸브기능＋수동복구밸브기능＋자동복구방지(PORV)기능이 있다.	

(4) 다이어프램형 프리액션밸브의 작동시험

1) 준비
   ① 수신반에서 다른 설비와의 연동스위치를 「정지」 상태로 한다.
   ② 수신반의 경보스위치를 「자동복구」 상태 또는 「Off」 상태로 한다.
      (여기서, 「Off」 상태로 하였을 경우에는 작동시험 도중에 경보스위치를 순간적으로 잠깐 풀어서 경보장치의 동작 여부를 확인한다)
   ③ 2차측 개폐밸브(②)를 잠근다.
   ④ 배수밸브(⑥)를 개방한다.

2) 작동
   다음 기동방법 중 어느 하나의 방법으로 작동시험한다.
   ① 감지기 A · B회로(2개 회로)를 동시에 동작시킨다.
   ② 수동조작함(SVP : Super Visory Pannel)의 기동스위치 작동
   ③ 프리액션밸브의 수동기동밸브(⑩) 개방
   ④ 감시제어반(수신반)에서 수동기동스위치 작동
   ⑤ 감시제어반(수신반)에서 「동작시험」 선택 후 회로선택스위치를 돌려 각 방호구역별로 감지기 A · B회로를 동작시킨다.

3) 확인사항

　① 수신반의 확인사항

　　㉮ 화재표시등의 점등 확인

　　㉯ 주 음향장치(수신반의 경보 부져)의 작동 확인

　　㉰ 해당 구역 화재감지기 작동표시등의 점등 확인

　　㉱ 해당 구역 프리액션밸브 개방표시등의 점등 확인

　② 해당 방호구역의 경보(사이렌) 작동 확인

　③ 프리액션밸브 1·2차측 압력계의 압력상태 확인

　④ 소화펌프의 자동기동상태 확인

4) 복구

　① 주펌프를 수동으로 정지시킨다.

　② 1차측 개폐밸브(①)를 잠근다.

　③ 배수밸브(⑥)의 개방상태를 확인한다.

　④ 배수완료(1·2차 압력계가 0상태이고 배수관 말단부에서 집수정으로 물흐르는 소리가 멈춘 상태)가 확인되면 배수밸브를 잠근다.

　⑤ 수동기동밸브(⑩)로 작동시킨 경우 : 수동기동밸브를 잠근다.

　⑥ 세팅밸브(⑬)를 개방 : 중간챔버에 급수 → 클래퍼 자동복구

　⑦ 전동볼밸브형인 경우에는 전자밸브를 복구 : 전자밸브의 푸시버튼을 누른 상태에서 나비밸브를 시계방향으로 돌려서 복구(폐쇄)시킨다.

　⑧ 1차측 개폐밸브(①)를 서서히 개방한다.

　⑨ 1·2차측 압력계 확인(1차측 : 가압수 압력유지, 2차측 : 압력 0이면 정상)이때 만일 2차측 압력이 상승하면 위의 배수부터 다시 실시하여야 한다.

　⑩ 세팅밸브(⑬)를 잠근다.

　⑪ 수신반 상태를 복구 및 확인한다.

　　수신반의　감지기작동표시등·화재표시등·프리액션밸브개방표시등의 소등 및 경보장치의 작동 정지

　⑫ 동력제어반에서 주펌프의 운전스위치를 「자동」 위치에 둔다.

　⑬ 2차측 개폐밸브(②)를 서서히 완전 개방한다.

3. 준비작동식 스프링클러설비의 기동시 작동순서

(1) 감지기 1개회로 작동 : 경보장치(경종) 작동 및 감지기작동표시등 점등

(2) 감지기 2개회로 작동 : 솔레노이드밸브 개방 및 화재표시등 점등

(3) 중간챔버의 물 배출 : 압력 저하

(4) 프리액션밸브 개방

(5) 2차측으로 물 송수

(6) 알람스위치 작동 : 프리액션밸브 개방표시등 점등 및 사이렌 작동

(7) 배수밸브를 통해 배수(2차측 개폐밸브를 잠근 상태에서 시험할 경우)

(8) 충압펌프 기동

(9) 주펌프 기동

(10) 관(System) 내 Setting 압력 유지

4. 프리액션밸브의 유지관리

(1) 수시 확인사항

1) 중간챔버(1차측)의 압력상태 확인

2) 2차측 압력상태 확인 : 작동 전에는 항시 대기압상태

3) 2차측 배관 내의 물 배수 후 복구

4) 알람스위치 시험용밸브(경보시험밸브) : 잠금 유지

5) 수동기동밸브 : 잠금 유지

6) 세팅밸브 : 잠금 유지

7) 1차측 및 2차측 개폐밸브 : 개방 유지

(2) 매월 확인사항

1) 프리액션밸브의 작동시험(프리액션밸브의 자체작동에 의한 시험)

2) 프리액션밸브의 Flushing

3) 전동볼밸브 및 PORV 작동상태 시험

(3) 매년 확인사항

1) 프리액션밸브의 작동시험(감지장치 작동에 의한 시험)

2) 중간챔버 급수용 배관에 설치된 스트레이너 상태 확인
   불량인 경우 : (PORV 고장 : 이물질 유입)

03 \ 건식 스프링클러설비

※ 근래 현업에서 저압건식밸브를 선호하므로 인해 각 제작사에서는 기존 건식밸브는 생산을 하지 아니하고, 대신 저압건식밸브만을 생산하고 있다. 그러나, 점검현장에서는 과거에 설치된 건식밸브에 대하여 점검은 계속 이루어지고 있다. 따라서, 관리사 시험에 출제될 확률은 낮으나 이것을 완전히 배제할 수는 없는 실정이다. 따라서, 여기서는 가장 대표적인 건식밸브(우당기술산업)에 대하여만 수록하였다.

1. 건식밸브(Dry Pipe Valve)의 구조

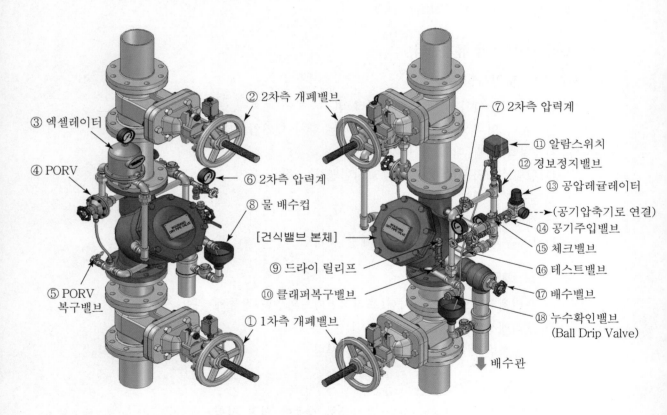

- ② 2차측 개폐밸브
- ③ 엑셀레이터
- ④ PORV
- ⑥ 2차측 압력계
- ⑧ 물 배수컵
- [건식밸브 본체]
- ⑨ 드라이 릴리프
- ⑤ PORV 복구밸브
- ⑩ 클래퍼복구밸브
- ① 1차측 개폐밸브
- ⑦ 2차측 압력계
- ⑪ 알람스위치
- ⑫ 경보정지밸브
- ⑬ 공압레귤레이터
- -→(공기압축기로 연결)
- ⑭ 공기주입밸브
- ⑮ 체크밸브
- ⑯ 테스트밸브
- ⑰ 배수밸브
- ⑱ 누수확인밸브 (Ball Drip Valve)
- 배수관

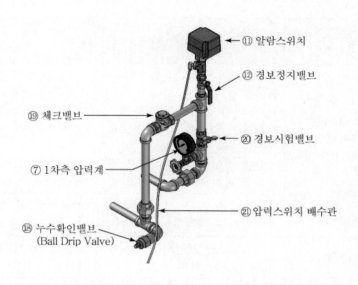

⑪ 알람스위치
⑫ 경보정지밸브
⑲ 체크밸브
㉑ 경보시험밸브
⑦ 1차측 압력계
㉑ 압력스위치 배수관
⑱ 누수확인밸브 (Ball Drip Valve)

번호	명 칭	용도 · 기능	평상시 상태
①	1차측 개폐밸브 (개폐표시형 밸브)	1차측의 소화수가 드라이밸브로 공급되는 것을 제어한다. 즉, 드라이밸브의 세팅·복구·수리 시 물 공급을 차단한다.	개방
②	2차측 개폐밸브 (개폐표시형 밸브)	드라이밸브의 시험 또는 수리 시 2차측 배관으로 소화수가 공급되는 것을 제어하고 또, 2차측 배관 내의 Air를 차단하는 역할을 한다.	개방
③	Accelerator (급속개방기구)	2차측의 Air방출(압력감소)을 감지하여 2차측 압축공기를 중간챔버로 보내는 역할을 함으로써 드라이밸브가 신속히 개방되도록 하는 장치	–
④	PORV	평상시에는 2차측의 압축공기를 엑셀레이터로 공급하는 역할을 하고, 드라이밸브 작동시에는 엑셀레이터 및 중간챔버의 물의 유입을 차단시키므로, 중간챔버 내부 부품의 부식방지 목적으로 사용된다.	개방
⑤	PORV 복구밸브	복구 시 PORV의 Seat에 차 있는 물을 배출시킬 때 개방한다.	잠금
⑥	2차측 압력계	2차측 관내의 공기압력 유지상태를 표시한다.	–
⑦	1차측 압력계	1차측 소화수의 압력 유지상태를 표시한다.	–
⑧	물 배수컵	누수확인밸브(볼드립밸브)에서 자동 배수되는 물을 모아주는 용기(Cup)	–

번호	명 칭	용도 · 기능	평상시 상태
⑨	드라이 릴리프 (Dry Relief) (드라이밸브의 오동작 방지용)	압축공기가 엑셀레이터 2차측으로 누설될 경우 중간 챔버를 가압하게 되어 드라이밸브가 오동작함으로써, 누기된 공기를 배출하여 드라이밸브의 오동작을 방지하는 역할을 하는 것으로, 구조와 기능이 자동 배수밸브와 유사하다. • 상단 핀이 위로 튀어나온 경우 : 중간챔버 압력 有 • 상단 핀이 아래로 들어간 경우 : 중간챔버 압력 無	상단 핀 하강 상태 유지
⑩	클래퍼 복구밸브	드라이밸브 복구 시 개방하여 중간챔버에 차 있는 압축공기를 배출하여 클래퍼 시트를 복구한다.	잠금
⑪	알람스위치	드라이밸브가 개방되어 소화수가 방출될 때 그 흐름(압력)을 감지하여 화재신호를 수신기로 송신함	-
⑫	경보정지밸브	드라이밸브의 작동 중 계속되는 화재경보를 중지시킬 때 잠근다.	개방
⑬	공압 레귤레이터 (Air Regulator)	2차측에 설정된 공기압을 유지시켜 주는 기능 • 설정압력 미달 시 : 개방되어 공기압을 보충한다. • 설정압력 도달 시 : 폐쇄되어 공기압을 차단한다.	-
⑭	공기주입밸브	Air Compressor로부터 공급되는 공기를 2차측에 주입 또는 차단하는 밸브	개방
⑮	체크밸브	드라이밸브 개방 시 가압수가 Air Compressor쪽으로 역류하는 것을 방지한다.	-
⑯	테스트밸브	드라이밸브의 작동시험 시 2차측 압축공기를 배출시켜 드라이밸브를 작동시키기 위한 밸브	잠금
⑰	배수밸브 (Drain Valve)	드라이밸브 작동 후 2차측으로 넘어간 소화수를 배수시킬 때 개방한다.	잠금
⑱	누수확인밸브 (Ball Drip Valve)	세팅 시 Sealing 부위의 누수여부를 확인하기 위하여 설치하는 것으로, 압력이 없는 물과 공기는 자동 배수되고, 압력이 있을 경우에는 자동으로 폐쇄된다.(필요 시 누름핀을 눌러 수동으로도 배출 가능함)	잠금
⑲	체크밸브	경보시험 시 가압수의 역류방지 기능을 한다.	-
⑳	경보시험밸브	드라이밸브를 작동시키지 않고 압력스위치를 작동시켜 Alarm(화재경보)을 시험할 때 개방하는 밸브	잠금
㉑	오리피스 배수관	압력스위치 작동 후에 가압수를 자동배수시키는 기능을 하는 것으로 일종의 오리피스와 같은 구조이다.	-

2. 건식 스프링클러설비의 작동시험

※ 건식스프링클러설비의 작동시험하는 방법은 말단시험밸브를 개방하여 시스템 전체를 시험하는 방법과 드라이밸브 자체만을 시험하는 방법이 있는데, 여기서는 이 두 가지 방법에 대하여 함께 기술하였다.

(1) 준비

1) 수신반에서 다른 설비와의 연동스위치를 「정지」상태로 한다.
2) 수신반의 경보스위치를 「자동복구」상태 또는 「Off」상태로 한다.
   (여기서, 「Off」상태로 하였을 경우에는 작동시험 도중에 경보스위치를 잠깐 풀어서 경보장치의 동작여부를 확인한다)
3) 2차측 개폐밸브(②)를 잠근다.(드라이밸브 자체만 시험하는 경우에 한한다)

(2) 작동

다음 중 하나의 방법으로 시험한다.

1) 테스트밸브(⑯) 개방 : (드라이밸브 자체만 시험하는 경우에 한한다) : 2차 측의 압축공기 배출로 2차측 압력이 저하되고 엑셀레이터가 작동되어 드라이밸브가 개방된다.
2) 말단시험밸브 개방 : (시스템 전체를 시험할 경우에 한한다) : 작동과정은 1)항과 동일하다.

(3) 확인사항

1) 수신반 확인사항
   ① 화재표시등의 점등 확인
   ② 해당구역 드라이밸브 작동표시등의 점등 확인
   ③ 주음향장치(수신반의 경보 부져)의 작동 확인
2) 해당 방호구역의 경보(사이렌) 작동 확인
3) 1 · 2차측 압력계의 압력상태 확인 : 드라이밸브의 작동압력 측정
4) 소화펌프의 자동기동상태 확인

(4) 복구

가) 배수 및 배기
   1) 펌프의 정지상태 확인 : 수동정지시스템인 경우에는 수동으로 정지시킴
   2) 1차측 개폐밸브(①) 잠금

3) 테스트밸브(⑯), 공기주입밸브(⑭), PORV(④)를 모두 잠근다.

4) 다음 밸브들을 개방하여 배수 및 배기가 완료되면 다시 잠근다.

    ㉮ 배수밸브(⑰) 개방 : 2차측의 잔류수 배출

    ㉯ PORV 복구밸브(⑤) 개방 : PORV 시트의 물 배출

    ㉰ 클래퍼 복구밸브(⑩) 개방 : 중간챔버에 차 있는 압축공기 배출

5) 말단시험밸브를 개방(시스템 전체를 시험)한 경우에는 이를 잠근다.

나) 세팅(복구)

1) 클래퍼 시트에 이물질 유무를 확인한다. : 드라이밸브 Body 하부에 있는 드레인 플러그를 탈거하고 그 드레인 구멍을 통하여 이물질 잔류 여부를 확인할 수 있다.

2) Accelerator의 잔류압력을 제거한다. : Accelerator의 Air Vent(배기플러그)를 눌러 공기를 배출시켜 압력계가 "0"이 되게 한다.

3) 2차측 공기압력 세팅 : Air Compressor를 기동한 후에, 공압레귤레이터(⑬)에 설치된 압력계를 보면서 공압레귤레이터의 핸들을 돌려 2차측에 유지해야 할 압력으로 세팅한다.(좌회전 : 감압, 우회전 : 승압)

4) 공기주입밸브(⑭)를 개방하여 2차측에 압축공기를 공급한다.

5) PORV(④)의 핸들을 돌려 완전히 개방한다. : 이때 엑셀레이터의 압력계와 2차측 압력계가 동일한 압력을 유지하고, 드라이릴리프의 핀이 튀어나와 있지 않으면 엑셀레이터가 정상적으로 세팅된 것이다.

6) 1차측 개폐밸브(①)를 서서히 약간만 개방한다.

    ㉮ 이때 누수확인밸브(⑱)에서 누수가 없는 경우

    정상 세팅된 것이므로 1차측 개폐밸브를 완전히 개방한다.

    ㉯ 누수확인밸브(⑱)에서 누수가 있는 경우

    클래퍼 시트에 이물질이 끼어 있거나 클래퍼의 밀착 위치가 불량한 경우이므로 배수에서부터 재차 세팅한다.

7) 2차측 개폐밸브(②)를 서서히 개방한다.

8) 수신반의 각종 스위치 상태를 복구 및 확인한다.

(5) 경보장치만 작동하는 시험(드라이밸브 개방 없음)

1) 경보시험밸브(⑳) 개방 : 알람스위치 작동 → 경보장치 작동

2) 경보확인 후 경보시험밸브 잠금

※ 이때 경보시험 시 물이 2차측으로 넘어가지 않는다. 즉, 알람스위치에 작용된 가압수는 알람스위치에 연결된 오리피스 배수관을 통하여 자동으로 배수된다.

3) 수신반의 스위치 상태 복구

(6) 공기압력 유지시험 (공압레귤레이터의 정상 작동여부 확인)

1) 1차측 개폐밸브(①) 및 2차측 개폐밸브(②)를 잠근다.

2) 테스트밸브(⑯) 개방 : 2차측 공기압 방출 → 공기압이 최저 설정압력까지 감소 → 공압레귤레이터(⑬) 작동 → 2차측에 공기공급 → 콤프레셔 작동

3) 테스트밸브(⑯) 잠금 : 2차측 공기압이 최고 설정압력까지 충압되면 → 공압레귤레이터(⑬) 정지 → 공기공급 차단 → 콤프레셔의 설정압력에 도달 → 콤프레셔 정지

4) 확인완료 후에 2차측 개폐밸브(②) 개방

5) 1차측 개폐밸브(①) 서서히 개방

04 \ 저압건식밸브 시스템

※ 근래 현업에서 기존 건식밸브의 설치를 지양하고 대부분 저압건식밸브를 설치하므로 인해, 각 제작사에서는 일반 건식밸브의 생산을 중단하고 저압건식밸브를 생산하고 있다. 그러므로 관리사 시험문제에서도 저압건식밸브에 대한 출제확률이 높아지고 있다. 여기서는 국내 저압건식밸브의 대표적인 2개 제작사의 제품에 대하여 수록하였다.

1. 저압건식밸브의 특성

(1) 저압건식밸브와 일반건식밸브의 작동상 차이점 및 작동순서

[일반건식밸브]	[저압건식밸브]
스프링클러헤드 개방	스프링클러헤드 개방
↓	↓
2차측 배관내 공기압력 감소	2차측 배관내 공기압력 감소
↓	↓
엑셀레이터 작동	**엑튜에이터** 작동
↓	↓
중간챔버 내로 압축공기 유입	중간챔버 내의 가압수 배출

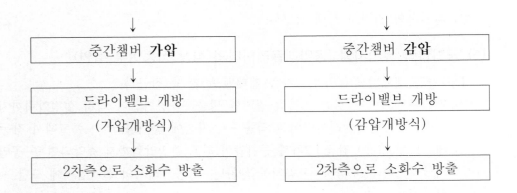

```
        ↓                              ↓
┌─────────────────┐          ┌─────────────────┐
│  중간챔버 가압   │          │  중간챔버 감압   │
└─────────────────┘          └─────────────────┘
        ↓                              ↓
┌─────────────────┐          ┌─────────────────┐
│  드라이밸브 개방 │          │  드라이밸브 개방 │
└─────────────────┘          └─────────────────┘
    (가압개방식)                  (감압개방식)
        ↓                              ↓
┌─────────────────┐          ┌─────────────────┐
│2차측으로 소화수 방출│       │2차측으로 소화수 방출│
└─────────────────┘          └─────────────────┘
```

(2) 저압건식밸브의 특징

1) 2차측 압축공기의 설정압력이 낮다.

〈1차측 수압이 1MPa일 경우 2차측의 설정압력〉

- 일반건식밸브의 경우 : 0.35~0.44MPa
- 저압건식밸브의 경우 : 0.08~0.14MPa

2) 2차측 설정압력이 낮으므로 인한 장점

① 드라이밸브(클래퍼) 개방시간이 단축된다.

㉠ 헤드방수개시 도달시간 단축

㉡ 급속개방장치(Accelerator)가 불필요 함

② Air Compressor 용량이 적다.

일반건식밸브시스템의 콤프레셔 용량의 1/3~1/4 정도의 용량만 소요된다.

2. 저압건식밸브의 구조 및 작동시험

※ 저압건식밸브 구조의 종류 ┌ Clapper type : (세코스프링클러)
　　　　　　　　　　　　　　└ Diaphragm type : (우당기술산업)

> ※ 저압건식밸브에서, 다이어프램형은 현재 국내에서 생산이 되지 않고 있으며, 클래퍼형은 국내에세 유일하게 세코스프링클러(주) 한 곳에서만 생산하고 있다. 그러나, 점검현장에서는 과거에 설치된 구(舊)형에 대하여도 점검은 계속 이루어지고 있으므로, 관리사 시험문제에서 구(舊)형을 완전히 배제할 수는 없는 것이다.

가. 클래퍼형 저압건식밸브[세코스프링러(주)]의 구조

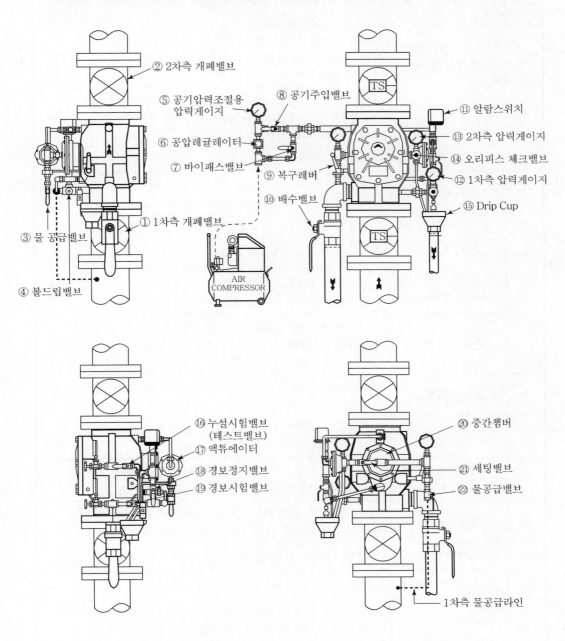

② 2차측 개폐밸브

⑤ 공기압력조절용 압력게이지

⑧ 공기주입밸브

⑥ 공압레귤레이터

⑦ 바이패스밸브

⑨ 복구레버

⑩ 배수밸브

① 1차측 개폐밸브

③ 물 공급밸브

④ 볼드립밸브

AIR COMPRESSOR

⑪ 알람스위치

⑬ 2차측 압력게이지

⑭ 오리피스 체크밸브

⑫ 1차측 압력게이지

⑮ Drip Cup

⑯ 누설시험밸브 (테스트밸브)

⑰ 액튜에이터

⑱ 경보정지밸브

⑲ 경보시험밸브

⑳ 중간챔버

㉑ 세팅밸브

㉒ 물공급밸브

1차측 물공급라인

번호	명 칭	용도·기능	평상시 상태
①	1차측 개폐밸브 (개폐표시형 밸브)	1차측의 소화수가 드라이밸브로 공급되는 것을 제어한다. 즉, 드라이밸브의 세팅·복구·수리 시 물공급을 차단한다.	개방
②	2차측 개폐밸브 (개폐표시형 밸브)	드라이밸브의 시험 또는 수리 시 2차측 배관으로 소화수가 공급되는 것을 제어하고 또 2차측 배관 내의 Air를 차단하는 역할을 한다.	개방
③	물공급밸브	세팅 시에 개방하여 중간챔버에 가압수를 공급한다.	개방
④	볼드립밸브	세팅 후에 클래퍼 Sealing 부위의 누수여부를 확인하기 위한 것으로, 오토드립+수동드립 기능이 있다.	개방
⑤	공기압력조절용 압력게이지	공압레귤레이터의 설정압력 상태를 표시해 주는 압력게이지	-
⑥	공압 레귤레이터 (Air Regulator)	2차측에 설정된 공기압력을 유지시켜 주는 기능 •설정압력 미달 시 : 개방되어 공기압 보충 •설정압력 도달 시 : 폐쇄되어 공기압 차단	설정 압력 유지
⑦	바이패스밸브	2차측 배관 내에 Air로 초기충진할 때 이 밸브를 개방하여 공압레귤레이터를 거치지 않고 다량의 Air를 유입시킬 때 사용한다.	잠금
⑧	공기주입밸브	Air Compressor로부터 공급되는 공기를 2차측에 주입 또는 차단하는 밸브	개방
⑨	복구레버	클래퍼를 복구할 때 클래퍼가 Latch에 걸려 있는 것을 풀기 위해 복구레버를 사용한다.	-
⑩	배수밸브 (Drain Valve)	드라이밸브 작동 후 2차측으로 넘어간 소화수를 배수시킬 때 개방한다.	잠금
⑪	알람스위치	드라이밸브가 개방되어 소화수가 방출될 때 그 흐름(압력)을 감지하여 화재신호를 수신기로 송신한다.	-
⑫	1차측 압력게이지	1차측의 소화수압력 유지상태를 표시한다.	-
⑬	2차측 압력게이지	2차측의 공기압력 유지상태를 표시한다.	-
⑭	오리피스(니플) 체크밸브	오리피스를 통하여 중간챔버에 가압수를 공급하고, 또 체크밸브기능이 있어 중간챔버에 공급된 가압수는 역류되지 않도록 하는 역할을 한다.	-
⑮	Drip Cup (물 배수컵)	볼드립밸브에서 배출되는 물을 받아 주는 컵	-

번호	명 칭	용도 · 기능	평상시 상태
⑯	누설시험밸브 (테스트밸브)	2차측 압축공기를 배출시켜 드라이밸브의 작동시험을 하기 위한 밸브	잠금
⑰	Actuator (엑튜에이터)	평상시에는 2차측 공기압력에 의해 중간챔버의 출구를 막게 하여 밸브의 세팅상태를 유지하도록 해주고, 드라이밸브 작동 시에는 2차측 공기압의 감압을 감지하여 중간챔버의 출구를 개방함으로써 중간챔버의 압력이 낮아져 드라이밸브가 개방하게 된다.	개방
⑱	경보정지밸브	드라이밸브의 작동 중 계속되는 화재경보를 중지하고자 할 때 이 밸브를 잠그면 중지된다.	개방
⑲	경보시험밸브	드라이밸브를 작동시키지 않고 압력스위치를 작동시켜 Alarm(화재경보)을 시험할 때 개방하는 밸브	잠금
⑳	중간챔버 (Push Rod Box)	클래퍼의 Latch와 연결된 작은 챔버로서, 평상 시 중간챔버가 가압되어 있어 그 압력으로 래치를 밀고 있으므로 클래퍼가 닫힌 상태를 유지하게 하고, 엑튜에이터 작동 시에는 중간챔버가 감압되어 밀대가 후진하므로 래치의 Rock이 풀려 클래퍼가 개방된다.	가압 상태
㉑	세팅밸브	세팅 시 중간챔버의 물이 엑튜에이터로 유입되는 것을 차단하기 위하여 이 밸브를 잠근다.	개방
㉒	물공급밸브	중간챔버로 가압수의 공급을 제어하는 밸브	개방

나. 클래퍼형 저압건식밸브의 작동시험

※ 작동시험하는 방법은 말단시험밸브를 개방하여 시스템 전체를 시험하는 방법과 드라이밸브 자체만을 시험하는 방법이 있는데, 여기서는 이 두 가지 방법에 대하여 함께 기술한다.

(1) 준비

1) 수신반에서 다른 설비와의 연동스위치를 「정지」상태로 한다.
2) 수신반의 경보스위치를 「자동복구」상태 또는 「Off」상태로 한다.
   (여기서, 「Off」상태로 하였을 경우에는 작동시험 도중에 경보스위치를 잠깐 풀어서 경보장치의 동작 여부를 확인한다)
3) 2차측 개폐밸브(②)를 잠근다.(드라이밸브 자체만 시험하는 경우에 한한다)

(2) 작동

다음 중 하나의 방법으로 시험한다.

1) 누설시험밸브(테스트밸브 ⑯) 개방 : (드라이밸브 자체만 시험하는 경우에 한함) : 2차측의 압축공기 배출 → 2차측 압력저하 → 엑튜에이터 작동 → 중간챔버의 가압수 배출 → 중간챔버 압력저하 → 밀대(Push Rod) 후진 → 클래퍼 개방

2) 말단시험밸브 개방 : (시스템 전체를 시험하는 경우에 한함) : 작동과정은 1)항과 동일하다.

(3) 확인사항

1) 수신반 확인사항
   ① 화재표시등의 점등 확인
   ② 해당구역 드라이밸브 작동표시등의 점등 확인
   ③ 주음향장치(수신반의 경보 부저)의 작동 확인
2) 해당 방호구역의 경보(사이렌) 작동 확인
3) 1·2차측 압력계의 압력상태 확인 : 드라이밸브의 작동압력 측정
4) 소화펌프의 자동기동상태 확인

(4) 복구

(가) 배수

1) 펌프의 정지상태 확인 : 수동정지시스템인 경우에는 수동으로 정지시킴
2) 1차측 개폐밸브(①) 잠금
3) 물공급밸브(㉒) 잠금
4) 배수밸브(⑭) 개방
5) 배수완료가 확인되면 배수밸브 및 누설시험밸브를 잠근다.
6) 말단시험밸브를 개방(시스템 전체를 시험)한 경우에는 이를 잠근다.

(나) 세팅(복구)

1) 복구레버(⑨)를 돌려 클래퍼를 안착시킨다.(이때 "탁"하는 소리를 확인)
2) 각 밸브의 닫힌상태 확인 : 경보시험밸브(⑲), 공기주입밸브(⑧), 세팅밸브(㉑), 바이패스밸브(⑦)의 잠금을 확인한다.
3) 물공급밸브(㉒) 개방 : 중간챔버에 가압수 공급 → 밀대 전진 → 래치의 락 이동 → 클래퍼의 폐쇄·고정
4) 2차측 개폐밸브(②) 개방(단, 말단시험밸브로 시험한 경우에는 제외)
5) 공기주입밸브(⑩) 개방 : 2차측 관내에 공기압 충전

6) 2차측 공기압력 세팅 : Air Compressor를 기동한 후에, 2차측 압력게이지(⑰)를 보면서 공압레귤레이터의 핸들을 돌려 2차측에 유지해야 할 압력으로 세팅한다.(좌회전 : 감압, 우회전 : 승압)

7) 2차측 배관이 설정압력에 도달하면, 2차측 개폐밸브(②)를 다시 잠근다.

8) 세팅밸브(㉑)를 개방 : 엑튜에이터가 세팅된다.

9) 1차측 개폐밸브(①) 서서히 개방

10) 이때, 볼드립밸브(④)의 누름핀을 눌렀을 때 물의 누설이 없으면 "정상 세팅" 상태이다.

11) 2차측 개폐밸브(②) 개방

12) 수신반의 각종 스위치 상태를 복구 및 확인한다.

(5) 경보장치만 작동하는 시험 (드라이밸브 개방 없음)

1) 경보시험밸브(⑲) 개방 → 알람스위치(⑪) 작동 → 경보장치 작동

2) 경보확인 후 경보시험밸브 잠금

3) 수신반의 스위치 상태 복구

다. 다이어프램형 저압건식밸브의 구조

현재 생산이 되지 않고 있으나, 기 설치된 것에 대한 점검은 계속 이루어지고 있다

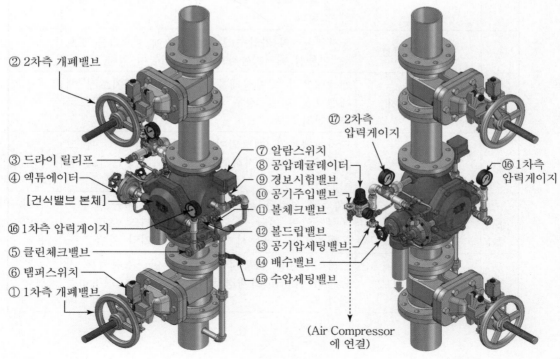

② 2차측 개폐밸브
⑰ 2차측 압력게이지
③ 드라이 릴리프
④ 엑튜에이터
[건식밸브 본체]
⑯ 1차측 압력게이지
⑤ 클린체크밸브
⑥ 탬퍼스위치
① 1차측 개폐밸브
⑦ 알람스위치
⑧ 공압레귤레이터
⑨ 경보시험밸브
⑩ 공기주입밸브
⑪ 볼체크밸브
⑫ 볼드립밸브
⑬ 공기압세팅밸브
⑭ 배수밸브
⑮ 수압세팅밸브
⑯ 1차측 압력게이지
(Air Compressor에 연결)

번호	명 칭	용도·기능	평상시 상태
①	1차측 개폐밸브 (개폐표시형 밸브)	1차측의 소화수가 드라이밸브로 공급되는 것을 제어한다. 즉, 드라이밸브의 세팅·복구·수리 시 물 공급을 차단한다.	개방
②	2차측 개폐밸브 (개폐표시형 밸브)	드라이밸브의 시험 또는 수리시 2차측 배관으로 소화수가 공급되는 것을 제어하고 또, 2차측 배관 내의 Air를 차단하는 역할을 한다.	개방
③	드라이 릴리프 (Dry Relief) (드라이밸브의 자동복구방지용)	드라이밸브가 작동된 상태에서 2차측 압력이 세팅압력 이하로 낮아지면 드라이릴리프가 작동하여 엑튜에이터 공기실의 압축공기를 대기 중으로 방출함으로써 엑튜에이터의 압력이 지속적으로 낮게 유지되어 드라이밸브가 자동복구되는 것을 방지하는 하는 것으로서 프리액션밸브의 PORV와 같은 역할을 하며, 자동배수밸브와 유사하다. • 평상시 : 상단 핀이 상승하여 돌출되었으면 정상 • 드라이밸브 작동시 : 상단 핀이 하강하면 정상	상단핀 상승 상태
④	Actuator (엑튜에이터)	평상시에는 2차측 공기압력에 의해 중간챔버의 출구를 막게 하여 밸브의 세팅상태를 유지하도록 해주고, 드라이밸브 작동 시에는 2차측 공기압의 감압을 감지하여 중간챔버의 출구를 개방함으로써 중간챔버의 압력이 낮아져 드라이밸브가 개방하게 된다.	개방
⑤	클린체크밸브	중간챔버로의 가압수 공급용 배관에 설치되는 것으로, 이물질 제거기능과 체크밸브기능이 있다.	‐
⑥	탬퍼스위치	개폐밸브의 개방상태를 감시하는 스위치로서 개폐밸브를 잠글 경우 그 신호를 감시제어반으로 송신한다.	‐
⑦	알람스위치	드라이밸브가 개방되어 소화수가 방출될 때 그 흐름(압력)을 감지하여 화재신호를 수신기로 송신한다.	‐
⑧	공압 레귤레이터 (Air Regulator)	2차측에 설정된 공기압력을 유지시켜 주는 기능 • 설정압력 미달 시 : 개방되어 공기압 보충 • 설정압력 도달 시 : 폐쇄되어 공기압 차단	설정 압력 유지
⑨	경보시험밸브	드라이밸브를 작동시키지 않고 압력스위치를 작동시켜 Alarm(화재경보)을 시험할 때 개방하는 밸브	잠금

번호	명 칭	용도·기능	평상시 상태
⑩	공기주입밸브	Air Compressor로부터 공급되는 공기를 2차측에 주입 또는 차단하는 밸브	개방
⑪	볼 체크밸브	1차측의 가압수를 중간챔버로만 전달하고 역류를 방지함으로써 1차측의 압력저하 시에도 중간챔버 압력을 유지시켜 주므로 드라이밸브가 개방되지 않는다.	–
⑫	볼 드립밸브 (Ball Drip Valve) (누수확인밸브)	압력이 없는 물과 공기는 자동 배출되고, 압력이 있을 경우에는 자동 차단된다.(필요시 누름핀을 눌러 수동으로도 배출 가능함) : (오토드립+수동 드립)	잠금
⑬	공기압 세팅밸브	2차측 배관에 공기를 충전한 후 엑튜에이터의 세팅을 위한 밸브로서, 세팅 시 개방하여 엑튜에이터의 공기실을 가압한 후 다시 잠그어 놓는다.	잠금
⑭	배수밸브 (Drain Valve)	드라이밸브 작동 후 2차측으로 넘어간 소화수를 배수시킬 때 개방한다.	잠금
⑮	수압 세팅밸브	드라이밸브 작동 후 복구(세팅) 시 중간챔버에 가압수를 공급할 때 개방한다.	잠금
⑯	1차측 압력게이지	1차측의 소화수압력 유지상태를 표시한다.	–
⑰	2차측 압력게이지	2차측의 공기압력 유지상태를 표시한다.	–

라. 다이어프램형 저압건식밸브의 작동시험

※ 작동시험하는 방법은 말단시험밸브를 개방하여 시스템 전체를 시험하는 방법과 드라이밸브 자체만을 시험하는 방법이 있는데, 여기서는 이 두 가지 방법에 대하여 함께 기술한다.

(1) 준비

1) 수신반에서 다른 설비와의 연동스위치를 「정지」상태로 한다.
2) 수신반의 경보스위치를 「자동복구」상태 또는 「Off」상태로 한다.
   (여기서, 「Off」상태로 하였을 경우에는 작동시험 도중에 경보스위치를 잠깐 풀어서 경보장치의 동작여부를 확인한다)
3) 2차측 개폐밸브(②)를 잠근다.(드라이밸브 자체만 시험하는 경우에 한한다)

(2) 작동

다음 중 하나의 방법으로 시험한다.

1) 배수밸브(⑭) 개방 : (드라이밸브 자체만 시험하는 경우에 한함) : 2차측의 압축공기 배출 → 2차측 압력저하 → 엑튜에이터 작동 → 중간챔버의 가압수 배출 → 중간챔버 압력저하 → 드라이밸브 개방

2) 말단시험밸브 개방 : (시스템 전체를 시험할 경우에 한함) : 작동과정은 1)항과 동일함

(3) 확인사항

1) 수신반 확인사항

① 화재표시등의 점등 확인

② 해당구역 드라이밸브 작동표시등의 점등 확인

③ 주음향장치(수신반의 경보 부져)의 작동 확인

2) 해당 방호구역의 경보(사이렌) 작동 확인

3) 1·2차측 압력계의 압력상태 확인 : 드라이밸브의 작동압력 측정

4) 소화펌프의 자동기동상태 확인

(4) 복구

(가) 배수

1) 펌프의 정지상태 확인 : 수동정지시스템인 경우에는 수동으로 정지시킴

2) 1차측 개폐밸브(①) 잠금

3) 개방된 배수밸브(⑭)를 통해 2차측의 잔류수 배출이 완료되면 배수밸브를 잠근다.

4) 말단시험밸브를 개방(시스템 전체를 시험)한 경우에는 이를 잠근다.

(나) 세팅(복구)

1) 각 밸브의 닫힌상태 확인

엑튜에이터(④), 경보시험밸브(⑨), 공기주입밸브(⑩), 공기압세팅밸브(⑬), 수압세팅밸브(⑮)의 잠금을 확인한다.

2) 수압세팅밸브(⑮) 개방 : 중간챔버에 가압수 공급 → 드라이밸브 시트의 Close(복구)

3) 2차측 개폐밸브(②) 개방(단, 말단시험밸브로 시험하는 경우에는 제외)

4) 공기주입밸브(⑩) 개방 : 2차측 관내에 공기압 충전

5) 2차측 공기압력 세팅 : Air Compressor를 기동한 후에, 2차측 압력게이지(⑰)를 보면서 공압레귤레이터의 핸들을 돌려 2차측에 유지해야 할 압력으로 세팅한다. (좌회전 : 감압, 우회전 : 승압)

6) 2차측 배관이 설정압력에 도달되면, 다시 2차측 개폐밸브(②)를 잠근다.

7) 공기압 세팅밸브(⑬)를 개방하여 드라이릴리프(③)를 세팅시킨 후에 다시 잠근다. : 이때 드라이릴리프로 공기가 누설되면, 드라이릴리프의 캡을 열고 "Push button"을 누른 상태로 핀을 잡아당겨 누설을 완전히 차단·확인하여야 한다.

8) 엑튜에이터(④) 개방 : 핸들을 왼쪽으로 돌려 완전히 개방한다.

9) 1차측 개폐밸브(①) 서서히 완전개방 : 이때 볼드립밸브(⑫)로의 공기 또는 물의 누설이 없고, 경보가 발신되지 않으면 "정상세팅" 상태이다.

10) 2차측 개폐밸브(②) 개방

11) 수신반의 각종 스위치 상태를 복구 및 확인한다.

(5) 경보장치만 작동하는 시험 (드라이밸브 개방 없음)

1) 2차측 개폐밸브(②) 잠금

2) 경보시험밸브(⑨) 개방 : 알람스위치(⑦) 작동 → 경보장치 작동

3) 경보확인 후 경보시험밸브 잠금

4) 경보시험 시 2차측으로 넘어간 물은 배수밸브(⑭)를 열어 배출시킨다.

5) 2차측 개폐밸브(②) 개방

6) 수신반의 스위치 상태 복구

05 ╲ 일제살수식 스프링클러설비

1. 계통도

(1) 화재감지기에 의한 기동방식

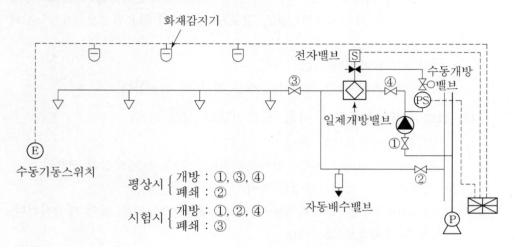

평상시 { 개방 : ①, ③, ④
　　　　폐쇄 : ② }

시험시 { 개방 : ①, ②, ④
　　　　폐쇄 : ③ }

(2) 감지용 헤드에 의한 기동방식

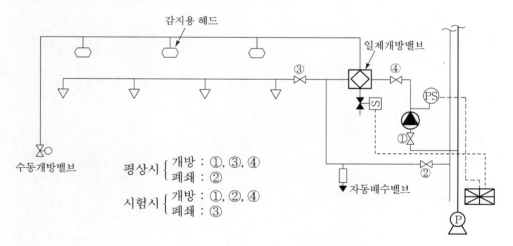

평상시 { 개방 : ①, ③, ④
　　　　폐쇄 : ② }

시험시 { 개방 : ①, ②, ④
　　　　폐쇄 : ③ }

2. 일제개방밸브의 기동방법

(1) 해당 방호구역의 SVP(Super Visory Panel)에서 수동기동스위치를 작동한다.

(2) 감시제어반에서 수동기동스위치를 작동시킨다.

(3) 감시제어반에서 「동작시험」을 선택한 후 회로선택스위치로 각 방호구역별로 감지기 2회로(A·B회로)를 함께 작동시킨다.

(4) 해당 방호구역의 감지기 2회로(A·B회로)를 함께 작동 : 화재감지기에 의한 기동방식인 경우

(5) 감지용 헤드 배관말단의 수동개방밸브를 개방 : 감지용 헤드에 의한 기동방식인 경우

3. 일제개방밸브의 작동시험

(1) 작동시험

1) 위 그림상의 일제개방밸브의 2차측 개폐밸브(③)를 잠근다.

2) 배수밸브(②)를 개방한다.

3) 해당 방호구역의 감지기 2회로(A·B회로)를 함께 작동시킨다. 또는 위의 "일제개방밸브 기동방법" 5가지방법 중에서 선택하여 작동시킨다.

4) 일제개방밸브가 개방되어 유수에 의한 압력스위치 작동으로 음향경보가 발령되는 것을 확인한다.

5) 감시제어반(수신반)에서 화재표시등 및 일제개방밸브 개방표시등의 점등을 확인

6) 펌프의 기동 및 기동표시등 점등 여부를 확인한다.

(2) 복구방법

1) 일제개방밸브의 1차측 개폐밸브(①)를 잠근다.

2) 감시제어반(수신반) 전체를 복구시킨다.

3) 완전배수를 확인한 후 배수밸브(②)를 잠근다.

4) 일제개방밸브의 1차측 개폐밸브(①)를 개방한다.

5) 일제개방밸브의 2차측 개폐밸브(③)를 서서히 개방하여 2차측으로 누수가 없으면 복구 완료된 것이다.

06 \ 스프링클러설비의 기타 중요 화재안전기준

1. 폐쇄형 스프링클러설비의 방호구역·유수검지장치

(1) 하나의 방호구역의 바닥면적은 3,000m² 이하일 것

(2) 하나의 방호구역은 2개 층에 미치지 아니하도록 할 것. 다만, 1개 층의 스프링 클러 헤드수가 10개 이하인 경우와 복층형 구조의 공동주택에는 3개 층 이내로 할 수 있다.

(3) 하나의 방호구역에는 1개 이상(단, 50층 이상인 건축물은 2개 이상)의 유수검 지장치를 설치하되, 화재 시 접근이 쉽고 점검이 편리한 장소에 설치

(4) 스프링클러 헤드에 공급되는 물은 유수검지장치 등을 지나도록 할 것. 다만, 송 수구를 통하여 공급되는 물은 그러하지 아니하다.

(5) 유수검지장치는 바닥으로부터 0.8~1.5m 높이에 설치하고, 가로 0.5m×세로 1m 이상의 출입문을 설치. 그 출입문 상단에 '유수검지장치실'이라는 표지를 설치

(6) 자연낙차에 따른 압력수가 흐르는 배관상에 설치된 유수검지장치는 물의 흐름 을 검지할 수 있는 최소한의 압력이 얻어질 수 있도록 수조의 하단으로부터 낙 차를 두어 설치할 것

(7) 조기반응형 스프링클러헤드를 설치하는 경우에는 습식유수검지장치 또는 부압식 스프링클러설비를 설치할 것

2. 스프링클러헤드의 설치기준

(1) 스프링클러 헤드로부터 반경 60cm 이상의 공간을 보유할 것. 다만, 벽과 헤드 간의 공간은 10cm 이상일 것

(2) 헤드와 부착면과의 거리 : 30cm 이하 되게 설치

(3) 배관·행거 및 조명기구 등이 있는 경우에는 그로부터 아래에 설치하여 살수에 장애가 없도록 할 것. 다만, 스프링클러헤드와 장애물과의 이격거리를 장애물 폭의 3배 이상 확보한 경우에는 그러하지 아니하다.

(4) 헤드의 반사판은 그 부착면과 평행되게 설치한다.

(5) 습식 스프링클러설비 또는 부압식 스프링클러설비 외의 것은 상향식 헤드로 설 치한다.

(6) 연소할 우려가 있는 개구부 : 상하 좌우에 2.5m 간격으로 헤드설치. 다만, 사람 이 상시 출입하는 개구부로서 통행에 지장이 있는 경우에는 개구부의 상부 또 는 측면에 1.2m 간격으로 설치

(7) 상부 헤드의 방출수가 하부 헤드의 감열부에 영향을 줄 수 있는 경우에는 유효한 차폐판을 설치

(8) 보와 가까운 헤드의 설치기준

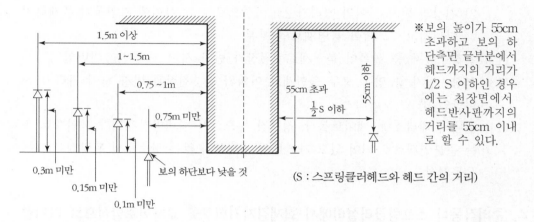

※보의 높이가 55cm 초과하고 보의 하단측면 끝부분에서 헤드까지의 거리가 1/2 S 이하인 경우에는 천장면에서 헤드반사판까지의 거리를 55cm 이내로 할 수 있다.

(S : 스프링클러헤드와 헤드 간의 거리)

3. 스프링클러헤드의 설치제외대상

(1) 계단실, 특별피난계단의 부속실, 비상용승강기의 승강장, 승강기의 승강로, 경사로, 파이프덕트 및 덕트피트, 목욕실, 화장실, 수영장(관람석 부분은 제외), 직접 외기에 개방되어 있는 복도, 기타 이와 유사한 장소

(2) 발전실, 변전실, 변압기, 기타 이와 유사한 전기설비가 설치된 장소

(3) 병원의 수술실, 응급 처치실, 기타 이와 유사한 장소

(4) 통신기기실, 전자기기실, 기타 이와 유사한 장소

(5) 펌프실, 물탱크실, 그 밖의 이와 유사한 장소

(6) 아파트의 세대별로 설치된 보일러실로서 다른 부분과 방화구획된 것(단, 환기구는 방화구획에서 제외)

(7) 현관 또는 로비 등으로서 바닥으로부터 높이가 20m 이상인 장소

(8) 냉동창고의 냉동실 또는 평상시 온도가 영하인 냉장창고의 냉장실

(9) 고온의 노가 설치된 장소 또는 물과 격렬하게 반응하는 물품의 저장·취급장소

(10) 불연재료로 된 소방대상물로서 다음 각목의 1에 해당하는 장소

    1) 정수장, 오물처리장, 그 밖의 이와 비슷한 장소

    2) 펄프 공장의 작업장, 음료수 공장의 세정·충전하는 작업장, 그 밖의 이와 유사한 장소

    3) 불연금속·석재 등의 가공공장으로서 가연성물질을 저장·취급하지 아니하는 장소

(11) 천장과 반자의 양쪽이 불연재료로 되어 있고 그 사이의 거리 및 구조가 다음 각목의 1에 해당하는 부분
　　1) 천장과 반자 사이의 거리가 2m 미만인 부분
　　2) 천장과 반자 사이의 거리가 2m 이상으로서 그 사이에 가연물이 존재하지 아니하고, 그 벽이 불연재료인 부분

(12) 천장·반자 중 한쪽이 불연재료 : 천장과 반자 사이 거리 1m 미만인 곳

(13) 천장·반자 중 양쪽 모두 불연재료 이외의 것 : 천장과 반자 사이 거리 0.5m 미만인 곳

(14) 실내의 테니스장, 게이트볼장, 정구장 등으로서 실내마감재료가 불연재료 또는 준불연재료로 되어 있고 가연물이 존재하지 않는 장소로서 관람석이 없는 운동시설

4. 준비작동식 스프링클러설비에서 화재감지기회로를 교차회로방식으로 아니할 수 있는 경우

(1) 스프링클러설비의 배관 또는 헤드에 누설경보용 물 또는 압축공기가 채워지는 경우

(2) 부압식스프링클러설비의 경우

(3) 화재감지기를 자동화재탐지설비의 화재안전기준 제7조 제1항 단서 각호의 감지기(특수감지기 8종) 중 적응성이 있는 감지기로 설치하는 경우

5. 우선경보방식(구분명동방식)의 적용기준

(1) 우선경보방식의 적용대상

층수가 11층(지하층은 제외, 공동주택은 16층) 이상인 특정소방대상물 또는 그 부분

(2) 우선경보방식 기준

1) 2층 이상의 층에서 발화한 때 : 발화층 및 그 직상 4개층에 경보
2) 1층에서 발화한 때 : 발화층·그 직상 4개층 및 지하층에 경보
3) 지하층에서 발화한 때 : 발화층·그 직상층 및 기타의 지하층에 경보

07 간이 스프링클러설비

1. 법규적 설치대상

설치대상	적용기준
1. 공동주택	연립주택 및 다세대주택 : 주택 전용 간이 스프링클러설비 설치
2. 근린생활시설	• 근린생활시설 바닥면적 합계 1,000m² 이상 : 전층 설치 • 의원, 치과의원 및 한의원으로서 입원실이 있는 시설 • 조산원 및 산후조리원으로서 연면적 600m² 미만인 시설
3. 교육연구시설 내의 합숙소	연면적 100m² 이상
4. 의료시설	• 종합병원, 병원, 치과병원, 한방병원, 요양병원(정신병원 및 의료재활시설은 제외) : 바닥면적 합계 600m² 미만인 시설 • 정신의료기관 또는 의료재활시설 : 바닥면적 합계 300m² 이상 600m² 미만인 시설 또는 바닥면적 합계 300m² 미만이고 창살이 설치된 시설
5. 노유자시설	① 노유자생활시설 ② ①에 해당하지 않고 바닥면적 300m² 이상 600m² 미만 ③ ①에 해당하지 않고 바닥면적 300m² 미만이고 창살이 설치된 시설
6. 숙박시설	해당 용도의 바닥면적 합계가 300m² 이상 600m² 미만인 것
7. 「출입국관리법」 제52조 제2항에 따른 보호시설	건물을 임차하여 보호시설로 사용하는 부분
8. (주상)복합건축물	연면적 1,000m² 이상인 것 : 전층 설치
9. 「다중이용업소의 안전관리에 관한 특별법」상의 다중이용업소	① 지하층에 설치된 영업장 ② 밀폐구조의 영업장 ③ 실내 권총사격장의 영업장 ④ 숙박을 제공하는 형태의 다중이용업소의 영업장 중 산후조리업·고시원업의 영업장

2. 수원

(1) 상수도직결형

(2) 수조설비형

1) 수조의 용량 : 간이헤드 2개를 동시에 개방하여 10분(근린생활시설은 20분) 이상 방수할 수 있는 양. 다만, 다음 어느 하나에 해당하는 경우에는 5개의 간이헤드에서 20분 이상 방수할 수 있는 양일 것
① 근린생활시설의 바닥면적 합계가 1,000m² 이상인 것
② 숙박시설 중 생활형 숙박시설의 바닥면적 합계가 600m²
③ 복합건축물(주상 복합건축물만 해당)로서 연면적 1,000m² 이상인 것
2) 1개 이상의 자동급수장치 구비

3. 가압송수장치

(1) 종류

펌프가압식, 고가수조식, 압력수조식, 가압수조식, 상수도직결식

(2) 정격토출압력

가장 먼 간이헤드 2개를 동시에 개방하여 방수압력 0.1MPa 이상 및 방수량 50 ℓ/min 이상(단, 표준반응형 스프링클러헤드의 경우 : 80ℓ/min)일 것
다만, 가압수조식의 경우에는 헤드 2개를 동시에 개방하여 적정 방수량 및 방수압이 10분(근린생활시설의 경우에는 20분) 이상 유지될 것
※ [주의]
위의 "간이헤드 2개 동시개방"에서 다음의 어느 하나에 해당하는 경우에는 5개의 간이헤드를 동시에 개방한다. 〈개정 2015.1.23〉
① 근린생활시설의 바닥면적 합계가 1,000m² 이상인 것
② 숙박시설 중 생활형 숙박시설의 바닥면적 합계가 600m² 이상인 것
③ 복합건축물(주상 복합건축물만 해당)로서 연면적 1,000m² 이상인 것

4. 배관 및 밸브

(1) 상수도 직결방식

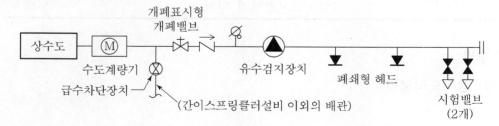

(2) 펌프 등의 가압송수방식

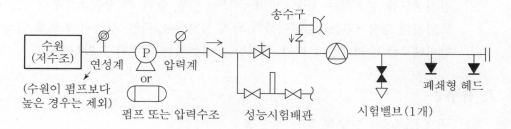

(3) 가압수조방식

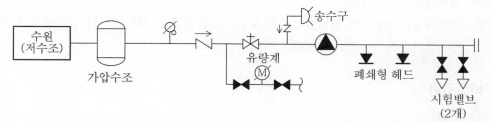

(4) 캐비닛형 가압송수방식

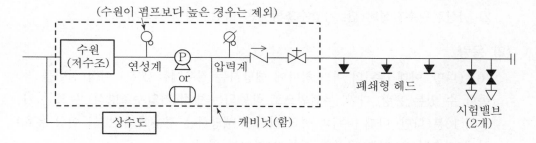

5. 방호구역

(1) 하나의 방호구역의 바닥면적이 1,000m²를 초과하지 아니할 것

(2) (기타는 스프링클러설비의 방호구역 기준과 동일함)

6. 간이형 스프링클러헤드

(1) 폐쇄형 간이헤드 설치(단, 주차장에는 표준반응형 스프링클러헤드 설치)

(2) 간이헤드의 작동온도

주위 천장 최대 온도	공칭 작동 온도
0~38℃	57~77℃
39~66℃	79~109℃

(3) 헤드의 살수반경(수평거리)

간이헤드를 설치하는 천장·반자·덕트·선반 등의 각 부분으로부터 간이헤드까지의 수평거리는 2.3m 이하가 되게 설치한다. 다만, 성능이 별도로 인정된 간이헤드를 수리계산에 따라 설치하는 경우에는 그러하지 아니하다.

7. 송수구

(1) 구경 65mm의 단구형 또는 쌍구형

(2) 송수배관의 내경 : 40mm 이상

(3) 설치높이 : 0.5~1.0m

※ 다만, 다중이용업소의 영업장으로서 상수도직결형 또는 캐비닛형의 경우에는 송수구를 설치하지 아니할 수 있다.

8. 비상전원

(1) 종류

1) 자가발전설비 또는 축전지설비
2) 비상전원수전설비(단, 가압수조방식은 비상전원 불필요함)

(2) 용량

10분(다만, 아래 [주]의 어느 하나에 해당하는 경우에는 20분) 이상 설비를 작동할 수 있는 용량. 다만, 무전원으로 작동되는 방식(가압수조방식)은 모든 기능이 10분(다만, 아래 [주]의 어느 하나에 해당하는 경우에는 20분) 이상 유효하게 지속될 수 있는 구조와 기능이 있어야 한다.

※ [주]

위의 "간이헤드 2개 동시개방"에서 다음의 어느 하나에 해당하는 경우에는 5개의 간이헤드를 동시에 개방한다. 〈개정 2015.1.23〉

① 근린생활시설의 바닥면적 합계가 1,000m² 이상인 것

② 숙박시설 중 생활형 숙박시설의 바닥면적 합계가 600m² 이상인 것

③ 복합건축물(주상 복합건축물만 해당)로서 연면적 1,000m² 이상인 것

(3) 구조

상용전원 중단시 자동으로 비상전원으로 전환되어 전원을 공급받는 구조일 것

08 부압식 스프링클러설비

1. 설비의 개요

(1) 준비작동식 스프링클러설비에서 유수검지장치(프리액션밸브) 1차측까지는 정압의 소화수가 충만되어 있고, 2차측 폐쇄형 스프링클러헤드까지는 부압의 소화수로 채워져 있다가, 비화재상태에서 스프링클러헤드가 파손 등으로 개방되었을 때, 즉각 고압진공스위치를 작동시켜 진공펌프에 의해 2차측의 소화수를 흡입함으로써 비화재 시 소화수 유출을 방지하여 수손피해를 방지하는 스프링클러설비이다.

(2) 화재발생시에는 즉, 정상적인 스프링클러 작동시에는 화재감지기의 신호에 의해 프리액션밸브의 개방과 동시에 진공펌프를 강제 정지시키므로 2차측 소화수의 유수에 이상이 없으며, 2차측이 항시 소화수로 충만되어 있으므로 화재시 스프링클러헤드로부터 즉시 방수될 수 있어 조기진화에도 유리한 시스템이라 할 수 있다.

2. 설비의 구조 및 작동원리

(1) 평상 시 셋팅 상태

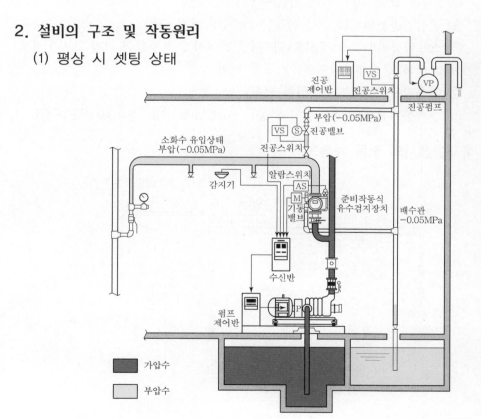

(2) 스프링클러헤드 오작동시의 작동 계통도

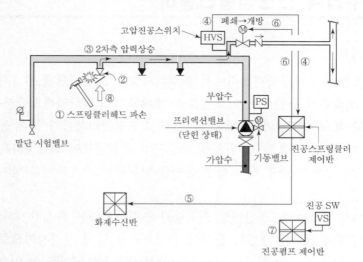

① 스프링클러헤드 파손(비화재시)

② 공기흡입

③ 2차측 압력상승(-0.05MPa $\rightarrow$ -0.03MPa)

④ 고압진공스위치(HVS) 작동(-0.03MPa에서 ON)

⑤ 스프링클러배관 고장신호(화재수신반에서 스프링클러 고장 표시·경보)

⑥ 오리피스(솔레노이드밸브) 개방 제어

⑦ 진공펌프 기동(진공스위치 연동)

⑧ 연속공기흡입(진공스위치 연동)(-0.05MPa : On, -0.08MPa : Off)

(3) 화재발생시의 작동 계통도

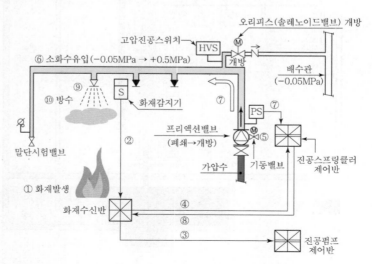

① 화재발생

② 화재감지(화재표시 → 화재예고신호 → 화재판정 → 화재방송)

③ 진공펌프 강제정지 제어

④ 진공스프링클러 제어반 화재신호(환재판정 후 → 화재신호 송출)

⑤ 프리액션밸브의 기동밸브 개방 → 프리액션밸브 개방

⑥ 2차측으로 소화수 유입(2차측 부압 → 정압가압)

⑦ 프리액션밸브 유수검지신호(알람신호) 발생

⑧ 유수검지신호를 화재수신반으로 송출(화재수신반 작동표시)

⑨ 스프링클러헤드를 통하여 소화수 방출

⑩ 소화

3. 설비의 특성

(1) 장점

1) 2차측이 항시 소화수로 충만되어 있는 상태이므로 화재시 프리액션밸브가 작동하면 즉시 소화수가 방수될 수 있어 조기진화에 유리하다.

2) 비화재 상태에서 스프링클러헤드가 파손 또는 오작동되어 개방되었을 때에는 소화수의 유출로 인한 수손피해를 방지할 수 있다.

(2) 단점

1) 배관 내 물을 부압상태로 장기간 유지할 경우 물의 비등점이 낮아져 지속적으로 기포가 발생하고 용존산소가 방출됨으로 인해 스프링클러 작동시 배관 내 물의 흐름이 원활하지 못할 수 있다.

2) 일반 스프링클러설비에 비해 시스템이 복잡해지는데, 시스템이 복잡할수록 설비의 작동 신뢰도가 떨어지는 문제가 있을 수 있다. 즉, 한 예로, 화재로 인한 스프링클러 작동시 진공펌프의 강제 정지가 되지 않았을 경우에는 2차측으로의 유수가 오히려 어려워질 수 있다.

3) 평상시 2차측 배관에 물이 채워지므로 겨울철 동결 우려가 있는 장소에는 적용이 곤란하다.

09 \ 미분무소화설비

1. 설비의 개요

(1) 미분무소화설비는 가압된 소화수(물)가 헤드를 통해 방사될 때 미세한 물입자로 분무됨으로써 질식(산소농도희석)·냉각·복사열차폐효과 등의 소화성능을 가지는 설비이다.

(2) 미분무소화설비에서 사용되는 미분무(미세한 물입자)는 최소설계압력에서 헤드로부터 방출되는 물입자 중 99%의 누적체적분포가 400㎛ 이하로 분무되고, A·B·C급 화재에 적응성을 가지고 있는 것으로 국가화재안전기준에서 규정하고 있다.

2. 설비의 특성

(1) 소화원리

1) 질식효과(산소농도희석)

미세 물입자의 증발시 발생하는 높은 비체적의 수증기에 의한 산소치환작용 및 공기공급차단작용으로 인해 산소농도가 희석됨으로써 질식효과가 발생된다.

2) 냉각효과

① 기상냉각(화염냉각) : 물입자의 증발잠열에 의한 냉각효과
② 표면냉각 : 물입자의 가연물 접촉에 의한 냉각효과

3) 복사열 차폐효과(방사열의 감소)

① 물입자의 크기는 작지만 단위체적당 밀도가 높으므로 화염으로부터 빼앗는 복사열량이 많게 된다.
② NRC 실험에서 복사열 70% 이상 감소효과 확인

4) 부차적 소화효과

① 연기의 흡수효과
② 가연성 증기의 희석효과

(2) 장점

1) 독성이 없고 환경에 무해하다.
2) 소화 시 물피해가 적다.(기존 스프링클러 물 사용량의 약 10%만 사용됨)
3) 전역방출방식의 성능이 유효하다.

4) 전기·전자설비의 화재에도 적용 가능함

5) 불활성화설비 및 폭발억제설비로 사용 가능함

6) 설비비 저렴 : 소화용수 및 배관구경이 스프링클러설비에 비해 현저히 감소됨

(3) 단점

1) 심부화재에 적용이 곤란함 : 물입자의 침투효과가 낮다.

2) 기초설계자료 부족 : 소화성능의 각 종 변수를 설계할 객관적인 이론이 정립되지 않았다.

3) 노즐의 가공이 정밀하며 제작비용이 고가격이다.

3. 시스템의 종류

(1) 작동압력에 의한 분류

1) 저압 미분무소화설비 : 최고사용압력 1.2MPa 이하

2) 중압 미분무소화설비 : 사용압력 1.2MPa 초과~3.5MPa 이하

3) 고압 미분무소화설비 : 최저사용압력 3.5MPa 초과

(2) 헤드방식에 따른 분류

1) 폐쇄형 미분무소화설비 : (습식 스프링클러설비와 동일한 구조)

2) 개방형 미분무소화설비 : (일제살수식 스프링클러설비와 동일한 구조)

(3) 소화수 방출방식에 따른 분류

1) 전역방출방식

2) 국소방출방식

3) 호스릴방식

4. 미분무소화설비의 중요 설계기준

(1) 수원의 양(Q)

$$Q\,[\mathrm{m^3}] = N \times M \times T \times S + V$$

여기서, N : 방호구역(방수구역) 내 헤드의 설치개수

M : 설계유량 $[\mathrm{m^3/min}]$

T : 설계방수시간 $[\mathrm{min}]$

S : 안전율(1.2 이상)

V : 배관 내의 체적 $[\mathrm{m^3}]$

(2) 펌프의 정격토출량

가압송수장치의 송수량은 최저설계압력에서 설계유량[L/min] 이상의 방수성능을 가진 기준개수의 모든 헤드로부터의 방수량을 충족시킬 수 있는 양 이상의 것으로 한다.

(3) 방호구역(방수구역) 설정기준

1) 폐쇄형 미분무소화설비의 방호구역

① 하나의 방호구역은 2개 층에 미치지 아니할 것
② 하나의 방호구역의 바닥면적은 펌프용량, 배관의 구경 등을 수리학적으로 계산한 결과 헤드의 방수압 및 방수량이 방호구역 범위 내에서 소화목적을 달성할 수 있도록 산정하여야 한다.

2) 개방형 미분무소화설비의 방수구역

① 하나의 방수구역은 2개 층에 미치지 아니할 것
② 하나의 방수구역을 담당하는 헤드의 개수는 최대 설계개수 이하로 할 것. 다만, 2개 이상의 방수구역으로 나눌 경우에는 하나의 방수구역을 담당하는 헤드의 개수는 최대설계개수의 1/2 이상으로 할 것
③ 터널, 지하구, 지하가 등에 설치할 경우에는 동시에 방수되어야 하는 방수구역을 화재발생 당해 방수구역 및 이에 접한 방수구역으로 할 것

5. 미분무소화설비의 기타 중요 화재안전기준

(1) 수원

1) 미분무소화설비에 사용되는 용수는 「먹는물관리법」 제5조의 규정에 적합하고, 물에는 입자·용해고체 또는 염분이 없어야 한다.
2) 물을 저수조 등에 충수할 경우에는 필터 또는 스트레이너를 통하여야 한다.
3) 배관의 연결부(용접부 제외) 또는 주배관의 유입측에는 필터 또는 스트레이너를 설치하고, 스트레이너에는 청소구가 있어야 하며, 검사·유지관리 및 보수 시에 배치위치를 변경하지 아니하여야 한다. 다만, 노즐이 막힐 우려가 없는 경우에는 설치하지 아니할 수 있다.
4) 사용되는 필터 또는 스트레이너의 메쉬는 헤드 오리피스 지름의 80% 이하일 것

(2) 수조의 설치기준

P.64~65 「수계소화설비의 공통 주요화재안전기준」의 동일내용 참조

(3) 배관 등의 설치기준

1) 배관 등의 재질

① 배관은 배관용 스테인리스 강관(KS D 3576)이나 이와 동등 이상의 강도·내식성 및 내열성을 가진 것으로 하여야 하고, 용접할 경우 용접찌꺼기 등이 남아 있지 아니하여야 하며, 부식의 우려가 없는 용접방식으로 하여야 한다.

② 그 밖의 이 설비에 사용되는 구성요소에 대하여 STS 304 이상의 재료를 사용하여야 한다.

2) 급수배관의 설치기준

① 전용으로 할 것

② 급수를 차단할 수 있는 개폐밸브는 개폐표시형으로 할 것

3) 펌프 성능시험배관의 설치기준

① 성능시험배관은 펌프의 토출측에 설치된 개폐밸브 이전에서 분기하여 직선으로 설치하고, 유량측정장치를 기준으로 전단 직관부에는 개폐밸브를, 후단 직관부에는 유량조절밸브를 설치할 것

② 유입구에는 개폐밸브를 둘 것

③ 개폐밸브와 유량측정장치 사이의 직관부 거리 및 유량측정장치와 유량조절밸브 사이의 직관부 거리는 해당 유량측정장치 제조사의 설치 사양에 따른다.

④ 유량측정장치는 펌프의 정격토출량의 175% 이상까지 측정할 수 있는 성능이 있을 것

⑤ 성능시험배관의 호칭은 유량계 호칭에 따를 것

4) 주차장의 미분무소화설비는 습식 외의 방식으로 하여야 한다.

다만, 주차장이 벽 등으로 차단되어 있고 출입구가 자동으로 열리고 닫히는 구조인 것으로서 다음 각호의 어느 하나에 해당하는 경우에는 그러하지 아니하다.

① 동절기에 상시 난방이 되는 곳이거나 그 밖에 동결의 염려가 없는 곳

② 미분무소화설비의 동결을 방지할 수 있는 구조 또는 장치가 된 것

5) 호스릴방식의 설치기준

① 방호대상물의 각 부분으로부터 하나의 호스 접결구까지의 수평거리가 25m 이하가 되도록 할 것

② 소화약제저장용기의 개방밸브는 호스의 설치장소에서 수동으로 개폐할 수 있는 것으로 할 것

③ 소화약제저장용기의 가장 가까운 곳의 보기 쉬운 곳에 표시등을 설치하고 호스릴 미분무소화설비가 있다는 뜻을 표시한 표지를 할 것

④ 기타사항은 「옥내소화전설비의 화재안전기준」 제7조(함 및 방수구 등)에 적합할 것

6) 헤드의 설치기준

① 미분무헤드는 소방대상물의 천장·반자·천장과 반자 사이·덕트·선반 기타 이와 유사한 부분에 설계자의 의도에 적합하도록 설치하여야 한다.

② 하나의 헤드까지의 수평거리 산정은 설계자가 제시하여야 한다.

③ 미분무소화설비에 사용되는 헤드는 조기반응형 헤드를 설치하여야 한다.

④ 폐쇄형 미분무헤드는 그 설치장소의 평상시 최고주위온도에 따라 다음 식에 따른 표시온도의 것으로 설치하여야 한다.

$$T_a = 0.9\,T_m - 27.3℃$$

여기서, T_a : 최고주위온도

T_m : 헤드의 표시온도

⑤ 미분무헤드는 배관, 행거 등으로부터 살수가 방해되지 아니하도록 설치하여야 한다.

⑥ 미분무헤드는 설계도면과 동일하게 설치하여야 한다.

⑦ 미분무헤드는 '한국소방산업기술원' 또는 법 제42조제1항의 규정에 따라 성능시험기관으로 지정받은 기관에서 검증을 받아야 한다.

7) 전원

P.63~64 「수계소화설비의 공통 주요화재안전기준」의 동일내용 참조

8) 제어반

P.64~66 「수계소화설비의 공통 주요화재안전기준」의 동일내용 참조

제 6 장

포소화설비의 점검

01 \ 포소화설비의 Foam 방출시험

1. 포소화설비의 Foam Tank System

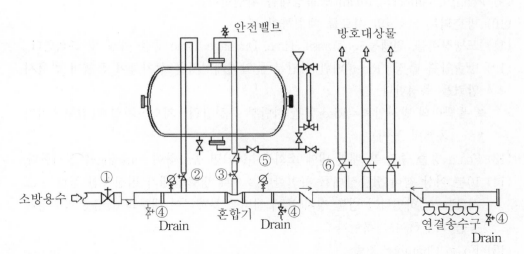

① : 제1선택밸브(소방용수공급 메인밸브)

② : 폼탱크의 물공급밸브

③ : 폼탱크의 폼원액 방출밸브(Foam Discharge)

④ : 배수밸브(Drain Valve)

⑤ : 폼원액의 배액밸브

⑥ : 제2선택밸브

2. 포소화설비의 시험작업순서

(1) 외관 점검 : 각 밸브의 개폐위치, 변형, 누수여부, 조작가능여부 및 원액의 저장

상태 등을 확인한다.

(2) 각 Strainer의 분리(탈거) 및 청소

(3) 각 Drain Valve의 정상 Close상태를 확인한다.

(4) Foam Tank의 물공급밸브(②) 및 폼방출밸브(③)의 전단에 Blind(차단판) 설치 : (단, Foam 방출없이 소화용수만을 방출시험하는 경우에 한하여 설치함)

(5) 각 Foam Chamber의 상부 Cover를 개방하여 내부검사 및 봉판(Seal Glass) 상태 검사

(6) Foam Chamber의 Flange를 탈거하여 180° 회전하여 설치 또는 Chamber의 방출구에 90° Elbow를 설치하여 방출구 방향이 탱크 외부로 향하게 한다.

(7) 해당 탱크의 제2 선택밸브(⑥)를 개방한다.

(8) 제1 선택밸브(①)를 개방한다.(이때부터 해당 Foam Tank의 Foam 원액이 방출되기 시작하여 Foam Chamber에서 Foam이 방출된다.)

(9) Foam Chamber의 Foam 방출상태를 확인한다.

(10) 방출되는 Foam의 시료를 채취하여,

(11) 포팽창비율, 원액농도, Transit Time, Drainage Time 등을 측정 및 분석한다.

(12) 방출압력 측정 : Riser 배관 하단부에 압력게이지를 설치하여 폼챔버 방출시 압력을 측정한다.

  ※ 폼챔버의 방사압력＝Riser배관 하단부 측정압력 － 자연낙차압력(압력게이지 ~ 폼챔버 높이)

(13) Foam 방출 중지 후 배관 내에 소화용수(물)만 공급하여 Flushing을 실시한다.

(14) 10분 이상 챔버 방출상태를 확인한다. : 이때 방출상태가 비정상인 챔버는 표시(Check)하였다가 방출 정지 후에 챔버를 분해하여 내부의 Orifice 막힘상태 등을 확인하여 기록한다.

(15) Foam Chamber 조립

(16) 배수작업

  1) Foam Tank주변 소화수 공급배관상의 각 Drain Valve를 개방한다.

  2) 배수용 Pit의 Drain Valve를 개방한다.

  3) 배수용 Pit로 Drain되는 소화수를 배수펌프로 Pumping하여 외부로 배출시킨다.

(17) 관내 건조작업 : Air Compressor로 바람을 배관내에 불어 넣어 건조시킨다.

(18) 제1 선택밸브(①)를 잠근다.

(19) 제2 선택밸브(⑥)를 잠근다.

(20) 각 Drain Valve를 잠근다.

02 \ 포소화설비의 부위별 점검방법

1. 포소화약제 저장탱크의 점검

(1) 포소화약제의 저장량을 점검

약제저장탱크의 액면계를 통하여 저장량을 확인한다.

(2) 포소화약제의 종류가 저장위험물에 적응성이 있는지 확인

수용성 저장위험물에는 알코올형 포소화약제가 저장되어 있는지, 또 수용성 이
외의 저장위험물에는 비수용성 소화약제가 저장되어 있는지 확인한다.

(3) 저장탱크 내 튜브(다이어프램)의 파손이 있는지 확인

1) 확인방법

저장탱크의 하부에 있는 배수밸브를 열었을 때 순수 물만 배출되지 않고 폼
약제가 함께 배출되면 튜브(다이어프램)가 찢어진 것이다.

2) 다이어프램(튜브)의 파손 원인

① 경년변화에 의한 노후로 인한 파손

② 설비 작동시 선택밸브 또는 시험용 방수구(배수밸브) 등 가압수의 출구
를 먼저 개방하지 않고 메인 개폐밸브를 개방할 경우 가압수가 원액탱크
내로 급격히 투입되면서 튜브(다이어프램)가 파손될 수 있다.

(4) 포소화약제가 혼합기로 흡입되는지 점검

1) 점검방법

2차 선택밸브가 모두 잠겨진 상태에서, 집합관에 설치된 시험용 방수구 또는
배수밸브를 열어 놓고, 약제저장탱크 상부에 설치된 가압수공급밸브 및 폼원
액방출밸브를 개방하고, 1차 선택밸브(메인 개폐밸브)를 개방하면 포약제가
혼합기로 흡입되어 포수용액이 방출되는 것을 확인할 수 있다.

2) 흡입이 되지 않는 원인(라인 프로포셔너의 경우)

① 폼원액탱크와 흡입기(벤츄리관) 사이의 배관에 설치된 체크밸브가 고착
되어 폼액이 유동되지 않는 경우

② 흡입기의 벤튜리관에 이물질이 차서 막힌 경우

2. 고정포방출구 및 포헤드의 점검

(1) 봉판의 파괴여부 점검

Chamber의 Cap(뚜껑) 고정너트를 풀고 열어서 봉판의 파손 여부를 확인한다.

(2) 포의 팽창비율에 따른 방출구 적용의 적정성 확인

1) 팽창비 20 이하 : 포헤드 적용

2) 팽창비 80 이상 : 고발포형 고정포방출구 적용

(3) 포헤드 및 고정포방출구의 방사량, 방출압력의 적정여부 확인

3. 일제개방밸브의 작동점검

(1) 2차측 개폐밸브를 잠그고 시험한다.

개방형헤드이므로 수손피해를 방지하기 위함

(2) 폼원액탱크의 밸브(가압수공급밸브 및 폼원액방출밸브)도 잠그고 시험한다.

: 시험시 폼원액이 주배관으로 흡입되지 않게 하기 위함

※ 기타는 스프링클러설비의 일제개방밸브 작동점검과 동일하게 시험 및 점검하면 된다.

03 \ 포소화약제량의 보충방법

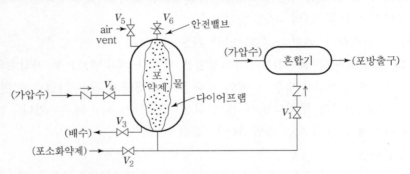

(1) $V_1 \cdot V_2 \cdot V_4$: 잠근다.

(2) $V_3 \cdot V_5$: 개방 : (배수)

(3) 챔버 내의 물 배수가 완료되면 V_3를 잠근다.

(4) V_6 : 개방

(5) V_2에 포약제 송액장치 연결

(6) V_2를 개방하여 포소화약제를 서서히 송액한다.

(7) 약제보충이 완료되었으면 V_2를 잠근다.

(8) 소화펌프를 기동시킨다.

(9) V_4를 서서히 개방하면서 급수한다.

(10) $V_5 \cdot V_6$를 통해 공기의 배기가 완료되면 $V_5 \cdot V_6$를 잠근다.

(11) 소화펌프를 정지시킨다.

(12) V_1을 개방한다.

제 7 장

가스계 소화설비의 점검

01 　CO₂ · 할론 · 할로겐화합물 및 불활성기체 소화설비

1. 설비작동시 흐름도(가스압력개방식)

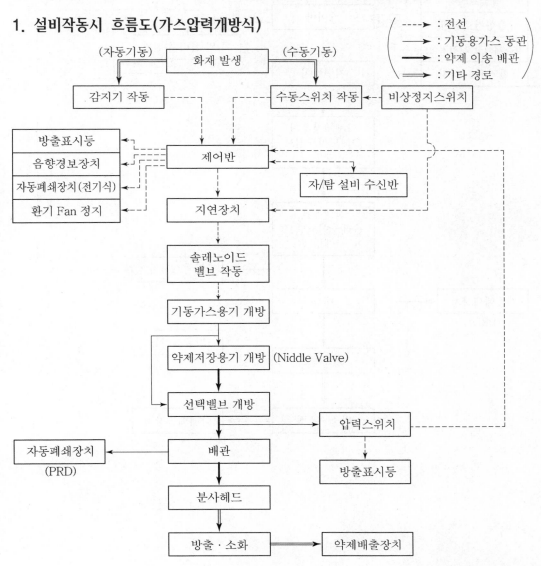

2. 설비작동시 흐름도(전기개방식)

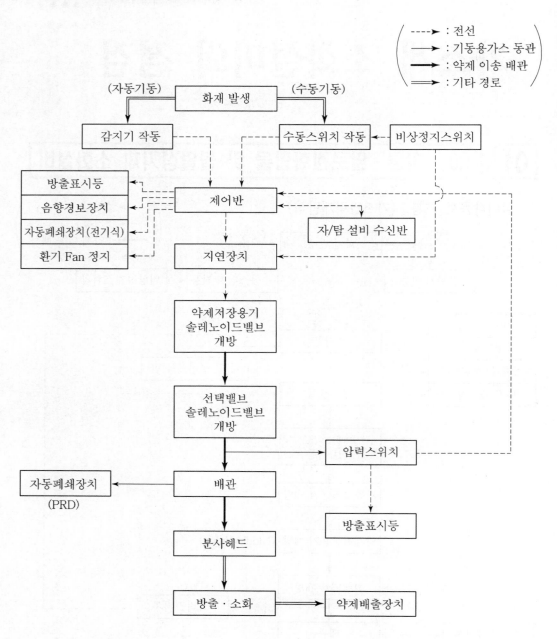

3. 계통도(가스압력개방식)

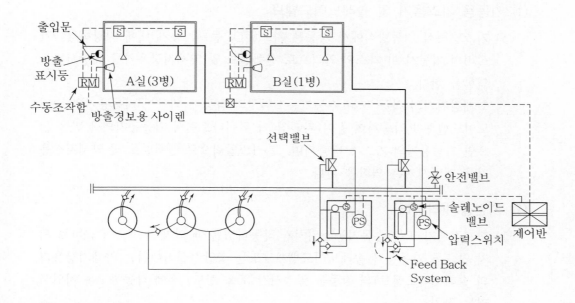

4. 계통도(전기개방식)

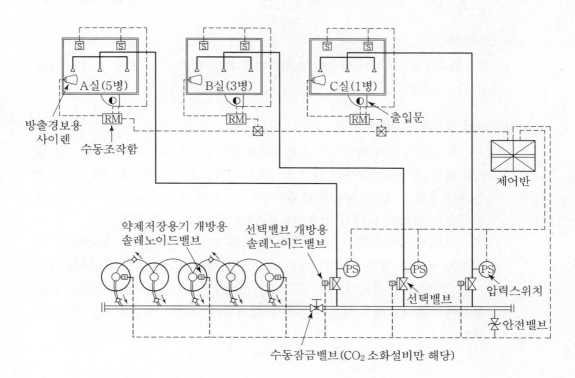

5. 가스계소화설비의 각 기기 및 밸브류의 기능

(1) 기동용 가스용기 및 솔레노이드밸브

1) 가스압력식 기동방식에서 기동용 가스(CO_2 등)를 용기 내에 저장하였다가 설비의 기동시 이 가스의 압력으로 선택밸브 및 약제저장용기를 개방시키는 역할을 한다.

2) 화재감지기의 작동 또는 수동기동스위치의 작동에 의하여 기동용기의 솔레노이드밸브가 작동하여 공이(파괴침)가 튀어나오면서 기동용기의 봉판을 뚫으면 기동용기의 가스가 방출되며, 그 가스압력으로 선택밸브 및 약제저장용기를 개방시키는 역할을 한다.

(2) 지연장치(타이머)

1) 화재감지기 또는 수동기동스위치가 작동하였을 때 약제의 방출이 곧바로 되지 않도록 기동용기 솔레노이드밸브 (또는 축압식설비에서는 약제저장용기의 솔레노이드밸브)의 작동을 일정시간(30초 정도) 후에 작동하도록 지연시키는 장치

2) 제어반 내에 설치되어 있고, 손으로 돌려서 시간을 조정할 수 있으며, 통상 30초 정도로 설정하여 운영하고 있다.

(3) 선택밸브

소화약제저장탱크로부터 방출된 소화약제를 해당 방호구역으로만 보내는 것을 제어하는 밸브이다.

(4) Feed Back System

1) 하나의 방호구역에 해당하는 소화약제저장용기의 수량이 다수(10병 이상)일 경우에는 하나의 기동용기 가스량으로 다수의 소화약제저장용기를 개방하기는 어려우므로, 먼저 개방된 약제저장용기로부터 방출되는 소화약제의 방출압력을 이용하여 나머지 약제저장용기를 개방하는 시스템이다.

2) 즉, 첫 번째 약제저장용기에서 방출된 소화약제가 선택밸브를 통과한 후 그 일부가 동관을 통하여 압력스위치에 도달하여 압력스위치를 작동시킨다.

3) 이후 압력스위치 쪽으로 계속 흘러오는 소화약제가스는 Feed Back System을 통하여 기동용기에서 나오는 가스와 합세하여 나머지 저장용기를 개방하게 된다.

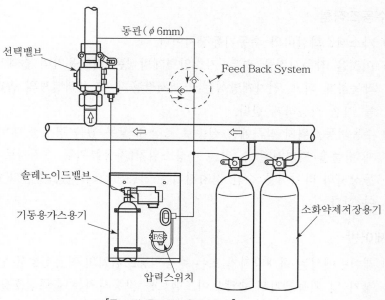

[Feed Back System]

(5) 압력스위치

약제저장용기로부터 방출되어 선택밸브를 통과한 소화약제의 일부가 동관을 통하여 그 압력이 압력스위치에 전달되어 압력스위치가 작동하면 그 신호를 제어반으로 보내게 된다.

(6) 방출표시등

1) 설비가 작동하여 방호구역에 소화약제가 방출되고 있음을 표시하는 것으로써 약제저장용기의 약제가 방출되어 압력스위치가 작동되면 그 신호가 제어반을 통하여 방출표시등을 점등하게 한다.

2) 방호구역의 출입문마다 출입문 바깥쪽 상부에 설치한다.

(7) PRD(Piston Release Damper)

1) 방호구역에 개구부 또는 통기구가 있을 경우 소화약제가 방출되기 전에 자동으로 폐쇄하는 장치

2) 약제저장용기로부터 방출되어 선택밸브를 통과한 소화약제의 일부가 동관을 통하여 PRD에 전달되고 이때 약제가스의 압력으로 피스톤을 밀게 되므로 열린 개구부를 닫히게 한다.

3) 그러나 가스압력개방식이 아닌 전기개방식일 경우에는 PRD와 관계없으며, 화재감지기와 연동하는 전동모터가 작동하여 개구부를 닫는 방식이다.

(8) 수동조작함

1) 가스계소화설비의 수동기동장치이다.

2) 이것을 작동시켰을 경우, 가스압력개방식은 기동용기의 솔레노이드밸브가 작동하게 되고, 전기개방식은 약제저장용기 및 선택밸브의 솔레노이드밸브를 직접 작동하게 한다.

3) 수동기동스위치 직근에는 실수로 조작을 잘못 했을 경우를 대비하여 소화약제 방출을 지연시킬 수 있는 비상스위치(자동복귀형 스위치로서 수동식 기동장치의 타이머를 순간 정지시키는 기능의 스위치를 말한다.)를 설치하여야 한다.

(9) 제어반

1) 제어반에서는 화재감지기 또는 수동기동스위치의 작동신호를 받아 음향경보장치 및 기동용기의 솔레노이드밸브를 작동시키는 출력신호를 내 보낸다.

2) 또 압력스위치로부터의 작동신호를 받아 방출표시등, 환기Fan 정지 및 자동폐쇄장치(전기식)를 작동시키는 출력신호를 내보내는 역할을 한다.

6. 가스계소화설비의 작동순서

(1) 화재발생 또는 작동시험

(2) 감지기 1개(1회로) 작동 : 음향경보장치(싸이렌 및 대피 안내방송) 작동 및 수신반 (제어반)의 화재표시등 및 지구표시등의 점등

(3) 설비 기동장치 작동 : 다음 중 어느 하나의 방법으로 작동되면 기동장치가 작동한다.

① 감지기 2개(2회로) 작동

② 또는 수동조작함의 수동기동스위치 작동

③ 또는 제어반에서 솔레노이드밸브 기동스위치 작동

(4) 제어반의 지연타이머가 작동한다. : 지연시간은 20~30초이며 조정이 가능하다.

(5) 지연시간이 만료된 후에는 제어반에서 솔레노이드밸브로 전기출력신호를 내보낸다.

(6) 솔레노이드밸브가 작동하여 솔레노이드밸브의 파괴침(공이)이 튀어나오며, 이때 기동용기의 봉판이 뚫리면서 기동용기의 가스가 동(銅)배관으로 방출된다.

(7) 기동용기의 가스가 동(銅)배관을 통하여 해당 방호구역의 선택밸브에 도달되어 선택밸브를 개방한다.

(8) 또, 기동용기 가스는 첫 번째 약제저장용기 개방장치의 피스톤을 가압하여 파괴침을 움직여 저장용기의 봉판을 뚫게 함으로써 저장용기로부터 소화약제가 방출되기 시작한다.

(9) 저장용기에서 방출된 소화약제가 집합관을 거쳐 열려진 선택밸브를 통과하여 배관과 헤드를 통하여 방호구역에 방출하게 된다.

(10) 이때 선택밸브를 통과하는 소화약제 중 일부는 동(銅)관으로 흘러 압력스위치에 도달하여 압력스위치를 작동시킴으로써 방출표시등이 점등되게 한다.

(11) 이 후 압력스위치 쪽으로 계속 흐르는 소화약제는 Feed Back System을 통하여 기동용기에서 나오는 기동용가스와 합세하여 나머지 저장용기를 개방하게 된다.

(12) 또한 선택밸브를 통과한 소화약제의 일부는 동(銅)관을 통하여 피스톤릴리즈(PRD : Piston Release Damper)를 작동시켜 열린 개구부를 닫히게 한다.

02 \ 분말소화설비

1. 설비작동시 흐름도

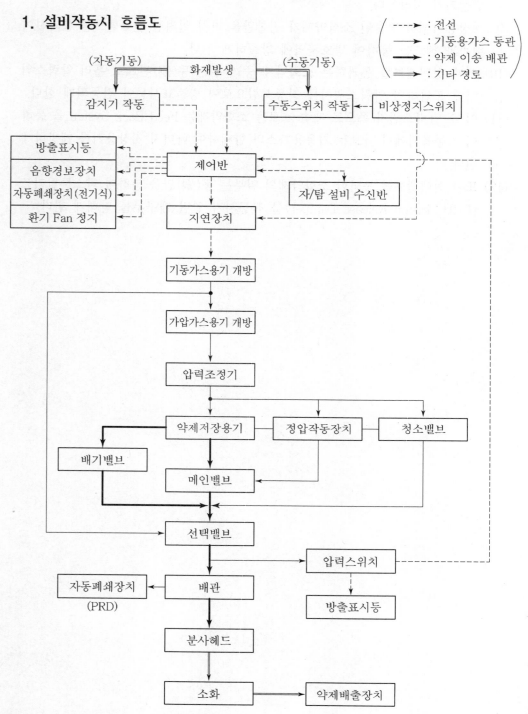

2. 분말소화설비 계통도

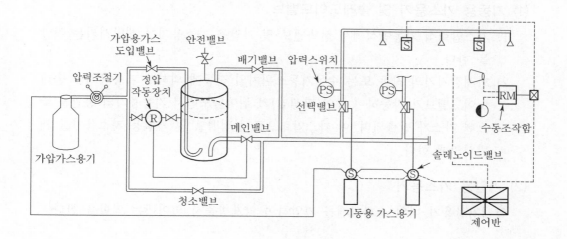

3. 분말소화약제 저장탱크 주변 배관도

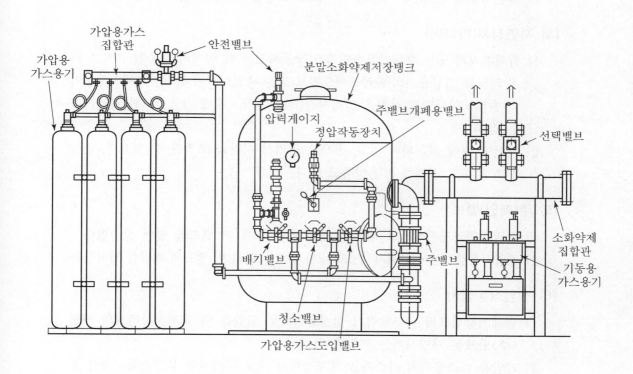

4. 분말소화설비의 각 기기 및 밸브류의 기능

(1) 기동용 가스용기 및 솔레노이드밸브

1) 가스압력식 기동방식에서 선택밸브 및 가압용 가스용기를 개방시키는 역할을 한다.

2) 화재감지기의 작동 또는 수동기동스위치의 작동에 의하여 기동용기의 솔레노이드밸브가 작동하여 공이(파괴침)가 튀어나오면서 기동용기의 봉판을 뚫으면 가스가 방출되며, 이 가스압력으로 선택밸브 및 가압용 가스용기를 개방시키게 한다.

(2) 가압용 가스용기

약제저장용기 내의 소화약제를 가압하여 약제방출시 밀어내는 역할을 한다.

(3) 압력조절기(Regulator)

1) 가압용 가스용기의 고압가스를 적정한 압력으로 감압하는 역할을 한다.

2) 일반적으로 2.5MPa 이하의 압력으로 조정할 수 있는 것으로 설치한다.

(4) 지연장치(타이머)

1) 화재감지기 또는 수동기동스위치가 작동하였을 때 약제의 방출이 곧바로 되지 않도록 기동용기의 솔레노이드밸브 또는 축압식설비에서는 약제저장용기의 솔레노이드밸브 작동을 일정시간(30초 정도) 후에 작동하도록 지연시키는 장치

2) 제어반 내에 설치되어 있고, 손으로 돌려서 시간을 조정할 수 있으며, 통상 30초 정도로 설정하여 운영하고 있다.

(5) 주(메인)밸브

1) 분말소화약제저장탱크 내의 약제를 방출할 때 이 밸브를 열어 방출한다.

2) 정압작동장치에서 약제저장탱크 내의 압력에 따라 이 밸브의 개방을 제어한다.

(6) 정압작동장치

1) 약제저장탱크의 내부압력이 설정압력으로 되었을 때 약제저장탱크의 메인(주)밸브를 개방시키는 역할을 한다.

2) 가압용 가스용기의 가스가 약제저장탱크 내로 투입되어 분말소화약제를 혼합·교반시킨 후 적정 방출압력이 되면 메인밸브를 개방시킴으로써 소화약제가 방출된다.

(7) 청소밸브

1) 분말소화약제의 방출 후에 배관 내에 잔류하고 있는 분말소화약제를 배관 밖으로 방출시킬 때 이 밸브를 개방한다.
2) 이때의 청소에 필요한 가스는 별도의 청소용 가압용기에 저장한다.

(8) 배기밸브

분말소화약제의 방출 후에 약제저장용기 내에 잔류하고 있는 분말소화약제를 용기 밖으로 방출시킬때 이 밸브를 개방한다.

(9) 안전밸브

1) 분말소화약제저장용기 내의 과압을 배출시켜 저장용기를 보호한다.
2) 화재안전기준에서 저장용기의 안전밸브를 가압식은 최고사용압력의 1.8배 이하, 축압식은 용기의 내압시험압력의 0.8배 이하 압력에서 작동하는 것으로 설치하도록 규정하고 있다.

(10) 선택밸브

소화약제저장탱크로부터 방출된 소화약제를 해당 방호구역으로만 보내기 위해 해당 방호구역의 선택밸브를 개방한다.

(11) 압력스위치

약제저장용기로부터 방출되어 선택밸브를 통과한 소화약제의 일부가 동관을 통하여 그 압력이 압력스위치에 전달되어 압력스위치가 작동하면 그 신호를 제어반으로 보내게 된다.

(12) 방출표시등

1) 설비가 작동하여 방호구역에 소화약제가 방출되고 있음을 표시하는 것으로써 약제저장용기의 약제가 방출되어 압력스위치가 작동되면 그 신호가 제어반을 통하여 방출표시등을 점등하게 한다.
2) 방호구역의 출입문마다 바깥쪽 상부에 설치한다.

(13) PRD(Piston Release Damper)

1) 방호구역에 개구부 또는 통기구가 있을 경우 소화약제가 방출되기 전에 자동으로 개구부를 폐쇄하는 장치
2) 약제저장용기로부터 방출되어 선택밸브를 통과한 소화약제의 일부가 동관을

통하여 PRD에 전달되고 이때 약제가스의 압력으로 피스톤을 밀게 되므로 열린 개구부를 닫히게 한다.

3) 그러나 가스압력개방식이 아닌 전기개방식일 경우에는 화재감지기와 연동하는 전동모터가 작동하여 개구부를 닫는 방식이다.

(14) 수동조작함

1) 가스계소화설비의 수동기동장치이다.

2) 이것을 작동시켰을 경우, 가스압력개방식은 기동용기의 솔레노이드밸브가 작동하게 되고, 전기개방식은 약제저장용기 및 선택밸브의 솔레노이드밸브를 직접 작동하게 된다.

3) 수동기동스위치 직근에는 실수로 조작을 잘못 하였을 경우를 대비하여 소화약제 방출을 지연시킬 수 있는 비상스위치(자동복귀형 스위치로서 수동식 기동장치의 타이머를 순간 정지시키는 기능의 스위치를 말한다)를 설치하여야 한다.

(15) 제어반

1) 제어반에서는 화재감지기 또는 수동기동스위치의 작동신호를 받아 음향경보 장치 및 기동용기의 솔레노이드밸브를 작동시키는 출력신호를 내 보낸다.

2) 또 압력스위치로부터의 작동신호를 받아 방출표시등, 환기Fan 정지 및 자동폐쇄장치(전기식)를 작동시키는 출력신호를 내보내는 역할을 한다.

03 \ 가스계소화설비의 작동시험

1. 시험 전 준비사항

(1) 설계도서 검토 : 각 설비별 구조·기능·성능 기준의 파악

(2) 소화약제 성상의 파악

(3) 점검에 사용할 측정기기, 공구 등을 사전 준비

(4) 대체용기·시험용기 등의 운반시 안전조치 사항 파악

(5) 점검개시에 앞서 관계자와 협의하여 점검일정을 수립한다.

(6) 점검 중 화재시의 대응방안 수립

(7) 점검내용·점검범위 등을 점검자 전원에게 사전 공지

(8) 구내방송 등으로 점검에 대한 사전홍보

(9) 시험대상 이외의 기동용 가스용기의 솔레노이드밸브는 분리(탈거)한다.

2. 시험 작동방법의 종류

(1) 설비 전체를 작동시키는 방법

1) 화재감지기의 A · B회로를 함께 작동시킨다.
2) 수동조작함의 수동기동스위치를 작동한다.
3) 제어반에서(방출정지스위치를 작동하지 않은 상태에서) 감지기 A · B회로 또는 솔레노이드밸브 기동스위치를 작동시킨다.

(2) 기동장치만 시험작동하는 경우

먼저, 기동용기의 솔레노이드밸브를 분리(탈거)해 놓고 다음 중 하나의 방법으로 작동시켰을 때 솔레노이드밸브의 공이(파괴침)가 작동하는지를 확인하는 시험
1) 화재감지기의 A · B회로를 함께 작동시킨다.
2) 수동조작함의 수동기동스위치를 작동한다.
3) 제어반에서 (방출정지스위치를 작동하지 않은 상태에서) 감지기 A · B회로 또는 솔레노이드밸브 기동스위치를 작동시킨다.

(3) 소화약제저장용기실에서 수동으로 소화약제를 방출시키는 방법

화재감지기의 고장 또는 기동용기의 솔레노이드밸브가 작동하지 않을 경우 다음과 같은 방법으로 기동용기 또는 약제저장용기를 직접 수동으로 개방하여 소화약제를 방출할 수 있다.
1) 기동용기의 솔레노이드밸브를 수동으로 작동하여 기동용기를 개방 : 솔레노이드밸브의 안전클립을 빼고 누름핀을 누른다.
2) 약제저장용기와 선택밸브를 수동으로 개방 : 먼저 선택밸브의 개방손잡이를 위로 젖혀 개방한 후 약제저장용기의 개방장치용 니들밸브의 안전클립을 빼고 누름버튼을 누른다.

3. 시험시 주의사항 및 시험 후 조치사항

(1) 시험 작동 전

1) 시험대상 이외의 기동가스용기의 솔레노이드밸브를 기동가스용기로부터 분리(탈거)한다.
2) 창문 등의 개방, 귀마개 · 보안경의 사용 등 안전에 유의한다.

(2) 시험 종료 후

1) 제어반(수신기)의 조작스위치 등을 원상태로 복구한다. : 제어반(수신기)에

서 복구버튼을 눌러 복구시킨다.

2) 솔레노이드밸브의 공이(파괴침)를 눌러서 원상태로 복구시킨다.

3) 기동용기에서 솔레노이드밸브를 분리하여 시험한 경우에는 솔레노이드밸브를 장착한다.

4) 사용했던 약제저장용기와 기동가스용기는 충약된 용기로 교체한다.

04 \ 소화가스약제량의 측정방법

1. 중량 측정법

(1) 소화약제를 담은 약제저장용기의 무게를 측정하여 약제량을 판단하는 것

∴약제중량＝소화약제가 저장된 저장용기의 중량－빈 용기의 중량

(2) 정확하고 보편적인 방법이나,

(3) 측정에 많은 시간과 노력이 필요하다.

〈판정방법〉

약제중량의 측정결과를 제조회사에서 제공하는 중량표 및 도면, 시방서와 비교하여 그 차이가 10% 이하이면 합격으로 판정한다.

2. 간편식 측정기(검량계)로 측정하는 방법

(1) 단순 검량계로 측정하는 것

(2) 측정이 간편하지만 정밀한 측정은 어렵다.

(3) 측정순서

1) 용기밸브에 설치되어 있는 밸브개방장치, 연결관, 용기누름스위치 등을 떼어낸다.

2) 측정기 선단의 후크를 용기밸브에 부착시킨다.

3) 측정기의 손잡이를 쥐고 천천히 끌어내려, 측정기의 막대가 거의 수평상태로 되었을 때 중량을 측정한다.

4) 이때의 약제량 측정값은 용기밸브 및 저장용기의 자체중량은 뺀 값이다.

3. 액화가스 레벨메터(액면계)로 측정

(1) 방사선 투과원리를 이용하는 것

(2) 측정은 용이하나 계측기가 고가격임

(3) 측정장소의 주위온도가 높은 경우 액면 판별이 곤란하다.

(4) 약제량 측정방법

1) 전용의 환산척 이용

2) 약제량 계산식 이용

$$약제량[g] = S \cdot \rho_i \cdot b + S \cdot \rho_g \cdot (L-b)$$

여기서, S : 저장용기 단면적[cm²]

ρ_i : 액화가스 밀도[g/cc]

ρ_g : 기체가스 밀도[cm]

b : 측정액면 높이[cm]

L : 저장용기 길이[cm]

05 가스계소화설비의 기타 중요 화재안전기준

1. 소화약제 저장용기의 설치기준

(1) **설치장소**(모든 가스계소화설비 공통적용 : CO_2 · 할론 · 분말 · 할로겐화합물 및 불활성기체 소화설비)

1) 방호구역 외의 장소에 설치
   다만, 방호구역 내에 설치할 경우에는 피난 및 조작이 용이하도록 피난구 부근에 설치할 것

2) 온도가 40℃ 이하이고, 온도변화가 적은 곳(단, 청정소화약제는 55℃ 이하)

3) 직사광선 및 빗물의 침투우려가 없는 곳

4) 용기 설치장소에는 표지를 설치

5) 용기 간의 간격은 3cm 이상 유지

6) 저장용기를 방호구역 외에 설치한 경우에는 방화문으로 구획된 실에 설치

7) 저장용기와 집합관을 연결하는 배관에 체크밸브 설치

(2) CO_2 소화약제저장용기

1) 충전비
   ① 고압식 : 1.5~1.9

② 저압식 : 1.1~1.4

2) 강도

고압식은 25MPa 이상의 내압시험에 합격한 것

저압식은 3.5MPa 이상의 내압시험에 합격한 것

3) 개방밸브

① 수동 및 자동(전기식 · 가스압력식 · 기계식)으로 개방되는 것으로 한다.

② 안전장치를 부착

4) 안전장치

① 저장용기와 선택밸브 또는 개폐밸브 사이에 설치

② 작동압력 : 내압시험 압력의 0.8배

5) 저압식 CO_2 저장용기의 설치기준

① 안전밸브 : 내압시험압력의 0.64~0.8배의 압력에서 작동

② 봉판 : 내압시험의 0.8~1.0배의 압력에서 작동

③ 액면계 및 압력계 설치

④ 압력경보장치 : 1.9MPa 이하 및 2.3MPa 이상에서 작동

⑤ 자동냉동장치 : 용기내부온도 −18℃ 이하에서 2.1MPa의 압력을 유지할 수 있을 것

(3) 할론 소화약제저장용기(할론 1301 기준)

1) 축압식 저장용기의 질소가스 축압압력 : 20℃에서 2.5MPa 또는 4.2MPa

2) 충전비(1301) : 0.9~1.6(분말소화약제 : 0.8)

3) 개방밸브

① 수동 및 자동(전기식 · 가스압력식 · 기계식)으로 개방되는 것

② 안전장치 부착

4) 가압용 가스용기의 질소가스압력 : 2.5MPa 또는 4.2MPa

5) 별도 독립배관 기준 : 하나의 방호구역을 담당하는 소화약제 용적에 비해 그 방출경로의 배관 내용적이 1.5배 이상일 경우에는 당해 방호구역에 대한 설비는 별도 독립배관방식으로 하여야 한다.

(4) 분말소화설비 약제저장용기

1) 안전밸브

① 가압식 : 최고 사용압력의 1.8배 이하에서 작동

② 축압식 : 용기 내압시험압력의 0.8배 이하에서 작동

2) 정압작동장치 설치 : 저장용기의 내부압력이 설정압력에 도달하였을 때 주밸브를 개방하는 역할

3) 청소장치

4) 지시압력계 설치 : 사용압력의 범위를 표시함

5) 충전비 : 0.8 이상

2. 기동장치(모든 가스계소화설비 공통적용)

(1) 수동식 기동장치

1) 설치장소

① 전역방출식 : 방호구역마다

　국소방출식 : 방호대상물마다

② 당해 방호구역이 출입구 부분 등 조작하는 자가 쉽게 피난할 수 있는 장소

③ 기동장치의 조작부 위치 : 바닥으로부터 0.8~1.5m 높이

2) 비상정지장치 설치

① 수동기동장치 부근에 설치

② 자동복귀형 스위치로서 기동장치의 타이머를 순간 정지시키는 기능의 스위치

3) 표지설치 : "○○○○소화설비 기동장치"로 표시한 표지를 설치

4) 전원표시등(전기방식의 기동장치에 한함) 설치

5) 약제방출표시등 : 출입구 등의 보기 쉬운 곳에 설치

6) 방출용 스위치는 음향경보장치와 연동하여 조치될 수 있도록 설치

(2) 자동식 기동장치

1) 자동화재탐지설비의 감지기 작동과 연동할 것

2) 수동으로도 기동하는 구조일 것

3) 전기식 기동장치로서 7병 이상(분말은 3병 이상)을 동시에 개방하는 설비에는 2병 이상의 저장용기에 전자개방밸브를 부착할 것

4) 가스압력식 기동장치

① 기동용 가스용기 및 밸브 : 25MPa 이상의 압력에 견딜 것

② 기동용 가스용기의 안전장치 : 내압시험 압력의 0.8~1.0배의 압력에서 작동

③ 기동용 가스용기
　(CO_2소화설비는 해당 없음)
　　• 용적 : 1ℓ 이상
　　• CO_2량 : 0.6kg 이상
　　• 충전비 : 1.5 이상

④ CO₂소화설비의 기동용 가스용기
〈개정 2015.1.23〉

- 용적 : 5ℓ 이상
- 질소 등의 비활성 기체 : 6.0MPa (21℃ 기준)의 압력으로 충전
- 충전여부를 확인할 수 있는 압력 게이지 설치

5) 기계식 기동장치 : 약제저장용기를 쉽게 개방할 수 있는 구조로 할 것

3. 분사헤드의 설치 제외장소

(1) CO₂ 소화설비

1) 방재실·제어실 등 사람이 상시 근무하는 장소
2) 자기연소성 물질(니트로셀룰로오스·셀룰로이드 제품 등)을 저장·취급하는 장소
3) 활성금속물질(Na, K, Ca 등)을 저장·취급하는 장소
4) 전시장 등의 관람을 위하여 다수인이 출입·통행하는 전시실, 통로 등

(2) 할로겐화합물 및 불활성기체 소화설비

1) 사람이 상주하는 곳으로서 소화에 필요한 약제량이 최대 허용설계농도를 초과하는 장소
2) 제3류 또는 제5류 위험물을 사용하는 장소

4. 분사헤드의 오리피스구경 설치기준 (할로겐화합물 및 불활성기체에 한함)

(1) 분사헤드에는 부식방지 조치를 하여야 한다.
(2) 오리피스의 크기, 제조일자, 제조업체를 표시할 것
(3) 분사헤드 개수는 방호구역에 규정 방사시간 내에 규정 소화약제농도가 충족되도록 설치
(4) 분사헤드의 방출률 및 방출압력은 제조업체에서 정한 값으로 할 것
(5) 분사헤드의 오리피스 면적은 분사헤드가 연결되는 배관내경단면적의 70%를 초과하지 아니할 것
(6) 분사헤드의 설치높이 ─ 최소 0.2m 이상
            └ 최대 3.7m 이하

5. 가스계소화설비의 부대설비

(1) 배출설비 : CO_2소화설비에만 해당됨

(2) 과압배출구 : CO_2소화설비 및 청정소화약제소화설비에 해당됨(단, 할론소화설비는 제외)

(3) 설계프로그램 적용 : 모든 가스계소화설비에 공통으로 적용(단, 분말소화설비는 제외)

6. 가스계소화설비의 배관 설치기준

(1) 배관은 전용으로 할 것

(2) 강관의 경우 압력배관용 탄소강관(KS D 3562) 중 스케줄(CO_2 고압식 : 80, CO_2 저압식 : 40, 할론 : 40) 이상의 것 또는 이와 동등 이상의 강도를 가진 것으로서 아연도금 등으로 방식처리된 것

(3) 동관의 경우, 이음이 없는 동 및 동합금관(KS D 5301)으로서, 고압식은 16.5MPa 이상, 저압식은 3.75MPa 이상의 압력에 견딜 수 있는 것을 사용

(4) 배관의 구경(할론은 제외)

다음의 기준시간 내에 약제량이 방사될 수 있는 배관구경으로 할 것

1) 이산화탄소소화설비

① 전역방출식 : 표면화재－1분

심부화재－7분(단, 2분 내에 30%의 설계농도에 도달)

② 국소방출식 : 30초

2) 청정소화약제소화설비 : 10초(단, 불활성가스소화설비는 60초) 이내에 최소 설계농도의 95% 이상의 해당량이 방출될 것

(5) 배관부속(이산화탄소소화설비에 한함)

다음의 압력에 견딜 수 있는 배관부속을 사용하여야 한다.

1) 고압식 ┌ 선택밸브 2차측 : 2.0MPa

└ 선택밸브 1차측 : 4.0MPa

2) 저압식 : 2.0MPa의 압력에 견딜 수 있는 것을 사용할 것

(6) 배관의 두께(할로겐화합물 및 불활성기체 소화설비에 한함)

$$배관의\ 두께[mm] = \frac{PD}{2SE} + A$$

여기서, P : 최대허용압력[kPa]

D : 배관의 바깥지름[mm]

SE : 최대허용응력[kPa](배관재질 인장강도의 1/4 값과 항복점의

2/3 값 중 적은 값 × 배관이음효율 × 1.2)

A : 나사이음·홈이음 등의 허용값[mm]

- 나사이음 : 나사의 높이
- 절단홈 이음 : 홈의 깊이
- 용접이음 : 0

[배관이음효율]

- 이음매 없는 배관 : 1.0
- 전기저항용접 배관 : 0.85
- 가열 및 맞대기용접 배관 : 0.60

(7) 수동잠금밸브 설치 〈신설 2015.1.23〉

소화약제의 저장용기와 선택밸브 사이의 집합배관에는 수동잠금밸브를 설치
하되 선택밸브 직전에 설치할 것. 다만, 선택밸브가 없는 설비의 경우에는 저장
용기실 내에 설치하되 조작 및 점검이 쉬운 위치에 설치할 것

7. 호스릴 가스계소화설비(할로겐화합물 및 불활성기체 소화설비는 제외)

(1) 설치대상(장소)

1) 지상 1층 또는 피난층으로서 수동 또는 원격 조작에 의하여 개방할 수 있는
개구부의 유효면적 합계가 바닥면적의 15% 이상 되는 부분

2) 전기설비가 설치된 부분 또는 다량의 화기를 사용하는 부분의 바닥면적이 당
해 설비구획 바닥면적의 $\frac{1}{5}$ 미만이 되는 부분

※ 다만, 위 1) 및 2)의 장소 중 차고 또는 주차의 용도로 사용되는 장소는 제외

(2) 설치기준

1) 방호대상물의 각 부분으로부터 하나의 호스접결구까지의 수평거리

① CO_2, 분말 : 15m 이하

② 할론 : 20m 이하

2) 노즐의 방사용량 : 20℃에서 하나의 노즐당 소화약제 방사량

① CO_2 : 60kg/min

② 할론1301 : 35kg/min

③ 분말(3종) : 27kg/min

3) 소화약제저장용기는 호스릴을 설치하는 장소마다 설치

4) 저장용기의 개방밸브는 호스릴 설치장소에서 수동으로 개폐할 수 있을 것

5) 표지설치 : 저장용기에서 가장 가깝고 보기 쉬운 곳에 설치

제 8 장

제연설비의 점검

01 거실제연설비의 점검

1. 제연구역

(1) 제연구역의 구획이 연기의 유동을 차단하는 구조인지 확인
  ① 구획방법 : 벽(셔터, 방화문)·보·제연경계벽으로 구획
  ② 구획구조 : 제연경계의 폭, 수직거리 등
(2) 화재에 자동연동되는 가동식 벽 또는 셔터의 정상작동 확인(기밀성 포함)
(3) 제연경계벽(가변식) 작동 시 장애물에 의한 지장 여부 확인
(4) 제연경계벽의 변형, 파손 및 탈락 여부 확인

2. 급·배기구

(1) 댐퍼 취부부분의 손상·이완여부 및 동작의 정상여부 확인
(2) 급·배기구의 손상 및 급·배기시 장애 발생여부 확인
(3) 급·배기 풍량의 기준치 이상여부 확인

$$Q\,[\mathrm{m}^3/\sec]=60\mathrm{A}\times\mathrm{V}\times\left[\frac{293}{273+t}\right]$$

  A : 배연구 유효면적[m²]
  V : 평균풍속[m/sec]
  t : 실온도[℃]

(4) 배출구의 위치·수량의 적정여부 확인
(5) 제어반 또는 연동제어기에서의 신호 및 수동조작장치의 조작에 의한 정상 작동 여부 확인
(6) 수동장치의 적정여부 확인(설치위치, 조작방법 설명 등)

3. 송풍기(FAN)

(1) 보수 및 점검이 용이한 장소에 설치여부 확인

(2) 송풍기 주위에 연소할 우려가 있는 물질의 존치여부 확인

(3) 전동기를 회전시켜 회전날개가 정상 방향으로 원활하게 회전하는지 확인

(4) 회전축은 회전이 원활한지 확인

(5) 축받침의 윤활유는 오염, 변질 등이 없고 필요량이 충전되었는지 확인

(6) 동력전달장치의 변형, 손실 등이 없고 V - 벨트의 기능이 정상인지 확인

(7) 송풍기의 풍량 및 풍압이 적정한지 확인

4. 전동기

(1) 베이스에 고정상태 및 커플링 결합상태 확인

(2) 운전시 진동·소음 상태 및 발생여부 확인

(3) 베어링부의 윤활유 충전상태 및 변질확인 여부

(4) 전동기 본체의 방청 보존상태 확인

(5) 전동기 제어장치 정상여부 확인(스위치, 표시등, 계전기 등)

5. 기동장치 및 제어반

(1) 연기감기지 동작에 의한 제연설비 자동기동 여부 확인
연기감지기의 기능은 자동화재탐지설비의 점검요령에 준하여 실시하고, 감지기 작동에 의한 팬 및 댐퍼의 기동여부 확인

(2) 제어반에서 수동기동시 정상적으로 동작되는지 확인

(3) 제어반의 스위치 조작시 표시등은 정상적으로 점등되는지 확인

(4) 감시제어반의 확인표시는 정상적으로 확인되는지 여부 확인

(5) 제어반 계전기류 단자의 풀림, 접점의 손상 및 기능의 정상여부 확인

(6) 제어반 배선의 단선, 단자의 풀림은 없는지 확인

02 부속실제연설비의 점검

1. 제연구역 및 출입문

(1) 제연구역의 설치 적정여부 확인

(2) 제연구역의 출입 방화문 설치상태 확인

① 평상시 자동폐쇄장치에 의한 닫힘상태 유지 또는 화재발생시 연기감지기에 의한 자동폐쇄 여부

② 도어클로져 등의 기능장애 여부

③ 출입문에 Door Stopper 설치로 인한 화재시 자동폐쇄 불가 여부

④ 출입문의 크기, 개폐방향

⑤ 출입문과 바닥 사이의 틈새 균일 여부

⑥ 제연설비 가동시 출입문 개방력(110N 이하)

(3) 제연구역과 옥내 사이의 차압 적정여부 확인(최소차압 : 40Pa)

① 계단실의 모든 개구부를 폐쇄한다.

② 승강기의 운행을 중단시킨다.

③ 옥내와 부속실 간의 차압을 측정한다.

(4) 화재발생층 출입문 개방시 다른층 차압의 적정여부 확인(기준차압의 70% 이상)

(5) 방연풍속의 적정여부 확인(0.5 또는 0.7m/s 이상)

① 계단실의 모든 개구부를 폐쇄한다.

② 승강기의 운행을 중단시킨다.

③ 방연풍속을 측정한다.

계단실과 부속실 및 옥내와 부속실 사이의 출입문 2개를 함께 개방한 상태에서 옥내 출입구 면적을 균등분할하여 10 이상의 지점에서 방연풍속을 측정한다.

2. 과압방지조치 및 유입공기의 배출

(1) 자동차압급기댐퍼의 설치 또는 플랩댐퍼의 설치상태 및 기능의 적정여부 확인

(2) 수직풍도에 의한 배출방식의 경우 수직풍도의 구조 및 배출기능의 적정여부 확인

① 자연배출(굴뚝효과)에 의한 배출

② 수직풍도의 구조, 내부마감, 배출댐퍼 등

(3) 배연설비에 의한 배출방식의 경우 배출기능 적정여부 확인
　① 옥내 화재감지기 동작 및 수동조작에 의한 댐퍼 및 송풍기 작동여부 확인
　② 송풍기 풍량 : 출입문 1개 면적 × 방연풍속

3. 송풍기(FAN) 및 급기풍도

(1) 급기풍도마다 송풍기 설치여부 확인
(2) 송풍기 설치위치의 적정성 여부 확인(점검, 보수 및 접근성)
(3) 송풍기의 풍량 및 풍압의 적정여부 확인
　담당 제연구역 급기량의 1.15배 이상(누설 실측시 제외)
(4) 옥내 화재감지기에 의한 작동 및 수동조작에 의한 작동여부 확인
(5) 송풍기 외기취입구의 설치 적정성 여부 확인
　① 연기·공해물·빗물 등으로부터 안전한 위치
　② 바람에 의해 영향을 받지 않는 장소
(6) 급기댐퍼의 작동상태 적정 확인
(7) 방화구획선 관통부 상태 확인(방화댐퍼 설치, 관통부 주위 밀폐)
(8) 정기적으로 풍도 내부를 청소할 수 있는 구조인지 확인

4. 제어반 및 수동기동장치

(1) 비상용 축전지의 정상여부 확인
(2) 제어반의 감시기능 및 원격조작기능의 적합여부 확인
　① 급기용 댐퍼의 개폐감시 및 원격조작
　② 배출용 댐퍼 또는 개폐기의 작동여부에 대한 감시 및 원격조작
　③ 송풍기 작동에 대한 감시 및 원격조작
　④ 수동기동장치의 작동에 대한 감시
(3) 수동기동장치 작동시 아래사항의 정상 작동여부 확인
　① 전층 제연구역에 설치된 급기댐퍼 개방
　② 송풍기 작동
　③ 당해층 유입공기의 배출댐퍼 또는 개폐기의 개방
　④ 제연구역 출입문 해정장치의 해정기능

03 \ 부속실제연설비의 TAB

1. 개요

(1) TAB는 Testing, Adjusting, Balancing의 약어로서 설비 시스템의 기능과 성능을 시험하고 조정하며, 정량적으로 균형이 이루어지도록 하는 과정을 말한다.

(2) 제연설비 시공에서는 제연설비를 포함한 건축공사의 모든 부분이 완성되는 시점에서 설비의 TAB를 실시하여 설계도서 및 국가화재안전기준에 적합한 성능의 설비가 되도록 하여야 한다.

2. 부속실제연설비 TAB의 절차 및 방법

(1) 제연구역의 모든 출입문의 크기와 열리는 방향이 설계도서와 동일한지 확인

〈동일하지 아니한 경우〉

1) 급기량 및 보충량을 다시 산출

2) 조정가능여부 또는 재설계 · 개수(改修)의 여부 등을 결정

(2) 출입문의 폐쇄력 측정 : (제연설비를 가동하지 않은 상태에서 측정)

(3) 층별로 화재감지기를 동작시킨다. : (제연설비 작동 여부의 확인)

(여기서, 2개 棟 이상이 주차장 등으로 연결된 경우에는, 그 棟의 화재감지기 및 주차장 등에서 해당 棟으로 들어가는 입구에 설치된 제연용 연기감지기의 작동에 따라 해당 棟의 수직풍도에 연결된 모든 제연구역의 댐퍼가 개방되도록 한다)

(4) 차압측정

1) 계단실의 모든 개구부 폐쇄상태를 확인한다.

2) 승강기의 운행을 중단시킨다.

3) 옥내와 부속실 간의 차압을 측정하고, 기준치 이내인지 확인한다.

4) 각 층마다 차압을 측정하고 각 층별 편차를 확인한다. : (이때의 차압측정은 전 층을 측정하며, 차압측정공을 통하여 차압측정기구로 실측하는 것이 원칙이다)

5) 차압의 판정기준

① 최소차압 : 40Pa(단, 스프링클러설비가 설치된 경우 12.5Pa) 이상

② 최대차압 : 출입문의 개방력이 110N 이하 되는 차압

6) 차압 측정결과 부적합한 경우
  ① 자동복합댐퍼의 정상작동여부 확인 및 조정
  ② 송풍기측의 풍량조절댐퍼(VD) 조정
  ③ 플랩댐퍼의 조정(설치된 경우)
  ④ 송풍기의 풀리비율 조정 : 송풍기의 회전수(RPM) 조정

(5) 방연풍속 측정

1) 계단실 및 부속실의 모든 개구부 폐쇄상태와 승강기 운행의 중단상태를 확인
2) 송풍기에서 가장 먼 층의 제연구역을 기준으로 측정한다.
3) 측정하는 층의 유입공기배출장치(설치된 경우)를 작동시킨다.
4) 측정하는 층의 부속실과 면하는 옥내 출입문과 계단실 출입문을 동시에 개방한 상태에서 제연구역으로부터 옥내로 유입되는 풍속을 측정한다. 다만, 이때 부속실의 수가 20을 초과하는 경우에는 2개 층의 제연구역 출입문(4개)을 동시에 개방한 상태에서 측정한다.
5) 이때, 출입문의 개방에 따른 개구부를 아래의 그림과 같이 대칭적으로 균등 분할하는 10 이상의 지점에서 측정한 풍속의 평균치를 방연풍속으로 한다.

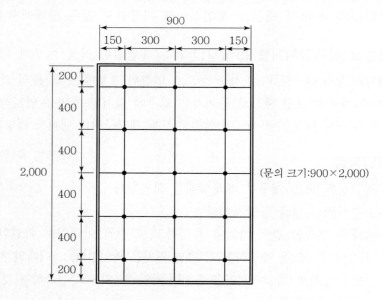

[방연풍속의 측정점 선정 예]

6) 직통계단식 공동주택일 경우에는, 출입문 개방층의 제연구역과 접하는 세대의 외기문(발코니문)을 개방한 상태에서 측정하여야 한다. 그 이유는, 공동주택에는 유입공기배출장치가 없으므로 제연구역 출입문(세대현관문)을 개

방하였을 때, 세대 외기문(발코니문)이 모두 닫힌 상태에서는 제연구역과 화재실(세대 내)에 동일압력이 형성되어 공기의 흐름이 없어지므로 방연풍속이 발생되지 아니하기 때문이다.

7) 방연풍속의 판정기준

① 계단실 단독제연방식 및 계단실과 부속실의 동시제연방식 : 0.5m/s 이상

② 부속실 단독제연방식 또는 비상용승강기승강장 단독제연방식의 경우

㉮ 부속실(또는 승강장)과 면하는 옥내가 거실인 경우 : 0.7m/s 이상

㉯ 부속실(또는 승강장)과 면하는 옥내가 복도로서 그 구조가 방화구조인 것 : 0.5m/s 이상

8) 방연풍속 측정결과 부적합한 경우

① 자동복합댐퍼의 정상작동여부 확인 및 조정

② 송풍기측의 풍량조절댐퍼(VD) 조정

③ 급기구(자동차압급기댐퍼)의 개구율 조정

④ 송풍기의 폴리비율 조정 : 송풍기의 회전수(RPM) 조정

※ 여기서, 송풍기의 회전수 조정은 원칙적으로 회전수의 감소 시에만 적용하지만, 실제 현장에서는 소폭의 증가 시에도 적용하고 있다. 이것은 모터의 여유동력과 기계적인 전달여유율(10%) 등이 있으므로 통상 20%까지는 증가시킬 수 있다.

(6) 출입문 비개방 제연구역의 차압변동치 확인

위의 "(6) 방연풍속 측정"의 시험상태에서 출입문을 개방하지 아니한 직상층 및 직하층의 차압을 측정하여 정상 최소차압(40Pa 이상)의 70% 이상이 되는지 확인하고 필요시 조정한다. : (이때의 비개방층 차압측정은 5개 층마다 1개소 측정을 원칙으로 한다)

(7) 출입문의 개방력 측정 : (제연설비 가동상태에서 측정)

1) 제연구역의 모든 출입문이 닫힌 상태에서 측정

2) 출입문 개방력이 110[N] 이하가 되는지 확인

3) 개방력이 부적합한 경우

① 자동복합댐퍼의 정상작동여부 확인 및 조정

② 송풍기측의 풍량조절댐퍼(VD) 조정

③ 플랩댐퍼의 조정(설치된 경우)

④ 송풍기의 폴리비율 조정 : 송풍기의 회전수(RPM) 조정

※ 여기서, 회전수를 감소시킨 경우에는 위의 "(5) 방연풍속 측정"으로 돌아가 방연풍속을 다시 측정해서 확인해야 한다.

(8) 출입문의 자동폐쇄상태 확인

제연설비의 가동(급기가압) 상태에서 제연구역의 일시 개방되었던 출입문이 자동으로 완전히 닫히는지 여부와 닫힌 상태를 계속 유지할 수 있는지를 확인하고 필요시 조정한다.

04 \ 송풍기의 풍량 측정방법

1. 기본사항

(1) 측정방식

"피토관 이송에 의한 측정" 방식이 가장 정밀한 방식이다. 다만, 풍속이 5m/s 이하인 경우에는 동압이 낮아 판독이 어려우므로 "풍속계에 의한 측정" 방식으로 하여야 한다.

(2) 측정점

"동일면적분할법"으로서 16~64점의 측정점 방식이 널리 사용되고 있다.

(3) 피토관 이송은 덕트 단면의 동일 평면 내에서 실시한다.

(4) 동압측정 시 피토관의 전압 측정구가 기류방향의 정면으로 향하도록 한다.

2. 측정위치 선정

(1) 풍량의 측정위치는 송풍기의 흡입측 또는 토출측 덕트에서 정상류가 형성되는 지점을 선정한다.

(2) 덕트의 엘보 등 방향변환지점을 기준으로 상류쪽은 덕트직경(장방향 덕트의 경우 상당지름)의 2.5배 이상, 하류쪽은 7.5배 이상의 지점에서 측정하여야 한다. 다만, 현장여건상 부득이 직관길이가 미달하는 경우에는 그 중에서 최적위치를 선정하여 측정하고 측정기록지에 측정지점을 기록한다.

3. 측정점(피토관 이송점) 선정

원형덕트 또는 송풍기 흡입구 피토관 이송 측정점	장방형 덕트 피토관 이송 측정점
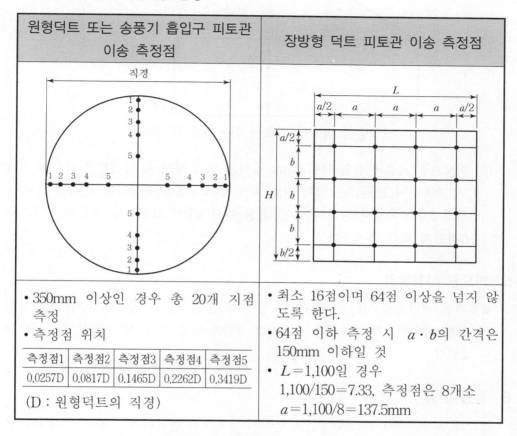	

원형덕트 또는 송풍기 흡입구 피토관 이송 측정점

- 350mm 이상인 경우 총 20개 지점 측정
- 측정점 위치

측정점1	측정점2	측정점3	측정점4	측정점5
0.0257D	0.0817D	0.1465D	0.2262D	0.3419D

(D : 원형덕트의 직경)

장방형 덕트 피토관 이송 측정점

- 최소 16점이며 64점 이상을 넘지 않도록 한다.
- 64점 이하 측정 시 $a \cdot b$의 간격은 150mm 이하일 것
- $L = 1,100$일 경우
  $1,100/150 = 7.33$, 측정점은 8개소
  $a = 1,100/8 = 137.5$mm

[동일면적분할법의 측정점 사례]

4. 동압 측정방법

[900 × 600 덕트에서의 측정 사례]

(1) 측정점(피토관 이송점) 분할
- 가로 : $900/150 = 6$개소
- 세로 : $600/150 = 4$개소
- ∴ 측점점 합계 : $6 \times 4 = 24$개소

(2) 세로방향의 A·B·C·D점에 직경 8mm 이상의 구멍을 뚫은 후 플러그 등으로 밀봉처리한다.

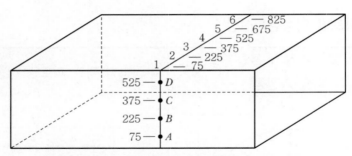

[장방형 덕트의 피토관 이송 측정점 사례]

(3) 피토관을 A점에 삽입하여 75mm 깊이로 밀어 넣어 A-1점의 동압을 측정한다. 계속하여 225mm를 밀어 넣어 A-2점의 동압을 측정한다. 이렇게 하여 A점의 6개소 측정이 완료되면 피토관을 빼서 B점에 삽입한다. 동일한 방법으로 D점까지 모두 측정한다.

5. 피토관 사용방법

피토관의 전압측정구를 차압계의 [+압력]부와 연결하고, 정압측정구를 차압계의 [-압력]부와 연결하여 압력을 측정하면 차압계에 표시되는 압력이 동압을 나타내는 것이다.

6. 풍량 산정

(1) 각 측정점에서 판독된 동압은 반드시 풍속으로 환산하여 기록하고, 이 풍속을 평균하여 전체 풍량을 산정한다. (여기서, 동압을 평균하여 풍속을 산정한 경우에는 풍량이 부정확하게 산정될 수 있다.)

• 풍속환산 공식

$$V = 1.29\sqrt{P_v}$$

(V : 풍속[m/s], P_v : 동압[Pa])

• 풍량환산 공식

$$Q = 3600\,VA$$

(Q : 풍량[m³/h], V : 평균풍속[m/s], A : 덕트의 단면적[m²])

(2) 측정 당시의 공기밀도가 표준상태의 공기밀도보다 10% 이상 변화가 있다면 온도 및 고도에 따른 보정계수를 적용하여 풍속을 계산하여야 한다.

05 \ 송풍기의 풍량 조절방법

1. 풍량을 감소시키는 방법

(1) 송풍기의 흡입측 댐퍼 또는 베인의 개도를 줄이는 방법

송풍기 흡입측에 설치된 댐퍼나 베인의 개도를 줄이면 송풍기가 흡입측의 공기를 빨아들일 때 흡입측의 압력이 줄어드는데, 이때에도 송풍기의 가압능력은 일정하므로 송풍기의 토출압력이 그만큼 감소하게 된다. 토출압력이 감소하면 그 압력에 대응하는 저항곡선과의 교점풍량도 감소하게 된다.

(2) 송풍기의 토출측 댐퍼의 개도를 줄이는 방법

송풍기의 토출측에 설치된 댐퍼의 개도를 줄이면 관로의 저항이 커져서 풍량이 감소한다. 이 방법은 단순하기는 하나 효율성 측면에서는 불리한 방법이다.

(3) 송풍기의 인버터를 조절하여 회전수를 줄이는 방법

가장 간단하고 편리하지만 설비비가 비싼 방법이다.

(4) 송풍기의 날개 각도를 변화시키는 방법

축류형 송풍기에만 적용가능하며 제작비가 비싸므로 특수한 용도에만 사용된다.

2. 풍량을 증가시키는 방법

송풍기의 크기를 그대로 둔 채 풍량을 증가시키기 위해서는 회전수를 증가시키는 방법 뿐이다. 즉, 시스템의 조절만으로 풍량을 증가시키는 방법은 회전수를 증가시키는 것으로서 그 방법은 다음과 같다.

(1) 인버터를 제어하는 방법 : 동력 주파수의 여유가 있을 때만 가능하다.

(2) 송풍기 Pully의 감속비를 변화시키는 방법

(3) 송풍기 모터의 극수를 바꾸는 방법

06 송풍기의 Surging 방지방법

송풍기 운전시의 Surging현상이란, 송풍기를 너무 저풍량으로 운전하여 운전점(풍량의 제어범위)이 특성곡선의 우향상승 부분까지 감소할 경우 공기유동에 격심한 맥동과 진동이 발생하여 불안정 운전이 되는 현상을 말하며, 그 방지책으로는 다음과 같다.

(1) 풍량의 제어범위가 특성곡선상의 우상향 범위에 들어가지 않도록 운전한다.

즉, 아래 그림의 특성곡선에서 운전영역이 A~B일 경우 서어징이 발생되나, 운전영역이 B~C가 되도록 하면 서어징이 발생되지 않는다.

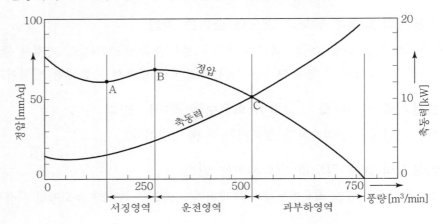

(2) 방출밸브에 의한 방법

필요 풍량이 서어징범위 내에 있을 경우 송풍기의 토출풍량의 일부를 외부로 방출시켜 서어징범위를 벗어나게 하는 방법이다.

이 방식은 축동력의 여분이 필요하며, 또 동력 절감을 위해서는 방출풍량을 송풍기의 흡입측으로 By-pass시켜 다시 흡입되도록 설계할 수도 있다.

(3) 풍량조절댐퍼를 송풍기에 근접하여 설치

토출댐퍼가 송풍기에 근접하여 있으면 송풍기 운전시 공기의 맥동을 감쇄시키는 효과가 있으므로 서어징의 범위 및 그 진폭이 작게 된다.

(4) 풍량조절댐퍼를 송풍기의 흡입측에 설치

토출측 보다는 흡입측에서 흡입댐퍼나 흡입베인 등으로 풍량을 제어하면 송풍기 날개차 입구의 압력저하에 의한 공기밀도감소 효과를 얻을 수 있으므로 서어징 방지 효과가 우수하다.

(5) 송풍기의 특성곡선을 변화시키는 방법

    (1) 송풍기의 날개 각도를 조절

    (2) 송풍기의 특성곡선을 변화시키는 방법

07 \ 부속실제연설비의 기타 중요 화재안전기준

1. 제어반의 기능(제9회 기출문제)

    (1) 급기용 댐퍼의 개폐에 대한 감시 및 원격조작기능

    (2) 배출댐퍼 또는 개폐기의 작동여부에 대한 감시 및 원격조작기능

    (3) 급기송풍기와 유입공기 배출용 송풍기의 작동여부에 대한 감시 및 원격 조작기능

    (4) 제연구역의 출입문의 일시적인 고정·개방 및 해정에 대한 감시 및 원격조작기능 : (평상시 출입문을 열어놓았다가 화재감지기와 연동하여 자동으로 닫히는 방식인 경우에 한한다.)

    (5) 수동기동장치의 작동여부에 대한 감시기능

    (6) 급기구 개구율의 자동조절장치의 작동여부에 대한 감시기능. 다만, 급기구에 차압표시계를 고정부착한 자동차압·과압조절형 댐퍼를 설치하고 당해 제어반에도 차압표시계를 설치한 경우에는 그러하지 아니한다.

    (7) 감시선로의 단선에 대한 감시기능

    (8) 예비전원이 확보되고 예비전원의 적합여부를 시험할 수 있어야 한다.

2. 수동기동장치의 기능

    (1) 전층의 제연구역에 설치된 급기댐퍼의 개방

    (2) 당해층의 배출댐퍼 또는 개폐기의 개방

    (3) 급기송풍기 및 유입공기 배출용 송풍기의 작동

    (4) 개방·고정된 모든 출입문(제연구역과 옥내사이의 출입문에 한함)의 개폐장치의 작동

3. 비상전원의 설치기준

    (1) 제연설비용 비상전원의 종류 : 자가발전설비, 축전지설비, 전기저장장치

    (2) 설치장소

      ① 점검에 편리하고 화재 및 침수 등의 재해로 인한 피해를 받을 우려가 없는 곳

② 다른 장소와의 사이에 방화구획하여야 한다.

③ 그 장소에는 비상전원의 공급에 필요한 기구나 설비 외의 것을 두어서는 아니된다.

(3) 용량 : 제연설비를 유효하게 20분(30층∼49층 : 40분, 50층 이상 : 60분) 이상 작동할 수 있어야 한다.

(4) 상용전원으로부터 전력의 공급이 중단된 때에는 자동으로 비상전원으로부터 전력을 공급받을 수 있어야 한다.

(5) 비상전원을 실내에 설치하는 경우에는 비상조명등을 설치하여야 한다.

4. 급기구댐퍼의 설치기준

(1) 댐퍼는 두께 1.5mm 이상의 강판 또는 이와 동등 이상의 강도가 있는 것으로 설치하여야 한다.

(2) 화재감지기의 작동에 따라 모든 제연구역의 급기댐퍼가 개방되도록 하여야 한다.

(3) 댐퍼는 풍도 내의 공기흐름에 지장을 주지 않도록 수직풍도의 내부로 돌출하지 않게 설치하여야 한다.

(4) 자동차압·과압조절형이 아닌 댐퍼는 개구율을 수동으로 조절할 수 있는 구조로 할 것

(5) 자동차압·과압조절형 댐퍼의 설치기준

1) 기능 : 차압범위의 수동설정기능과 설정범위의 차압이 유지되도록 개구율을 자동조절하는 기능이 있을 것

2) 옥내와 면하는 개방된 출입문이 완전히 닫히기 전에 개구율을 자동감소시켜 과압을 방지하는 기능이 있을 것

3) 주위온도 및 습도의 변화에 의해 기능이 영향을 받지 아니하는 구조일 것

4) 자동차압·과압조절형 댐퍼의 기능 및 성능은 한국소방산업기술원 또는 법령에 따라 성능시험기관으로 지정받은 기관에서 검증을 받아야 한다.

제 9 장

소방전기설비의 점검

01 \ 자동화재탐지설비

1. 경계구역의 설정기준

(1) 하나의 경계구역이 2개 이상의 건축물에 미치지 아니할 것

(2) 하나의 경계구역이 2개 이상의 층에 미치지 아니할 것
다만, 바닥면적 500m² 이하의 범위 내에서는 2개층으로 가능함

(3) 하나의 경계구역의 면적은 600m² 이하 및 한변의 길이 50m 이하
다만, 주된 출입구에서 내부 전체가 보이는 것은 한변의 길이 50m의 범위 내에서 바닥면적 1,000m² 이하

(4) 지하구에서 하나의 경계구역의 길이는 700m(터널은 100m) 이하

(5) 계단, 경사로, 파이프 피트 및 덕트, 엘리베이터 승강로(권상기실이 있는 경우에는 권상기실) 등은 별도로 경계구역을 설정하되, 하나의 경계구역의 높이 45m 이하로 할 것 〈개정 2015.1.23〉
다만, 이 중에서도 지하층의 계단 및 경사로는 별도의 경계구역으로 설정(지하층 수가 1개인 경우는 제외)

(6) 외기에 면하여 상시 개방된 차고·창고·주차장 등에서 외기에 면하는 5m 미만의 범위 안에 있는 부분은 경계구역의 면적에 산입하지 아니한다.

(7) 스프링클러설비 또는 물분무등소화설비에 화재감지장치의 감지기를 설치한 경우 당해 소화설비의 방호구역과 동일하게 설정할 수 있다.

2. 화재감지기의 설치 제외장소

(1) 천장 또는 반자의 높이가 20m 이상인 장소

(2) 헛간 등 외부와 기류가 통하는 장소로서 감지기에 의하여 화재발생을 유효하게 감지할 수 없는 장소

(3) 부식성 가스가 체류하는 장소

(4) 고온도 또는 저온도로서 감지기의 기능이 정지되기 쉽거나 감지기의 유지관리가 어려운 장소

(5) 목욕실·욕조나 샤워실이 있는 화장실 기타 이와 유사한 장소

(6) 파이프 덕트 등 그 밖에 이와 유사한 것으로서 2개 층마다 방화구획되거나 수평 단면적이 5m² 이하인 것

(7) 먼지·가루 또는 수증기가 다량 체류하는 장소 또는 주방 등 평시에 연기가 발생하는 장소(연기감지기에 한한다.)

(8) 프레스공장·주조공장 등 화재발생 위험이 적은 장소로서 감지기의 유지관리가 어려운 장소

3. 수신기의 설치기준

(1) 해당 특정소방대상물의 경계구역을 각각 표시할 수 있는 회선수 이상의 수신기를 설치할 것

(2) 수신기가 설치된 장소에는 경계구역 일람도를 비치할 것(단, 주수신기에 한한다.)

(3) 수위실 등 상시 사람이 근무하는 장소에 설치할 것. 다만 사람이 상시 근무하는 장소가 없는 경우에는 관계인이 쉽게 접근할 수 있고 관리가 용이한 장소에 설치할 수 있다.

(4) 음향기구는 그 음량 및 음색이 다른 기기의 소음 등과 명확히 구별될 수 있을 것

(5) 감지기·중계기·발신기가 작동하는 경계구역을 표시할 수 있을 것

(6) 하나의 경계구역을 하나의 표시등 또는 문자로 표시되도록 할 것

(7) 조작스위치는 바닥으로부터 높이 0.8~1.5m일 것

(8) 하나의 소방대상물에 2 이상의 수신기를 설치하는 경우에는 수신기를 상호 간 연동하여 화재발생 상황을 각 수신기마다 확인할 수 있을 것

(9) 화재·가스·전기 등의 종합 방재반을 설치한 경우에는 당해 조작반에 수신기의 작동과 연동하여 감지기·발신기·중계기가 작동하는 경계구역을 표시할 수 있는 것으로 할 것

(10) 화재로 인하여 하나의 층의 지구음향장치 배선이 단락되어도 다른 층의 화재통보에 지장이 없도록 각 층 배선상에 유효한 조치를 할 것 〈신설 2022.5.9〉

4. 자동화재탐지설비 전원의 설치기준

(1) 상용전원

1) 전원은 전기가 정상적으로 공급되는 축전지, 전기저장장치(외부 전기에너지를 저장해 두었다가 필요한 때 전기를 공급하는 장지) 또는 교류전압의 옥내 간선으로 하고, 전원까지의 배선은 전용으로 할 것
2) 개폐기에는 "자동화재탐지설비용"이라고 표시한 표지를 할 것

(2) 비상전원

1) 그 설비에 대한 감시상태를 60분간 지속한 후 유효하게 10분(건축법에 의한 고층건축물은 30분) 이상 경보할 수 있는 축전지설비(수신기에 내장하는 경우를 포함한다) 또는 전기저장장치(외부 전기에너지를 저장해 두었다가 필요한 때 전기를 공급하는 장치)를 설치하여야 한다.
2) 다만, 상용전원이 축전지설비인 경우에는 그러하지 아니하다.(별도의 비상전원을 설치하지 않아도 된다.)

5. 자동화재탐지설비 배선의 설치기준

(1) 전원회로의 배선 : 내화배선
(2) 그 밖의 배선 : 내화배선 또는 내열배선
단, 감지기 상호간의 배선은 600V 비닐절연전선도 가능하다.
(3) 아날로그식 · 다신호식 감지기나 R형수신기용으로 사용되는 감지기회로의 배선은 전자파 방해를 받지 아니하는 쉴드선을 사용하여야 하며, 광케이블의 경우에는 전자파 방해를 받지 아니하고 내열성이 있는 경우 사용할 수 있다. 〈개정 2015.1.23〉
(4) 감지기회로 및 부속회로의 전로와 대지 사이 및 배선 상호간의 절연저항은 1경계 구역마다 직류 250V의 절연저항측정기를 사용하여 측정한 절연저항이 0.1MΩ 이상일 것
(5) 자동화재탐지설비의 배선은 다른 전선과는 별도의 관 · 덕트 · 몰드 또는 풀박스 등에 설치
(6) 감지기회로의 배선방식은 송배전식
(7) P형 및 GP형 수신기의 감지기회로 배선 : 하나의 공통선에 접속할 수 있는 경계구역은 7개 이하로 한다.
(8) 감지기회로의 전로저항은 50Ω 이하 되게 할 것
(9) 종단저항 설치기준

1) 점검 및 관리가 쉬운 장소에 설치

2) 전용함 : 바닥으로부터 1.5m 높이 이내

3) 감지기회로의 끝부분에 설치

(10) 50층 이상인 건축물에 설치하는 통신·신호배선 중 다음의 것은 이중배선으로 설치하고 단선 시에도 고장 표시가 되며 정상 작동할 수 있는 성능을 갖도록 설비를 하여야 한다.

1) 수신기와 수신기 사이의 통신배선

2) 수신기와 중계기 사이의 신호배선

3) 수신기와 감지기 사이의 신호배선

6. 우선경보방식(구분명동방식)의 적용기준

(1) 적용대상

층수가 11층(지하층은 제외, 공동주택은 16층) 이상인 특정소방대상물 또는 그 부분

(2) 우선경보방식 기준

1) 2층 이상의 층에서 발화한 때 : 발화층 및 그 직상 4개층에 경보

2) 1층에서 발화한 때 : 발화층·그 직상 4개층 및 지하층에 경보

3) 지하층에서 발화한 때 : 발화층·그 직상층 및 기타의 지하층에 경보

7. 시각경보장치의 설치기준

소방청장이 정하여 고시한「시각경보장치의 성능인정 및 제품검사의 기술기준」에 적합한 것으로서 다음 각 목의 기준에 따라 설치하여야 한다.

(1) 복도·통로·청각장애인용 객실 및 공용으로 사용하는 거실(로비, 회의실, 강의실, 식당, 휴게실, 오락실, 대기실, 체력단련실, 접객실, 안내실, 전시실, 기타 이와 유사한 장소)에 설치하며, 각 부분으로부터 유효하게 경보를 발할 수 있는 위치에 설치할 것

(2) 공연장·집회장·관람장 또는 이와 유사한 장소에 설치하는 경우에는 시선이 집중되는 무대부 등의 부분에 설치할 것

(3) 설치높이 : 바닥으로부터 2~2.5m(단, 천장의 높이가 2m 이하인 경우에는 천장으로부터 0.15m) 이내에 설치

(4) 하나의 소방대상물에 2 이상의 수신기가 설치된 경우에는 어느 수신기에서도 시각경보장치를 작동할 수 있을 것

(5) 전원 : 시각경보기의 광원은 전용의 축전지설비에 의하여 점등하도록 할 것

다만, 시각경보기에 작동전원을 공급할 수 있도록 형식승인을 얻은 수신기를 설치한 경우에는 그러하지 아니하다.

8. 일반 화재감지기의 설치기준

(1) 열식감지기(스포트형)

1) 감지기 설치위치

① 천장 또는 반자의 옥내에 면하는 부분

② 공기유입구로부터 1.5m 이상 떨어진 위치(단, 분포형은 예외)

2) 보상식 및 정온식 감지기

정온점이 주위 최고온도보다 20℃ 이상 높은 것으로 설치

3) 정온식감지기

주방·보일러실 등 다량의 화기를 취급하는 장소에 설치

4) 부착 높이별 감지기 1개당 바닥면적[m²]

부착 높이	구조	차동식·보상식		정온식		
		1종	2종	특종	1종	2종
4m 미만	내화구조	90	70	70	60	20
4m 이상 8m 미만	내화구조	45	35	35	30	—

(2) 연기감지기

1) 연기감지기 법정설치장소

① 계단 및 경사로 : 수직거리 15m 이상

② 복도 : 길이 30m 이상

③ 천장 또는 반자의 높이 : 15m 이상, 20m 미만의 장소

④ 엘리베이터의 승강로, 린넨슈트, 파이프 덕트, 기타 이와 유사한 장소

⑤ 다음 각 목의 어느 하나에 해당하는 특정소방대상물의 취침·숙박·입원 등 이와 유사한 용도로 사용되는 거실 〈개정 2015.1.23〉

㉮ 공동주택, 오피스텔, 숙박시설, 노유자시설, 수련시설

㉯ 교육연구시설 중 합숙소

㉰ 의료시설, 근린생활시설 중 입원실이 있는 의원·조산원

㉱ 교정 및 군사시설

㉲ 근린생활시설 중 고시원

2) 설치위치

① 복도 및 통로 : 보행거리 30m마다 1개 이상 설치

② 계단 및 경사로 : 수직거리 15m마다 1개 이상 설치

③ 천장 또는 반자가 낮은 실내 또는 좁은 실내 : 출입구 가까운 부위에 설치

④ 천장 또는 반자 부근에 배기구가 있는 경우 : 그 부근에 설치

⑤ 벽 또는 보로 부터 0.6m 이상 이격하여 설치

⑥ 감지기 1개당 바닥면적[m²]

부착 높이	1종 · 2종	3종
4m 미만	150	50
4m 이상, 20m 미만	75	—

9. 특수감지기의 종류 및 적응장소

국가화재안전기준에는 비화재보의 발생률이 낮은 특수한 감지기 8가지를 규정하고, 비화재보 발생의 우려가 높은 장소에는 이 8가지 감지기 중에서 적응성이 있는 감지기를 설치하도록 하여 신뢰성있는 화재정보를 수신할 수 있도록 하고 있다.

(1) 특수감지기의 종류

1) 불꽃감지기   2) 분포형 감지기

3) 복합형 감지기   4) 광전식 분리형 감지기

5) 정온식 감지선형 감지기   6) 다신호방식의 감지기

7) 아날로그방식의 감지기   8) 축적방식의 감지기

(2) 특수감지기의 적응장소

1) 다음 각 항목에 적용할 수 있는 감지기

• 교차회로방식을 갈음할 수 있는 감지기

• 지하구 또는 터널에 적용하는 감지기

• 비화재보 발생 우려장소에 적용하는 감지기

(여기서 비화재보 발생 우려장소란 다음 각 호 중 1의 경우로서 일시적인 열·연기·먼지의 발생에 의해 화재신호를 발신할 우려가 있는 장소를 말한다.)

㉮ 지하층·무창층 등으로서 환기가 잘 되지 아니하거나 실내면적이 40m² 미만인 장소

㉯ 감지기 부착면과 실내 바닥과의 거리가 2.3m 이하인 곳

　　　① 불꽃감지기　　　　　　　② 분포형 감지기
　　　③ 복합형 감지기　　　　　　④ 광전식 분리형 감지기
　　　⑤ 정온식 감지선형 감지기　⑥ 아날로그방식의 감지기
　　　⑦ 다신호방식의 감지기　　　⑧ 축적방식의 감지기

2) 화학공장, 제련소, 격납고에 적용할 수 있는 감지기
　　① 불꽃감지기
　　② 광전식 분리형 감지기

3) 전산실 또는 반도체공장에 적용할 수 있는 감지기
　　① 광전식 분리형 감지기

4) 지하구 또는 터널에 적용할 수 있는 감지기
　　위의 1)항 각 호의 특수감지기 중에서 먼지·습기 등의 영향을 받지 아니하고 발화지점을 확인할 수 있는 감지기

5) 층수가 30층 이상인 특정소방대상물에 설치하는 감지기
　　아날로그방식의 감지기로서 감지기의 작동 및 설치지점을 수신기에서 확인할 수 있는 것으로 설치하여야 한다. 다만, 공동주택의 경우에는 작동 및 설치지점을 수신기에서 확인할 수 있는 아날로그방식 외의 감지기로 설치할 수 있다.

(3) 특수감지기에 부적합한 장소(전체 특수감지기 공통적용)

1) 현저한 고온 연기 또는 부식성 가스의 발생 우려가 있는 장소
2) 평상시 다량의 연기 또는 수증기·결로가 체류하는 장소(이 경우 차동식 분포형 또는 보상식 감지기는 적용가능)
3) 평상시 화염에 노출되는 장소

(4) 부착높이별 적응감지기

8m 이상 ~ 15m 미만	15m 이상 ~ 20m 미만	20m 이상
① 차동식 분포형 ② 이온화식 1종 또는 2종 ③ 광전식(스포트형·분리형·공기흡입형) 1종 또는 2종 ④ 연기복합형 ⑤ 불꽃감지기	① 이온화식 1종 ② 광전식(스포트형·분리형·공기흡입형) 1종 ③ 연기복합형 ④ 불꽃감지기	① 불꽃감지기 ② 광전식(분리형·공기흡입형) 중 아날로그 방식

10. 특수감지기의 설치기준

(1) 정온식 감지선형 감지기

1) 감지선형 감지기와 감지구역 각 부분과의 수평거리 한계

주요구조부	1종	2종
내화구조	4.5m	3m
기타구조	3m	1m

2) 보조선이나 고정금구를 사용하여 감지선이 늘어지지 않도록 설치

3) 단자부와 마감 고정금구와의 설치간격 : 10cm 이내

4) 감지선의 굴곡반경 : 5cm 이상

5) 케이블 트레이에 설치하는 경우 : 케이블 트레이 받침대에 마감금구를 사용하여 설치하고, Sine Wave 형태로 설치

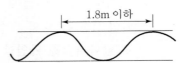

6) 지하구나 창고의 천장 등에 지지물이 적당하지 않은 장소에서는 보조선을 설치하고 그 보조선에 설치

7) 분전반 내부에 설치하는 경우 : 접착제를 이용, 돌기를 바닥에 고정시키고 그곳에 감지기 설치

8) 그 밖의 설치방법은 형식승인 내용에 따르며 형식승인 사항이 아닌 것은 제조사의 시방에 따라 설치할 것

(2) 불꽃 감지기

1) 공칭 감시거리 및 공칭시야각은 형식승인 내용에 따를 것

2) 공칭 감시거리 및 공칭 시야각을 기준으로 감시구역이 모두 포용될 수 있도록 설치

3) 감지기의 설치위치 : 벽면 또는 모서리

4) 천장에 설치하는 경우 : 감지기가 바닥을 향하도록 설치

5) 수분이 많이 발생할 우려가 있는 장소 : 방수형 설치

6) 그 밖의 설치기준은 형식승인 내용에 따르며, 형식승인 사항이 아닌 것은 제조사의 시방에 따라 설치할 수 있다.

(3) 광전식 분리형 감지기

1) 감지기의 수광면은 햇빛을 직접 받지 않도록 설치

2) 광축 : 나란한 벽면으로부터 0.6m 이상 이격하여 설치

3) 광축의 길이 : 공칭 감시거리 범위 이내일 것

4) 광축의 높이 : 천장높이의 80% 이상일 것

5) 송광부 및 수광부 : 설치된 뒷벽면으로부터 1m 이내 위치에 설치

(4) 차동식 분포형 감지기

1) 공기관식

① 1개의 검출부당 접속하는 공기관의 길이 : 100m 이하

② 공기관의 노출부분 길이 : 감지구역마다 20m 이상

③ 공기관은 도중에서 분기하지 아니할 것

④ 검출부는 5° 이상 경사되지 않게 부착

⑤ 검출부는 바닥으로부터 0.8~1.5m 위치에 설치

⑥ 공기관의 설치간격

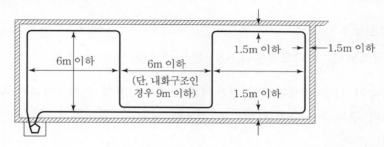

2) 열전대식

① 1개의 검출부에 접속하는 열전대부는 20개 이하

② 감지구역의 바닥면적 18m²(내화구조 : 22m²)마다 열전대부 1개 이상. 다만 바닥면적이 72m²(내화구조 : 88m²) 이하인 경우에는 4개 이상으로 한다.

3) 열반도체식

① 1개의 검출부에 접속하는 감지부는 2~15개

② 감지부는 부착 높이에 따라 다음의 바닥면적마다 1개 이상으로 설치

부착높이별 구분		열반도체식(단위 : m²)	
		1종	2종
8m 미만	내화구조	65	36
	기타구조	40	23
8m 이상 15m 미만	내화구조	50	36
	기타구조	30	23

02 \ 비상방송설비

1. 음향장치

(1) 확성기

1) 확성기의 음성 입력 : 3W(실내의 경우 1W) 이상
2) 확성기는 각 층마다 설치하되, 해당 층의 각 부분으로부터 하나의 확성기까지의 수평거리는 해당 층의 각 부분에 유효하게 경보를 발할 수 있는 거리 이하가 되도록 설치

(2) 음량조정기

음량조정기의 배선은 3선식으로 한다.

(3) 조작부

조작스위치 : 바닥으로부터 0.8~1.5m 이하의 높이에 설치

(4) 층수가 11층(공동주택의 경우에는 16층) 이상의 특정소방대상물은 발화층에 따라 경보하는 층을 달리하여 경보를 발할 수 있도록 할 것

(5) 다른 방송설비와 공용하는 경우 화재 시 비상경보 외의 방송을 차단하는 구조

(6) 다른 전기회로에 따라 유도장애가 생기지 않도록 할 것

(7) 둘 이상의 조작부가 설치된 경우에는 상호간에 동시통화와 어느 조작부에서도 해당 특정소방대상물의 전 구역에 방송을 할 수 있도록 할 것

(8) 화재신호를 수신한 후 방송개시까지의 소요시간 : 10초 이하

(9) 음향장치의 성능기준

1) 정격전압의 80% 전압에서 음향을 발할 수 있는 것으로 할 것
2) 자동화재탐지설비의 작동과 연동하여 작동할 수 있는 것으로 할 것

2. 배선

(1) 적용 배선의 종류

    1) 전원회로의 배선 : 내화배선

    2) 그 밖의 배선 : 내화배선 또는 내열배선

(2) 배선방식

화재로 인하여 하나의 층의 확성기 또는 배선이 단락 또는 단선되어도 다른 층의 화재통보에 지장이 없도록 할 것

(3) 배선회로의 절연저항

    1) 전원회로의 전로와 대지 사이 및 배선 상호 간의 절연저항 : 전기사업법 제67조의 규정에 따른 기술기준이 정하는 바에 따른다.

    2) 부속회로의 전로와 대지 사이 및 배선 상호 간의 절연저항 : 하나의 경계구역마다 직류 250V의 절연저항 측정기를 사용하여 측정한 절연저항이 0.1MΩ 이상일 것

(4) 배선의 결선방식

확성기의 배선방식은 2선식 결선방식과 3선식 결선방식이 있으며, 3선식은 평상시에 일반방송설비로 사용하고, 화재 등의 비상시에는 자동으로 비상상황을 방송할 수 있도록 한 설비이다.

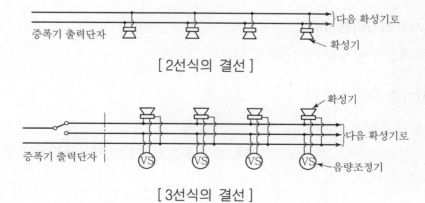

[2선식의 결선]

[3선식의 결선]

3. 전원 : (자동화재탐지설비·비상방송설비·비상경보설비가 동일 함)

(1) 상용전원

축전지설비, 전기저장장치 또는 교류전압의 옥내 간선으로 하고, 전원까지의 배선은 전용으로 할 것

(2) 비상전원

1) 그 설비에 대한 감시상태를 60분간 지속한 후 유효하게 10분(건축법에 의한 고층건축물은 30분) 이상 경보할 수 있는 축전지설비(수신기에 내장하는 경우를 포함한다) 또는 전기저장장치를 설치

2) 2 이상의 변전소에서 전력을 동시에 공급받을 수 있도록 상용전원을 설치

3) 하나의 변전소로부터 전력의 공급이 중단되는 때에는 자동으로 다른 변전소로부터 전력을 공급받을 수 있도록 상용전원을 설치

03 \ 비상경보설비 및 단독경보형감지기

1. 비상경보설비의 종류

(1) 비상벨설비

화재발생 상황을 경종으로 경보하는 설비

(2) 자동식사이렌설비

화재발생 상황을 사이렌으로 경보하는 설비

2. 설치기준

(1) 설치장소

비상경보설비는 부식성가스 또는 습기 등으로 인하여 부식의 우려가 없는 장소에 설치

(2) 지구음향장치

1) 설치거리

① 소방대상물의 층마다 설치

② 소방대상물의 각 부분으로부터 하나의 음향장치까지의 수평거리가 25m

이하 되게 설치

③ 당해층의 각 부분에 유효하게 경보를 발할 수 있도록 설치

2) 음향장치의 정격전압

정격전압의 80% 전압에서 음향을 발할 수 있도록 할 것(다만, 건전지를 주전원으로 사용하는 음향장치는 그러하지 아니하다)

3) 음향장치의 음량

음향장치의 중심으로부터 1m 떨어진 위치에서 90dB 이상일 것

(3) 발신기

1) 설치거리

① 소방대상물의 층마다 설치

② 소방대상물의 각 부분으로부터 하나의 발신기까지의 수평거리가 25m 이하 되게 설치

③ 다만, 복도 또는 별도로 구획된 실로서 보행거리가 40m 이상일 경우에는 추가로 설치

2) 설치장소

① 조작이 쉬운 장소에 설치

② 조작스위치는 바닥으로부터 0.8m 이상 1.5m 이하의 높이에 설치

(4) 발신기의 위치표시등

1) 발신기함의 상부에 설치

2) 위치표시등의 불빛은 부착 면으로부터 15° 이상의 범위 안에서 부착지점으로부터 10m 이내의 어느 곳에서도 쉽게 식별할 수 있는 적색등으로 할 것

(5) 배선

1) 배선회로 방식

① 전원회로의 배선 : 내화배선

② 그 밖의 배선 : 내화배선 또는 내열배선

2) 배선회로의 절연저항

① 전원회로의 전로와 대지 사이 및 배선 상호간의 절연저항 : 전기사업법 제67조의 규정에 따른 기술기준이 정하는 바에 따른다.

② 부속회로의 전로와 대지 사이 및 배선 상호간의 절연저항 : 하나의 경계

구역마다 직류 250V의 절연저항측정기를 사용하여 측정한 절연저항이 0.1MΩ 이상일 것

(6) 전원 : (자/탐설비 · 비상방송설비 · 비상경보설비가 동일 함)

  1) 상용전원

   ① 축전지, 전기저장장치 또는 교류전압의 옥내 간선으로 하고, 전원까지의 배선은 전용으로 할 것

   ② 개폐기에는 "비상벨설비 또는 자동식사이렌설비용"이라고 표시한 표지를 할 것

  2) 비상전원

   설비에 대한 감시상태를 60분간 지속한 후 10분 이상 경보할 수 있는 축전지설비(수신기에 내장하는 경우를 포함) 또는 전기저장장치를 설치할 것
   다만, 상용전원이 축전지 설비인 경우 또는 건전지를 주전원으로 사용하는 무선식 설비인 경우에는 그러하지 아니하다.

3. 단독경보형감지기

(1) 설치장소 및 수량

  1) 각 실마다 설치하되, 바닥면적이 150m²를 초과하는 경우에는 150m²마다 1개 이상 설치

  2) 최상층 계단실의 천장에 설치

(2) 전원

  1) 건전지를 주전원으로 사용하는 경우

   정상적인 작동상태를 유지할 수 있도록 주기적으로 건전지를 교환할 것

  2) 상용전원을 주전원으로 사용하는 경우

   단독경보형감지기의 2차전지는 소방시설법 제39조 규정에 따른 성능시험에 합격한 것을 사용할 것

04 자동화재속보설비

1. 설비의 개요

(1) 자동화재탐지설비로부터 화재신호를 받아 관할 소방관서에 자동적으로 화재발생장소를 신속하게 통보해 주는 설비이다.

(2) 자동화재속보기에 당해 소방대상물의 소재지, 상호(명칭) 등을 미리 녹음 해 놓았다가 화재시 통신망을 통하여 소방관서로 즉시 보내어져 녹음된 음성이 자동으로 3회 이상 플레이 되므로 화재신고 시간을 최대한 단축시킬 수 있는 장점이 있다.

2. 설비의 구성

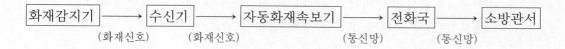

| 화재감지기 | → | 수신기 | → | 자동화재속보기 | → | 전화국 | → | 소방관서 |

(화재신호)　　　　(화재신호)　　　　　　(통신망)　　　　(통신망)

3. 설치기준

(1) 자동화재탐지설비와 연동으로 작동하여 자동적으로 화재발생 상황을 소방관서에 전달되는 것으로 한다.

(2) 스위치는 바닥으로부터 0.8m 이상 1.5m 이하의 높이에 설치하고, 그 보기 쉬운 곳에 스위치임을 표시한 표지를 할 것

(3) 속보기는 소방관서에 통신망으로 통보하도록 하며, 데이터 또는 코드전송방식을 부가적으로 설치할 수 있다. 단, 데이터 및 코드전송방식의 기준은 소방방재청장이 정한다.

(4) 문화재에 설치하는 자동화재속보설비는 위 (1)의 기준에 불구하고 속보기에 감지기를 직접 연결하는 방식(자동화재탐지설비 1개의 경계구역에 한한다)으로 할 수 있다

(5) 관계인이 24시간 상시 근무하고 있는 경우에는 자동화재속보설비를 설치하지 아니할 수 있다.

05 누전경보기

1. 설비의 개요

누전경보기는 주요구조부가 非내화구조이면서 벽·바닥·반자의 일부나 전부에 대하여 불연재료 또는 준불연재료가 아닌 재료에 철망을 넣어 만든 건축물의 전기설비로부터 누설전류를 감지하여 경보를 발하는 장치로 영상 변류기, 수신부, 경보음향장치로 구성된다.

2. 법정설치대상

(1) 설치대상

최대계약전류용량이 100A를 초과하는 특정소방대상물로서 주요구조부가 非내화구조이면서 벽·바닥·반자의 일부나 전부에 대하여 불연재료 또는 준불연재료가 아닌 재료에 철망을 넣어 만든 건축물

(2) 설치면제대상

1) 가스시설, 지하구, 지하가 중의 터널
2) 누전경보기의 법정 설치대상물 중 아크경보기 또는 지락차단장치를 설치한 경우

3. 작동원리

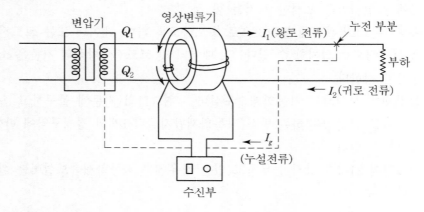

(1) 누설전류가 없는 경우

1) 귀로전류 (I_2) = 왕로전류 (I_1)

2) I_2에 의한 자속 $(Q_2) = I_1$에 의한 자속 (Q_1)

∴ $Q_1 = Q_2$가 되어 서로 상쇄한다.

(2) 누설전류가 있는 경우

1) 귀로전류 (I_2) = 왕로전류 (I_1) - 누설전류 (I_g)
2) 즉, 누설전류에 의한 자속이 생기게 되어 변류기에 유기전압을 유도시킨다.
3) 수신기에서 이 전압을 증폭하고 이것을 입력신호로 하여 계전기 릴레이를 동작시켜 경보를 발하도록 한다.

4. 주요구성부

(1) 영상변류기

1) 누설전류를 검출하여 이를 수신부에 송신하는 장치
2) 환상의 철심에 검출용 2차코일을 감은 것으로 종류로는 관통형과 분할형이 있다.

(2) 수신부

영상변류기로부터 검출된 신호를 수신하여 계전기를 동작시켜 음향장치가 경보를 발하도록 하는 것

(3) 음향장치

수신기에서 보내오는 신호에 의해 경보음을 발하는 것으로, 누전발생을 관계자에게 알리는 장치이다.

5. 설치기준

(1) 용량의 구분적용

1) 경계전로의 정격전류가 60A를 초과하는 전로 : 1급 누전경보기 적용
2) 경계전로의 정격전류가 60A 이하인 전로 : 1급 또는 2급 누전경보기 적용

(2) 변류기 설치장소

1) 옥외 인입선의 제1부하측 지점
2) 제2종 접지선측의 점검이 쉬운 장소
3) 변류기를 옥외의 전로에 설치하는 경우에는 옥외형의 것을 설치한다.

(3) 음향장치

1) 음량 및 음색이 다른 기기의 것과 명확히 구별될 것
2) 수위실 등 사람이 상시 근무하는 장소에 설치

(4) 전원

1) 분전반으로부터 전용회로로 설치
2) 각 극에는 개폐기 및 과전류 차단기(15A 이하) 설치
3) 전원의 개폐기에는 '누전경보기용'의 표지 부착

(5) 수신부

옥내의 점검이 편리한 장소에 설치하되 다음 각 호의 장소 이외의 장소에 설치한다.

1) 가연성 또는 부식성의 증기·가스·먼지 등이 다량 체류하는 장소
2) 화약류를 제조하거나, 저장 또는 취급하는 장소
3) 습도가 높은 장소
4) 온도변화가 급격한 장소
5) 대전류회로, 고주파발생회로 등의 영향을 받을 수 있는 장소

06 \ 유도등설비

1. 피난구유도등

(1) 설치대상

1) 옥내로부터 직접 지상으로 통하는 출입구 및 그 부속실의 출입구
2) 직통계단·직통계단의 계단실 및 그 부속실의 출입구
3) 상기 1)호 및 2)호의 출입구에 이르는 복도·통로로 통하는 출입구
4) 안전구획된 거실로 통하는 출입구

(2) 설치제외 대상

1) 바닥면적 1,000m² 미만인 층으로서 옥내로부터 직접 지상으로 통하는 출입구
2) 대각선 길이가 15m 이내인 구획된 실의 출입구
3) 거실의 각 부분으로부터 하나의 출입구에 이르는 보행거리가 20m 이하이고, 비상조명등과 유도표지가 설치된 거실의 출입구

4) 출입구가 3개소 이상 있는 거실로서 그 거실 각 부분으로부터 하나의 출입구에 이르는 보행거리가 30m 이하인 경우에는 주된 출입구 2개소 외의 출입구 (유도표지가 부착된 출입구를 말한다) 다만, 공연장·집회장·관람장·전시장·판매시설 및 영업시설·숙박시설·노유자시설·의료시설의 경우에는 그러하지 아니하다.

(3) 설치기준

1) 설치높이 : 바닥으로부터 1.5m 이상으로서 출입구에 인접하도록 설치
2) 조명도기준 : 상용전원으로 등을 켜는 경우(주위 조도를 10~30Lux로 한다)에는 직선거리 30m의 위치에서, 비상전원으로 등을 켜는 경우(주위 조도를 0~1Lux로 한다)에는 직선거리 20m의 위치에서 각기 보통시력으로 피난유도표시에 대한 식별이 가능하여야 한다.
3) 추가설치 : 피난층으로 향하는 피난구의 위치를 안내할 수 있도록 계단실 또는 그 부속실의 출입구 인근 천장에 설치된 피난구유도등의 면과 수직이 되도록 피난구유도등을 추가로 설치하여야 한다. 다만, 피난구유도등이 입체형인 경우에는 그러하지 아니하다.

2. 통로유도등

(1) 설치대상

1) 각 거실과 그로부터 지상에 이르는 복도 또는 계단의 통로에 설치한다.
2) 복도통로유도등은 복도에, 거실통로유도등은 거실의 통로에, 계단통로유도등은 계단참 또는 경사로의 참마다 설치한다. 다만, 복도통로유도등은 계단실 또는 그 부속실의 피난구유도등이 설치된 출입구의 맞은편 복도에 입체형으로 설치하거나, 바닥에 설치할 것

(2) 설치제외

1) 구부러지지 않은 복도 또는 통로로서, 길이가 30m 미만인 것
2) 제1)호에 해당되지 아니하는 복도 또는 통로로서, 보행거리가 20m 미만이고 이와 연결되는 출입구에 피난구유도등이 설치된 것

(3) 설치기준

1) 설치높이
   ① 복도통로유도등 및 계단통로유도등 : 바닥으로부터 1.0m 이하
   ② 거실통로유도등 : 바닥으로부터 1.5m 이상(단, 기둥에는 1.5m 이하)

2) 조도 : 다음 거리에서 1Lux 이상

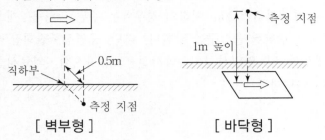

[벽부형]   [바닥형]

3) 계단통로유도등 : 각 층의 계단참 또는 경사로참마다 설치

4) 복도통로유도등 및 거실통로유도등 : 구부러진 모퉁이 및 보행거리 20m마다 설치

5) 주위에 이와 유사한 등화광고물, 게시물 등을 설치하지 아니할 것

6) 통행에 지장이 없도록 설치할 것

3. 객석유도등

(1) 설치대상

1) 문화·집회 및 운동시설

2) 유흥음식점(무대가 설치된 카바레·나이트클럽에 한한다.)

(2) 설치제외

1) 주간에만 사용하는 장소로서 채광이 충분한 객석

2) 거실 등의 각 부분으로부터 출입구에 이르는 보행거리가 20m 이하인 객석으로서 그 통로에 통로유도등이 설치된 경우

(3) 설치기준

1) 객석통로의 바닥 또는 벽에 설치

2) 설치개수 $= \dfrac{\text{객석통로의 직선부분 길이}}{4} - 1$

3) 조도 : 통로바닥의 중심선 0.5m의 높이에서 측정하여 0.2Lux 이상

4. 유도등의 전원 및 배선

(1) 전원

1) 상용전원

축전지, 전기저장장치 또는 교류전원의 옥내 간선으로 하고, 전원까지의 배선은 전용으로 함

2) 비상전원

　① 축전지로 할 것

　② 용량

　　㉮ 60분 이상의 점등 용량

　　　• 지상 11층 이상의 층

　　　• 지하층 또는 무창층으로서 용도가 도매시장·소매시장·여객자동차 터미널·지하역사·지하상가인 것

　　㉯ 20분 이상의 점등 용량

　　　• 기타(㉮항 이외)의 소방대상물

(2) 배선

1) 유도등용 인입배선과 옥내배선을 직접 연결할 것(즉, 배선도중에 개폐기를 설치할 수 없다.)

2) 유도등 회로에 점멸기를 설치하지 아니할 것. 즉, 2선식 배선으로 할 것. 다만, 아래 3)호에 해당하는 경우는 예외

3) 유도등 회로에 점멸기를 설치할 수 있는 경우(즉, 소등할 수 있는 구조) 다음 각호의 1에 해당하는 장소로서 3선식 배선에 의해 상시 충전되는 구조인 것

　① 공연장·암실 등으로서 어두워야 할 필요가 있는 장소

　② 외부광에 의해 피난구 또는 피난방향을 쉽게 식별할 수 있는 장소

　③ 관계인 또는 종사원이 주로 사용하는 장소

4) 유도등의 3선 배선방식에서 다음 각호 중 어느 하나의 경우에도 자동으로 유도등이 점등되어야 한다.

　① 자동화재탐지설비의 감지기 또는 발신기 작동

　② 비상경보설비의 발신기 작동

　③ 자동소화설비의 작동

　④ 상용전원의 정전 또는 전원선의 단선

　⑤ 방재센터 또는 전기실의 배전반에서 수동으로 점등

5. 피난유도선

(1) 피난유도선의 정의

햇빛이나 전등불에 의해 축광하거나 전류에 따라 빛을 발하는 유도체로서 어두운 상태에서 피난을 유도할 수 있도록 띠 모양의 형태로 설치된 피난유도시설

(2) 피난유도선의 설치기준

1) 축광방식의 피난유도선

① 구획된 각 실로부터 주출입구 또는 비상구까지 설치

② 바닥으로부터 높이 50cm 이하의 위치 또는 바닥 면에 설치

③ 피난유도 표시부는 50cm 이내의 간격으로 연속되도록 설치

④ 부착대에 의하여 견고하게 설치

⑤ 외광 또는 조명장치에 의하여 상시 조명이 제공되거나 비상조명등에 의한 조명이 제공되도록 설치

2) 광원점등방식의 피난유도선

① 구획된 각 실로부터 주출입구 또는 비상구까지 설치

② 피난유도 표시부는 바닥으로부터 높이 1m 이하의 위치 또는 바닥 면에 설치

③ 피난유도 표시부는 50cm 이내의 간격으로 연속되도록 설치하되, 실내장식물 등으로 설치가 곤란할 경우에는 1m 이내의 간격으로 설치

④ 수신기로부터의 화재신호 및 수동조작에 의하여 광원이 점등되도록 설치

⑤ 비상전원이 상시 충전상태를 유지하도록 설치

⑥ 바닥에 설치되는 피난유도 표시부는 매립하는 방식을 사용할 것

⑦ 피난유도 제어부는 조작 및 관리가 용이하도록 바닥으로부터 0.8m 이상 1.5m 이하의 높이에 설치

07 비상콘센트설비

1. 전원회로

(1) 상용전원의 배선 분기방식

1) 저압수전 : 인입개폐기의 직후에서 분기하여 전용배선으로 할 것

2) 특별고압수전 또는 고압수전 : 전력용변압기 2차측의 주차단기 1차측 또는 2차측에서 분기하여 전용배선으로 할 것

(2) 전원회로

1) 단상교류 220V인 것 : 공급 용량 1.5kVA 이상

2) 전원회로는 각 층에 있어서 2 이상이 되도록 설치할 것. 다만 설치하여야 할 층의 비상콘센트가 1개인 때에는 1개의 회로로 할 수 있다.

3) 전원회로는 주배전반에서 전용회로로 할 것

(3) 비상전원

자가발전기설비, 비상전원수전설비 또는 전기저장장치를 비상전원으로 설치

2. 콘센트 등

(1) 하나의 전용회로에 설치하는 비상콘센트는 10개 이하로 할 것. 이 경우 전선의 용량은 각 비상콘센트(비상콘센트가 3개 이상인 경우에는 3개)의 공급용량을 합한 용량 이상의 것으로 하여야 한다.

(2) 비상콘센트의 설치기준

  1) 바닥으로부터 높이 0.8~1.5m의 위치에 설치

  2) 비상콘센트의 배치

    ① 바닥면적 1,000m² 미만인 층 또는 아파트의 전층 : 1개 이상의 계단실 출입구로부터 5m 이내에 설치

    ② 바닥면적 1,000m² 이상인 층 : 2개 이상의 각 계단실 출입구로부터 5m 이내에 설치

    ③ 단, 비상콘센트로부터 그 층의 각 부분까지의 거리가 다음 각목의 기준을 초과하는 경우에는 그 기준 이하가 되도록 비상콘센트를 추가하여 설치할 것

      ㉮ 지하상가 또는 지하층의 바닥면적의 합계가 3,000m² 이상인 것 : 수평거리 25m

      ㉯ 기타 위의 ㉮에 해당하지 아니하는 것 : 수평거리 50m

  3) 전원으로부터 각 층의 비상콘센트로 분기되는 경우에는 분기배선용 차단기를 보호함 안에 설치할 것

  4) 개폐기에는 "비상콘센트"라고 표시한 표지를 설치할 것

3. 보호함

(1) 보호함에는 쉽게 개폐할 수 있는 문을 설치할 것

(2) 보호함 표면에 "비상콘센트"라고 표시한 표지를 할 것

(3) 보호함 상부에 적색의 표시등을 설치할 것

4. 배선

(1) 전원회로의 배선 : 내화배선

(2) 그 밖의 배선 : 내화배선 또는 내열배선

08 \ 무선통신보조설비

1. 법규적 설치대상

(1) 지하가(터널은 제외) : 연면적 1,000m² 이상

(2) 지하가 중 터널 : 길이 500m 이상

(3) 지하층의 바닥면적 합계 : 3,000m² 이상

(4) 지하층 수가 3 이상으로서 지하층 바닥면적 합계 1,000m² 이상

(5) 지상층 수가 30층 이상인 것으로서 16층 이상 부분의 전층 〈신설 2012.2.3〉

2. 설치기준

(1) 누설동축케이블

1) 고압 전로로부터 1.5m 이상 이격하여 설치

2) 말단에는 무반사 종단저항 설치

3) 임피던스 : 50Ω

4) 재질 : 불연성 또는 난연성의 것

5) 지지금구 : 금속재 또는 자기재로서 4m 이내마다 설치

(2) 무선기기 접속단자

1) 설치높이 : 0.8~1.5m

2) 화재층으로부터 지면으로 떨어지는 유리창 등에 의한 지장을 받지 않고 지상에서 유효하게 소방활동을 할 수 있는 장소 또는 수위실 등 사람이 상시 거주하는 곳에 설치

3) 지상의 접속단자 : 보행거리 300m 이내마다 설치

(3) 증폭기

1) 전원 : 축전지, 전기저장장치 또는 교류전원의 옥내간선으로 하고, 전원까지의 배선은 전용으로 할 것

2) 전면에는 표시등 및 전압계 설치

3) 비상전원 부착(축전지) : 30분 이상의 용량

(4) 분배기, 분파기, 혼합기

1) 임피던스 : 50Ω

2) 먼지, 습기, 부식 등에 의하여 기능에 이상이 없도록 설치

3) 점검이 편리하고, 화재 등의 피해 우려가 없는 장소에 설치

09 \ 비상조명등설비

1. 법규적 설치대상

(1) 설치대상

1) 지하층을 포함한 층수가 5층 이상인 건축물 : 연면적 3,000m² 이상

2) 지하층·무창층 : 바닥면적 450m² 이상

3) 지하가 중 터널 : 길이 500m 이상

4) 휴대용 비상조명등

① 숙박시설

② 수용인원 100인 이상의 영화상영관, 지하역사, 백화점, 대형할인점, 쇼핑센터, 지하상가

(2) 면제대상

1) 비상조명등설비 전체의 면제

피난구유도등 또는 통로유도등을 기준에 맞게 설치한 경우, 그 유효범위 내의 면제

2) 비상조명등 개별등의 면제

① 거실의 각 부분에서 출입구까지 보행거리가 15m 이내인 부분

② 의원·경기장·공동주택·의료시설·학교의 거실

2. 설치기준

(1) 설치장소

각 거실과 그로부터 지상에 이르는 복도·통로·계단

(2) 조도

각 부분의 바닥에서 1Lux 이상

(3) 비상전원

1) 예비전원 내장형

① 20분 이상 작동용량의 축전지 내장형

(단, 지상 11층 이상의 층과, 지하층 또는 무창층으로서 도매·소매시장, 터미널, 지하역사 또는 지하상가인 곳은 그 부분에서 피난층에 이르는 부분의 비상조명등을 60분 이상 작동시킬 수 있는 용량일 것)

② 평상시 점등여부를 확인할 수 있는 점검스위치 설치

③ 예비전원 충전장치 내장

2) 예비전원 비내장형

① 20분 이상 용량의 축전지설비, 자가발전설비 또는 전기저장장치

(단, 비상전원 용량은 위의 "1) 예비전원 내장형" 단서의 내용과 동일함)

② 상용전원 정전시 비상전원으로 자동 절환될 것

③ 비상전원 설치장소에는 방화구획 및 비상조명등을 설치할 것

10 \ 휴대용 비상조명등

1. 설치대상

(1) 숙박시설

(2) 수용인원 100인 이상의 영화상영관, 판매시설 중 대규모점포, 철도 및 도시철도 시설 중 지하역사, 지하가 중 지하상가

2. 설치기준

(1) 객실 또는 영업장 안의 구획된 실마다 잘 보이는 곳에 설치

(2) 대규모점포(지하상가 및 지하역사는 제외) 및 영화상영관 : 보행거리 50m 이내마다 3개 이상 설치. 다만, 지하역사 및 지하상가는 보행거리 25m 이내마다 3개 이상 설치

(3) 설치높이 : 바닥으로부터 0.8~1.5m

(4) 사용 시 자동으로 점등되는 구조

(5) 어둠속에서도 위치 확인이 가능할 것

(6) 외함은 난연성일 것

(7) 건전지식 : 방전방지조치를 할 것

충전배터리식 : 상시 충전방식일 것

(8) 건전지·배터리의 용량 : 20분 이상의 작동용량일 것

11 \ 비상전원수전설비

1. 인입선 및 인입구배선의 시설

(1) **인입구배선** : 내화배선으로 설치

(2) **인입선** : 특정소방대상물에 화재가 발생할 경우에도 화재로 인한 손상을 받지 않도록 할 것

2. 저압으로 수전하는 경우

전용배전반(1·2종), 전용분전반(1·2종) 또는 공용분전반(1·2종)으로 하여야 한다.

(1) 제1종 배전반 및 제1종 분전반

1) 외함 : 두께 1.6mm(전면판 및 문은 2.3mm) 이상의 강판 또는 이와 동등 이상의 강도와 내화성능이 있는 것으로 설치

2) 외함의 내부 : 외부의 열에 의해 영향을 받지 않도록 내열성 및 단열성이 있는 재료를 사용하여 단열할 것

3) 외함에 노출하여 설치할 수 있는 것
① 표시등
② 전선의 인입구 및 인출구

4) 공용배전반 및 공용분전반의 경우 소방회로와 일반회로에 사용하는 배선 및 배선용 기기 사이를 불연재료로 구획하여야 한다.

(2) 제2종 배전반 및 제2종 분전반

1) 외함 : 두께 1mm 이상의 강판과 이와 동등 이상의 강도와 내화성능이 있는 것

2) 단열을 위해 배선용 불연 전용실 내에 설치할 것

3) 공용배전반 및 공용분전반의 경우 소방회로와 일반회로에 사용하는 배선 및 배선용 기기 사이를 불연재료로 구획하여야 한다.

(3) 그 밖의 배전반 및 분전반의 설치

1) 일반회로에서 과부하, 지락사고 또는 단락사고가 발생한 경우에도 이에 영향을 받지 아니하고 계속하여 소방회로에 전원을 공급시켜 줄 수 있어야 한다.

2) 소방회로용 개폐기 및 과전류차단기에는 "소방시설용"이라는 표시를 할 것

3. 특별고압 또는 고압으로 수전하는 경우

방화구획형, 옥외개방형 또는 큐비클(Cubicle)형으로 하여야 한다.

(1) 방화구획형

1) 전용의 방화구획 내에 설치할 것
2) 소방회로 배선은 일반회로 배선과 불연성 격벽으로 구획할 것(다만, 소방회로 배선과 일반회로 배선을 15cm 이상 떨어져 설치한 경우에는 그러하지 아니 하다.)
3) 일반회로에서 과부하, 지락사고 또는 단락사고가 발생한 경우에도 이에 영향을 받지 아니하고 계속하여 소방회로에 전원을 공급시켜 줄 수 있어야 한다.
4) 소방회로용 개폐기 및 과전류차단기에는 "소방시설용"이라 표시할 것

(2) 옥외개방형

1) 건축물의 옥상에 설치하는 경우 : 그 건축물에 화재가 발생한 경우에도 화재로 인한 손상을 받지 않도록 설치할 것
2) 공지에 설치하는 경우 : 인접 건축물에서 화재가 발생한 경우에도 화재로 인한 손상을 받지 않도록 설치할 것
3) 그 밖의 옥외개방형의 설치에 관하여는 제(1)항(방화구획형)과 동일함

(3) 큐비클형

1) 전용큐비클 또는 공용큐비클식으로 설치할 것
2) 외함
   ① 두께 2.3mm 이상의 강판과 이와 동등 이상의 강도와 내화성능이 있는 것
   ② 개구부 : 갑종방화문 또는 을종방화문을 설치
   ③ 외함은 건축물의 바닥 등에 견고하게 고정할 것
3) 환기장치
   ① 내부의 온도가 상승하지 않도록 환기장치를 할 것
   ② 자연환기구의 개구부 면적 합계는 외함의 한 면에 당해 면적의 3분의 1 이하로 할 것(이 경우 하나의 통기구의 크기는 직경 10mm, 이상의 둥근 막대가 들어가서는 아니 된다.)
   ③ 자연환기구에 따라 충분히 환기할 수 없는 경우에는 환기설비를 설치할 것
   ④ 그 밖의 큐비클형의 설치에 관하여는 위의 "(1) 방화구획형"과 동일함

제 10 장

기타시설의
소방 · 방화시설

01 지하구의 소방 · 방화시설

1. 정의

(1) 전력 · 통신용의 전선이나 가스 · 냉난방용의 배관 또는 이와 비슷한 것을 집합 수용하기 위하여 설치한 지하 인공구조물로서 사람이 점검 또는 보수를 하기 위하여 출입이 가능한 것 중 다음의 어느 하나에 해당하는 것

   1) 전력 또는 통신사업용 지하 인공구조물로서 전력구(케이블 접속부가 없는 경우에는 제외한다) 또는 통신구 방식으로 설치된 것

   2) 1) 외의 지하 인공구조물로서 폭이 1.8m 이상이고 높이가 2m 이상이며 길이가 50m 이상인 것

(2) 「국토의 계획 및 이용에 관한 법률」 제2조제9호에 따른 공동구

2. 법규적 소방 · 방화시설의 설치기준

(1) 자동화재탐지설비

   1) 경계구역 : (지하구의 화재안전기준 제12조에 따라 자/탐설비 화재안전기준의 경계구역 기준을 준용)

   2) 적응감지기

     자동화재탐지설비의 화재안전기준 제7조제1항 각 호의 감지기(본 교재 P.176의 특수감지기 8종) 중 먼지 · 습기 등의 영향을 받지 않고 발화지점 (1m 단위)과 온도를 확인할 수 있는 것

(2) 연소방지설비

   1) 설치대상

     전력 또는 통신사업용의 지하구

2) 살수구역

　① 소방대원의 출입이 가능한 환기구·작업구마다 지하구의 양쪽(길이) 방향으로 살수헤드를 설정하되, 환기구 사이의 간격이 700m를 초과할 경우에는 700m 이내마다 살수구역을 설정

　② 하나의 살수구역의 길이 : 3.0m 이상

3) 방수헤드

　① 헤드 설치위치 : 천장 또는 벽면

　② 헤드 간의 수평거리

　　㉮ 연소방지설비 전용 헤드 : 2.0m 이하

　　㉯ 스프링클러헤드 : 1.5m 이하

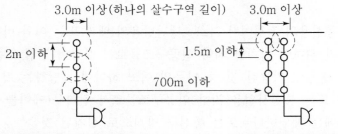

[연소방지설비 전용 헤드방식]　　　　[스프링클러헤드방식]

(3) 연소방지재(연소방지용 도료)의 도포

1) 대상

지하구 내에 설치된 케이블·전선 등으로서 다음 각 목에 해당하는 부분

　① 분기구

　② 지하구의 인입부 또는 인출부

　③ 절연유 순환펌프 등이 설치된 부분

　④ 기타 화재발생 위험이 우려되는 부분

2) 제외대상

지하구 내의 케이블·전선 등을 한국산업표준(KS C IEC 60332-3-24)에서 정한 난연성능 이상의 제품으로 설치한 경우

(4) 방화벽

1) 설치대상

전력 또는 통신 사업용의 지하구

2) 설치기준

① 내화구조로서 홀로 설 수 있는 구조일 것

② 방화벽의 출입문은 60분방화문 또는 60+ 방화문으로 설치할 것

③ 방화벽을 관통하는 케이블·전선 등에는 국토교통부 고시(내화구조의 인정 및 관리기준)에 따라 내화채움구조로 마감할 것

④ 방화벽은 지하구의 분기구 및 국사·변전소 등의 건축물과 지하구가 연결되는 부위(건축물로부터 20m 이내)에 설치할 것

(5) 무선통신보조설비

1) 설치대상

「국토의 계획 및 이용에 관한 법률」 제2조제9호에 의한 공동구

2) 설치기준

무전기접속단자의 설치장소 : 방재실, 공동구의 입구, 연소방지설비 송수구가 설치된 장소(지상)

(6) 통합감시시설

1) 설치대상

소방법령에 의한 지하구

2) 설치기준

① 소방관서와 공동구 통제실 간의 정보통신망을 구축할 것

② 정보통신망은 광케이블 또는 이와 유사한 성능을 가진 선로일 것

③ 수신기는 지하구의 통제실에 설치하되 화재신호, 경보, 발화지점 등 수신기에 표시되는 정보가 관할 소방관서의 119상황실 정보통신장치에 표시되도록 할 것

02 \ 다중이용업소의 소방·방화시설

1. 다중이용업의 범위

(1) 식품위생법에 따른 휴게음식점영업·제과점영업 또는 일반음식점영업으로서 영업장의 바닥면적 합계가 100m²(영업장이 지하층인 것은 66m²) 이상인 것. 단, 영업장이 지상 1층 또는 지상과 직접 접하는 층에 설치되고, 그 영업장의 주된 출입구가 건축물 외부의 지면과 직접 연결되는 곳에서 하는 영업을 제외한다.

(2) 단란주점영업, 유흥주점영업

(3) 영화상영관, 비디오물감상실업, 비디오물소극장업, 복합영상물제공업

(4) 수용인원 300명 이상의 학원

(5) 수용인원 100명 이상 300명 미만의 학원으로서 다음 각 목의 어느 하나에 해당하는 것. 다만, 학원부분과 다른 용도의 부분 간에 방화구획된 것은 제외한다.

　1) 하나의 건축물에 학원과 기숙사가 함께 있는 학원

　2) 하나의 건축물에 학원이 둘 이상 있는 경우로서 전체 학원의 수용인원 합계가 300명 이상인 경우

　3) 하나의 건축물에 학원과 기타의 다중이용업소가 함께 있는 경우

(6) 목욕장업 중 불가마시설을 갖춘 업소로서 수용인원 100명 이상인 것

(7) 게임제공업, 노래연습장업, 산후조리업, 고시원업, 실내권총사격장업, 실내골프연습장업, 안마시술소

(8) 화재위험평가 결과 위험유발지수가 D등급~E등급에 해당하거나 화재발생 시 인명피해발생 우려가 높은 불특정 다수인이 출입하는 영업으로서 소방청장이 관계 중앙행정기관의 장과 협의하여 행정안전부령으로 정하는 영업 : (전화방업, 화상대화방업, 수면방업, 콜라텍업 등)

2. 법규적 소방·방화시설

(1) 소방시설

　1) 소화설비

　　① 소화기 또는 자동확산소화기 : 다중이용업소 영업장 안의 구획된 각 실마다 설치

　　② 간이스프링클러설비(캐비넷형 포함) 설치대상

　　　㉮ 지하층에 설치된 영업장

　　　㉯ 밀폐구조의 영업장

ⓓ 산후조리업·고시원업·권총사격장의 영업장

2) 경보설비

① 비상벨설비 　　　(이 중에 하나 이상을 설치하되, 노래반주기 등 영상음
　　　　　　　　　　 향장치를 사용하는 영업장에는 자/탐설비를 의무적으
② 자동화재탐지설비　 로 설치)

ㄱ) 자동화재탐지설비를 설치하는 경우에는 감지기와 지구음향장치는 구
획된 실마다 설치

ㄴ) 영상음향차단장치가 설치된 영업장에는 자동화재탐지설비의 수신기
를 별도로 설치

③ 가스누설경보기 : 가스시설을 사용하는 주방이나 난방시설이 있는 영업
장에만 설치

3) 피난설비

① 피난기구(미끄럼대, 피난사다리, 구조대. 완강기) : 4층 이하 영업장의 비
상구(발코니 또는 부속실)에 설치

② 피난유도선 : 영업장 내부 피난통로 또는 복도가 있는 다음의 영업장에만
설치한다.

ㄱ) 단란주점영업·유흥주점영업·영화상영관·비디오물감상실업·노래연
습장업·산후조리업·고시원업 영업장

ㄴ) 피난유도선은 전류에 의하여 빛을 내는 방식으로 할 것

③ 유도등, 유도표지 또는 비상조명등 : 이 중에 하나 이상을 설치하며, 영업
장 안의 구획된 실마다 설치

④ 휴대용 비상조명등 : 영업장 안의 구획된 각 실마다 잘 보이는 곳(실 외
부에 설치할 경우에는 출입문 손잡이로부터 1m 이내 부분)에 1개 이상
설치

(2) 비상구

1) 설치대상

다중이용업소의 영업장(2개 이상의 층이 있는 경우에는 각 층별 영업장)마
다 주된 출입구 외에 비상구를 1개 이상 설치

2) 설치제외대상

① 주된 출입구 외에 해당 영업장 내부에서 피난층 또는 지상으로 통하는 직
통계단이 주된 출입구로부터 영업장 긴 변 길이의 1/2 이상 떨어진 위치
에 별도로 설치된 경우

② 피난층에 설치된 영업장(바닥면적 33m² 이하로서 영업장 내부에 구획된 실이 없고 영업장 전체가 개방된 구조를 말한다)으로서 그 영업장의 각 부분으로부터 출입구까지의 수평거리가 10m 이하인 경우

3) 설치기준

① 설치위치 : 주된 출입구의 반대방향에 설치하되, 주된 출입구로부터 영업장의 긴 변 길이의 1/2 이상 떨어진 위치에 설치

② 비상구의 규격 : 가로 75cm 이상, 세로 150cm 이상 (문틀은 제외)

③ 문의 열림 방향 : 피난방향으로 열리는 구조일 것. 다만, 주된 출입구의 문이 피난계단 또는 특별피난계단의 문이 아니거나 방화구획이 아닌 곳에 위치한 경우로서 다음 요건을 충족하는 경우에는 비상구를 자동문[미서기(슬라이딩) 문을 말한다]으로 설치할 수 있다.

㉮ 화재감지기와 연동하여 개방되는 구조

㉯ 정전 시 자동으로 개방되는 구조

㉰ 정전 시 수동으로 개방되는 구조

④ 문의 재질 : 주요구조부가 내화구조인 경우 비상구 및 주된 출입구의 문을 방화문으로 설치. 다만, 다음 어느 하나에 해당하는 경우에는 불연재료로 설치할 수 있다.

㉮ 주요구조부가 내화구조가 아닌 경우

㉯ 비상구 또는 주된 출입구의 문이 지표면과 접하는 경우로서 화재의 연소확대 우려가 없는 경우

㉰ 비상구 또는 주된 출입구의 문이 「건축법 시행령」 제35조에 따른 피난계단 또는 특별피난계단의 설치기준에 따라 설치하여야 하는 문이 아니거나 같은 법 시행령 제46조에 따라 설치되는 방화구획이 아닌 곳에 위치한 경우

⑤ 비상구의 기타구조

㉮ 비상구는 구획된 실 또는 천장으로 통하는 구조가 아닐 것. 다만, 영업장 바닥에서 천정까지 불연재료·준불연재료의 것으로 구획된 부속실(전실)은 그러하지 아니하다.

㉯ 비상구는 다른 영업장 또는 다른 용도의 시설(주창장은 제외)을 경유하는 구조가 아니어야 하며, 층별 영업장은 다른 영업장 또는 다른 용도의 시설과 불연재료·준불연재료의 차단벽이나 칸막이로 분리되어야 함

㉰ 영업장 위치가 지상 4층 이하인 경우 : 피난시에 유효한 발코니(75cm

×150cm×높이 100cm 이상의 난간을 설치한 것) 또는 부속실(준불연재
료 이상의 것으로 바닥에서 천정까지 구획된 실로서 75cm×150cm 이상
의 크기인 것)을 설치하고, 그 장소에 적합한 피난기구를 설치할 것

4) 복층구조 영업장의 비상구 설치기준

영업장 구조	설치기준	특례기준
각각 다른 2개 이상의 층에 내부계단 또는 통로가 설치되어 하나의 층의 내부에서 다른 층으로 출입할 수 있도록 되어 있는 구조	1. 각 층마다 영업장 외부의 계단 등으로 피난할 수 있는 비상구를 설치할 것 2. 비상구 문은 방화문의 구조로 설치할 것 3. 비상구 문의 열림 방향은 실내에서 외부로 열리는 구조로 할 것	영업장의 위치·구조가 다음에 해당하는 경우에는 그 영업장으로 사용하는 어느 하나의 층에만 비상구를 설치할 수 있다. 1. 건축물의 주요구조부를 훼손하는 경우 2. 옹벽 또는 외벽이 유리로 설치된 경우 등

(3) 영업장 내부 피난통로

1) 설치대상

구획된 실이 있는 단란주점영업·유흥주점영업·비디오물감상실업·복합
영상물제공업·노래연습장업·산후조리업·고시원업의 영업장

2) 설치기준

① 통로의 폭 : 120cm 이상. 다만, 양옆에 구획된 실이 있는 영업장으로서 구
획된 실 출입문의 열리는 방향이 피난통로 방향일 경우에는 150cm 이상
② 구획된 실에서부터 주된 출입구 또는 비상구까지 이르는 내부 피난통로
의 구조는 세 번 이상 구부러지는 형태가 아닌 구조일 것

(4) 그 밖의 안전시설

1) 영상음향차단장치

① 설치대상 : 노래반주기 등의 영상음향차단장치를 사용하는 영업장
② 설치기준
  ㉮ 화재 시 감지기에 의하여 자동으로 음향 및 영상이 정지될 수 있는 구
    조로 설치하되, 수동으로도 조작할 수 있도록 설치
  ㉯ 수동차단스위치를 설치하는 경우에는 관계인이 일정하게 거주하거나
    일정하게 근무하는 장소에 설치. 이 경우 그로부터 가장 가까운 곳에

"영상음향차단스위치"라는 표지를 부착

㉰ 전기로 인한 화재발생 위험을 예방하기 위하여 부하용량에 알맞은 누전차단기(과전류차단기를 포함)를 설치

㉱ 영상음향차단장치의 작동으로 실내등의 전원이 차단되지 않는 구조로 설치

2) 누전차단기

3) 창문

① 설치대상 : 고시원업의 영업장

② 설치기준

㉮ 영업장 층별로 가로 50cm 이상, 세로 50cm 이상 열리는 창문을 1개이상 설치

㉯ 영업장 내부 피난통로 또는 복도에 바깥 공기와 접하는 부분에 설치(단, 구획된 실에 설치하는 것은 제외)

4) 보일러실과 영업장 사이의 방화구획

보일러실과 영업장 사이의 출입문은 방화문으로 설치하고 개구부에는 자동방화댐퍼를 설치

3. 「기존 다중이용업소(옥내권총사격장·골프연습장·안마시술소) 건축물의 구조상 비상구를 설치할 수 없는 경우에 관한 기준」: 소방청고시 제2010-33호

> 제15회 관리사 출제

(1) 제정취지

「다중이용업소의 안전관리에 관한 특별법 시행령」의 개정(2010.8.11 개정 : 대통령령 제22331호) 부칙 제3조 제4항에 따라, 이 개정령 시행 당시에 이미 영업을 하고 있는 옥내권총사격장·골프연습장·안마시술소에 대하여는 소방청장이 건축물의 구조상 비상구를 설치할 수 없다고 인정하여 고시한 조건에 해당하는 경우에는 비상구 설치를 제외시킬 수 있도록 한 것이다.

(2) "건축물의 구조상 비상구를 설치할 수 없는 경우"라 함은 다음 각호의 어느 하나에 해당하는 경우를 말한다.

1) 비상구 설치를 위하여 건축법령(건축법 제2조 제1항 제7호)상의 주요구조부를 관통하여야 하는 경우

2) 비상구를 설치하여야 하는 영업장이 인접건축물과의 이격거리(건축물 외벽과 외벽 사이의 거리)가 100cm 이하인 경우

3) 다음 각 목의 어느 하나에 해당하는 경우

① 비상구 설치를 위하여 당해 영업장 또는 다른 영업장의 공조설비, 냉·난방설비, 수도설비 등 고정설비를 철거 또는 이전하여야 하는 등 그 설비의 기능과 성능에 지장을 초래하는 경우

② 비상구 설치를 위하여 인접건물 또는 다른 사람 소유의 대지경계선을 침범하는 등 재산권 분쟁의 우려가 있는 경우

③ 영업장이 도시미관지구에 위치하여 비상구를 설치하는 경우 건축물 미관을 훼손한다고 인정되는 경우

④ 당해 영업장으로 사용되는 부분의 바닥면적 합계가 33m² 이하인 경우

4) 그 밖에 관할 소방서장이 현장여건 등을 고려하여 비상구를 설치할 수 없다고 인정하는 경우

(3) 또한, 위의 경우로서 다음 각 호의 어느 하나에 해당하는 시설을 설치하는 경우에는 비상구를 설치한 것으로 본다.

1) 실내장식물을 불연재료 또는 준불연재료로 설치(천장과 벽을 합한 실내장식물의 면적이 10분의 9 이상인 경우에 한정한다)한 경우

2) 행정안전부령으로 정하는 기준에 맞추어 간이스프링클러설비를 설치한 경우

03 \ 다중이용업소의 정기점검

1. 법적근거

(1) 「다중이용업소의 안전관리에 관한 특별법」 제13조 : 다중이용업주는 다중이용업소의 영업장에 설치된 안전시설 등에 대하여 정기적으로 점검하고, 그 점검결과서를 1년간 보관하도록 규정하고 있다.

(2) 「다중이용업소의 안전관리에 관한 특별법」 시행규칙 제14조 : 다중이용업소에 대한 안전점검의 대상, 점검자의 자격, 점검주기, 점검방법, 등을 규정하고 있다.

2. 정기 안전점검의 법적기준

(1) 안전점검의 대상

다중이용업소의 영업장에 설치된 안전시설 등

(2) 안전점검자의 자격

1) 해당 영업장의 다중이용업주
2) 해당 영업장의 다중이용업소가 위치한 특정소방대상물의 소방안전관리자
3) 해당 업소의 종업원 중 관계법령에 따른 소방안전관리자 자격을 취득한 자
4) 소방기술사 · 소방설비기사 또는 소방설비산업기사 자격을 취득한 자
5) 「소방시설설치유지 및 안전관리에 관한 법률」 제29조에 따른 소방시설관리업자

(3) 점검주기

매 분기별 1회 이상 점검

(4) 점검방법

행정안전부령으로 정한 서식의 「안전시설등 세부점검표」를 사용하여 소방시설등의 작동여부를 점검한다.

3. 「안전시설등 세부점검표」에 의한 점검사항

① 안전점검표 비치의 적정여부
② 방염대상물품 및 방염처리상태의 적정성
③ 소화기 및 간이소화용구의 비치적정 여부 및 기능점검

④ 간이스프링클러설비의 적정성

⑤ 피난설비의 적정성
- 유도등·유도표지, 비상조명등, 피난기구 등의 기능점검

⑥ 경보설비의 적정성
- 비상벨설비, 비상방송설비, 가스누설경보기의 기능점검
- 경보설비의 각 실마다 설치여부

⑦ 방화시설의 적정성
- 방화문 성능의 적합성(시험성적서, 열림구조, 기밀도 등)
- 비상구(비상탈출구) 구조의 적합성(크기, 위치, 피난용이성 등)

⑧ 영상음향차단장치의 기능점검
- 위치, 작동방법 등

⑨ 누전차단기의 기능점검

⑩ 피난유도선 확인
- 피난유도선의 각실 배치여부

⑪ 화기취급장소 및 위험물의 안전관리상태

04 도로터널의 소방·방화시설

방재시설		설치대상	설치간격	설치방법
소화설비	수동식 소화기	모든 터널	50m 이내	2개 1조로 설치
	옥내소화전설비	1,000m 이상	50m 이내	
	물분무소화설비	지하가 중 예상 교통량, 경사도 등 터널의 특성을 고려하여 총리령으로 정하는 터널	방수구역 : 터널길이 방향으로 25m 이상	동시에 3개 방수구역 이상 방수되게 설치
소화활동설비	제연설비	500m 이상	–	환기설비와 병용 가능
	무선통신보조설비	500m 이상	–	라디오 재방송설비와 병용 가능
	연결송수관설비	1,000m 이상	50m 이내	송수구 : 터널 입·출구부에 설치 방수구 : 옥내소화전과 병설
	비상콘센트설비	500m 이상	50m 이내	소화전함에 병설
경보설비	비상경보설비	500m 이상	50m 이내	–
	자동화재탐지설비	1,000m 이상	경계구역 100m 이내	정온식 감지선형 감지기 설치
피난설비	비상조명등	500m 이상	–	–
피난시설	피난연락갱 (소방법에서는 제외)	500m 이상	250~300m 이내	쌍굴터널에서 양쪽 터널 사이에 차단문 설치
	비상주차대 (소방법에서는 제외)	1,000m 이상	피난연락갱마다 (단, 대면통행터널 : 750m 이내)	피난연락갱 맞은편 (주행차선 갓길)에 설치

1. 수동식소화기

(1) 능력단위

1) A급 : 3단위 이상
2) B급 : 5단위 이상
3) C급 : 적응성이 있을 것

(2) 총 중량 : 7kg 이하

(3) 설치간격 : 50m 이내(각 소화기 함마다 2개 이상씩 설치)

(4) 설치높이 : 바닥면으로부터 1.5m 이하의 높이

(5) 설치위치 : 주행차로 우측 측벽에 설치. 단, 편도 2차로 이상의 양방향 터널 또는 4차로 이상의 일방향 터널의 경우에는 양쪽 측벽에 각각 50m 이내의 간격으로 엇갈리게 설치(이하 다른 소방설비에도 동일하게 적용)

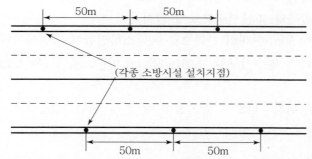

[4차로 이상 터널의 소화기 및 각종 소방시설의 설치지점]

2. 옥내소화전설비

(1) 설치간격 : 50m 이내
(2) 설치위치 : 주행차로 우측 측벽에 설치(단, 편도 2차로 이상의 양방향 터널이나 4차로 이상의 일방향 터널의 경우에는 양쪽 측벽에 각각 50m 이내의 간격으로 엇갈리게 설치)
(3) 수원량 : 소화전 2개(단, 4차로 이상의 터널은 3개)의 방수량 × 40분 이상의 방수량
(4) 가압송수장치 : 소화전 2개 동시에 방수 시 노즐선단의 방수압력 0.35MPa 이상 및 방수량 190 ℓ/min 이상
(5) 주펌프와 동등 이상인 별도의 예비펌프 설치(단, 압력수조 또는 고가수조인 경우에는 제외)
(6) 방수구 : 40mm 구경의 단구형을 1.5m 이하의 높이에 설치

(7) 비상전원 : 40분 이상의 작동용량

3. 물분무소화설비

(1) 방수구역 : 하나의 방수구역을 터널길이 방향으로 25m 이상 되게 설치

(2) 수원량 : 방수구역 3개 × 40분 이상의 수량을 확보

(3) 살수밀도 : $6\ell/m^2 \cdot min$ 이상. 즉, 물분무헤드는 도로면 $1m^2$당 $6\ell/min$ 이상의 수량을 균일하게 방수할 수 있도록 할 것

(4) 비상전원 : 40분 이상의 기능을 유지할 수 있도록 할 것

4. 연결송수관설비

(1) 방수압력 : 0.35MPa 이상

(2) 방수량 : $400\ell/min$ 이상

(3) 방수구 설치위치 : 50m 이내의 간격으로 옥내소화전함에 병설 또는 독립적으로 터널출입구와 피난연결통로에 설치

(4) 방수기구함 : 50m 이내의 간격으로 옥내소화전함에 병설하거나 독립적으로 설치하고, 하나의 방수기구함 내에는 65mm 방수노즐 1개와 15m 이상의 호스 3본을 설치

(5) 연결송수구 위치 : 터널의 입·출구 부근 및 피난연결통로에 설치

5. 제연설비

(1) 배출용량

1) 설계화재강도 적용 : 20MW

2) 연기발생률 적용 : $80m^3/s$

3) 배출량 : 발생된 연기와 혼합된 공기를 충분히 배출할 수 있는 용량 이상일 것

4) 화재강도가 설계화재강도보다 높을 경우, 위험도 분석을 통하여 설계화재강도를 재설정

(2) 설치기준

1) 환기설비와 병용 가능함. 단, 화재발생을 자동으로 감지하여 제연기능으로 전환될 수 있도록 할 것

2) 종류식 환기방식의 경우 예비용 제트팬도 설치

3) 송풍기의 전원공급배선 및 그 부품 등은 250℃ 온도에서 60분 이상 운전상태를 유지할 것

　　4) 비상전원 : 60분 이상 작동 용량 확보

(3) 제연설비의 기동

　　1) 화재감지기가 동작되는 경우

　　2) 발신기의 스위치 또는 자동소화설비의 기동장치를 동작

　　3) 화재수신기 또는 감시제어반의 수동 스위치를 동작

6. 비상경보설비

(1) 발신기 및 음향장치

　　1) 설치간격 : 50m 이내

　　2) 설치위치 : 0.8~1.5m의 높이에 설치하되 주행차로 우측 측벽에 설치한다. 단, 양방향터널 또는 4차로 이상의 일방향터널의 경우에는 양쪽 측벽에 엇갈리게 설치한다.

　　3) 음향장치 : 터널내부 전체에서 동시에 경보를 발하도록 설치

(2) 시각경보기

　　1) 주행차로 한쪽 측벽에 50m 이내의 간격으로 비상경보설비 상부 직근에 설치

　　2) 전체 시각경보기가 동기방식에 의해 작동되도록 할 것

7. 비상조명등

(1) 조도기준

　　1) 상시 조명이 소등된 상태에서 차도 및 보도의 바닥면 조도 : 10Lux 이상

　　2) 그 외 모든 지점의 조도 : 1Lux 이상

(2) 비상전원

　　상용전원 차단시 비상전원이 자동으로 60분 이상 점등될 것

(3) 충전방법

　　내장된 예비전원이나 축전지설비에는 상시 충전상태를 유지할 것

8. 자동화재탐지설비

(1) 경계구역

　　하나의 경계구역 길이 : 100m 이하

(2) 적응감지기 종류

1) 차동식 분포형 감지기
2) 아날로그방식 정온식 감지선형 감지기
3) 중앙기술심의위원회의 심의에서 터널화재의 적응성이 인정된 감지기

(3) 감지기 설치기준

1) 감지기의 감열부와 감열부 사이의 간격 : 10m 이하
2) 감지기와 터널 좌·우측 벽면과의 이격거리 : 6.5m 이하

(4) 발신기 및 지구음향장치

비상경보설비의 기준과 동일하게 설치한다.

9. 무선통신보조설비

(1) 무선기 접속단자 설치위치 : 방재실, 터널의 입구 및 출구, 피난연결통로
(2) 라디오 재방송설비와 겸용으로 설치 가능

10. 비상콘센트설비

(1) 설치위치 : 주행차로의 우측 측벽에 50m 이내의 간격으로 설치
(2) 설치높이 : 바닥으로부터 0.8m~1.5m의 높이
(3) 전원회로 : 단상교류 220V인 것으로서 공급용량이 1.5kVA 이상인 것
    전원회로는 주배전반에서 전용회로로 할 것. 다만, 다른 설비의 회로 사고에 따른 영향을 받지 아니하도록 되어 있는 것에 있어서는 그러하지 아니하다.
(4) 콘센트마다 배선용 차단기(KS C 8321)를 설치하여야 하며, 충전부가 노출되지 아니하도록 할 것

05 \ 피난기구

1. 법규적 설치대상

(1) 설치대상 및 설치수량(NFTC 301 2.1.2)

  1) 아파트 : 각 세대마다 1개 이상

  2) 노유자시설·의료시설·숙박시설 용도의 층 : 그 층의 바닥면적 500m²마다 1개 이상

  3) 문화 및 집회시설·운동시설·위락시설·판매시설 용도의 층 또는 복합용도의 층 : 그 층의 바닥면적 800m²마다 1개 이상

  4) 그 밖의 용도의 층 : 그 층의 바닥면적 1,000m²마다 1개 이상

(2) 추가설치수량

  1) 숙박시설(휴양 콘도미니엄은 제외) : 객실마다 완강기 또는 둘 이상의 간이완강기 추가 설치 〈개정 2015.1.23〉

  2) 아파트 : 하나의 관리주체가 관리하는 아파트 구역마다 공기안전매트 1개 이상 추가 설치

  3) 4층 이상의 층에 설치된 노유자시설 중 장애인 관련시설로서 주된 사용자 중 스스로 피난이 불가한 자가 있는 경우에는 층마다 구조대를 1개 이상 추가 설치

(3) 피난기구설치의 감소기준

  1) 다음 각 호의 기준에 적합한 층에는 위 (1)의 기준에 따른 피난기구의 2분의 1을 감소할 수 있다.(이 경우 소수점 이하의 수는 1로 한다)

    ① 주요구조부가 내화구조로 되어 있을 것

    ② 직통계단인 피난계단 또는 특별피난계단이 2 이상 설치되어 있을 것

  2) 피난기구를 설치하여야 할 소방대상물 중 주요구조부가 내화구조이고 다음 각 호의 기준에 적합한 건널복도가 설치되어 있는 층에는 위 (1)의 기준에 따른 피난기구의 수에서 해당 건널복도 수의 2배의 수를 **뺀** 수로 한다.

    ① 내화구조 또는 철골조로 되어 있을 것

    ② 건널복도 양단의 출입구에 자동폐쇄장치를 한 갑종방화문(방화셔터는 제외)이 설치되어 있을 것

    ③ 피난·통행 또는 운반의 전용 용도일 것

3) 피난기구를 설치하여야 할 소방대상물 중 다음 각 호에 기준에 적합한 노대가 설치된 거실의 바닥면적은 위 (1)의 기준에 따른 피난기구의 설치개수 산정을 위한 바닥면적에서 이를 제외한다.

① 노대를 포함한 소방대상물의 주요구조부가 내화구조일 것

② 노대가 거실의 외기에 면하는 부분에 피난 상 유효하게 설치되어 있어야 할 것

③ 노대가 소방사다리차가 쉽게 통행할 수 있는 도로 또는 공지에 면하여 설치되어 있거나, 또는 거실부분과 방화구획되어 있거나 또는 노대에 지상으로 통하는 계단 그 밖의 피난기구가 설치되어 있어야 할 것

(4) 피난기구설치의 제외기준

다음 각 호의 어느 하나에 해당하는 소방대상물 또는 그 부분에는 피난기구를 설치하지 아니할 수 있다. 다만, 숙박시설(휴양콘도미니엄은 제외)에 설치되는 완강기 및 간이완강기의 경우에는 그러하지 아니하다. 〈개정 2015.1.23〉

1) 다음 각 목의 기준에 적합한 층

① 주요구조부가 내화구조로 되어 있어야 할 것

② 실내의 면하는 부분의 마감이 불연재료 · 준불연재료 또는 난연재료로 되어 있고 방화구획이 「건축법 시행령」 제46조의 규정에 적합하게 구획되어 있어야 할 것

③ 거실의 각 부분으로부터 직접 복도로 쉽게 통할 수 있어야 할 것

④ 복도에 2 이상의 특별피난계단 또는 피난계단이 「건축법 시행령」 제35조에 적합하게 설치되어 있어야 할 것

⑤ 복도의 어느 부분에서도 2 이상의 방향으로 각각 다른 계단에 도달할 수 있어야 할 것

2) 다음 각 목의 기준에 적합한 소방대상물 중 그 옥상의 직하층 또는 최상층(관람집회 및 운동시설 또는 판매시설을 제외한다)

① 주요구조부가 내화구조로 되어 있어야 할 것

② 옥상의 면적이 1,500m² 이상이어야 할 것

③ 옥상으로 쉽게 통할 수 있는 창 또는 출입구가 설치되어 있어야 할 것

④ 옥상이 소방사다리차가 쉽게 통행할 수 있는 도로(폭 6m 이상의 것) 또는 공지(공원 또는 광장 등을 말한다)에 면하여 설치되어 있거나 옥상으로부터 피난층 또는 지상으로 통하는 2 이상의 피난계단 또는 특별피난계단이 「건축법 시행령」 제35조의 규정에 적합하게 설치되어 있어야 할 것

3) 주요구조부가 내화구조이고 지하층을 제외한 층수가 4층 이하이며 소방사다리차가 쉽게 통행할 수 있는 도로 또는 공지에 면하는 부분에 영 제2조제1호 각 목의 기준에 적합한 개구부가 2 이상 설치되어 있는 층(문화집회 및 운동시설 · 판매시설 및 영업시설 또는 노유자시설의 용도로 사용되는 층으로서 그 층의 바닥면적이 1,000m² 이상인 것을 제외한다)

4) 갓복도식 아파트 또는 「건축법 시행령」 제46조제5항에 해당하는 구조 또는 시설을 설치하여 인접(수평 또는 수직)세대로 피난할 수 있는 아파트

5) 주요구조부가 내화구조로서 거실의 각 부분으로부터 직접 복도로 피난할 수 있는 학교(강의실 용도로 사용되는 층에 한한다)

6) 무인공장 또는 자동창고로서 사람의 출입이 금지된 장소(관리를 위하여 일시적으로 출입하는 장소를 포함한다)

7) 건축물의 옥상부분으로서 거실에 해당하지 아니하고 「건축법 시행령」 제119조제1항제9호에 해당하여 층수로 산정된 층으로 사람이 근무하거나 거주하지 아니하는 장소 〈신설 2015.1.23〉

(5) 각 층별 피난기구의 적용 〈개정 2022.9.8〉

대상 \ 층별	1층	2층	3층	4층~10층 이하
노유자시설	미끄럼대 구조대 피난교 다수인피난장비 승강식피난기	미끄럼대 구조대 피난교 다수인피난장비 승강식피난기	미끄럼대 구조대 피난교 다수인피난장비 승강식피난기	구조대 피난교 다수인피난장비 승강식피난기
의료시설 · 근린생활시설 중 입원실이 있는 의원 · 접골원 · 조산원			미끄럼대 구조대 피난교 피난용트랩 다수인피난장비 승강식피난기	구조대 피난교 피난용트랩 다수인피난장비 승강식피난기
영업장의 위치가 4층 이하인 다중이용업소		미끄럼대 피난사다리 구조대 완강기 다수인피난장비 승강식피난기	미끄럼대 피난사다리 구조대 완강기 다수인피난장비 승강식피난기	미끄럼대 피난사다리 구조대 완강기 다수인피난장비 승강식피난기

대상＼층별	1층	2층	3층	4층~10층 이하
그 밖의 것			미끄럼대 피난사다리 구조대 완강기 피난교 피난용트랩 간이완강기 공기안전매트 다수인피난장비 승강식피난기	피난사다리 구조대 완강기 피난교 간이완강기 공기안전매트 다수인피난장비 승강식피난기

※ 간이완강기는 숙박시설(휴양콘도미니엄은 제외)의 객실(3층 이상)에 한하여 적용
※ 공기안전매트는 공동주택에 한하여 적용

2. 피난기구의 설치기준

(1) 피난기구는 계단·피난구로부터 적당한 거리에 있는 피난·소화활동상 유효한 개구부(0.5×1m 이상)에 고정하여 설치하거나, 필요한 때에 신속하게 설치할 수 있는 상태로 둘 것

(2) 피난기구를 설치하는 개구부는 서로 동일 수직선상이 아닌 위치에 있을 것(단, 피난교·피난용트랩·간이완강기 및 아파트에 설치되는 피난기구에 있어서는 그러하지 아니하다.) 〈개정 2015.1.23〉

(3) 피난기구는 소방대상물의 기둥, 보, 바닥, 기타 구조상 견고한 부분에 볼트조임·매입·용접 기타의 방법으로 견고하게 부착할 것

(4) 4층 이상의 층에 피난사다리를 설치하는 경우, 금속성 고정사다리와 쉽게 피난할 수 있는 구조의 노대를 설치할 것

(5) 완강기는 강하시 로프가 소방대상물에 접촉하지 아니하도록 할 것

(6) 완강기, 미끄럼봉 및 피난로프의 길이는 부착면에서부터 지면, 기타 착지면까지의 길이로 할 것

(7) 미끄럼대는 안전한 강하속도를 유지하도록 하고, 전락방지를 위한 안전조치를 할 것

(8) 구조대의 길이는 피난상 지장이 없고 안전한 강하속도를 유지할 수 있는 길이로 할 것

(9) 다수인피난장비는 다음 각 목에 적합하게 설치할 것

　　1) 피난에 용이하고 안전하게 하강할 수 있는 장소에 적재 하중을 충분히 견딜

수 있도록 「건축물의 구조기준 등에 관한 규칙」 제3조에서 정하는 구조안전
의 확인을 받아 견고하게 설치할 것

2) 다수인피난장비 보관실은 건물 외측보다 돌출되지 아니하고, 빗물ㆍ먼지 등
으로부터 장비를 보호할 수 있는 구조일 것

3) 사용 시에 보관실 외측 문이 먼저 열리고 탑승기가 외측으로 자동으로 전개
될 것

4) 하강 시에 탑승기가 건물 외벽이나 돌출물에 충돌하지 않도록 설치할 것

5) 상ㆍ하층에 설치할 경우에는 탑승기의 하강경로가 중첩되지 않도록 할 것

6) 하강 시에 안전하고 일정한 속도를 유지하도록 하고, 전복ㆍ흔들림ㆍ경로이
탈 등의 방지를 위한 안전조치를 할 것

7) 보관실의 문에는 오작동 방지조치를 하고, 문 개방 시에는 당해 소방대상물
에 설치된 경보설비와 연동하여 유효한 경보음을 발하도록 할 것

8) 피난층에는 해당 층에 설치된 피난기구가 착지에 지장이 없도록 충분한 공간
을 확보할 것

9) 한국소방산업기술원 또는 법 제42조 제1항에 따라 성능시험기관으로 지정받
은 기관에서 그 성능을 검증받은 것으로 설치할 것

(10) 승강식피난기 및 하향식 피난구용 내림식사다리는 다음 각 목에 적합하게 설
치할 것

1) 설치경로가 설치층에서 피난층까지 연계될 수 있는 구조로 설치할 것. 단, 건
축물 규모가 지상 5층 이하로서 구조 및 설치 여건상 불가피한 경우는 그러
하지 아니 한다.

2) 대피실의 면적은 2m²(2세대 이상일 경우에는 3m²) 이상으로 하고, 「건축법
시행령」 제46조제4항의 규정에 적합하여야 하며 하강구(개구부) 규격은 직
경 60cm 이상일 것. 단, 외기와 개방된 장소에는 그러하지 아니 한다.

3) 하강구 내측에는 기구의 연결 금속구 등이 없어야 하며 전개된 피난기구는
하강구 수평투영면적 공간 내의 범위를 침범하지 않는 구조이어야 할 것. 단,
직경 60cm 크기의 범위를 벗어난 경우이거나, 직하층의 바닥 면으로부터 높
이 50cm 이하의 범위는 제외 한다.

4) 대피실의 출입문은 갑종방화문으로 설치하고, 피난방향에서 식별할 수 있는
위치에 "대피실" 표지판을 부착할 것. 단, 외기와 개방된 장소에는 그러하지
아니 한다.

5) 착지점과 하강구는 상호 수평거리 15cm 이상의 간격을 둘 것

6) 대피실 내에는 비상조명등을 설치 할 것

    7) 대피실에는 층의 위치표시와 피난기구 사용설명서 및 주의사항 표지판을 부착 할 것

    8) 대피실 출입문이 개방되거나, 피난기구 작동 시 해당층 및 직하층 거실에 설치된 표시등 및 경보장치가 작동되고, 감시 제어반에서는 피난기구의 작동을 확인 할 수 있어야 할 것

    9) 사용 시 기울거나 흔들리지 않도록 설치할 것

    10) 승강식피난기는 한국소방산업기술원 또는 법 제42조제1항에 따라 성능시험기관으로 지정받은 기관에서 그 성능을 검증받은 것으로 설치할 것

  (11) 피난기구를 설치한 장소에는 가깝고 보기 쉬운 곳에 피난기구의 위치를 표시하는 발광식 또는 축광식 표지와 그 사용방법을 표시한 표지(외국어 및 그림 병기)를 부착할 것

06 \ 인명구조기구

1. 정의

인명구조기구란 소방대상물에서 화재 시의 열·연기·유독가스 등으로부터 인명을 구조하거나 보호하는데 사용하는 기구로서, 그 구성품으로는 방열복, 방화복(안전헬멧·보조장갑·안전화 포함), 공기호흡기, 인공소생기로 구성하고 있다.

(1) 방열복

화재 등에서 고온의 복사열에 가까이 접근하여 소방활동을 수행할 수 있는 내열성능을 가진 피복이며 방열상의, 방열하의, 방열두건, 방열장갑 등으로 구성된다.

(2) 방화복

화재진압 등의 소방활동을 수행할 수 있는 피복이며 안전헬멧, 보호장갑, 안전화도 포함된다.

(3) 공기호흡기

소화활동 시에 화재로 인하여 발생하는 연기 및 각종 유독가스 중에서 일정 시간동안 사용할 수 있도록 제조된 압축공기식 개인호흡장비이며, 고압공기용기, 공급밸브, 감압밸브, 배기밸브, 압력계, 경보장치, 급기호스, 면체, 등지게 등으로 구성된다.

(4) 인공소생기

화재 또는 위험물질로부터 발생한 연기·유독성가스 등에 의해 질식되었거나 중독 등으로 심폐기능이 약화되어 호흡부전상태(정상적으로 호흡할 수 없는 상태)인 사람에게 인공호흡을 시켜 환자를 보호하거나 구급하는 기구

2. 설치대상 및 수량

특정소방대상물	인명구조기구의 종류	설치수량
지하층을 포함하는 층수가 7층 이상인 관광호텔 및 5층 이상인 병원	방열복 또는 방화복 (안전헬멧, 보호장갑, 안전화 포함) 공기호흡기 인공소생기	각 2개 이상 비치할 것. 다만, 병원의 경우에는 인공소생기를 설치하지 않을 수 있다.
• 문화 및 집회시설 중 수용인원 100명 이상의 영화상영관 • 판매시설 중 대규모 점포 • 운수시설 중 지하역사 • 지하가 중 지하상가	공기호흡기	각 층마다 2개 이상 비치할 것. 다만, 각 층마다 갖추어 두어야 할 공기호흡기 중 일부를 직원이 상주하는 인근 사무실에 갖추어 둘 수 있다.
물분무등소화설비 중 이산화탄소소화설비를 설치하여야 하는 특정소방대상물	공기호흡기	이산화탄소소화설비가 설치된 장소의 출입구 외부 인근에 1대 이상 비치할 것

3. 설치기준

(1) 인명구조기구 설치대상 특정소방대상물에는 방열복·공기호흡기(보조마스크 포함)·인공소생기를 각 2개 이상 비치(각 층마다가 아니므로 그 소방대상물 전체에 대하여 각 2개 이상 비치하면 된다.)

(2) 공기호흡기 설치대상 특정소방대상물에는 각 층마다 공기호흡기(충전기 및 보조마스크는 제외)를 2개 이상 비치

(3) 화재시 쉽게 반출 사용할 수 있는 장소에 비치

(4) 인명구조기구가 설치된 가까운 장소의 보기 쉬운 곳에 "인명구조기구"라는 표지판 등을 설치

07 \ 연소방지설비

1. 개요

소방법령에 의한 지하구에서의 소화활동설비로서 화재시 소방차량으로부터 소화용수를 공급받아 지하구 내의 방수헤드를 통하여 방사함으로써 지하구 내의 화재전파를 지연·차단시키기 위한 설비이다.

2. 연소방지설비의 구조 및 설치기준

(1) 살수구역

1) 하나의 살수구역의 길이 : 3.0m 이상
2) 소방대원의 출입이 가능한 환기구·작업구마다 지하구의 양쪽(길이) 방향으로 살수헤드를 설정하되, 환기구 사이의 간격이 700m를 초과할 경우에는 700m 이내마다 살수구역을 설정

(2) 방수헤드

헤드 간의 수평거리
1) 연소방지설비 전용 헤드 : 2.0m 이하
2) 스프링클러 헤드 : 1.5m 이하

(3) 송수구

1) 구경 65mm의 쌍구형
2) 송수구로부터 1m 이내에 살수구역의 안내표지 설치
3) 소방차량이 쉽게 접근할 수 있는 노출된 장소에 설치하되, 눈에 띄기 쉬운 보도 또는 차도에 설치
4) 지면으로부터 높이가 0.5m 이상 1m 이하의 위치에 설치
5) 송수구의 가까운 부분에 자동배수밸브(또는 직경 5mm의 배수공)를 설치
6) 송수구로부터 주배관에 이르는 연결배관에는 개폐밸브를 설치하지 않을 것
7) 송수구에는 이물질을 막기 위한 마개를 씌어야 한다.

(4) 연소방지설비의 계통도

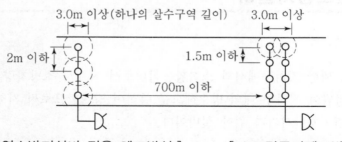

[연소방지설비 전용 헤드방식]　　　　[스프링클러헤드방식]

08 ＼ 2 이상의 소방대상물을 하나의 소방대상물로 볼 수 있는 기준

1. 적용 대상

2 이상의 특정소방대상물이 다음 각목의 1에 해당되는 구조의 복도·통로로 연결된 경우에는 이를 하나의 소방대상물로 본다.

(1) 내화구조로 된 연결통로가 다음의 1에 해당하는 경우
　1) 벽이 없는 구조로서 그 길이가 6m 이하인 것
　2) 벽이 있는 구조로서 그 길이가 10m 이하인 것(단, 벽 높이가 바닥과 천장 사이 높이의 1/2 이상인 경우에 한함)
(2) 내화구조가 아닌 연결통로로 연결된 경우
(3) 컨베이어 또는 플랜트설비 배관 등으로 연결되어 있는 경우
(4) 지하보도, 지하상가, 지하가로 연결된 경우
(5) 방화셔터 또는 방화문이 설치되지 아니한 피트로 연결된 경우
(6) 지하구로 연결된 경우

2. 적용 제외 대상

연결 통로의 양쪽 말단과 소방대상물 간의 연결 부분이 다음 각목의 1에 적합한 경우에는 별개의 소방대상물로 본다.

(1) 화재시 경보설비 또는 자동소화설비와 연동하여 자동으로 닫히는 방화셔터 또는 갑종방화문이 설치된 경우
(2) 화재시 자동으로 방수되는 방식의 드렌처설비 또는 개방형 스프링클러헤드가 설치된 경우

09 \ 공동주택의 화재안전기준

※ 아래에서 밑줄 친 부분은 이 전의 개별 화재안전기준에 비해 변경된 부분임

1. 소화기구 및 자동화장치

(1) 바닥면적 100m²마다 1단위 이상의 능력단위로 설치할 것

(2) 각 세대 및 공용부(승강장, 복도 등)마다 설치할 것

(3) 세대 내에 설치된 보일러실이 방화구획되거나, 스프링클러설비 · 간이스프링클러설비 · 물분무등소화설비 중 하나가 설치된 경우에는 「소화기구의 화재안전기준」의 '부속용도별 추가능력단위' 규정을 적용하지 않을 수 있다.

(4) 「소화기구의 화재안전기준」의 '소화기의 감소' 규정은 적용하지 않을 것

(5) 주거용 주방자동소화장치는 아파트등의 주방에 열원(가스 · 전기)의 종류에 적합한 것으로 설치하고, 열원을 차단할 수 있는 차단장치를 설치할 것

2. 옥내소화전설비

(1) 호스릴 방식으로 설치할 것

(2) 복층형 구조인 경우 : 출입구가 없는 층에 방수구 설치제외 가능함

(3) 감시제어반 전용실 : 피난층 또는 지하 1층에 설치 (다만, 상시 사람이 근무하는 장소 또는 관계인이 쉽게 접근할 수 있고 관리가 용이한 장소에 감시제어반 전용실을 설치할 경우에는 지상 2층 또는 지하 2층에 설치할 수 있다)

3. 스프링클러설비

(1) 수원량 산출 (폐쇄형스프링클러헤드를 사용하는 아파트등의 경우)

$$수원량 = 헤드\ 기준개수(10개) \times 1.6m^3$$

※ 다만, 아파트등의 각 동이 주차장으로 서로 연결된 구조인 경우 해당 주차장 부분의 기준개수는 30개로 적용한다.

(2) 화장실 반자 내부에는 소방용 합성수지배관으로 설치할 수 있다. (다만, 배관 내부에 항상 소화수가 채워진 상태를 유지할 것)

(3) 하나의 방호구역은 2개 층에 미치지 아니하도록 할 것 (다만, 복층형 구조의 공동주택에는 3개 층 이내로 할 수 있다)

(4) 스프링클러헤드의 살수반경(수평거리) : 2.6m 이하

(5) 외벽에 설치된 창문에서 0.6m 이내에 스프
    링클러헤드를 배치하고, 배치된 헤드의 수
    평거리 이내에 창문이 모두 포함되도록 할
    것 (다만, 다음 각 목의 어느 하나에 해당
    하는 경우에는 그렇지 않다)

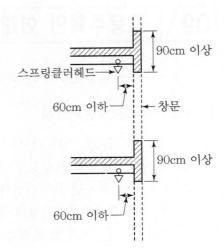

  1) 창문에 드렌처설비가 설치된 경우
  2) 창문과 창문 사이의 수직부분이 내화구
     조로 90cm 이상 이격되어 있거나, 건축
     법령에서 정하는 구조와 성능의 방화판
     또는 방화유리창을 설치한 경우
  3) 발코니가 설치된 부분
(6) 거실에는 조기반응형 스프링클러헤드를 설치할 것
   (여기서, "거실"이란, 취침용도로 사용될 수 있는 통상적인 방 및 거실 등을 말한다)
(7) 감시제어반 전용실의 설치장소 : (위의 옥내소화전설비와 동일함)
(8) 건축법령에 따라 설치된 대피공간에는 헤드를 설치하지 않을 수 있다.
(9) 세대 내 실외기실 등 소규모 공간에서 헤드와 장애물 사이에 60cm 반경을 확보
   하지 못하거나 장애물 폭의 3배를 확보하지 못하는 경우에는 살수방해가 최소
   화되는 위치에 설치할 수 있다.

4. 물분무소화설비

감시제어반 전용실의 설치장소 : (위의 옥내소화전설비와 동일함)

5. 포소화설비

감시제어반 전용실의 설치장소 : (위의 옥내소화전설비와 동일함)

6. 옥외소화전설비

(1) 감시제어반 전용실의 설치장소 : (위의 옥내소화전설비와 동일함)
(2) 기동장치는 기동용수압개폐장치 또는 이와 동등 이상의 성능이 있는 것을 설치

7. 자동화재탐지설비

(1) 감지기의 설치기준
  1) 아날로그방식의 감지기, 광전식 공기흡입형 감지기 또는 이와 동등 이상의

기능·성능이 인정되는 것으로 설치할 것

　2) 감지기의 신호처리방식은 「자동화재탐지설비 및 시각경보장치의 화재안전
　　성능기준(NFPC 203)」 제3조2에 따른다.

　3) 세대 내 거실에는 연기감지기를 설치할 것

　4) 감지기회로의 단선 시 고장표시가 되며, 해당 회로에 설치된 감지기가 정상
　　작동될 수 있는 성능을 갖도록 할 것

(2) 복층형 구조인 경우에는 출입구가 없는 층에 발신기를 설치하지 않을 수 있다.

8. 비상방송설비

(1) 확성기는 각 세대마다 설치할 것

(2) 아파트등의 경우 실내에 설치하는 확성기 음성입력은 2W 이상일 것

9. 피난기구

(1) 피난기구의 설치기준

　1) 아파트등의 경우 각 세대마다 설치할 것

　2) 피난기구를 설치하는 개구부는 동일 직선상이 아닌 위치에 있을 것 (다만,
　　수직 피난방향으로 동일 직선상인 세대별 개구부에 피난기구를 엇갈리게 설
　　치하여 피난장애가 발생하지 않는 경우에는 그렇지 않다)

　3) 「공동주택관리법」에 따른 "의무관리대상 공동주택"의 경우에는 하나의 관
　　리주체가 관리하는 공동주택 구역마다 공기안전매트 1개 이상을 추가로 설
　　치할 것 (다만, 옥상으로 피난이 가능하거나 수평 또는 수직 방향의 인접세
　　대로 피난할 수 있는 구조인 경우에는 추가로 설치하지 않을 수 있다)

(2) 피난기구의 설치제외 : 갓복도식 공동주택 또는 「건축법 시행령」 제46조제5항
　　에 해당하는 구조 또는 시설을 설치하여 수평 또는 수직 방향의 인접세대로 피
　　난할 수 있는 아파트는 피난기구를 설치하지 않을 수 있다.

(3) 승강식 피난기 및 하향식 피난구용 내림식 사다리가 건축법령에 따라 방화구획
　　된 장소(세대 내부)에 설치될 경우에는 해당 방화구획된 장소를 대피실로 간주
　　하고, 대피실의 면적규정과 외기에 접하는 구조로 대피실을 설치하는 규정을
　　적용하지 않을 수 있다.

10. 유도등

(1) 모든 층(주차장은 제외)에 소형 피난구유도등을 설치할 것 (다만, 세대 내에는
　　유도등 설치제외 가능함)

(2) 주차장으로 사용되는 부분은 중형 피난구유도등을 설치할 것

(3) 건축법령에 따른 비상문자동개폐장치가 설치된 옥상 출입문에는 대형 피난구
유도등을 설치할 것

(4) 내부구조가 단순하고 복도식이 아닌 층에는 「유도등의 화재안전성능기준」 제5조
제3항(수직형유도등) 및 제6조제1항제1호가목(입체형유도등) 기준을 적용하
지 아니할 것

11. 비상조명등

비상조명등은 각 거실로부터 지상에 이르는 복도 · 계단 및 그 밖의 통로에 설치할
것 (다만, 세대 내에는 출입구 인근 통로에 1개 이상 설치한다)

12. 특별피난계단의 계단실 및 부속실 제연설비

특별피난계단의 계단실 및 부속실 제연설비는 「특별피난계단의 계단실 및 부속실
제연설비의 화재안전기술기준」 2.22(시험, 측정 및 조정 등)의 기준에 따라 성능확
인을 해야 한다. (다만, 부속실을 단독으로 제연하는 경우에는 부속실과 면하는 옥
내 출입문만 개방한 상태로 방연풍속을 측정할 수 있다)

13. 연결송수관설비

(1) 방수구의 설치기준

1) 층마다 설치할 것 [다만, 아파트등의 1층과 2층(또는 피난층과 그 직상층)에
는 설치하지 않을 수 있다]

2) 계단의 출입구(계단부속실을 포함하며 계단이 2개 이상 있는 경우에는 그중
1개의 계단을 말한다)로부터 5m 이내에 방수구를 설치하되, 그 방수구로부
터 해당 층의 각 부분까지 수평거리가 50m를 초과하는 경우에는 방수구를
추가로 설치할 것

3) 쌍구형으로 할 것 (다만, 아파트등의 용도로 사용되는 층에는 단구형으로 설
치할 수 있다)

4) 송수구는 동별로 설치하되, 소방차량의 접근 및 통행이 용이하고 잘 보이는
장소에 설치할 것

(2) 펌프의 토출량은 분당 2,400ℓ 이상(계단식 아파트의 경우에는 분당 1,200ℓ 이
상)으로 하고, 방수구 개수가 3개를 초과(방수구가 5개 이상인 경우에는 5개)
하는 경우에는 1개마다 분당 800ℓ(계단식 아파트의 경우에는 분당 400ℓ 이
상)를 가산해야 한다.

14. 비상콘센트

계단의 출입구(계단 부속실을 포함하며 계단이 2개 이상 있는 경우에는 그 중 1개의 계단을 말한다)로부터 5m 이내에 비상콘센트를 설치하되, 그 비상콘센트로부터 해당 층의 각 부분까지 <u>수평거리가 50m</u>를 초과하는 경우에는 비상콘센트를 추가로 설치해야 한다.

[공동주택 화재안전기준에서 과거 개별 화재안전기준과의 차이점]

※ 아래 표 내용 이외의 기준은 모두 과거(개별기준)의 기준과 동일함

설비종류	항목	개별(변경 전) 기준	현행 공동주택 기준
소화기구	보일러실의 부속용도별 추가 능력단위	스프링클러설비(간이 포함)가 설치되면 <u>자동확산소화기만 면제</u>	스프링클러설비(간이 포함)가 설치되면 **부속용도별 추가 능력단위 규정 전체 면제**
자동소화장치	주거용 주방자동 소화장치	(신설)	아파트 주방에 열원(가스·전기)의 종류에 적합한 것으로 설치하고, 열원을 차단할 수 있는 차단장치 설치
옥내소화전 설비	호스릴 방식	(신설)	호스릴 방식을 <u>의무 채용</u>
	감시제어반 전용실 설치장소	피난층 또는 지하 1층에 설치할 것. 다만, 다음의 어느 하나에 해당하는 경우에는 <u>지상 2층에 설치하거나 지하 1층 외의 지하층에 설치할 수 있다.</u> ① 특별피난계단이 설치되고 그 계단 출입구로부터 보행거리 5m 이내에 전용실의 출입구가 있는 경우 ② 아파트의 관리동에 설치하는 경우	피난층 또는 지하 1층에 설치할 것. 다만, 상시 사람이 근무하는 장소 또는 관계인이 쉽게 접근할 수 있고 관리가 용이한 장소에 감시제어반 전용실을 설치할 경우에는 **지상 2층 또는 지하 2층**에 설치할 수 있다.
스프링클러 설비	수원량 산정 시 헤드 기준개수 적용	기준개수 : <u>10개</u>	각 동이 주차장으로 서로 연결된 구조인 경우 해당 주차장 부분의 기준개수 : **30개**

설비종류	항목	개별(변경 전) 기준	현행 공동주택 기준
스프링클러설비	소방용 합성수지배관	(신설)	화장실 반자 내부에 소방용 합성수지배관으로 설치 가함
	세대 내의 헤드 살수반경	살수반경 : 3.2m 이하	살수반경 : 2.6m 이하
	외벽 창문용 스프링클러헤드	(신설)	외벽에 설치된 창문에서 0.6m 이내에 스프링클러헤드 배치
	세대 내 소규모 공간에서의 헤드 설치기준	(신설)	세대 내 실외기실 등 소규모공간에서 헤드와 장애물 사이에 60cm 반경을 확보하지 못하거나 장애물 폭의 3배를 확보하지 못하는 경우에는 살수방해가 최소화되는 위치에 설치 가함
스프링클러·물분무소화·포소화·옥외소화전설비	감시제어반 전용실 설치장소	(위의 옥내소화전설비 기준과 동일함)	(위의 옥내소화전설비 기준과 동일하게 변경됨)
자동화재탐지설비	감지기 설치기준	(신설)	• 아날로그방식 감지기, 광전식 공기흡입형 감지기 또는 이와 동등 이상의 기능·성능이 인정되는 것으로 설치 • 감지기회로 단선 시 고장표시가 되며, 해당 회로에 설치된 감지기가 정상 작동될 수 있는 성능을 갖도록 할 것
	발신기 설치기준	(신설)	복층형 구조인 경우에는 출입구가 없는 층에 발신기 설치제외 가함
비상방송설비	확성기 설치기준	확성기는 층마다 설치하되 수평거리 25m 이하 되게 설치	확성기는 각 세대마다 설치
		확성기 음성입력은 3W (실내의 경우 1W) 이상	실내에 설치하는 확성기의 음성입력은 2W 이상

설비종류	항목	개별(변경 전) 기준	현행 공동주택 기준
피난기구	피난기구 설치기준	계단실형 아파트는 각 세대마다 설치	모든 아파트등은 각 세대마다 설치
		피난기구를 설치하는 개구부는 동일 직선상이 아닌 위치에 있을 것. 다만, 아파트에 설치되는 피난기구 기타 피난상 지장이 없는 것에 있어서는 그렇지 않다.	피난기구를 설치하는 개구부는 동일 직선상이 아닌 위치에 있을 것. 다만, 수직 피난방향으로 동일 직선상인 세대별 개구부에 피난기구를 엇갈리게 설치하여 피난장애가 발생하지 않는 경우에는 그렇지 않다.
	승강식 피난기 및 하향식 피난구용 내림식 사다리	(신설)	승강식 피난기 및 하향식 피난구용 내림식 사다리가 건축법령에 따라 방화구획된 장소(세대 내)에 설치될 경우에는 해당 방화구획된 장소를 대피실로 간주하고, 대피실의 면적규정과 외기에 접하는 구조로 대피실을 설치하는 규정의 적용제외 가능
유도등	피난구유도등의 설치기준	• 10층 이하 : 소형 피난구유도등 설치 • 11층 이상 : 중형 피난구유도등 설치	모든 층(주차장은 제외)에 소형 피난구유도등 설치 다만, 세대 내에는 유도등 설치제외 가능
		(신설)	주차장 : 중형 피난구유도등 설치
		(신설)	건축법령에 따른 비상문 자동개폐장치가 설치된 옥상 출입문 : 대형 피난구유도등 설치
		(신설)	내부구조가 단순하고 복도식이 아닌 층 : 수직형(입체형) 유도등 설치제외 가능
비상조명등	비상조명등의 설치장소	각 거실과 그로부터 지상에 이르는 복도 · 계단 및 그 밖의 통로에 설치	각 거실로부터 지상에 이르는 복도 · 계단 및 그 밖의 통로에 설치 다만, 세대 내에는 출입구 인근 통로에 1개 이상 설치

설비종류	항목	개별(변경 전) 기준	현행 공동주택 기준
부속실 제연설비	방연풍속 측정 시 출입문 개방기준	부속실과 면하는 옥내 및 계단실의 출입문을 동시에 개방한 상태로 방연풍속 측정	다만, 부속실을 단독으로 제연하는 경우에는 부속실과 면하는 옥내 출입문만 개방한 상태로 방연풍속 측정
연결송수관 설비	방수구 배치기준	지하층 바닥면적 합계 3,000㎡ 이상인 것은 수평거리 25m 이하, 기타는 수평거리 50m 이하	지하층과 지상층 (모두 면적에 관계없이) 수평거리 50m 이하로 설치
비상콘센트	비상콘센트 배치기준	지하층 바닥면적 합계 3,000㎡ 이상인 것은 수평거리 25m 이하, 기타는 수평거리 50m 이하	지하층과 지상층 (모두 면적에 관계없이) 수평거리 50m 이하로 설치

10 \ 창고시설의 화재안전기준

※ 아래에서 밑줄 친 부분은 이 전의 개별 화재안전기준에 비해 변경된 부분임

1. 소화기구 및 자동화장치

창고시설 내 배전반 및 분전반마다 가스자동소화장치·분말자동소화장치·고체에어로졸자동소화장치 또는 소공간용 소화용구를 설치해야 한다.

2. 옥내소화전설비

(1) 수원량

수원량＝소화전이 가장 많은 층의 소화전개수(최대 2개) × 5.2㎥

(2) 가압송수장치의 기동장치 설치기준

사람이 상시 근무하는 물류창고 등 동결의 우려가 없는 경우에는 「옥내소화전설비의 화재안전성능기준」 제5조제1항제9호의 단서(동결의 우려가 있는 장소에 있어서는 기동스위치에 보호판을 부착하여 옥내소화전함 내에 설치할 수 있다)를 적용하지 않는다.

(3) 비상전원

자가발전설비, 축전지설비(내연기관에 따른 펌프를 사용하는 경우에는 내연기관의 기동 및 제어용 축전지를 말함) 또는 전기저장장치로서 옥내소화전설비를 유효하게 <u>40분 이상</u> 작동할 수 있어야 한다.

3. 스프링클러설비

(1) 수원량

수원량 = 스프링클러헤드가 가장 많은 방호구역의 헤드개수(최대 30개)
× <u>3.2</u>(랙식 창고의 경우 <u>9.6</u>)m³

(다만, 화재조기진압용 스프링클러설비를 설치하는 경우 「화재조기진압용 스프링클러설비의 화재안전성능기준」 제5조제1항에 따를 것)

(2) 가압송수장치의 송수량

1) 송수량은 0.1MPa의 방수압력 기준으로 <u>160ℓ/min 이상</u>의 방수성능을 가진 기준개수의 모든 헤드로부터의 방수량을 충족시킬 수 있는 양 이상일 것
2) 화재조기진압용 스프링클러설비를 설치하는 경우 「화재조기진압용 스프링클러설비의 화재안전성능기준」 제6조제1항제9호에 따를 것

(3) 스프링클러설비의 설치방식

1) 스프링클러설비는 <u>라지드롭형 스프링클러헤드를 습식으로 설치</u>. 다만, 다음 각 목의 어느 하나에 해당하는 경우 건식스프링클러설비로 설치할 수 있다.
  ① 냉동창고 또는 영하의 온도로 저장하는 냉장창고
  ② 창고시설 내에 상시 근무자가 없어 난방을 하지 않는 창고시설
2) 랙식 창고의 경우 : 라지드롭형 스프링클러헤드를 <u>랙 높이 3m 이하마다</u> 설치. 이 경우 수평거리 15cm 이상의 송기공간이 있는 랙식 창고에는 랙 높이 3m 이하마다 설치하는 <u>스프링클러헤드를 송기공간에 설치할 수 있다.</u>
3) <u>적층식 랙을 설치하는 경우 : 랙의 각 단 바닥면적을 방호구역 면적에 포함</u>
4) 천장 높이가 13.7m 이하인 랙식 창고 : 화재조기진압용 스프링클러설비로 설치할 수 있다.
5) <u>한쪽 가지배관에 설치되는 헤드의 개수 : 4개 이하</u> (다만, 화재조기진압용 스프링클러설비를 설치하는 경우에는 그렇지 않다)

(4) 스프링클러헤드의 설치기준

  1) 스프링클러헤드의 살수반경(수평거리)

   ① 특수가연물을 저장 또는 취급하는 창고 : 1.7m 이하

   ② 그 외의 창고 : 2.1m(내화구조로 된 경우 2.3m) 이하

  2) 화재조기진압용 스프링클러헤드는 「화재조기진압용 스프링클러설비의 화재
    안전성능기준」 제10조에 따라 설치할 것

(5) 드렌처설비 설치대상

  물품의 운반 등에 필요한 고정식 대형기기·설비의 설치를 위해 방화구획이 적용
  되지 아니하거나 완화 적용되어 연소할 우려가 있는 개구부

(6) 비상전원

  자가발전설비, 축전지설비(내연기관에 따른 펌프를 사용하는 경우에는 내연기
  관의 기동 및 제어용 축전지를 말함) 또는 전기저장장치로서 스프링클러설비를
  유효하게 20분(랙식 창고의 경우 60분) 이상 작동할 수 있어야 한다.

4. 비상방송설비

(1) 확성기의 음성입력 : 3W(실내에 설치하는 것 포함) 이상일 것

(2) 창고시설에서 발화한 때에는 전 층에 경보를 발해야 한다.

(3) 비상전원 : 그 설비에 대한 감시상태를 60분간 지속한 후 유효하게 30분 이상
   경보할 수 있는 축전지설비(수신기에 내장하는 경우를 포함한다) 또는 전기저
   장장치를 설치해야 한다.

5. 자동화재탐지설비

(1) 감지기 작동 시 해당 감지기의 위치가 수신기에 표시되도록 해야 한다.

(2) 「개인정보 보호법」 제2조제7호에 따른 영상정보처리기기를 설치하는 경우 수
   신기는 영상정보의 열람·재생 장소에 설치해야 한다.

(3) 스프링클러설비를 설치하는 창고시설의 감지기 설치기준

  1) 아날로그방식의 감지기, 광전식 공기흡입형 감지기 또는 이와 동등 이상의
    기능·성능이 인정되는 감지기를 설치할 것

  2) 감지기의 신호처리 방식은 「NFPC 203」 제3조의2에 따를 것

(4) 창고시설에서 발화한 때에는 전 층에 경보를 발해야 한다.

(5) 비상전원 : 그 설비에 대한 감시상태를 60분간 지속한 후 유효하게 <u>30분 이상</u> 경보할 수 있는 비상전원으로서 축전지설비 또는 전기저장장치를 설치해야 한다. (다만, 상용전원이 축전지설비인 경우에는 그렇지 않다)

6. 유도등

(1) <u>피난구유도등과 거실통로유도등은 대형</u>으로 설치해야 한다.
(2) 피난유도선
  1) 설치대상 : <u>연면적 15,000m² 이상인 창고시설의 지하층 및 무창층</u>
  2) 설치기준
    ① 광원점등방식으로 바닥으로부터 <u>1m 이하의 높이</u>에 설치할 것
    ② 각 층 <u>직통계단 출입구로부터</u> 건물 내부 벽면으로 <u>10m 이상</u> 설치할 것
    ③ <u>화재 시 점등</u>되며 비상전원 30분 이상 확보할 것
    ④ 피난유도선은 소방청장이 정해 고시하는 「피난유도선 성능인증 및 제품 검사의 기술기준」에 적합한 것으로 설치할 것

7. 소화수조 및 저수조

저수량 = (특정소방대상물의 연면적 ÷ 5,000m²) × 20m³

제 11 장

방화셔터의 점검

01 \ 자동방화셔터의 구조

1. 용어의 정의

(1) 자동방화셔터

자동방화셔터란, 방화구획의 용도로서 화재발생 시 불꽃 또는 연기 중 하나와 열을 감지하여 자동폐쇄되는 것으로, 판매시설의 매장, 대형 로비공간 등의 넓은 공간에 부득이하게 내화구조로 된 벽을 설치하지 못하는 경우에 벽 대신 설치하는 셔터를 말한다.

(2) 일체형 자동방화셔터

일체형 자동방화셔터(일체형 셔터)란, 자동방화셔터의 일부에 피난을 위한 출입구 와 그 출입구용 문이 설치된 셔터를 말한다.

(3) 방화문

방화문이란, 「건축물의 피난·방화구조 등의 기준에 관한 규칙」 제26조의 규정 및 이 기준에서 정하는 성능을 확보한 문을 말한다.

(4) 하향식 피난구

하향식 피난구란, 아파트의 발코니 바닥에 아래층으로 피난할 수 있는 피난구를 「건축물의 피난·방화구조 등의 기준에 관한 규칙」 제14조 3항의 구조로 설치한 수직피난설비를 말한다.

2. 자동방화셔터의 주요구성요소

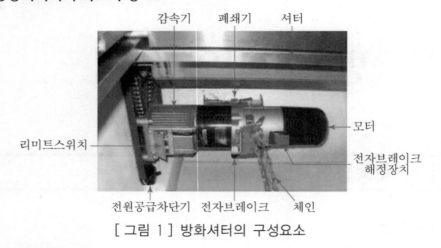

[그림 1] 방화셔터의 구성요소

(1) 전자브레이크

셔터작동용 모터의 축(Shaft)을 잡거나 풀거나 하여 셔터의 브레이크 역할을 한다.

1) 평상 시

평상 시에는 셔터작동용 모터에 전류가 흐르지 않으므로 솔레노이드가 소자되어 전자브레이크가 작동되므로 셔터가 움직이지 않도록 모터의 축을 잡아 고정시킨다.

2) 셔터작동 시

셔터작동 시에는 셔터작동용 모터에 전류가 흐르므로 솔레노이드가 작동되어 전자브레이크가 해제되므로 셔터가 작동될 수 있도록 모터의 축을 풀어준다.

(2) 폐쇄기

셔터의 작동 시 전자브레이크를 해제시키는 역할을 함으로써 셔터가 자중에 의하여 폐쇄되도록 하는 것

[그림 2] 폐쇄기 동작 전

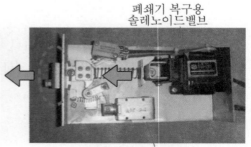

[그림 3] 폐쇄기 동작 후

1) 셔터작동 시

폐쇄기 내 폐쇄기동작용 솔레노이드의 작동으로 전자브레이크를 해제시키 므로서 셔터가 자중에 의하여 하강하게 된다.(특히 셔터의 시험작동 시에는 모터에 의한 작동을 시키지 않고 위와 같이 셔터 자중에 의하여 하강시켜야 한다.)

2) 복구 시

① 수신반 복구 : 폐쇄기 내 폐쇄기동작용 솔레노이드밸브(DC 24V)의 작동 으로 복구

② 연동제어기 복구 : 폐쇄기 내 폐쇄기복구용 솔레노이드밸브(AC 220V)의 작동으로 복구

(3) 감속기

셔터작동용 모터 옆에 설치되어 모터의 용량이 작아도 큰 회전력(Torque)을 낼 수 있도록 하는 일종의 감속기어장치 이다.

(4) 체인

정전 등으로 전원이 공급되지 아니하거나 셔터작동용 모터에 이상이 있을 경 우, 체인을 이용하여 셔터를 내리고 올리는데 사용한다.

(5) 리미트 스위치

셔터를 작동하여 올리고 내릴 때 상승부 말단과 하강부 말단 또는 원하는 위치 에서 자동으로 정지시킬 수 있도록 하는 스위치

(6) 수동조작함

방화셔터를 수동으로 내리거나 올리거나 정지시킬 때 사용하는 것으로, 다음의 스위치들을 내장하고 있다.

1) Up 스위치 : 셔터를 올리고자 할 때 이 스위치를 누르면 셔터가 올라간다.

2) Dwon 스위치 : 셔터를 내리고자 할 때 이 스위치를 누르면 셔터가 내려간다.

3) 정지스위치 : 셔터의 작동중에 정지스위치를 누르면 곧바로 셔터가 정지된다.

※ 근래 방화셔터 설치시 대부분 수동조작함을 별도로 설치하지 아니하고 연동제 어기 내에 수동기동스위치를 내장하여 설치하고 있다.

(7) 연동제어기

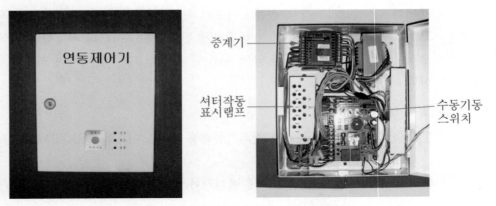

[그림 4] 연동제어기 외형 및 내부모습

1) 기능

① 화재감지기의 신호를 받아 화재수신반으로 신호를 송신한다.

② 화재수신반의 출력신호를 받아서 방화셔터를 폐쇄시키고 음향경보(부저)를 작동시킨다.

③ 셔터의 폐쇄 시 그 확인신호를 화재수신반으로 송신한다.

2) 구성

① 전원스위치 : 연동제어기의 전원 On-Off용 스위치

② 기동스위치 : 화재 시 기동스위치를 누르면 화재감지기가 작동된 경우와 같이 셔터가 작동하여 하강·폐쇄된다.

③ 복구스위치 : 셔터의 작동시험 후 폐쇄기를 복구하기 위한 스위치

④ 예비전원시험 스위치 : 예비전원의 양·부를 시험하기 위한 스위치

⑤ 작동확인램프 : 셔터가 작동(폐쇄) 하면 점등되는 표시등

⑥ 음향장치램프 : 셔터의 작동(폐쇄)으로 음향장치가 작동하면 점등되는 표시등

⑦ 전원램프 : 교류전원이 인가되고 있음을 나타내는 표시등

4. 자동방화셔터의 설치기준

셔터는 화재발생 시 불꽃, 연기 및 열에 의하여 자동폐쇄되는 장치 일체로서 주요구성부재, 장치, 규모 등은 KS F 4510(중량셔터)에 적합하여야 하며, 다음 각 목의 요건을 모두 갖추어야 한다.

(1) 피난이 가능한 60+ 방화문 또는 60분방화문으로부터 3m 이내에 별도로 설치할 것

(2) 전동방식이나 수동방식으로 개폐할 수 있을 것

(3) 불꽃감지기 또는 연기감지기 중 하나와 열감지기를 설치할 것

(4) 불꽃이나 연기를 감지한 경우 일부 폐쇄되는 구조일 것

(5) 열을 감지한 경우 완전 폐쇄되는 구조일 것

5. 일체형 자동방화셔터

(1) 정의

일체형 자동방화셔터(일체형 셔터)란 자동방화셔터의 일부에 피난을 위한 출입구와 그 출입구용 문이 설치된 셔터를 말한다.

(2) 설치조건

일체형 셔터는 건축허가권자(시장·군수·구청장)가 정하는 기준에 따라 별도의 방화문을 설치할 수 없는 부득이한 경우에 한하여 설치할 수 있다.

(3) 설치기준

1) 출입구 부분은 셔터의 다른 부분과 색상을 달리하여 쉽게 구분되도록 한다.

2) 출입구의 유효너비는 0.9m 이상, 유효높이는 2m 이상

3) 출입구 상부에 비상구유도등 또는 비상구유도표지를 설치

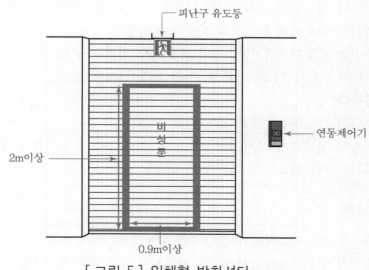

[그림 5] 일체형 방화셔터

02 \ 자동방화셔터의 작동기능점검

1. 준비사항

(1) 손전등 및 사다리를 준비한다. : (점검 중 이상상황에 대비하기 위함)

(2) 방화셔터가 하강되는 부분에 물품적재 등 장애물의 존재여부를 확인한다.

(3) 수신반의 방화셔터연동스위치를 「정지」 위치로 전환한다.

(4) 수동조작함 또는 연동제어기 내의 각 수동스위치(Up, 정지, Down)를 조작하여 셔터가 정상적으로 작동하는지 확인한다.

(5) 하나의 방호구역에 여러 개의 방화셔터가 설치된 경우 동시에 작동할 수 있는지도 확인한다.

2. 작동시험

방화셔터를 작동시키는 방법은 아래의 4가지 방법이 있으며, 일반적인 작동시험 시에는 주로 「가」의 방법으로 작동시킨다.

가. 방화셔터 전·후에 설치된 셔터기동용 화재감지기의 작동

나. 수동조작함 또는 연동제어기 내의 수동기동스위치 작동

다. 수신반의 방화셔터 수동기동스위치 작동

라. 수신반의 방화셔터 동작시험스위치 작동

(1) 셔터의 전·후에 설치된 셔터기동용 감지기 중 연기감지기를 작동시킨다.

(2) 수신반에서 해당 감지기의 작동을 확인한다.

(3) 수신반의 방화셔터연동스위치를 「연동」 위치로 전환한다.

(4) 셔터가 1단 하강한다 : (舊형의 1단 하강용 셔터일 경우에는 여기서 완전히 하강한다)

(5) 셔터의 1단 하강상태를 확인한다.

(6) 셔터의 전·후에 설치된 셔터기동용 감지기 중 열감지기를 작동시킨다.

(7) 셔터가 2단 하강하여 완전히 폐쇄된다.

3. 확인사항

(1) 해당구역의 방화셔터가 정상적으로 폐쇄되는지의 여부
화재감지기 작동에 의한 셔터 폐쇄시에는 아래와 같이 1단강하와 2단강하로 구분되어 정상적으로 폐쇄되는지의 여부를 확인한다.

- 연기감지기 동작시 : 1단강하(일부폐쇄) : 60cm(최소제연경계폭) 이상 하강
- 열감지기 동작시 : 2단강하(완전폐쇄) : 셔터가 바닥에 완전히 닿았는지 확인

(2) 연동제어기에서 음향(부저)경보의 작동 여부
(3) 수신반에서 해당 방화셔터 작동표시등의 점등 여부
(4) 여러 개의 방화셔터가 동시에 작동되는 경우에는 동시에 하강하는지의 여부
(5) 일체형 셔터일 경우 추가확인사항

    1) 셔터에 설치된 비상출입문이 제대로 열리고 완전히 닫히는지의 여부

    2) 비상출입문이 닫힌 상태에서 틈이 발생하는지의 여부

    3) 비상출입구 부분은 셔터의 다른 부분과 색상을 다르게 하여 쉽게 구분되는지의 여부

    4) 비상출입구 상단에 피난구유도등의 설치 여부

    5) 비상출입구의 유효너비는 0.9m 이상, 유효높이는 2m 이상인지의 여부

4. 복구사항

(1) 수신반의 복구스위치를 눌러 방화셔터기동용 감지기를 복구시킨다.
(2) 수신반의 방화셔터연동스위치를 「정지」 위치로 전환한다. : (복구 도중에 잔류하는 시험용 연기(잔류 스프레이)에 의해 연기감지기가 재작동하여 셔터가 재동작하는 경우를 대비하여 셔터의 전기적인 연동을 차단시킨 후에 복구를 진행한다)
(3) 연동제어기의 복구스위치를 눌러 복구시킨다.
(4) 수동조작함 또는 연동제어기 내의 「Up」 스위치를 눌러 셔터를 올린다.
(5) 수신반의 방화셔터연동스위치를 「연동」 위치로 전환한다.

5. 방화셔터의 점검 시 유의사항

(1) 점검 전에 방화셔터가 하강되는 부분에 물품적재 등 장애물의 존재여부를 반드시 확인한다.
(2) 점검 중의 안전사고를 방지하기 위해 사람 및 운송장비 등의 출입을 통제한다.
(3) 점검 전에 방화셔터 수동조작함의 스위치를 조작하여 셔터의 작동여부를 확인한 후에 점검을 진행한다.
(4) 감지기에 의해 셔터를 하강시킬 때 셔터 자중에 의해 하강하는지도 확인한다. : (모터에 의한 하강 시에는 모터의 작동소리가 크고 하강하는 속도가 일정하지만, 자중에 의한 하강 시에는 모터 소리가 없으며 셔터가 밑으로 내려올수록 가속도가 증가하는 차이점이 있다)
(5) 복구 시에는 반드시 수신반 복구 후에 연동제어기를 복구하여야 한다.

03 \ 자동방화셔터, 방화문 및 방화댐퍼의 기준

1. 용어의 정의

(1) **차열성능(Insulation)** : 「화염차단 + 열전달의 차단」의 성능
(국내의 방화문・방화셔터의 성능기준에서 차열성능은 요구하지 않고 비차열
성능만 규정하고 있다.)

(2) **비차열성능(Integrity : 차염성능)** : 「화염차단」(열의 통과는 허용)의 성능

(3) **차연성능(방연성능)** : 「연기차단」의 성능

(4) **문세트** : 문과 문틀이 사용 가능하도록 미리 제작·조립되어 있어, 현장에 설치
시 1개의 구성체로 취급할 수 있는 것을 말한다.

(5) **중량셔터** : 건축물 및 공작물에 설치하는 방화셔터로서 셔터틀 내측의 폭 8.0m
이하 및 내측의 높이 4.0m 이하인 셔터세트를 말한다. 다만, 옆으로 끄는 셔터
및 수평으로 끄는 셔터는 제외한다.

2. 자동방화셔터의 성능기준

(1) KS F 2268-1(방화문의 내화시험방법)에 따른 내화시험 결과 비차열 1시간의
성능이 있어야 한다.

(2) KS F 4510(중량셔터)에서 규정한 차연성능 : 차압 25[Pa]에서 공기누설량 0.9
[m³/min・m²] 이하일 것

(3) KS F 4510(중량셔터)에서 규정한 개폐성능

  1) 개폐시의 평균속도

개폐기능	내측의 높이	
	2m 미만	2~4m
전동개폐	2~6m/min	2.5~6.5m/min
자중하강	2~6m/min	3~7m/min

  2) 개폐할 때 상부끝 및 하부끝에서 자동으로 정지해야 한다.

  3) 강하 중에 임의의 위치에서 확실하게 정지할 수 있을 것

  4) 장애물 감지장치가 장애물을 감지하기 위해 필요로 하는 힘은 200N 이하일 것

3. 방화문의 성능기준

(1) 기계적 강도

KS F 3109(문세트)에 따른 비틀림강도·내충격성·개폐력 및 개폐반복성이 있을 것

(2) 내화성능

KS F 2268-1(방화문의 내화시험방법)에 따른 내화시험 결과 다음과 같을 것
1) 60+ 방화문 : 다음 각 목의 성능을 모두 확보할 것
   ① 비차열성능 : 60분 이상
   ② 차열성능 : 30분 이상(아파트 발코니에 설치하는 대피공간의 방화문만 해당)
2) 60분방화문 : 비차열성능 60분 이상
3) 30분방화문 : 비차열성능 30분 이상 60분 미만

(3) 차연성능

KS F 2846(방화문의 차연시험방법)에 따른 차연성시험 결과 KS F 3109(문세트)에서 규정한 차연성능 : 차압 25[Pa]에서 공기누설량 $0.9[m^3/min \cdot m^2]$ 이하일 것

(4) 개방력

① 문을 열 때 : 133N 이하
② 완전 개방한 때 : 67N 이하

(5) 방화문 인접창의 성능기준

방화문 인접창(방화문의 상부 또는 측면으로부터 50cm 이내에 설치된 창문)은 KS F 2845(유리 구획부분의 내화시험방법)에 따라 시험한 결과 비차열 1시간 이상의 성능이 있을 것

(6) 디지털 도어록의 성능기준

현관문 등에 설치하는 디지털 도어록은 KS C 9806(디지털도어록)에 적합한 것으로서 화재시 대비방법 및 내화형 조건에 적합하여야 한다.

(7) 승강기 문의 성능기준

승강기의 문을 방화문으로 사용하는 경우에는 KS F 2268-1(방화문의 내화시험방법)에 따른 내화시험 결과 비차열 1시간 이상의 성능이 있을 것

4. 방화댐퍼의 기준

(1) 성능기준

1) 내화성능시험 : 비차열 1시간 이상의 성능
2) KS F 2822(방화댐퍼의 방연시험방법)에서 규정한 방연성능이 있을 것
   폐쇄상태 누설량 : 온도 20℃, 압력차 19.6N/m²에서 통기량 5m³/min · m² 이하

(2) 설치기준

1) 미끄럼부는 열팽창, 녹, 먼지 등에 의해 작동이 저해받지 않는 구조일 것
2) 방화댐퍼의 주기적인 작동상태, 점검, 청소 및 수리 등 유지 · 관리를 위하여 검사구 · 점검구는 방화댐퍼에 인접하여 설치할 것
3) 부착방법은 구조체에 견고하게 부착시키는 공법으로 화재 시 덕트가 탈락, 낙하해도 손상되지 않을 것
4) 배연기의 압력에 의해 방재상 해로운 진동 및 간격이 생기지 않는 구조일 것

5. 하향식 피난구의 성능기준

(1) KS F 2257 – 1(건축부재의 내화시험방법 - 일반요구사항)에 적합한 수평가열로에서 시험한 결과 KS F 2268 – 1(방화문의 내화시험방법)에서 정한 비차열 1시간 이상의 내화성능이 있을 것
(2) 사다리는 「소방시설설치유지 및 안전관리에 관한 법률 시행령」 제37조에 따른 '피난사다리의 형식승인 및 검정기술기준'의 재료기준 및 작동시험기준에 적합할 것
(3) 덮개는 장변 중앙부에 637[N/0.2m²]의 등분포하중을 가했을 때 중앙부 처짐량이 15mm 이하일 것

6. 성능시험방법 : (방화셔터, 방화문, 방화댐퍼 공통적용)

(1) 시험체는 실제의 것과 동일한 구성 · 재료 및 크기의 것으로 하되, 시험체의 크기가 3m×3m의 가열로 크기보다 큰 경우에는 가열로에 설치할 수 있는 최대의 크기로 한다. 다만, 도어클러저를 제외한 도어록과 경첩 등의 부속품은 실제의 것과 동일한 재질의 경우에는 형태와 크기에 관계없이 동일한 시험체로 볼 수 있다.
(2) 내화시험 및 차연성시험은 시험체 양면에 대하여 각 1회씩 실시한다.
(3) 차연성능시험체와 내화성능시험체는 동일한 구성 · 재료 및 크기로 제작되어야 한다.
(4) 도어클로저는 기존에 성능이 확인된 경우에는 성능시험을 생략할 수 있다.

04 방화셔터의 고장진단 및 고장시 조치방법

1. 셔터의 작동시험 시 셔터가 자중에 의해 하강되지 않는 경우

(1) 전자브레이크의 고장

셔터 작동 시에는 전자브레이크가 해제되어 셔터가 작동될 수 있도록 모터의 축을 풀어주어야 셔터가 자중에 의해 하강하는데, 전자브레이크가 고장이면 이 역할을 하지 못하므로 셔터가 자중에 의해 하강하지 못하게 된다.

〈조치방법〉

1) 우선, 전자브레이크의 수동해제레버를 조작하여 수동으로 하강시켰을 때 셔터가 자중에 의해 하강하면 전자브레이크의 고장이 확실하다.

2) 전자브레이크를 분해정비하거나 또는 교체한다.

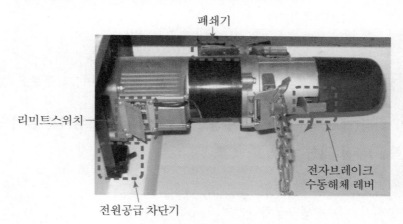

폐쇄기

리미트스위치

전자브레이크
수동해체 레버

전원공급 차단기

[그림 6] 전자브레이크 수동해제 레버

(2) 폐쇄기동작용 솔레노이드의 고장

폐쇄기 내의 폐쇄기동작용 솔레노이드가 고장일 경우 전자브레이크를 해제시키지 못하여 셔터가 자중에 의하여 하강하지 못하게 된다.

〈조치방법〉

폐쇄기동작용 솔레노이드의 교체

(3) 전원공급이 차단된 경우

1) 방화셔터의 모터박스 내에 있는 전원공급차단기가 Trip된 경우

2) 전원배선회로에 단선·단락 등의 이상이 생기면 폐쇄기동작용 솔레노이드에

전원을 공급하지 못하므로 전자브레이크를 해제 시키지 못하여 셔터가 자중에 의하여 하강하지 못하게 된다.

〈조치방법〉

1) 방화셔터용 모터 직근에 설치된 전원공급차단기의 Trip을 해제시키고, Trip된 원인을 찾아 정비한다.

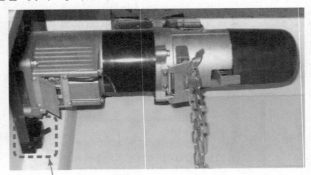

전원공급 차단기

[그림 7] 전원공급차단기

2) 전원배선회로를 점검하여 단선·단락 등을 찾아내어 그 부분을 정비한다.

2. 셔터가 하강(폐쇄)된 상태에서 수동조작함의 「Up」 스위치를 눌러도 셔터가 상승(복구)하지 않는 경우

(1) 전원공급이 차단된 경우

1) 방화셔터용 전원공급차단기가 Trip된 경우
2) 전원배선회로에 단선·단락 등의 이상이 생긴 경우

〈조치방법〉

1) 방화셔터용 모터 직근에 설치된 전원공급용 차단기의 Trip을 해제시키고, Trip된 원인을 찾아 정비한다.
2) 전원배선회로를 점검하여 단선·단락 등을 찾아내어 그 부분을 정비한다.

(2) 수동조작함 각 스위치(Up, 정지, Down)용 배선의 결선이 잘못된 경우

〈조치방법〉

1) 수동조작함 각 스위치의 배선을 확인하여 잘못 결선된 부분은 재결선한다.

(3) 방화셔터용 모터가 고장인 경우

〈조치방법〉

1) 우선, 비상조치로 셔터를 강제로 올리는 방법은 방화셔터용 모터의 직근에
셔터작동용 체인이 있는데 이 체인을 서서히 잡아당겨 셔터를 올린다.

2) 방화셔터용 모터를 분리하여 정비한다.

3. 방화셔터의 시험작동(하강) 후 수동조작함의 「Up」 스위치를 눌러 셔터를 올렸으나, 정지하지 않고 곧바로 다시 하강하는 경우

(1) 방화셔터의 폐쇄기가 복구되지 않은 경우

〈조치방법〉

1) 수신반을 복구시킨 후 연동제어기의 복구스위치를 눌러 폐쇄기를 복구시킨다.

2) 이때, 만일 폐쇄기의 고장으로 복구가 되지 않을 경우에는 점검구를 열고 폐쇄기를 수동으로 강제복구시킨 후 셔터를 올린다.

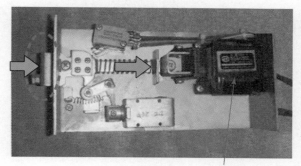

폐쇄기 복구용 솔레노이드밸브

[그림 8] 폐쇄기의 강제복구

(2) 폐쇄기 자체가 고장인 경우

〈조치방법〉

1) 폐쇄기를 분리하여 교체한다.

2) 폐쇄기를 분리한 상태에서 셔터를 올려놓는다.

제 12 장

각 설비별 고장진단 및 고장시 조치방법

01 \ 수계소화설비의 공통사항

고장현상	고장원인(확인사항)	점검 및 조치방법
충압펌프가 일정한 주기로 반복해서 기동되는 경우	1. 배관상의 각 체크밸브(펌프토출측 주배관·고가수조연결배관·송수구의 체크밸브)에서 역류가 되는 경우	해당 체크밸브를 분해정비 한다.
	2. 알람밸브의 배수밸브에서 소량씩 누수되는 경우	배수밸브 내의 이물질을 제거 확인 후 밸브를 완전히 잠근다.
	3. 말단시험밸브의 불완전 잠금상태(습식 스프링클러설비에 한함)	말단시험밸브를 완전히 잠근다.
	4. 배관 시스템상에서 소량씩 누수가 되는 경우	누수되는 부분을 찾아 보수한다.
	5. 프리액션밸브 또는 드라이밸브 내부의 시트고무가 파손 또는 변형되어 누수되고 있는 경우	프리액션밸브 또는 드라이밸브의 전면 커버를 분리한 후 내부의 시트고무를 교체한다.
주펌프가 연속적으로 운전되지 않고 짧은 주기로 기동·정지가 반복되는 경우	1. 주펌프의 정지점을 너무 낮게 설정한 경우	주펌프의 정지점을 체절압력 이상으로 설정한다.
	2. 주펌프용 압력스위치의 Diff 설정수치가 너무 낮은 경우	압력스위치의 Diff 설정수치를 좀더 높인다.
	3. 기동용 수압개폐장치의 압력챔버 내부에 공기가 들어있지 않고 물만 충만 되어 있는 경우	압력챔버 내의 물을 완전히 배출하고 공기를 일정량 채우면서 물을 다시 채운다.(압력챔버의 공기충전방법은 80페이지를 참조)

고장현상	고장원인(확인사항)	점검 및 조치방법
저수조의 저수위경보 표시등이 점등되는 경우	1. 유효수량이 확보되지 않은 경우 : 자동급수장치의 고장으로 저수조에 물보충이 불가한 경우 2. 저수위감시회로 자체의 고장 3. 감시제어반의 오동작 4. 플로트 타입의 저수위경보 스위치가 물탱크 내부의 구조물에 걸려 있는 경우 5. 플로트 타입의 저수위경보 스위치에서 저수위용과 고수위용의 접점이 바뀌어 설치된 경우	각 고장 부분의 보수 또는 교체
물올림탱크의 저수위경보 표시등이 점등되는 경우	1. 후드밸브의 고장으로 물이 역류 2. 흡입측 배관에서 누수되는 경우 3. 자동급수장치의 고장으로 물올림탱크에 물보충이 불가한 경우 4. 저수위감시회로 자체의 고장 5. 감시제어반의 오동작	각 고장 부분의 보수 또는 교체
도통시험시 감시회로에 "단선"이 표시되는 경우	1. 감시회로에 단선이 있을 경우	감시회로에 단선된 부분을 찾아 정비한다.
	2. 감시회로에 종단저항을 미설치한 경우	감시회로의 말단에 종단저항 설치
압력스위치 표시등이 점등되었으나 펌프는 기동되지 않는 경우	1. 감시제어반(수신반)에서 각 펌프의 운전스위치가 "자동" 위치에 있지 아니한 경우 2. 동력제어반(MCC)의 자동·수동 선택 스위치가 "자동" 위치에 있지 아니한 경우	감시제어반의 펌프 운전스위치를 "자동"위치에 놓는다. 동력제어반(MCC)의 자동·수동 선택스위치를 "자동"위치에 놓는다.
	3. 동력제어반(MCC)의 과부하표시등(황색)이 점등된 경우	모터에 정격전류 이상이 흐르면 열동계전기가 트립된다. : MCC 판넬의 문을 열고 열동계전기의 Reset 버튼을 눌러 수동복구한다.
	4. 동력제어반(MCC)의 차단기가 트립 (Off)되는 경우	차단기의 스위치를 ON(투입)시켜도 재차 트립되는 경우에는 트립되는 원인을 찾아 보수한다.

02 스프링클러설비의 고장진단 및 고장시 조치방법

고장 현상		고장원인(확인사항)	점검 및 조치방법
동작시험시 경보가 울리지 않는 경우		1. 경보정지밸브가 폐쇄된 경우	경보정지밸브를 개방시킨다.
		2. 수신반의 경보정지스위치가 차단된 경우	정상상태로 전환한다.
		3. 알람체크밸브(또는 프리액션·건식밸브)와 압력스위치 연결용 오리피스에 이물질이 차여 막혀있는 경우	오리피스를 분리하여 이물질을 제거
		4. 압력스위치 접점이 불량인 경우	압력스위치를 교체한다.
		5. 압력스위치 연결용 배선이 잘못 결선되거나 단선된 경우	배선을 점검하여 재결선한다.
		6. 화재감지기의 불량 또는 감지기회로의 배선이 단선된 경우(단, 준비작동식에서 감지기로 작동시험 할 경우에 한 한다.)	해당 감지기의 교체 또는 해당 배선을 정비한다.
		7. 음향경보장치가 불량인 경우	해당 음향장치를 교체한다.
		8. 수신기 자체의 이상현상 발생(내부 휴즈의 단선, 전원차단, 등)	해당 문제점을 점검하여 정비한다.
		9. 전원의 전압이 저전압인 경우	전원의 고장원인을 찾아 정비한다.
동작시험 후 복구가 되지 않는 경우 (제어반에서 동작표시등이 계속 점등되는 경우)	습식	1. 경보정지밸브를 잠그면 압력스위치가 복구되는 경우 : 알람체크밸브 내부 클래퍼와 시트부의 접촉부위에 이물질이 끼어있다.	배수밸브를 열어 배수시켰다가 복구스위치를 눌렀을 때도 복구가 되지 않으면, 2차측 배관 내의 물을 완전배수시키고 알람밸브의 전면커버를 분리하여 클래퍼와 시트부 사이의 이물질을 직접 제거한다.
		2. 경보정지밸브를 잠그어도 압력스위치가 복구되지 않는 경우 : 알람체크밸브와 압력스위치 연결용 오리피스에 이물질이 차여 막혀있는 경우	오리피스 연결부위를 분리하여 오리피스에 끼어있는 이물질을 철사 등으로 밀어내어 제거한다.

고장 현상		고장원인(확인사항)	점검 및 조치방법
동작시험 후 복구가 되지 않는 경우 (제어반에서 동작표시등이 계속 점등되는 경우)	습식	3. 알람체크밸브 내부의 시트고무가 파손 또는 변형 된 경우	알람체크밸브(또는 프리액션·건식밸브) 전면커버를 분리한 후 내부의 시트고무를 교체한다.
		4. 배수밸브에서 누수가 되는 경우	배수밸브 내의 이물질을 제거 확인후 밸브를 완전히 잠근다.
		5. 알람체크밸브 2차측 배관에서 누수	누수되는 부분을 찾아 보수한다.
		6. 말단시험밸브에서 누수가 되는 경우	말단시험밸브를 완전히 잠근다.
	준비작동식	1. 화재감지기 A회로 and B회로가 동 작된 경우	감지기가 비화재보 작동된 원인을 찾아 조치한 후 프리액션밸브 복구
		2. 제어반의 수동기동스위치에 의하여 프리액션밸브가 개방된 경우	제어반의 프리액션밸브 자동·수동 절환스위치를 "자동"으로, 프리액션밸브 수동기동스위치를 "정지" 위치로하고, 프리액션밸브를 복구한다.
		3. 제어반의 동작시험에 의하여 프리액션밸브가 동작된 경우	제어반을 복구한 후 프리액션밸브를 복구한다.
		4. 수동조작함(SVP)의 기동스위치가 눌러진 경우	수동조작함의 기동스위치 및 제어반을 복구한 후 프리액션밸브를 복구
		5. 프리액션밸브의 수동기동밸브가 개방되어 있는 경우	프리액션밸브의 수동기동밸브를 잠근 후 프리액션밸브를 복구
		6. 경보시험밸브가 개방되어 있는 경우	경보시험밸브를 잠근 후 배수밸브를 개방하여 2차측의 잔압을 배출하고 잠근다.
	건식	1. 드라이밸브 2차측 배관 내의 공기압이 설정치보다 너무 낮은 경우 (화재발생 없이 건식밸브 개방)	2차측 배관내의 공기압을 제조사에서 제시하는 압력이 되게 공압 Regulator를 조정하거나 또는 누기되는 부분이 있으면 이를 보수한다.
		2. 경보시험밸브가 개방되어 있는 경우	경보시험밸브를 잠근다.

고장 현상		고장원인(확인사항)	점검 및 조치방법
동작시험 후 복구가 되지 않는 경우 (제어반에서 동작표시등이 계속 점등되는 경우)	건식	3. 말단시험밸브의 불완전 잠금상태	말단시험밸브를 완전하게 잠근다.
		4. 드라이밸브의 수위조절밸브가 개방된 경우	수위조절밸브를 잠근다.
		5. 드라이밸브 내부의 시트고무가 파손·변형되거나 클래퍼가 시트에 정상적으로 안착이 되지 않은 경우	드라이밸브 전면 커버를 분리하여 시트고무를 교체하고, 드라이밸브를 복구한다.
평상시에 주기적으로 오보가 발생되는 경우		1. 리타딩챔버의 자동배수밸브가 이물질로 막힌 경우	리타딩챔버 자동배수밸브의 오리피스가 막혔으므로 오리피스 연결부위를 분리하여 이물질을 제거한다.
		2. 유수검지장치부 압력스위치의 접점이 불량인 경우	압력스위치를 교체한다.
		3. 프리액션밸브 또는 드라이밸브 내부의 시트고무가 파손 또는 변형되어 누수되고 있는 경우	프리액션밸브 또는 드라이밸브의 전면 커버를 분리한 후 내부의 시트고무를 교체한다.
		4. 알람밸브 2차측의 배관시스템상에서 소량씩 누수가 되는 경우	누수되는 부분을 찾아 보수한다.
		5. 알람밸브의 배수밸브에서 누수가 되는 경우	배수밸브 내의 이물질을 제거 확인 후 밸브를 완전히 잠근다.
		6. 말단시험밸브의 불완전 잠금상태 : (습식 또는 건식스프링클러설비에 한함)	말단시험밸브를 완전히 잠근다.

03 스프링클러설비의 오작동 원인과 방지대책

1. 건식 스프링클러설비

(1) 화재발생 없이 건식밸브 개방

1) 원인 : 1차측 물의 압력 대비 2차측 공기압력의 설정이 부적합한 경우
2) 대책 : 설정압력의 재조정(공압 Regulator를 조정하여 제조사에서 제시하는 압력으로 설정)

(2) 건식밸브 미개방 상태에서 경보(Alarm)장치 작동

1) 원인 : 경보시험밸브의 개방
2) 대책 : 경보시험밸브의 폐지

(3) 건식밸브 미개방 상태에서 충압펌프 수시로 기동

1) 원인
   ① 주 배수밸브의 Seat부에 이물질 삽입
   ② 주 배수밸브의 Disc 손상 등으로 인한 누수 발생
2) 대책
   ① 이물질 제거
   ② Disc 교체 등으로 주 배수밸브를 완전 폐지상태로 유지

(4) Air Compressor가 수시로 기동

1) 원인 : 건식밸브 2차측 배관라인에서 공기누설 발생
2) 대책 : 배관 접속부위 등의 누설 부위 보수

(5) 경보시험 후 복구상태에서도 계속 경보

1) 원인 : 알람스위치 2차측 동관에 이물질 침입으로 막힘
2) 대책 : 상기 이물질을 제거한다.

2. 준비작동식 스프링클러설비

(1) 솔레노이드밸브에서 누수 발생

1) 솔레노이드밸브에 이물질 삽입 : 분해하여 제거
2) 솔레노이드밸브 자체의 고장 : 솔레노이드밸브 교체
3) 프리액션밸브 Setting 시 솔레노이드밸브에서 누수되는 경우 : 솔레노이드밸

브의 수동복구버튼을 누른다.

(2) 밸브 Setting 시 비상밸브 쪽으로 누수되는 경우

비상밸브 닫고 클래퍼 안쪽에 압력수를 채운다.

(3) 밸브 1·2차측의 압력게이지의 압력이 동일한 경우

1) 경보시험밸브가 열림
2) 셋팅밸브로 압력을 공급하지 않고 1차측 제어(Main)밸브를 개방하는 경우임

(4) 화재감지기 오작동

1) A감지기회로(1회로)만 작동 : 경보만 발령
2) A·B감지기회로(2회로) 작동 : 준비작동밸브 개방

(5) 프리액션밸브가 작동하지 않는 경우

1) 솔레노이드밸브에 전원(DC 24V)이 들어오지 않는 경우
   : 솔레노이드의 배선 결선 등이 불량
2) 솔레노이드의 오리피스 구멍이 막힘

(6) 인위적인 작동(비화재)으로 인한 기동

1) SVP에서 수동기동스위치 작동
2) 프리액션밸브상의 수동기동밸브(비상개방밸브)의 개방
3) 수신반에서 동작시험 시 「자동복구」로 전환하지 아니한 경우
4) 감지기 A·B회로(복수회로)를 작동시킨 경우

3. 습식 스프링클러설비

(1) 알람밸브의 배수밸브에서 누수 발생

1) 경보정지밸브를 닫으면 누수가 되지 않는 경우 : 클래퍼 부위에 이물질 부착
2) 경보정지밸브를 닫아도 계속 누수되는 경우 : 배수밸브의 디스크 부위에 이물질 부착 또는 디스크 손상

(2) 경보정지밸브의 개폐 없이 경보 발령

1) 알람(압력)스위치의 자체 고장
2) 알람스위치 회로(배선)의 합선
3) 알람스위치의 접점이 고착됨 : 알람스위치의 커버를 탈거하고 접점 간극이 1mm 정도 되게 조정한다.

(3) 알람스위치가 복구되지 않는 경우
  1) 경보정지밸브 닫으면 복구되는 경우 : (클래퍼 부위에 이물질 삽입됨)
  2) 경보정지밸브 닫아도 복구되지 않는 경우 : (알람체크밸브와 압력스위치 연결용 오리피스 사이에 이물질이 차여 막힘)

04 가스계소화설비의 고장진단 및 고장시 조치방법

고장 현상	고장원인(확인사항)	조치 방법
해당 방호구역의 화재감지기를 작동시켰으나 기동용 가스용기의 솔레노이드밸브가 작동되지 않는다.	1. 감지기의 고장 2. 감지기 회로의 단선 등의 고장 3. 제어반의 고장 4. 기동용기 솔레노이드밸브의 고장 5. 제어반에서 솔레노이드밸브 까지의 회로 단선	1. 고장난 감지기의 교체 2. 배선회로를 점검하여 단선된 부위를 찾아 재결선한다. 3. 제어반을 점검하여 고장부위를 정비한다. 4. 고장난 솔레노이드밸브의 교체
화재감지기를 작동시켜 기동용기가 개방되었으나 해당 방호구역의 선택밸브가 작동되지 않는다.	1. 기동용기의 가스량 부족 2. 기동용 가스가 이송되는 동배관의 막힘 3. 선택밸브의 고장	1. 기동용기의 가스량 충전 2. 막힌 동배관의 정비 또는 교체 3. 선택밸브의 정비 또는 교체
화재감지기가 작동하였으나 음향경보장치(싸이렌)가 작동하지 않는다.	1. 감지기의 고장 2. 감지기 회로의 단선 등의 고장 3. 제어반의 고장 4. 싸이렌의 고장 5. 싸이렌 배선회로의 단선 등	1. 고장난 감지기의 교체 2. 단선된 배선회로의 정비 3. 제어반을 점검하여 고장부위를 정비한다. 4. 고장난 싸이렌의 교체
압력스위치의 점검버튼을 수동으로 작동하였으나 방출표시등이 점등하지 않는다.	1. 방출표시등 램프의 고장 2. 제어반의 고장 3. 압력스위치의 고장 4. 압력스위치 회로의 단선 등	1. 방출표시등 램프의 교체 2. 제어반을 점검하여 고장부위를 정비한다. 3. 고장난 압력스위치의 교체 4. 단선된 배선회로의 정비
화재감지기를 작동시켰으나 소화약제 저장용기밸브가 개방되지 않아 소화약제가 방출되지 않는다.	1. 감지기 또는 감지기회로의 고장 2. 제어반의 고장 3. 기동용기 솔레노이드밸브의 고장 4. 기동용기 가스량의 부족 5. 기동용가스 이송용 동관의 막힘	1. 고장난 감지기의 교체 2. 단선된 배선회로의 정비 3. 제어반의 고장부위를 정비 4. 솔레노이드밸브의 교체 5. 기동용기의 가스량 충전 6. 기동용가스 이송 동관의 정비

05 \ 가스계소화설비의 오작동 원인과 방지대책

1. 인위적인 원인

(1) 수동조작함의 수동기동스위치를 초인종으로 오인하여 작동시켰을 경우
   [대책] 수동조작함 직근에 경고표지판 부착 및 다른 설비와는 확실하게 구분되는 표식을 설치한다.

(2) 제어반에서 방출정지스위치를 작동하지 않은 상태에서 감지기 A·B회로 또는 솔레노이드밸브 기동스위치를 작동시킨 경우

2. 설비적인 원인

(1) 화재감지기

1) 화재감지기의 경년변화, 접점의 부식에 의한 고착 등으로 인한 오작동 발생

2) 좁은 공간 또는 감지기 부착면(천장고)이 낮은 곳에 감지기가 설치된 경우 일시적 인 열·연기의 발생에 의해 오작동 발생 가능성이 높다.

(2) 기동용 가스용기

1) 솔레노이드밸브를 기동용기로부터 분리한 후 체결시 파괴침(공이)이 기동용기의 개방봉판을 손상시킨 경우

2) 솔레노이드밸브의 안전클립이 탈락된 상태에서 외부 힘이 가해질 경우 파괴침이 작동하여 기동용기가 개방된다.

3) 솔레노이드밸브의 부식, 변형 등에 의한 오작동

(3) 소화약제저장용기실

저장용기실의 온도가 과도하게 상승(CO_2·할론 : 40℃, 청정 : 55℃ 초과)할 경우 용기 내의 압력이 상승하여 용기개방장치의 개방봉판이 파손되어 소화약제가 방출될 수 있다.

(4) 수동조작함

1) 수동조작함 내 빗물 투입으로 인한 기동스위치의 오작동

2) 수동조작함 기동스위치의 미복구에 의한 오작동 : 수동기동스위치 작동(누름)시험 후 복구하지 않고 보호캡을 장착하였다가 이후 조작함의 개방으로 설비가 작동되는 경우

3) 수동조작함의 보호캡의 탈락 또는 파손된 상태에서 기동스위치에 외부 힘이
가해질 경우 기동스위치가 작동된다.

3. 오작동에 대한 응급조치방법

비화재시 제어반 또는 수동조작함에서 실수로 스위치를 작동시켜 경보싸이렌이 울
릴 경우, 지연 타이머가 작동하는 시간(30초 정도)동안에는 소화약제 방출이 되지
않으므로, 이때 다음 중 하나의 방법으로 응급조치 함으로써 소화약제 방출을 방지
할 수 있다.
(1) 비상정지스위치(방출지연 타이머를 순간 정지시킴)를 눌러 작동시킨다.
(2) 제어반에서 복구용 버튼을 누른다.
(3) 제어반에서 메인 전원스위치 및 예비전원(배터리)을 Off시킨다.
(4) 기동용 가스용기의 솔레노이드밸브를 분리(탈거)한다.
(5) 기동용 가스 이송용 동(銅)배관을 절단한다.

06 \ 자동화재탐지설비의 비화재보 원인과 방지대책

1. 비화재보의 발생원인

(1) 인위적 요인

1) 담배연기, 자동차 배기가스 등의 끽연에 의한 작동
2) 음식물 조리에 의한 열·연기에 의한 작동
3) 용접광선, 조명등, 인공광 등 : 불꽃감지기의 경우

(2) 설치상의 요인

1) 비적응성 감지기 설치
2) 감지기 부착 높이의 부적합
3) 고전압 선로에 근접한 설치

(3) 환경적 요인

1) 기상적 요인 : 바람, 습도, 온도, 기압 등
2) 먼지, 수증기, 가스, 염분 등

(4) 기능상의 요인

    1) 감지기의 경년변화에 의한 감도저하

    2) 접점의 부식에 의한 접속

    3) 감지기 Leak Hole의 막힘

3. 비화재보의 방지대책

(1) 적응성이 있는 감지기 선정

    1) 이온화식 연기감지기

      ① B급화재 등 불꽃화재가 예상되는 장소

      ② 환경이 깨끗한 장소

    2) 광전식 연기감지기

      ① A급화재 등 훈소가 예상되는 장소

      ② 밝은회색 연기가 발생되는 화재

(2) 오동작이 적은 감지기 종류를 채용

다만, 연소가 급속히 확대될 수 있는 곳이나 조기경보가 요구되는 장소는 피하여야 한다.

    1) 연기식 보다는 열식감지기 채용

    2) 스포트형 보다는 분포형 감지기 채용

    3) 일반형 보다는 특수형 감지기 채용 : 보상식, 축적형, 복합형, 다신호식, 아날로그형

    4) 특히 수증기, 연기, 부식성 가스가 체류하는 곳에는 차동식 분포형감지기를 채용

(3) 감지기 설치장소의 주위환경 개선

(4) 축적기능이 있는 수신기 채용

(5) 오동작방지기 설치

(6) 감지기의 방수시험 강화

(7) 연기감지기의 경우

    1) 1회로당 감지기 수량을 제한함(항상 감시전류가 흐르고 있으므로)

    2) 실내공기 유입구에서 1.5m 이상 이격하여 설치

    3) 벌레 등의 침입에 대한 방지조치

제 13 장

피난 · 방화시설

01 방화구획

1. 개요

방화구획이란 건축물 내에서 화재시 연소범위를 일정 장소에 국한시켜 화재의 확산을 방지하기 위한 것으로, 일정시간 이상의 내화성능이 있는 벽·바닥·갑종방화문 등으로 구획한 것을 말한다.

2. 방화구획의 종류

(1) 면적별 구획

당해 층에서 평면적인 연소확대를 한정하기 위해 일정한 바닥면적마다 구획하는 것

1) 지상 10층 이하의 층

바닥면적 1,000m² 이하마다 구획

2) 지상 11층 이상의 층

① 실내마감재료가 불연재료인 경우 : 바닥면적 500m² 이하마다 구획

② 실내마감재료가 불연재료가 아닌 경우 : 바닥면적 200m² 이하마다 구획

[완화규정]

위의 각 호에서 자동식 소화설비가 설치된 경우에는 위의 각 바닥면적의 3배의 면적으로 적용한다.

(2) 층별 구획

상층 또는 하층으로의 연소확대를 방지하기 위해 방화성능이 있는 구획부재를 사용하여 매 층(모든 층)마다 층간별로 구획 또는 분리하는 것

(3) 용도별 구획

1) 당해 건축물 내에서 관리·이용형태가 다른 2 이상의 용도가 존재하는 경우 그 사이를 방화구획하는 것

2) 건축법 시행령 제46조 3항에 의하여 주요구조부를 내화구조로 하여야 하는 부분과 다른 부분과의 사이를 방화구획하는 것

(4) 수직관통부 구획

1) 건축물 내에서 바닥을 관통하여 수직으로 연속되는 공간과 다른 부분과의 사이를 내화성능을 갖는 벽이나 방화문으로 구획하는 것

2) [예] 계단실, 승강기의 승강로, 에스컬레이터, 린넨슈트, 설비용 샤프트

3. 방화구획의 구성

(1) 내화구조의 벽·바닥

(2) 60+ 방화문 또는 60분방화문 : (자동방화셔터 포함)

(3) 내화채움재료 : 국토교통부장관이 고시한 내화채움성능을 인정한 구조로 된 것

(4) 방화댐퍼 : 덕트의 방화구획 관통부위에 설치

(5) 방화벽 : 非내화구조 건축물의 방화구획용 벽

(6) 경계벽 : 공동주택·다가구주택·노인복지주택 세대 간의 방화구획용 벽

(7) 칸막이벽 : 기숙사의 침실·의료시설의 병실·학교의 교실·숙박시설의 객실·고시원의 호실 간의 방화구획용 벽

4. 방화구획의 면제대상(완화적용대상)

(1) 문화 및 집회시설, 장례식장, 종교시설, 운동시설의 용도로 쓰이는 거실로서 시선 및 활동공간의 확보를 위하여 불가피한 부분

(2) 물품의 제조·가공·운반 등(보관은 제외)에 필요한 고정식 대형기기 또는 설비의 설치를 위하여 불가피한 부분

(3) 계단실·복도 또는 승강기의 승강장 및 승강로로서 그 건축물의 다른 부분과 방화구획으로 구획된 부분

(4) 주요구조부가 내화구조 또는 불연재료로 된 주차장

(5) 복층형 공동주택의 세대별 층간 바닥 부분

(6) 단독주택, 동물 및 식물 관련시설, 국방·군사시설로 쓰는 건축물

(7) 건축물의 최상층 또는 피난층으로서 대규모 회의장·강당·스카이라운지·로비 또는 피난안전구역 등의 용도로 사용하기 위하여 불가피한 부분

5. 방화구획의 설치기준

(1) 내화구조로 된 바닥·벽 및 방화문(자동방화셔터 포함)으로 구획

(2) 방화문은 언제나 닫힌 상태를 유지하거나, 화재로 인한 열·연기에 의하여 자동으로 닫히는 구조로 할 것

(3) 외벽과 바닥 사이에 틈이 생긴 때나 급수관·배전관 등이 방화구획을 관통하는 경우, 그 관과 방화구획 사이의 틈새를 규정된 내화시간 이상 견딜 수 있는 내화채움성능이 인정된 구조로 메울 것

(4) 환기·난방 또는 냉방시설의 풍도가 방화구획을 관통하는 경우, 그 관통 부분에 다음 각목의 기준에 적합한 댐퍼를 설치한다.

　　1) 화재로 인한 연기 또는 불꽃을 감지하여 자동적으로 닫히는 구조로 할 것. 다만, 주방 등 연기가 항상 발생하는 부분에는 온도를 감지하여 자동적으로 닫히는 구조로 할 수 있다.

　　2) 국토교통부장관이 정하여 고시하는 비차열성능 및 방연성능 등의 기준에 적합할 것

(5) 방화구획용 자동방화셔터는 다음 각 목의 요건을 모두 갖출 것

　　1) 60분+ 방화문 또는 60분방화문으로부터 3m 이내에 별도로 설치할 것

　　2) 전동방식이나 수동방식으로 개폐할 수 있을 것

　　3) 불꽃감지기 또는 연기감지기 중 하나와 열감지기를 설치할 것

　　4) 불꽃이나 연기를 감지한 경우 일부 폐쇄되는 구조일 것

　　5) 열을 감지한 경우 완전 폐쇄되는 구조일 것

(6) 아파트 발코니의 바닥에 하향식 피난구를 설치하는 경우에는 다음 각 호의 기준에 적합하게 설치하여야 한다. 〈신설 2010.4.7〉

　　1) 피난구의 덮개는 비차열 1시간 이상의 내화성능을 가져야 하며, 피난구의 유효 개구부의 규격은 직경 60cm 이상일 것

　　2) 상층·하층 간 피난구의 설치위치는 수직방향 간격을 15cm 이상 띄어서 설치할 것

　　3) 아래층에서는 바로 윗층의 피난구를 열 수 없는 구조일 것

　　4) 사다리는 바로 아래층의 바닥면으로부터 50cm 이하까지 내려오는 길이로 할 것

　　5) 덮개가 개방될 경우에는 건축물관리시스템 등을 통하여 경보음이 울리는 구조일 것

　　6) 피난구가 있는 곳에는 예비전원에 의한 조명설비를 설치할 것

02 \ 건축물의 소방·방화시설

1. 개요

건축물의 소방·방화시설을 크게 분류하면 수동적 방화(Passive Fire Protection) 개념의 방화시설 및 피난시설, 그리고 능동적 방화(Active Fire Protection) 개념의 소방시설로 분류할 수 있다.

2. 방화시설(Passive Fire Protection)

건축물의 구조부재에 의한 수동적 방화개념의 시설로서 화재연소방지 및 화재확산 방지의 목적으로 사용된다.

(1) 연소방지시설(건축재료의 불연화)

방화재료 : 불연재료, 준불연재료, 난연재료

(2) 화재확산방지시설(건축물의 내부구획화)

방화구획 : 내화구조·방화구조의 벽 및 바닥, 방화문, 자동방화셔터, 방화댐퍼, 방화용 Seal(화재차단재) 등으로 구성

3. 피난시설

유사시 거주자의 피난용도로 사용되는 건축구조물

(1) 계단

1) 직통계단
2) 피난계단, 옥외피난계단
3) 특별피난계단 및 부속실

(2) 비상탈출구

(3) 헬리포트

(4) 옥상광장

4. 소방시설(Active Fire Protection)

화재시 소화, 경보, 피난, 소화활동 등의 용도로 사용되는 기계·기구 또는 설비

(1) 소화설비

물 또는 그밖의 소화약제를 사용하여 화재를 소화하는 기계·기구 또는 설비
  1) 소화기구
      ① 소화기
      ② 간이소화용구 : 에어로졸식소화용구, 투척용소화용구, 소공간용 소화용구
          및 소화약제 외의 것을 이용한 간이소화용구
      ③ 자동확산소화기
  2) 자동소화장치
      ① 주거용 주방자동소화장치
      ② 상업용 주방자동소화장치
      ③ 캐비닛형 자동소화장치
      ④ 가스자동소화장치
      ⑤ 분말자동소화장치
      ⑥ 고체에어로졸자동소화장치
  3) 옥내소화전설비(호스릴옥내소화전설비 포함), 옥외소화전설비
  4) 스프링클러설비, 간이스프링클러설비, 화재조기진압용 스프링클러설비
  5) 물분무등소화설비 : 물분무·미분무·포·이산화탄소·할론·할로겐화합물 및
      불활성기체·분말·강화액·고체에어로졸소화설비

(2) 경보설비

화재발생 사실을 통보하는 기계·기구 또는 설비
  1) 비상경보설비 : 비상벨설비, 자동식사이렌설비
  2) 자동화재탐지설비·시각경보기·화재알림설비
  3) 단독경보형 감지기
  4) 비상방송설비
  5) 누전경보기
  6) 자동화재속보설비
  7) 가스누설경보기
  8) 통합감시시설

(3) 피난구조설비

화재발생 등 유사시 건축물 내의 거주자가 피난하기 위하여 사용하는 기계·기
구 또는 설비

    1) 비상조명등 및 휴대용 비상조명등

    2) 유도등 및 유도표지, 피난유도선

    3) 피난기구 : 미끄럼대, 피난사다리, 피난교, 피난밧줄, 구조대, 피난용트랩, 완
       강기, 간이완강기, 공기안전매트, 다수인피난장비, 승강식하강기

    4) 인명구조기구 : 방열복, 방화복, 공기호흡기, 인공소생기

(4) 소화용수설비

화재를 진압하는 데 필요한 물을 공급하거나 저장하는 설비

    1) 상수도소화용수설비

    2) 소화수조, 저수조, 그 밖의 소화용수설비

(5) 소화활동설비

소방대가 화재를 진압하거나 인명구조활동을 위하여 사용하는 설비

    1) 제연설비   2) 연결송수관설비

    3) 연결살수설비   4) 비상콘센트설비

    5) 무선통신보조설비   6) 연소방지설비

03 \ 피난계단 및 특별피난계단

1. 설치개념

  (1) 피난계단 및 특별피난계단은 고층건축물의 핵심 피난통로로서 피난이 완료될
     때까지 최고의 안전구획이다.

  (2) 따라서, 특별피난계단의 구조는 방화구획 · 방연구획 및 제연기능이 확보되어
     야 하므로 내화성 및 기밀성이 있는 불연재료로 구획하여야 한다.

2. 법규적 설치대상

(1) 피난계단

지상 5층 이상 또는 지하 2층 이하의 층으로부터 피난층 또는 지상으로 통하는
직통계단

(2) 특별피난계단

    1) 지상 11층 이상 또는 지하 3층 이하의 층(단, 바닥면적 400m² 미만인 층은

제외)으로부터 피난층 또는 지상으로 통하는 직통계단

2) '피난계단' 설치대상 중에서 판매시설의 용도로 쓰이는 층으로부터의 직통계단은 그 중 1개 이상을 특별피난계단으로 설치해야 한다.

3. 설치기준

(1) 피난계단

1) 내화구조의 벽으로 구획

2) 실내마감재료 : 불연재료

3) 예비전원에 의한 조명설비 구비

4) 계단실에서 옥외에 접하는 창문(단, 망입유리의 붙박이창으로서 면적 1m² 이하인 것은 제외)은 다른 부분 창문과의 거리가 2m 이상일 것

5) 계단실에서 옥내에 접하는 창문은 망입유리의 붙박이창으로서 면적 1m² 이하일 것

6) 계단실의 출입구

① 유효너비 : 0.9m 이상

② 피난방향으로 열 수 있는 것으로서 언제나 닫힌 상태를 유지하거나 연기 또는 불꽃을 감지하여 자동으로 닫히는 구조로 된 60+ 방화문 또는 60분 방화문

7) 계단

① 내화구조

② 피난층 또는 지상까지 직접 연결되도록 할 것

③ 돌음계단이 아닐 것

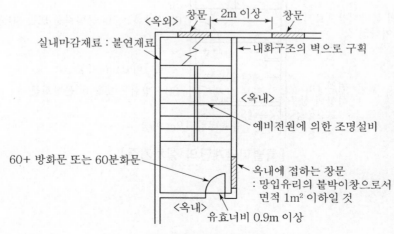

[피난계단의 설치기준]

(2) 특별피난계단

1) 건축물 내부에서 계단실로 통하는 구조가 다음 각 호의 1의 것으로 될 것

   ① 노대를 통하여 연결

   ② 외부를 향하여 열 수 있는 면적 $1m^2$ 이상의 창문이 있는 부속실(면적 $3m^2$ 이상인 것)을 통하여 연결

   ③ 제연설비가 있는 부속실을 통하여 연결

2) 계단실 또는 부속실에서 옥내와 접하는 창문 등을 설치하지 아니할 것

3) 계단실 및 부속실 : 내화구조의 벽으로 구획

4) 실내마감재료 : 불연재료

5) 예비전원에 의한 조명설비

6) 계단

   ① 내화구조

   ② 피난층 또는 지상까지 직접 연결되도록 할 것

   ③ 돌음계단이 아닐 것

7) 기타 구조는 다음 그림과 같다.

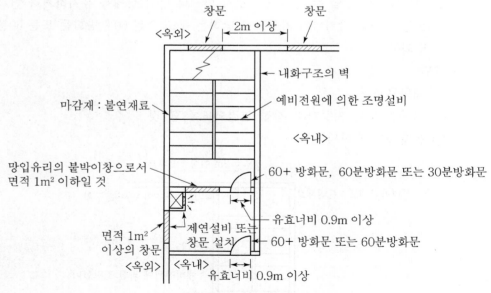

[특별피난계단의 설치기준]

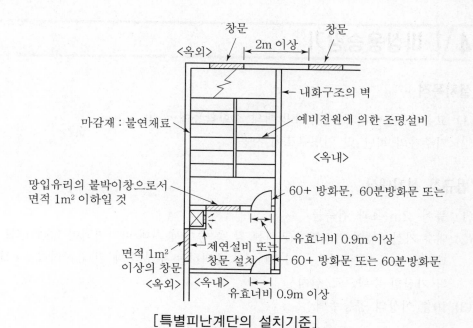

[특별피난계단의 설치기준]

04 \ 비상용승강기

1. 설치목적

(1) 고층건축물에서 화재시 소방대의 소화활동에 사용
(2) 거주자의 피난 및 인명구조에 사용

2. 법규적 설치대상

(1) 높이 31m 초과 건축물
(2) 대수 가산 : 높이 31m를 초과하는 각 층 중에서 최대 바닥면적이 1,500m²를 초과하는 층이 있는 경우, 그 1,500m²를 초과하는 부분의 매 3,000m²마다 (+)1대씩 가산한 수량으로 설치
(3) 10층 이상의 공동주택

3. 설치제외대상

(1) 높이 31m를 넘는 각 층을 거실 이외의 용도로 사용하는 건축물
(2) 높이 31m를 넘는 전체 층의 바닥면적 합계가 500m² 이하
(3) 높이 31m를 넘는 층수가 4개 층 이하로서 200m²(단, 실내마감재가 불연재료인 경우는 500m²)이하마다 방화구획된 경우

4. 설치기준(구조)

(1) 화재시 Call하면 1층으로 내려와 대기할 것
(2) 승강기 내부에서도 원하는 층에서 세울 수 있으나, 일정한 층에 자동정지되지 아니할 것
(3) 피난계단·부속실 등에 연결되게 설치
(4) 2대 이상 설치하는 경우 일정한 간격을 두고 설치
(5) 평상시에는 일반용으로도 사용 가능할 것
(6) 전용전화설비 설치
(7) 운행속도 : 60m/min 이상
(8) 방수형 구조일 것
(9) 예비전원
　1) 용량 : 2시간 이상 작동용량
　2) 정전시 60초 이내 필요전력용량 발생 및 수동전환이 가능할 것

3) 전원용 배선 : 내화배선

5. 비상용승강기 승강장의 구조

(1) 당해 건축물의 다른 부분과는 내화구조로 구획

(2) 실내마감재료 : 불연재료

(3) 승강장의 바닥면적 : 승강기 1대당 6m² 이상

(4) 노대 또는 외부를 향하여 열 수 있는 창문이나 배연설비 설치

(5) 예비전원에 의한 조명설비 설치

(6) 승강장은 각 층의 내부와 연결되도록 하되, 그 출입구에는 60+ 방화문 또는 60분방화문을 설치(단, 피난층에는 방화문 설치제외 가능)

(7) 피난층의 승강장 출입구로부터 도로 또는 공지에 이르는 거리가 30m 이하일 것

(8) 승강장의 출입구에 표지 설치

6. 비상용승강기 승강로의 구조

(1) 승강로는 당해 건축물의 다른 부분과는 내화구조로 구획

(2) 각 층으로부터 피난층까지 이르는 승강로를 단일구조로 연결하여 설치할 것

05 \ 피난용승강기

1. 개요

피난용승강기는 고층건축물에서 화재 시 거주자의 신속한 피난을 위해 상용승강기보다 내화·배연·소방설비 등의 기준이 강화된 승강기로, 평상시에는 일반용으로 사용하고 화재 등 유사시에는 피난용으로 사용하기 위한 것이다. 즉, 화재 시 소방대가 사용하는 비상용승강기와는 별개로 재실자의 피난용도로 사용한다.

2. 법규적 설치 대상

건축법상의 고층건축물(층수 30층 이상 또는 높이 120m 이상)

3. 피난용승강기 승강장의 구조

(1) 승강장의 출입구를 제외한 부분은 해당 건축물의 다른 부분과 내화구조의 바닥 및 벽으로 구획할 것
(2) 승강장은 각 층의 내부와 연결될 수 있도록 하되, 그 출입구에는 60+ 방화문 또는 60분방화문을 설치할 것. 이 경우 방화문은 언제나 닫힌 상태를 유지할 수 있는 구조일 것
(3) 실내에 접하는 부분(바닥 및 반자 등 실내에 면한 모든 부분을 말한다)의 마감(마감을 위한 바탕을 포함한다)은 불연재료로 할 것
(4) 승강장의 바닥면적은 승강기 1대당 6m² 이상으로 할 것
(5) 예비전원으로 작동하는 조명설비를 설치
(6) 승강장의 출입구 부근의 잘 보이는 곳에 해당 승강기가 피난용승강기임을 알리는 표지를 설치
(7) 「건축물의 설비기준 등에 관한 규칙」 제14조에 따른 배연설비를 설치하거나, 「소방시설법 시행령」 별표5 제5호 가목에 따른 제연설비를 설치할 것

4. 피난용승강기 승강로의 구조

(1) 승강로는 당해 건축물의 다른 부분과 내화구조로 구획할 것
(2) 각 층으로부터 피난층까지 이르는 승강로를 단일구조로 연결하여 설치
(3) 승강로 상부에 「건축물의 설비기준 등에 관한 규칙」 제14조에 따른 배연설비를 설치

5. 피난용승강기 기계실의 구조

(1) 출입구를 제외한 부분은 당해 건축물의 다른 부분과 내화구조의 바닥 및 벽으로 구획할 것

(2) 출입구에는 60+ 방화문 또는 60분방화문을 설치할 것

6. 피난용승강기 전용 예비전원

(1) 정전시 피난용승강기, 기계실, 승강장 및 폐쇄회로 텔레비전 등의 설비를 작동할 수 있는 별도의 예비전원설비를 설치

(2) (1)호에 따른 예비전원은 초고층건축물의 경우에는 2시간 이상, 준초고층건축물의 경우에는 1시간 이상 작동이 가능한 용량일 것

(3) 상용전원과 예비전원의 공급을 자동 또는 수동으로 전환이 가능한 설비를 갖출 것

(4) 전선관 및 배선은 고온에 견딜 수 있는 내열성 자재를 사용하고, 방수조치를 할 것

06 방화구조

1. 방화구조의 개념

(1) 건축물의 화재에서 일정시간 동안 일정구획에 한정시킬 수 있는 성능을 가진 구조로서 국토해양부령이 정하는 기준에 적합한 구조

(2) 화재에 대한 내화성능은 없으므로 화재 후 재사용은 불가함

2. 방화구조의 법규적 대상 건축물

연면적 1,000m² 이상인 목조건축물은 그 구조를 방화구조로 하거나 불연재료로 하여야 한다.

3. 방화구조의 설치기준

(1) 철망모르타르 : 바름두께 2cm 이상

(2) 석고판 위에 시멘트모르타르 또는 회반죽을 바른 것 : 두께의 합계 2.5cm 이상

(3) 시멘트모르타르에 타일을 붙인 것 : 두께의 합계 2.5cm 이상

(4) 심벽에 흙으로 맞벽치기한 것

(5) 「산업표준화법」에 따른 한국산업표준이 정하는 바에 따라 시험한 결과 방화 2급 이상에 해당하는 것

4. 방화구조와 내화구조의 차이점

	내화구조	방화구조
목적	1) 화열에 대한 구조안전성 확보 2) 화재확산의 방지	화재확산의 방지
기능	1) 차열 및 화재확산의 차단 2) 충격 및 소화용 주수에 대한 강도 유지 3) 장기 설계하중의 지지	화재를 일정구획에 국한
화재 후 재사용 여부	재사용 가능	재사용 불가

07 \ 내화구조

1. 내화구조의 개념

(1) 정의

건축물의 주요구조부가 통상의 화염온도에서 일정시간 동안 내화성능을 유지하고, 화재 후에는 간단한 수리로 재사용이 가능한 구조

(2) 내화구조의 목적

1) 화재확산의 방지
2) 화열에 대한 건축물의 구조적 안전성 확보

(3) 내화구조의 기능

1) 차열 및 화재 확산의 차단
2) 충격 및 소화용 주수에 대한 강도 유지
3) 장기설계하중의 지지
4) 화재 후 재사용 가능

2. 내화구조의 법규적 대상 건축물

건축물의 용도 및 층수	해당 용도의 바닥면적 합계
3층 이상 또는 지하층이 있는 건축물	모두 해당
문화 및 집회시설, 장례식장·주점 영업 등의 관람석 또는 집회실	$200m^2$ 이상
건축물의 2층이 다중주택, 공동주택, 의료·아동·노인 복지·숙박시설 등인 것	$400m^2$ 이상
전시장, 동·식물원, 판매 및 영업시설, 위락시설, 체육관, 창고	$500m^2$ 이상
공장	$2,000m^2$ 이상

3. 내화구조의 설치기준

	철근콘크리트조 또는 철골철근콘크리트조	철골조	기타
벽 ( ) 안은 외벽 중 비내력벽	두께 10(7)cm 이상	골구를 철골조로 하고, 그 양면을 다음 각호 중 1의 것으로 덮은 것 ① 두께 4(3)cm 이상의 철망모르타르 ② 두께 5(4)cm 이상의 콘크리트블록, 벽돌, 석재	벽돌조로서 두께 19(7)cm 이상
기둥 ( ) 안은 경량 골재 사용의 경우	최소지름 25cm 이상	최소지름 25cm 이상의 철골조에 다음 각호 중 1의 것으로 덮은 것 ① 6(5)cm 이상의 철망모르타르 ② 7cm 이상의 콘크리트블록, 벽돌, 석재 ③ 5cm 이상의 콘크리트	–
보 (지붕틀 포함) ( ) 안은 경량 골재 사용의 경우	모든 것 해당	철골의 양면을 다음 각호 중 1의 것으로 덮은 것 ① 6(5)cm 이상의 철망모르타르 ② 5cm 이상의 콘크리트	철골조의 지붕틀로서 그 아래에 반자가 없거나 불연재료로 된 반자가 있는 경우
바닥	두께 10cm 이상	–	철재 양면을 5cm 이상의 콘크리트 또는 철망모르타르로 덮은 것
지붕	모든 것 해당	–	철재로 보강된 유리블록·망입유리·콘크리트블록조·벽돌조·석조
계단	모든 것 해당	모든 것 해당	철재로 보강된 콘크리트블록조·벽돌조·석조
기타	국토교통부장관이 정하여 고시하는 시험방법에 따라 한국건설기술연구원장이 실시하는 품질시험에서 그 성능이 인정된 것		

4. 내화구조의 성능기준

용도구분(1)	용도·규모 층수/최고 높이(m) (2)		벽						보·기둥	바닥	지붕·지붕틀
			외벽			내벽					
			내력벽	비내력벽		내력벽	비내력벽				
				연소우려가 있는 부분(가)	연소우려가 없는 부분(나)		간막이벽(다)	승강로·계단실의 수직벽			
일반시설 아래의 주거시설 및 산업시설에 해당하지 않는 모든 시설	12/50	초과	3	1	0.5	3	2	2	3	2	1
		이하	2	1	0.5	2	1.5	1.5	2	2	0.5
	4/20 이하		1	1	0.5	1	1	1	1	1	0.5
주거시설 단독주택, 공동주택, 숙박시설, 의료시설	12/50	초과	2	1	0.5	2	2	2	3	2	1
		이하	2	1	0.5	2	1	1	2	2	0.5
	4/20 이하		1	1	0.5	1	1	1	1	1	0.5
산업시설 공장, 창고시설, 위험물 저장 및 처리시설, 자동차관련시설 중 정비공장, 자연순환 관련 시설	12/50	초과	2	1.5	0.5	2	1.5	1.5	3	2	1
		이하	2	1	0.5	2	1	1	2	2	0.5
	4/20 이하		1	1	0.5	1	1	1	1	1	0.5

[비고 1]

① 용도구분(1)

　건축물이 하나 이상의 용도로 사용될 경우, 가장 높은 내화시간의 용도를 적용함

② 건축물의 층수/높이(2)

　건축물의 부분별 높이 또는 층수가 다를 경우, 최고 높이 또는 최고 층수를 적용

　건축물의 층수/높이의 산정은 건축법시행령 제119조에 따른다. 다만, 승강기탑, 계단탑, 망루, 장식탑, 옥탑 그 밖에 이와 유사한 부분은 건축물의 높이와 층수의 산정에서 제외한다.

[비고 2]

① 연소 우려가 있는 부분(가)

내화구조 이외의 건축물로서 2개 동 이상이 인접하여 설치된 경우, 상호의 외벽 간의 중심선으로부터 1층은 3m 이내, 2층 이상은 5m 이내의 거리에 있는 건축물의 각 부분

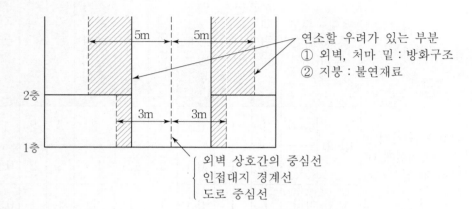

② 연소 우려가 없는 부분(나) : 위의 '연소 우려가 있는 부분'에 해당하지 아니하는 부분을 말한다.

③ 간막이벽(다) : 건축법령에 의하여 내화구조로 하여야 하는 간막이벽을 말한다.

④ 외벽의 내화성능 시험은 건축물 내부면을 가열하는 것으로 한다.

08 무창층 및 주요구조부

1. 무창층의 구조

지상층 중 다음 각목의 요건을 모두 갖춘 개구부의 면적 합계가 당해 층 바닥면적의 1/30 이하가 되는 층을 말한다.

(1) 개구부의 크기가 지름 50cm 이상의 원이 내접할 수 있을 것

(2) 그 층 바닥면으로부터 개구부 밑부분까지의 높이가 1.2m 이내일 것

(3) 화재시 건축물로부터 쉽게 피난할 수 있도록 창살, 그 밖의 장애물이 설치되지 아니할 것

(4) 개구부가 도로 또는 차량이 진입할 수 있는 빈터로 향할 것

(5) 내부 또는 외부에서 쉽게 파괴 또는 개방할 수 있을 것

2. 주요구조부의 구성요소

건축물의 주요구조부의 구성요소에 대하여 건축법 제2조 제6호에서 다음과 같이 규정하고 있다.

(1) 내력벽   (2) 지붕틀

(3) 바닥   (4) 기둥

(5) 주계단   (6) 보

3. 주요구조부의 적용 제외

(1) 사이 기둥

(2) 최하층 바닥

(3) 작은 보

(4) 옥외계단

(5) 차양

(6) 기타 유사한 것으로서 건축물 구조상 중요하지 아니한 부분

4. 대규모 건축물의 주요구조부에 대한 구조 제한

(1) 구조계산에 의해 구조안전을 확인하여야 하는 건축물

   1) 층수가 지상 3층 이상인 건축물

   2) 높이 : 13m 이상

   3) 처마 높이 : 9m 이상

   4) 연면적 : 1,000m² 이상

   5) 기둥과 기둥 사이의 거리 : 10m 이상

(2) 구조계산을 건축구조기술사가 하여야 하는 건축물

   1) 층수가 지상 16층 이상인 건축물

   2) 기둥과 기둥 사이의 거리 : 30m 이상

   3) 건축법령에 의한 다중이용건축물

(3) 지진에 대한 안전 여부를 확인하여야 하는 건축물 : (내진설계 의무 대상)

   1) 층수가 지상 3층 이상인 건축물

   2) 연면적 1,000m² 이상인 건축물

   3) 국가적 문화유산으로서 국토해양부령으로 정하는 것

   4) 국토해양부령이 정하는 지진구역 안의 건축물

09 \ 헬리포트 · 옥상구조공간 · 대피공간

1. 헬리포트의 설치기준

(1) 헬리포트의 길이와 너비는 각각 22m 이상으로 할 것. 다만, 건축물의 옥상바닥의 길이와 너비가 각각 22m 이하인 경우에는 헬리포트의 길이와 너비를 각각 15m까지 감축할 수 있다.

(2) 헬리포트의 중심으로부터 반경 12m 이내에는 헬리콥터의 이·착륙에 장애가 되는 건축물, 공작물, 조경시설 또는 난간 등을 설치하지 아니할 것

(3) 헬리포트의 주위한계선은 백색으로 하되, 그 선의 너비는 38cm로 할 것

(4) 헬리포트의 중앙부분에는 지름 8m의 "Ⓗ"표지를 백색으로 하되, "H" 선의 너비는 38cm로, "○" 선의 너비는 60cm로 할 것

(5) 헬리포트로 통하는 출입문에 비상문자동개폐장치를 설치할 것

2. 옥상구조공간의 설치기준

옥상에 헬리콥터를 통하여 인명 등을 구조할 수 있는 공간을 설치하는 경우에는 직경 10m 이상의 구조공간을 확보하여야 하며, 구조공간에는 구조활동에 장애가 되는 건축물, 공작물 또는 난간 등을 설치해서는 안된다. 이 경우 구조공간의 표시기준 등에 관하여는 위 헬리포트 설치기준의 (3) 및 (4)를 준용한다.

3. 대피공간의 설치기준

관계법규에서, 건축물의 지붕이 경사지붕인 경우에는 헬리포트 설치 대신 경사지붕 아래에 대피공간을 설치하도록 규정하고 있으며, 그 설치기준은 다음과 같다.

(1) 대피공간의 면적은 지붕 수평투영면적의 10분의 1 이상일 것

(2) 특별피난계단 또는 피난계단과 연결할 것

(3) 출입구·창문을 제외한 부분은 해당 건축물의 다른 부분과 내화구조의 바닥 및 벽으로 구획할 것

(4) 출입구는 유효너비 0.9미터 이상으로 하고, 그 출입구에는 60+ 방화문 또는 60분방화문을 설치할 것

(5) 위 (4)호에 따른 방화문에 비상문자동개폐장치를 설치할 것

(6) 내부마감재료는 불연재료로 설치할 것

(7) 예비전원으로 작동하는 조명설비를 설치할 것

(8) 관리사무소 또는 종합방재실 등과 긴급 연락이 가능한 통신시설을 설치할 것

10 \ 피뢰설비의 설치기준

1. 설치대상

  (1) 높이 20m 이상의 건축물(철탑 등 공작물을 포함한다)

  (2) 낙뢰의 우려가 있는 건축물

  (3) 지정수량 10배 이상을 취급하는 위험물의 저장소 · 제조소

2. 설치기준

  (1) 피뢰설비는 한국산업표준에서 정하는 피뢰레벨 등급에 적합한 피뢰설비일 것 다만, 위험물시설에 설치하는 피뢰설비는 한국산업표준이 정하는 피뢰시스템 레벨 Ⅱ 이상이어야 한다.

  (2) 돌침은 건축물의 맨 윗부분으로부터 25cm 이상 돌출시켜 설치하되, 「건축물의 구조기준」에 따른 설계하중에 견딜 수 있는 구조일 것

  (3) 피뢰설비의 재료는 수뢰부 · 인하도선 · 접지극의 최소 단면적(피복은 제외)이 50mm² 이상이거나 이와 동등이상의 성능을 갖출 것

  (4) 피뢰설비의 인하도선을 대신하여 철골구조물, 철근콘크리트조 등을 사용하는 경우에는 건축물 금속구조체의 최상단부와 지표레벨 사이의 전기저항이 0.2Ω 이하일 것

  (5) 높이 60m 초과 건축물에는 지면에서 건축물 높이의 4/5가 되는 지점으로부터 최상단 부분까지의 측면에 수뢰부를 설치하며, 지표레벨에서 최상단부까지의 높이가 150m를 초과하는 건축물은 120m 지점부터 최상단부분까지의 측면에 수뢰부를 설치할 것

  (6) 접지는 환경오염을 일으킬 수 있는 시공방법이나 화학첨가물 등을 사용하지 아니한다.

  (7) 건축설비용 금속배관 등 금속재 설비는 전위가 균등하게 이루어지도록 전기적으로 접속한다.

  (8) 피뢰설비와 전기설비 · 통신설비의 접지계통을 공용하는 통합접지공사를 하는 경우에는 한국산업표준에 적합한 서지보호장치(SPD)를 설치할 것

  (9) 그 밖에 피뢰설비와 관련된 사항은 한국산업표준에 적합하게 설치할 것

11 \ 지하층의 구조

1. 지하층의 구조 및 설비의 설치기준

(1) 거실의 바닥면적이 50m² 이상인 지하층에는 직통계단 외에 피난층 또는 지상으로 통하는 비상탈출구 및 환기통을 설치할 것. 다만, 직통계단이 2개소 이상 설치되어 있는 경우에는 그러하지 아니하다.

(2) 제2종 근린생활시설 중 공연장·단란주점·당구장·노래연습장, 문화 및 집회시설 중 예식장·공연장, 수련시설 중 생활권수련시설·자연권수련시설, 숙박시설 중 여관·여인숙, 위락시설 중 단란주점·주점영업 또는 소방법령에 의한 다중이용업의 용도에 쓰이는 층으로서 그 층의 거실의 바닥면적의 합계가 50m² 이상인 건축물에는 직통계단을 2개소 이상 설치할 것

(3) 바닥면적 1,000m² 이상인 층에는 피난층 또는 지상으로 통하는 직통계단을 방화구획되는 각 부분마다 1개소 이상 설치하되, 이를 피난계단 또는 특별피난계단의 구조로 할 것

(4) 거실의 바닥면적의 합계가 1,000m² 이상인 층에는 환기설비를 설치할 것

(5) 지하층의 바닥면적이 300m² 이상인 층에는 식수공급을 위한 급수전을 1개소 이상 설치할 것

2. 지하층 비상탈출구의 설치기준

(1) 비상탈출구의 유효너비는 0.75m 이상으로 하고, 유효높이는 1.5m 이상으로 할 것

(2) 비상탈출구의 문은 피난방향으로 열리도록 하고, 실내에서 항상 열 수 있는 구조로 하며, 내부 및 외부에는 비상탈출구의 표시를 할 것

(3) 비상탈출구는 출입구로부터 3m 이상 떨어진 곳에 설치할 것

(4) 지하층의 바닥으로부터 비상탈출구의 아랫부분까지의 높이가 1.2m 이상이 되는 경우에는 벽체에 발판의 너비가 20cm 이상인 사다리를 설치할 것

(5) 비상탈출구에서 피난층 또는 지상으로 통하는 복도나 직통계단까지 이르는 피난통로의 유효너비는 0.75m 이상으로 하고, 피난통로의 실내에 접하는 부분의 마감과 그 바탕은 불연재료로 할 것

(6) 비상탈출구의 진입부분 및 피난통로에는 통행에 지장이 있는 물건을 방치하거나 시설물을 설치하지 아니할 것

(7) 비상탈출구의 유도등과 피난통로의 비상조명등의 설치는 소방법령이 정하는 바에 의할 것

12 \ 경계벽 및 방화벽

1. 경계벽

(1) 정의

건축물 내에서 서로 접하는 다른 점유권 또는 소유권을 갖는 2 이상의 세대·객실·병실·교실 등의 사이 벽으로서 국토교통부령으로 정하는 기준에 따라 설치한 것

(2) 설치대상

1) 단독주택 중 다가구주택의 각 가구 간 또는 공동주택의 각 세대 간의 벽

2) 공동주택 중 기숙사의 침실, 의료시설의 병실, 학교의 교실 또는 숙박시설의 객실 간의 벽

3) 제1종 근생시설 중 산후조리원의 다음 각 호 어느 하나에 해당하는 경계벽
   ① 임산부실 간 경계벽
   ② 신생아실 간 경계벽
   ③ 임산부실과 신생아실 간 경계벽

4) 제2종 근린생활시설 중 다중생활시설의 호실 간의 벽

5) 노유자시설 중 노인복지주택의 각 세대 간 또는 노인요양시설의 호실 간의 벽

(3) 구조 및 설치기준

〈공통기준〉: 내화구조로 하고, 지붕밑 또는 바로 위층의 바닥판까지 닿게 설치

[다가구주택·공동주택인 경우]: (주택건설기준 등에 관한 규정 제14조)

1) 철근콘크리트조 또는 철골·철근콘크리트조로서 두께 15cm 이상인 것

2) 무근콘크리트조·콘크리트블록조·벽돌조 또는 석조로서 두께 20cm(시멘트모르터·회반죽·석고프라스터 바름두께를 포함) 이상인 것

3) 조립식주택부재인 콘크리트판으로서 두께 12cm 이상인 것

4) 1)호 ~ 3)호의 것 외에 국토교통부장관이 정하여 고시하는 기준에 따라 한국건설기술연구원장이 차음성능을 인정하여 지정하는 구조인 것

[다가구주택·공동주택이 아닌 경우]: (피난·방화구조 기준/규칙 제19조)

1) 철근콘크리트조·철골철근콘크리트조로서 두께 10cm 이상인 것

2) 무근콘크리트조 또는 석조로서 두께 10cm 이상인 것

3) 콘크리트블록조 또는 벽돌조로서 두께 19cm 이상인 것

4) 국토교통부장관이 정하여 고시하는 기준에 따라 국토교통부장관이 지정하는
   자 또는 한국건설기술연구원장이 실시하는 품질시험에서 그 성능이 확인된 것

2. 방화벽

(1) 정의

건축물에서 화재가 발생한 경우 일정한 시간 동안 불길이 이웃 건축물로 건너갈
수 없도록 차단하는 벽으로서 국토교통부령으로 정하는 기준에 따라 설치한 것

(2) 설치대상

연면적 1,000m² 이상인 건축물 : (방화벽으로 구획하되, 각 구획마다 바닥면적
의 합계가 1,000m² 미만이 되게 하여야 한다)

(3) 설치제외대상

1) 주요구조부가 내화구조이거나 불연재료인 건축물
2) 단독주택(단, 다중주택 및 다가구주택은 제외한다)
3) 내부설비의 구조상 방화벽으로 구획할 수 없는 창고시설
4) 동물 및 식물관련시설, 발전시설, 교도소·소년원 또는 묘지관련시설의 용도
   로 쓰는 건축물
5) 철강관련 업종의 공장 중 제어실로 사용하기 위하여 연면적 50m² 이하로 증
   축하는 부분

(4) 구조 및 설치기준

1) 내화구조로서 홀로 설 수 있는 구조일 것
2) 방화벽의 양쪽 끝과 위쪽 끝을 건축물의 외벽면 및 지붕면으로부터 0.5m 이
   상 튀어나오게 할 것
3) 방화벽에 설치하는 출입문의 너비 및 높이는 각각 2.5m 이하로 하고, 해당
   출입문에는 갑종방화문을 설치할 것

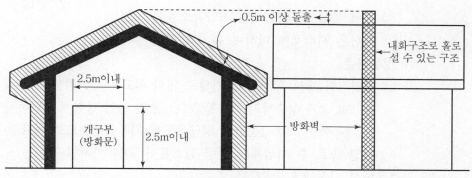

[방화벽의 구조]

13. 방화재료의 성능기준 및 시험방법

1. 개요

(1) 방화재료라 함은 건축재료 중 불연성의 것 또는 잘 타지 아니하는 성질의 것으로 구성된 재료를 말하며, 방화성능의 등급에 따라 불연재료·준불연재료·난연재료로 구분한다.

(2) 국내 건축물 내부마감재료에 대하여는 국토해양부 고시(제2006-476호 : 2006. 11.8)로 과거 KS F 2271에 의한 시험(기재·표면·부가 시험) 대신 KS F ISO 1182(불연성 시험), KS F ISO 5660-1(열방출률 시험) 및 KS F 2271 중 가스유해성 시험을 중심으로 난연성능기준을 재정립하여 시행하고 있다.

2. 방화재료의 성능기준 및 시험방법

(1) 불연재료

1) 불에 타지 아니하는 성질을 가진 재료로서 KS F ISO 1182(불연성 시험) 및 KS F 2271 중 가스유해성 시험 결과 다음과 같은 불연재료의 성능기준을 충족하는 것

2) 성능기준 및 시험방법
   ① 불연성 시험(KS F ISO 1182)
      ㉮ 시험방법
         ㉠ 가열로 내에 시험체를 넣고 가열로의 평균온도가 10분 동안 750±5℃로 유지되게 가열
         ㉡ 가열 개시 후 20분에 가열로 내의 최고온도를 측정

ⓒ 가열 종료 후 시험체의 질량감소율을 측정

ⓓ 시험은 시험체에 대하여 총 3회 실시

㉯ 성능기준

ⓐ 가열시험 개시 후 20분간 가열로 내의 최고온도가 최종평형온도보다 20K 초과 상승하지 아니할 것(단, 20분 동안 평형에 도달하지 않을 경우에는 최종 1분간의 평균온도를 최종평형온도로 한다.)

ⓑ 가열 종료 후 시험체의 질량 감소율이 30% 이하일 것

② 가스유해성 시험(KS F 2271)

㉮ 시험방법

ⓐ 가열시간 : 6분(부열원 : 3분, 주열원 : 3분)

ⓑ 시험용기 내에 실험용 쥐(Mouse)와 가열된 연소가스를 주입하여 쥐의 행동정지시간을 측정

ⓒ 시험은 시험체가 실내에 접하는 면에 대하여 2회 실시

㉯ 성능기준

시험결과 실험용 쥐의 평균 행동정지시간이 9분 이상일 것

(2) 준불연재료

1) 불연재료에 준하는 성질을 가진 재료로서 KS F ISO 5660-1(열방출률 시험) 및 KS F 2271 중 가스유해성 시험에 의한 시험 결과 다음과 같은 준불연재료의 성능기준을 충족하는 것

2) 성능기준 및 시험방법

① 열방출률 시험(KS F ISO 5660-1의 콘칼로리 미터법에 의한 시험)

㉮ 시험방법

ⓐ 가열강도 : 열량 50[kW/m^2]으로 10분 동안 가열

ⓑ 시험은 시험체가 실내에 접하는 면에 대하여 3회 실시

㉯ 성능기준

ⓐ 가열시험 개시 후 10분 동안 총방출열량이 8[MJ/m^2] 이하일 것

ⓑ 10분간의 최대 열방출률이 10초 이상 연속으로 200[kW/m^2]을 초과하지 아니할 것

ⓒ 10분간 가열 후 시험체를 관통하는 방화상 유해한 균열, 구멍 및 용융 등이 없을 것

② 가스유해성 시험(KS F 2271)

가스유해성 시험결과 실험용 쥐의 평균 행동정지시간이 9분 이상일 것

(3) 난연재료

1) 불에 잘 타지 아니하는 성질을 가진 재료로서 KS F ISO 5660 – 1 및 KS F 2271 중 가스유해성 시험에 의한 시험결과 다음과 같은 난연재료의 성능기준을 충족하는 것

   다만, 복합자재인 경우에는 건축물의 실내에 접하는 부분에 12.5mm 이상의 방화석고보드로 마감하거나, 또는 KS F 2257-1(건축부재의 내화시험)에 의한 시험결과 15분의 차염성능 및 이면온도가 120K 이상 상승하지 않는 재료로 마감하는 경우에는 이것을 난연재료로 인정한다.

2) 성능기준 및 시험방법

   ① 열방출률 시험(KS F ISO 5660-1의 콘칼로리 미터법에 의한 시험)

   　㉮ 시험방법

   　　㉠ 가열강도 : 열량 50[kW/m²]으로 5분 동안 가열

   　　㉡ 시험은 시험체가 실내에 접하는 면에 대하여 3회 실시

   　㉯ 성능기준

   　　㉠ 가열시험 개시 후 5분 동안 총방출열량이 8[MJ/m²] 이하일 것

   　　㉡ 5분간의 최대 열방출률이 10초 이상 연속으로 200[kW/m²]을 초과하지 아니할 것

   　　㉢ 5분간 가열 후 시험체를 관통하는 방화상 유해한 균열, 구멍 및 용융 등이 없을 것

   ② 가스유해성 시험(KS F 2271)

   　가스유해성 시험결과 실험용 쥐의 평균행동정지 시간이 9분 이상일 것

14 \ 소방관 진입창의 기준

1. 설치대상

건축물의 11층 이하의 층

2. 설치제외대상

(1) 발코니에 대피공간을 설치하거나 아래와 같은 구조로 설치한 아파트
　　1) 발코니와 인접 세대와의 경계벽이 파괴하기 쉬운 경량구조 등인 경우
　　2) 발코니의 경계벽에 피난구를 설치한 경우
　　3) 발코니의 바닥에 국토교통부령으로 정하는 하향식 피난구를 설치한 경우
(2) 비상용승강기를 설치한 아파트

3. 설치기준

(1) 2층 이상 11층 이하인 층에 각각 1개소 이상 설치할 것. 이 경우 소방관이 진입할 수 있는 창의 가운데에서 벽면 끝까지의 수평거리가 40m 이상인 경우에는 40m 이내마다 소방관이 진입할 수 있는 창을 추가로 설치해야 한다.
(2) 소방차 진입로 또는 소방차 진입이 가능한 공터에 면할 것
(3) 창문의 가운데에 지름 20cm 이상의 역삼각형을 야간에도 알아볼 수 있도록 빛 반사 등으로 붉은색으로 표시할 것
(4) 창문의 한쪽 모서리에 타격지점을 지름 3cm 이상의 원형으로 표시할 것
(5) 창문의 크기는 폭 90cm 이상, 높이 1.2m 이상으로 하고, 실내 바닥면으로부터 창의 아랫부분까지의 높이는 80cm 이내로 할 것
(6) 다음 각 목의 어느 하나에 해당하는 유리를 사용할 것
　　1) 플로트판유리로서 그 두께가 6mm 이하인 것
　　2) 강화유리 또는 배강도유리로서 그 두께가 5mm 이하인 것
　　3) 1) 또는 2)에 해당하는 유리로 구성된 이중 유리로서 그 두께가 24mm 이하인 것

15 \ 건축물 내부마감재료의 적용기준

	용도	해당 용도 거실의 바닥면적	마감재료(벽 및 반자)	
			거실	복도, 계단, 통로
1	공동주택, 단독주택 중 다중주택 · 다가구주택	(면적에 관계없이) 모두 적용	불연재료 준불연재료 난연재료	불연재료 준불연재료
2	제2종 근린생활시설 중 공연장 · 종교집회장 · 인터넷컴퓨터게임시설제공업소 · 학원 · 독서실 · 당구장 · 다중생활시설의 용도로 쓰는 건축물			
3	발전시설(자가발전 · 자가난방용 포함), 방송국, 촬영소, 공장, 창고시설, 위험물 저장 및 처리시설, 자동차관련시설			
4	「다중이용업소의 안전관리에 관한 특별법 시행령」 제2조에 따른 다중이용업의 용도로 쓰는 건축물			
5	5층 이상의 건축물	5층 이상 층의 거실 바닥면적 합계 500m² 이상		
6	위 1호~4호 용도의 거실 등을 지하층에 설치할 경우의 그 거실	(면적에 관계없이) 모두 적용	불연재료 준불연재료	
7	강판과 심재(心材)로 이루어진 복합자재를 마감재료로 사용하는 부분			
8	문화 및 집회시설, 종교 · 판매 · 운수 · 의료 · 노유자 · 수련 · 숙박 · 위락 · 장례시설, 학교, 학원, 오피스텔			

[주의]

(1) 위에서 주요구조부가 내화구조 또는 불연재료로 된 건축물로서 그 거실의 바닥면적(자동식소화설비가 설치된 면적은 제외) 200m² 이내마다 방화구획된 건축물은 제외한다.

(2) 계단실이 건축법령에 의한 피난계단 또는 특별피난계단일 경우에는 벽, 반자 및 **바닥까지 모두** 불연재료로 하여야 한다.

16 \ 아파트 발코니의 구조변경(거실화)에 따른 보완시설기준

1. 발코니의 구조변경(거실화)에 따르는 보완시설

(1) 대피공간

1) 설치대상

아파트로서 4층 이상 층의 각 세대에서 2개 이상의 직통계단을 사용할 수 없는 경우

① 인접세대와 공동으로(세대 간 경계부분의 발코니에) 설치하여야 하는 대상 : 인접세대와 2면 이상이 접하는 구조인 경우

② 각 세대별로 설치할 수 있는 대상

인접세대와 접하지 아니하거나, 1면만 접하는 경우(단, 이 경우 발코니에 설치하는 세대 간의 경계벽이 파괴하기 쉬운 경량구조이거나, 경계벽에 피난구를 설치한 경우에는 대피공간을 설치하지 아니할 수 있다.)

2) 설치면제대상

① 인접 세대와의 경계벽이 파괴하기 쉬운 경량구조 등인 경우

② 경계벽에 피난구를 설치한 경우

③ 발코니의 바닥에 국토해양부령으로 정하는 하향식 피난구를 설치한 경우

3) 설치기준

① 위치 : 외부면과 접하는 곳으로서, 거실 각 부분에서 접근이 용이한 장소에 설치

② 출입구 : 60+ 방화문으로서 거실 쪽에서만 열 수 있는 구조이며 대피공간을 향해 열리는 밖여닫이로 설치해야 한다.

③ 방화구획 : 1시간 이상의 내화성능을 갖는 내화구조의 벽으로 구획하고 벽·천장·바닥의 내부마감재료는 준불연재료 또는 불연재료 사용

④ 바닥면적 : 3m² 이상(단, 각 세대별로 설치할 경우에는 2m² 이상)

⑤ 창호 : 폭 0.7m × 높이 1.0m 이상은 개폐 가능할 것(개정 : 2010.9.10)

⑥ 조명설비 : 휴대용 손전등 비치 또는 비상전원이 연결된 조명설비 설치

(2) 방화유리창 또는 방화판

1) 설치대상

아파트 2층 이상의 층에서 스프링클러의 살수범위에 포함되지 않는 발코니를 구조변경하는 경우

2) 설치기준

① 설치높이 : 바닥판 두께를 포함하여 높이 90cm 이상

② 창호와 일체 또는 분리하여 설치 가능

③ 내화성능

㉮ 방화유리 : KS F 2845에 의한 시험결과 비차열 30분 이상

㉯ 방화판 : 불연재료 사용

(3) 발코니의 난간

1) 난간의 높이 : 1.2m 이상

2) 난간살 사이의 간격 : 10cm 이하

(4) 화재감지기 및 발코니의 내부마감재료

1) 설치대상

스프링클러의 살수범위에 포함되지 않는 발코니를 구조변경하여 거실로 사용하는 경우

2) 설치기준

① 당초의 발코니 부분에 화재감지기 설치(단, 단독주택은 제외)

② 내부마감재료는 난연재료급 이상을 사용(단, 건축법 시행령 제61조에 의해 바닥면적 200m² 이내마다 방화구획되어 있는 부분은 제외한다.)

17 고층건축물의 피난안전구역

1. 개요

(1) 정의

피난안전구역이란, 건축법상의 고층건축물에서 피난층 또는 지상으로 통하는 특별피난계단과 직접 연결되는 대피공간으로서 방화구획, 방연구획 및 비상통신시설 등의 각종 소방안전시설을 갖추어 화재 시 이 곳으로 대피하면 임시 피난·안전이 보장되는 공간을 말한다.

(2) 법정 설치대상 및 설치층

1) 초고층건축물 : 지상층 30개 층마다 1개소 이상 설치

2) 준초고층건축물 : 해당 건축물 지상층 전체 층수의 1/2에 해당하는 층으로부터 상하 5개 층 이내에 1개소 이상 설치(다만, 피난층 또는 지상으로 통하는 직통계단을 설치하는 경우에는 설치를 제외할 수 있다)

3) 지상 16층~29층인 지하연계복합건축물로서 지상층별 거주밀도가 m²당 1.5명을 초과하는 층

4) 초고층건축물 또는 지하연계복합건축물의 지하층이 문화 및 집회시설, 판매시설, 운수시설, 업무시설, 숙박시설 등의 용도로 사용되는 경우 : 해당 층에 피난안전구역 또는 선큰 설치

(3) 피난안전구역의 기능

1) 화재발생 시 재해약자 등을 배려한 수직피난동선의 임시 휴식공간 기능

2) 유사시 일시적인 피난혼잡을 완화하여 피난자의 판단력을 확보

3) 피난보조인력 또는 구조인력의 지휘소 역할

2. 피난안전구역의 건축관련 설치기준

(1) 피난안전구역은 해당 건축물의 1개층을 대피공간으로 하며, 기계실, 보일러실, 전기실 등 건축설비를 설치하기 위한 공간과 같은 층에 설치할 수 있다. 이 경우 피난안전구역은 건축설비가 설치되는 공간과 내화구조로 구획하여야 한다.

(2) 피난안전구역으로 연결되는 특별피난계단은 피난안전구역을 거쳐서 상·하층으로 갈 수 있는 구조로 설치

(3) 피난안전구역의 바로 아래층 및 위층은 건축물의 설비기준 등에 관한 규칙에 적합한 단열재를 설치. 이 경우 아래층은 최상층에 있는 거실의 반자 또는 지붕 기준을 준용하고, 위층은 최하층에 있는 거실의 바닥 기준을 준용할 것.

(4) 피난안전구역의 내부마감재료는 불연재료로 설치

(5) 건축물의 내부에서 피난안전구역으로 통하는 계단은 특별피난계단의 구조로 설치

(6) 비상용 승강기는 피난안전구역에서 승하차 할 수 있는 구조로 설치

(7) 식수공급을 위한 급수전을 1개소 이상 설치하고 예비전원에 의한 조명설비를 설치

(8) 관리사무소 또는 방재센터 등과 긴급연락이 가능한 경보 및 통신시설을 설치

(9) 피난안전구역의 면적은 다음 식으로 구한 면적 이상일 것

1) 지상층 : (피난안전구역 윗층의 재실자 수 × 0.5) × 0.28m²

2) 지하층 : (해당 층의 사용형태별 수용인원의 합 × 0.1) × 0.28m²

3) 지상 16층~29층인 지하연계복합건축물로서 지상층별 거주밀도가 m²당 1.5 명을 초과하는 층 : 해당 층의 사용형태별 면적 합계 × 0.1m²(1/10에 해당하는 면적)

(10) 피난안전구역의 높이는 2.1m 이상일 것

(11) 「건축물의 설비기준 등에 관한 규칙」 제14조에 따른 배연설비를 설치할 것

(12) 기타 소방청장이 정하는 소방 등 재난관리를 위한 설비를 갖출 것

3. 피난안전구역의 소방시설관련 설치기준 : (초고층 및 지하연계복합건축물만 해당)

(1) 제연설비

피난안전구역과 비제연구역간의 차압은 50Pa(옥내에 스프링클러설비가 설치된 경우에는 12.5Pa) 이상 되게 하여야 한다. 다만, 피난안전구역의 한쪽 면 이상이 외기에 개방된 구조의 경우에는 제연설비를 설치하지 아니할 수 있다.

(2) 비상조명등

피난안전구역의 비상조명등은 상시 조명이 소등된 상태에서 그 비상조명등이 점등되는 경우 각 부분의 바닥에서 조도는 10lx 이상이 될 수 있도록 설치할 것

(3) 휴대용 비상조명등

1) 피난안전구역에는 휴대용비상조명등을 다음 각 호의 기준에 따라 설치하여야 한다.
① 초고층건축물에 설치된 피난안전구역 : 피난안전구역 위층의 재실자수(「건축물의 피난 · 방화구조 등의 기준에 관한 규칙」 별표 1의 2에 따라 산정된 재실자 수)의 10분의 1 이상의 수량을 설치
② 지하연계 복합건축물에 설치된 피난안전구역 : 피난안전구역이 설치된 층의 수용인원(영 별표 2에 따라 산정된 수용인원)의 10분의 1 이상의 수량을 설치

2) 건전지 및 충전식 밧데리의 용량은 40분 이상 유효하게 사용할 수 있는 것으로 한다. 다만, 피난안전구역이 50층 이상에 설치되어 있을 경우 밧데리 용량은 60분 이상으로 할 것

(4) 피난유도선

1) 피난안전구역으로 통하는 복도 및 피난안전구역으로 연결되는 특별피난계단 계단실에 설치할 것. 다만, 50층 이상인 건축물의 경우에는 광원점등방식(전

류에 의하여 빛을 내는 방식)의 피난유도선을 설치할 것. 광원점등방식의 경우에는 60분 이상 유효하게 작동하여야 한다.

2) 피난유도선은 다음 각 호의 기준에 따라 설치하여야 한다.

① 피난안전구역이 설치된 층의 계단실 출입구에서부터 피난안전구역 주 출입구 또는 비상구까지 설치할 것

② 계단실에 설치하는 경우 계단 및 계단참에 설치할 것

③ 피난유도 표시부의 너비는 최소 25mm 이상으로 설치할 것

(5) 인명구조기구

1) 방열복, 인공소생기를 각 2개 이상 비치할 것

2) 45분 이상 사용할 수 있는 성능의 공기호흡기(보조마스크를 포함)를 2개 이상 비치할 것. 다만, 피난안전구역이 50층 이상에 설치되어 있을 경우에는 동일한 성능의 예비용기를 10개 이상 비치할 것

3) 화재시 쉽게 반출할 수 있는 곳에 비치할 것

4) 인명구조기구가 설치된 장소의 보기 쉬운 곳에 "인명구조기구"라는 표지판 등을 설치할 것

(6) 행정안전부령으로 정하는 (추가)설비

1) 자동심장충격기 등 심폐소생술을 할 수 있는 응급장비

2) 다음 각 목의 구분에 따른 수량의 방독면

① 초고층건축물에 설치된 피난안전구역 : 피난안전구역 위층의 재실자 수 (「건축물의 피난·방화구조 등의 기준에 관한 규칙」 별표 1의2에 따라 산정된 재실자 수)의 1/10 이상

② 지하연계복합건축물에 설치된 피난안전구역 : 피난안전구역이 설치된 층의 수용인원(영 별표 2에 따라 산정된 수용인원)의 1/10 이상

제 14 장

각 설비별 유지관리 및 점검방법

01 수계소화설비의 공통사항

1. 수원

(1) 소요 수원량이 확보되어 있는지의 여부

(2) 저수조 내에 토사 등이 침전되어 있거나, 불순물이 부유하고 있지 않은지의 여부

(3) 물탱크의 변형, 손상, 급수장치의 작동상태 및 누수 여부

2. 가압송수장치

(1) 화재 등으로 피해를 받을 우려가 없는지의 여부

(2) 주위에는 점검에 장애가 되는 것이 없는지의 여부

(3) 펌프의 회전축 이완 등 이상 여부

(4) 펌프의 토출량 및 양정은 충분한지의 여부

(5) 윤활유는 충만되어 있는지의 여부

(6) 물올림탱크에 물이 자동으로 충수되고 있는지의 여부

(7) 펌프 직근의 밸브류는 개폐가 정상적으로 되어 있는지의 여부

3. 전동기

(1) 전동기의 작동상태는 적정한지의 여부

(2) 화재 등으로 피해를 받을 우려가 있는 장소가 아닌지의 여부

(3) 주위에 점검하는 데 장애가 되는 것이 없는지의 여부

(4) 윤활유는 충만되어 있는지의 여부

(5) 접지상태가 양호한지의 여부

4. 내연기관

(1) 화재 등으로 피해를 받을 우려가 없는지의 여부

(2) 주위에 점검하는 데 장애가 되는 것이 없는지의 여부

(3) 엔진오일은 충만되어 있는지의 여부

(4) 엔진의 작동성능은 적정한지의 여부

(5) 배터리액의 충만상태 및 비중은 적정상태 이내인지의 여부

(6) 배터리의 자동충전장치는 정상적으로 작동하고 있는지의 여부

(7) 배기관은 방화상 유효한 구조로 되어 있는지의 여부

(8) 배기관은 옥외로 안전하게 설치되어 있는지의 여부

(9) 냉각수는 충만되어 있는지의 여부

(10) 방열기의 누설 등 이상은 없는지의 여부

5. 제어반

(1) 배선은 전동기까지 전용회로로 운영되고 있는지의 여부

(2) 제어반의 풀박스가 전용인지의 여부

(3) 전선은 손상부분이 없는지의 여부

(4) 원격조작회로에 이상이 발생할 경우 수동기동이 가능한지의 여부

(5) 전압계 및 전류계 등 지시계가 정상적으로 작동하고 있는지의 여부

(6) 각종 제어 및 조작부가 정상적으로 작동 가능한지의 여부

(7) 표시램프, 스위치, 휴즈, 릴레이 등이 정상상태인지의 여부

6. 비상전원

(1) 상용전원에서 비상전원으로 자동절환이 가능한지의 여부

(2) 다른 전기회로에 의해 차단되지 않도록 되어 있는지의 여부

(3) 개폐기의 소화설비전용의 표시상태는 적합한지의 여부

(4) 소화설비를 20분 이상 정상적으로 작동시킬 수 있는 상태인지의 여부

(5) 다른 설비와 겸용으로 사용할 때 다른 설비에 의하여 차단되지 않는지의 여부

7. 자동기동장치

(1) 기동용 압력스위치의 셋팅압력 범위가 적정한지의 여부

(2) 압력스위치의 셋팅압력범위 이내에서 가압송수장치가 정상적으로 작동하는지의 여부

(3) 압력계의 외관상태 및 표시압력이 적정한지의 여부

(4) 압력챔버 내의 공기충전상태는 적정한지의 여부

(5) 각종 제어밸브의 외관상태 및 개폐상태가 적정한지의 여부

(6) 안전밸브류의 설치 및 작동상태가 양호한지의 여부

8. 배관 및 제어밸브류

(1) 밸브의 설치부근에 장애물 등이 방치되어 있지 않은지의 여부

(2) 밸브는 개폐가 정상적으로 되어 있는지의 여부

(3) 밸브의 각종 조작핸들이 파손, 탈락된 것이 없는지의 여부

(4) 밸브의 작동상태가 양호한지의 여부

(5) 밸브의 누설부분이 없는지의 여부

(6) 밸브의 개폐감시용 스위치의 설치상태가 적정한지의 여부

(7) 밸브의 개폐감시용 스위치의 전기적인 작동상태가 양호한지의 여부

(8) 배관 및 관이음쇠 부분의 누설은 없는지의 여부

(9) 관이음쇠 부분 볼트 등의 탈락 또는 손상부분은 없는지의 여부

9. 송수구

(1) 쌍구형의 전용 송수구로 설치되어 있는지의 여부

(2) 소방차의 접근에 장애가 되는 장애물은 없는지의 여부

(3) 송수구용 체크밸브 및 자동배수 장치의 상태는 적정한지의 여부

(4) 송수구 직근의 표시상태는 양호한지의 여부

02 옥내·옥외소화전설비

1. 소화전함

(1) 소화전함 본체의 변형 및 손상 여부

(2) 주위에 사용상의 장애가 되는 물건이 방치되어 있는지의 여부

(3) 소화전함의 문은 개폐가 용이한지의 여부

(4) 호스 및 관창, 소정의 조작기구는 정상적으로 수납되어 있는지의 여부

(5) 소화전의 위치표시등은 정상적으로 점등되어 있는지의 여부

(6) 소화전의 표지 및 표시상태는 적정한지의 여부

(7) 호스 및 관창의 연결상태는 적정한지의 여부

(8) 호스의 외관상태는 양호한지의 여부

2. 수동기동장치

(1) 수동기동장치에 의한 가압송수장치의 작동상태는 양호한지의 여부

(2) 수동기동장치의 외관상태는 양호한지의 여부

(3) 기동표시등은 정상적으로 작동하는지의 여부

3. 기타사항

위의 "수계소화설비의 공통사항" 준용

03 \ 스프링클러설비

1. 습식 스프링클러설비

(1) 유수검지장치 등 경보밸브의 누설부분은 없는지의 여부

(2) 경보밸브 주위에 점검하는 데 장애가 되는 것이 없는지의 여부

(3) 밸브류는 개폐가 정상적으로 되어 있는지의 여부

(4) 밸브류의 각종 조작핸들이 파손·탈락된 것은 없는지의 여부

(5) 전기배선은 단자의 탈락이 없이 정상적으로 접속되어 있는지의 여부

(6) 압력계는 설치위치 등에 따라 정상적으로 압력을 표시하고 있는지의 여부

(7) 압력스위치와 수신반과의 신호전송상태는 양호한지의 여부

(8) 경보밸브에 부착된 시험용 밸브의 작동상태는 양호한지의 여부

(9) 시험밸브를 개방했을 때 유수검지장치는 정상적으로 작동하는지의 여부

(10) 리타딩챔버 등 오보방지장치는 정상적으로 작동하는지의 여부

2. 준비작동식 및 일제살수식 스프링클러설비

(1) 경보밸브의 누설부분은 없는지의 여부

(2) 경보밸브 주위에 점검하는 데 장애가 되는 것이 없는지의 여부

(3) 밸브류는 개폐가 정상적으로 되어 있는지의 여부

(4) 밸브류의 각종 조작핸들이 파손·탈락된 것은 없는지의 여부

(5) 감지장치의 설치상태는 적정한지의 여부

(6) 감지장치의 외관 및 작동상태는 양호한지의 여부

(7) 감지장치의 작동에 따라 경보장치는 정상적으로 작동하는지의 여부

(8) 슈퍼비죠리 콘트럴 패널은 정상적으로 작동하는지의 여부

(9) 수동기동을 위한 누름단추의 보호판은 파손 또는 탈락되어 있지 않은지의 여부

(10) 전기배선은 단자의 탈락이 없이 정상적으로 접속되어 있는지의 여부

(11) 압력스위치와 수신반과의 신호전송상태는 양호한지의 여부

(12) 경보밸브에 부착된 시험용 밸브의 작동상태는 양호한지의 여부

(13) 압력계는 설치위치 등에 따라 정상적으로 압력을 표시하고 있는지의 여부

3. 건식 스프링클러설비

(1) 경보밸브의 누설부분은 없는지의 여부

(2) 경보밸브 주위에 점검하는 데 장애가 되는 것이 없는지의 여부

(3) 밸브류는 개폐가 정상적으로 되어 있는지의 여부

(4) 밸브류의 각종 조작핸들이 파손·탈락된 것은 없는지의 여부

(5) 전기배선은 단자의 탈락 없이 정상적으로 접속되어 있는지의 여부

(6) 압력스위치와 수신반과의 신호전송상태는 양호한지의 여부

(7) 경보밸브에 부착된 시험용 밸브의 작동상태는 양호한지의 여부

(8) 압력계는 설치위치 등에 따라 정상적으로 압력을 표시하고 있는지의 여부

(9) 공기압축기의 작동상태는 양호한지의 여부

(10) 압력조정장치의 설치 및 작동상태는 양호한지의 여부

(11) 가속기의 설치 및 작동상태는 양호한지의 여부

(12) 공기배출기의 설치 및 작동상태는 양호한지의 여부

(13) 급수장치의 외관 및 설치상태는 적정한지의 여부

4. 스프링클러헤드

(1) 헤드의 설치위치와 관련되는 방호구역의 변경은 없는지의 여부

(2) 칸막이벽 등과 헤드와의 간격은 적정한지의 여부

(3) 헤드의 표시온도는 주위온도에 적합한 것으로 설치되어 있는지의 여부

(4) 헤드의 주위에는 살수에 장애를 주는 장애물이 없는지의 여부

(5) 헤드의 설치 높이는 천장 또는 반자와 적정한 간격을 유지하고 있는지의 여부

(6) 헤드에서의 누설부분은 없는지의 여부

(7) 헤드의 디플렉타 등 외부의 손상부분은 없는지의 여부

5. 기타사항

위의 "수계소화설비의 공통사항" 준용

04 \ 물분무 소화설비

1. 물분무헤드(노즐)

(1) 헤드의 설치위치와 관련되는 방호구역의 변경은 없는지의 여부
(2) 칸막이벽 등에 의한 헤드의 설치간격은 적정한지의 여부
(3) 헤드의 주위에는 살수에 장애를 주는 장애물이 없는지의 여부
(4) 헤드의 설치 높이는 천장 또는 반자와 적정한 간격을 유지하고 있는지의 여부
(5) 헤드의 오리피스 부분이 막히거나 손상된 것은 없는지의 여부
(6) 헤드의 디플렉타 등 외부의 손상부분은 없는지의 여부

2. 배수설비

(1) 방호구역의 경계턱, 배수구 및 소화 Pit의 손상된 부분이 없는지의 여부
(2) 배수관 및 집수관에는 토사 등으로 채워져 있지 않은지의 여부
(3) 소화 Pit는 분리한 기름을 유효하게 처리할 수 있는 구조로 되어 있는지의 여부

3. 기타사항

위의 "수계소화설비의 공통사항" 준용

05 \ 포 소화설비

1. 포 혼합장치

(1) 외적인 변형 · 부식 · 이탈부분은 없는지의 여부
(2) 포 소화약제 및 가압수의 누설부분은 없는지의 여부
(3) 밸브류는 개폐가 정상적으로 되어 있는지의 여부
(4) 밸브류의 각종 조작핸들이 파손 · 탈락된 것은 없는지의 여부
(5) 화재 등으로 피해를 받을 우려는 없는지의 여부
(6) 내부 오리피스의 막힘 부위는 없는지의 여부

2. 포 소화약제

(1) 포 소화약제 저장용기의 외적인 상태는 적정한지의 여부
(2) 포 소화약제의 부식, 변질 및 침전물의 발생 등은 없는지의 여부
(3) 포 소화약제의 저장량은 적정한지의 여부

3. 포 방출기구

(1) 방출기구의 변형, 손상, 부식 등 외적인 손상은 없는지의 여부
(2) 방출구 내부의 봉판이 파손, 변형된 것은 없는지의 여부
(3) 헤드부 공기흡입구의 막힘 및 망의 탈락 등 손상된 것은 없는지의 여부
(4) 방출구 주위에는 포 방출에 장애를 주는 장애물이 없는지의 여부

4. 기타사항

위의 "수계소화설비의 공통사항" 준용

06 \ 할론·이산화탄소 소화설비

1. 설치위치

(1) 소화약제저장용기의 설치장소는 주위가 연소의 우려가 있거나 충격에 의한 손상의 우려가 없으며, 옥내의 다른 부분과는 방화구획이 되어 있는가?
(2) 소화약제저장용기의 설치장소는 실내 최고 온도가 40℃ 이하인 곳인가?
(3) 분사헤드의 설치 이후 용도의 변경, 증·개축 또는 구조변경 등이 있었을 때 이에 맞추어 소화설비를 보완하였는가?
(4) 이동식소화설비(국소방출방식) 설치 후 개구부의 축소 등 여건이 변화하여 소화활동이 곤란한 상태는 아닌가?

2. 소화약제 저장용기 및 저장용기실

(1) 용기는 부식되지 않았는가?
(2) 용기는 검사 합격품의 것인가?
(3) 점검에 편리하고, 화재시 연소의 우려와 충격에 의한 손상의 우려가 없는 장소인가?
(4) 저장실의 온도가 40℃ 이하인가?

(5) 직사광선, 빗물 등에 의한 피해가 없을 것인가?

(6) 저장용기 설치장소를 나타내는 표지를 설치하였는가?

[개선대책]

① 약제저장용기를 방호구역 이외의 장소 또는 방호구역을 통과하지 않고 출입할 수 있는 장소에 설치한다.

② 저장용기에 일련번호를 부여하여 관리한다.

3. 소화약제

(1) 저장가스는 규정량을 확보하고 있는가?

(2) 층고의 $\dfrac{2}{3}$ 높이 이하의 위치에 있는 개구부 중 자동 폐쇄되지 않는 것은 없는가?

4. 소화약제저장용기밸브

(1) 용기밸브는 견고하게 부착되어 있는가?

(2) 용기밸브는 변형, 손상, 균열, 부식되지 않았는가?

※ 점검시 오방출사고 방지를 위하여 강한 충격 등을 피할 것

5. 저장용기밸브 개방장치

(1) 가스압력식 개방장치

1) 기동용 가스용기는 25MPa 이상의 압력에 견딜 수 있는 것인가?

2) 기동용 가스용기에는 내압시험압력의 0.8~1배에서 작동하는 안전장치를 설치하였는가?

3) 기동용 가스용기의 내용적은 $1\,\ell$ 이상의 것이며, 당해 용기의 이산화탄소 저장용량이 0.6kg 이상이고 또한 충전비가 1.5 이상인가?

4) 소화약제저장용기의 예비용기는 확보하였는가?

(2) 전기식(전자개방밸브)의 개방장치

1) 소화약제저장용기를 7개 이상 동시에 개방하는 설비에 있어서는 2개 이상의 용기에 전자개방밸브를 부착하고 있는가?

2) 전기적 개방장치는 수동으로도 개방할 수 있는 구조로 되어 있는가?

6. 배관

(1) 배관 및 결합부는 변형, 부식, 손상부분이 없는가?

(2) 각 결합부분이 이완된 것 없이 완전 결합되어 있는가?

(3) 약제 방출시 압력반동 등에 의한 진동에 견딜 수 있는가?

(4) 안전밸브는 검정품의 것이며, 그 작동압력은 17~20MPa 범위의 것인가?

(5) 안전밸브 또는 역지밸브는 견고하게 결합되어 탈락의 우려는 없는가?

(6) 체크밸브의 부착여부 및 설치 방향과 조작관의 접속 경로가 설계도면과 일치하는가?

(7) 기동용기와 저장용기 사이에 릴리프밸브를 설치하였는가?

(8) 배관의 주위온도가 현저하게 높은 곳은 없는가?

7. 표지

(1) 수동기동장치라는 표지를 설치하였는가?

(2) 가스방출표시의 표지는 출입문마다 보기 쉬운 곳에 설치하였는가?

(3) 표지의 문자는 선명한가?

8. 선택밸브

(1) 선택밸브의 주위에 장애물이 있어 쉽게 접근할 수 없도록 되어 있지는 않은가?

(2) 밸브의 파손, 변형된 곳은 없는가?

(3) 레버 또는 핸들을 조작하여 수동조작이 용이한가?

(4) 선택밸브 및 방출 방호구역을 표시한 표지가 선택밸브마다 보기 쉽게 설치되어 있는가?

9. 기동장치의 점검

(1) 수동기동장치

1) 기동장치는 당해 방호구역 밖에 설치되어 있는가?

2) 기동장치는 방호구역마다 설치되어 있는가?

3) 기동장치의 조작부는 바닥으로부터 0.8m 이상, 1.5m 이하의 부분에 설치되어 있는가?

4) 기동장치의 표지는 되어 있는가?

(2) 자동기동장치

1) 감지기가 변형 또는 탈락되어 있는 것은 없는가?
2) 감지기는 당해 설비와 연동되고 있는가?
3) 수신기, 제어반 또는 조작함 중 어느 하나에 자동 절환장치가 설치되어 있는가?
4) 자동화재감지장치(감지기)는 인접한 2개의 감지기가 서로 연동하여 제어반에 신호를 보내는가?

10. 음향장치

(1) 음색은 다른 소리와 확실히 식별되는 것인가?
(2) 기동, 정지가 원활하고 취명이 지속되는가?

11. 제어반

(1) 점검과 감시가 가능한 장소에 설치되어 있는가?
(2) 설치 이후 용도의 변경, 증·개축 또는 구조의 변경 등이 있을 경우 이에 맞추어 설비를 보완하였는가?
(3) 계전기류 커버의 파손, 탈락은 없으며, 완전히 부착되어 있는가?
(4) 접점부에 먼지축적 또는 파손, 변형된 곳은 없는가?
(5) 지연장치(타이머)는 이상이 없으며, 제어시간은 적정하게 조정되어 있는가?
(6) 조작함을 개방할 경우 음향장치가 작동되며, 개구부의 자동폐쇄 또는 덕트의 댐퍼, 팬의 정지 등이 적정하게 연동되는가?
(7) 코일의 절연열화 등 계전기의 기능은 정상인가?

12. 분사헤드

(1) 국소방출방식에 있어 방호대상물의 사후 변경으로 환기가 부적절하거나 설비가 방호대상물 밖의 부분에 설치되어 있지는 않은가?
(2) 헤드의 탈락, 이완 등은 없는가?
(3) 호스릴 방식의 경우, 호스의 변형, 손상 또는 이탈은 없는가?
(4) 사람이 상주하는 장소에 헤드가 설치되어 있지는 않은가?
(5) 약제의 방사로 가연물이 비산하지 않도록 설치되었는가?(국소방출방식)

13. 관리사항

(1) 점검, 보수, 계량 등을 실시한 기록은 유지하고 있는가?

(2) 설계도면 및 수리계산서는 비치하고 있으며, 관리자가 이를 이해하고 있는가?

(3) 방출된 소화약제가 안전한 장소로 배출되기에 적합한 위치에 있는가?

(4) 출입문 등의 자동폐쇄에 장해요소는 없는가?

07 \ 할로겐화합물 및 불활성기체 소화설비

(1) 올바른 작동을 위해 능숙한 관리자에 의해 적어도 1년에 한번 또는 관계기관이 요구하는 것보다 더 자주 모든 소화설비를 충분히 점검하여, 유지 관리하여야 한다.

(2) 점검결과에 대하여 기록하여 남기고, 건물주에게 보고하여 필요한 조치를 하여야 하며, 감독기관의 요청이 있으면 이를 보고하여야 한다.

(3) 적어도 6개월마다 소화약제 저장용기를 점검하고, 만약 저장 용기의 소화약제량이 손실되었다면 반드시 보충해야 한다.

　　[약제량 보충]

　　① 저장용기의 약제량 손실 5% 초과시 보충

　　② 또는, 용기의 압력 손실 10% 초과시(단, IG-541의 경우는 5% 초과 시) 보충

(4) 점검 또는 유지관리를 위하여 용기로부터 제거되는 모든 소화장치는 수집되어 재활용되어야 하며, 관련법규에 따라 환경적으로 폐기되어야 한다.

(5) 점검한 날자와 점검을 시행한 사람을 기록 보관하고, 이를 용기에 부착된 꼬리표에 기록하여야 한다.

(6) 용기는 고압가스안전관리법에서 정하고 있는 주기적인 검사 또는 시험을 받아야 한다.

(7) 모든 설비에 사용된 부품은 주기적으로 검사 또는 시험하여야 하며, 만약 육안검사 시 손상이 보이면 즉각 교체하여야 한다.

(8) 각 방호구역은 적어도 1년에 한번 정도 점검하여 소화설비의 성능에 지장을 줄 수 있거나 이물질 또는 기타 다른 변화가 발생했는지 그리고 방호구역의 체적변화 등이 발생했는지 확인하여야 하며, 점검결과 소화농도를 유지할 수 없는 조건이 발견되면 그 요인들은 바로잡아 당초의 소화설비 상태로 유지하여야 한다.

(9) 만약 그래도 확실치 않다면 방호구역은 도어팬 시험에 따라 재시험을 실시하여 유지관리하여야 한다.

(10) 건물주는 자체점검계획을 수립하고 점검결과 기록을 유지해야 한다.

(11) 건물주는 소화설비 시공자로부터 소화설비의 사용방법에 대한 매뉴얼을 제공

받아 관리자에게 숙지시켜야 하며, 그 내용에는 소화설비에 문제가 일어날 경우에 대한 조치 및 행동요령도 포함되어야 한다.

(12) 소화설비의 유지관리는 다음과 같은 방법으로 점검하여야 한다.

1) 주 단위로 소화설비의 효과를 감소시킬 수 있는 방호구역 내의 변화된 사항을 육안점검한다.

2) 육안점검은 모든 작동장치와 부품들이 올바로 설치되어 있고 손상은 없는지, 파이프에 파손은 없는지 확인한다.

3) 압력게이지에 이상이 없는지 점검해야 한다.

4) 월별로는 장비와 설비를 다루는 사람들이 올바르게 훈련되어 있는지 규정대로 하고 있는지를 점검한다.

5) 특히 신입직원에게 소화설비의 사용방법 및 조치요령에 대한 교육을 실시하여야 한다.

(13) 소화설비에 대한 정기적인 교육을 하여야 한다.

1) 소화설비의 작동, 유지, 시험, 감독 등을 수행하는 관리관계자는 훈련을 받아야 하고 지속적으로 적절한 훈련이 반복되어야 한다.

2) 소화설비가 설치되어 있는 방호구역 내에서 근무하는 사람들은 소화설비의 사용과 작동 및 안전에 대한 훈련을 받아야 한다.

중요예상문제

1. 소방시설의 자체점검대상 및 점검결과보고

01 종합점검을 받아야 하는 공공기관의 대상, 연간 점검횟수 및 점검자격자에 대하여 쓰시오.

해답 1. 점검 대상 : 연면적 1,000m² 이상으로서 옥내소화전설비 또는 자동화재탐지설비가 설치된 공공기관

2. 연간 점검횟수 : 연 1회 이상

3. 점검 자격자

   (1) 소방시설관리업에 등록된 소방시설관리사
   (2) 소방안전관리자로 선임된 소방시설관리사·소방기술사

02 소방시설의 종합점검에서 점검 전 준비사항과 점검 후 조치사항에 대하여 쓰시오.

해답 1. 점검 전 준비사항

   (1) 점검의 일자 및 시간을 결정
      ① 당해 특정소방대상물의 다른 작업일정 및 이용자의 출입이 혼잡한 시간을 피하여 정한다.
      ② 점검 도중에도 화재 등이 발생할 경우를 고려하여 정한다.
      ③ 당해 특정소방대상물의 입주자 등의 업무에 방해가 되지 않도록 고려하여 정한다.
   (2) 점검실시계획의 수립
      ① 점검 참여인원의 조정   ② 이전 점검사항의 검토
      ③ 점검순서   ④ 점검 시 안전대책

(3) 설계도서 등 참고서류의 준비

① 소방시설의 설계도면

② 소방시설의 완공관련 서류

③ 소방시설에 대한 과거 점검·정비현황의 파악

④ 최근(이전) 점검내용 및 점검결과보고서

2. 점검 후 조치사항

(1) 소방시설의 복구

① 차단된 전원의 복구

② 폐쇄 또는 개방한 밸브 등의 복구

③ 해체·탈착된 기계·기구 등의 결합 및 셋팅

④ 각 설비별 연동기구의 연동기능 복구

⑤ 제어반의 복구

(2) 정비를 요하는 부분의 확인 및 조치

① 간단한 정비를 요하는 부분 : 점검자가 직접 정비 및 셋팅

② 복잡하거나 시간이 많이 소요되는 정비·보수 : 관계자에게 통보

(3) 점검용 기구 등의 회수 및 정리

① 점검에 사용한 점검기구 등의 회수

② 점검한 소방시설 주위의 정리·정돈

(4) 점검결과 보고

① 소방시설점검결과보고서 및 점검표를 작성하여 30일 이내에 관할 소방서에 제출

② 작동기능점검일 경우에는 점검결과보고서 및 점검표를 작성하여 2년간 자체보관

---

03 특정소방대상물의 관계인이 소방시설에 대하여 관리업자에게 자체점검을 하게 하였을 때 그 점검결과에 대한 보고 및 행정 절차를 기술하시오.

해답 1. 보고 기한 및 보고 의무자

(1) 점검을 실시한 관리업자가 관계인에게 보고
: 점검이 끝난 날부터 10일 이내

(2) 관계인이 소방본부장 또는 소방서장에게 보고

: 점검이 끝난 날부터 15일 이내

2. 제출서류

소방시설등 자체점검 실시결과 보고서(「소방시설법 시행규칙」 별지 제9호서식)에 다음 각 호의 서류를 첨부하여 제출
(1) 점검인력 배치확인서(관리업자가 점검한 경우만 해당)
(2) 소방시설등의 자체점검결과 이행계획서(「소방시설법 시행규칙」 별지 제10호서식)
(3) 소방시설등의 점검표

3. 보고서류 보관

자체점검 실시결과 보고를 마친 관계인은 소방시설등 자체점검 실시결과 보고서(소방시설등 점검표 포함)를 점검이 끝난 날부터 2년간 자체 보관해야 한다.

04 소방시설 점검수수료의 산정은 엔지니어링기술진흥법에 의한 엔지니어링사업대가의 기준 중 실비정액가산방식에 따라 산정한다. 이의 실비정액가산방식에서 직접인건비, 직접경비, 제경비, 기술료에 대하여 기술하시오.

해 답 1. 직접인건비

(1) 당해 업무에 직접 종사하는 기술자의 인건비
(2) 한국엔지니어링진흥협회가 통계법에 의하여 조사·공표한 기술자의 엔지니어링사업 노임단가를 말한다.

2. 직접경비

(1) 당해 업무수행과 직접 관련이 있는 경비
(2) 즉, 당해 업무수행에 있어서 필요한 출장여비, 주재비, 장비소모품비 등을 말한다.

3. 제경비

(1) 행정운영을 위해 기획·경영·총무분야 등에서 발생하는 간접적인 경비
(2) 통상 직접인건비의 110~120%를 제경비(간접경비)로 산정한다.

4. 기술료

   (1) 당해 업무와 관련한 기술을 개발하거나 보유한 기술의 사용 및 기술의 축적을 위한 대가

   (2) 기술료 = (직접인건비 + 제경비) × 0.2~0.4으로 산정한다.

---

05 옥외소화전설비의 법정 점검기구를 기술하시오.

해답 소화전밸브압력계, 방수압력측정계, 절연저항계, 전류전압측정계

※ 절연저항계는 최고전압이 DC 500[V] 이상, 최저눈금이 0.1[MΩ] 이하의 것이어야 한다.

---

06 제연설비, 스프링클러설비, 축전지설비, 통로유도등, 비상조명등의 종합점검에서 사용하는 소방시설별 점검기구를 아래와 같은 표를 그려 나타내시오.

구분	설비별	점검기구명	규격
①			
②			
③			
④			

해답

구분	설비별	점검기구명	규격
①	제연설비	풍속풍압계 · 절연저항계 · 전류전압측정계 · 폐쇄력측정기 · 차압계	
②	스프링클러설비	헤드결합렌치 · 방수압력측정계 · 절연저항계 · 전류전압측정계	
③	축전지설비	비중계 · 스포이드 · 절연저항계 · 전류전압측정계	
④	통로유도등 비상조명등	조도계 · 절연저항계 · 전류전압측정계	최소눈금 0.1 Lux

2. 각종 시험방법

01 가압송수장치의 성능시험에서 시험순서, 판정방법, 시험 후 복구방법에 대하여 쓰고 펌프의 성능곡선을 그리시오.

해답

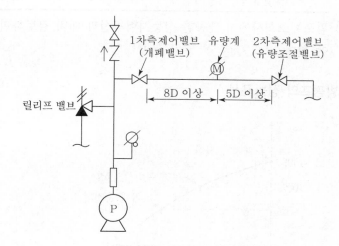

1. 시험순서

(1) 동력제어반(MCC)의 충압펌프 작동스위치 : '정지'(OFF) 위치에 놓는다.

(2) 주펌프 토출측의 개폐밸브 : 완전히 잠근다.

(3) 릴리프 밸브 : 완전히 잠근다.

(4) 성능시험배관의 1차측(상류측) 밸브 : 완전 개방
2차측(하류측) 밸브 : 완전 잠금

(5) 주펌프 기동 : 압력챔버의 배수밸브 개방(펌프기동 후 다시 잠근다.)
또는 제어반 수동기동스위치 'ON' 위치

(6) 성능시험 배관의 2차측 밸브를 서서히 열면서 다음 사항을 확인·측정한다.

1) 정격부하시험 : 정격토출량 상태에서 토출압력을 측정한다.

2) 최대부하시험 : 정격토출량의 150%일 때 토출압력을 측정한다.

3) 무부하시험(체절운전시험) : 토출량이 Zero(0)인 상태에서 토출압

력을 측정한다.

2. 판정방법

(1) 소화펌프의 성능시험에서 다음과 같은 성능이 되면 정상이다.

구분	유량	압력
정격운전	100%	100~110%
최대운전	150%	65% 이상
체절운전	0%	140% 이하

(2) 펌프제조회사에서 제공한 성능시험곡선과 대비 검토하여 이상이 없어야 한다.

3. 소방펌프의 성능곡선

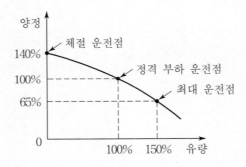

4. 복구방법

(1) 동력제어반(MCC)의 주펌프 작동스위치 : '정지' 위치에 놓는다.
(2) 성능시험 배관의 2차측 밸브를 열어 배수한 다음 1·2차측 밸브를 모두 잠근다.
(3) 릴리프 밸브의 개방압력을 재설정한다 : (설정방법은 p.73쪽을 참조)
(4) 주펌프의 토출측 밸브 : 완전 개방
(5) 충압펌프를 MCC의 작동스위치로 수동기동하여 충분히 충압시킨다.
(6) 충압펌프 작동스위치 : '자동' 위치에 놓는다.
(7) 제어반의 주펌프 작동스위치 : '자동' 위치에 놓는다.
(8) 자동기동 확인 : 압력챔버의 배수밸브를 개방하여 펌프의 자동기동을 확인한 후 다시 잠근다.

02 자동화재탐지설비의 수신기시험에서 6가지 시험방법과 각 시험에서의 가부판정기준에 대하여 기술하시오.

해 답 1. 동작시험(화재표시작동시험)

(1) 작동시험방법

① 수신기의 「동작시험」 및 「자동복구」 스위치 Button을 누른다.

② 「회로선택스위치」를 순차적으로 회전시키면서

③ 화재표시등, 해당지구표시등, 주경종, 지구경종 및 기타 연동설비의 작동여부를 확인한다.

④ 각 회선의 표시사항과 회선번호를 대조한다.

⑤ 감지기 또는 발신기를 차례로 동작시켜 각 경계구역과 지구표시등과의 접속상태를 확인한다.

(2) 판정기준

① 각 경계구역번호와 회선표시창의 일치 여부를 확인한다.

② 화재표시등 및 지구표시등, 음향장치의 정상작동을 확인한다.

2. 회로도통시험

(1) 작동시험방법

① 「회로도통시험」 버튼을 누르고 전원지시값이 0[V]가 되는지 확인한다.

② 「회로선택스위치」를 순차적으로 회전시킨다.

③ 도통시험 확인 표시창에서 단선 여부를 확인한다.

(2) 판정기준

① 정상 : 2~6[V] 지시 또는 녹색범위 지시

② 단선 : 0[V] 지시

3. 공통선시험

(1) 작동시험방법

① 수신기 내의 접속단자에서 공통선 1개를 분리한다.

② 「회로도통시험」 버튼을 누른다.

③ 「회로선택스위치」를 순차적으로 회전시킨다.

④ 시험용 전압계에 0[V]로 표시되는 회로수를 확인한다.

(2) 판정기준

하나의 공통선이 담당하고 있는 경계구역수가 7개 이하일 것

4. 동시작동시험

(1) 작동시험방법

① 수신기의 「화재시험」 스위치를 누른다.(「자동복구」 스위치는 누르지 않는다.)

② 각 회선의 「화재작동」을 복구시킴 없이 5회선을 동시에 작동시킨다.

③ 회로의 작동수가 증가할 때마다 전류를 확인한다.

④ 주음향장치 및 지구음향장치도 동작시키고 전류를 확인한다.

⑤ 부수신기가 설치된 경우에도 모두 「정상상태」로 놓고 시험한다.

(2) 판정기준

각 회로를 작동시켰을 때 수신기, 부수신기, 표시기, 음향장치 등의 작동상태가 이상이 없을 것

5. 회로저항시험

(1) 작동시험방법

① 수신기의 전원을 「Off」 상태로 한다.

② 감지기회로의 공용선과 표지선 사이의 말단에서 단락시킨다.

③ 회로시험기의 셀렉터 스위치를 [Ω]에 놓고 저항값을 측정한다.

(2) 판정기준

하나의 감지기회로의 합성저항치가 50[Ω] 이하일 것

6. 예비전원시험

(1) 작동시험방법

① 「예비전원시험」 스위치를 누른다.

② 전압계의 지시치가 지정치 범위 내인가 확인한다.

③ 교류전원을 「Off」 시킨다.

④ 자동절환릴레이의 작동상태를 확인한다.

(2) 판정기준

① 전압계의 지시치가 약 24[V]이고

② 상용전원에서 예비전원으로 자동절환되며

③ 스위치를 복구하여 자동으로 다시 상용전원으로 복구되면 정상

03 공기관식 감지기에 대한 공기주입시험기에 의한 시험방법과 측정시 주의 사항을 설명하시오.

해 답

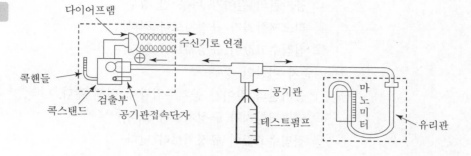

1. 개요

공기주입시험기는 차동식 분포형 공기관식 감지기에 공기를 주입시켜 공기관의 절곡 또는 구멍발생 여부, 검출부의 작동 또는 지속 여부 등을 실험으로 확인하기 위한 것으로 시험방법으로는 공기주입시험, 작동계속시간시험, 유통시험, 접점수고시험 등이 있다.

2. 시험방법

(1) 공기주입시험(화재작동시험)

① 개요

화재에 의한 공기관 내의 공기팽창압력에 상당하는 공기량을 테스트용 펌프로 공기관에 주입하여 감지기 작동개시 시간과 경계구역 표시 등을 확인하는 시험

② 시험방법

㉮ 공기관식 감지기의 검출부 시험구멍에 (공기주입)시험기를 연결한다.

㉯ 시험코크 또는 Key를 조작해서 「시험」 위치에 오도록 조정한다.

㉰ 검출부에 표시되어 있는 해당 공기량을 공기관에 주입한다.

㉱ 공기주입 후부터 감지기가 작동개시할 때까지의 시간을 측정한다.

③ 판정방법

㉮ 감지기 작동개시 시간은 검출부에 첨부되어 있는 제원표에 의한 범위 이내일 것

㉯ 수신반에서 경계구역의 표시가 적합할 것

④ 작동개시 시간의 판정방법

㉮ 기준치 이상인 경우

㉠ 공기관의 누설·변형

㉡ 공기관의 길이가 너무 긴 경우

㉢ 리크저항치가 규정치보다 적다.

㉣ 접점수고값이 규정치보다 높다.

㉯ 기준치 미만인 경우

㉠ 공기관의 길이가 공기주입량에 비해 짧다.

㉡ 리크저항치가 규정치보다 크다.

㉢ 접점수고값이 규정치보다 낮다.

(2) 작동계속시간 시험

① 시험방법

화재작동시험에 의하여 감지기가 작동을 개시한 때부터 작동정지
할 때까지의 시간을 측정한다.

② 판정방법

㉮ 기준치 이상인 경우

㉠ 리크저항치가 규정치보다 크다.

㉡ 접점수고값이 규정치보다 낮다.

㉢ 공기관의 폐쇄·변형

㉯ 기준치 미달인 경우

㉠ 리크저항치가 규정치보다 작다.

㉡ 접점수고값이 규정치보다 높다.

㉢ 공기관의 누설

(3) 유통시험

① 개요

공기관의 누설·찌그러짐·막힘 및 공기관의 길이 등을 확인하는
시험

② 시험방법

㉮ 검출부에 시험구멍 또는 공기관의 한쪽 끝에 마노미터를 접속하
고 다른 한쪽 끝에는 공기주입시험기(Test Pump)를 접속한다.

㉯ Test Pump로 공기를 주입시켜 마노미터의 수위를 약 100mm로
상승시킨 상태에서 수위를 정지시킨다.(이때의 수위가 정지하
지 않았을 경우 접속개소 등에서 누설이 예상됨)

        ㉤ 시험 Cock 또는 Key를 조작하여 급기구를 개방

        ㉥ 이때 수위가 1/2(50mm) 높이까지 내려가는 데 걸리는 시간을 측정

    ③ 판정방법

        ㉮ 측정된 시간이 기준시간보다 빠르면 : 공기관의 누설

        ㉯ 측정된 시간이 기준시간보다 늦으면 : 공기관의 변형·막힘 등

 (4) 접점수고시험(Diaphragm시험)

    ① 개요

    Diaphragm에 공기를 주입하여 접점이 닫히는 수고값을 측정하는 것으로 비화재보의 원인제거에 필요하다.

    ② 시험방법

        ㉮ 공기관의 시험구멍에 마노미터 및 공기주입시험기(Test Pump)를 접속한다.

        ㉯ 시험코크를 접점수고 위치에 놓는다.

        ㉰ Test Pump로 Diaphragm에 공기를 미량으로 서서히 투입한다.

        ㉱ 접점이 닫히는 수고값을 측정한다.

        ㉲ 측정값이 검출기에 표시된 값의 범위내 인지 비교 판정한다.

3. 시험·측정시 주의사항

 (1) 공기의 주입은 서서히 하며 규정량 이상 주입하지 않는다.(다이어프램 손상에 유의)

 (2) 공기관이 구부러지거나 꺾이지 않도록 한다.

 (3) 투입한 공기가 리크구멍을 통과하지 않는 구조의 것에 있어서는 적정공기량을 송입한 후, 신속히 시험코크 또는 Key를 정위치에 복귀시킨다.

---

04 공기관식 감지기의 3정수시험에 대한 개념과 시험의 종류를 기술하시오.

해답

1. 3정수시험의 개념

 (1) 공기관식 감지기의 3정수 시험은 감도기준 설정이 가열시험으로는 어렵기 때문에 동작시험 중 부작동시험의 이론시험으로서 비화재보 예방을 목적으로 한다.

(2) 공기관식 감지기의 비화재보 방지를 위하여 고려할 사항
   ① 다이어프램의 팽창도
   ② 접점간격
   ③ 누설저항

2. 3정수시험의 종류

(1) 등가용량 시험
   ① 다이어프램의 팽창도(등가용량)를 알기 위한 시험으로
   ② 주입되는 일정한 공기량에 대한 다이어프램의 수주[mm]를 측정
(2) 접점간격 시험
   접점간격이 기준 이하인 비화재보의 원인이 되므로 이를 측정하는 시험
(3) 누설저항시험
   누설저항이 기준 이상으로 크면 비화재보의 원인이 되므로 이를 측정하는 시험

---

05 전류전압측정계의 0점 조정, 콘덴서의 품질시험방법 및 사용상의 주의사항에 대하여 설명하시오.

해답

1. 0점 조정

측정하기 전에 반드시 바늘의 위치가 0점에 고정되어 있는가를 확인하여야 한다. 그렇지 않을 경우에는 0점 조정나사를 좌우로 돌려 0점에 맞춰야 한다.

2. 품질시험 방법

(1) 2개의 측정용 도선을 Common 단자와 [V, A, Ω] 단자에 연결시킨다.
(2) 선택스위치를 [Ω]의 측정범위 중 10[kΩ]에 고정시킨다.
(3) 0점 조정나사를 돌려서 바늘이 0[Ω]에 일치하도록 조정한다.
(4) 측정탐침의 끝을 각각 피측정저항의 양단에 접속시킨다.
(5) 상태가 양호한 Condenser는 시험기의 건전지 전압으로 충전되어 바늘이 편향을 일으켰다가 서서히 ∞의 위치로 돌아간다.

(6) 불량한 Condenser는 바늘이 편향을 일으키지 않으며 또한 단락된 Condenser는 바늘이 ∞위치로 되돌아가지 않는다.

3. 사용상의 주의사항

(1) 측정시 시험기는 수평으로 놓을 것

(2) 측정범위가 미지수일 때는 눈금의 최대 범위에서 시작하여 한 단계씩 범위를 낮추어 갈 것

(3) 선택스위치가 [DC mA]에 있을 때는 AC전압이 걸리지 않도록 할 것 (시험기의 분로 저항이 손상될 우려가 있음)

(4) 어떤 장비의 회로저항을 측정할 때에는 측정 전에 장비용 전원을 반드시 차단하여야 한다. Condenser가 포함된 회로에는 Condenser에 충전된 전류는 방전시켜야 한다.

---

06 열식감지기의 시험방법에 대하여 다음 물음에 답하시오.(20점)
1. 미부착 감지기의 시험방법(10점)
2. 미부착 감지기와 시험기와의 계통도(10점)

해답 1. 미부착 감지기의 시험방법

(1) 가열시험기(Adapter)의 플러그를 시험기 본체 Connector에 접속한다.

(2) 본체의 전원플러그를 주전원의 전압 110V 또는 220V를 확인 후 접속한다.

(3) 본체의 전원스위치를 ON으로 한다.

(4) 미부착감지기 단자에 미부착 감지기를 연결한다.

(5) 온도선택스위치를 T_1 위치에 놓고 실온을 측정한다.

(6) 온도선택스위치를 T_2로 전환하여 가열시험기의 온도가 측정에 필요한 가열온도에 이르도록 온도조절 손잡이를 시계방향으로 돌린다.

(7) 가열온도가 표시되면 가열시험기를 감지기에 밀착시켜 작동여부 및 제작회사에서 제시하는 작동시간과 비교하여 판정한다.

(8) 동작시 미부착감지기 동작램프가 점등된다.

2. 미부착 감지기와 시험기와의 계통도

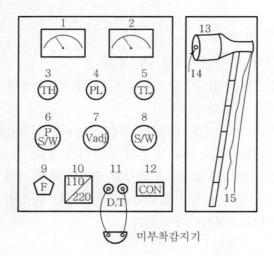

미부착감지기

1. 전압계	9. Fuse
2. 온도지시계	10. 110/220V 절환스위치
3. 실온감지소자 : TH	11. 미부착감지기 연결단자
4. 전원램프 : PL	12. connector
5. 미부착감지기 동작램프 : TL	13. 보조기(시험기 adapter)
6. 전원스위치	14. 온도감지소자
7. 온도조절볼륨(knob)	15. 접속 플러그·전선
8. 온도선택(전환)스위치	

3. 수계소화설비의 공통사항

01

수계소화설비에서 다음과 같은 이상현상이 발생하였을 경우 그 원인에 대하여 다음 각 물음에 답하시오.(30점)

1. 충압펌프가 일정한 주기로 반복해서 기동되는 경우 그 원인 4가지를 쓰시오.(10점)
2. 물올림탱크의 저수위경보 표시등이 점등되는 경우 그 원인 5가지를 쓰시오.(10점)
3. 도통시험시 감시회로에 "단선"이 표시되는 경우 그 원인 3가지를 쓰시오.(10점)

해답

1. **충압펌프가 일정한 주기로 반복해서 기동되는 경우의 원인**

    (1) 배관상의 첵밸브(펌프토출측 직근부위, 고가수조 연결배관, 송수구의 첵밸브)가 미세하게 개방되거나 이물질이 끼어 있어 역류되는 경우
    (2) 관내 배수밸브가 불완전 잠금상태이거나 이물질이 끼어 있어 소량씩 누수되는 경우
    (3) 말단시험밸브가 불완전 잠금상태로 소량씩 누수되는 경우
    (4) 배관 시스템상의 이음부 등에서 소량씩 누수가 되는 경우
    (5) 살수장치(방수구 또는 헤드 등)에서 미세한 개방 또는 누수되는 경우

2. **물올림탱크의 저수위경보 표시등이 점등되는 경우의 원인**

    (1) 후트밸브의 고장으로 물이 역류
    (2) 흡입측 배관에서 누수되는 경우
    (3) 자동급수장치의 고장으로 물올림탱크에 물보충이 불가한 경우
    (4) 저수위감시회로 자체의 고장
    (5) 감시제어반의 오동작

3. **도통시험시 감시회로에 "단선"이 표시되는 경우의 원인**

    (1) 감시회로에 단선이 있을 경우
    (2) 감시회로에 종단저항을 미설치한 경우

02

소방펌프의 운전중 이상현상에 대하여 다음 각 물음에 답하시오.(30점)

1. Cavitation 현상의 발생원인과 그 방지대책(10점)
2. Surging 현상의 발생원인과 그 방지대책(10점)
3. Water Hammer 현상의 발생원인과 그 방지대책(10점)

해답 1. Cavitation 현상의 발생원인과 그 방지대책

(1) 발생원인

펌프의 무리한 흡입이 주된 원인

① 흡입측 양정이 큰 경우

② 흡입관로의 마찰손실이 과대

③ 흡입측 관경이 작은 경우

④ 관 내의 유체온도가 상승된 경우

⑤ 정격 토출량 이상 또는 정격 양정 이하로 운전하는 경우(서징현상도 발생)

(2) 방지대책

근본적으로 펌프의 흡입저항을 줄이는 데 목표를 둔다.

① 흡입측 양정을 적게 한다.(펌프를 흡수면 가까이에 설치)

② 흡입 관경을 크게 하고, 배관을 단순 직관화

③ 수직회전축 펌프 사용

④ 정격 토출량 이상으로 운전하지 말 것 : (서어징은 반대)

⑤ 정격 양정보다 무리하게 낮추어 운전하지 말 것

⑥ 펌프의 회전수를 낮춘다.

2. Surging 현상의 발생원인과 그 방지대책

(1) 발생원인

① 펌프운전시의 특성곡선에서 그 사용범위가 우측으로 올라가는 부분(A~B)일 때 발생

② 정격토출량 범위 이하에서 운전할 경우

③ 송수관로 중에 물탱크나 기체상태의 부분이 존재

④ 유량조절밸브가 펌프에서 원거리에 설치된 경우

(2) 방지대책

① 펌프의 운전특성을 변화시킨다. 즉 특성곡선에서 그 사용범위가 우측하향 구배 특성의 부분이 되도록 모든 조치를 강구 : (회전차나

안내깃의 형상·치수를 변화시킨다.)

② 정격토출량 범위 이하에서 운전하지 않도록 함

③ 배관 중에 수조나 기체상태의 부분이 없도록 조치

④ 유량조절밸브는 펌프 토출측 직후에 근접하여 설치

⑤ 펌프의 회전속도를 낮춘다.

⑥ 배관마찰손실을 적게 한다.

3. Water Hammer 현상의 발생원인과 그 방지대책

(1) 발생원인

① 펌프운전 중 밸브를 급히 개폐한 경우

② 펌프운전 중 정전 등으로 펌프가 급정지되는 경우

③ 원심펌프의 기동 및 정지시에 관내 물이 역류하여 체크밸브가 닫혔을 때

(2) 방지대책

① 펌프의 동력축에 Fly Wheel을 설치 : 회전체의 관성모멘트 증대

② 펌프 토출측에 Air Chamber 설치 : 배관 내의 압력변화를 흡수

③ 유량조절밸브를 펌프 가까이에 설치

④ 펌프 토출측의 체크밸브는 충격흡수식밸브(스모렌스키밸브)를 사용

⑤ 펌프 운전 중에 각종 밸브의 개폐는 서서히 조작한다.

⑥ 관의 내경을 크게 하여 관내 유속을 낮춘다.

---

03 옥내소화전설비의 기동용 수압개폐장치를 점검한 결과 압력챔버 내에 공기를 모두 배출하고 물만 가득 채워져 있다. 기동용 수압개폐장치의 압력챔버를 재조정하는 방법을 기술하시오.

해 답

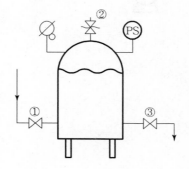

(1) 제어반의 펌프 운전스위치 : 「정지」 위치

(2) ①번 밸브 : 잠근다.

(3) ②번 밸브 : 개방

(4) ③번 밸브 : 개방

(5) 챔버 내 물의 배수가 완료되면 ② · ③번 밸브 : 잠근다.

(6) ①번 밸브 : 개방(주배관의 가압수가 압력챔버로 유입된다.)

(7) 제어반의 펌프 운전스위치 : 「자동」으로 복구한다.

(8) 펌프가 압력스위치의 Setting 압력범위 내에서 작동 및 정지하는지 확인한다.

04

소방펌프를 운전하여 아래의 조건에 따라 릴리프밸브의 개방압력을 조정하는 방법에 대하여 다음 그림을 보고 기술하시오.

[조건]

가. 조정시 주펌프의 운전은 수동운전을 원칙으로 한다.

나. 릴리프밸브의 작동점은 체절압력의 90%로 한다.

다. 조정 전의 릴리프밸브는 체절압력에서도 개방되지 않은 상태이다.

라. 배관의 안전을 위해 주펌프 2차측의 V_1 은 폐쇄 후 주펌프를 기동한다.

마. 조정 전의 V_2 · V_3 는 잠근 상태이며 체절압력의 90%압력을 성능시험배관을 이용하여 만든다.

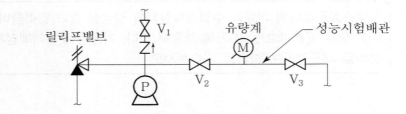

해 답 (1) 동력제어반에서 주펌프 및 충압펌프의 운전스위치를 「수동」위치로 한다.

(2) V_1밸브 : 잠근다.

(3) $V_2 \cdot V_3$밸브 : 잠근다.

(4) 주펌프를 기동시켜 체절운전을 한다.(동력제어반에서 주펌프의 수동기동 스위치를 누른다.)

(5) 이때 체절운전압력이 정상압력(정격압력의 140% 이하)인지 확인한다.

(6) V_2밸브 : 개방한다.

(7) V_3밸브를 서서히 조금씩 개방하여 체절압력의 90% 압력에 도달하였을 때 개방을 멈춘다.

(8) 릴리프밸브의 캡을 열어 압력조정나사를 반시계 방향으로 서서히 돌려 물이 릴리프밸브를 통과하여 배수관으로 흐르기 시작할 때 멈추고 고정 너트로 고정시킨다.

(9) 주펌프를 정지시킨다.

(10) $V_2 \cdot V_3$밸브 : 잠근다.

(11) V_1밸브 : 개방한다.

(12) 동력제어반의 충압펌프 운전스위치를 「자동」에 위치시킨다.

(13) 충압펌프를 기동하여 충분히 충압된 후에.

(14) 동력제어반의 주펌프 운전스위치를 「자동」위치로 한다.

05

소방펌프 주변의 계통도를 아래 조건에 따라 그리고, 각 기기의 명칭과 기능을 쓰시오.

[조건]

가. 저수조는 부압식 수조이다.

나. 물올림장치 부분의 부속류를 도시한다.

다. 펌프의 흡입측 및 토출측 배관의 밸브 및 부속류를 도시한다.

라. 성능시험 배관의 밸브 및 부속류를 도시한다.

해 답 1. 계통도

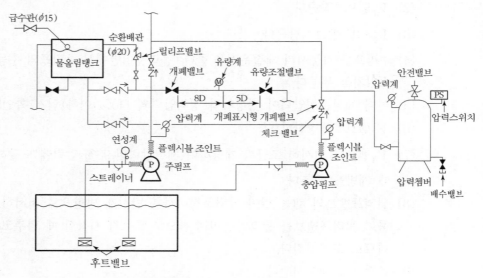

2. 각 기기의 명칭 및 기능

(1) 후트밸브 : 이물질의 여과기능 및 소화수의 역류방지기능

(2) 플렉시블조인트 : 펌프의 진동전달방지 및 배관의 신축을 흡수하는 기능

(3) 연성계 : 펌프의 흡입측 수두를 측정

(4) 압력계 : 펌프의 토출측 수두를 측정

(5) 물올림장치 : 후트밸브의 기능을 감시하고, 펌프 흡입측 배관에 물을 공급함

(6) 순환배관 : 펌프의 체절운전시 수온상승 방지

(7) 릴리프밸브 : 체절압력 미만에서 개방하여 수온상승 방지

(8) 체크밸브 : 소화수의 역류방지

(9) 개폐표시형 개폐밸브 : 성능시험시 또는 배관 수리시에 유수를 차단

(10) 유량계 : 펌프성능시험시 펌프의 유량(토출량) 측정

(11) 성능시험배관 : 가압송수장치(주펌프)의 성능시험

(12) 주펌프 : 소화설비 작동시 소화수에 유속과 방사압력을 부여함

(13) 충압펌프 : 시스템 관내를 상시 충압하여 일정압력으로 유지시킴

(14) 기동용 수압개폐장치(압력스위치 및 압력챔버) : 펌프의 자동 기동·정지 및 시스템 압력변화의 완충작용기능

06 수계소화설비에서 방수시험을 하였으나 펌프가 자동으로 기동하지 않았다. 그 원인으로 생각되는 사항 5가지를 쓰시오.

해답 (1) 상용전원의 정전 및 비상전원의 고장 또는 전원의 차단
(2) 펌프의 고장
(3) 기동용 수압개폐장치에 설치된 압력스위치의 고장
(4) 체크밸브 2차측 배관과 압력탱크 사이에 설치된 개폐밸브의 폐쇄
(5) 동력제어반(MCC)에 설치된 기동스위치가 "수동" 또는 "정지" 위치에 있을 경우
(6) 동력제어반(MCC)의 고장 또는 NFB의 동작 등으로 전원공급스위치가 Off되어 있는 경우
(7) 감시제어반의 펌프기동용 스위치가 "정지" 위치 또는 "수동" 위치에 있는 경우

07 수계소화설비 펌프의 성능시험시 펌프에서 진동 및 소음이 심하게 발생할 경우 그 원인 및 조치방법 6가지를 기술하시오.

해답

	원 인	조치 방법
1	캐비테이션 발생	흡입측 관로저항의 감소 및 흡입측 양정을 감소시킴
2	축 베어링 손상	베어링의 교체
3	축 중심의 불일치 또는 축의 휨	축 중심의 조정 또는 축의 교체
4	축 커플링의 손상	손상된 부품의 교환
5	펌프의 회전부와 고정부 간의 마찰 간섭	축의 중심 및 흔들림 검사 후 이상시 정비 또는 교체
6	토출량이 과다하거나 또는 과소한 상태로 운전	정격토출량에서 운전

08 스프링클러설비의 구성요소 중 하나인 '수조'의 점검항목 중 7개 항목을 작동·종합점검표의 내용에 따라 기술하시오.

해답 (1) 동결방지조치 상태 적정 여부

(2) 수위계 설치 또는 수위 확인 가능 여부

(3) 수조 외측 고정사다리 설치 여부(바닥보다 낮은 경우 제외)

(4) 실내설치 시 조명설비 설치 여부

(5) "스프링클러설비용 수조" 표지설치 여부 및 설치 상태

(6) 다른 소화설비와 겸용 시 겸용설비의 이름 표시한 표지설치 여부

(7) 수조-수직배관 접속부분 "스프링클러설비용 배관" 표지설치 여부

09 수계소화설비 수조의 설치기준에 대하여 화재안전기준의 내용에 따라 기술하시오.

해답 (1) 점검이 편리한 곳에 설치할 것

(2) 동결방지조치를 하거나 동결의 우려가 없는 장소에 설치

(3) 수조의 외측에 수위계를 설치

(4) 수조의 외측에 고정식 사다리를 설치

(5) 수조가 실내에 설치된 경우에는 그 실내에 조명설비를 설치

(6) 수조의 밑부분에 청소용 배수밸브 또는 배수관을 설치

(7) 수조의 외측의 보기 쉬운 곳에 "○○○○설비용 수조"의 표지를 설치

10 수계소화설비 수조의 저수위경보 표시등이 점등되는 경우 그 원인 5가지를 기술하시오.

해답 (1) 유효수량이 확보되지 않은 경우 : 자동급수장치의 고장으로 저수조에 물 보충이 원활하지 아니한 경우

(2) 저수위감시회로 자체가 고장인 경우

(3) 감시제어반에서 오동작한 경우

(4) 플로트 타입의 저수위경보 스위치가 물탱크 내부의 구조물에 걸려 있는 경우

(5) 플로트 타입의 저수위경보 스위치에서 저수위용과 고수위용의 접점이 바뀌어 설치된 경우

11 수계소화설비화재안전기준에서 정하는 감시제어반의 기능에 대한 기준을 6가지만 쓰시오.

해답 (1) 각 펌프의 작동여부를 확인할 수 있는 표시등 및 음향경보기능이 있어야 한다.

(2) 각 펌프를 자동 및 수동으로 작동시키거나 작동을 중단시킬 수 있어야 한다.

(3) 비상전원을 설치한 경우에는 상용전원 및 비상전원의 공급여부를 확인할 수 있어야 한다.

(4) 수조 또는 물올림탱크가 저수위로 될 때 표시등 및 음향으로 경보할 것

(5) 각 확인회로(기동용수압개폐장치의 압력스위치회로·수조 또는 물올림탱크의 감시회로를 말한다)마다 도통시험 및 작동시험을 할 수 있어야 한다.

(6) 예비전원이 확보되고 예비전원의 적합여부를 시험할 수 있어야 한다.

12 수계소화설비 펌프의 압력스위치 표시등이 점등되었으나 펌프는 기동되지 않는 경우 원인 4가지를 기술하시오.

해답 (1) 감시제어반(수신반)에서 해당 펌프의 운전스위치가 "자동" 위치에 있지 아니한 경우

(2) 동력제어반(MCC)에서 해당 펌프의 자동/수동 선택스위치가 "자동" 위치에 있지 아니한 경우

(3) 동력제어반(MCC)에서 과부하표시등(황색)이 점등된 경우

(4) 동력제어반(MCC)의 차단기가 트립(Off)된 경우

13 가압수조를 이용한 가압송수장치의 설치기준을 화재안전기준의 내용에 따라 쓰시오.

해답 (1) 가압수조의 압력은 설비별 규정에 따른 방수량 및 방수압이 20분 이상 유지되도록 할 것

(2) 가압수조의 수조는 최대상용압력 1.5배의 물의 압력을 가하는 경우 물이 새지 않고 변형이 없을 것

(3) 가압수조 및 가압원은 「건축법 시행령」 제46조에 따른 방화구획된 장소에 설치할 것

(4) 가압수조에는 수위계·급수관·배수관·급기관·압력계·안전장치 및 수조에 소화수와 압력을 보충할 수 있는 장치를 설치할 것

(5) 가압수조를 이용한 가압송수장치는 소방용기계기구의 승인 등에 관한 규칙에서 정한 기준에 적합한 것으로 설치할 것

14 수계소화설비에서 시스템 관내의 수압시험방법에 대하여 기술하시오.

해답 1. 충수 및 배관 내의 공기배출

(1) 시험하고자 하는 배관망의 가장 높은 부위에 개구부를 설치하고 개구부를 개방한다.

(2) 물을 하부에서 송수하면서 상부의 개구부를 통하여 관내 공기를 배출한다.

(3) 배관망에 물이 다 채워지면 송수구와 개구부를 폐쇄한다.

2. 가압

(1) 수압시험기의 어댑터를 배관망의 가장 낮은 부위에 연결한다.

(2) 압력을 발생시키는 레버를 상하로 조작하여 관내의 압력을 설정압력까지 상승시킨다.

(3) 설정압력에 도달하면 배관망의 밸브를 폐쇄한 후 2시간 이상 동안 압력강하의 여부를 감시한다.

3. 설정압력

(1) 상용수압 1.05MPa 미만인 경우 : 1.4MPa

(2) 상용수압 1.05MPa 이상인 경우 : 상용수압＋0.35MPa

4. 판정방법

위의 설정압력으로 가압하여 2시간 이상 경과한 후에, 배관과 배관, 배관부속류, 밸브류, 각종 장치 및 기기의 접속부분에서 누수현상이 없으면 합격으로 판정한다.

15 수계소화설비 펌프용 물올림탱크의 저수위경보 표시등이 점등되는 경우 원인 5가지를 기술하시오.

해 답 (1) 후드밸브의 고장으로 물이 역류하는 경우

(2) 펌프 흡입측 배관에서 누수되는 경우

(3) 자동급수장치의 고장으로 물올림탱크에 물보충이 되지 않는 경우

(4) 저수위감시회로 자체가 고장인 경우

(5) 감시제어반에서 오동작한 경우

4. 옥내소화전설비

01

옥내소화전설비의 방수시험에 대하여 다음 물음에 답하시오.(30점)
1. 봉상노즐에 의한 봉상방수시의 방수압력 측정방법을 기술하시오.(8점)
2. 분무노즐에 의한 무상방수시의 방수압력 측정방법을 기술하시오.(8점)
3. 측정시 소화전 개방개수 및 판정방법을 기술하시오.(8점)
4. 방수량 산출방법을 기술하시오.(6점)

해 답

1. 봉상노즐에 의한 봉상방수시의 방수압력 및 방수량 측정방법

그림과 같이 방수압력측정계를 이용하여 동압을 측정한다.
(1) 옥내소화전 호스를 구부러짐 없이 편다.
(2) 소화전 관창과 방수압력측정계를 잡고 소화전 방수구밸브를 개방한다.
(3) 그림과 같이 방수시 관창선단으로부터 관창구경의 1/2거리만큼 떨어진 위치에 압력계의 선단이 오게 한다.
(4) 압력계를 방수류와 직각이 되도록 한 상태에서 압력계의 지침을 읽는다.

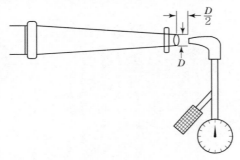

2. 분무노즐에 의한 무상방수시의 방수압력 측정방법

무상방수의 경우에는 동압(방수압력)을 측정하기가 곤란하므로 소화전밸브압력계를 이용하여 정압을 측정한다.
(1) 소화전방수구에 연결된 호스를 탈거한다.
(2) 소화전밸브압력계의 어댑터를 소화전방수구밸브에 연결한다.
(3) 소화전방수구밸브를 개방한 후에 소화전밸브압력계의 밸브를 연다.

(4) 이때 압력계에 표시되는 압력이 방수압력(정압)이다.

3. 측정시 소화전 개방개수 및 판정방법

(1) 옥내소화전이 가장 많이 설치된 층에서 모든 소화전(최대 5개)을 동시에 개방하여 방수상태를 유지한 상태에서 그 중 펌프로부터 가장 멀리 있는 소화전에서 방수압력을 측정한다.

(2) 최상층에 설치된 모든 소화전(최대 5개)을 동시에 개방한 상태에서 펌프로부터 가장 멀리 있는 소화전에서 방수압력을 측정한다.

(3) 위의 (1) 및 (2)에서 측정한 값이 모두 규정방수압력(0.17MPa~0.7MPa) 및 규정방수량(130ℓ/min 이상)이 되어야 합격으로 판정한다.

4. 방수량 산출방법

$$Q = 2.065 \times D^2 \times \sqrt{P}$$

여기서, D : 노즐 오리피스 구경[mm]

P : 방수압력[MPa]

Q : 방수량[ℓ/min]

---

02 옥내소화전설비 송수구의 설치기준에 대하여 기술하시오.

해답

(1) 소방차가 쉽게 접근할 수 있고, 노출된 장소에 설치하여야 한다.

(2) 송수구로부터 주배관에 이르는 연결배관에는 개폐밸브를 설치하지 아니할 것(단, 스프링클러·물분무·포·연결송수관설비의 배관과 겸용하는 경우에는 제외)

(3) 지면으로부터 높이 0.5m~1m의 위치에 설치하여야 한다.

(4) 구경 65mm의 쌍구형 또는 단구형으로 하여야 한다.

(5) 송수구의 가까운 부분에 자동배수밸브 및 체크밸브를 설치하여야 한다.

(6) 송수구에는 이물질을 막기 위한 마개를 씌워야 한다.

03 옥내소화전설비의 작동점검 및 종합점검 시 감시제어반에 대한 점검사항 9가지를 기술하시오.

해답
(1) 펌프 작동 여부 확인 표시등 및 음향경보장치 정상작동 여부
(2) 펌프별 자동·수동 전환스위치 정상작동 여부
(3) 펌프별 수동기동 및 수동중단 기능 정상작동 여부
(4) 상용전원 및 비상전원 공급 확인 가능 여부(비상전원이 있는 경우)
(5) 수조·물올림탱크 저수위 표시등 및 음향경보장치 정상작동 여부
(6) 각 확인회로별 도통시험 및 작동시험 정상작동 여부
(7) 예비전원 확보 유무 및 시험 적합 여부
(8) 감시제어반 전용실 적정 설치 및 관리 여부
(9) 기계·기구 또는 시설 등 제어 및 감시설비 외 설치 여부

04 옥내소화전설비에 대한 종합점검 시 가압송수장치(펌프방식)에 대한 점검사항 7가지를 기술하시오.

해답
(1) 동결방지조치 상태 적정 여부
(2) 감압장치 설치 여부(방수압력 0.7MPa 초과 조건)
(3) 다른 소화설비와 겸용인 경우 펌프 성능 확보 가능 여부
(4) 기동장치 적정 설치 및 기동압력 설정 적정 여부
(5) 주펌프와 동등 이상 펌프 추가설치 여부
(6) 물올림장치 설치 적정(전용 여부, 유효수량, 배관구경, 자동급수) 여부
(7) 충압펌프 설치 적정(토출압력, 정격토출량) 여부

5. 스프링클러설비

01

습식(알람밸브식) 스프링클러설비에서 알람밸브 2차측의 압력이 1차측의 압력보다 높을 경우에 대한 다음 물음에 답하시오.(15점)

1. 2차측의 압력이 1차측의 압력보다 높은 이유(5점)
2. 설비에 미치는 영향(위험성)(5점)
3. 조치방법(대책)(5점)

해답

1. **알람밸브 2차측의 압력이 1차측의 압력보다 높은 이유**

   알람밸브 내의 클래퍼는 체크밸브의 기능이 있으므로, 펌프의 기동·정지 시 최종의 압력을 2차측에 유지시키게 하고, 또 펌프 운전시의 순간적인 수격 및 맥동현상으로 발생한 순간적인 고압이 2차측으로 전달된 후 알람체크밸브에 의해 1차측으로의 역류가 제한되기 때문이다.

2. **설비에 미치는 영향(위험성)**

   스프링클러설비에서 평상시 배관 내의 압력을 과압으로 유지하거나, 펌프가 체절운전 등 비정상적으로 장시간 운전될 경우 알람밸브의 2차측 배관 내에는 과압이 걸려 있게 되고, 또 과압이 유지된 채로 장시간 경과하게 되면 배관과 스프링클러헤드에 피로현상이 누적되게 되어 상당한 부담을 주게 되며, 또 이 상태에서 펌프의 기동시 일시적인 수격에 의해 헤드가 개방될 수도 있다.

3. **조치방법(대책)**

   주기적인 점검을 통하여 알람밸브 2차측에 과압이 걸려 있을 경우에는, 알람밸브의 주배수밸브를 약간 개방하여 1차측의 압력과 2차측의 압력이 거의 동일하게 되도록 한다.

02 습식 스프링클러설비에서 유수검지장치의 작동시험방법을 기술하시오.

해답 (1) 수신반에서 자동복구스위치를 누른다.
(2) 말단시험밸브에서 압력계상의 압력을 확인한 후 시험밸브를 개방한다.
(3) 말단시험밸브 개방으로 알람체크밸브 2차측의 압력이 급격히 저하한다.
(4) 2차측 압력저하로 알람체크밸브 클래퍼가 개방되고 1차측에서 2차측으로 유수가 진행된다.
(5) 유수로 인하여 리타딩챔버가 만수가 되면 압력스위치가 작동된다.
(6) 압력스위치 작동으로 수신기의 화재표시등 점등 및 경보를 발령한다.
(7) 유수로 인한 압력저하로 기동용 수압개폐장치의 압력스위치가 작동된다.
(8) 가압송수장치(Pump)가 작동되어 계속적인 송수를 한다.
(9) 말단시험밸브를 폐쇄하면 설정된 규정 방수압력에서 자동으로 펌프가 정지된다.(단, 2006.12.30 이후에 건축허가 신청된 특정소방대상물인 경우에는 펌프를 수동으로 정지시킨다.)
(10) 모든 장치의 정상 여부를 확인한다.

※ 주요확인사항
① 유수검지장치의 작동 여부(클래퍼 작동, 압력스위치 작동)
② 경보발령 여부 및 수신기의 화재표시등 점등 여부
③ 수압개폐장치의 작동 여부(압력스위치 작동)
④ 가압송수장치의 작동 및 정지 여부
⑤ 규정방수압력 및 규정방수량의 범위내인지 확인

03 스프링클러설비의 말단 시험밸브의 시험작동 시 확인할 수 있는 사항을 기술하시오.

해답 (1) 압력스위치 정상작동 여부의 확인
(2) 방호구역 내 경보발령의 확인
(3) 스프링클러 감시제어반에서 화재표시등 점등의 확인
(4) 당해 방호구역을 담당하는 유수검지장치의 작동표시등 점등의 확인
(5) 기동용 수압개폐장치 정상작동 여부의 확인
(6) 가압송수장치 정상작동 여부의 확인

04 습식 스프링클러설비에서 시험 중 경보장치가 작동하지 않는 경우 점검하여야 할 요소에 대하여 기술하시오.

해답
(1) 경보정지용 밸브의 잠김
(2) 압력스위치의 접점상태 불량
(3) 압력스위치와 수신반 사이의 배선회로가 단선
(4) 수신반에서 경보스위치를 「정지」 시킨 경우
(5) 전원이 저전압 상태인 경우
(6) 경종(Bell) 자체가 고장인 경우
(7) 알람체크밸브와 압력스위치의 연결용 오리피스에 이물질이 차서 막힘 여부

05 준비작동식 스프링클러설비에서 프리액션밸브의 기동시 동작순서를 기술하시오.

해답
(1) 감지기 1개회로 작동 : 경보장치 작동
(2) 감지기 2개회로 작동 : 전자밸브 개방
(3) 프리액션밸브 중간챔버의 물 배출 : 압력 저하
(4) 프리액션밸브 클래퍼의 개방
(5) 프리액션밸브 2차측 제어밸브까지 소화수 급수
(6) PORV 작동 : 중간챔버 압력 저하상태 지속
(7) 경보장치 작동
(8) 펌프 기동
(9) Setting 압력 유지

06 준비작동식 스프링클러설비에 대하여 다음 물음에 답하시오.(15점)
1. 준비작동식 밸브의 오동작 원인(8점)
2. 준비작동식 밸브를 작동(개방)시키는 방법 5가지(7점)

해답 1. 준비작동식 밸브의 오작동 원인

(1) 해당 방호구역에 설치된 감지기의 오작동

(2) 감시제어반에서 동작시험스위치 작동시 연동 정지스위치를 동작하지
않은 경우

(3) 슈퍼비조리판넬에서 동작시험시 자동복구를 하지 아니하고 동작한 경우

(4) 감시제어반에서 동작시험시 자동복구를 하지 아니하고 동작한 경우

(5) 솔레노이드 밸브의 누수 또는 고장

(6) 수동개방밸브의 누수 또는 사람이 오작동시킨 경우

2. 준비작동밸브를 작동(개방)시키는 방법 5가지

(1) 슈퍼비조리판넬에서 기동스위치 작동

(2) 감지기 2개회로 동시 작동

(3) 감시제어반에서 동작시험 스위치를 누른 후 당해 회로선택스위치로
A, B 회로 복수 동작

(4) 감시제어반에서 수동기동스위치 작동

(5) 준비작동식 밸브의 수동개방밸브를 개방

07

스프링클러설비에서 다음과 같은 고장현상에 대하여 예상할 수 있는 고장
원인을 쓰시오.(30점)

1. 습식(알람밸브식) 스프링클러설비에서 평상시에 주기적으로 오보가 발
생되는 경우의 원인 4가지를 쓰시오.(10점)

2. 습식(알람밸브식) 스프링클러설비에서 동작시험시 경보가 울리지 않는
경우의 원인 5가지를 쓰시오.(10점)

3. 준비작동식 스프링클러설비에서 동작시험 후 복구가 되지 않아 제어반
에서 동작표시등이 계속 점등되는 경우의 원인 5가지를 쓰시오.(10점)

해 답 1. 평상시에 주기적으로 오보가 발생되는 경우의 원인

(1) 리타딩챔버의 자동배수밸브가 이물질로 막힌 경우

(2) 유수검지장치부 압력스위치의 접점이 불량인 경우

(3) 말단시험밸브의 불완전한 잠금상태

(4) 알람밸브 2차측의 배관시스템상에서 소량씩 누수가 되는 경우

2. 동작시험시 경보가 울리지 않는 경우의 원인

(1) 경보정지밸브가 폐쇄된 경우

(2) 수신반의 경보정지스위치가 차단된 경우

(3) 알람밸브와 압력스위치의 연결용 오리피스에 이물질이 차서 막혀있는 경우

(4) 압력스위치 자체가 불량인 경우

(5) 압력스위치 연결용 배선이 잘못 결선되거나 단선된 경우

(6) 화재감지기의 불량 또는 감지기회로의 배선이 단선된 경우

(7) 음향경보장치가 불량인 경우

3. 동작시험 후 복구되지 않아 제어반에서 동작표시등이 계속 점등되는 경우의 원인

(1) 화재감지기 A회로 and B회로가 동작된 경우

(2) 수신반의 수동기동스위치에 의하여 프리액션밸브가 개방된 경우

(3) 수신반의 동작시험에 의하여 프리액션밸브가 동작된 후 수신반을 복구하지 않은 경우

(4) 수동조작함(SVP)의 기동스위치가 눌러진 경우

(5) 프리액션밸브의 수동기동밸브가 개방되어 있는 경우

(6) 경보시험밸브가 개방되어 있는 경우

---

08 준비작동식 스프링클러설비의 작동방법, 시험시 확인사항 및 복구방법에 대하여 구체적으로 기술하시오.

해답

1. 작동방법

다음 기동방법 중 하나의 방법으로 작동시험한다.

(1) 감지기 A · B회로(2개 회로)를 동시에 동작시킨다.

(2) 수동조작함(SVP : Super Visory Pannel)의 기동스위치 작동

(3) 프리액션밸브의 수동기동밸브 개방

(4) 감시제어반(수신반)에서 수동기동스위치 작동

(5) 감시제어반(수신반)에서 「동작시험」 선택 후 회로선택스위치를 돌려 각 방호구역별로 감지기 A · B회로를 동작시킨다.

2. 확인사항

(1) 수신반 확인사항

   1) 화재표시등의 점등 확인

   2) 주음향장치(수신반의 경보 부져)의 작동 확인

   3) 해당 구역 화재감지기 작동표시등의 점등 확인

   4) 해당 구역 프리액션밸브 개방표시등의 점등 확인

(2) 해당 방호구역의 경보(사이렌) 작동 확인

(3) 프리액션밸브 1 · 2차측 압력계의 압력상태 확인

(4) 소화펌프의 자동기동상태 확인

3. 복구방법

(1) 펌프의 정지상태를 확인한다 : 수동정지시스템인 경우에는 수동으로 정지시킴

(2) 1차측 개폐밸브를 잠근다.

(3) 배수밸브의 개방상태를 확인한다.

(4) 배수완료(1 · 2차 압력계가 0상태이고 배수관 말단부에서 집수정으로 물 흐르는 소리가 멈춘 상태)가 확인되면 배수밸브를 잠근다.

(5) 수동기동밸브로 작동시킨 경우 : 수동기동밸브를 잠근다.

(6) 세팅밸브를 개방 : 중간챔버에 급수 → 클래퍼 자동복구

   ※ Clapper Type의 경우

     복구레버를 반시계 방향으로 돌려 클래퍼를 닫는다.(소리로 확인)

(7) 전동볼밸브형인 경우에는 전자밸브를 복구 : 전자밸브의 푸시버튼을 누른 상태에서 나비밸브를 시계방향으로 돌려서 복구(폐쇄)시킨다.

(8) 1차측 개폐밸브를 서서히 개방한다.

(9) 1 · 2차측 압력계 확인(1차측 : 가압수 압력유지, 2차측 : 압력 0이면 정상) 이때 만일 2차측 압력이 상승하면 위의 배수부터 다시 실시하여야 한다.

(10) 세팅밸브를 잠근다.

(11) 수신반 상태를 복구 및 확인한다

   수신반의 감지기작동표시등 · 화재표시등 · 프리액션밸브개방표시등의 소등 및 경보장치의 작동 정지

(12) 2차측 개폐밸브를 서서히 완전개방한다.

09 건식 스프링클러설비에서 Accelerator의 점검방법을 기술하시오.

해답 (1) 건식밸브(Dry Valve)의 1차측과 2차측 주개폐밸브를 잠근다.

(2) Priming 수위조절밸브를 조금씩 개방하여

(3) 건식밸브 내 공기압력이 1분에 $0.1kgf/cm^2$씩 감소되게 하여 총 $0.5kgf/cm^2$의 압력이 감소되기 전까지 Air Compressor가 정상적으로 기동하는지를 확인한다.

(4) 위의 (2),(3)항을 2~3회 실시하여

(5) 이때 만일 Accelerator가 Air Compressor보다 먼저 작동한다면 불량이다.

10 건식 스프링클러설비에서 Dry Valve의 기밀시험방법을 기술하시오.

해답 (1) 1차측 및 2차측 주개폐밸브를 잠근다.

(2) Priming 수위조절밸브 등을 개방하여

(3) 배관 내 압력이 서서히 감소(1분당 $0.1kgf/cm^2$씩 감소)되게 하여 $1kgf/cm^2$가 될 때까지 건식밸브가 작동하지 않아야 한다.

(4) 기존 공기압력(2.8bar)으로 24시간 유지할 경우 $0.1kgf/cm^2$ 이상의 압력손실이 있으면 시정하여야 한다.

11 스프링클러설비에서 압력스위치에 수압을 가하여 경보시험 하는 방법에 대하여 각 스프링클러설비 종류별로 기술하시오.

해답 1. 습식 스프링클러설비

(1) 알람첵밸브 1차측에 설치된 경보시험밸브를 개방

클래퍼를 개방하지 않고 압력스위치에 수압이 가해짐으로써 경보장치가 작동하는 방법

(2) 알람첵밸브 2차측에 설치된 배수밸브를 개방

2차측 관내의 압력강하에 따른 클래퍼 개방에 의해 2차측으로 소화수가 유수되므로 인해 압력스위치에 수압이 가해짐으로써 경보 작동

(3) 알람첵밸브 2차측 말단에 설치된 말단시험밸브를 개방

2차측 관내의 압력강하에 따른 클래퍼 개방에 의해 2차측으로 소화수가 유수되므로 인해 압력스위치에 수압이 가해짐으로써 경보 작동

2. 준비작동식 스프링클러설비

(1) 프리액션밸브의 1차측에 설치된 경보시험밸브를 개방

클래퍼를 개방하지 않고 압력스위치에 수압이 가해짐으로써 경보장치가 작동하는 방법

(2) SVP(Super Visory Panel)의 수동기동스위치를 작동

프리액션밸브가 개방됨에 따라 2차측으로 소화수가 유수되므로 인해 압력스위치에 수압이 가해짐으로써 경보장치 작동

(3) 프리액션밸브에 설치된 수동기동밸브를 개방

프리액션밸브가 개방됨에 따라 2차측으로 소화수가 유수되므로 인해 압력스위치에 수압이 가해짐으로써 경보장치 작동

(4) 감시제어반(수신반)에서 각 방호구역별 수동기동스위치를 작동

프리액션밸브가 개방됨에 따라 2차측으로 소화수가 유수되므로 인해 압력스위치에 수압이 가해짐으로써 경보장치 작동

3. 건식 스프링클러설비

(1) 건식밸브의 1차측에 설치된 경보시험밸브를 개방

클래퍼를 개방하지 않고 압력스위치에 수압이 가해짐으로써 경보장치가 작동하는 방법

(2) 건식밸브 2차측의 주개폐밸브를 폐쇄한 후 클래퍼 2차측의 압축공기를 배출하는 방법

클래퍼가 개방됨에 따라 2차측으로 소화수가 유수되므로 인해 압력스위치에 수압이 가해짐으로써 경보장치 작동

(3) 건식밸브 2차측의 주개폐밸브를 개방한 상태에서 압축공기공급배관의 밸브를 폐쇄하고 주배관의 압축공기를 배출

클래퍼가 개방됨에 따라 2차측으로 소화수가 유수되므로 인해 압력스위치에 수압이 가해짐으로써 경보장치 작동

4. 일제살수식 스프링클러설비

(1) 일제개방밸브의 클래퍼 1차측에 설치된 경보시험밸브를 개방

클래퍼를 개방하지 않고 압력스위치에 수압이 가해짐으로써 경보장치
가 작동하는 방법

(2) SVP(Super Visory Panel)의 수동기동스위치를 작동

클래퍼가 개방됨에 따라 2차측으로 소화수가 유수되므로 인해 압력스
위치에 수압이 가해짐으로써 경보장치 작동

(3) 일제개방밸브의 중간챔버에 설치된 수동기동밸브를 개방

클래퍼가 개방됨에 따라 2차측으로 소화수가 유수되므로 인해 압력스
위치에 수압이 가해짐으로써 경보장치 작동

(4) 감시제어반(수신반)에서 각 방호구역별 수동기동스위치를 작동

클래퍼가 개방됨에 따라 2차측으로 소화수가 유수되므로 인해 압력스
위치에 수압이 가해짐으로써 경보장치 작동

12 일제살수식 스프링클러설비에서 일제개방밸브의 기동방법 4가지를 기술
하시오.

해답 (1) 해당 방호구역의 SVP(Super Visory Panel)에서 수동기동스위치를 작동
한다.

(2) 감시제어반에서 수동기동스위치를 작동시킨다.

(3) 감시제어반에서 「동작시험」을 선택한 후 회로선택스위치로 각 방호구역
별로 감지기 2회로(A·B회로)를 함께 작동시킨다.

(4) 해당 방호구역의 감지기 2회로(A·B회로)를 함께 작동 : 화재감지기에
의한 기동방식인 경우

(5) 감지용헤드 배관말단의 수동개방밸브를 개방 : 감지용헤드에 의한 기동
방식인 경우

13 일제살수식 스프링클러설비에서 일제개방밸브의 작동시험과 복구방법에
대하여 다음 그림을 보고 기술하시오.

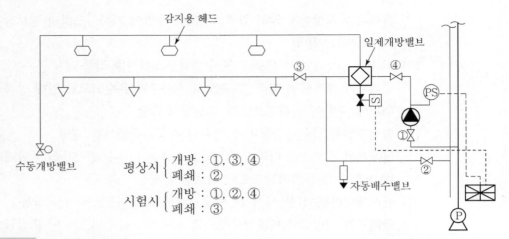

감지용 헤드

일제개방밸브

수동개방밸브

평상시 { 개방 : ①, ③, ④
폐쇄 : ②

시험시 { 개방 : ①, ②, ④
폐쇄 : ③

자동배수밸브

해 답   1. 작동시험

(1) 위 그림상의 일제개방밸브 2차측 개폐밸브(③)를 잠근다.

(2) 배수밸브(②)를 개방한다.

(3) 해당 방호구역의 감지용헤드배관 말단부의 수동개방밸브를 개방한다. 또다른 "일제개방밸브 기동방법" 중에서 선택하여 작동시킨다.

(4) 일제개방밸브가 개방되어 유수에 의한 압력스위치 작동으로 음향경보가 발령되는 것을 확인한다.

(5) 감시제어반(수신반)에서 화재표시등 및 일제개방밸브 개방표시등의 점등을 확인한다.

(6) 펌프의 기동 및 기동표시등 점등여부를 확인한다.

2. 복구방법

(1) 일제개방밸브의 1차측 개폐밸브(①)를 잠근다.

(2) 감시제어반(수신반) 전체를 복구시킨다.

(3) 완전배수를 확인한 후 배수밸브(②)를 잠근다.

(4) 일제개방밸브의 1차측 개폐밸브(①)를 개방한다.

(5) 일제개방밸브의 2차측 개폐밸브(③)를 서서히 개방하여 2차측으로 누수가 없으면 복구가 완료된 것이다.

14 스프링클러설비에서 스프링클러헤드의 설치제외장소 12개 항목을 기술하시오.

해답 (1) 계단실, 특별피난계단의 부속실, 비상용승강기의 승강장, 승강기의 승강로, 경사로, 파이프덕트 및 덕트피트, 목욕실, 화장실, 수영장(관람석 부분은 제외), 직접 외기에 개방되어 있는 복도, 기타 이와 유사한 장소
(2) 발전실, 변전실, 변압기, 기타 이와 유사한 전기설비가 설치된 장소
(3) 병원의 수술실, 응급 처치실, 기타 이와 유사한 장소
(4) 통신기기실, 전자기기실, 기타 이와 유사한 장소
(5) 펌프실, 물탱크실, 그 밖의 이와 유사한 장소
(6) 아파트의 세대별로 설치된 보일러실로서 다른 부분과 방화구획된 것
(7) 현관 또는 로비 등으로서 바닥으로부터 높이가 20m 이상인 장소
(8) 냉동창고의 냉동실 또는 냉장창고의 냉장실
(9) 고온의 노가 설치된 장소 또는 물과 격렬하게 반응하는 물품의 저장·취급장소
(10) 천장과 반자 양쪽이 불연재료 : 천장과 반자 사이의 거리가 2m 미만인 부분과, 천장과 반자 사이의 벽이 불연재료이고 천장과 반자 사이의 거리가 2m 이상으로서 그 사이에 가연물이 존재하지 아니하는 부분
(11) 천장·반자 중 한쪽이 불연재료 : 천장과 반자 사이 거리가 1m 미만인 곳
(12) 천장·반자 중 양쪽 모두 불연재료 이외의 것 : 천장과 반자 사이 거리가 0.5m 미만인 곳

15 건식스프링클러설비에서 동작시험 후 복구가 되지 않는 경우, 즉 제어반의 동작표시등이 계속 점등되어 있는 경우 그 원인 5가지를 기술하시오.

해답 (1) 드라이밸브 2차측 배관 내의 공기압이 설정치보다 너무 낮은 경우(화재 발생없이 건식밸브 개방)
(2) 경보시험밸브가 개방되어 있는 경우
(3) 말단시험밸브가 불완전하게 잠기어 있는 경우
(4) 드라이밸브의 수위조절밸브가 개방된 경우
(5) 드라이밸브 내부의 시트고무가 파손·변형되거나 클래퍼가 시트에 정상적으로 안착이 되지 않은 경우

16 건식 스프링클러설비에서 평상시에 주기적으로 오보가 발생되는 경우 그 원인 7가지를 기술하시오.

해 답
(1) 배관상의 체크밸브(펌프토출측의 직근배관·고가수조연결배관·송수구의 체크밸브)에서 역류가 되는 경우
(2) 드라이밸브 내부의 시트고무가 파손 또는 변형되어 누수되고 있는 경우
(3) 배관 시스템상에서 소량씩 누수 되는 경우
(4) 건식밸브의 배수밸브에서 누수 되는 경우
(5) 말단시험밸브가 불완전하게 잠기어 있는 경우
(6) 압력스위치의 접점이 불량인 경우
(7) 리타딩챔버의 자동배수밸브가 이물질로 막힌 경우

17 저압건식밸브(다이어프램형)식 스프링클러설비에서 작동시험할 경우 설비의 작동방법, 시험시 확인사항 및 복구방법에 대하여 기술하시오.(단, 말단시험밸브의 개방없이 드라이밸브 자체만 시험하는 것으로 한다.)

해 답
1. 작동방법

배수밸브를 개방한다.
: 2차측의 압축공기 배출 → 2차측 압력저하 → 액튜에이터 작동 → 중간챔버의 가압수 배출 → 중간챔버 압력저하 → 드라이밸브 개방

2. 확인사항
(1) 수신반 확인사항
① 화재표시등의 점등 확인
② 해당구역 드라이밸브 작동표시등의 점등 확인
③ 주음향장치(수신반의 경보 부져)의 작동 확인
(2) 해당 방호구역의 경보(사이렌) 작동 확인
(3) 1·2차측 압력계의 압력상태 확인 : 드라이밸브의 작동압력 측정
(4) 소화펌프의 자동기동상태 확인

3. 복구방법

(1) 배수

① 펌프의 정지상태 확인 : 수동정지시스템인 경우에는 수동으로 정지시킴

② 1차측 개폐밸브 잠금

③ 개방된 배수밸브를 통해 2차측의 잔류수 배출이 완료되면 배수밸브를 잠근다.

(2) 세팅(복구)

① 각 밸브의 닫힌상태 확인

액튜에이터, 경보시험밸브, 공기주입밸브, 공기압세팅밸브, 수압세팅밸브의 잠금을 확인한다.

② 수압세팅밸브 개방 : 중간챔버에 가압수 공급 → 드라이브밸브 시트의 Close(복구)

③ 2차측 개폐밸브 개방

④ 공기주입밸브 개방 : 2차측 관내에 공기압 충전

⑤ 2차측 공기압력 세팅

Air Compressor를 기동한 후에, 2차측 압력게이지를 보면서 공압레귤레이터의 핸들을 돌려 2차측에 유지해야 할 압력으로 세팅한다.

⑥ 2차측 배관이 설정압력에 도달되면, 다시 2차측 개폐밸브를 잠근다.

⑦ 공기압 세팅밸브를 개방하여 드라이릴리프를 세팅시킨 후에 다시 잠근다.

이때 드라이릴리프로 공기가 누설되면, 드라이릴리프의 캡을 열고 "Push button"을 누른 상태로 핀을 잡아당겨 누설을 완전히 차단·확인하여야 한다.

⑧ 액튜에이터 개방 : 핸들을 왼쪽으로 돌려 완전히 개방한다.

⑨ 1차측 개폐밸브 서서히 완전 개방

이때 볼드립밸브로의 공기 또는 물의 누설이 없고, 경보가 발신되지 않으면 "정상 세팅" 상태이다.

⑩ 2차측 개폐밸브 개방

⑪ 수신반의 각종 스위치 상태를 복구 및 확인한다.

18 저압건식밸브(클래퍼형)식 스프링클러설비에서 작동시험할 경우 시험 전 준비사항, 설비의 작동방법, 시험시 확인사항 및 복구방법에 대하여 기술하시오.(단, 시스템 전체를 시험하는 것으로 한다.)

해 답

1. 준비사항

(1) 수신반에서 다른 설비와의 연동스위치를 「정지」상태로 한다.

(2) 수신반의 경보스위치를 「자동복구」상태 또는 「Off」상태로 한다.(여기서, 「Off」상태로 하였을 경우에는 작동시험 도중에 경보스위치를 잠깐 풀어서 경보장치의 동작여부를 확인한다.)

2. 작동방법

말단시험밸브를 개방한다.

: 2차측의 압축공기 배출 → 2차측 압력저하 → 액튜에이터 작동 → 중간챔버의 가압수 배출 → 중간챔버 압력저하 → 밀대(Push rod) 후진 → 클래퍼 개방

3. 확인사항

(1) 수신반 확인사항

① 화재표시등의 점등 확인

② 해당구역 드라이밸브 작동표시등의 점등 확인

③ 주음향장치(수신반의 경보 부져)의 작동 확인

(2) 해당 방호구역의 경보(사이렌) 작동 확인

(3) 1·2차측 압력계의 압력상태 확인 : 드라이밸브의 작동압력 측정

(4) 소화펌프의 자동기동상태 확인

4. 복구

(1) 배수

① 펌프의 정지상태 확인 : 수동정지시스템인 경우에는 수동으로 정지시킴

② 1차측 개폐밸브 잠금

③ 물공급밸브 잠금

④ 배수밸브 개방

⑤ 배수완료가 확인되면 배수밸브를 잠근다.

⑥ 말단시험밸브 잠금
(2) 세팅(복구)
　① 복구레버를 돌려 클래퍼를 안착시킨다.(이때 "탁"하는 소리를 확인)
　② 각 밸브의 닫힌상태 확인 : 경보시험밸브, 공기주입밸브, 세팅밸브,
　　바이패스밸브의 잠금을 확인
　③ 물공급밸브 개방 : 중간챔버에 가압수 공급 → 밀대 전진 → 래치의
　　락 이동 → 클래퍼의 폐쇄·고정
　④ 공기주입밸브 개방 : 2차측 관내에 공기압 충전
　⑤ 2차측 공기압력 세팅 : Air Compressor를 기동한 후에, 2차측 압력
　　게이지를 보면서 공압레귤레이터의 핸들을 돌려 2차측에 유지해야
　　할 압력으로 세팅한다.
　⑥ 2차측 배관이 설정압력에 도달하면, 2차측 개폐밸브를 다시 잠근다.
　⑦ 세팅밸브를 개방 : 액튜에이터가 세팅된다.
　⑧ 1차측 개폐밸브 서서히 개방
　⑨ 이때, 볼드립밸브의 누름핀을 눌렀을 때 물의 누설이 없으면 "정상
　　세팅" 상태이다.
　⑩ 2차측 개폐밸브 개방
　⑪ 수신반의 각종 스위치 상태를 복구 및 확인한다.

19 습식스프링클러설비에서 임의의 헤드를 개방시켜 보았더니 처음 약간의 물이 새어 나오다가 곧바로 중지되었다. 이에 대한 원인을 점검해 볼 수 있는 점검대상과 원인을 각각 5가지씩 열거하시오.(단, 펌프 및 전동기와 전동기에 동력을 전달하는 설비에는 이상이 없으며, 옥상 수조와는 연결되어 있지 않고, 배관의 연결부분이 끊어지거나 외부로 물이 새는 곳은 없다.)

해답

구분	점검대상	고장원인
1	수조의 수원	수원이 고갈됨 : 급수장치 고장
2	흡입측 후트밸브	후트밸브가 막힘
3	여과장치(스트레너)	스트레이너가 이물질로 막힘
4	배관계통	배관 내 이물질로 막힘
5	물올림장치	물올림이 중단됨

20 건식스프링클러설비에서 Air Regulator(공압레귤레이터)의 정상작동 여부를 시험할 경우 그 작업순서를 기술하시오.

해 답 〈 공압레귤레이터의 정상 작동여부 확인시험 〉

(1) 1차측 개폐밸브 및 2차측 개폐밸브를 잠근다.
(2) 테스트밸브 개방 : 2차측 공기압 방출 → 공기압이 최저 설정압력까지 감소 → 공압레귤레이터 작동 → 2차측에 공기공급 → 콤프레셔 작동
(3) 테스트밸브 잠금 : 2차측 공기압이 최고 설정압력까지 충압되면 → 공압레귤레이터 작동 → 공기공급 차단 → 콤프레셔의 설정압력에 도달 → 콤프레셔 정지
(4) 확인완료 후에 2차측 개폐밸브 개방
(5) 1차측 개폐밸브 서서히 개방

21 저압건식(다이어프램형) 스프링클러설비에서 드라이밸브 개방없이 경보장치를 작동시험하는 방법을 기술하시오.

해 답 (1) 2차측 개폐밸브를 잠근다.
(2) 경보시험밸브 개방 : 압력스위치 작동 → 경보장치 작동
(3) 경보확인 후 경보시험밸브를 잠근다.
(4) 경보시험 시 2차측으로 넘어간 물은 배수밸브를 열어 배출시킨다.
(5) 2차측 개폐밸브를 개방한다.
(6) 수신반의 스위치 상태를 복구한다.

6. 포소화설비

01 | 포소화설비의 점검시 주요점검착안사항을 기술하시오.

해답

(1) 포소화약제저장용기의 저장량이 규정량이 되는지를 확인한다.

(2) 포소화약제의 종류가 방호대상물에 적응하는 약제인지 확인한다.

(3) 저장탱크 내 튜브(다이어프램)의 파손이 있는지 확인한다.

   [확인방법] : 저장탱크의 하부에 있는 배수밸브를 열었을 때 순수 물만 배출되지 않고 폼약제가 함께 배출되면 튜브(다이어프램)가 찢어진 것이다.

(4) 설비 작동시 폼원액이 혼합기로 흡입이 되는지 확인한다.

   [확인방법] : 2차 선택밸브가 모두 잠겨진 상태에서 집합관에 설치된 시험용 방수구 또는 배수밸브를 열어 놓고, 약제저장탱크 상부에 설치된 가압수공급밸브 및 폼원액방출밸브를 개방하고, 1차 선택밸브(메인 개폐밸브)를 개방하면 포소화약제가 혼합기로 흡입되어 포수용액이 방출되는 것을 확인할 수 있다.

(5) 고정포 방출구(챔버)의 봉판이 파괴되지 않은지 확인한다.

(6) 포헤드설비방식의 경우 일제개방밸브가 정상으로 작동이 되는지 확인한다.

(7) 설비 작동시 화재경보기능이 작동하는지 확인한다.

(8) 포의 팽창비율이 적정한지 확인한다.

(9) 포헤드 및 고정포방출구의 방사량·방출압력의 적정여부를 확인한다.

02 | 포소화설비의 시험에 대한 다음 각 물음에 답하시오.(30점)

1. 아래 그림의 ①~⑦에 대한 구성기기의 명칭, 용도(기능) 및 평상시 개방상태의 여부를 쓰시오.(10점)

2. 포소화설비의 시험작업순서를 아래 그림을 이용하여 기술하시오.(20점)

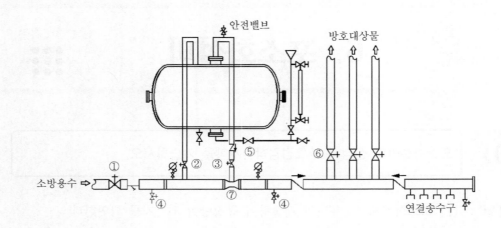

해 답 1. 포소화설비 구성기기의 명칭, 용도(기능) 및 평상시 개방상태 여부

번호	명 칭	용도 · 기능	평상시 상태
①	제1선택밸브(소방용수 메인공급밸브)	소방펌프로부터 소방용수의 공급을 제어하는 메인선택밸브	잠금
②	폼탱크의 물공급밸브	폼원액저장탱크에 가압수의 공급을 제어하는 밸브	개방
③	폼원액의 공급밸브	폼원액저장탱크의 폼원액을 혼합기로의 공급을 제어하는 밸브	개방
④	배수밸브	시스템 관내의 소방용수 또는 포수용액의 Drain을 제어하는 밸브	잠금
⑤	폼원액의 배액밸브	폼원액저장탱크의 폼원액을 Drain 시키는 밸브	잠금
⑥	제2선택밸브	포수용액을 각 해당 방호구역으로 공급하는 것을 제어하는 밸브	잠금
⑦	혼합기	수원으로부터 공급되는 소방용수와 폼원액저장탱크로부터 공급되는 폼원액을 적정한 비율로 혼합하는 장치	–

2. 포소화설비의 시험작업순서

(1) 시험준비작업

① 외관점검 : 각 밸브의 개폐위치, 변형, 누수여부, 조작가능여부 및 원액저장상태 등을 확인한다.

② 각 Strainer를 분리(탈거) 및 청소한다.

③ 각 Drain Valve의 정상 Close상태를 확인한다.

④ Foam Tank의 물공급밸브(②) 및 폼방출밸브(③)가 정상적으로 개방되어 있는지 확인한다.

⑤ 각 Foam Chamber의 상부 Cover를 개방하여 내부검사 및 봉판 (Seal Glass) 상태를 점검한다.

⑥ Foam Chamber의 Flange를 탈거하여 180° 돌려서 방출구 방향이 방호탱크 외부로 향하게 한다.(이것은 방출구가 방호탱크 내부로 향한 상태에서 방출시험을 하면 방출되는 포수용액이 방호탱크 내로 유입되어 저장 수용물에 혼입되기 때문이다.)

(2) 시험작업

① 해당 탱크의 제2선택밸브(⑥)를 개방한다.

(이때부터 해당 Foam Tank의 Foam 원액이 방출되기 시작하며, Foam Chamber에서 Foam이 방출된다.)

② Foam Chamber에서 Foam 방출시 방출상태를 확인한다.

③ 방출되는 Foam의 시료를 채취하여,

④ 포팽창비율, 농도, Transit Time, Drainage Time 등의 측정 및 분석을 실시

⑤ 방출압력 측정 : 탱크의 Riser배관 하단부에 압력게이지를 설치하여 유수상태(폼챔버 방출상태)에서 관내 수압을 측정하여 폼챔버 방사압력을 환산한다.

※ 폼챔버의 방사압력＝Riser배관 하단부 압력 − 자연낙차압력(압력게이지 ~ 폼챔버 설치높이)

⑥ Foam 방출을 중지한다 : Foam Tank의 물공급밸브(②) 및 폼방출밸브(③)를 잠근다.

⑦ 배관 내로 소화용수만을 공급하여 Flushing을 실시하면서 Foam Chamber를 통하여 물을 방출시킨다.

⑧ 10분 이상 챔버의 방출상태를 확인한다. : 이때 방출상태가 비정상인 챔버는 표시(Check)하였다가 방출 정지 후에 챔버를 분해하여 내부의 Orifice 막힘상태 등을 확인하여 기록한다.

⑨ 해당 방호구역의 제2선택밸브(⑥)를 잠근다.

⑩ 소화펌프의 정지를 확인한다.

(3) 복구작업

① 메인공급밸브(①)를 잠근다.

② Foam Tank의 물공급밸브(②) 및 폼방출밸브(③)를 원상태로 개방한다.

③ Foam Chamber를 조립한다.

④ 배수작업

㉮ 해당 방호구역의 제2선택밸브를 개방한다.

㉯ Foam Tank 주변 소화수공급 배관상의 각 Drain Valve를 개방한다.

㉰ 배수용 Pit의 Drain Valve를 개방한다.

⑤ 관내 건조작업 : Air Compressor로 Blowing을 실시한다.

⑥ 제2선택밸브를 잠근다.

⑦ 각 Drain Valve를 잠근다.

03 고정포소화설비에서 전역방출방식 및 국소방출방식의 고발포용 고정포 방출구에 대한 종합점검 사항을 기술하시오.

해답 1. 전역방출방식의 고발포용 고정포 방출구

(1) 방호구역의 관포체적에 대한 포수용액 방출량 적정 여부

(2) 고정포방출구 설치 개수 적정 여부

2. 국소방출방식의 고발포용 고정포 방출구

(1) 방호대상물 범위 설정 적정 여부

(2) 방호대상물별 방호면적에 대한 포수용액 방출량 적정 여부

04 고정포소화설비 약제저장탱크의 아래 그림을 보고 포소화약제량 보충방법을 기술 하시오.

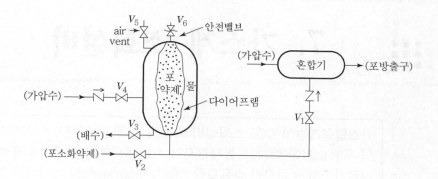

해답

(1) $V_1 \cdot V_2 \cdot V_4$: 잠근다.

(2) $V_3 \cdot V_5$: 개방 : (배수)

(3) 챔버 내의 물 배수가 완료되면 V_3를 잠근다.

(4) V_6 : 개방

(5) V_2에 포소화약제 송액장치 연결

(6) V_2를 개방하여 포소화약제를 서서히 송액한다.

(7) 약제보충이 완료되었으면 V_2를 잠근다.

(8) 소화펌프 기동

(9) V_4를 서서히 개방하면서 급수

(10) $V_5 \cdot V_6$를 통해 공기의 배기가 완료되면 $V_5 \cdot V_6$를 잠근다.

(11) 소화펌프 정지

(12) V_1을 개방한다.

---

05 포소화설비의 화재안전기준(NFSC 105)에서 정하는 설치기준 중 도통시험 및 작동시험을 하여야 하는 확인회로 5가지를 쓰시오.(10점)

해답

(1) 기동용 수압개폐장치의 압력스위치회로

(2) 유수검지장치의 압력스위치회로

(3) 수조 또는 물올림탱크의 저수위감시회로

(4) 자동개방밸브 기동용 화재감지기회로

(5) 급수배관 개폐밸브의 탬퍼스위치회로

7. 가스계 소화설비

01

가스압력개방식 CO_2 소화설비의 작동시 각종 전기적 · 기계적 구성기기의 작동순서에 대하여 화재감지기 작동에서부터 분사헤드의 약제방출에 이르기까지 순차적인 흐름도를 Block Diagram으로 나타내고 작동순서에 대하여 설명하시오.(30점)

1. CO_2 소화설비의 작동시 흐름도(13점)
2. CO_2 소화설비의 작동순서 설명(17점)

해 답 1. CO_2 소화설비의 작동시 흐름도

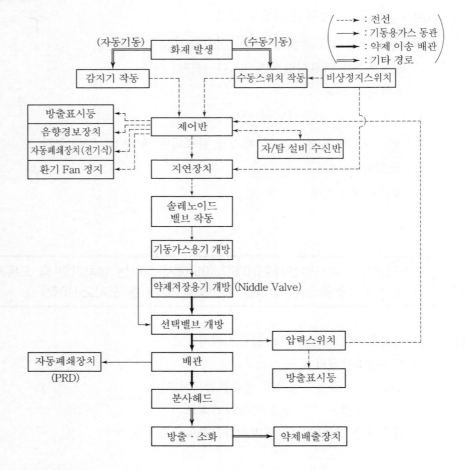

2. CO_2 소화설비의 작동순서 설명

(1) 화재발생 또는 작동시험

(2) 감지기 1개(1회로) 작동 : 음향경보장치(사이렌 및 대피 안내방송) 작동 및 제어반의 화재표시등 및 지구표시등의 점등

(3) ① 감지기 2개회로(A · B회로) 작동

② 또는 수동조작함의 수동기동스위치 작동

③ 또는 제어반에서 솔레노이드밸브 기동스위치 작동

(4) 제어반의 지연타이머가 작동한다. : 지연시간은 20~30초이며 조정이 가능하다.

(5) 지연시간이 만료된 후에는 제어반에서 솔레노이드밸브로 전기출력신호를 내보낸다.

(6) 솔레노이드밸브가 작동하여 솔레노이드밸브의 파괴침(공이)이 튀어 나오며, 이때 기동용기의 봉판이 뚫리면서 기동용기의 가스가 동(銅) 배관으로 방출된다.

(7) 기동용기의 가스가 동(銅)배관을 통하여 해당 방호구역의 선택밸브에 도달되어 선택밸브를 개방한다.

(8) 또 기동용기의 가스는 첫 번째 약제저장용기 개방장치의 피스톤을 가압하여 파괴침을 움직여 저장용기의 봉판을 뚫게 함으로써 저장용기로부터 소화약제가 방출되기 시작한다.

(9) 저장용기에서 방출된 소화약제가 집합관을 거쳐 열려진 선택밸브를 통과하여 배관과 헤드를 통하여 방호구역에 방출하게 된다.

(10) 이때 선택밸브를 통과하는 소화약제 중 일부는 동(銅)관으로 흘러 압력스위치에 도달하여 압력스위치를 작동시킴으로써 방출표시등이 점등되게 한다.

(11) 이후 압력스위치 쪽으로 계속 흐르는 소화약제는 Feed Back System을 통하여 기동용기에서 나오는 기동용 가스와 합세하여 나머지 저장용기를 개방하게 된다.

(12) 또한 선택밸브를 통과한 소화약제의 일부는 동(銅)관을 통하여 피스톤릴리즈(PRD : Piston Release Damper)를 작동시켜 방호구역의 열린 개구부를 닫히게 한다.

02 할로겐화합물(HFC-227ea)소화설비(가스압력개방식)의 계통도를 그리고 각 기기 및 밸브류의 명칭과 기능을 기술하시오.

해답 1. 계통도

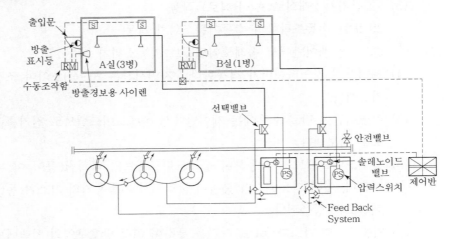

2. 각 기기 및 밸브류의 명칭 및 기능

(1) 기동용 가스용기 및 솔레노이드밸브

① 가스압력식 기동방식에서 선택밸브 및 소화약제저장용기를 개방시키는 역할을 한다.

② 화재감지기의 작동 또는 수동기동스위치의 작동에 의하여 기동용기의 솔레노이드밸브가 작동하여 공이(파괴침)가 튀어나오면서 기동용기의 봉판을 뚫으면 기동용기의 가스가 방출되며, 그 가스압력으로 선택밸브 및 약제저장용기를 개방시키는 역할을 한다.

(2) 지연장치(타이머)

① 화재감지기 또는 수동기동스위치가 작동하였을 때 약제의 방출이 곧바로 되지 않도록 기동용기의 솔레노이드밸브 또는 축압식 설비에서는 약제저장용기의 솔레노이드밸브의 작동을 일정시간(30초 정도) 후에 작동하도록 지연시키는 장치

② 제어반 내에 설치되어 있고, 손으로 돌려서 시간을 조정할 수 있으며, 통상 30초 정도로 설정하여 운영하고 있다.

(3) 선택밸브

소화약제저장탱크로부터 방출된 소화약제를 해당 방호구역으로만 보

내기 위해 해당 방호구역의 선택밸브를 개방한다.

(4) Feed Back System

   ① 하나의 방호구역에 해당하는 소화약제저장용기의 수량이 다수(10병 이상)일 경우에는 하나의 기동용기 가스량으로 다수의 약제저장용기를 개방하기는 어려우므로, 설비작동시 압력스위치 작동용으로 흘러 나오는 소화약제가스를 이용하여 약제저장용기를 개방하는 시스템이다.

   ② 첫 번째 약제저장용기에서 방출된 소화약제가 선택밸브를 통과한 후 그 일부가 동관을 통하여 압력스위치에 도달하여 압력스위치를 작동시킨다.

   ③ 이후 압력스위치 쪽으로 계속 흘러오는 소화약제가스는 Feed Back System을 통하여 기동용기에서 나오는 가스와 합세하여 나머지 저장용기를 개방하게 된다.

(5) 압력스위치

   약제저장용기로부터 방출되어 선택밸브를 통과한 소화약제의 일부가 동관을 통하여 그 압력이 압력스위치에 전달되어 압력스위치가 작동되면 제어반을 통하여 방출표시등이 점등하게 된다.

(6) 방출표시등

   ① 설비가 작동하여 방호구역에 소화약제가 방출되고 있음을 표시하는 것으로서 약제저장용기의 약제가 방출되면서 그 가스(약제)압력이 압력스위치에 전달되어 압력스위치를 작동시키면 방출표시등이 점등된다.

   ② 방호구역의 출입문마다 출입문 바깥쪽 상부에 설치한다.

(7) PRD(Piston Release Damper)

   ① 방호구역에 개구부 또는 통기구가 있을 경우 소화약제가 방출되기 전에 자동으로 개구부를 폐쇄시키는 장치

   ② 약제저장용기로부터 방출되어 선택밸브를 통과한 소화약제의 일부가 동관을 통하여 PRD에 전달되고 이때 약제가스의 압력으로 피스톤을 밀게 되므로 열린 개구부를 닫게 한다.

   ③ 그러나 가스압력개방식이 아닌 전기개방식일 경우에는 화재감지기와 연동하는 전동모터가 작동하여 개구부를 닫는 방식으로 한다.

(8) 수동조작함

   ① 가스계소화설비의 수동기동장치이다.

② 이것을 작동시켰을 경우, 가스압력개방식은 기동용기의 솔레노이드밸브가 작동하게 되고, 전기개방식은 약제저장용기 및 선택밸브의 솔레노이드밸브를 직접 작동하게 한다.

③ 수동기동스위치 직근에는 실수로 조작을 잘못했을 경우를 대비하여 소화약제방출을 지연시킬 수 있는 비상스위치(자동복귀형 스위치로서 수동식 기동장치의 타이머를 순간정지시키는 기능의 스위치를 말한다)를 설치하여야 한다.

(9) 제어반

① 화재감지기 또는 수동기동스위치의 작동신호를 받아 음향경보장치 및 기동용기의 솔레노이드밸브를 작동시키는 출력신호를 내보내고,

② 또 압력스위치로부터의 작동신호를 받아 방출표시등, 환기Fan 정지 및 자동폐쇄장치(전기식)를 작동시키는 출력신호를 내보내는 역할을 한다.

---

03 방호구역 내에 설치된 교차회로 감지기를 동시에 작동시킨 후 이산화탄소 소화설비의 정상작동 여부를 판단할 수 있는 확인사항들에 대해 쓰시오.

해 답
(1) 해당 방호구역에 화재경보(사이렌)가 나오는지 확인
(2) 해당 방호구역의 출입구 바깥쪽 상부에 설치된 방출표시등 점등 확인
(3) 수동조작함의 방출표시등 점등 확인
(4) 제어반의 방출표시등 점등여부 확인
(5) 화재표시반의 화재표시등, 지구표시등 점등여부 확인

---

04 가스계소화설비(단, 분말소화설비는 제외)의 점검시 주요점검 착안사항을 기술하시오.

해 답
(1) 소화약제저장용기의 약제저장량이 규정량이 되는지를 확인
(2) 기동용기의 가스량이 규정량이 되는지를 확인
(3) 기동용기의 솔레노이드밸브에 안전핀을 장착해 놓지 않은지 확인
(4) 기동용기의 솔레노이드밸브를 분리(탈거)해 놓지 않은지 확인
(5) 기동용 솔레노이드밸브가 정상작동되는지 확인

(6) 약제저장용기와 집합관 사이에 체크밸브가 설치되어 있는지 확인

(7) 약제저장용기수가 많은 경우(10병 이상) 기동가스용 동배관상의 체크밸 브를 Feed Back System방식으로 설치하였는지 확인

(8) 기동가스용 동배관의 설치상태가 가스의 유동에 지장이 있을 정도로 심 하게 구부려진 곳(꺾인 상태)은 없는지 확인

(9) 설비기동용 화재감지기 및 감지기회로의 고장(단선 등)이 없는지 확인

(10) 감지기 1개(1회로) 작동시 경보(사이렌)장치가 작동되는지 확인

(11) 압력스위치의 점검버튼을 수동으로 작동하였을 때 방출표시등이 점등하 는지 확인

05 가스계소화설비의 작동시험시 가스압력식 기동장치의 전자개방밸브 작동 방법 중 4가지만 쓰시오.

해 답
(1) 해당 방호구역의 수동조작함 기동스위치 작동

(2) 해당 방호구역의 감지기 교차회로(2개회로 이상) 작동

(3) 제어반에서 수동기동스위치 작동

(4) 제어반에서 동작시험스위치를 누르고 회로선택스위치를 이용하여 해당 방호구역의 감지기 교차회로 동작

06 비화재 시 가스계소화설비를 실수로 오작동시켰을 때 소화약제 방출을 방 지하기 위한 응급조치방법을 기술하시오.

해 답 가스계소화설비의 오작동 시 지연타이머가 작동하는 시간(30초 정도) 동안에 는 소화약제 방출이 되지 않으므로, 다음 중 하나의 방법으로 응급조치함으로 써 소화약제 방출을 방지할 수 있다.

(1) 비상정지스위치(방출지연 타이머를 순간 정지시킴)를 눌러 작동시킨다.

(2) 제어반에서 복구용 버튼을 누른다.

(3) 제어반에서 메인 전원스위치 및 예비전원(배터리)을 Off 시킨다.

(4) 기동용기의 솔레노이드밸브를 분리(탈거)한다.

(5) 기동용가스 이송용 동배관을 절단한다.

07 가스계소화설비가 설치된 방호구역 내에서 화재가 발생되었다. 이때 실내 거주자에게 발견되었으나 상용전원 및 비상용전원이 모두 고장으로 인해 가스계소화설비가 작동하지 않을 경우 이 설비를 인위적으로 작동하기 위한 응급조치방법을 순서대로 기술하시오.

해답 (1) 화재구역 내의 거주자(근무자)들에게 큰소리로 화재발생 및 대피할 것을 알린다.

(2) 해당 방호구역의 열린 개구부에 대하여 수동으로 폐쇄한다.

(3) 소화가스약제저장용기실에서 해당 방호구역의 기동용 가스용기 솔레노이드밸브의 공이(파괴침)를 손으로 눌러 기동용기를 개방시킨다.

(4) 해당 방호구역용 선택밸브가 개방되었는지를 확인한다.(해당 배관 내를 약제가 흐르는 소리 및 진동 등으로 판단한다.)

08 화재안전기준에서 정하고 있는 소화약제저장용기를 설치하기에 적합한 장소에 대한 기준 6가지만 쓰시오.

해답 (1) 방호구역 외의 장소에 설치할 것. 다만, 방호구역 내에 설치할 경우에는 피난 및 조작이 용이하도록 피난구 부근에 설치하여야 한다.

(2) 온도가 40℃ 이하이고, 온도변화가 적은 곳에 설치할 것

(3) 직사광선 및 빗물이 침투할 우려가 없는 곳에 설치할 것

(4) 방화문으로 구획된 실에 설치할 것

(5) 용기의 설치장소에는 당해 용기가 설치된 곳임을 표시하는 표지를 할 것

(6) 용기 간의 간격은 점검에 지장이 없도록 3㎝ 이상의 간격을 유지할 것

(7) 저장용기와 집합관을 연결하는 연결배관에는 체크밸브를 설치할 것. 단, 저장용기가 하나의 방호구역만을 담당하는 경우에는 그러하지 아니하다.

09 이산화탄소 소화설비의 기동장치(수동식 및 자동식)의 설치기준을 기술하시오.

해답 1. 수동식 기동장치

(1) 전역방출방식은 방호구역마다, 국소방출방식은 방호대상물마다 설치할 것

(2) 당해 방호구역의 출입구부분 등 조작을 하는 자가 쉽게 피난할 수 있는 장소에 설치할 것

(3) 기동장치의 조작부는 바닥으로부터 높이 0.8~1.5m의 위치에 설치하고, 보호판 등에 의한 보호장치를 설치할 것

(4) 기동장치에는 그 가까운 곳의 보기 쉬운 곳에 "이산화탄소 소화설비 기동장치"라고 표시한 표지를 할 것

(5) 전기를 사용하는 기동장치에는 전원표시등을 설치할 것

(6) 기동장치의 방출용 스위치는 음향경보장치와 연동하여 조작될 수 있는 것으로 할 것

2. 자동식 기동장치

(1) 자동식 기동장치에는 수동으로도 기동할 수 있는 구조로 할 것

(2) 전기식 기동장치로서 7본 이상의 저장용기를 동시에 개방하는 설비에 있어서는 2본 이상의 저장용기에 전자개방밸브를 부착할 것

(3) 가스압력식 기동장치는 다음 각 목의 기준에 따를 것

① 기동용 가스용기 및 해당 용기에 사용하는 밸브는 25MPa 이상의 압력에 견딜 수 있는 것으로 할 것

② 기동용 가스용기에는 내압시험압력의 0.8배 내지 내압시험 압력 이하에서 작동하는 안전장치를 설치할 것

③ 기동용 가스용기의 용적은 5ℓ 이상으로 하고, 해당 용기에 저장하는 질소 등의 불활성기체는 6.0MPa(21℃ 기준) 이상의 압력으로 충전할 것

④ 기동용 가스용기에는 충전여부를 확인할 수 있는 압력게이지를 설치할 것

(4) 기계식 기동장치에 있어서는 저장용기를 쉽게 개방할 수 있는 구조로 할 것

---

10 할론소화설비의 구성요소 중에서 "자동식 기동장치"에 대한 점검항목 중 5개 항목을 작동·종합점검표의 내용에 따라 기술하시오.

해 답 (1) 감지기 작동과의 연동 및 수동기동 가능 여부

(2) 저장용기 수량에 따른 전자 개방밸브 수량 적정 여부(전기식 기동장치 경우)

(3) 기동용 가스용기의 용적, 충전압력 적정 여부(가스압력식 기동장치 경우)

(4) 기동용 가스용기의 안전장치, 압력게이지 설치 여부(가스압력식 기동장치 경우)

(5) 저장용기 개방구조 적정 여부(기계식 기동장치 경우)

---

11 분말소화설비에서 소화약제 방출 후 배관 내를 Cleaning 하는 이유와 Cleaning 하는 방법을 설명하시오.(20점)

1. 배관 내 Cleaning 하는 이유(8점)
2. 배관 내 Cleaning의 작업순서(12점)

해 답 1. 배관내 Cleaning 하는 이유

분말소화설비에서 소화약제가 방출된 후에 약제저장용기 내 또는 배관 내에 잔류소화약제가 오랜시간 머물게 되면 소화약제가 습기를 머금고 있기 때문에 배관 내에서 응고되므로 배관이 막히게 된다. 그러므로 약제방출이 된 후에는 청소용 가압용기를 배관에 연결하고 배관상의 청소밸브를 열어 잔류소화약제를 불어내어 방출시켜야 한다.

2. Cleaning의 작업순서

(1) 가압가스용기를 떼어내고 청소용 예비가압가스용기를 장착한다.

(2) 약제저장용기의 메인(주)밸브를 잠그고 청소밸브를 개방한다.

(3) 장착된 청소용 예비가압가스용기에 있는 안전클립을 당겨서 빼내고, 누름버튼을 누른다.

(4) 이때 청소용 가압가스용기의 가스가 배관 내로 들어가서 잔류 분말소화약제를 헤드로 내 보내게 된다.

(5) 저장용기 내에도 Cleaning 하려면 저장용기의 배기밸브를 개방하고 저장용기 내에 청소용 가압가스를 투입하여 잔류소화약제를 내보내면 된다.

12 CO_2 소화설비의 헤드설치 제외장소를 쓰시오.

해 답
(1) 방재실·제어실 등 사람이 상시 근무하는 장소
(2) 니트로셀룰로오스·셀룰로이드류 제품 등의 자기연소성물질을 저장·취급하는 장소
(3) 나트륨·칼륨·칼슘 등 활성금속물질을 저장·취급하는 장소
(4) 전시장 등 관람을 위하여 다수인이 출입·통행하는 통로 및 전시실 등

13 이산화탄소 소화설비가 오작동으로 소화가스가 대기 중에 방출되었을 경우 CO_2가 인체에 미치는 영향에 대하여 농도별로 기술하시오.

해 답

공기 중의 CO_2 농도	인체에 미치는 영향
2%	불쾌감이 있다.
4%	눈의 자극, 두통, 현기증, 혈압상승
8%	호흡 곤란
9%	구토, 감정 둔화, 시력장애
10%	1분 이내 의식상실, 장시간 노출시 사망
20%	중추신경 마비, 단시간 내 사망

14 다음 물음에 각각 답하시오. (40점)
1. 분말소화설비의 계통도를 그리고 각 기기 및 밸브류의 명칭과 기능을 기술하시오.(20점)
2. 화재감지기를 작동시켜 기동용기가 개방되었으나 해당 방호구역의 선택밸브가 작동되지 않는다. 그 원인으로 생각되는 사항 3가지를 쓰시오.(10점)
3. 화재감지기를 작동시켰으나 소화약제저장용기밸브가 개방되지 않아 소화약제가 방출되지 않는다. 그 원인으로 생각되는 사항 5가지를 쓰시오.(10점)

해 답 1. 분말소화설비의 계통도 및 각 기기·밸브류의 명칭과 기능

(1) 계통도

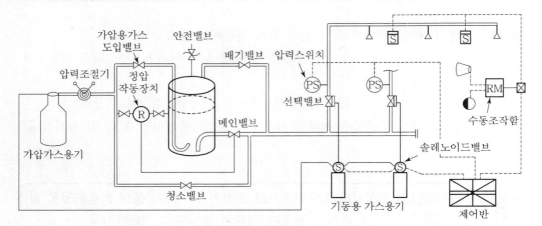

(2) 각 기기 및 밸브류의 명칭과 기능

① 기동용 가스용기 및 솔레노이드밸브

㉮ 가스압력식 기동방식에서 선택밸브 및 가압용 가스용기를 작동 시키는 역할을 한다.

㉯ 화재감지기의 작동 또는 수동기동스위치의 작동에 의하여 기동 용기의 솔레노이드밸브가 작동하여 공이(파괴침)가 튀어나오 면서 기동용기의 봉판을 뚫으면 가스가 방출되며, 그 가스압력 으로 선택밸브 및 가압용가스용기를 개방시키게 된다.

② 가압용 가스용기

약제저장용기 내의 소화약제를 가압하여 약제방출시 밀어내는 역 할을 한다.

③ 압력조절기(Regulator)

㉮ 가압용 가스용기의 고압가스를 적정한 압력으로 감압하는 역할 을 한다.

㉯ 일반적으로 2.5MPa 이하의 압력으로 조정할 수 있는 것을 설치 한다.

④ 지연장치(타이머)

㉮ 화재감지기 또는 수동기동스위치가 작동하였을 때 약제의 방출 이 곧바로 되지 않도록 기동용기의 솔레노이드밸브 또는 축압 식설비에서는 약제저장용기의 솔레노이드밸브 작동을 일정시 간(30초 정도) 후에 작동하도록 지연시키는 장치

④ 제어반 내에 설치되어 있고, 손으로 돌려서 시간을 조정할 수 있으며, 통상 30초 정도로 설정하여 운영하고 있다.

⑤ 주(메인)밸브

㉮ 분말소화약제저장탱크 내의 약제를 방출할 때 이 밸브를 열어 방출한다.

㉯ 정압작동장치가 저장탱크 내의 압력에 따라 이 밸브의 개방을 제어한다.

⑥ 정압작동장치

㉮ 약제저장탱크의 내부압력이 설정압력이 되었을 때 약제저장탱크의 메인(주)밸브를 개방시키는 역할을 한다.

㉯ 가압용 가스용기의 가스가 약제저장탱크 내로 투입되어 분말약제를 혼합교반 시킨 후 적정 방출압력이 되면 메인밸브를 개방시킴으로써 소화약제가 방출된다.

⑦ 청소밸브

㉮ 분말소화약제의 방출 후에 배관 내에 잔류하고 있는 분말소화약제를 배관 밖으로 방출시킬 때 이 밸브를 사용한다.

㉯ 이때의 청소에 필요한 가스는 별도의 청소용 가압용기에 저장한다.

⑧ 배기밸브

분말소화약제의 방출 후에 약제저장용기 내에 잔류하고 있는 분말소화약제를 용기 밖으로 방출시킬 때 이 밸브를 사용한다.

⑨ 안전밸브

㉮ 분말소화약제저장용기 내의 과압을 배출시켜 저장용기를 보호한다.

㉯ 화재안전기준에서 저장용기의 안전밸브를 가압식은 최고사용압력의 1.8배 이하, 축압식은 용기의 내압시험압력의 0.8배 이하의 압력에서 작동하는 것으로 설치하도록 규정하고 있다.

⑩ 선택밸브

소화약제저장탱크로부터 방출된 소화약제를 해당 방호구역으로만 보내기 위해 해당 방호구역의 선택밸브를 개방한다.

⑪ 압력스위치

약제저장용기로부터 방출되어 선택밸브를 통과한 소화약제의 일부가 동관을 통하여 그 압력이 압력스위치에 전달되어 압력스위치가 작동되면 제어반을 통하여 방출표시등이 점등하게 된다.

⑫ 방출표시등

㉮ 설비가 작동하여 방호구역에 소화약제가 방출되고 있음을 표시하는 것으로서 약제저장용기의 약제가 방출되면서 그 가스(약제) 압력이 압력스위치에 전달되어 압력스위치를 작동시키면 방출표시등이 점등된다.

㉯ 방호구역의 출입문마다 바깥쪽 상부에 설치한다.

⑬ PRD(Piston Release Damper)

㉮ 방호구역에 개구부 또는 통기구가 있을 경우 소화약제가 방출되기 전에 자동으로 폐쇄하는 장치

㉯ 약제저장용기로부터 방출되어 선택밸브를 통과한 소화약제의 일부가 동관을 통하여 PRD에 전달되고 이때 약제가스의 압력으로 피스톤을 밀게 되므로 열린 개구부를 닫히게 한다.

㉰ 그러나 가스압력개방식이 아닌 전기개방식일 경우에는 화재감지기와 연동하는 전동모터가 작동하여 개구부를 닫는 방식으로 한다.

⑭ 수동조작함

㉮ 가스계소화설비의 수동기동장치이다.

㉯ 이것을 작동시켰을 경우, 가스압력개방식은 기동용기의 솔레노이드밸브가 작동하게 되고, 전기개방식은 약제저장용기 및 선택밸브의 솔레노이드밸브를 직접 작동하게 한다.

㉰ 수동기동스위치 직근에는 실수로 조작을 잘못했을 경우를 대비하여 소화약제방출을 지연시킬 수 있는 비상스위치(자동복귀형 스위치로서 수동식 기동장치의 타이머를 순간 정지시키는 기능의 스위치를 말한다)를 설치하여야 한다.

⑮ 제어반

㉮ 화재감지기 또는 수동기동스위치의 작동신호를 받아 음향경보장치 및 기동용기의 솔레노이드밸브를 작동시키는 출력신호를 내 보내고,

㉯ 또 압력스위치로부터의 작동신호를 받아 방출표시등, 환기Fan 정지 및 자동폐쇄장치(전기식)를 작동시키는 출력신호를 내보내는 역할을 한다.

2. 화재감지기를 작동시켜 기동용기가 개방되었으나 해당 방호구역의 선택밸브가 작동되지 않는 원인 3가지

  (1) 기동용기의 가스량 부족
  (2) 기동용가스가 이송되는 동배관의 막힘
  (3) 선택밸브의 고장

3. 화재감지기를 작동시켰으나 소화약제저장용기밸브가 개방되지 않아 소화약제가 방출되지 않는 원인 5가지

  (1) 감지기 또는 감지기회로의 고장
  (2) 제어반의 고장
  (3) 기동용기 솔레노이드밸브의 고장
  (4) 기동용기 가스량의 부족
  (5) 기동용가스 이송용 동관의 막힘

---

15 가스계소화설비(이너젠, 이산화탄소)의 소화약제저장용기 및 기동용가스용기의 가스량 측정(점검)방법에 대하여 각각 설명하시오.

해 답

1. 이너젠 저장용기

  (1) 소화약제가스량 측정방법 : 압력을 측정하여 가스량을 산정
  (2) 점검방법 : 용기밸브의 고압용 게이지를 이용하여 저장용기 내부의 압력을 측정
  (3) 판정방법 : 압력손실이 5%를 초과할 경우 재충전하거나 저장용기를 교체할 것

2. 이산화탄소 저장용기

  (1) 소화약제가스량 측정방법
    액면계(액화가스레벨메타)를 사용하여 가스량을 측정
  (2) 점검방법
    ① 액면계의 전원스위치를 켜고 전압을 체크한다.
    ② 용기는 통상의 상태 그대로 하고 액면계 프로프와 방사선원 간에 용기를 끼워 넣듯이 삽입한다.

③ 액면계의 검출부를 조심하여 상하방향으로 이동시켜 메타지침의 흔들림이 크게 다른 부분이 발견되면 그 위치가 용기의 바닥에서 얼마만큼의 높이 인가를 측정한다.

④ 액면의 높이와 약제량과의 환산은 전용의 환산척을 이용한다.

(3) 판정방법

약제량의 측정 결과를 중량표와 비교하여 그 차이가 10% 이하이면 양호한 것이다.

3. 기동용 가스용기

(1) 가스량 측정방법

간편식 측정기를 사용하여 행하는 방법

(2) 점검순서

① 용기밸브에 설치되어 있는 용기밸브 개방장치, 조작관 등을 떼어낸다.

② 간편식 측정기를 이용하여 기동용기의 중량을 측정한다.

③ 약제량은 측정값에서 용기밸브 및 용기의 중량을 뺀 값이다.

(3) 판정방법

약제량의 측정 결과를 중량표와 비교하여 그 차이가 10% 이하이면 양호한 것이다.

16

할로겐화합물(FM-200)소화설비(가스압력개방식)에 대한 다음 물음에 각각 답하시오.(10점)

1. 해당 방호구역의 화재감지기를 작동시켰으나 기동용 가스용기의 솔레노이드밸브가 작동되지 않는다. 그 원인으로 추정되는 사항 5가지를 쓰시오(5점)

2. 화재감지기가 작동하였으나 음향경보장치(사이렌)가 작동하지 않는다. 그 원인으로 추정되는 사항 5가지를 쓰시오.(5점)

해 답 1. 해당 방호구역의 화재감지기를 작동시켰으나 기동용 가스용기의 솔레노이드밸브가 작동되지 않는 원인 5가지

(1) 감지기의 고장

(2) 감지기 배선회로의 단선 등의 고장

　　　(3) 제어반의 고장

　　　(4) 기동용기 솔레노이드밸브의 고장

　　　(5) 제어반에서 솔레노이드밸브까지의 회로 단선

　2. 화재감지기가 작동하였으나 음향경보장치(사이렌)가 작동하지 않는 원인 5가지

　　　(1) 감지기의 고장

　　　(2) 감지기 회로의 단선 등의 고장

　　　(3) 제어반의 고장

　　　(4) 사이렌의 고장

　　　(5) 사이렌 배선회로의 단선 등

17 　가스압력식 기동방식의 가스계소화설비의 점검시 오동작으로 소화약제 방출이 일어날 수 있다. 이러한 소화약제의 오방출을 방지하기 위한 대책을 기술하시오.

해답

(1) 기동용기에 부착된 솔레노이드밸브에 안전핀을 삽입

(2) 기동용기에 부착된 솔레노이드밸브를 기동용기와 분리(탈거)시킴

(3) 제어반 또는 수신반에서 연동정지스위치 동작

(4) 약제저장용기에 부착된 용기개방밸브를 기동용기와 분리(탈거)시킴

(5) 기동용가스 동관을 기동용기와 분리(탈거)

(6) 기동용가스 동관을 소화약제 저장용기와 분리(탈거)

(7) 제어반의 전원스위치 차단 및 예비전원(축전지전원) 차단

8. 제연설비

01 제연설비용 송풍기의 풍량조절방법에 대한 다음 각 물음에 답하시오.(20점)
1. 송풍기의 시스템 조절만으로 풍량을 감소시키는 방법(10점)
2. 송풍기의 시스템 조절만으로 풍량을 증가시키는 방법(10점)

해 답 1. 송풍기의 풍량을 감소시키는 방법

  (1) 송풍기의 흡입측 댐퍼(또는 베인) 또는 토출측 댐퍼의 개도를 조이는 방법
  (2) 송풍기의 Pully를 교체하여 감속비를 증가시킴으로써 회전수를 줄이는 방법
  (3) 송풍기의 인버터를 조절하여 회전수를 줄이는 방법

2. 송풍기의 풍량을 증가시키는 방법

  송풍기의 크기를 그대로 둔 채 풍량을 증가시키기 위해서는 회전수를 증가시키는 방법뿐이다.
  (1) 송풍기 Pully의 감속비를 감소시켜 회전수를 증가시키는 방법
  (2) 송풍기 모터의 극수를 바꾸는 방법
  (3) 인버터를 제어하는 방법 : (동력 주파수의 여유가 있을 때만 가능하다.)

02 제연설비용 송풍기의 Surging을 방지하는 조치방법에 대하여 쓰시오.(10점)

해 답 (1) 풍량의 제어범위가 특성곡선상의 우상향 범위에 들어가지 않도록 운전한다.
  (2) 풍량조절댐퍼를 토출측보다는 흡입측에 설치한다. : 송풍기의 흡입측에서 풍량을 제어하면 송풍기 날개차 입구의 압력저하에 의한 공기밀도의 감소효과를 얻을 수 있으므로 서어징 방지효과가 우수하다.
  (3) 송풍기의 회전수를 조절하거나 송풍기의 날개각도를 조절하여 송풍기의 특성곡선을 변화시키는 방법

03 부속실제연설비의 종합점검표에 의한 점검항목 5가지를 쓰시오.

해답 (1) 과압방지조치 : 자동차압급기댐퍼(또는 플랩댐퍼)를 사용한 경우 성능 적정 여부

(2) 송풍기 : 송풍기와 연결되는 캔버스의 내열성 확보 여부

(3) 외기취입구 : 설치구조(빗물·이물질 유입방지, 옥외의 풍속과 풍향에의 영향) 적정 여부

(4) 제연구역의 출입문 : 자동폐쇄장치의 폐쇄력 적정 여부

(5) 비상전원 : 설치장소의 적정 및 관리 여부

04 부속실제연설비에서 방연풍속을 측정하는 방법에 대하여 기술하시오.

해답 1. 계단실 및 부속실의 모든 개구부를 폐쇄하고, 승강기의 운행을 중단시킨다.

2. 제연설비를 기동하여 제연구역의 가압상태를 유지시킨다.

3. 측정할 층(1개층 단, 부속실의 수가 20을 초과할 경우는 2개층)의 부속실에 면하는 옥내 출입문과 계단실 출입문을 동시에 개방한 상태에서 옥내 출입문의 통과부위에서 풍속을 측정한다.

4. 이때 출입문의 개방에 따른 개구부를 대칭적으로 균등분할하는 10 이상의 지점에서 측정한 풍속의 평균치를 방연풍속으로 한다.

5. 방연풍속 기준

   (1) 계단실과 부속실의 동시제연방식 및 계단실 단독제연방식 : 0.5m/s 이상

   (2) 부속실 단독 또는 비상용승강기 승강장 단독제연방식에서

   ① 부속실(또는 승강장)과 면하는 옥내가 거실인 경우 : 0.7m/s 이상

   ② 부속실(또는 승강장)과 면하는 옥내가 복도로서 그 구조가 방화구조인 것 : 0.5m/s 이상

6. 방연풍속 측정결과 부적합한 경우

   (1) 자동차압급기댐퍼의 개구율 조정

   (2) 송풍기측의 풍량조절댐퍼 조정

   (3) 자동복합댐퍼의 정상작동 여부 확인 및 조정

   (4) 송풍기 회전수(RPM) 조정 : 송풍기의 풀리비율 조정

05 제연설비의 송풍기(Fan) 점검방법에 대하여 기술하시오.

해 답
(1) 보수 및 점검이 용이한 장소에 설치여부의 확인
(2) 송풍기 주위에 연소할 우려가 있는 물질의 존치여부의 확인
(3) 전동기를 회전시켜 회전날개가 정상 방향으로 원활하게 회전하는지 확인
(4) 회전축은 회전이 원활한지 확인
(5) 축받침의 윤활유는 오염, 변질 등이 없고 필요량이 충전되었는지 확인
(6) 동력전달장치의 변형·손실 등이 없고 V-벨트의 기능이 정상인지 확인
(7) 송풍기의 풍량 및 풍압이 적정한지 확인

06 부속실제연설비에서 제어반 및 수동기동장치의 점검방법에 대하여 기술하시오.

해 답
1. 비상용 축전지의 정상여부 확인
2. 제어반의 감시기능 및 원격조작기능의 적합여부 확인
   (1) 급기용 댐퍼의 개폐감시 및 원격조작
   (2) 배출용 댐퍼 또는 개폐기의 작동여부에 대한 감시 및 원격조작
   (3) 송풍기 작동에 대한 감시 및 원격조작
   (4) 수동기동장치의 작동에 대한 감시
3. 수동기동장치 작동시 아래사항의 정상 작동여부 확인
   (1) 전층 제연구역에 설치된 급기댐퍼의 개방상태 확인
   (2) 송풍기를 작동시킨다.
   (3) 당해 층 유입공기의 배출댐퍼 또는 개폐기의 개방
   (4) 제연구역 출입문 해정장치의 해정기능 확인

9. 소방전기설비

01 자동화재탐지설비에서 절연저항에 대한 시험방법과 판정기준에 대하여 기술하시오.

해 답 1. 측정기기

절연저항계(최고전압 DC 500V 이상, 최소눈금 0.1MΩ 이하)

2. 측정구간

(1) 전원회로

① 상용전원 배전반과 수신기 1차측 사이 구간의 배선 상호간 및 전로와 대지 간의 저항을 측정한다.

② 비상전원수전설비의 전용변압기와 수신기 1차측 사이 구간의 배선 상호간 및 전로와 대지 간의 저항을 측정한다.

③ 주변압기 2차측의 전로와 대지 간의 저항을 측정한다.

(2) 감지기회로 및 부속기기회로

① 감지기 및 부속기기를 접속한 상태에서 배선 상호간 및 전로와 대지 간의 저항을 측정한다.

② 감지기 및 부속기기를 접속하지 않은 상태에서 배선 상호간 및 전로와 대지 간의 저 항을 측정한다.

(3) 판정기준

① 대지전압 150[V] 이하는 절연저항 0.1[MΩ] 이상이면 정상

② 대지전압 150[V] 초과는 절연저항 0.2[MΩ] 이상이면 정상

02 차동식분포형 공기관식감지기에 대한 다음 물음에 답하시오.(20점)

1. 차동식분포형 공기관식감지기의 작동시험 순서를 쓰시오.(5점)

2. 감지기의 동작에 이상이 있는 경우 그 원인을 2가지 쓰시오.(15점)

해 답 1. 차동식분포형 공기관식감지기의 작동시험 순서

다음순서에 의해 감지기의 작동 공기압에 상당하는 공기량을 공기주입시험기에 의하여 투입하여 작동하기까지의 시간 및 경계구역의 표시가 적정한가의 여부를 확인하는 시험방법이다.

(1) 검출부의 시험구멍에 공기주입시험기를 접속한다.

(2) 시험코크 또는 Key를 조작해서 시험위치에 조정한다.

(3) 검출부에 표시되어 있는 공기량을 공기관에 주입한다.

(4) 공기를 주입하고 나서 작동개시할 때까지의 시간을 측정한다.

2. 감지기의 동작에 이상이 있는 원인 2가지

(1) 기준치보다 초과한 경우 : [경보지연의 원인]

① 리크 저항치가 규정치보다 작다.

② 공기관의 누설

③ 공기관 접점의 접촉 불량

④ 공기관의 길이가 너무 길다.

⑤ 접점 수고값이 규정치보다 높다.

(2) 기준치보다 미달인 경우 : [비화재보의 원인]

① 리크 저항치가 규정치보다 크다.

② 접점 수고값이 규정치보다 낮다.

③ 공기관의 길이가 주입량에 비해 짧다.

03 자동화재탐지설비의 구성요소 중 "수신기"에 대한 종합점검 항목 5개 항목을 기술하시오.

해 답 (1) 개별 경계구역 표시 가능 회선수 확보 여부

(2) 축적기능 보유 여부(환기·면적·높이 조건 해당할 경우)

(3) 감지기·중계기·발신기 작동 경계구역 표시 여부(종합방재반 연동 포함)

(4) 1개 경계구역 1개 표시등 또는 문자 표시 여부

(5) 하나의 대상물에 수신기가 2 이상 설치된 경우 상호 연동되는지 여부

04 자동화재탐지설비에서 화재감지기 설치제외장소를 9개 항목으로 기술하시오.

해답 (1) 천장 또는 반자의 높이가 20m 이상인 장소
(2) 헛간 등 외부와 기류가 통하는 장소로서 감지기에 의하여 화재발생을 유효하게 감지할 수 없는 장소
(3) 부식성 가스가 체류하는 장소
(4) 고온도 또는 저온도로서 감지기의 기능이 정지되기 쉽거나 감지기의 유지관리가 어려운 장소
(5) 목욕실·욕조나 샤워실이 있는 화장실 기타 이와 유사한 장소
(6) 파이프 덕트 등 그 밖의 이와 유사한 것으로서 2개 층마다 방화구획되거나 수평 단면적이 5m² 이하인 것
(7) 먼지·가루 또는 수증기가 다량 체류하는 장소 또는 주방 등 평시에 연기가 발생하는 장소(연기감지기에 한한다)
(8) 실내용적이 20m³ 이하인 장소
(9) 프레스공장·주조공장 등 화재발생 위험이 적은 장소로서 감지기의 유지관리가 어려운 장소

05 자동화재탐지설비에서 교차회로방식을 갈음할 수 있는 감지기 8가지를 쓰시오.

해답 (1) 불꽃감지기
(2) 분포형 감지기
(3) 복합형 감지기
(4) 광전식 분리형 감지기
(5) 정온식 감지선형 감지기
(6) 아날로그방식의 감지기
(7) 다신호방식의 감지기
(8) 축적방식의 감지기

06 자동화재탐지설비에서 화재감지기의 부착높이별 적응감지기를 다음 높이별로 기술하시오.
(1) 8m 이상~15m 미만
(2) 15m 이상~20m 미만
(3) 20m 이상

해답

8m 이상 ~ 15m 미만	15m 이상 ~ 20m 미만	20m 이상
① 차동식 분포형 ② 이온화식 1종 또는 2종 ③ 광전식(스포트형·분리형·공기흡입형) 1종 또는 2종 ④ 연기복합형 ④ 불꽃감지기	① 이온화식 1종 ② 광전식(스포트형·분리형·공기흡입형) 1종 ③ 연기복합형 ④ 불꽃감지기	① 불꽃감지기 ② 광전식(분리형·공기흡입형) 중 아날로그 방식

07 유도등의 3선식 배선과 2선식 배선에 대하여 간략하게 설명하고, 점멸기를 설치하였을 경우 점등되어야 할 때를 기술하시오.

해답 1. 3선식 배선

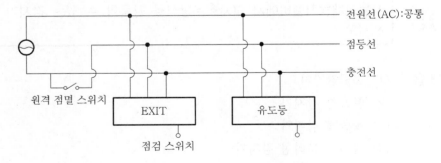

(1) 점멸기에 의하여 소등을 하게 되면 유도등은 꺼지나 예비전원에 충전은 계속되고 있는 상태가 된다.
(2) 정전 또는 단선이 되어 교류전압(AC)에 의한 전원공급이 중단되면 자동적으로 예비전원에 의하여 20분 이상 점등된다.

2. 2선식 배선

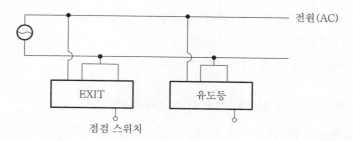

전원(AC)

EXIT   유도등

점검 스위치

(1) 점멸기에 의하여 소등을 하게 되면 자동적으로 예비전원에 의한 점등이 20분 이상 지속된 후 꺼진다.

(2) 소등하게 되면 예비전원에 자동 충전이 되지 않으므로 유도등으로서의 기능을 상실하게 되므로 점멸스위치를 부착해서는 아니 된다.

3. 점멸기 설치시 점등되어야 할 때

(1) 자동화재탐지설비의 감지기 또는 발신기가 작동되는 때

(2) 비상경보설비의 발신기가 작동되는 때

(3) 상용전원이 정전되거나 전원선이 단선되는 때

(4) 자동소화설비가 작동되는 때

(5) 방재업무를 통제하는 곳 또는 전기실의 배전반에서 수동으로 점등하는 때

08

유도등에 대한 다음 물음에 대하여 기술하시오.(30점)

1. 유도등의 평상시 점등상태(6점)
2. 예비전원감시등이 점등되었을 경우의 원인(12점)
3. 3선식 유도등이 점등되어야 하는 경우의 원인(12점)

해답

1. 유도등의 평상시 점등상태

유도등은 전기회로에 점멸기를 설치하지 아니하고 평상시 항시 점등상태를 유지할 것. 다만 다음에 해당하는 장소로서 3선식 배선에 따라 상시 충전되는 구조인 경우에는 그러하지 아니하다.

(1) 외부광에 따라 피난구 또는 피난방향을 쉽게 식별할 수 있는 장소

(2) 공연장, 암실 등으로서 어두워야 할 필요가 있는 장소

(3) 소방대상물의 관계인 또는 종사원이 주로 사용하는 장소

2. 예비전원감시등이 점등되었을 경우의 원인

(1) 예비전원 배터리가 불량인 경우
(2) 예비전원 충전부가 불량인 경우
(3) 예비전원 연결 커넥터가 분리된 경우

3. 3선식 유도등이 점등되어야 하는 경우의 원인

(1) 자동화재탐지설비의 감지기 또는 발신기가 작동되는 때
(2) 비상경보설비의 발신기가 작동되는 때
(3) 상용전원이 정전되거나 전원선이 단선되는 때
(4) 방재업무를 통제하는 곳 또는 전기실의 배전반에서 수동으로 점등하는 때
(5) 자동소화설비가 작동되는 때

09

비상콘센트설비의 화재안전기준(NFSC 504)에 의거하여 다음 각 물음에 답하시오.(25점)
1. 원칙적으로 설치 가능한 비상전원 2종류(5점)
2. 전원회로별 공급용량 2종류(5점)
3. 층별 비상콘센트가 5개씩 설치되어 있을 때 전원회로의 최소 회로수(5점)
4. 비상콘센트의 바닥으로부터 설치높이(5점)
5. 보호함의 설치기준 3가지(5점)

해 답

1. 원칙적으로 설치 가능한 비상전원 2종류

(1) 자가발전기설비
(2) 비상전원수전설비

2. 전원회로별 공급용량 2종류

(1) 3상교류의 경우 3kVA 이상인 것 : (단, 2013.10.3 이전에 건축허가 신청된 특정소방대상물에 한정함)
(2) 단상교류의 경우 1.5kVA 이상인 것

3. 층별 비상콘센트가 5개씩 설치되어 있을 때 전원회로의 최소 회로수

2회로(전원회로는 각 층에 있어서 2회로 이상이 되도록 설치할 것. 다만, 설치하여야 할 층의 비상콘센트가 1개일 때에는 하나의 회로로 할 수 있다.)

4. 비상콘센트의 바닥으로부터 설치높이

비상콘센트의 바닥으로부터 설치높이 : 0.8~1.5m

5. 보호함의 설치기준 3가지

(1) 보호함에는 쉽게 개폐할 수 있는 문을 설치할 것
(2) 보호함 표면에 "비상콘센트"라고 표시한 표지를 할 것
(3) 보호함 상부에 적색의 표시 등을 설치할 것. 다만, 비상콘센트의 보호함을 옥내소화전함 등과 접속하여 설치하는 경우에는 옥내소화전함 등의 표시등과 겸용할 수 있다.

---

10 자동화재탐지설비의 작동점검 및 종합점검에서 전원 및 배선의 점검항목 7가지를 기술하시오.

해답 (1) 전원 (○ : 작동점검)

① ○ 상용전원 적정 여부
② ○ 예비전원 성능 적정 및 상용전원 차단 시 예비전원 자동전환 여부

(2) 배선 (○ : 작동점검, ● : 종합점검)

① ● 종단저항 설치 장소, 위치 및 높이 적정 여부
② ● 종단저항 표지 부착 여부(종단감지기에 설치할 경우)
③ ○ 수신기 도통시험 회로 정상 여부
④ ● 감지기회로 송배전식 적용 여부
⑤ ● 1개 공통선 접속 경계구역 수량 적정 여부(P형 또는 GP형의 경우)

11 층수가 30층인 건축물의 비상방송설비에서 발화층 우선(구분)경보방식의 대상과 경보방식의 기준에 대하여 기술하시오.

해 답

1. 발화층 우선(구분)경보방식의 대상

   지상 5층 이상으로서 연면적 3,000m²를 초과하는 특정소방대상물

2. 경보방식

   (1) 2층 이상의 층에서 발화한 경우 : 발화층 및 그 직상 4개층에 우선 경보
   (2) 1층에서 발화한 경우 : 발화층ㆍ그 직상 4개층 및 지하층에 우선 경보
   (3) 지하층에서 발화한 경우 : 발화층ㆍ그 직상층 및 기타의 지하층에 우선 경보

10. 기타시설의 소방·방화시설

01 다중이용업소에 설치해야 하는 소방시설의 종류를 쓰고, 고시원 영업장의 복도·통로 및 창문에 대한 설치기준을 쓰시오.

해답

1. 다중이용업소의 소방시설

   (1) 소화설비

   ① 소화기 또는 자동확산소화기 : 다중이용업소 영업장 안의 구획된 각 실마다 설치

   ② 간이스프링클러설비(캐비넷형 포함) 설치대상

   ㉮ 지하층에 설치된 영업장

   ㉯ 밀폐구조의 영업장

   ㉰ 산후조리업·고시원업·권총사격장의 영업장

   (2) 경보설비

   ① 비상벨설비 ┐ (이 중에 하나 이상을 설치하되, 노래반주
   ② 자동화재탐지설비 ┘ 기 등 영상음향장치를 사용하는 영업장에는 자/탐설비를 의무적으로 설치)

   ㉮ 자동화재탐지설비를 설치하는 경우에는 감지기와 지구음향장치는 구획된 실마다 설치

   ㉯ 영상음향차단장치가 설치된 영업장에는 자동화재탐지설비의 수신기를 별도로 설치

   ③ 가스누설경보기 : 가스시설을 사용하는 주방이나 난방시설이 있는 영업장에만 설치

   (3) 피난설비

   ① 피난기구(미끄럼대, 피난사다리, 구조대. 완강기) : 4층 이하 영업장의 비상구(발코니 또는 부속실)에 설치

   ② 피난유도선 : 영업장 내부 피난통로 또는 복도가 있는 다음의 영업장에만 설치한다.

   ㉮ 단란주점영업·유흥주점영업·영화상영관·비디오물감상실업·노래연습장업·산후조리업·고시원업 영업장

   ㉯ 피난유도선은 전류에 의하여 빛을 내는 방식으로 할 것

③ 유도등, 유도표지 또는 비상조명등 : 이 중에 하나 이상을 설치하되, 영업장안의 구획된 실마다 설치

④ 휴대용 비상조명등 : 영업장 안의 구획된 각 실마다 잘 보이는 곳(실 외부에 설치할 경우 출입문 손잡이로부터 1m 이내 부분)에 1개 이상 설치

2. 고시원 영업장의 설치기준

(1) 영업장의 복도 · 통로

① 복도 · 통로의 폭

㉮ 복도 · 통로의 양옆에 구획된 실이 있는 경우 : 150cm 이상

㉯ 그 밖의 경우 : 120cm 이상

② 복도 · 통로의 구조 : 구획된 실에서부터 주 출입구 또는 비상구까지 이르는 복도 · 통로는 3개소 이상 구부러지는 형태가 아닐 것

(2) 영업장의 창문

가로 50cm, 세로 50cm 이상 크기의 창문을 바깥공기와 접하는 부위에 1개 이상 설치

---

02 다중이용업소에 설치하는 비상구의 위치기준과 규격기준에 대하여 기술하시오.

해 답

1. 설치 위치

비상구는 영업장의 주출입구 반대방향에 설치할 것

다만, 건물구조상 불가피한 경우에는 영업장의 장변(長邊) 길이의 2분의 1 이상 떨어진 위치에 설치 가능함

2. 비상구 규격

가로 75cm 이상, 세로 150cm 이상(비상구 문틀을 제외한 규격임)

---

03 피난기구의 점검시 착안사항에 대하여 기술하시오.

해 답 (1) 피난기구를 계단·피난구로부터 적당한 거리를 두고 설치하였는가

(2) 여러 사람의 눈에 잘 보이는 장소인가

(3) 조작에 필요한 충분한 공간이 확보되어 있는가

(4) 피난기구를 사용하는 데 있어 장애가 되는 간판·차광막 기타 장애물이 있는지 여부

(5) 피난기구를 사용하는 개구부(창)의 구조는 당해 피난기구를 사용하여 피난하기에 적당한 구조와 크기로 되어 있는가(일반적으로 돌출창에는 설치를 피하는 것이 좋다.)

(6) 피난기구를 사용하는 개구부는 층별로 상호 동일 수직선상에 있지 않은지 여부

(7) 피난기구를 설치하는 개구부에는 피난기구를 설치할 수 있게 철재의 고리가 견고하게 설치되어 있는지 여부

04 노유자시설에서 각 층별로 적용할 수 있는 피난기구의 종류를 기술하시오.

해 답

대상＼층별	지하층	1층	2층	3층	4층～10층
노유자시설	피난용트랩	미끄럼대 구조대 피난교 다수인피난장비 승강식피난기	미끄럼대 구조대 피난교 다수인피난장비 승강식피난기	미끄럼대 구조대 피난교 다수인피난장비 승강식피난기	피난교 다수인피난장비 승강식피난기

05 다중이용업소에서 비상구 및 방염에 대한 점검 시 작동·종합점검표의 내용에 따라 점검하여야 할 점검내용을 기술하시오.

해 답 (1) 비상구 (○ : 작동점검)

① ○ 피난동선에 물건을 쌓아두거나 장애물 설치 여부

② ○ 피난구, 발코니 또는 부속실의 훼손 여부

③ ○ 방화문·방화셔터의 관리 및 작동상태

(2) 방염 (● : 종합점검)

① ● 선처리 방염대상물품의 적합 여부(방염성능시험성적서 및 합격표시 확인)

② ● 후처리 방염대상물품의 적합 여부(방염성능검사결과 확인)

06

2 이상의 특정소방대상물이 연결통로로 연결된 경우 다음 물음에 답하시오.(15점)

1. 하나의 소방대상물로 볼 수 있는 조건 중 내화구조로 벽이 없는 통로와 벽이 있는 통로로 구분하여 쓰시오.(5점)

2. 위의 1. 외에 하나의 소방대상물로 볼 수 있는 조건 5가지를 쓰시오.(5점)

3. 별개의 소방대상물로 볼 수 있는 조건에 대하여 쓰시오.(5점)

해 답

1. 하나의 소방대상물로 볼 수 있는 조건 중 내화구조로 벽이 없는 통로와 벽이 있는 통로로 구분하여 작성

(1) 벽이 없는 구조로서 그 길이가 6m 이하인 경우

(2) 벽이 있는 구조로서 그 길이가 10m 이하인 경우

(다만, 벽 높이가 바닥에서 천장 높이의 2분의 1 이상인 경우에는 벽이 있는 구조로 보고, 벽 높이가 바닥에서 천장 높이의 2분의 1 미만인 경우에는 벽이 없는 구조로 본다.)

2. 위의 1. 외에 하나의 소방대상물로 볼 수 있는 조건 5가지

(1) 내화구조가 아닌 연결통로로 연결된 경우

(2) 콘베이어로 연결되어 플랜트설비의 배관 등으로 연결되어 있는 경우

(3) 지하보도, 지하상가, 지하가로 연결된 경우

(4) 방화셔터 또는 갑종방화문이 설치되지 아니한 피트로 연결된 경우

(5) 지하구로 연결된 경우

3. 별개의 소방대상물로 볼 수 있는 조건

연결통로와 소방대상물과의 연결부분에 다음 중 어느 하나에 적합한 시설이 설치된 경우에는 별개의 소방대상물로 본다.

(1) 화재시 경보설비 또는 자동소화설비의 작동과 연동하여 자동으로 닫히는 방화셔터 또는 갑종방화문이 설치된 경우

(2) 화재시 자동으로 방수되는 방식의 드렌쳐설비 또는 개방형 스프링클러헤드가 설치 된 경우

07 소방법령에 의한 지하구에 설치하여야 할 소방·방화시설의 종류와 각 설치기준에 대하여 간략하게 기술하시오.

해 답 1. 자동화재탐지설비

(1) 경계구역 : 자동화재탐지설비의 화재안전기술기준의 경계구역 기준을 준용
(2) 적응감지기
① 정온식 감지선형 감지기
② 광케이블 광센서 감지선형 감지기
③ 기타 먼지·습기 등의 영향을 받지 아니하고 발화지점(1m 단위)과 온도를 확인할 수 있는 감지기

2. 연소방지설비

(1) 설치대상
전력 또는 통신사업용의 지하구
(2) 살수구역
① 하나의 살수구역의 길이 : 3.0m 이상
② 소방대원의 출입이 가능한 환기구·작업구마다 지하구의 양쪽(길이) 방향으로 살수헤드를 설정하되, 환기구 사이의 간격이 700m를 초과할 경우에는 700m 이내마다 살수구역을 설정
(3) 방수헤드
① 헤드 설치위치 : 천장 또는 벽면
② 헤드 간의 수평거리
㉮ 연소방지설비 전용 헤드 : 2.0m 이하
㉯ 스프링클러헤드 : 1.5m 이하
(4) 송수구
① 구경 65mm의 쌍구형
② 송수구로부터 1m 이내에 살수구역의 안내표지 설치

③ 소방차량이 쉽게 접근할 수 있는 노출된 장소에 설치하되, 눈에 띄기 쉬운 보도 또는 차도에 설치

④ 지면으로부터 높이가 0.5m 이상 1m 이하의 위치에 설치

⑤ 송수구의 가까운 부분에 자동배수밸브(또는 직경 5mm의 배수공)를 설치

⑥ 송수구로부터 주배관에 이르는 연결배관에는 개폐밸브를 설치하지 않을 것

⑦ 송수구에는 이물질을 막기 위한 마개를 씌어야 한다.

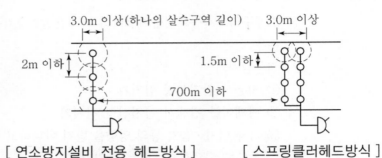

[연소방지설비 전용 헤드방식] [스프링클러헤드방식]

3. 방화벽

(1) 설치대상

전력 또는 통신사업용의 지하구

(2) 설치기준

① 내화구조로서 홀로 설 수 있는 구조일 것

② 방화벽의 출입문은 60분방화문 또는 60+ 방화문으로 설치할 것

③ 방화벽을 관통하는 케이블·전선 등에는 국토교통부 고시(내화구조의 인정 및 관리기준)에 따라 내화채움구조로 마감할 것

④ 방화벽은 지하구의 분기구 및 국사·변전소 등의 건축물과 지하구가 연결되는 부위(건축물로부터 20m 이내)에 설치할 것

4. 무선통신보조설비

(1) 설치대상

「국토의 계획 및 이용에 관한 법률」 제2조제9호에 의한 공동구

(2) 설치기준

무전기접속단자의 설치장소 : 방재실, 공동구의 입구, 연소방지설비 송

수구가 설치된 장소(지상)

5. 통합감시시설

(1) 설치대상

소방법령에 의한 지하구

(2) 설치기준

① 소방관서와 지하구의 통제실 간의 정보통신망을 구축할 것

② 정보통신망은 광케이블 또는 이와 유사한 성능을 가진 선로일 것

③ 수신기는 지하구의 통제실에 설치하되 화재신호, 경보, 발화지점 등 수신기에 표시되는 정보가 관할 소방관서의 119상황실 정보통신장치에 표시되도록 할 것

11. 피난·방화시설

01 특정소방대상물에서 방화구획의 설치기준에 대하여 다음의 각 물음에 답하시오.(30점)

1. 면적별 방화구획 기준(10점)
2. 용도별 방화구획 기준(8점)
3. 방화구획의 완화(면제)적용 대상 7개 항목(12점)

해답

1. 면적별 방화구획 기준

(1) 지상 10층 이하의 층

바닥면적 1,000m²(단, 자동식소화설비가 설치된 경우는 3,000m²) 이하마다 구획

(2) 지상 11층 이상의 층

① 실내마감재료가 불연재료인 경우 : 바닥면적 500m²(단, 자동식소화설비가 설치된 경우는 1,500m²) 이하마다 구획

② 실내마감재료가 불연재료가 아닌 경우 : 바닥면적 200m²(단, 자동식소화설비가설치된 경우는 600m²) 이하마다 구획

2. 용도별 방화구획 기준

(1) 당해 건축물 내에서 관리 이용 형태가 다른 2 이상의 용도가 존재하는 경우 그 사이를 방화구획하는 것

(2) 건축법시행령 제46조 3항에 의하여 주요구조부를 내화구조로 하여야 하는 부분과 다른 부분과의 사이를 방화구획하는 것

3. 방화구획의 완화(면제)적용 대상 7개 항목

(1) 문화 및 집회시설, 장례식장, 운동시설의 용도로 쓰이는 거실로서 시선 및 활동 공간의 확보를 위하여 불가피한 부분

(2) 물품의 제조·가공·운반 등에 필요한 대형기기설비의 설치 운영을 위하여 불가피한 부분

(3) 계단실·복도·승강기의 승강로 부분으로서 당해 건축물의 다른 부분

과 방화구획으로 구획된 부분

(4) 주요구조부가 내화구조 또는 불연재료로 된 주차장

(5) 복층형 공동주택의 세대 내 중간층 바닥 부분

(6) 단독주택, 동·식물 관련시설, 군사시설 등의 건축물

(7) 건축물의 최상층 또는 피난층으로서 대규모 회의장, 강당, 스카이라운지, 로비 등의 용도로 사용하는 부분

02

건축법령상의 특별피난계단 및 비상용승강기에 대한 다음의 각 물음에 답하시오.(30점)

1. 특별피난계단의 법정 설치대상을 기술하시오.(6점)
2. 특별피난계단의 설치기준을 기술하시오.(10점)
3. 비상용승강기의 법규적 설치제외(면제)대상을 기술하시오.(6점)
4. 비상용승강기 승강장의 설치(구조)기준을 기술하시오.(8점)

해 답　1. 특별피난계단의 법정 설치대상

(1) 지상 11층 이상 또는 지하 3층 이하의 층(단, 바닥면적 400m² 미만인 층은 제외)으로부터 피난층 또는 지상으로 통하는 직통 계단

(2) 피난계단의 설치대상 중에서 도매시장·소매시장 또는 상점의 용도로 쓰이는 층으로부터의 직통계단은 그중 1개 이상을 특별피난계단으로 설치

2. 특별피난계단의 설치기준

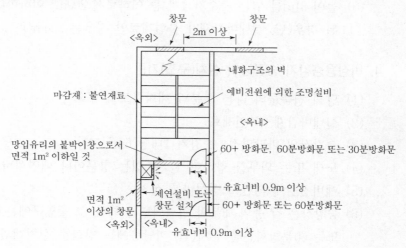

(1) 건축물 내부에서 계단실로 통하는 구조가 다음 각 호의 1의 것으로 될 것
　① 노대를 통하여 연결
　② 외부를 향하여 열 수 있고, 면적 1m² 이상의 창문이 있는 부속실을 통하여 연결
　③ 제연설비가 있는 부속실을 통하여 연결
(2) 계단실 또는 부속실에서 옥내와 접하는 창문 등을 설치하지 아니 할 것
(3) 내화구조의 벽으로 구획
(4) 실내 마감재료 : 불연재료
(5) 예비전원에 의한 조명설비
(6) 계단실의 구조
　① 내화구조일 것
　② 피난층 또는 지상까지 직접 연결되도록 할 것
　③ 돌음계단이 아닐 것
(7) 계단실 출입구의 구조
　① 유효너비 : 0.9m 이상
　② 피난방향으로 열 수 있고 항상 닫힌 상태를 유지할 수 있는 60+방화문, 60분방화문 또는 30분방화문(단, 부속실의 출입구는 60+방화문 또는 60분방화문)

3. 비상용승강기의 법규적 설치제외(면제) 대상

(1) 높이 31m를 넘는 각 층을 거실 이외의 용도로 사용하는 건축물
(2) 높이 31m를 넘는 전체 층의 바닥면적 합계가 500m² 이하
(3) 높이 31m를 넘는 층수가 4개 층 이하로서 200m² 이하마다 방화구획된 경우(단, 실내마감재가 불연재료인 경우는 500m²)

4. 비상용승강기 승강장의 설치(구조)기준

(1) 당해 건축물의 다른 부분과 내화구조로 구획
(2) 실내마감재 : 불연재료
(3) 승강장의 바닥면적 : 승강기 1대당 6m² 이상
(4) 노대 또는 외부를 향하여 열 수 있는 창문이나 배연설비를 설치
(5) 예비전원에 의한 조명설비를 설치
(6) 승강장은 각 층의 내부와 연결되도록 하되, 그 출입구에는 60+ 방화문 또는 60분방화문을 설치(단, 피난층에는 방화문 설치제외 가능함)

(7) 피난층의 승강장 출입구로부터 도로 또는 공지에 이르는 거리가 30m 이하일 것

(8) 승강장의 출입구에 표지 설치

03 방화구조의 설치기준을 기술하시오.

해 답

(1) 철망모르타르 : 바름두께 2cm 이상

(2) 석고판 위에 시멘트모르타르 또는 회반죽을 바른 것 : 두께 합계 2.5cm 이상

(3) 시멘트모르타르에 타일을 붙인 것 : 두께의 합계 2.5cm 이상

(4) 심벽에 흙으로 맞벽치기한 것

(5) 「산업표준화법」에 따른 한국산업표준이 정하는 바에 따라 시험한 결과 방화 2급 이상에 해당하는 것

04 건축물의 피난·방화구조 등의 기준에 관한 규칙에 의한 지하층 비상탈출구의 설치기준을 기술하시오.

해 답

(1) 비상탈출구의 유효너비는 0.75m 이상으로 하고, 유효높이는 1.5m 이상으로 할 것

(2) 비상탈출구의 문은 피난방향으로 열리도록 하고, 실내에서 항상 열 수 있는 구조로 하며, 내부 및 외부에는 비상탈출구의 표시를 할 것

(3) 비상탈출구는 출입구로부터 3m 이상 떨어진 곳에 설치할 것

(4) 지하층의 바닥으로부터 비상탈출구의 아랫부분까지의 높이가 1.2m 이상이 되는 경우에는 벽체에 발판의 너비가 20cm 이상인 사다리를 설치할 것

(5) 비상탈출구에서 피난층 또는 지상으로 통하는 복도나 직통계단까지 이르는 피난통로의 유효너비는 0.75m 이상으로 하고, 피난통로의 실내에 접하는 부분의 마감과 그 바탕은 불연재료로 할 것

(6) 비상탈출구의 진입부분 및 피난통로에는 통행에 지장이 있는 물건을 방치하거나 시설물을 설치하지 아니할 것

(7) 비상탈출구의 유도등과 피난통로의 비상조명등의 설치는 소방법령이 정하는 바에 의할 것

05 방화문의 성능기준에 대하여 기술하시오.

해 답

1. 내화성능

   KS F 2268-1에 따른 내화시험 결과 비차열 1시간 이상일 것

2. 차연성능

   KS F 2846에 따른 차연성시험 결과 차연성능이 차압 25Pa에서 공기누설량 0.9[m³/min · m²] 이하일 것

3. 기계적 강도

   KS F 3109(문세트)에 따른 비틀림강도 · 내충격성 · 개폐력 및 개폐반복성이 있을 것

4. 개폐력

   (1) 문을 열 때 : 133N 이하
   (2) 문을 완전히 개방한 상태 : 67N 이하

5. 방화문 인접창(방화문의 상부 또는 측면으로부터 50cm 이내에 설치된 창문)

   KS F 2845에 따라 시험한 결과 비차열 1시간 이상의 성능이 있을 것

6. 디지털 도어록의 성능기준

   현관문에 설치하는 디지털 도어록은 KS C 9806(디지털 도어록)에 적합한 것으로서 화재시 대비방법 및 내화형 조건에 적합할 것

06 다음은 방화구획선 상에 설치되는 자동방화셔터에 관한 내용이다. 다음의 각 물음에 답하시오.(36점)

1. 자동방화셔터를 작동시키는 방법 4가지를 쓰시오.(8점)
2. 일체형 셔터가 아닌 자동방화셔터의 작동시험 시 셔터를 작동시켰을 때 확인하여야 할 사항 4가지를 기술하시오.(12점)

06

3. 일체형 자동방화셔터의 작동시험 시 셔터를 작동시켰을 때의 확인사항 중 셔터에 설치된 비상출입구에 대한 확인사항 5가지를 기술하시오. (10점)
4. 일체형 자동방화셔터 출입구의 설치기준 3가지를 쓰시오. (6점)

해답

1. 자동방화셔터를 작동시키는 방법 4가지

(1) 방화셔터 전·후에 설치된 셔터기동용 화재감지기의 작동
(2) 연동제어기의 수동기동스위치 작동
(3) 수신반의 방화셔터 수동기동스위치 작동
(4) 수신반의 방화셔터 동작시험스위치 작동

2. 자동방화셔터 작동시험시 작동시켰을 때의 확인사항 4가지

(1) 해당구역의 방화셔터가 정상적으로 폐쇄되는지의 여부
   화재감지기 작동에 의한 셔터 폐쇄시에는 아래와 같이 1단강하와 2단 강하로 구분되어 정상적으로 폐쇄되는지의 여부를 확인
   • 연기감지기 동작시 : 1단강하(일부폐쇄) : 60cm(최소제연경계폭) 이상 하강
   • 열감지기 동작시 : 2단강하(완전폐쇄) : 셔터가 바닥에 완전히 닿았는지 확인
(2) 연동제어기에서 음향(부저)경보의 작동 여부
(3) 수신반에서 해당 방화셔터 작동표시등의 점등 여부
(4) 여러 개의 방화셔터가 동시에 작동되는 경우에는 동시에 하강하는지의 여부

3. 일체형 자동방화셔터의 작동시험시 비상출입구에 대한 확인사항 5가지

(1) 셔터에 설치된 비상출입문이 제대로 열리고 완전히 닫히는지의 여부
(2) 비상출입문이 닫힌 상태에서 틈이 발생하는지의 여부
(3) 비상출입구 부분은 셔터의 다른 부분과 색상을 다르게 하여 쉽게 구분되는지의 여부
(4) 비상출입구 상단에 피난구유도등의 설치 여부
(5) 비상출입구의 유효너비는 0.9m 이상, 유효높이는 2m 이상인지의 여부

4. 일체형 자동방화셔터 출입구의 설치기준 3가지

  (1) 출입구 상부에 행정안전부장관이 정하는 기준에 적합한 피난구유도등 또는 피난구유도표지를 설치하여야 한다.

  (2) 출입구 부분은 셔터의 다른 부분과 색상을 달리하여 쉽게 구분될 수 있도록 하여야 한다.

  (3) 출입구의 유효너비는 0.9m 이상, 유효높이는 2m 이상이어야 한다.

---

07 방화구획선상에 설치하는 자동방화셔터에 대한 국토교통부령(건축물의 피난 · 방화구조 등의 기준에 관한 규칙) 및 고시(건축자재등 품질인정 및 관리기준)에 따른 구조 및 설치기준(성능기준은 제외)을 쓰시오.

해 답

(1) 피난이 가능한 60분+ 방화문 또는 60분방화문으로부터 3m 이내에 별도로 설치할 것

(2) 전동방식이나 수동방식으로 개폐할 수 있을 것

(3) 불꽃감지기 또는 연기감지기 중 하나와 열감지기를 설치할 것

(4) 불꽃이나 연기를 감지한 경우 일부 폐쇄되는 구조일 것

(5) 열을 감지한 경우 완전 폐쇄되는 구조일 것

(6) 자동방화셔터가 수직방향으로 폐쇄되는 구조가 아닌 경우는 불꽃, 연기 및 열감지에 의해 완전폐쇄가 될 수 있는 구조여야 한다.

(7) 자동방화셔터의 상부는 상층 바닥에 직접 닿도록 하여야 하며, 그렇지 않은 경우 방화구획 처리를 하여 연기와 화염의 이동통로가 되지 않도록 하여야 한다.

---

08 아파트의 발코니에 설치하는 하향식 피난구의 설치기준과 성능기준을 쓰시오.

해 답

1. 하향식 피난구의 설치기준

  (1) 피난구의 유효 개구부 규격은 직경 60cm 이상, 피난구의 덮개는 비차열 1시간 이상의 내화성능을 가져야 한다.

(2) 상층 · 하층 간 피난구의 설치위치는 수직방향 간격을 15cm 이상 띄어서 설치

(3) 아래층에서는 바로 윗층의 피난구를 열 수 없는 구조일 것

(4) 사다리는 바로 아래층의 바닥면으로부터 50cm 이하까지 내려오는 길이로 할 것

(5) 덮개가 개방될 경우에는 건축물관리시스템 등을 통하여 경보음이 울리는 구조일 것

(6) 피난구가 있는 곳에는 예비전원에 의한 조명설비를 설치할 것

2. 하향식 피난구의 성능기준

(1) KS F 2257 – 1(건축부재의 내화시험방법 – 일반요구사항)에 적합한 수평가열로에서 시험한 결과 KS F 2268 – 1(방화문의 내화시험방법)에서 정한 비차열 1시간 이상의 내화성능이 있을 것

(2) 사다리는 「소방시설설치유지 및 안전관리에 관한 법률 시행령」 제37조에 따른 '피난사다리의 형식승인 및 검정기술기준'의 재료기준 및 작동시험기준에 적합할 것

(3) 덮개는 장변 중앙부에 $637N/0.2m^2$의 등분포하중을 가했을 때 중앙부 처짐량이 15mm 이하일 것

09

자동방화셔터의 작동시 다음과 같은 현상이 발생하였다. 그 원인과 조치방법을 쓰시오.(40점)

1. 셔터가 하강(폐쇄)된 상태에서 수동조작함의 「Up」 스위치를 눌러도 셔터가 상승(복구)하지 않는 경우(15점)
2. 셔터의 작동시험 시 셔터가 자중에 의해 하강되지 않는 경우(15점)
3. 방화셔터의 시험작동(하강) 후 수동조작함의 「Up」 스위치를 눌러 셔터를 올렸으나, 정지하지 않고 곧바로 다시 하강하는 경우(10점)

해 답

1. 셔터가 하강(폐쇄)된 상태에서 수동조작함의 「Up」 스위치를 눌러도 셔터가 상승(복구)하지 않는 경우의 원인과 조치방법

(1) 전원공급이 차단된 경우

1) 방화셔터의 전원공급차단기가 Trip된 경우

2) 전원배선회로에 단선·단락 등의 이상이 생긴 경우

〈조치방법〉

1) 방화셔터용 모터 직근에 설치된 전원공급용 차단기의 Trip을 해제 시키고, Trip된 원인을 찾아 정비한다.

2) 전원배선회로를 점검하여 단선·단락 등을 찾아내어 그 부분을 정 비한다.

(2) 수동기동용 각 스위치(Up, 정지, Down)의 배선 결선이 잘못된 경우

〈조치방법〉

수동기동용 각 스위치의 배선을 확인하여 잘못 결선된 부분은 재결선 한다.

(3) 방화셔터용 모터가 고장인 경우

〈조치방법〉

1) 우선, 비상조치로 셔터를 강제로 올리는 방법은 방화셔터용 모터의 직근에 셔터작동용 체인이 있는데 이 체인을 서서히 잡아당겨 셔터 를 올린다.

2) 방화셔터용 모터를 분리하여 정비한다.

2. 셔터의 작동시험 시 셔터가 자중에 의해 하강되지 않는 경우의 원인과 조 치방법

(1) 전자브레이크의 고장

〈조치방법〉

1) 우선, 전자브레이크의 수동해제레버를 조작하여 수동으로 하강시 켰을 때 셔터가 자중에 의해 하강하면 전자브레이크의 고장이 확 실하다.

2) 전자브레이크를 분해정비하거나 또는 교체한다.

(2) 폐쇄기동작용 솔레노이드의 고장

폐쇄기 내의 폐쇄기동작용 솔레노이드가 고장일 경우 전자브레이크를 해제시키지 못하여 셔터가 자중에 의하여 하강하지 못하게 된다.

〈조치방법〉

폐쇄기동작용 솔레노이드의 교체

(3) 전원공급이 차단된 경우

1) 방화셔터의 전원공급차단기가 Trip된 경우

2) 전원배선회로에 단선·단락 등의 이상이 생기면 폐쇄기동작용 솔

레노이드에 전원을 공급하지 못하므로 전자브레이크를 해제 시키지 못하여 셔터가 자중에 의하여 하강하지 못하게 된다.

〈조치방법〉

1) 방화셔터용 모터 직근에 설치된 전원공급차단기의 Trip을 해제시키고, Trip된 원인을 찾아 정비한다.

2) 전원배선회로를 점검하여 단선·단락 등을 찾아내어 그 부분을 정비한다.

3. 방화셔터의 시험작동(하강) 후 수동조작함의 「Up」스위치를 눌러 셔터를 올렸으나, 정지하지 않고 곧바로 다시 하강하는 경우의 원인과 조치방법

(1) 방화셔터의 폐쇄기가 복구되지 않은 경우

〈조치방법〉

1) 수신반을 복구시킨 후 연동제어기의 복구스위치를 눌러 폐쇄기를 복구시킨다.

2) 이때 만일 폐쇄기의 고장으로 복구가 되지 않을 경우에는 점검구를 열고 폐쇄기를 수동으로 강제복구시킨 후 셔터를 올린다.

(2) 폐쇄기 자체가 고장인 경우

〈조치방법〉

1) 폐쇄기를 분리하여 교체한다.

2) 폐쇄기를 분리한 상태에서 셔터를 올려놓는다.

부 록

(총   권 중   번째)

1교시(과목)

(20   ) 년도 (   )시험 답안지

과 목 명	

답안지 작성 시 유의사항

가. 답안지는 표지, 연습지, 답안내지(16쪽)로 구성되어 있으며, 교부받는 즉시 쪽 번호 등 정상여부를 확인하고 연습지를 포함하여 1매라도 분리하거나 훼손해서는 안 됩니다.

나. 답안지 표지 앞면 빈칸에는 시행년도 · 자격시험명 · 과목명을 정확하게 기재하여야 합니다.

다. 채점 사항	1. 답안지 작성은 반드시 검정색 필기구만 사용하여야 합니다.(그 외 연필류, 유색필기구 등을 사용한 답항은 채점하지 않으며 0점 처리됩니다.) 2. 수험번호 및 성명은 반드시 연습지 첫 장 좌측 인적사항 기재란에만 작성하여야 하며, 답안지의 인적사항 기재란 외의 부분에 특정인임을 암시하거나 답안과 관련없는 특수한 표시를 하는 경우, 답안지 전체를 채점하지 않으며 0점 처리합니다. 3. 계산문제는 반드시 계산과정, 답, 단위를 정확히 기재하여야 합니다. 4. 답안 정정 시에는 두 줄(=)을 긋고 다시 기재하여야 하며, 수정테이프 · 수정액 등을 사용할 경우 채점상의 불이익을 받을 수 있으므로 사용하지 마시기 바랍니다. 5. 기 작성한 문항 전체를 삭제하고자 할 경우 반드시 해당 문항의 답안 전체에 명확하게 ×표시하시기 바랍니다.(×표시 한 답안은 채점대상에서 제외)
라. 일반 사항	1. 답안 작성 시 문제번호 순서에 관계없이 답안을 작성하여도 되나, 반드시 문제번호 및 문제를 기재(긴 경우 요약기재 가능)하고 해당 답안을 기재하여야 합니다. 2. 각 문제의 답안작성이 끝나면 바로 옆에 "끝"이라고 쓰고, 최종 답안작성이 끝나면 줄을 바꾸어 중앙에 "이하여백"이라고 써야합니다. 3. 수험자는 시험시간이 종료되면 즉시 답안작성을 멈춰야 하며, 종료시간 이후 계속 답안을 작성하거나 감독위원의 답안지 제출지시에 불응할 때에는 당회 시험을 무효 처리합니다. 4. 답안지가 부족할 경우 추가 지급하며, 이 경우 먼저 작성한 답안지의 16쪽 우측하단 [ ]란에 "계속"이라고 쓰고, 답안지 표지의 우측 상단(총 권 중 번째)에는 답안지 총 권수, 현재 권수를 기재하여야 합니다.(예시 : 총 2권 중 1번째)

[후 면]

부정행위 처리규정

다음과 같은 행위를 한 수험자는 부정행위자 응시자격 제한 법률 및 규정 등에 따라 당회 시험을 정지 또는 무효로 하며, 그 시험 시행일로부터 일정 기간 동안 응시자격을 정지합니다.

1. 시험 중 다른 수험자와 시험과 관련한 대화를 하는 행위
2. 시험문제지 및 답안지를 교환하는 행위
3. 시험 중에 다른 수험자의 문제지 및 답안지 또는 문제지를 엿보고 자신의 답안지를 작성하는 행위
4. 다른 수험자를 위하여 답안을 알려주거나 엿보게 하는 행위
5. 시험 중 시험문제 내용을 책상 등에 기재하거나 관련된 물건(메모지 등)을 휴대하여 사용 또는 이를 주고 받는 행위
6. 시험장 내·외의 자로부터 도움을 받고 답안지를 작성하는 행위
7. 사전에 시험문제를 알고 시험을 치른 행위
8. 다른 수험자와 성명 또는 수험번호를 바꾸어 제출하는 행위
9. 대리시험을 치르거나 치르게 하는 행위
10. 수험자가 시험시간 중에 통신기기 및 전자기기[휴대용 전화기, 휴대용 개인정보단말기(PDA), 휴대용 멀티미디어 재생장치(PMP), 휴대용 컴퓨터, 휴대용 카세트, 디지털 카메라, 음성파일 변환기(MP3), 휴대용 게임기, 전자사전, 카메라 펜, 시각표시 이외의 기능이 부착된 시계]를 휴대하거나 사용하는 행위
11. 공인어학성적표 등을 허위로 증빙하는 행위
12. 응시자격을 증빙하는 제출서류 등에 허위사실을 기재한 행위
13. 그 밖에 부정 또는 불공정한 방법으로 시험을 치르는 행위

수험번호	성 명
9797	권 순 택
감독확인	(인)

○   ○   ○

[문제 3] 다음 각 물음에 답하시오.(40점)

1. 다중이용업소에 설치하는 비상구의 위치기준과 규격기준에 대하여 설명하시오.(5점)
2. 종합정밀점검을 받아야 하는 공공기관의 대상에 대하여 쓰시오.(5점)
3. 2 이상의 특정소방대상물이 연결통로로 연결된 경우 다음 물음에 답하시오.(10점)
   (1) 하나의 소방대상물로 보는 조건중 내화구조로 벽이 없는 통로와 벽이 있는 통로를 구분하여 쓰시오.(10점)
   (2) 위의 (1) 외에 하나의 소방대상물로 볼 수 있는 조건 5가지를 쓰시오.(10점)
   (3) 별개의 소방대상물로 볼 수 있는 조건에 대하여 쓰시오.(10점)

(위 문제에 대한 답안작성 예시)

[문제 3]

1. 다중이용업소에 설치하는 비상구의 위치기준과 규격기준

    (1) 설치 위치 : 비상구는 영업장의 주 출입구 반대방향에 설치할 것

       단, 건물구조상 불가피한 경우에는 영업장의 장변(長邊) 길이의 2분의 1

       이상 떨어진 위치에 설치 가능함

    (2) 비상구 규격 : 가로 75cm 이상, 세로 150cm 이상(비상구 문틀을 제외한 규격임)

2. 종합정밀점검을 받아야 하는 공공기관

    (1) 연면적 5,000m² 이상으로서 스프링클러설비 또는 물분무등소화설비가

       설치된 공공기관

    (2) 연면적 1,000m³ 이상으로서 옥내소화전설비 또는 자동화재탐지설비가

　　　　　　　　설치된 공공기관

3.　2 이상의 특정소방대상물이 연결통로로 연결된 경우

　(1) 하나의 소방대상물로 보는 조건

　　　① 벽이 없는 구조로서 그 길이가 6m 이하인 경우

　　　② 벽이 있는 구조로서 그 길이가 10m 이하인 경우

　　　(다만, 벽 높이가 바닥에서 천장 높이의 1/2 이상인 경우에는 벽이

　　　있는 구조로 보고, 벽 높이가 바닥에서 천장 높이의 1/2 미만인 경우

　　　에는 벽이 없는 구조로 본다.)

　(2) 위의 (1) 외에 하나의 소방대상물로 볼 수 있는 조건 5가지

　　　① 내화구조가 아닌 연결통로로 연결된 경우

　　　② 콘베이어로 연결되어 플랜트설비의 배관 등으로 연결되어 있는 경우

　　　③ 지하보도, 지하상가, 지하가로 연결된 경우

　　　④ 방화셔터 또는 갑종방화문이 설치되지 아니한 피트로 연결된 경우

　　　⑤ 지하구로 연결된 경우

　(3) 별개의 소방대상물로 볼 수 있는 조건

　　　① 화재시 경보설비 또는 자동소화설비의 작동과 연동하여 자동으로

　　　닫히는 방화셔터 또는 갑종방화문이 설치된 경우

　　　② 화재시 자동으로 방수되는 방식의 드렌쳐설비 또는 개방형 스프링클

　　　러헤드가 설치된 경우.　　끝(각 문제의 답안작성 종료 시 마다 기재)

　　　　　　　　　　　　　이 하 여 백(해당 교시의 최종 답안작성이 끝났을 때 기재)

Ⅱ. 소방시설의 자체점검사항 등에 관한 고시

[개정 2022.12.1. 소방청고시 제2022-71호]

제1조(목적)

이 고시는「소방시설 설치 및 관리에 관한 법률 시행규칙」제20조제3항의 소방시설 자체점검 구분에 따른 점검사항·소방시설등점검표·점검인원 배치상황 통보·세부점검방법 및 그 밖에 자체점검에 필요한 사항과 같은 법 별표 3 제3호라목의 종합점검 면제기간 등을 규정함을 목적으로 한다.

제2조(점검인력 배치상황 신고 등)

① 「소방시설 설치 및 관리에 관한 법률 시행규칙」(이하 "규칙"이라 한다) 제20조제2항에 따른 점검인력 배치상황 신고(이하 "배치신고"라 한다)는 관리업자가 평가기관이 운영하는 전산망(이하 "전산망"이라 한다)에 직접 접속하여 처리한다.

② 제1항의 배치신고는 다음의 기준에 따른다.

  1. 1개의 특정소방대상물을 기준으로 별지 제1호서식에 따라 신고한다.

  2. 제1호에도 불구하고 2 이상의 특정소방대상물에 점검인력을 배치하는 경우에는 별지 제2호서식에 따라 신고한다.

③ 관리업자는 점검인력 배치통보 시 최초 1회 및 점검인력 변경 시에는 규칙 별지 제31호서식에 따른 소방기술인력 보유현황을 제1항의 평가기관에 통보하여야 한다.

④ 평가기관의 장은 관리업자가 제1항에 따라 배치신고하는 경우에는 신고인에게 별지 제3호서식에 따라 점검인력 배치확인서를 발급하여야 한다.

제3조(점검인력 배치상황 신고사항 수정)

관리업자 또는 평가기관은 배치신고 시 오기로 인한 수정사항이 발생한 경우 다음 각 호의 기준에 따라 수정이력이 남도록 전산망을 통해 수정하여야 한다.

  1. 공통기준

    가. 배치신고 기간 내에는 관리업자가 직접 수정하여야 한다. 다만, 평가기관이 배치기준 적합여부 확인 결과 부적합인 경우에는 제2호에 따라 수정한다.

    나. 배치신고 기간을 초과한 경우에는 제2호에 따라 수정한다.

  2. 관할 소방서의 담당자 승인 후에 평가기관이 수정할 수 있는 사항은 다음과 같다.

    가. 소방시설의 설비 유무

　　　나. 점검인력, 점검일자

　　　다. 점검 대상물의 추가·삭제

　　　라. 건축물대장에 기재된 내용으로 확인할 수 없는 사항

　　　　　1) 점검 대상물의 주소, 동수

　　　　　2) 점검 대상물의 주용도, 아파트(세대수를 포함한다) 여부, 연면적 수정

　　　　　3) 점검 대상물의 점검 구분

　　3. 평가기관은 제2호에도 불구하고 건축물대장 또는 제출된 서류 등에 기재된 내용으로 확인이 가능한 경우에는 수정할 수 있다.

제4조(점검인력 배치상황의 확인)

소방본부장 또는 소방서장은 규칙 제23조제2항에 따라 소방시설등 자체점검 실시결과 보고서를 접수한 때에는 다음 각 호의 사항을 확인하여야 한다. 이 경우 전산망을 이용하여 확인할 수 있다.

1. 해당 자체점검을 위한 점검인력 배치가 규칙 제20조제2항에 따른 점검인력의 배치기준에 적합한지 여부

2. 제3조제2호에 따른 점검인력 배치 수정사항이 적합한지 여부

제5조(점검사항·세부점검방법 및 소방시설등점검표 등)

① 특정소방대상물에 설치된 소방시설등에 대하여 자체점검을 실시하고자 하는 경우 별지 제4호서식의 소방시설등(작동점검·종합점검)점검표에 따라 실시하여야 한다. 이 경우 전자적 기록방식을 활용할 수 있다.

② 제1항의 자체점검을 실시하는 경우 별지 제4호서식의 점검표는 별표의 소방시설도시기호를 이용하여 작성할 수 있다.

③ 건축물을 신축·증축·개축·재축·이전·용도변경 또는 대수선 등으로 소방시설이 신설되는 경우에는 건축물의 사용승인을 받은 날 또는 소방시설 완공검사증명서(일반용)를 받은 날로부터 60일 이내 최초점검을 실시하고, 다음 연도부터 작동점검과 종합점검을 실시한다.

제6조(소방시설 종합점검표의 준용)

「소방시설공사업법」 제20조 및 같은 법 시행규칙 제19조에 따른 감리결과보고서에 첨부하는 서류 중 소방시설 성능시험조사표 별지 제5호서식의 소방시설 성능시험조사표에 의한다.

제7조(공공기관의 자체소방점검표 등)

공공기관의 기관장은 규칙 제20조제3항에 따라 소방시설등의 자체점검을 실시

한 경우 별지 제7호서식의 소방시설 자체점검 기록부에 기재하여 관리하여야 하며, 외관점검을 실시하는 경우 별지 제6호서식의 소방시설등 외관점검표를 사용하여 점검하여야 한다. 이 경우 전자적 기록방식을 활용할 수 있다.

제8조(자체점검대상 등 표본조사)

① 소방청장, 소방본부장 또는 소방서장은 부실점검을 방지하고 점검품질을 향상시키기 위하여 다음 각 호의 어느 하나에 해당하는 특정소방대상물에 대해 표본조사를 실시하여야 한다.

1. 점검인력 배치상황 확인 결과 점검인력 배치기준 등을 부적정하게 신고한 대상
2. 표준자체점검비 대비 현저하게 낮은 가격으로 용역계약을 체결하고 자체점검을 실시하여 부실점검이 의심되는 대상
3. 특정소방대상물 관계인이 자체점검한 대상
4. 그 밖에 소방청장, 소방본부장 또는 소방서장이 필요하다고 인정한 대상

② 제1항에 따른 표본조사를 실시할 경우 소방본부장 또는 소방서장은 필요하면 소방기술사, 소방시설관리사, 그 밖에 소방·방재 분야에 관한 전문지식을 갖춘 사람을 참여하게 할 수 있다.

③ 제1항에 따른 표본조사 업무를 수행할 경우에는 「소방시설 설치 및 관리에 관한 법률」 제52조제2항 및 제3항의 규정을 준용한다.

제9조(소방시설등 종합점검 면제 대상 및 기간)

① 소방청장, 소방본부장 또는 소방서장은 규칙 별표 3 제3호다목에 따라 안전관리가 우수한 소방대상물을 포상하고 자율적인 안전관리를 유도하기 위해 다음 각 호의 어느 하나에 해당하는 특정소방대상물의 경우에는 각 호에서 정하는 기간 동안에는 종합점검을 면제할 수 있다. 이 경우 특정소방대상물의 관계인은 1년에 1회 이상 작동점검은 실시하여야 한다.

1. 「화재의 예방 및 안전관리에 관한 법률」 제44조 및 「우수소방대상물의 선정 및 포상 등에 관한 규정」에 따라 대한민국 안전대상을 수상한 우수소방대상물 : 다음 각 목에서 정하는 기간
   가. 대통령, 국무총리 표창(상장·상패를 포함한다. 이하 같다) : 3년
   나. 장관, 소방청장 표창 : 2년
   다. 시·도지사 표창 : 1년
2. 사단법인 한국안전인증원으로부터 공간안전인증을 받은 특정소방대상물 : 공간안전인증 기간(연장기간을 포함한다. 이하 같다)
3. 사단법인 국가화재평가원으로부터 화재안전등급 지정을 받은 특정소방대상

물 : 화재안전등급 지정 기간

4. 규칙 별표 3 제3호가목에 해당하는 특정소방대상물로서 그 안에 설치된 다중
이용업소 전부가 안전관리우수업소로 인증 받은 대상 : 그 대상의 안전관리우
수업소 인증기간

② 제1항의 종합점검 면제기간은 포상일(상장 명기일) 또는 인증(지정) 받은 다음
연도부터 기산한다. 다만, 화재가 발생한 경우에는 그러하지 아니하다.

③ 제1항에도 불구하고 특급 소방안전관리대상물 중 연 2회 종합점검 대상인 경우
에는 종합점검 1회를 면제한다.

제10조(재검토기한)

소방청장은 「훈령·예규 등의 발령 및 관리에 관한 규정」에 따라 이 고시에 대
하여 2023년 1월 1일 기준으로 매 3년이 되는 시점(매 3년째의 12월 31일까지를
말한다)마다 그 타당성을 검토하여 개선 등의 조치를 하여야 한다.

부 칙 〈제2022-71호, 2022.12.1.〉

제1조(시행일) 이 고시는 2022년 12월 1일부터 시행한다. 다만, 개정규정 중 자체점
검 점검인력 배치상황 신고사항의 수정과 관련된 제3조 및 제4조의 개정규정은
2023년 7월 1일부터 시행한다.

Ⅲ. 소방시설등의 자체점검 시 점검인력 배치기준

[개정 : 2022.12.1.]

1. 점검인력 1단위는 다음과 같다.

   가. 관리업자가 점검하는 경우에는 소방시설관리사 또는 특급점검자 1명과 영 별표 9에 따른 보조 기술인력 2명을 점검인력 1단위로 하되, 점검인력 1단위에 2명(같은 건축물을 점검할 때는 4명) 이내의 보조 기술인력을 추가할 수 있다.

   나. 소방안전관리자로 선임된 소방시설관리사 및 소방기술사가 점검하는 경우에는 소방시설관리사 또는 소방기술사 중 1명과 보조 기술인력 2명을 점검인력 1단위로 하되, 점검인력 1단위에 2명 이내의 보조 기술인력을 추가할 수 있다. 다만, 보조 기술인력은 해당 특정소방대상물의 관계인 또는 소방안전관리보조자로 할 수 있다.

   다. 관계인 또는 소방안전관리자가 점검하는 경우에는 관계인 또는 소방안전관리자 1명과 보조 기술인력 2명을 점검인력 1단위로 하되, 보조 기술인력은 해당 특정소방대상물의 관리자, 점유자 또는 소방안전관리보조자로 할 수 있다.

2. 관리업자가 점검하는 경우 특정소방대상물의 규모 등에 따른 점검인력의 배치기준은 다음과 같다.

구분	주된 기술인력	보조기술인력
가. 50층 이상 또는 성능위주 설계를 한 특정소방대상물	소방시설관리사 경력 5년 이상 1명 이상	고급점검자 이상 1명 이상 및 중급점검자 이상 1명 이상
나. 「화재의 예방 및 안전관리에 관한 법률 시행령」 별표 4 제1호에 따른 특급 소방안전관리대상물(가목의 특정소방대상물은 제외)	소방시설관리사 경력 3년 이상 1명 이상	고급점검자 이상 1명 이상 및 초급점검자 이상 1명 이상
다. 「화재의 예방 및 안전관리에 관한 법률 시행령」 별표 4 제2호 및 제3호에 따른 1급 또는 2급 소방안전관리대상물	소방시설관리사 1명 이상	중급점검자 이상 1명 이상 및 초급점검자 이상 1명 이상

구분	주된 기술인력	보조기술인력
라.「화재의 예방 및 안전관리에 관한 법률 시행령」별표 4 제4호에 따른 3급 소방안전관리대상물	소방시설관리사 1명 이상	초급점검자 이상의 기술인력 2명 이상

[비고]

1. 라목에는 주된기술인력으로 특급점검자를 배치할 수 있다.
2. 보조기술인력의 등급 구분(특급점검자, 고급점검자, 중급점검자, 초급점검자)은 「소방시설공사업법 시행규칙」별표 4의2에서 정하는 기준에 따른다.

3. 점검인력 1단위가 하루 동안 점검할 수 있는 특정소방대상물의 연면적(이하 "점검한도 면적"이라 한다)은 다음 각 목과 같다.
   가. 종합점검 : 8,000m²
   나. 작동점검 : 10,000m²

4. 점검인력 1단위에 보조 기술인력을 1명씩 추가할 때마다 종합점검의 경우에는 2,000m², 작동점검의 경우에는 2,500m²씩을 점검한도 면적에 더한다. 다만, 하루에 2개 이상의 특정소방대상물을 배치할 경우 1일 점검 한도면적은 특정소방대상물별로 투입된 점검인력에 따른 점검 한도면적의 평균값으로 적용하여 계산한다.

5. 점검인력은 하루에 5개의 특정소방대상물에 한하여 배치할 수 있다. 다만 2개 이상의 특정소방대상물을 2일 이상 연속하여 점검하는 경우에는 배치기한을 초과해서는 안 된다.

6. 관리업자등이 하루 동안 점검한 면적은 실제 점검면적(지하구는 그 길이에 폭의 길이 1.8m를 곱하여 계산된 값을 말하며, 터널은 3차로 이하인 경우에는 그 길이에 폭의 길이 3.5m를 곱하고, 4차로 이상인 경우에는 그 길이에 폭의 길이 7m를 곱한 값을 말한다. 다만, 한쪽 측벽에 소방시설이 설치된 4차로 이상인 터널의 경우에는 그 길이와 폭의 길이 3.5m를 곱한 값을 말한다)에 다음의 각 목의 기준을 적용하여 계산한 면적(이하 "점검면적"이라 한다)으로 하되, 점검면적은 점검한도 면적을 초과해서는 안 된다.

가. 실제 점검면적에 다음의 가감계수를 곱한다.

구분	대 상 용 도	가감계수
1류	문화 및 집회시설, 종교시설, 판매시설, 의료시설, 노유자시설, 수련시설, 숙박시설, 위락시설, 창고시설, 교정시설, 발전시설, 지하가, 복합건축물	1.1
2류	공동주택, 근린생활시설, 운수시설, 교육연구시설, 운동시설, 업무시설, 방송통신시설, 공장, 항공기 및 자동차 관련 시설, 군사시설, 관광휴게시설, 장례시설, 지하구	1.0
3류	위험물 저장 및 처리시설, 문화재, 동물 및 식물 관련 시설, 자원순환 관련 시설, 묘지 관련 시설	0.9

나. 점검한 특정소방대상물이 다음의 어느 하나에 해당할 때에는 다음에 따라 계산된 값을 가목에 따라 계산된 값에서 뺀다.

1) 영 별표 4 제1호라목에 따라 스프링클러설비가 설치되지 않은 경우 : 가목에 따라 계산된 값에 0.1을 곱한 값

2) 영 별표 4 제1호바목에 따라 물분무등소화설비(호스릴 방식의 물분무등소화설비는 제외한다)가 설치되지 않은 경우 : 가목에 따라 계산된 값에 0.1을 곱한 값

3) 영 별표 4 제5호가목에 따라 제연설비가 설치되지 않은 경우 : 가목에 따라 계산된 값에 0.1을 곱한 값

다. 2개 이상의 특정소방대상물을 하루에 점검하는 경우에는 특정소방대상물 상호 간의 좌표 최단거리 5km마다 점검 한도면적에 0.02를 곱한 값을 점검 한도면적에서 뺀다.

7. 제3호부터 제6호까지의 규정에도 불구하고 아파트등(공용시설, 부대시설 또는 복리시설은 포함하고, 아파트등이 포함된 복합건축물의 아파트등 외의 부분은 제외한다. 이하 이 표에서 같다)를 점검할 때에는 다음 각 목의 기준에 따른다.

가. 점검인력 1단위가 하루 동안 점검할 수 있는 아파트등의 세대수(이하 "점검한도 세대수"라 한다)는 종합점검 및 작동점검에 관계없이 250세대로 한다.

나. 점검인력 1단위에 보조 기술인력을 1명씩 추가할 때마다 60세대씩을 점검한도 세대수에 더한다.

다. 관리업자등이 하루 동안 점검한 세대수는 실제 점검 세대수에 다음의 기준을 적용하여 계산한 세대수(이하 "점검세대수"라 한다)로 하되, 점검세대수는 점검한도 세대수를 초과해서는 안 된다.

1) 점검한 아파트등이 다음의 어느 하나에 해당할 때에는 다음에 따라 계

산된 값을 실제 점검 세대수에서 **뺀다.**

가) 영 별표 4 제1호라목에 따라 스프링클러설비가 설치되지 않은 경우 : 실제 점검 세대수에 0.1을 곱한 값

나) 영 별표 4 제1호바목에 따라 물분무등소화설비(호스릴 방식의 물분무등소화설비는 제외한다)가 설치되지 않은 경우 : 실제 점검 세대수에 0.1을 곱한 값

다) 영 별표 4 제5호가목에 따라 제연설비가 설치되지 않은 경우 : 실제 점검 세대수에 0.1을 곱한 값

2) 2개 이상의 아파트를 하루에 점검하는 경우에는 아파트 상호간의 좌표 최단거리 5km마다 점검 한도세대수에 0.02를 곱한 값을 점검한도 세대수에서 **뺀다.**

8. 아파트등과 아파트등 외 용도의 건축물을 하루에 점검할 때에는 종합점검의 경우 제7호에 따라 계산된 값에 32, 작동점검의 경우 제7호에 따라 계산된 값에 40을 곱한 값을 점검대상 연면적으로 보고 제2호 및 제3호를 적용한다.

9. 종합점검과 작동점검을 하루에 점검하는 경우에는 작동점검의 점검대상 연면적 또는 점검대상 세대수에 0.8을 곱한 값을 종합점검 점검대상 연면적 또는 점검대상 세대수로 본다.

10. 제3호부터 제9호까지의 규정에 따라 계산된 값은 소수점 이하 둘째 자리에서 반올림한다.

Ⅳ. 공공기관의 소방안전관리에 관한 규정

[개정 2022.11.29. 대통령령 제33005호]

제1조(목적)

이 영은 「화재의 예방 및 안전관리에 관한 법률」 제39조에 따라 공공기관의 건축물·인공구조물 및 물품 등을 화재로부터 보호하기 위하여 소방안전관리에 필요한 사항을 규정함을 목적으로 한다.

제2조(적용 범위)

이 영은 다음 각 호의 어느 하나에 해당하는 공공기관에 적용한다.

1. 국가 및 지방자치단체
2. 국공립학교
3. 「공공기관의 운영에 관한 법률」 제4조에 따른 공공기관
4. 「지방공기업법」 제49조에 따라 설립된 지방공사 또는 동법 제76조에 따라 설립된 지방공단
5. 「사립학교법」 제2조제1항에 따른 사립학교

제3조 삭제 〈2009.4.6〉

제4조(기관장의 책임)

제2조에 따른 공공기관의 장(이하 "기관장"이라 한다)은 다음 각 호의 사항에 대한 감독책임을 진다.

1. 소방시설·피난시설 및 방화시설의 설치·유지 및 관리에 관한 사항
2. 소방계획의 수립·시행에 관한 사항
3. 소방관련 훈련 및 교육에 관한 사항
4. 그 밖의 소방안전관리업무에 관한 사항

제5조(소방안전관리자의 선임)

① 기관장은 소방안전관리업무를 원활하게 수행하기 위하여 감독적 직위에 있는 사람으로서 다음 각 호의 어느 하나에 해당하는 사람을 소방안전관리자로 선임하여야 한다. 다만, 「소방시설 설치 및 관리에 관한 법률 시행령」 제11조에 따라 소화기 또는 비상경보설비만을 설치하는 공공기관의 경우에는 선임하지 아니할 수 있다.

1. 「화재의 예방 및 안전관리에 관한 법률 시행령」 별표 4 제1호가목의 특급 소방안전관리대상물에 해당하는 공공기관 : 같은 호 나목 각 호의 어느

하나에 해당하는 사람

2. 제1호에 해당하지 않는 공공기관 : 다음 각 목의 어느 하나에 해당하는 사람

　가. 「화재의 예방 및 안전관리에 관한 법률 시행령」 별표 4 제1호나목, 같은 표 제2호나목 및 같은 표 제3호나목 1)·3)·4)의 어느 하나에 해당하는 사람

　나. 「화재의 예방 및 안전관리에 관한 법률」 제34조제1항제1호에 따른 소방안전관리자 등에 대한 강습 교육(특급 소방안전관리대상물의 소방안전관리 업무 또는 공공기관의 소방안전관리 업무를 위한 강습 교육으로 한정하며, 이하 "강습교육"이라 한다)을 받은 사람

② 기관장은 제1항 각 호에 해당하는 사람이 없는 경우에는 미리 강습교육을 받을 사람을 지정하고 그 지정된 사람을 소방안전관리자로 선임할 수 있다.

③ 공공기관의 건축물이나 그 밖의 시설이 2개 이상의 구역(건축물대장의 건축물현황도에 표시된 대지경계선 안의 지역을 말한다)에 분산되어 위치한 경우에는 각 구역별로 방화관리자를 선임하여야 하며, 공공기관의 건축물이나 그 밖의 시설을 관리하는 기관이 따로 있는 경우에는 그 관리기관의 장이 소방안전관리자를 선임하여야 한다.

④ 기관장은 소방안전관리자가 퇴직 등의 사유로 새로 소방안전관리자를 선임하여야 할 때에는 그 사유가 발생한 날부터 30일 이내에 소방안전관리자를 선임하여야 한다.

제6조(소방안전관리자의 선임 통보)

기관장은 제5조에 따라 소방안전관리자를 선임하였을 때에는 선임한 날부터 14일 이내에 그 선임 사실과 선임된 소방안전관리자의 소속·직위 및 성명을 관할 소방서장 및 「소방기본법」 제40조에 따른 한국소방안전원의 장에게 통보하여야 한다. 이 경우 소방안전관리자가 제5조제1항 각 호의 어느 하나에 해당하는 사람임을 증명하는 서류를 함께 제출하여야 하고, 제5조제2항에 따라 강습교육을 받을 사람을 미리 지정하여 소방안전관리자를 선임한 경우에는 선임된 소방안전관리자가 강습교육을 받은 때에 지체 없이 그 사실을 증명하는 서류를 제출하여야 한다.

제7조(소방안전관리자의 책무)

제5조에 따라 선임된 소방안전관리자는 법 제24조제5항 각호의 소방안전관리 업무를 성실히 수행하여야 한다.

제7조의2(소방안전관리자의 업무 대행)

기관장은 「소방시설 설치 및 관리에 관한 법률」 제29조에 따라 소방시설관리업을 등록한 자(이하 "소방시설관리업자"라 한다)에게 소방안전관리업무를 대행하게 할 수 있다. 이 경우 해당 공공기관의 소방안전관리자는 소방안전관리 업무를 대행하는 소방시설관리업자의 업무를 감독하여야 한다.

제8조(소방안전관리자의 교육)

기관장은 제5조에 따라 선임된 소방안전관리자에 대하여 화재예방 및 안전관리의 효율화, 새로운 기술의 보급과 안전의식의 향상을 위한 실무교육(법 제34조제1항제2호에 따른 실무교육을 말한다)을 받도록 하여야 한다.

제9조(화기단속 등)

실(室)이 벽·칸막이 등에 의하여 구획된 경우 그 사용책임자는 당해 실 안의 화기단속 및 화재예방을 위한 조치를 하여야 한다.

제10조(공공기관의 방호원 등의 업무)

① 방호원(공공기관의 건축물·공작물 및 물품 등을 화재·외부의 침입 또는 도난 등으로부터 보호하기 위하여 경비업무를 담당하는 자를 말하되, 군인·경찰 및 교도관을 제외한다)·일직근무자 및 숙직자(일직근무자 및 숙직자를 두는 경우에 한한다)는 옥외·공중집합장소 및 공중사용시설에 대하여 화기단속과 화재예방을 위한 조치를 하여야 한다.

② 숙직자는 근무 중 화재예방을 위하여 방호원을 지휘·감독한다.

제11조(기관장의 소방활동)

기관장은 화재가 발생하면 소방대가 현장에 도착할 때까지 경보를 울리거나 대피를 유도하는 등의 방법으로 사람을 구출하거나 불을 끄거나 불이 번지지 아니하도록 필요한 조치를 하여야 한다.

제12조(자위소방대의 편성)

① 기관장은 화재가 발생하는 경우에 화재를 초기에 진압하고 인명 및 재산의 피해를 최소화하기 위하여 자위소방대를 편성·운영하여야 한다.

② 자위소방대는 해당 공공기관에 근무하는 모든 인원으로 구성하고, 자위소방대에는 대장·부대장 각 1명과 지휘반·진압반·구조구급반 및 대피유도반을 둔다.

③ 제2항에 따른 각 반(班)은 해당 기관에 근무하는 직원의 수를 고려하여 적절히 구성한다.

제13조(자위소방대의 임무)

자위소방대의 대장 · 부대장과 각 반의 임무는 다음 각호와 같다.

1. 대장은 자위소방대를 총괄 · 지휘 · 운용한다.

2. 부대장은 대장을 보좌하고, 대장이 부득이한 사유로 임무를 수행할 수 없는 때에는 그 임무를 대행한다.

3. 지휘반은 대장의 지휘를 받아 다른 반의 임무를 조정하고, 화재진압 등에 관한 훈련계획을 수립 · 시행한다.

4. 진압반은 대장과 지휘반의 지휘를 받아 화재를 진압한다.

5. 구조구급반은 대장과 지휘반의 지휘를 받아 인명구조 및 부상자 응급처치를 수행한다.

6. 대피유도반은 대장과 지휘반의 지휘를 받아 근무자 등을 안전한 장소로 대피하도록 유도한다.

제14조(소방훈련과 교육)

① 기관장은 해당 공공기관의 모든 인원에 대하여 연 2회 이상 소방훈련 및 교육을 실시하되, 그 중 1회 이상은 소방관서와 합동으로 소방훈련을 실시하여야 한다. 다만, 상시 근무하는 인원이 10인 이하이거나 제5조 1항 각 호 외의 부분 단서에 따라 소방안전관리자를 선임하지 아니할 수 있는 공공기관의 경우에는 소방관서와 합동으로 하는 소방훈련을 실시하지 아니할 수 있다.

② 기관장은 제1항에 따라 소방훈련과 교육을 실시할 때에는 소화 · 화재통보 · 피난 등의 요령에 관한 사항을 포함하여 실시하여야 한다.

③ 기관장은 제1항에 따라 실시한 소방훈련과 교육에 대한 기록을 2년간 보관하여야 한다.

제15조(소방점검) 〈삭제 2014.7.7〉

Ⅴ. 소방시설관리업자의 점검능력평가 세부기준

[개정 2022. 12. 1]

관리업자의 점검능력 평가는 다음 계산식으로 산정하되, 1천 원 미만의 숫자는 버린다. 이 경우 산정기준일은 평가를 하는 해의 전년도 말일을 기준으로 한다.

점검능력평가액 = 실적평가액 + 기술력평가액 + 경력평가액 ± 신인도평가액

1. 실적평가액은 다음 계산식으로 산정한다.

실적평가액 = 연평균점검실적액 + 연평균대행실적액 × 50/100

가. 점검실적액(발주자가 공급하는 자재비를 제외한다) 및 대행실적액은 해당 업체의 수급금액 중 하수급금액은 포함하고 하도급금액은 제외한다.

1) 종합점검과 작동점검 또는 소방안전관리업무 대행을 일괄하여 수급한 경우에는 그 일괄수급금액에 0.55를 곱하여 계산된 금액을 종합점검 실적액으로, 0.45를 곱하여 계산된 금액을 작동점검 또는 소방안전관리업무 대행 실적액으로 본다. 다만, 다른 입증자료가 있는 경우에는 그 자료에 따라 배분한다.

2) 작동점검과 소방안전관리업무 대행을 일괄하여 수급한 경우에는 그 일괄수급금액에 0.5를 곱하여 계산된 금액을 각각 작동점검 및 소방안전관리업무 대행 실적액으로 본다. 다만, 다른 입증자료가 있는 경우에는 그 자료에 따라 배분한다.

3) 종합점검, 작동점검 및 소방안전관리업무 대행을 일괄하여 수급한 경우에는 그 일괄수급금액에 0.38을 곱하여 계산된 금액을 종합점검 실적액으로, 각각 0.31을 곱하여 계산된 금액을 각각 작동점검 및 소방안전관리업무 대행 실적액으로 본다. 다만, 다른 입증자료가 있는 경우에는 그 자료에 따라 배분한다.

나. 소방시설관리업을 경영한 기간이 산정일을 기준으로 3년 이상인 경우에는 최근 3년간의 점검실적액 및 대행실적액을 합산하여 3으로 나눈 금액을 각각 연평균점검실적액 및 연평균대행실적액으로 한다.

다. 소방시설관리업을 경영한 기간이 산정일을 기준으로 1년 이상 3년 미만인 경우에는 그 기간의 점검실적액 및 대행실적액을 합산한 금액을 그 기간의 개월수로 나눈 금액에 12를 곱한 금액을 각각 연평균점검실적액 및 연평균

대행실적액으로 한다.

라. 소방시설관리업을 경영한 기간이 산정일을 기준으로 1년 미만인 경우에는 그 기간의 점검실적액 및 대행실적액을 각각 연평균점검실적액 및 연평균대행실적액으로 한다.

마. 법 제32조제1항 각 호 및 제2항에 따라 지위를 승계한 관리업자는 종전 관리업자의 실적액과 관리업을 승계한 자의 실적액을 합산한다.

2. 기술력평가액은 다음 계산식으로 산정한다.

> 기술력평가액 = 전년도 기술인력 가중치 1단위당 평균 점검실적금액 ×
> 보유기술인력 가중치합계 × 40/100

가. 전년도 기술인력 가중치 1단위당 평균 점검실적액은 점검능력 평가를 신청한 관리업자의 국내 총 기성액을 해당 관리업자가 보유한 기술인력의 가중치 총합으로 나눈 금액으로 한다. 이 경우 국내 총 기성액 및 기술인력 가중치 총합은 평가기관이 법 제34조제4항에 따라 구축·관리하고 있는 데이터베이스(보유 기술인력의 경력관리를 포함한다)에 등록된 정보를 기준으로 한다(전년도 기술인력 1단위당 평균 점검실적액이 산출되지 않는 경우에는 전전년도 기술인력 1단위당 평균 점검실적액을 적용한다).

나. 보유 기술인력 가중치의 계산은 다음의 방법에 따른다.

1) 보유 기술인력은 해당 관리업체에 소속되어 6개월 이상 근무한 사람(등록·양도·합병 후 관리업을 한 기간이 6개월 미만인 경우에는 등록신청서·양도신고서·합병신고서에 기재된 기술인력으로 한다)만 해당한다.

2) 보유 기술인력은 주된 기술인력과 보조 기술인력으로 구분하되, 기술등급 구분의 기준은 「소방시설공사업법 시행규칙」 별표 4의2에 따른다. 이 경우 1인이 둘 이상의 자격, 학력 또는 경력을 가지고 있는 경우 대표되는 하나의 것만 적용한다.

3) 보유 기술인력의 등급별 가중치는 다음 표와 같다.

보유 기술인력	주된 기술인력		보조 기술인력			
	관리사 (경력 5년 이상)	관리사	특급 점검자	고급 점검자	중급 점검자	초급 점검자
가중치	3.5	3.0	2.5	2	1.5	1

3. 경력평가액은 다음 계산식으로 산정한다.

> 경력평가액 = 실적평가액 × 관리업 경영기간 평점 × 10/100

가. 소방시설관리업 경영기간은 등록일·양도신고일 또는 합병신고일부터 산정 기준일까지로 한다.

나. 종전 관리업자의 관리업 경영기간과 관리업을 승계한 자의 관리업 경영기간 의 합산에 관하여는 제1호마목을 준용한다.

다. 관리업 경영기간 평점은 다음 표에 따른다.

관리업 경영기간	2년 미만	2년 이상 4년 미만	4년 이상 6년 미만	6년 이상 8년 미만	8년 이상 10년 미만
평점	0.5	0.55	0.6	0.65	0.7

10년 이상 12년 미만	12년 이상 14년 미만	14년 이상 16년 미만	16년 이상 18년 미만	18년 이상 20년 미만	20년 이상
0.75	0.8	0.85	0.9	0.95	1.0

4. 신인도평가액은 다음 계산식으로 산정하되, 신인도평가액은 실적평가액·기술 력평가액·경력평가액을 합친 금액의 ±10%의 범위를 초과할 수 없으며, 가점요 소와 감점요소가 있는 경우에는 이를 상계한다.

> 신인도평가액 = (실적평가액 + 기술력평가액 + 경력평가액)
> × 신인도 반영비율 합계

가. 신인도 반영비율 가점요소는 다음과 같다.

1) 최근 3년간 국가기관·지방자치단체 또는 공공기관으로부터 소방 및 화 재안전과 관련된 표창을 받은 경우
 • 대통령 표창 : +3%
 • 장관 이상 표창, 소방청장 또는 광역자치단체장 표창 : +2%
 • 그 밖의 표창 : +1%

2) 소방시설관리에 관한 국제품질경영인증(ISO)을 받은 경우 : +2%

3) 소방에 관한 특허를 보유한 경우 : +1%

4) 전년도 기술개발투자액 :「조세특례제한법 시행령」별표 6에 규정된 비용 중 소방시설관리업 분야에 실제로 사용된 금액으로 다음 기준에 의한다.
 • 실적평가액의 1% 이상 3% 미만 : +0.5%
 • 실적평가액의 3% 이상 5% 미만 : +1.0%
 • 실적평가액의 5% 이상 10% 미만 : +1.5%
 • 실적평가액의 10% 이상 : +2%

나. 신인도 반영비율 감점요소는 아래와 같다.

1) 최근 1년간 법 제35조에 따른 영업정지 처분 및 법 제36조에 따른 과징금

처분을 받은 사실이 있는 경우

- 1개월 이상 3개월 이하 : -2%
- 3개월 초과 : -3%

2) 최근 1년간 국가기관·지방자치단체·공공기관으로부터 부정당업자로 제재처분을 받은 사실이 있는 경우 : -2%

3) 최근 1년간 이 법에 의한 과태료처분을 받은 사실이 있는 경우 : -2%

4) 최근 1년간 이 법에 따라 소방시설관리사가 행정처분을 받은 사실이 있는 경우 : -2%

5) 최근 1년간 부도가 발생한 사실이 있는 경우 : -2%

5. 제1호부터 제4호까지의 규정에도 불구하고 신규업체의 점검능력 평가는 다음 계산식으로 산정한다.

> 점검능력평가액 = (전년도 전체 평가업체의 평균 실적액 × 10/100) + (기술인력 가중치 1단위당 평균 점검면적액 × 보유기술인력가중치 합계 × 50/100)

[비고]
"신규업체"란 법 제29조에 따라 신규로 소방시설관리업을 등록한 업체로서 등록한 날부터 1년 이내에 점검능력 평가를 신청한 업체를 말한다.

VI. 소방시설의 도시기호

분류	명 칭		도시기호	분류	명 칭	도시기호
배 관	일반배관		———	관이음쇠	크로스	
	옥내·외소화전		— H —		맹후렌지	
	스프링클러		— SP —		캡	
	물분무		— WS —	헤드류	스프링클러헤드폐쇄형 상향식(평면도)	
	포소화		— F —		스프링클러헤드폐쇄형 하향식(평면도)	
	배수관		— D —		스프링클러헤드개방형 상향식(평면도)	
	전선관	입상			스프링클러헤드개방형 하향식(평면도)	
		입하			스프링클러헤드폐쇄형 상향식(계통도)	
		통과			스프링클러헤드폐쇄형 하향식(입면도)	
관이음쇠	후렌지				스프링클러헤드폐쇄형 상·하향식(입면도)	
	유니온				스프링클러헤드 상향형(입면도)	
	플러그				스프링클러헤드 하향형(입면도)	
	90°엘보				분말·탄산가스· 할로겐헤드	
	45°엘보				연결살수헤드	
	티				물분무헤드(평면도)	

분류	명 칭	도시기호	분류	명 칭	도시기호
헤드류	물분무헤드(입면도)		밸브류	경보밸브(습식)	
	드랜쳐헤드(평면도)			경보밸브(건식)	
	드랜쳐헤드(입면도)			프리액션밸브	
	포헤드(평면도)			경보델류지밸브	
	포헤드(입면도)			프리액션밸브 수동조작함	SVP
	감지헤드(평면도)			플렉시블조인트	
	감지헤드(입면도)			솔레노이드밸브	S
	청정소화약제방출헤드 (평면도)			모터밸브	M
	청정소화약제방출헤드 (입면도)			릴리프밸브 (이산화탄소용)	
밸브류	체크밸브			릴리프밸브 (일반)	
	가스체크밸브			동체크밸브	
	게이트밸브(상시개방)			앵글밸브	
	게이트밸브(상시폐쇄)			FOOT밸브	
	선택밸브			볼밸브	
	조작밸브(일반)			배수밸브	
	조작밸브(전자식)			자동배수밸브	
	조작밸브(가스식)			여과망	

분류	명칭	도시기호	분류	명칭	도시기호
밸브류	자동밸브		레듀셔	편심레듀셔	
	감압밸브			원심레듀셔	
	공기조절밸브		혼합장치류	프레져푸로포셔너	
계기류	압력계			라인푸로포셔너	
	연성계			프레져사이드 푸로포셔너	
	유량계			기타	
소화전	옥내소화전함		펌프류	일반펌프	
	옥내소화전 방수용기구병설			펌프모터(수평)	
	옥외소화전			펌프모터(수직)	
	포말소화전		저장용기류	분말약제 저장용기	
	송수구			저장용기	
	방수구		경보설비기기류	차동식스포트형 감지기	
스트레이너	Y형			보상식스포트형 감지기	
	U형			정온식스포트형 감지기	
저장탱크류	고가수조 (물올림장치)			연기감지기	
	압력챔버			감지선	
	포말원액탱크	(수직) (수평)			

분류	명 칭	도시기호	분류	명 칭	도시기호
경보설비기기류	공기관	──	경보설비기기류	광전식연기감지기 (스포트형)	S P
	열전대	─■─		감지기간선, HIV1.2mm×4(22C)	─ F ─////
	열반도체	∞		감지기간선, HIV1.2mm×8(22C)	─ F ─//// ////
	차동식분포형 감지기의검출기	⋈		유도등간선, HIV1.2mm×3(22C)	── EX ──
	발신기셋트 단독형	Ⓟ Ⓑ Ⓛ		경보부저	BZ
	발신기셋트 옥내소화전내장형	Ⓟ Ⓑ Ⓛ		제어반	▧
	경계구역번호	△		표시반	▦
	비상용누름버튼	Ⓕ		회로시험기	◉
	비상전화기	㉫		시각경보기 (스트로브)	▨
	비상벨	Ⓑ		수신기	▧
	싸이렌	◁		부수신기	▦
	모터싸이렌	Ⓜ◁		중계기	▢
	전자싸이렌	Ⓢ◁		표시등	◑
	조작장치	E P		피난구유도등	◉
	증폭기	AMP		통로유도등	→
	기동누름버튼	Ⓔ		표시판	◸
	이온화식감지기 (스포트형)	S I		보조전원	T R
	광전식연기감지기 (아나로그)	S A		종단저항	Ω

분류	명 칭		도시기호	분류	명 칭	도시기호
제연설비	수동식제어		□	피뢰침	피뢰도선 및 지붕위 도체	——
	천장용배풍기			소화기류	ABC소화기	소
	벽부착용배풍기				자동확산소화기	자
	배풍기	일반배풍기			자동식소화기	소
		관로배풍기			이산화탄소소화기	ⓒ
	댐퍼	화재댐퍼			할로겐화합물 소화기	△
		연기댐퍼		기타	안테나	
		화재/연기 댐퍼			스피커	
	접지				연기 방연벽	
	접지저항 측정용단자		⊗		화재방화벽	——
스위치류	압력스위치		⒫ⓢ		화재 및 연기방벽	
	탬퍼스위치		TS		비상콘센트	
방연·방화문	연기감지기(전용)		S		비상분전반	
	열감지기(전용)				가스계소화설비의 수동조작함	RM
	자동폐쇄장치		ER		전동기구동	M
	연동제어기				엔진구동	E
	배연창기동 모터		Ⓜ		배관행거	
	배연창수동조작함				기압계	
피뢰침	피뢰부(평면도)		⊙		배기구	—1—
	피뢰부(입면도)				바닥은폐선	- - - -
					노출배선	——
					소화가스패키지	PAC

VII. 소방시설등의 작동 · 종합점검표

[개정 2022.12.1.]

목 차

26. 연결송수관설비 점검표
27. 연결살수설비 점검표
28. 비상콘센트설비 점검표
29. 무선통신보조설비 점검표
30. 연소방지설비 점검표
31. 기타사항 점검표
32. 다중이용업소 점검표

※ 점검항목 중 "●"는 종합점검, "○"는 작동점검의 경우에 해당한다.

1. 소화기구 및 자동소화장치 점검표

번호	점검항목
1-A. 소화기구(소화기, 자동확산소화기, 간이소화용구)	
1-A-001	○ 거주자 등이 손쉽게 사용할 수 있는 장소에 설치되어 있는지 여부
1-A-002	○ 설치높이 적합 여부
1-A-003	○ 배치거리(보행거리 소형 20m 이내, 대형 30m 이내) 적합 여부
1-A-004	○ 구획된 거실(바닥면적 33m² 이상)마다 소화기 설치 여부
1-A-005	○ 소화기 표지 설치상태 적정 여부
1-A-006	○ 소화기의 변형·손상 또는 부식 등 외관의 이상 여부
1-A-007	○ 지시압력계(녹색범위)의 적정 여부
1-A-008	○ 수동식 분말소화기 내용연수(10년) 적정 여부
1-A-009	● 설치수량 적정 여부
1-A-010	● 적응성 있는 소화약제 사용 여부
1-B. 자동소화장치	
	[주거용 주방 자동소화장치]
1-B-001	○ 수신부의 설치상태 적정 및 정상(예비전원, 음향장치 등) 작동 여부
1-B-002	○ 소화약제의 지시압력 적정 및 외관의 이상 여부
1-B-003	○ 소화약제 방출구의 설치상태 적정 및 외관의 이상 여부
1-B-004	○ 감지부 설치상태 적정 여부
1-B-005	○ 탐지부 설치상태 적정 여부
1-B-006	○ 차단장치 설치상태 적정 및 정상 작동 여부
	[상업용 주방 자동소화장치]
1-B-011	○ 소화약제의 지시압력 적정 및 외관의 이상 여부
1-B-012	○ 후드 및 덕트에 감지부와 분사헤드의 설치상태 적정 여부
1-B-013	○ 수동기동장치의 설치상태 적정 여부
	[캐비닛형 자동소화장치]
1-B-021	○ 분사헤드의 설치상태 적합 여부
1-B-022	○ 화재감지기 설치상태 적합 여부 및 정상 작동 여부
1-B-023	○ 개구부 및 통기구 설치 시 자동폐쇄장치 설치 여부
	[가스·분말·고체에어로졸 자동소화장치]
1-B-031	○ 수신부의 정상(예비전원, 음향장치 등) 작동 여부
1-B-032	○ 소화약제의 지시압력 적정 및 외관의 이상 여부
1-B-033	○ 감지부(또는 화재감지기) 설치상태 적정 및 정상 작동 여부

2. 옥내소화전설비 점검표

번호	점검항목
2-A. 수원	
2-A-001 2-A-002	○ 주된수원의 유효수량 적정 여부(겸용설비 포함) ○ 보조수원(옥상)의 유효수량 적정 여부
2-B. 수조	
2-B-001 2-B-002 2-B-003 2-B-004 2-B-005 2-B-006 2-B-007	● 동결방지조치 상태 적정 여부 ○ 수위계 설치상태 적정 또는 수위 확인 가능 여부 ● 수조 외측 고정사다리 설치상태 적정 여부(바닥보다 낮은 경우 제외) ● 실내설치 시 조명설비 설치상태 적정 여부 ○ "옥내소화전설비용 수조"표지 설치상태 적정 여부 ● 다른 소화설비와 겸용 시 겸용설비의 이름 표시한 표지 설치상태 적정 여부 ● 수조-수직배관 접속부분 "옥내소화전설비용 배관" 표지 설치상태 적정 여부
2-C. 가압송수장치	
2-C-001 2-C-002 2-C-003 2-C-004 2-C-005 2-C-006 2-C-007 2-C-008 2-C-009 2-C-010 2-C-011 2-C-012 2-C-013	**[펌프방식]** ● 동결방지조치 상태 적정 여부 ○ 옥내소화전 방수량 및 방수압력 적정 여부 ● 감압장치 설치 여부(방수압력 0.7MPa 초과 조건) ○ 성능시험배관을 통한 펌프 성능시험 적정 여부 ● 다른 소화설비와 겸용인 경우 펌프 성능 확보 가능 여부 ○ 펌프 흡입측 연성계·진공계 및 토출측 압력계 등 부속장치의 변형·손상 유무 ● 기동장치 적정 설치 및 기동압력 설정 적정 여부 ○ 기동스위치 설치 적정 여부(ON/OFF 방식) ● 주펌프와 동등이상 펌프 추가설치 여부 ● 물올림장치 설치 적정(전용 여부, 유효수량, 배관구경, 자동급수) 여부 ● 충압펌프 설치 적정(토출압력, 정격토출량) 여부 ○ 내연기관 방식의 펌프 설치 적정(정상기동(기동장치 및 제어반) 여부, 축전지상태, 연료량) 여부 ○ 가압송수장치의 "옥내소화전펌프" 표지 설치 여부 또는 다른 소화설비와 겸용 시 겸용설비 이름 표시 부착 여부
2-C-021	**[고가수조방식]** ○ 수위계·배수관·급수관·오버플로우관·맨홀 등 부속장치의 변형·손상 유무
2-C-031 2-C-032	**[압력수조방식]** ● 압력수조의 압력 적정 여부 ○ 수위계·급수관·급기관·압력계·안전장치·공기압축기 등 부속장치의 변형·손상 유무
2-C-041 2-C-042	**[가압수조방식]** ● 가압수조 및 가압원 설치의 방화구획 여부 ○ 수위계·급수관·급기관·압력계 등 부속장치의 변형·손상 유무

번호	점검항목
2-D. 송수구	
2-D-001	○ 설치장소 적정 여부
2-D-002	● 연결배관에 개폐밸브를 설치한 경우 개폐상태 확인 및 조작가능 여부
2-D-003	● 송수구 설치 높이 및 구경 적정 여부
2-D-004	● 자동배수밸브(또는 배수공)·체크밸브 설치 여부 및 설치 상태 적정 여부
2-D-005	○ 송수구 마개 설치 여부
2-E. 배관 등	
2-E-001	● 펌프의 흡입측 배관 여과장치의 상태 확인
2-E-002	● 성능시험배관 설치(개폐밸브, 유량조절밸브, 유량측정장치) 적정 여부
2-E-003	● 순환배관 설치(설치위치·배관구경, 릴리프밸브 개방압력) 적정 여부
2-E-004	● 동결방지조치 상태 적정 여부
2-E-005	○ 급수배관 개폐밸브 설치(개폐표시형, 흡입측 버터플라이 제외) 적정 여부
2-E-006	● 다른 설비의 배관과의 구분 상태 적정 여부
2-F. 함 및 방수구 등	
2-F-001	○ 함 개방 용이성 및 장애물 설치 여부 등 사용 편의성 적정 여부
2-F-002	○ 위치·기동 표시등 적정 설치 및 정상 점등 여부
2-F-003	○ "소화전" 표시 및 사용요령(외국어 병기) 기재 표지판 설치상태 적정 여부
2-F-004	● 대형공간(기둥 또는 벽이 없는 구조) 소화전 함 설치 적정 여부
2-F-005	● 방수구 설치 적정 여부
2-F-006	○ 함 내 소방호스 및 관창 비치 적정 여부
2-F-007	○ 호스의 접결상태, 구경, 방수 압력 적정 여부
2-F-008	● 호스릴방식 노즐 개폐장치 사용 용이 여부
2-G. 전원	
2-G-001	● 대상물 수전방식에 따른 상용전원 적정 여부
2-G-002	● 비상전원 설치장소 적정 및 관리 여부
2-G-003	○ 자가발전설비인 경우 연료 적정량 보유 여부
2-G-004	○ 자가발전설비인 경우 「전기사업법」에 따른 정기점검 결과 확인
2-H. 제어반	
2-H-001	● 겸용 감시·동력 제어반 성능 적정 여부(겸용으로 설치된 경우)
	[감시제어반]
2-H-011	○ 펌프 작동 여부 확인 표시등 및 음향경보장치 정상작동 여부
2-H-012	○ 펌프 별 자동·수동 전환스위치 정상작동 여부
2-H-013	● 펌프 별 수동기동 및 수동중단 기능 정상작동 여부
2-H-014	● 상용전원 및 비상전원 공급 확인 가능 여부(비상전원 있는 경우)
2-H-015	● 수조·물올림탱크 저수위 표시등 및 음향경보장치 정상작동 여부
2-H-016	○ 각 확인회로별 도통시험 및 작동시험 정상작동 여부
2-H-017	○ 예비전원 확보 유무 및 시험 적합 여부
2-H-018	● 감시제어반 전용실 적정 설치 및 관리 여부
2-H-019	● 기계·기구 또는 시설 등 제어 및 감시설비 외 설치 여부

번호	점검항목
2-H-021	**[동력제어반]** ○ 앞면은 적색으로 하고, "옥내소화전설비용 동력제어반" 표지 설치 여부
2-H-031	**[발전기제어반]** ● 소방전원보존형발전기는 이를 식별할 수 있는 표지 설치 여부

3. 스프링클러설비 점검표

번호	점검항목
3-A. 수원	
3-A-001 3-A-002	○ 주된수원의 유효수량 적정 여부(겸용설비 포함) ○ 보조수원(옥상)의 유효수량 적정 여부
3-B. 수조	
3-B-001 3-B-002 3-B-003 3-B-004 3-B-005 3-B-006 3-B-007	● 동결방지조치 상태 적정 여부 ○ 수위계 설치 또는 수위 확인 가능 여부 ● 수조 외측 고정사다리 설치 여부(바닥보다 낮은 경우 제외) ● 실내설치 시 조명설비 설치 여부 ○ "스프링클러설비용 수조" 표지설치 여부 및 설치 상태 ● 다른 소화설비와 겸용 시 겸용설비의 이름 표시한 표지 설치 여부 ● 수조-수직배관 접속부분 "스프링클러설비용 배관" 표지 설치 여부
3-C. 가압송수장치	
3-C-001 3-C-002 3-C-003 3-C-004 3-C-005 3-C-006 3-C-007 3-C-008 3-C-009	**[펌프방식]** ● 동결방지조치 상태 적정 여부 ○ 성능시험배관을 통한 펌프 성능시험 적정 여부 ● 다른 소화설비와 겸용인 경우 펌프 성능 확보 가능 여부 ○ 펌프 흡입측 연성계·진공계 및 토출측 압력계 등 부속장치의 변형·손상 유무 ● 기동장치 적정 설치 및 기동압력 설정 적정 여부 ○ 물올림장치 설치 적정(전용 여부, 유효수량, 배관구경, 자동급수) 여부 ● 충압펌프 설치 적정(토출압력, 정격토출량) 여부 ○ 내연기관 방식의 펌프 설치 적정[정상기동(기동장치 및 제어반) 여부, 축전지 상태, 연료량] 여부 ○ 가압송수장치의 "스프링클러펌프" 표지설치 여부 또는 다른 소화설비와 겸용 시 겸용설비 이름 표시 부착 여부
3-C-021	**[고가수조방식]** ○ 수위계·배수관·급수관·오버플로우관·맨홀 등 부속장치의 변형·손상 유무
3-C-031 3-C-032	**[압력수조방식]** ● 압력수조의 압력 적정 여부 ○ 수위계·급수관·급기관·압력계·안전장치·공기압축기 등 부속장치의 변형·손상 유무

번호	점검항목
3-C-041 3-C-042	**[가압수조방식]** ● 가압수조 및 가압원 설치장소의 방화구획 여부 ○ 수위계·급수관·배수관·급기관·압력계 등 부속장치의 변형·손상 유무
3-D. 폐쇄형스프링클러설비 방호구역 및 유수검지장치	
3-D-001 3-D-002 3-D-003 3-D-004 3-D-005	● 방호구역 적정 여부 ● 유수검지장치 설치 적정(수량, 접근·점검 편의성, 높이) 여부 ○ 유수검지장치실 설치 적정(실내 또는 구획, 출입문 크기, 표지) 여부 ● 자연낙차에 의한 유수압력과 유수검지장치의 유수검지압력 적정 여부 ● 조기반응형 헤드 적합 유수검지장치 설치 여부
3-E. 개방형스프링클러설비 방수구역 및 일제개방밸브	
3-E-001 3-E-002 3-E-003 3-E-004	● 방수구역 적정 여부 ● 방수구역별 일제개방밸브 설치 여부 ● 하나의 방수구역을 담당하는 헤드 개수 적정 여부 ○ 일제개방밸브실 설치 적정(실내(구획), 높이, 출입문, 표지) 여부
3-F. 배관	
3-F-001 3-F-002 3-F-003 3-F-004 3-F-005 3-F-006 3-F-007 3-F-008 3-F-009	● 펌프의 흡입측 배관 여과장치의 상태 확인 ● 성능시험배관 설치(개폐밸브, 유량조절밸브, 유량측정장치) 적정 여부 ● 순환배관 설치(설치위치·배관구경, 릴리프밸브 개방압력) 적정 여부 ● 동결방지조치 상태 적정 여부 ○ 급수배관 개폐밸브 설치(개폐표시형, 흡입측 버터플라이 제외) 및 작동표 시스위치 적정(제어반 표시 및 경보, 스위치 동작 및 도통시험) 여부 ○ 준비작동식 유수검지장치 및 일제개방밸브 2차측 배관 부대설비 설치 적 정(개폐표시형 밸브, 수직배수배관, 개폐밸브, 자동배수장치, 압력스위치 설치 및 감시제어반 개방 확인) 여부 ○ 유수검지장치 시험장치 설치 적정(설치위치, 배관구경, 개폐밸브 및 개방형 헤드, 물받이 통 및 배수관) 여부 ● 주차장에 설치된 스프링클러 방식 적정(습식 외의 방식) 여부 ● 다른 설비의 배관과의 구분 상태 적정 여부
3-G. 음향장치 및 기동장치	
3-G-001 3-G-002 3-G-003 3-G-004 3-G-005 3-G-006	○ 유수검지에 따른 음향장치 작동 가능 여부(습식·건식의 경우) ○ 감지기 작동에 따라 음향장치 작동 여부(준비작동식 및 일제개방밸브의 경우) ● 음향장치 설치 담당구역 및 수평거리 적정 여부 ● 주 음향장치 수신기 내부 또는 직근 설치 여부 ● 우선경보방식에 따른 경보 적정 여부 ○ 음향장치(경종 등) 변형·손상 확인 및 정상 작동(음량 포함) 여부
3-G-011 3-G-012	**[펌프 작동]** ○ 유수검지장치의 발신이나 기동용 수압개폐장치의 작동에 따른 펌프 기동 확인(습식·건식의 경우) ○ 화재감지기의 감지나 기동용 수압개폐장치의 작동에 따른 펌프 기동 확인 (준비작동식 및 일제개방밸브의 경우)

번호	점검항목
3-G-021	**[준비작동식유수검지장치 또는 일제개발밸브 작동]** ○ 담당구역 내 화재감지기 동작(수동 기동 포함)에 따라 개방 및 작동 여부
3-G-022	○ 수동조작함 (설치높이, 표시등) 설치 적정 여부

3-H. 헤드

번호	점검항목
3-H-001	○ 헤드의 변형·손상 유무
3-H-002	○ 헤드 설치 위치·장소·상태(고정) 적정 여부
3-H-003	○ 헤드 살수장애 여부
3-H-004	● 무대부 또는 연소우려 있는 개구부 개방형 헤드 설치 여부
3-H-005	● 조기반응형 헤드 설치 여부(의무 설치 장소의 경우)
3-H-006	● 경사진 천장의 경우 스프링클러헤드의 배치상태
3-H-007	● 연소할 우려가 있는 개구부 헤드 설치 적정 여부
3-H-008	● 습식·부압식스프링클러 외의 설비 상향식 헤드 설치 여부
3-H-009	● 측벽형 헤드 설치 적정 여부
3-H-010	● 감열부에 영향을 받을 우려가 있는 헤드의 차폐판 설치 여부

3-I. 송수구

번호	점검항목
3-I-001	○ 설치장소 적정 여부
3-I-002	● 연결배관에 개폐밸브를 설치한 경우 개폐상태 확인 및 조작가능 여부
3-I-003	● 송수구 설치 높이 및 구경 적정 여부
3-I-004	○ 송수압력범위 표시 표지 설치 여부
3-I-005	● 송수구 설치 개수 적정 여부(폐쇄형 스프링클러설비의 경우)
3-I-006	● 자동배수밸브(또는 배수공)·체크밸브 설치 여부 및 설치 상태 적정 여부
3-I-007	○ 송수구 마개 설치 여부

3-J. 전원

번호	점검항목
3-J-001	● 대상물 수전방식에 따른 상용전원 적정 여부
3-J-002	● 비상전원 설치장소 적정 및 관리 여부
3-J-003	○ 자가발전설비인 경우 연료 적정량 보유 여부
3-J-004	○ 자가발전설비인 경우 「전기사업법」에 따른 정기점검 결과 확인

3-K. 제어반

번호	점검항목
3-K-001	● 겸용 감시·동력 제어반 성능 적정 여부(겸용으로 설치된 경우)
3-K-011	**[감시제어반]** ○ 펌프 작동 여부 확인 표시등 및 음향경보장치 정상작동 여부
3-K-012	○ 펌프별 자동·수동 전환스위치 정상작동 여부
3-K-013	● 펌프별 수동기동 및 수동중단 기능 정상작동 여부
3-K-014	● 상용전원 및 비상전원 공급 확인 가능 여부(비상전원 있는 경우)
3-K-015	● 수조·물올림탱크 저수위 표시등 및 음향경보장치 정상작동 여부
3-K-016	○ 각 확인회로별 도통시험 및 작동시험 정상작동 여부
3-K-017	○ 예비전원 확보 유무 및 시험 적합 여부
3-K-018	● 감시제어반 전용실 적정 설치 및 관리 여부
3-K-019	● 기계·기구 또는 시설 등 제어 및 감시설비 외 설치 여부
3-K-020	○ 유수검지장치·일제개방밸브 작동 시 표시 및 경보 정상작동 여부

번호	점검항목
3-K-021 3-K-022 3-K-023	○ 일제개방밸브 수동조작스위치 설치 여부 ● 일제개방밸브 사용 설비 화재감지기 회로별 화재표시 적정 여부 ● 감시제어반과 수신기 간 상호 연동 여부(별도로 설치된 경우)
3-K-031	[동력제어반] ○ 앞면은 적색으로 하고, "스프링클러설비용 동력제어반" 표지 설치 여부
3-K-041	[발전기제어반] ● 소방전원보존형발전기는 이를 식별할 수 있는 표지 설치 여부
3-L. 헤드 설치제외	
3-L-001 3-L-002	● 헤드 설치 제외 적정 여부(설치 제외된 경우) ● 드렌처설비 설치 적정 여부

4. 간이스프링클러설비 점검표

번호	점검항목
4-A. 수원	
4-A-001	○ 수원의 유효수량 적정 여부(겸용설비 포함)
4-B. 수조	
4-B-001 4-B-002 4-B-003 4-B-004 4-B-005 4-B-006 4-B-007 4-B-008	○ 자동급수장치 설치 여부 ● 동결방지조치 상태 적정 여부 ○ 수위계 설치 또는 수위 확인 가능 여부 ● 수조 외측 고정사다리 설치 여부(바닥보다 낮은 경우 제외) ● 실내설치 시 조명설비 설치 여부 ○ "간이스프링클러설비용 수조" 표지 설치상태 적정 여부 ● 다른 소화설비와 겸용 시 겸용설비의 이름 표시한 표지 설치 여부 ● 수조-수직배관 접속부분 "간이스프링클러설비용 배관" 표지 설치 여부
3-C. 가압송수장치	
4-C-001	[상수도직결형] ○ 방수량 및 방수압력 적정 여부
4-C-011 4-C-012 4-C-013 4-C-014 4-C-015 4-C-016 4-C-017 4-C-018	[펌프방식] ● 동결방지조치 상태 적정 여부 ○ 성능시험배관을 통한 펌프 성능시험 적정 여부 ● 다른 소화설비와 겸용인 경우 펌프 성능 확보 가능 여부 ○ 펌프 흡입측 연성계·진공계 및 토출측 압력계 등 부속장치의 변형·손상 유무 ● 기동장치 적정 설치 및 기동압력 설정 적정 여부 ● 물올림장치 설치 적정(전용 여부, 유효수량, 배관구경, 자동급수) 여부 ● 충압펌프 설치 적정(토출압력, 정격토출량) 여부 ○ 내연기관 방식의 펌프 설치 적정(정상기동(기동장치 및 제어반) 여부, 축전지 상태, 연료량) 여부

번호	점검항목
4-C-019	○ 가압송수장치의 "간이스프링클러펌프" 표지 설치 여부 또는 다른 소화설비와 겸용 시 겸용설비 이름 표시 부착 여부
4-C-031	[고가수조방식] ○ 수위계·배수관·급수관·오버플로우관·맨홀 등 부속장치의 변형·손상 유무
4-C-041 4-C-042	[압력수조방식] ● 압력수조의 압력 적정 여부 ○ 수위계·급수관·급기관·압력계·안전장치·공기압축기 등 부속장치의 변형·손상 유무
4-C-051 4-C-052	[가압수조방식] ● 가압수조 및 가압원 설치장소의 방화구획 여부 ○ 수위계·급수관·배수관·급기관·압력계 등 부속장치의 변형·손상 유무
4-D. 방호구역 및 유수검지장치	
4-D-001 4-D-002 4-D-003 4-D-004 4-D-005	● 방호구역 적정 여부 ● 유수검지장치 설치 적정(수량, 접근·점검 편의성, 높이) 여부 ○ 유수검지장치실 설치 적정(실내 또는 구획, 출입문 크기, 표지) 여부 ● 자연낙차에 의한 유수압력과 유수검지장치의 유수검지압력 적정 여부 ● 주차장에 설치된 간이스프링클러 방식 적정(습식 외의 방식) 여부
4-E. 배관 및 밸브	
4-E-001 4-E-002 4-E-003 4-E-004 4-E-005 4-E-006 4-E-007 4-E-008 4-E-009 4-E-010	○ 상수도직결형 수도배관 구경 및 유수검지에 따른 다른 배관 자동 송수 차단 여부 ○ 급수배관 개폐밸브 설치(개폐표시형, 흡입측 버터플라이 제외) 및 작동표시스위치 적정(제어반 표시 및 경보, 스위치 동작 및 도통시험) 여부 ● 펌프의 흡입측 배관 여과장치의 상태 확인 ● 성능시험배관 설치(개폐밸브, 유량조절밸브, 유량측정장치) 적정 여부 ● 순환배관 설치(설치위치·배관구경, 릴리프밸브 개방압력) 적정 여부 ● 동결방지조치 상태 적정 여부 ○ 준비작동식 유수검지장치 2차측 배관 부대설비 설치 적정(개폐표시형 밸브, 수직배수배관·개폐밸브, 자동배수장치, 압력스위치 설치 및 감시제어반 개방 확인) 여부 ○ 유수검지장치 시험장치 설치 적정(설치위치, 배관구경, 개폐밸브 및 개방형 헤드, 물받이 통 및 배수관) 여부 ● 간이스프링클러설비 배관 및 밸브 등의 순서의 적정 시공 여부 ● 다른 설비의 배관과의 구분 상태 적정 여부
4-F. 음향장치 및 기동장치	
4-F-001 4-F-002 4-F-003 4-F-004 4-F-005	○ 유수검지에 따른 음향장치 작동 가능 여부(습식의 경우) ● 음향장치 설치 담당구역 및 수평거리 적정 여부 ● 주 음향장치 수신기 내부 또는 직근 설치 여부 ● 우선경보방식에 따른 경보 적정 여부 ○ 음향장치(경종 등) 변형·손상 확인 및 정상 작동(음량 포함) 여부

번호	점검항목
4-F-011 4-F-012	**[펌프 작동]** ○ 유수검지장치의 발신이나 기동용 수압개폐장치의 작동에 따른 펌프 기동 확인(습식의 경우) ○ 화재감지기의 감지나 기동용 수압개폐장치의 작동에 따른 펌프 기동 확인 (준비작동식의 경우)
4-F-021 4-F-022	**[준비작동식유수검지장치 작동]** ○ 담당구역 내 화재감지기 동작(수동 기동 포함)에 따라 개방 및 작동 여부 ○ 수동조작함(설치높이, 표시등) 설치 적정 여부
4-G. 간이헤드	
4-G-001 4-G-002 4-G-003 4-G-004 4-G-005	○ 헤드의 변형·손상 유무 ○ 헤드 설치 위치·장소·상태(고정) 적정 여부 ○ 헤드 살수장애 여부 ● 감열부에 영향을 받을 우려가 있는 헤드의 차폐판 설치 여부 ● 헤드 설치 제외 적정 여부(설치 제외된 경우)
4-H. 송수구	
4-H-001 4-H-002 4-H-003 4-H-004 4-H-005	○ 설치장소 적정 여부 ● 연결배관에 개폐밸브를 설치한 경우 개폐상태 확인 및 조작가능 여부 ● 송수구 설치 높이 및 구경 적정 여부 ● 자동배수밸브(또는 배수공)·체크밸브 설치 여부 및 설치 상태 적정 여부 ○ 송수구 마개 설치 여부
4-I. 제어반	
4-I-001	● 겸용 감시·동력 제어반 성능 적정 여부(겸용으로 설치된 경우)
4-I-011 4-I-012 4-I-013 4-I-014 4-I-015 4-I-016 4-I-017 4-I-018 4-I-019 4-I-020 4-I-021	**[감시제어반]** ○ 펌프 작동 여부 확인 표시등 및 음향경보장치 정상작동 여부 ○ 펌프별 자동·수동 전환스위치 정상작동 여부 ● 펌프별 수동기동 및 수동중단 기능 정상작동 여부 ● 상용전원 및 비상전원 공급 확인 가능 여부(비상전원 있는 경우) ● 수조·물올림탱크 저수위 표시등 및 음향경보장치 정상작동 여부 ○ 각 확인회로별 도통시험 및 작동시험 정상작동 여부 ○ 예비전원 확보 유무 및 시험 적합 여부 ● 감시제어반 전용실 적정 설치 및 관리 여부 ● 기계·기구 또는 시설 등 제어 및 감시설비 외 설치 여부 ○ 유수검지장치 작동 시 표시 및 경보 정상작동 여부 ● 감시제어반과 수신기 간 상호 연동 여부(별도로 설치된 경우)
4-I-031	**[동력제어반]** ○ 앞면은 적색으로 하고, "간이스프링클러설비용 동력제어반"표지 설치 여부
4-I-041	**[발전기제어반]** ● 소방전원보존형발전기는 이를 식별할 수 있는 표지 설치 여부

번호	점검항목
4-J. 전원	
4-J-001	● 대상물 수전방식에 따른 상용전원 적정 여부
4-J-002	● 비상전원 설치장소 적정 및 관리 여부
4-J-003	○ 자가발전설비인 경우 연료 적정량 보유 여부
4-J-004	○ 자가발전설비인 경우 「전기사업법」에 따른 정기점검 결과 확인

5. 화재조기진압용 스프링클러설비 점검표

번호	점검항목
5-A. 설치장소의 구조	
5-A-001	● 설비 설치장소의 구조(층고, 내화구조, 방화구획, 천장 기울기, 천장 자재 돌출부 길이, 보 간격, 선반 물 침투구조) 적합 여부
5-B. 수원	
5-B-001	○ 주된수원의 유효수량 적정 여부(겸용설비 포함)
5-B-002	○ 보조수원(옥상)의 유효수량 적정 여부
5-C. 수조	
5-C-001	● 동결방지조치 상태 적정 여부
5-C-002	○ 수위계 설치 또는 수위 확인 가능 여부
5-C-003	● 수조 외측 고정사다리 설치 여부(바닥보다 낮은 경우 제외)
5-C-004	● 실내설치 시 조명설비 설치 여부
5-C-005	○ "화재조기진압용 스프링클러설비용 수조" 표지 설치 여부 및 설치 상태
5-C-006	● 다른 소화설비와 겸용 시 겸용설비의 이름 표시한 표지 설치 여부
5-C-007	● 수조-수직배관 접속부분 "화재조기진압용 스프링클러설비용 배관" 표지 설치 여부
5-D. 가압송수장치	
	[**펌프방식**]
5-D-001	● 동결방지조치 상태 적정 여부
5-D-002	○ 성능시험배관을 통한 펌프 성능시험 적정 여부
5-D-003	● 다른 소화설비와 겸용인 경우 펌프 성능 확보 가능 여부
5-D-004	○ 펌프 흡입측 연성계·진공계 및 토출측 압력계 등 부속장치의 변형·손상 유무
5-D-005	● 기동장치 적정 설치 및 기동압력 설정 적정 여부
5-D-006	○ 물올림장치 설치 적정(전용 여부, 유효수량, 배관구경, 자동급수) 여부
5-D-007	● 충압펌프 설치 적정(토출압력, 정격토출량) 여부
5-D-008	○ 내연기관 방식의 펌프 설치 적정(정상기동(기동장치 및 제어반) 여부, 축전지 상태, 연료량) 여부
5-D-009	○ 가압송수장치의 "화재조기진압용 스프링클러펌프" 표지 설치 여부 또는 다른 소화설비와 겸용 시 겸용설비 이름 표시 부착 여부

번호	점검항목
5-D-021	**[고가수조방식]** ○ 수위계·배수관·급수관·오버플로우관·맨홀 등 부속장치의 변형·손상 유무
5-D-031 5-D-032	**[압력수조방식]** ● 압력수조의 압력 적정 여부 ○ 수위계·급수관·급기관·압력계·안전장치·공기압축기 등 부속장치의 변형·손상 유무
5-D-041 5-D-042	**[가압수조방식]** ● 가압수조 및 가압원 설치장소의 방화구획 여부 ○ 수위계·급수관·배수관·급기관·압력계 등 부속장치의 변형·손상 유무
5-E. 방호구역 및 유수검지장치	
5-E-001	● 방호구역 적정 여부
5-E-002	● 유수검지장치 설치 적정(수량, 접근·점검 편의성, 높이) 여부
5-E-003	○ 유수검지장치실 설치 적정(실내 또는 구획, 출입문 크기, 표지) 여부
5-E-004	● 자연낙차에 의한 유수압력과 유수검지장치의 유수검지압력 적정 여부
5-F. 배관	
5-F-001	● 펌프의 흡입측 배관 여과장치의 상태 확인
5-F-002	● 성능시험배관 설치(개폐밸브, 유량조절밸브, 유량측정장치) 적정 여부
5-F-003	● 순환배관 설치(설치위치·배관구경, 릴리프밸브 개방압력) 적정 여부
5-F-004	● 동결방지조치 상태 적정 여부
5-F-005	○ 급수배관 개폐밸브 설치(개폐표시형, 흡입측 버터플라이 제외) 및 작동표시스위치 적정(제어반 표시 및 경보, 스위치 동작 및 도통시험) 여부
5-F-006	○ 유수검지장치 시험장치 설치 적정(설치위치, 배관구경, 개폐밸브 및 개방형 헤드, 물받이 통 및 배수관) 여부
5-F-007	● 다른 설비의 배관과의 구분 상태 적정 여부
5-G. 음향장치 및 기동장치	
5-G-001	○ 유수검지에 따른 음향장치 작동 가능 여부
5-G-002	● 음향장치 설치 담당구역 및 수평거리 적정 여부
5-G-003	● 주 음향장치 수신기 내부 또는 직근 설치 여부
5-G-004	● 우선경보방식에 따른 경보 적정 여부
5-G-005	○ 음향장치(경종 등) 변형·손상 확인 및 정상 작동(음량 포함) 여부
5-G-011	**[펌프 작동]** ○ 유수검지장치의 발신이나 기동용 수압개폐장치의 작동에 따른 펌프 기동 확인
5-H. 헤드	
5-H-001	○ 헤드의 변형·손상 유무
5-H-002	○ 헤드 설치 위치·장소·상태(고정) 적정 여부
5-H-003	○ 헤드 살수장애 여부
5-H-004	● 감열부에 영향을 받을 우려가 있는 헤드의 차폐판 설치 여부

번호	점검항목
5-I. 저장물의 간격 및 환기구	
5-I-001	● 저장물품 배치 간격 적정 여부
5-I-002	● 환기구 설치 상태 적정 여부
5-J. 송수구	
5-J-001	○ 설치장소 적정 여부
5-J-002	● 연결배관에 개폐밸브를 설치한 경우 개폐상태 확인 및 조작가능 여부
5-J-003	● 송수구 설치 높이 및 구경 적정 여부
5-J-004	○ 송수압력범위 표시 표지 설치 여부
5-J-005	● 송수구 설치 개수 적정 여부
5-J-006	● 자동배수밸브(또는 배수공)·체크밸브 설치 여부 및 설치 상태 적정 여부
5-J-007	○ 송수구 마개 설치 여부
5-K. 전원	
5-K-001	● 대상물 수전방식에 따른 상용전원 적정 여부
5-K-002	● 비상전원 설치장소 적정 및 관리 여부
5-K-003	○ 자가발전설비인 경우 연료 적정량 보유 여부
5-K-004	○ 자가발전설비인 경우 「전기사업법」에 따른 정기점검 결과 확인
5-L. 제어반	
5-L-001	● 겸용 감시·동력 제어반 성능 적정 여부(겸용으로 설치된 경우)
	[감시제어반]
5-L-001	○ 펌프 작동 여부 확인 표시등 및 음향경보장치 정상작동 여부
5-L-002	○ 펌프별 자동·수동 전환스위치 정상작동 여부
5-L-003	● 펌프별 수동기동 및 수동중단 기능 정상작동 여부
5-L-004	● 상용전원 및 비상전원 공급 확인 가능 여부(비상전원 있는 경우)
5-L-005	● 수조·물올림탱크 저수위 표시등 및 음향경보장치 정상작동 여부
5-L-006	○ 각 확인회로별 도통시험 및 작동시험 정상작동 여부
5-L-007	○ 예비전원 확보 유무 및 시험 적합 여부
5-L-008	● 감시제어반 전용실 적정 설치 및 관리 여부
5-L-009	● 기계·기구 또는 시설 등 제어 및 감시설비 외 설치 여부
5-L-010	○ 유수검지장치 작동 시 표시 및 경보 정상작동 여부
5-L-011	○ 감시제어반과 수신기 간 상호 연동 여부(별도로 설치된 경우)
	[동력제어반]
5-L-021	○ 앞면은 적색으로 하고, "화재조기진압용 스프링클러설비용 동력제어반" 표지 설치 여부
	[발전기제어반]
5-L-031	● 소방전원보존형발전기는 이를 식별할 수 있는 표지 설치 여부
5-M. 설치금지 장소	
5-M-001	● 설치가 금지된 장소(제4류 위험물 등이 보관된 장소) 설치 여부

6. 물분무소화설비 점검표

번호	점검항목
6-A. 수원	
6-A-001	○ 수원의 유효수량 적정 여부(겸용설비 포함)
6-B. 수조	
6-B-001	● 동결방지조치 상태 적정 여부
6-B-002	○ 수위계 설치 또는 수위 확인 가능 여부
6-B-003	● 수조 외측 고정사다리 설치 여부(바닥보다 낮은 경우 제외)
6-B-004	● 실내설치 시 조명설비 설치 여부
6-B-005	○ "물분무소화설비용 수조" 표지 설치상태 적정 여부
6-B-006	● 다른 소화설비와 겸용 시 겸용설비의 이름 표시한 표지 설치 여부
6-B-007	● 수조-수직배관 접속부분 "물분무소화설비용 배관" 표지 설치 여부
6-C. 가압송수장치	
6-C-001 6-C-002 6-C-003 6-C-004 6-C-005 6-C-006 6-C-007 6-C-008 6-C-009	**[펌프방식]** ● 동결방지조치 상태 적정 여부 ○ 성능시험배관을 통한 펌프 성능시험 적정 여부 ● 다른 소화설비와 겸용인 경우 펌프 성능 확보 가능 여부 ○ 펌프 흡입측 연성계·진공계 및 토출측 압력계 등 부속장치의 변형·손상 유무 ○ 기동장치 적정 설치 및 기동압력 설정 적정 여부 ○ 물올림장치 설치 적정(전용 여부, 유효수량, 배관구경, 자동급수) 여부 ● 충압펌프 설치 적정(토출압력, 정격토출량) 여부 ○ 내연기관 방식의 펌프 설치 적정(정상기동(기동장치 및 제어반) 여부, 축전지 상태, 연료량) 여부 ○ 가압송수장치의 "물분무소화설비펌프" 표지 설치 여부 또는 다른 소화설비와 겸용 시 겸용설비 이름 표시 부착 여부
6-C-021	**[고가수조방식]** ○ 수위계·배수관·급수관·오버플로우관·맨홀 등 부속장치의 변형·손상 유무
6-C-031 6-C-032	**[압력수조방식]** ● 압력수조의 압력 적정 여부 ○ 수위계·급수관·급기관·압력계·안전장치·공기압축기 등 부속장치의 변형·손상 유무
6-C-041 6-C-042	**[가압수조방식]** ● 가압수조 및 가압원 설치장소의 방화구획 여부 ○ 수위계·급수관·배수관·급기관·압력계 등 부속장치의 변형·손상 유무
6-D. 기동장치	
6-D-001 6-D-002 6-D-003	○ 수동식 기동장치 조작에 따른 가압송수장치 및 개방밸브 정상 작동 여부 ○ 수동식 기동장치 인근 "기동장치" 표지 설치 여부 ○ 자동식 기동장치는 화재감지기의 작동 및 헤드 개방과 연동하여 경보를 발하고, 가압송수장치 및 개방밸브 정상 작동 여부

번호	점검항목
6-E. 제어밸브 등	
6-E-001	○ 제어밸브 설치 위치(높이) 적정 및 "제어밸브" 표지 설치 여부
6-E-002	● 자동개방밸브 및 수동식 개방밸브 설치위치(높이) 적정 여부
6-E-003	● 자동개방밸브 및 수동식 개방밸브 시험장치 설치 여부
6-F. 물분무헤드	
6-F-001	○ 헤드의 변형·손상 유무
6-F-002	○ 헤드 설치 위치·장소·상태(고정) 적정 여부
6-F-003	● 전기절연 확보 위한 전기기기와 헤드 간 거리 적정 여부
6-G. 배관 등	
6-G-001	● 펌프의 흡입측 배관 여과장치의 상태 확인
6-G-002	● 성능시험배관 설치(개폐밸브, 유량조절밸브, 유량측정장치) 적정 여부
6-G-003	● 순환배관 설치(설치위치·배관구경, 릴리프밸브 개방압력) 적정 여부
6-G-004	● 동결방지조치 상태 적정 여부
6-G-005	○ 급수배관 개폐밸브 설치(개폐표시형, 흡입측 버터플라이 제외) 및 작동표시스위치 적정(제어반 표시 및 경보, 스위치 동작 및 도통시험) 여부
6-G-006	● 다른 설비의 배관과의 구분 상태 적정 여부
6-H. 송수구	
6-H-001	○ 설치장소 적정 여부
6-H-002	● 연결배관에 개폐밸브를 설치한 경우 개폐상태 확인 및 조작가능 여부
6-H-003	● 송수구 설치 높이 및 구경 적정 여부
6-H-004	○ 송수압력범위 표시 표지 설치 여부
6-H-005	● 송수구 설치 개수 적정 여부
6-H-006	● 자동배수밸브(또는 배수공)·체크밸브 설치 여부 및 설치 상태 적정 여부
6-H-007	○ 송수구 마개 설치 여부
6-I. 배수설비(차고·주차장의 경우)	
6-I-001	● 배수설비(배수구, 기름분리장치 등) 설치 적정 여부
6-J. 제어반	
6-J-001	● 겸용 감시·동력 제어반 성능 적정 여부(겸용으로 설치된 경우)
	[감시제어반]
6-J-011	○ 펌프 작동 여부 확인 표시등 및 음향경보장치 정상작동 여부
6-J-012	○ 펌프별 자동·수동 전환스위치 정상작동 여부
6-J-013	● 펌프별 수동기동 및 수동중단 기능 정상작동 여부
6-J-014	● 상용전원 및 비상전원 공급 확인 가능 여부(비상전원 있는 경우)
6-J-015	● 수조·물올림탱크 저수위 표시등 및 음향경보장치 정상작동 여부
6-J-016	○ 각 확인회로별 도통시험 및 작동시험 정상작동 여부
6-J-017	○ 예비전원 확보 유무 및 시험 적합 여부
6-J-018	● 감시제어반 전용실 적정 설치 및 관리 여부
6-J-019	● 기계·기구 또는 시설 등 제어 및 감시설비 외 설치 여부

번호	점검항목
6-J-031	[동력제어반] ○ 앞면은 적색으로 하고, "물분무소화설비용 동력제어반" 표지 설치 여부
6-J-041	[발전기제어반] ● 소방전원보존형발전기는 이를 식별할 수 있는 표지 설치 여부
6-K. 전원	
6-K-001 6-K-002 6-K-003 6-K-004	● 대상물 수전방식에 따른 상용전원 적정 여부 ● 비상전원 설치장소 적정 및 관리 여부 ○ 자가발전설비인 경우 연료 적정량 보유 여부 ○ 자가발전설비인 경우 「전기사업법」에 따른 정기점검 결과 확인
6-L. 물분무헤드의 제외	
6-L-001	● 헤드 설치 제외 적정 여부(설치 제외된 경우)

7. 미분무소화설비 점검표

번호	점검항목
7-A. 수원	
7-A-001 7-A-002 7-A-003 7-A-004	○ 수원의 수질 및 필터(또는 스트레이너) 설치 여부 ● 주배관 유입측 필터(또는 스트레이너) 설치 여부 ○ 수원의 유효수량 적정 여부 ● 첨가제의 양 산정 적정 여부(첨가제를 사용한 경우)
7-B. 수조	
7-B-001 7-B-002 7-B-003 7-B-004 7-B-005 7-B-006 7-B-007	○ 전용 수조 사용 여부 ● 동결방지조치 상태 적정 여부 ○ 수위계 설치 또는 수위 확인 가능 여부 ● 수조 외측 고정사다리 설치 여부(바닥보다 낮은 경우 제외) ● 실내설치 시 조명설비 설치 여부 ○ "미분무설비용 수조" 표지 설치상태 적정 여부 ● 수조-수직배관 접속부분 "미분무설비용 배관" 표지 설치 여부
7-C. 가압송수장치	
7-C-001 7-C-002 7-C-003 7-C-004 7-C-005 7-C-006	[펌프방식] ● 동결방지조치 상태 적정 여부 ● 전용 펌프 사용 여부 ○ 펌프 토출측 압력계 등 부속장치의 변형·손상 유무 ○ 성능시험배관을 통한 펌프 성능시험 적정 여부 ○ 내연기관 방식의 펌프 설치 적정(정상기동(기동장치 및 제어반) 여부, 축전지 상태, 연료량) 여부 ○ 가압송수장치의 "미분무펌프" 등 표지 설치 여부

번호	점검항목
	[압력수조방식]
7-C-011	○ 동결방지조치 상태 적정 여부
7-C-012	● 전용 압력수조 사용 여부
7-C-013	○ 압력수조의 압력 적정 여부
7-C-014	○ 수위계·급수관·급기관·압력계·안전장치·공기압축기 등 부속장치의 변형·손상 유무
7-C-015	○ 압력수조 토출측 압력계 설치 및 적정 범위 여부
7-C-016	○ 작동장치 구조 및 기능 적정 여부
	[가압수조방식]
7-C-021	● 전용 가압수조 사용 여부
7-C-022	● 가압수조 및 가압원 설치장소의 방화구획 여부
7-C-023	○ 수위계·급수관·배수관·급기관·압력계 등 구성품의 변형·손상 유무

7-D. 폐쇄형 미분무소화설비의 방호구역 및 개방형 미분무소화설비의 방수구역

번호	점검항목
7-D-001	○ 방호(방수)구역의 설정기준(바닥면적, 층 등) 적정 여부

7-E. 배관 등

번호	점검항목
7-E-001	○ 급수배관 개폐밸브 설치(개폐표시형, 흡입측 버터플라이 제외) 및 작동표시스위치 적정(제어반 표시 및 경보, 스위치 동작 및 도통시험) 여부
7-E-002	● 성능시험배관 설치(개폐밸브, 유량조절밸브, 유량측정장치) 적정 여부
7-E-003	● 동결방지조치 상태 적정 여부
7-E-004	○ 유수검지장치 시험장치 설치 적정(설치위치, 배관구경, 개폐밸브 및 개방형 헤드, 물받이 통 및 배수관) 여부
7-E-005	● 주차장에 설치된 미분무소화설비 방식 적정(습식 외의 방식) 여부
7-E-006	● 다른 설비의 배관과의 구분 상태 적정 여부
	[호스릴 방식]
7-E-011	● 방호대상물 각 부분으로부터 호스접결구까지 수평거리 적정 여부
7-E-012	○ 소화약제저장용기의 위치표시등 정상 점등 및 표지 설치 여부

7-F. 음향장치

번호	점검항목
7-F-001	○ 유수검지에 따른 음향장치 작동 가능 여부
7-F-002	○ 개방형 미분무설비는 감지기 작동에 따라 음향장치 작동 여부
7-F-003	● 음향장치 설치 담당구역 및 수평거리 적정 여부
7-F-004	● 주 음향장치 수신기 내부 또는 직근 설치 여부
7-F-005	● 우선경보방식에 따른 경보 적정 여부
7-F-006	○ 음향장치(경종 등) 변형·손상 확인 및 정상 작동(음량 포함) 여부
7-F-007	○ 발신기(설치높이, 설치거리, 표시등) 설치 적정 여부

7-G. 헤드

번호	점검항목
7-G-001	○ 헤드 설치 위치·장소·상태(고정) 적정 여부
7-G-002	○ 헤드의 변형·손상 유무
7-G-003	○ 헤드 살수장애 여부

번호	점검항목
7-H. 전원	
7-H-001	● 대상물 수전방식에 따른 상용전원 적정 여부
7-H-002	● 비상전원 설치장소 적정 및 관리 여부
7-H-003	○ 자가발전설비인 경우 연료 적정량 보유 여부
7-H-004	○ 자가발전설비인 경우 「전기사업법」에 따른 정기점검 결과 확인
7-I. 제어반	
	[감시제어반]
7-I-001	○ 펌프 작동 여부 확인 표시등 및 음향경보장치 정상작동 여부
7-I-002	○ 펌프별 자동·수동 전환스위치 정상작동 여부
7-I-003	● 펌프별 수동기동 및 수동중단 기능 정상작동 여부
7-I-004	● 상용전원 및 비상전원 공급 확인 가능 여부(비상전원 있는 경우)
7-I-005	● 수조·물올림탱크 저수위 표시등 및 음향경보장치 정상작동 여부
7-I-006	○ 각 확인회로별 도통시험 및 작동시험 정상작동 여부
7-I-007	○ 예비전원 확보 유무 및 시험 적합 여부
7-I-008	● 감시제어반 전용실 적정 설치 및 관리 여부
7-I-009	● 기계·기구 또는 시설 등 제어 및 감시설비 외 설치 여부
7-I-010	○ 감시제어반과 수신기 간 상호 연동 여부(별도로 설치된 경우)
	[동력제어반]
7-I-021	○ 앞면은 적색으로 하고, "미분무소화설비용 동력제어반" 표지 설치 여부
	[발전기제어반]
7-I-031	● 소방전원보존형발전기는 이를 식별할 수 있는 표지 설치 여부

8. 포소화설비 점검표

번호	점검항목
8-A. 종류 및 적응성	
8-A-001	● 특정소방대상물별 포소화설비 종류 및 적응성 적정 여부
8-B. 수원	
8-B-001	○ 수원의 유효수량 적정 여부(겸용설비 포함)
8-C. 수조	
8-C-001	● 동결방지조치 상태 적정 여부
8-C-002	○ 수위계 설치 또는 수위 확인 가능 여부
8-C-003	● 수조 외측 고정사다리 설치 여부(바닥보다 낮은 경우 제외)
8-C-004	● 실내설치 시 조명설비 설치 여부
8-C-005	○ "포소화설비용 수조" 표지 설치 여부 및 설치 상태
8-C-006	● 다른 소화설비와 겸용 시 겸용설비의 이름 표시한 표지 설치 여부
8-C-007	● 수조-수직배관 접속부분 "포소화설비용 배관" 표지 설치 여부

번호	점검항목
8-D. 가압송수장치	
	[펌프방식]
8-D-001	● 동결방지조치 상태 적정 여부
8-D-002	○ 성능시험배관을 통한 펌프 성능시험 적정 여부
8-D-003	● 다른 소화설비와 겸용인 경우 펌프 성능 확보 가능 여부
8-D-004	○ 펌프 흡입측 연성계·진공계 및 토출측 압력계 등 부속장치의 변형·손상 유무
8-D-005	● 기동장치 적정 설치 및 기동압력 설정 적정 여부
8-D-006	○ 물올림장치 설치 적정(전용 여부, 유효수량, 배관구경, 자동급수) 여부
8-D-007	● 충압펌프 설치 적정(토출압력, 정격토출량) 여부
8-D-008	○ 내연기관 방식의 펌프 설치 적정(정상기동(기동장치 및 제어반) 여부, 축전지 상태, 연료량) 여부
8-D-009	○ 가압송수장치의 "포소화설비펌프" 표지 설치 여부 또는 다른 소화설비와 겸용 시 겸용설비 이름 표시 부착 여부
	[고가수조방식]
8-D-021	○ 수위계·배수관·급수관·오버플로우관·맨홀 등 부속장치의 변형·손상 유무
	[압력수조방식]
8-D-031	● 압력수조의 압력 적정 여부
8-D-032	○ 수위계·급수관··급기관·압력계·안전장치·공기압축기 등 부속장치의 변형·손상 유무
	[가압수조방식]
8-D-041	● 가압수조 및 가압원 설치장소의 방화구획 여부
8-D-042	○ 수위계·급수관·배수관·급기관·압력계 등 부속장치의 변형·손상 유무
8-E. 배관 등	
8-E-001	● 송액관 기울기 및 배액밸브 설치 적정 여부
8-E-002	● 펌프의 흡입측 배관 여과장치의 상태 확인
8-E-003	● 성능시험배관 설치(개폐밸브, 유량조절밸브, 유량측정장치) 적정 여부
8-E-004	● 순환배관 설치(설치위치·배관구경, 릴리프밸브 개방압력) 적정 여부
8-E-005	● 동결방지조치 상태 적정 여부
8-E-006	○ 급수배관 개폐밸브 설치(개폐표시형, 흡입측 버터플라이 제외) 적정 여부
8-E-007	○ 급수배관 개폐밸브 작동표시스위치 설치 적정(제어반 표시 및 경보, 스위치 동작 및 도통시험, 전기배선 종류) 여부
8-E-008	● 다른 설비의 배관과의 구분 상태 적정 여부
8-F. 송수구	
8-F-001	○ 설치장소 적정 여부
8-F-002	● 연결배관에 개폐밸브를 설치한 경우 개폐상태 확인 및 조작가능 여부
8-F-003	● 송수구 설치 높이 및 구경 적정 여부
8-F-004	○ 송수압력범위 표시 표지 설치 여부
8-F-005	● 송수구 설치 개수 적정 여부

번호	점검항목
8-F-006	● 자동배수밸브(또는 배수공)·체크밸브 설치 여부 및 설치 상태 적정 여부
8-F-007	○ 송수구 마개 설치 여부
8-G. 저장탱크	
8-G-001	● 포약제 변질 여부
8-G-002	● 액면계 또는 계량봉 설치상태 및 저장량 적정 여부
8-G-003	● 그라스게이지 설치 여부(가압식이 아닌 경우)
8-G-004	○ 포소화약제 저장량의 적정 여부
8-H. 개방밸브	
8-H-001	○ 자동 개방밸브 설치 및 화재감지장치의 작동에 따라 자동으로 개방되는지 여부
8-H-002	○ 수동식 개방밸브 적정 설치 및 작동 여부
8-I. 기동장치	
8-I-001	[수동식 기동장치] ○ 직접·원격조작 가압송수장치·수동식개방밸브·소화약제혼합장치 기동 여부
8-I-002	● 기동장치 조작부의 접근성 확보, 설치 높이, 보호장치 설치 적정 여부
8-I-003	○ 기동장치 조작부 및 호스접결구 인근 "기동장치의 조작부" 및 "접결구" 표지 설치 여부
8-I-004	● 수동식 기동장치 설치개수 적정 여부
8-I-011	[자동식 기동장치] ○ 화재감지기 또는 폐쇄형 스프링클러헤드의 개방과 연동하여 가압송수장치·일제개방밸브 및 포소화약제 혼합장치 기동 여부
8-I-012	● 폐쇄형 스프링클러헤드 설치 적정 여부
8-I-013	● 화재감지기 및 발신기 설치 적정 여부
8-I-014	● 동결우려 장소 자동식기동장치 자동화재탐지설비 연동 여부
8-I-021	[자동경보장치] ○ 방사구역마다 발신부(또는 층별 유수검지장치) 설치 여부
8-I-022	○ 수신기는 설치 장소 및 헤드개방·감지기 작동 표시장치 설치 여부
8-I-023	● 2 이상 수신기 설치 시 수신기간 상호 동시 통화 가능 여부
8-J. 포헤드 및 고정포방출구	
8-J-001	[포헤드] ○ 헤드의 변형·손상 유무
8-J-002	○ 헤드 수량 및 위치 적정 여부
8-J-003	○ 헤드 살수장애 여부
8-J-011	[호스릴포소화설비 및 포소화전설비] ○ 방수구와 호스릴함 또는 호스함 사이의 거리 적정 여부
8-J-012	○ 호스릴함 또는 호스함 설치 높이, 표지 및 위치표시등 설치 여부
8-J-013	● 방수구 설치 및 호스릴·호스 길이 적정 여부

번호	점검항목
8-J-021	[전역방출방식의 고발포용 고정포 방출구] ○ 개구부 자동폐쇄장치 설치 여부
8-J-022	● 방호구역의 관포체적에 대한 포수용액 방출량 적정 여부
8-J-023	● 고정포방출구 설치 개수 적정 여부
8-J-024	○ 고정포방출구 설치 위치(높이) 적정 여부
8-J-031	[국소방출방식의 고발포용 고정포 방출구] ● 방호대상물 범위 설정 적정 여부
8-J-032	● 방호대상물별 방호면적에 대한 포수용액 방출량 적정 여부
8-K. 전원	
8-K-001	● 대상물 수전방식에 따른 상용전원 적정 여부
8-K-002	● 비상전원 설치장소 적정 및 관리 여부
8-K-003	○ 자가발전설비인 경우 연료 적정량 보유 여부
8-K-004	○ 자가발전설비인 경우 「전기사업법」에 따른 정기점검 결과 확인
8-L. 제어반	
8-L-001	● 겸용 감시·동력 제어반 성능 적정 여부(겸용으로 설치된 경우)
8-L-011	[감시제어반] ○ 펌프 작동 여부 확인 표시등 및 음향경보장치 정상작동 여부
8-L-012	○ 펌프별 자동·수동 전환스위치 정상작동 여부
8-L-013	● 펌프별 수동기동 및 수동중단 기능 정상작동 여부
8-L-014	● 상용전원 및 비상전원 공급 확인 가능 여부(비상전원 있는 경우)
8-L-015	● 수조·물올림탱크 저수위 표시등 및 음향경보장치 정상작동 여부
8-L-016	○ 각 확인회로별 도통시험 및 작동시험 정상작동 여부
8-L-017	○ 예비전원 확보 유무 및 시험 적합 여부
8-L-018	● 감시제어반 전용실 적정 설치 및 관리 여부
8-L-019	● 기계·기구 또는 시설 등 제어 및 감시설비 외 설치 여부
8-L-031	[동력제어반] ○ 앞면은 적색으로 하고, "포소화설비용 동력제어반" 표지 설치 여부
8-L-041	[발전기제어반] ● 소방전원보존형발전기는 이를 식별할 수 있는 표지 설치 여부

9. 이산화탄소소화설비 점검표

번호	점검항목
9-A. 저장용기	
9-A-001	● 설치장소 적정 및 관리 여부
9-A-002	○ 저장용기 설치장소 표지 설치 여부
9-A-003	● 저장용기 설치 간격 적정 여부
9-A-004	○ 저장용기 개방밸브 자동·수동 개방 및 안전장치 부착 여부

번호	점검항목
9-A-005 9-A-006	● 저장용기와 집합관 연결배관상 체크밸브 설치 여부 ● 저장용기와 선택밸브(또는 개폐밸브) 사이 안전장치 설치 여부
9-A-011 9-A-012 9-A-013	[저압식] ● 안전밸브 및 봉판 설치 적정(작동 압력) 여부 ● 액면계·압력계 설치 여부 및 압력강하경보장치 작동 압력 적정 여부 ○ 자동냉동장치의 기능
9-B. 소화약제	
9-B-001	○ 소화약제 저장량 적정 여부
9-C. 기동장치	
9-C-001	○ 방호구역별 출입구 부근 소화약제 방출표시등 설치 및 정상 작동 여부
9-C-011 9-C-012 9-C-013 9-C-014	[수동식 기동장치] ○ 기동장치 부근에 비상스위치 설치 여부 ● 방호구역별 또는 방호대상별 기동장치 설치 여부 ○ 기동장치 설치 적정(출입구 부근 등, 높이, 보호장치, 표지, 전원표시등) 여부 ○ 방출용 스위치 음향경보장치 연동 여부
9-C-021 9-C-022 9-C-023 9-C-024 9-C-025	[자동식 기동장치] ○ 감지기 작동과의 연동 및 수동기동 가능 여부 ● 저장용기 수량에 따른 전자 개방밸브 수량 적정 여부(전기식 기동장치의 경우) ○ 기동용 가스용기의 용적, 충전압력 적정 여부(가스압력식 기동장치의 경우) ● 기동용 가스용기의 안전장치, 압력게이지 설치 여부(가스압력식 기동장치의 경우) ● 저장용기 개방구조 적정 여부(기계식 기동장치의 경우)
9-D. 제어반 및 화재표시반	
9-D-001 9-D-002 9-D-003	○ 설치장소 적정 및 관리 여부 ○ 회로도 및 취급설명서 비치 여부 ● 수동잠금밸브 개폐여부 확인 표시등 설치 여부
9-D-011 9-D-012 9-D-013	[제어반] ○ 수동기동장치 또는 감지기 신호 수신 시 음향경보장치 작동 기능 정상 여부 ○ 소화약제 방출·지연 및 기타 제어 기능 적정 여부 ○ 전원표시등 설치 및 정상 점등 여부
9-D-021 9-D-022 9-D-023 9-D-024	[화재표시반] ○ 방호구역별 표시등(음향경보장치 조작, 감지기 작동), 경보기 설치 및 작동 여부 ○ 수동식 기동장치 작동표시 표시등 설치 및 정상 작동 여부 ○ 소화약제 방출표시등 설치 및 정상 작동 여부 ● 자동식기동장치 자동·수동 절환 및 절환표시등 설치 및 정상 작동 여부

번호	점검항목
9-E. 배관 등	
9-E-001	○ 배관의 변형·손상 유무
9-E-002	● 수동잠금밸브 설치 위치 적정 여부
9-F. 선택밸브	
9-F-001	● 선택밸브 설치 기준 적합 여부
9-G. 분사헤드	
9-G-001 9-G-002	**[전역방출방식]** ○ 분사헤드의 변형·손상 유무 ○ 분사헤드의 설치위치 적정 여부
9-G-011 9-G-012	**[국소방출방식]** ○ 분사헤드의 변형·손상 유무 ● 분사헤드의 설치장소 적정 여부
9-G-021 9-G-022 9-G-023	**[호스릴방식]** ● 방호대상물 각 부분으로부터 호스접결구까지 수평거리 적정 여부 ○ 소화약제저장용기의 위치표시등 정상 점등 및 표지 설치 여부 ● 호스릴소화설비 설치장소 적정 여부
9-H. 화재감지기	
9-H-001 9-H-002 9-H-003	○ 방호구역별 화재감지기 감지에 의한 기동장치 작동 여부 ● 교차회로(또는 NFSC 203 제7조제1항 단서 감지기) 설치 여부 ● 화재감지기별 유효 바닥면적 적정 여부
9-I. 음향경보장치	
9-I-001 9-I-002 9-I-003	○ 기동장치 조작 시(수동식-방출용스위치, 자동식-화재감지기) 경보 여부 ○ 약제 방사 개시(또는 방출 압력스위치 작동) 후 경보 적정 여부 ● 방호구역 또는 방호대상물 구획 안에서 유효한 경보 가능 여부
9-I-011 9-I-012 9-I-013	**[방송에 따른 경보장치]** ● 증폭기 재생장치의 설치장소 적정 여부 ● 방호구역·방호대상물에서 확성기 간 수평거리 적정 여부 ● 제어반 복구스위치 조작 시 경보 지속 여부
9-J. 자동폐쇄장치	
9-J-001 9-J-002 9-J-003	○ 환기장치 자동정지 기능 적정 여부 ○ 개구부 및 통기구 자동폐쇄장치 설치 장소 및 기능 적합 여부 ● 자동폐쇄장치 복구장치 설치기준 적합 및 위치표지 적합 여부
9-K. 비상전원	
9-K-001 9-K-002 9-K-003	● 설치장소 적정 및 관리 여부 ○ 자가발전설비인 경우 연료 적정량 보유 여부 ○ 자가발전설비인 경우 「전기사업법」에 따른 정기점검 결과 확인

번호	점검항목
9-L. 배출설비	
9-L-001	● 배출설비 설치상태 및 관리 여부
9-M. 과압배출구	
9-M-001	● 과압배출구 설치상태 및 관리 여부
9-N. 안전시설 등	
9-N-001	○ 소화약제 방출알림 시각경보장치 설치기준 적합 및 정상 작동 여부
9-N-002	○ 방호구역 출입구 부근 잘 보이는 장소에 소화약제 방출 위험경고표지 부착 여부
9-N-003	○ 방호구역 출입구 외부 인근에 공기호흡기 설치 여부

10. 할론소화설비 점검표

번호	점검항목
10-A. 저장용기	
10-A-001	● 설치장소 적정 및 관리 여부
10-A-002	○ 저장용기 설치장소 표지 설치상태 적정 여부
10-A-003	● 저장용기 설치 간격 적정 여부
10-A-004	○ 저장용기 개방밸브 자동·수동 개방 및 안전장치 부착 여부
10-A-005	● 저장용기와 집합관 연결배관상 체크밸브 설치 여부
10-A-006	● 저장용기와 선택밸브(또는 개폐밸브) 사이 안전장치 설치 여부
10-A-007	○ 축압식 저장용기의 압력 적정 여부
10-A-008	● 가압용 가스용기 내 질소가스 사용 및 압력 적정 여부
10-A-009	● 가압식 저장용기 압력조정장치 설치 여부
10-B. 소화약제	
10-B-001	○ 소화약제 저장량 적정 여부
10-C. 기동장치	
10-C-001	○ 방호구역별 출입구 부근 소화약제 방출표시등 설치 및 정상 작동 여부
10-C-011	**[수동식 기동장치]** ○ 기동장치 부근에 비상스위치 설치 여부
10-C-012	● 방호구역별 또는 방호대상별 기동장치 설치 여부
10-C-013	○ 기동장치 설치상태 적정(출입구 부근 등, 높이, 보호장치, 표지, 전원표시등) 여부
10-C-014	○ 방출용 스위치 음향경보장치 연동 여부
10-C-021	**[자동식 기동장치]** ○ 감지기 작동과의 연동 및 수동기동 가능 여부
10-C-022	● 저장용기 수량에 따른 전자 개방밸브 수량 적정 여부(전기식 기동장치의 경우)
10-C-023	○ 기동용 가스용기의 용적, 충전압력 적정 여부(가스압력식 기동장치의 경우)

번호	점검항목
10-C-024	● 기동용 가스용기의 안전장치, 압력게이지 설치 여부(가스압력식 기동장치의 경우)
10-C-025	● 저장용기 개방구조 적정 여부(기계식 기동장치의 경우)
10-D. 제어반 및 화재표시반	
10-D-001	○ 설치장소 적정 및 관리 여부
10-D-002	○ 회로도 및 취급설명서 비치 여부
10-D-011	[제어반] ○ 수동기동장치 또는 감지기 신호 수신 시 음향경보장치 작동 기능 정상 여부
10-D-012	○ 소화약제 방출·지연 및 기타 제어 기능 적정 여부
10-D-013	○ 전원표시등 설치 및 정상 점등 여부
10-D-021	[화재표시반] ○ 방호구역별 표시등(음향경보장치 조작, 감지기 작동), 경보기 설치 및 작동 여부
10-D-022	○ 수동식 기동장치 작동표시 표시등 설치 및 정상작동 여부
10-D-023	○ 소화약제 방출표시등 설치 및 정상 작동 여부
10-D-024	● 자동식기동장치 자동·수동 절환 및 절환표시등 설치 및 정상 작동 여부
10-E. 배관 등	
10-E-001	○ 배관의 변형·손상 유무
10-F. 선택밸브	
10-F-001	● 선택밸브 설치기준 적합 여부
10-G. 분사헤드	
10-G-001	[전역방출방식] ○ 분사헤드의 변형·손상 유무
10-G-002	● 분사헤드의 설치위치 적정 여부
10-G-011	[국소방출방식] ○ 분사헤드의 변형·손상 유무
10-G-012	● 분사헤드의 설치장소 적정 여부
10-G-021	[호스릴방식] ● 방호대상물 각 부분으로부터 호스접결구까지 수평거리 적정 여부
10-G-022	○ 소화약제저장용기의 위치표시등 정상 점등 및 표지 설치상태 적정 여부
10-G-023	● 호스릴소화설비 설치장소 적정 여부
10-H. 화재감지기	
10-H-001	○ 방호구역별 화재감지기 감지에 의한 기동장치 작동 여부
10-H-002	● 교차회로(또는 NFSC 203 제7조제1항 단서 감지기) 설치 여부
10-H-003	● 화재감지기별 유효 바닥면적 적정 여부
10-I. 음향경보장치	
10-I-001	○ 기동장치 조작 시(수동식-방출용스위치, 자동식-화재감지기) 경보 여부
10-I-002	○ 약제 방사 개시(또는 방출 압력스위치 작동) 후 경보 적정 여부

번호	점검항목
10-I-003	● 방호구역 또는 방호대상물 구획 안에서 유효한 경보 가능 여부
10-I-011 10-I-012 10-I-013	[방송에 따른 경보장치] ● 증폭기 재생장치의 설치장소 적정 여부 ● 방호구역·방호대상물에서 확성기 간 수평거리 적정 여부 ● 제어반 복구스위치 조작 시 경보 지속 여부
10-J. 자동폐쇄장치	
10-J-001 10-J-002 10-J-003	○ 환기장치 자동정지 기능 적정 여부 ○ 개구부 및 통기구 자동폐쇄장치 설치 장소 및 기능 적합 여부 ● 자동폐쇄장치 복구장치 및 위치표지 설치상태 적정 여부
10-K. 비상전원	
10-K-001 10-K-002 10-K-003	● 설치장소 적정 및 관리 여부 ○ 자가발전설비인 경우 연료 적정량 보유 여부 ○ 자가발전설비인 경우 「전기사업법」에 따른 정기점검 결과 확인

11. 할로겐화합물 및 불활성기체소화설비 점검표

번호	점검항목
11-A. 저장용기	
11-A-001 11-A-002 11-A-003 11-A-004 11-A-005	● 설치장소 적정 및 관리 여부 ○ 저장용기 설치장소 표지 설치 여부 ● 저장용기 설치 간격 적정 여부 ○ 저장용기 개방밸브 자동·수동 개방 및 안전장치 부착 여부 ● 저장용기와 집합관 연결배관상 체크밸브 설치 여부
11-B. 소화약제	
11-B-001	○ 소화약제 저장량 적정 여부
11-C. 기동장치	
11-C-001	○ 방호구역별 출입구 부근 소화약제 방출표시등 설치 및 정상 작동 여부
11-C-011 11-C-012 11-C-013 11-C-014	[수동식 기동장치] ○ 기동장치 부근에 비상스위치 설치 여부 ● 방호구역별 또는 방호대상별 기동장치 설치 여부 ○ 기동장치 설치 적정(출입구 부근 등, 높이, 보호장치, 표지, 전원표시등) 여부 ○ 방출용 스위치 음향경보장치 연동 여부
11-C-021 11-C-022	[자동식 기동장치] ○ 감지기 작동과의 연동 및 수동기동 가능 여부 ● 저장용기 수량에 따른 전자 개방밸브 수량 적정 여부(전기식 기동장치의 경우)

번호	점검항목
11-C-023	○ 기동용 가스용기의 용적, 충전압력 적정 여부(가스압력식 기동장치의 경우)
11-C-024	● 기동용 가스용기의 안전장치, 압력게이지 설치 여부(가스압력식 기동장치의 경우)
11-C-025	● 저장용기 개방구조 적정 여부(기계식 기동장치의 경우)
11-D. 제어반 및 화재표시반	
11-D-001	○ 설치장소 적정 및 관리 여부
11-D-002	○ 회로도 및 취급설명서 비치 여부
11-D-011	**[제어반]** ○ 수동기동장치 또는 감지기 신호 수신 시 음향경보장치 작동 기능 정상 여부
11-D-012	○ 소화약제 방출·지연 및 기타 제어 기능 적정 여부
11-D-013	○ 전원표시등 설치 및 정상 점등 여부
11-D-021	**[화재표시반]** ○ 방호구역별 표시등(음향경보장치 조작, 감지기 작동), 경보기 설치 및 작동 여부
11-D-022	○ 수동식 기동장치 작동표시 표시등 설치 및 정상 작동 여부
11-D-023	○ 소화약제 방출표시등 설치 및 정상 작동 여부
11-D-024	● 자동식기동장치 자동·수동 절환 및 절환표시등 설치 및 정상 작동 여부
11-E. 배관 등	
11-E-001	○ 배관의 변형·손상 유무
11-F. 선택밸브	
11-F-001	○ 선택밸브 설치 기준 적합 여부
11-G. 분사헤드	
11-G-001	○ 분사헤드의 변형·손상 유무
11-G-002	● 분사헤드의 설치높이 적정 여부
11-H. 화재감지기	
11-H-001	○ 방호구역별 화재감지기 감지에 의한 기동장치 작동 여부
11-H-002	● 교차회로(또는 NFSC 203 제7조제1항 단서 감지기) 설치 여부
11-H-003	● 화재감지기별 유효 바닥면적 적정 여부
11-I. 음향경보장치	
11-I-001	○ 기동장치 조작 시(수동식-방출용스위치, 자동식-화재감지기) 경보 여부
11-I-002	○ 약제 방사 개시(또는 방출 압력스위치 작동) 후 경보 적정 여부
11-I-003	● 방호구역 또는 방호대상물 구획 안에서 유효한 경보 가능 여부
11-I-011	**[방송에 따른 경보장치]** ● 증폭기 재생장치의 설치장소 적정 여부
11-I-012	● 방호구역·방호대상물에서 확성기 간 수평거리 적정 여부
11-I-013	● 제어반 복구스위치 조작 시 경보 지속 여부

번호	점검항목
11-J. 자동폐쇄장치	
11-J-001 11-J-002 11-J-003	[화재표시반] ○ 환기장치 자동정지 기능 적정 여부 ○ 개구부 및 통기구 자동폐쇄장치 설치 장소 및 기능 적합 여부 ● 자동폐쇄장치 복구장치 설치기준 적합 및 위치표지 적합 여부
11-K. 비상전원	
11-K-001 11-K-002 11-K-003	● 설치장소 적정 및 관리 여부 ○ 자가발전설비인 경우 연료 적정량 보유 여부 ○ 자가발전설비인 경우 「전기사업법」에 따른 정기점검 결과 확인
11-L. 과압배출구	
11-L-001	● 과압배출구 설치상태 및 관리 여부

12. 분말소화설비 점검표

번호	점검항목
12-A. 저장용기	
12-A-001 12-A-002 12-A-003 12-A-004 12-A-005 12-A-006 12-A-007 12-A-008 12-A-009	● 설치장소 적정 및 관리 여부 ○ 저장용기 설치장소 표지 설치 여부 ● 저장용기 설치 간격 적정 여부 ○ 저장용기 개방밸브 자동·수동 개방 및 안전장치 부착 여부 ● 저장용기와 집합관 연결배관상 체크밸브 설치 여부 ● 저장용기 안전밸브 설치 적정 여부 ● 저장용기 정압작동장치 설치 적정 여부 ● 저장용기 청소장치 설치 적정 여부 ○ 저장용기 지시압력계 설치 및 충전압력 적정 여부(축압식의 경우)
12-B. 가압용 가스용기	
12-B-001 12-B-002 12-B-003 12-B-004 12-B-005	○ 가압용 가스용기 저장용기 접속 여부 ○ 가압용 가스용기 전자개방밸브 부착 적정 여부 ○ 가압용 가스용기 압력조정기 설치 적정 여부 ○ 가압용 또는 축압용 가스 종류 및 가스량 적정 여부 ● 배관 청소용 가스 별도 용기 저장 여부
12-C. 소화약제	
12-C-001	○ 소화약제 저장량 적정 여부
12-D. 기동장치	
12-D-001	○ 방호구역별 출입구 부근 소화약제 방출표시등 설치 및 정상 작동 여부

번호	점검항목
	[수동식 기동장치]
12-D-011	○ 기동장치 부근에 비상스위치 설치 여부
12-D-012	● 방호구역별 또는 방호대상별 기동장치 설치 여부
12-D-013	○ 기동장치 설치 적정(출입구 부근 등, 높이, 보호장치, 표지, 전원표시등) 여부
12-D-014	○ 방출용 스위치 음향경보장치 연동 여부
	[자동식 기동장치]
12-D-021	○ 감지기 작동과의 연동 및 수동기동 가능 여부
12-D-022	● 저장용기 수량에 따른 전자 개방밸브 수량 적정 여부(전기식 기동장치의 경우)
12-D-023	○ 기동용 가스용기의 용적, 충전압력 적정 여부(가스압력식 기동장치의 경우)
12-D-024	● 기동용 가스용기의 안전장치, 압력게이지 설치 여부(가스압력식 기동장치의 경우)
12-D-025	● 저장용기 개방구조 적정 여부(기계식 기동장치의 경우)
12-E. 제어반 및 화재표시반	
12-E-001	○ 설치장소 적정 및 관리 여부
12-E-002	○ 회로도 및 취급설명서 비치 여부
	[제어반]
12-E-011	○ 수동기동장치 또는 감지기 신호 수신 시 음향경보장치 작동 기능 정상 여부
12-E-012	○ 소화약제 방출·지연 및 기타 제어 기능 적정 여부
12-E-013	○ 전원표시등 설치 및 정상 점등 여부
	[화재표시반]
12-E-021	○ 방호구역별 표시등(음향경보장치 조작, 감지기 작동), 경보기 설치 및 작동 여부
12-E-022	○ 수동식 기동장치 작동표시 표시등 설치 및 정상 작동 여부
12-E-023	○ 소화약제 방출표시등 설치 및 정상 작동 여부
12-E-024	● 자동식기동장치 자동·수동 절환 및 절환표시등 설치 및 정상 작동 여부
12-F. 배관 등	
12-F-001	○ 배관의 변형·손상 유무
12-G. 선택밸브	
12-G-001	○ 선택밸브 설치 기준 적합 여부
12-H. 분사헤드	
	[전역방출방식]
12-H-001	○ 분사헤드의 변형·손상 유무
12-H-002	● 분사헤드의 설치위치 적정 여부
	[국소방출방식]
12-H-011	○ 분사헤드의 변형·손상 유무
12-H-012	● 분사헤드의 설치장소 적정 여부

번호	점검항목
12-H-021	[호스릴방식] ● 방호대상물 각 부분으로부터 호스접결구까지 수평거리 적정 여부
12-H-022	○ 소화약제저장용기의 위치표시등 정상 점등 및 표지 설치 여부
12-H-023	● 호스릴소화설비 설치장소 적정 여부
12-I. 화재감지기	
12-I-001	○ 방호구역별 화재감지기 감지에 의한 기동장치 작동 여부
12-I-002	● 교차회로(또는 NFSC 203 제7조제1항 단서 감지기) 설치 여부
12-I-003	● 화재감지기별 유효 바닥면적 적정 여부
12-J. 음향경보장치	
12-J-001	○ 기동장치 조작 시(수동식-방출용스위치, 자동식-화재감지기) 경보 여부
12-J-002	○ 약제 방사 개시(또는 방출 압력스위치 작동) 후 1분 이상 경보 여부
12-J-003	● 방호구역 또는 방호대상물 구획 안에서 유효한 경보 가능 여부
12-J-011	[방송에 따른 경보장치] ● 증폭기 재생장치의 설치장소 적정 여부
12-J-012	● 방호구역·방호대상물에서 확성기 간 수평거리 적정 여부
12-J-013	● 제어반 복구스위치 조작 시 경보 지속 여부
12-K. 비상전원	
12-K-001	● 설치장소 적정 및 관리 여부
12-K-002	○ 자가발전설비인 경우 연료 적정량 보유 여부
12-K-003	○ 자가발전설비인 경우 「전기사업법」에 따른 정기점검 결과 확인

13. 옥외소화전설비 점검표

번호	점검항목
13-A. 수원	
13-A-001	○ 수원의 유효수량 적정 여부(겸용설비 포함)
13-B. 수조	
13-B-001	● 동결방지조치 상태 적정 여부
13-B-002	○ 수위계 설치 또는 수위 확인 가능 여부
13-B-003	● 수조 외측 고정사다리 설치 여부(바닥보다 낮은 경우 제외)
13-B-004	● 실내설치 시 조명설비 설치 여부
13-B-005	○ "옥외소화전설비용 수조" 표지 설치 여부 및 설치 상태
13-B-006	● 다른 소화설비와 겸용 시 겸용설비의 이름 표시한 표지 설치 여부
13-B-007	● 수조-수직배관 접속부분 "옥외소화전설비용 배관" 표지 설치 여부
13-C. 가압송수장치	
13-C-001	[펌프방식] ● 동결방지조치 상태 적정 여부

번호	점검항목
13-C-002	○ 옥외소화전 방수량 및 방수압력 적정 여부
13-C-003	● 감압장치 설치 여부(방수압력 0.7MPa 초과 조건)
13-C-004	○ 성능시험배관을 통한 펌프 성능시험 적정 여부
13-C-005	● 다른 소화설비와 겸용인 경우 펌프 성능 확보 가능 여부
13-C-006	○ 펌프 흡입측 연성계·진공계 및 토출측 압력계 등 부속장치의 변형·손상 유무
13-C-007	● 기동장치 적정 설치 및 기동압력 설정 적정 여부
13-C-008	○ 기동스위치 설치 적정 여부(ON/OFF 방식)
13-C-009	● 물올림장치 설치 적정(전용 여부, 유효수량, 배관구경, 자동급수) 여부
13-C-010	● 충압펌프 설치 적정(토출압력, 정격토출량) 여부
13-C-011	○ 내연기관 방식의 펌프 설치 적정(정상기동(기동장치 및 제어반) 여부, 축전지 상태, 연료량) 여부
13-C-012	○ 가압송수장치의 "옥외소화전펌프" 표지 설치 여부 또는 다른 소화설비와 겸용 시 겸용설비 이름 표시 부착 여부
13-C-021	[고가수조방식] ○ 수위계·배수관·급수관·오버플로우관·맨홀 등 부속장치의 변형·손상 유무
13-C-031	[압력수조방식] ● 압력수조의 압력 적정 여부
13-C-032	○ 수위계·급수관·급기관·압력계·안전장치·공기압축기 등 부속장치의 변형·손상 유무
13-C-041	[가압수조방식] ● 가압수조 및 가압원 설치장소의 방화구획 여부
13-C-042	○ 수위계·급수관·배수관·급기관·압력계 등 부속장치의 변형·손상 유무
13-D. 배관 등	
13-D-001	● 호스접결구 높이 및 각 부분으로부터 호스접결구까지의 수평거리 적정 여부
13-D-002	○ 호스 구경 적정 여부
13-D-003	● 펌프의 흡입측 배관 여과장치의 상태 확인
13-D-004	● 성능시험배관 설치(개폐밸브, 유량조절밸브, 유량측정장치) 적정 여부
13-D-005	● 순환배관 설치(설치위치·배관구경, 릴리프밸브 개방압력) 적정 여부
13-D-006	● 동결방지조치 상태 적정 여부
13-D-007	○ 급수배관 개폐밸브 설치(개폐표시형, 흡입측 버터플라이 제외) 적정 여부
13-D-008	● 다른 설비의 배관과의 구분 상태 적정 여부
13-E. 소화전함 등	
13-E-001	○ 함 개방 용이성 및 장애물 설치 여부 등 사용 편의성 적정 여부
13-E-002	○ 위치·기동 표시등 적정 설치 및 정상 점등 여부
13-E-003	○ "옥외소화전" 표시 설치 여부
13-E-004	● 소화전함 설치 수량 적정 여부
13-E-005	○ 옥외소화전함 내 소방호스, 관창, 옥외소화전개방 장치 비치 여부
13-E-006	○ 호스의 접결상태, 구경, 방수 거리 적정 여부

번호	점검항목
13-F. 전원	
13-F-001	● 대상물 수전방식에 따른 상용전원 적정 여부
13-F-002	● 비상전원 설치장소 적정 및 관리 여부
13-F-003	○ 자가발전설비인 경우 연료 적정량 보유 여부
13-F-004	○ 자가발전설비인 경우 「전기사업법」에 따른 정기점검 결과 확인
13-G. 제어반	
13-G-001	● 겸용 감시·동력 제어반 성능 적정 여부(겸용으로 설치된 경우)
13-G-011	[감시제어반] ○ 펌프 작동 여부 확인 표시등 및 음향경보장치 정상작동 여부
13-G-012	○ 펌프별 자동·수동 전환스위치 정상작동 여부
13-G-013	● 펌프별 수동기동 및 수동중단 기능 정상작동 여부
13-G-014	● 상용전원 및 비상전원 공급 확인 가능 여부(비상전원 있는 경우)
13-G-015	● 수조·물올림탱크 저수위 표시등 및 음향경보장치 정상작동 여부
13-G-016	○ 각 확인회로별 도통시험 및 작동시험 정상작동 여부
13-G-017	○ 예비전원 확보 유무 및 시험 적합 여부
13-G-018	● 감시제어반 전용실 적정 설치 및 관리 여부
13-G-019	● 기계·기구 또는 시설 등 제어 및 감시설비 외 설치 여부
13-G-031	[동력제어반] ○ 앞면은 적색으로 하고, "옥외소화전설비용 동력제어반" 표지 설치 여부
13-G-041	[발전기제어반] ● 소방전원보존형발전기는 이를 식별할 수 있는 표지 설치 여부

14. 비상경보설비 및 단독경보형감지기 점검표

번호	점검항목
14-A. 비상경보설비	
14-A-001	○ 수신기 설치장소 적정(관리용이) 및 스위치 정상 위치 여부
14-A-002	○ 수신기 상용전원 공급 및 전원표시등 정상점등 여부
14-A-003	○ 예비전원(축전지) 상태 적정 여부(상시 충전, 상용전원 차단 시 자동절환)
14-A-004	○ 지구음향장치 설치기준 적합 여부
14-A-005	○ 음향장치(경종 등) 변형·손상 확인 및 정상 작동(음량 포함) 여부
14-A-006	● 발신기 설치 장소, 위치(수평거리) 및 높이 적정 여부
14-A-007	○ 발신기 변형·손상 확인 및 정상 작동 여부
14-A-008	○ 위치표시등 변형·손상 확인 및 정상 점등 여부
14-B. 단독경보형감지기	
14-B-001	○ 설치 위치(각 실, 바닥면적 기준 추가설치, 최상층 계단실) 적정 여부
14-B-002	○ 감지기의 변형 또는 손상이 있는지 여부
14-B-003	○ 정상적인 감시상태를 유지하고 있는지 여부(시험작동 포함)

15. 자동화재탐지설비 및 시각경보장치 점검표

번호	점검항목
15-A. 경계구역	
15-A-001	● 경계구역 구분 적정 여부
15-A-002	● 감지기를 공유하는 경우 스프링클러·물분무소화·제연설비 경계구역 일치 여부
15-B. 수신기	
15-B-001	○ 수신기 설치장소 적정(관리용이) 여부
15-B-002	○ 조작스위치의 높이는 적정하며 정상 위치에 있는지 여부
15-B-003	● 개별 경계구역 표시 가능 회선수 확보 여부
15-B-004	● 축적기능 보유 여부(환기·면적·높이 조건 해당할 경우)
15-B-005	○ 경계구역 일람도 비치 여부
15-B-006	○ 수신기 음향기구의 음량·음색 구별 가능 여부
15-B-007	● 감지기·중계기·발신기 작동 경계구역 표시 여부(종합방재반 연동 포함)
15-B-008	● 1개 경계구역 1개 표시등 또는 문자 표시 여부
15-B-009	● 하나의 대상물에 수신기가 2 이상 설치된 경우 상호 연동되는지 여부
15-C. 중계기	
15-C-001	● 중계기 설치위치 적정 여부(수신기에서 감지기회로 도통시험하지 않는 경우)
15-C-002	● 설치 장소(조작·점검 편의성, 화재·침수 피해 우려) 적정 여부
15-C-003	● 전원입력 측 배선상 과전류차단기 설치 여부
15-C-004	● 중계기 전원 정전 시 수신기 표시 여부
15-C-005	● 상용전원 및 예비전원 시험 적정 여부
15-D. 감지기	
15-D-001	● 부착 높이 및 장소별 감지기 종류 적정 여부
15-D-002	● 특정 장소(환기불량, 면적협소, 저층고)에 적응성이 있는 감지기 설치 여부
15-D-003	○ 연기감지기 설치장소 적정 설치 여부
15-D-004	● 감지기와 실내로의 공기유입구 간 이격거리 적정 여부
15-D-005	● 감지기 부착면 적정 여부
15-D-006	○ 감지기 설치(감지면적 및 배치거리) 적정 여부
15-D-007	● 감지기별 세부 설치기준 적합 여부
15-D-008	● 감지기 설치제외 장소 적합 여부
15-D-009	○ 감지기 변형·손상 확인 및 작동시험 적합 여부
15-E. 음향장치	
15-E-001	○ 주음향장치 및 지구음향장치 설치 적정 여부
15-E-002	○ 음향장치(경종 등) 변형·손상 확인 및 정상 작동(음량 포함) 여부
15-E-003	● 우선경보 기능 정상작동 여부
15-F. 시각경보장치	
15-F-001	○ 시각경보장치 설치 장소 및 높이 적정 여부
15-F-002	○ 시각경보장치 변형·손상 확인 및 정상 작동 여부

번호	점검항목
15-G. 발신기	
15-G-001	○ 발신기 설치 장소, 위치(수평거리) 및 높이 적정 여부
15-G-002	○ 발신기 변형·손상 확인 및 정상 작동 여부
15-G-003	○ 위치표시등 변형·손상 확인 및 정상 점등 여부
15-H. 전원	
15-H-001	○ 상용전원 적정 여부
15-H-002	○ 예비전원 성능 적정 및 상용전원 차단 시 예비전원 자동전환 여부
15-I. 배선	
15-I-001	● 종단저항 설치 장소, 위치 및 높이 적정 여부
15-I-002	● 종단저항 표지 부착 여부(종단감지기에 설치할 경우)
15-I-003	○ 수신기 도통시험 회로 정상 여부
15-I-004	● 감지기회로 송배전식 적용 여부
15-I-005	● 1개 공통선 접속 경계구역 수량 적정 여부(P형 또는 GP형의 경우)

16. 비상방송설비 점검표

번호	점검항목
16-A. 음향장치	
16-A-001	● 확성기 음성입력 적정 여부
16-A-002	● 확성기 설치 적정(층마다 설치, 수평거리, 유효하게 경보) 여부
16-A-003	● 조작부 조작스위치 높이 적정 여부
16-A-004	● 조작부 상 설비 작동층 또는 작동구역 표시 여부
16-A-005	● 증폭기 및 조작부 설치 장소 적정 여부
16-A-006	● 우선경보방식 적용 적정 여부
16-A-007	● 겸용설비 성능 적정(화재 시 다른 설비 차단) 여부
16-A-008	● 다른 전기회로에 의한 유도장애 발생 여부
16-A-009	● 2 이상 조작부 설치 시 상호 동시통화 및 전 구역 방송 가능 여부
16-A-010	● 화재신호 수신 후 방송개시 소요시간 적정 여부
16-A-011	○ 자동화재탐지설비 작동과 연동하여 정상 작동 가능 여부
16-B. 배선 등	
16-B-001	● 음량조절기를 설치한 경우 3선식 배선 여부
16-B-002	● 하나의 층에 단락, 단선 시 다른 층의 화재통보 적부
16-C. 전원	
16-C-001	○ 상용전원 적정 여부
16-C-002	● 예비전원 성능 적정 및 상용전원 차단 시 예비전원 자동전환 여부

17. 자동화재속보설비 및 통합감시시설 점검표

번호	점검항목
17-A. 자동화재속보설비	
17-A-001	○ 상용전원 공급 및 전원표시등 정상 점등 여부
17-A-002	○ 조작스위치 높이 적정 여부
17-A-003	○ 자동화재탐지설비 연동 및 화재신호 소방관서 전달 여부
17-B. 통합감시시설	
17-B-001	● 주·보조 수신기 설치 적정 여부
17-B-002	○ 수신기 간 원격제어 및 정보공유 정상 작동 여부
17-B-003	● 예비선로 구축 여부

18. 누전경보기 점검표

번호	점검항목
18-A. 설치방법	
18-A-001	● 정격전류에 따른 설치 형태 적정 여부
18-A-002	● 변류기 설치위치 및 형태 적정 여부
18-B. 수신부	
18-B-001	○ 상용전원 공급 및 전원표시등 정상 점등 여부
18-B-002	● 가연성 증기, 먼지 등 체류 우려 장소의 경우 차단기구 설치 여부
18-B-003	○ 수신부의 성능 및 누전경보 시험 적정 여부
18-B-004	○ 음향장치 설치장소(상시 사람이 근무) 및 음량·음색 적정 여부
18-C. 전원	
18-C-001	● 분전반으로부터 전용회로 구성 여부
18-C-002	● 개폐기 및 과전류차단기 설치 여부
18-C-003	● 다른 차단기에 의한 전원차단 여부(전원을 분기할 경우)

19. 가스누설경보기 점검표

번호	점검항목
19-A. 수신부	
19-A-001	○ 수신부 설치 장소 적정 여부
19-A-002	○ 상용전원 공급 및 전원표시등 정상 점등 여부
19-A-003	○ 음향장치의 음량·음색·음압 적정 여부
19-B. 탐지부	
19-B-001	○ 탐지부의 설치방법 및 설치상태 적정 여부
19-B-002	○ 탐지부의 정상 작동 여부
19-C. 차단기구	
19-C-001	○ 차단기구는 가스 주배관에 견고히 부착되어 있는지 여부
19-C-002	○ 시험장치에 의한 가스차단밸브의 정상 개·폐 여부

20. 피난기구 및 인명구조기구 점검표

번호	점검항목
20-A. 피난기구 공통사항	
20-A-001	● 대상물 용도별·층별·바닥면적별 피난기구 종류 및 설치개수 적정 여부
20-A-002	○ 피난에 유효한 개구부 확보(크기, 높이에 따른 발판, 창문 파괴장치) 및 관리상태
20-A-003	● 개구부 위치 적정(동일직선상이 아닌 위치) 여부
20-A-004	○ 피난기구의 부착 위치 및 부착 방법 적정 여부
20-A-005	○ 피난기구(지지대 포함)의 변형·손상 또는 부식이 있는지 여부
20-A-006	○ 피난기구의 위치표시 표지 및 사용방법 표지 부착 적정 여부
20-A-007	● 피난기구의 설치제외 및 설치감소 적합 여부
20-B. 공기안전매트·피난사다리·(간이)완강기·미끄럼대·구조대	
20-B-001	● 공기안전매트 설치 여부
20-B-002	● 공기안전매트 설치 공간 확보 여부
20-B-003	● 피난사다리(4층 이상의 층)의 구조(금속성 고정사다리) 및 노대 설치 여부
20-B-004	● (간이)완강기의 구조(로프 손상방지) 및 길이 적정 여부
20-B-005	● 숙박시설의 객실마다 완강기(1개) 또는 간이완강기(2개 이상) 추가 설치 여부
20-B-006	● 미끄럼대의 구조 적정 여부
20-B-007	● 구조대의 길이 적정 여부
20-C. 다수인 피난장비	
20-C-001	● 설치장소 적정(피난용이, 안전하게 하강, 피난층의 충분한 착지 공간) 여부
20-C-002	● 보관실 설치 적정(건물외측 돌출, 빗물·먼지 등으로부터 장비 보호) 여부
20-C-003	● 보관실 외측문 개방 및 탑승기 자동 전개 여부
20-C-004	● 보관실 문 오작동 방지조치 및 문 개방 시 경보설비 연동(경보) 여부
20-D. 승강식 피난기·하향식 피난구용 내림식 사다리	
20-D-001	● 대피실 출입문 갑종방화문 설치 및 표지 부착 여부
20-D-002	● 대피실 표지(층별 위치표시, 피난기구 사용설명서 및 주의사항) 부착 여부
20-D-003	● 대피실 출입문 개방 및 피난기구 작동 시 표시등·경보장치 작동 적정 여부 및 감시제어반 피난기구 작동 확인 가능 여부
20-D-004	● 대피실 면적 및 하강구 규격 적정 여부
20-D-005	● 하강구 내측 연결금속구 존재 및 피난기구 전개 시 장애발생 여부
20-D-006	● 대피실 내부 비상조명등 설치 여부
20-E. 인명구조기구	
20-E-001	○ 설치 장소 적정(화재 시 반출 용이성) 여부
20-E-002	○ "인명구조기구" 표시 및 사용방법 표지 설치 적정 여부
20-E-003	○ 인명구조기구의 변형 또는 손상이 있는지 여부
20-E-004	● 대상물 용도별·장소별 설치 인명구조기구 종류 및 설치개수 적정 여부

21. 유도등 및 유도표지 점검표

번호	점검항목
21-A. 유도등	
21-A-001	○ 유도등의 변형 및 손상 여부
21-A-002	○ 상시(3선식의 경우 점검스위치 작동시) 점등 여부
21-A-003	○ 시각장애(규정된 높이, 적정위치, 장애물 등으로 인한 시각장애 유무) 여부
21-A-004	○ 비상전원 성능 적정 및 상용전원 차단 시 예비전원 자동전환 여부
21-A-005	● 설치 장소(위치) 적정 여부
21-A-006	● 설치 높이 적정 여부
21-A-007	● 객석유도등의 설치 개수 적정 여부
21-B. 유도표지	
21-B-001	○ 유도표지의 변형 및 손상 여부
21-B-002	○ 설치 상태(유사 등화광고물·게시물 존재, 쉽게 떨어지지 않는 방식) 적정 여부
21-B-003	○ 외광·조명장치로 상시 조명 제공 또는 비상조명등 설치 여부
21-B-004	○ 설치 방법(위치 및 높이) 적정 여부
21-C. 피난유도선	
21-C-001	○ 피난유도선의 변형 및 손상 여부
21-C-002	○ 설치 방법(위치·높이 및 간격) 적정 여부
21-C-011	[축광방식의 경우] ● 부착대에 견고하게 설치 여부
21-C-012	○ 상시조명 제공 여부
21-C-021	[광원점등방식의 경우] ○ 수신기 화재신호 및 수동조작에 의한 광원점등 여부
21-C-022	○ 비상전원 상시 충전상태 유지 여부
21-C-023	● 바닥에 설치되는 경우 매립방식 설치 여부
21-C-024	● 제어부 설치위치 적정 여부

22. 비상조명등 및 휴대용비상조명등 점검표

번호	점검항목
22-A. 비상조명등	
22-A-001	○ 설치 위치(거실, 지상에 이르는 복도·계단, 그 밖의 통로) 적정 여부
22-A-002	○ 비상조명등 변형·손상 확인 및 정상 점등 여부
22-A-003	● 조도 적정 여부
22-A-004	○ 예비전원 내장형의 경우 점검스위치 설치 및 정상 작동 여부
22-A-005	● 비상전원 종류 및 설치장소 기준 적합 여부
22-A-006	○ 비상전원 성능 적정 및 상용전원 차단 시 예비전원 자동전환 여부

번호	점검항목
22-B. 휴대용비상조명등	
22-B-001	○ 설치 대상 및 설치 수량 적정 여부
22-B-002	○ 설치 높이 적정 여부
22-B-003	○ 휴대용비상조명등의 변형 및 손상 여부
22-B-004	○ 어둠 속에서 위치를 확인할 수 있는 구조인지 여부
22-B-005	○ 사용 시 자동으로 점등되는지 여부
22-B-006	○ 건전지를 사용하는 경우 유효한 방전 방지조치가 되어있는지 여부
22-B-007	○ 충전식 배터리의 경우에는 상시 충전되도록 되어 있는지의 여부

23. 소화용수설비 점검표

번호	점검항목
23-A. 소화수조 및 저수조	
23-A-001	**[수원]** ○ 수원의 유효수량 적정 여부
23-A-011 23-A-012 23-A-013	**[흡수관투입구]** ○ 소방차 접근 용이성 적정 여부 ● 크기 및 수량 적정 여부 ○ "흡수관투입구" 표지 설치 여부
23-A-021 23-A-022 23-A-023 23-A-024	**[채수구]** ○ 소방차 접근 용이성 적정 여부 ● 결합금속구 구경 적정 여부 ● 채수구 수량 적정 여부 ○ 개폐밸브의 조작 용이성 여부
23-A-031 23-A-032 23-A-033 23-A-034 23-A-035 23-A-036 23-A-037 23-A-038	**[가압송수장치]** ○ 기동스위치 채수구 직근 설치 여부 및 정상 작동 여부 ○ "소화용수설비펌프" 표지 설치상태 적정 여부 ● 동결방지조치 상태 적정 여부 ● 토출측 압력계, 흡입측 연성계 또는 진공계 설치 여부 ○ 성능시험배관 적정 설치 및 정상작동 여부 ○ 순환배관 설치 적정 여부 ○ 물올림장치 설치 적정(전용 여부, 유효수량, 배관구경, 자동급수) 여부 ○ 내연기관 방식의 펌프 설치 적정(제어반 기동, 채수구 원격조작, 기동표시등 설치, 축전지 설비) 여부
23-B. 상수도소화용수설비	
23-B-001 23-B-002	○ 소화전 위치 적정 여부 ○ 소화전 관리상태(변형·손상 등) 및 방수 원활 여부

24. 제연설비 점검표

번호	점검항목
24-A. 제연구역의 구획	
24-A-001	● 제연구역의 구획 방식 적정 여부 - 제연경계의 폭, 수직거리 적정 설치 여부 - 제연경계벽은 가동 시 급속하게 하강되지 아니하는 구조
24-B. 배출구	
24-B-001	● 배출구 설치 위치(수평거리) 적정 여부
24-B-002	○ 배출구 변형·훼손 여부
24-C. 유입구	
24-C-001	○ 공기유입구 설치 위치 적정 여부
24-C-002	○ 공기유입구 변형·훼손 여부
24-C-003	● 옥외에 면하는 배출구 및 공기유입구 설치 적정 여부
24-D. 배출기	
24-D-001	● 배출기와 배출풍도 사이 캔버스 내열성 확보 여부
24-D-002	○ 배출기 회전이 원활하며 회전방향 정상 여부
24-D-003	○ 변형·훼손 등이 없고 V-벨트 기능 정상 여부
24-D-004	○ 본체의 방청, 보존상태 및 캔버스 부식 여부
24-D-005	● 배풍기 내열성 단열재 단열처리 여부
24-E. 비상전원	
24-E-001	● 비상전원 설치장소 적정 및 관리 여부
24-E-002	○ 자가발전설비인 경우 연료 적정량 보유 여부
24-E-003	○ 자가발전설비인 경우 「전기사업법」에 따른 정기점검 결과 확인
24-F. 기동	
24-F-001	○ 가동식의 벽·제연경계벽·댐퍼 및 배출기 정상 작동(화재감지기 연동) 여부
24-F-002	○ 예상제연구역 및 제어반에서 가동식의 벽·제연경계벽·댐퍼 및 배출기 수동 기동 가능 여부
24-F-003	○ 제어반 각종 스위치류 및 표시장치(작동표시등 등) 기능의 이상 여부

25. 특별피난계단의 계단실 및 부속실 제연설비 점검표

번호	점검항목
25-A. 과압방지조치	
25-A-001	● 자동차압·과압조절형 댐퍼(또는 플랩댐퍼)를 사용한 경우 성능 적정 여부
25-B. 수직풍도에 따른 배출	
25-B-001	○ 배출댐퍼 설치(개폐 여부 확인 기능, 화재감지기 동작에 따른 개방) 적정 여부
25-B-002	○ 배출용송풍기가 설치된 경우 화재감지기 연동 기능 적정 여부
25-C. 급기구	
25-C-001	○ 급기댐퍼 설치 상태(화재감지기 동작에 따른 개방) 적정 여부

번호	점검항목
25-D. 송풍기	
25-D-001	○ 설치장소 적정(화재영향, 접근·점검 용이성) 여부
25-D-002	○ 화재감지기 동작 및 수동조작에 따라 작동하는지 여부
25-D-003	● 송풍기와 연결되는 캔버스 내열성 확보 여부
25-E. 외기취입구	
25-E-001	○ 설치위치(오염공기 유입방지, 배기구 등으로부터 이격거리) 적정 여부
25-E-002	● 설치구조(빗물·이물질 유입방지, 옥외의 풍속과 풍향에 영향) 적정 여부
25-F. 제연구역의 출입문	
25-F-001	○ 폐쇄상태 유지 또는 화재 시 자동폐쇄 구조 여부
25-F-002	● 자동폐쇄장치 폐쇄력 적정 여부
25-G. 수동기동장치	
25-G-001	○ 기동장치 설치(위치, 전원표시등 등) 적정 여부
25-G-002	○ 수동기동장치(옥내 수동발신기 포함) 조작 시 관련 장치 정상 작동 여부
25-H. 제어반	
25-H-001	○ 비상용축전지의 정상 여부
25-H-002	○ 제어반 감시 및 원격조작 기능 적정 여부
25-I. 비상전원	
25-I-001	● 비상전원 설치장소 적정 및 관리 여부
25-I-002	○ 자가발전설비인 경우 연료 적정량 보유 여부
25-I-003	○ 자가발전설비인 경우 「전기사업법」에 따른 정기점검 결과 확인

26. 연결송수관설비 점검표

번호	점검항목
26-A. 송수구	
26-A-001	○ 설치장소 적정 여부
26-A-002	○ 지면으로부터 설치 높이 적정 여부
26-A-003	○ 급수개폐밸브가 설치된 경우 설치 상태 적정 및 정상 기능 여부
26-A-004	○ 수직배관별 1개 이상 송수구 설치 여부
26-A-005	○ "연결송수관설비송수구" 표지 및 송수압력범위 표지 적정 설치 여부
26-A-006	○ 송수구 마개 설치 여부
26-B. 배관 등	
26-B-001	● 겸용 급수배관 적정 여부
26-B-002	● 다른 설비의 배관과의 구분 상태 적정 여부
26-C. 방수구	
26-C-001	● 설치기준(층, 개수, 위치, 높이) 적정 여부
26-C-002	○ 방수구 형태 및 구경 적정 여부
26-C-003	○ 위치표시(표시등, 축광식표지) 적정 여부
26-C-004	○ 개폐기능 설치 여부 및 상태 적정(닫힌 상태) 여부

번호	점검항목
26-D. 방수기구함	
26-D-001	● 설치기준(층, 위치) 적정 여부
26-D-002	○ 호스 및 관창 비치 적정 여부
26-D-003	○ "방수기구함" 표지 설치상태 적정 여부
26-E. 가압송수장치	
26-E-001	● 가압송수장치 설치장소 기준 적합 여부
26-E-002	● 펌프 흡입측 연성계·진공계 및 토출측 압력계 설치 여부
26-E-003	● 성능시험배관 및 순환배관 설치 적정 여부
26-E-004	○ 펌프 토출량 및 양정 적정 여부
26-E-005	○ 방수구 개방시 자동기동 여부
26-E-006	○ 수동기동스위치 설치 상태 적정 및 수동스위치 조작에 따른 기동 여부
26-E-007	○ 가압송수장치 "연결송수관펌프" 표지 설치 여부
26-E-008	● 비상전원 설치장소 적정 및 관리 여부
26-E-009	○ 자가발전설비인 경우 연료 적정량 보유 여부
26-E-010	○ 자가발전설비인 경우 「전기사업법」에 따른 정기점검 결과 확인

27. 연결살수설비 점검표

번호	점검항목
27-A. 송수구	
27-A-001	○ 설치장소 적정 여부
27-A-002	○ 송수구 구경(65mm) 및 형태(쌍구형) 적정 여부
27-A-003	○ 송수구역별 호스접결구 설치 여부(개방형 헤드의 경우)
27-A-004	○ 설치 높이 적정 여부
27-A-005	● 송수구에서 주배관상 연결배관 개폐밸브 설치 여부
27-A-006	○ "연결살수설비 송수구" 표지 및 송수구역 일람표 설치 여부
27-A-007	○ 송수구 마개 설치 여부
27-A-008	○ 송수구의 변형 또는 손상 여부
27-A-009	● 자동배수밸브 및 체크밸브 설치 순서 적정 여부
27-A-010	○ 자동배수밸브 설치 상태 적정 여부
27-A-011	● 1개 송수구역 설치 살수헤드 수량 적정 여부(개방형 헤드의 경우)
27-B. 선택밸브	
27-B-001	○ 선택밸브 적정 설치 및 정상 작동 여부
27-B-002	○ 선택밸브 부근 송수구역 일람표 설치 여부
27-C. 배관 등	
27-C-001	○ 급수배관 개폐밸브 설치 적정(개폐표시형, 흡입측 버터플라이 제외) 여부
27-C-002	● 동결방지조치 상태 적정 여부(습식의 경우)
27-C-003	● 주배관과 타 설비 배관 및 수조 접속 적정 여부(폐쇄형 헤드의 경우)
27-C-004	○ 시험장치 설치 적정 여부(폐쇄형 헤드의 경우)
27-C-005	● 다른 설비의 배관과의 구분 상태 적정 여부

번호	점검항목
27-D. 헤드	
27-D-001 27-D-002 27-D-003	○ 헤드의 변형·손상 유무 ○ 헤드 설치 위치·장소·상태(고정) 적정 여부 ○ 헤드 살수장애 여부

28. 비상콘센트설비 점검표

번호	점검항목
28-A. 전원	
28-A-001 28-A-002 28-A-003 28-A-004	● 상용전원 적정 여부 ● 비상전원 설치장소 적정 및 관리 여부 ○ 자가발전설비인 경우 연료 적정량 보유 여부 ○ 자가발전설비인 경우 「전기사업법」에 따른 정기점검 결과 확인
28-B. 전원회로	
28-B-001 28-B-002 28-B-003 28-B-004 28-B-005	● 전원회로 방식(단상교류 220V) 및 공급용량(1.5kVA 이상) 적정 여부 ● 전원회로 설치개수(각 층에 2이상) 적정 여부 ● 전용 전원회로 사용 여부 ● 1개 전용회로에 설치되는 비상콘센트 수량 적정(10개 이하) 여부 ● 보호함 내부에 분기배선용 차단기 설치 여부
28-C. 콘센트	
28-C-001 28-C-002 28-C-003	○ 변형·손상·현저한 부식이 없고 전원의 정상 공급 여부 ● 콘센트별 배선용 차단기 설치 및 충전부 노출 방지 여부 ○ 비상콘센트 설치 높이, 설치 위치 및 설치 수량 적정 여부
28-D. 보호함 및 배선	
28-D-001 28-D-002 28-D-003 28-D-004	○ 보호함 개폐용이한 문 설치 여부 ○ "비상콘센트" 표지 설치상태 적정 여부 ○ 위치표시등 설치 및 정상 점등 여부 ○ 점검 또는 사용상 장애물 유무

29. 무선통신보조설비 점검표

번호	점검항목
29-A. 누설동축케이블등	
29-A-001 29-A-002 29-A-003 29-A-004 29-A-005	○ 피난 및 통행 지장 여부(노출하여 설치한 경우) ● 케이블 구성 적정(누설동축케이블＋안테나 또는 동축케이블＋안테나) 여부 ● 지지금구 변형·손상 여부 ● 누설동축케이블 및 안테나 설치 적정 및 변형·손상 여부 ● 누설동축케이블 말단 '무반사 종단저항' 설치 여부

번호	점검항목
29-B. 무선기기접속단자	
29-B-001	○ 설치장소(소방활동 용이성, 상시 근무장소) 적정 여부
29-B-002	● 단자 설치높이 적정 여부
29-B-003	● 지상 접속단자 설치거리 적정 여부
29-B-004	● 보호함 구조 적정 여부
29-B-005	○ 보호함 "무선기기접속단자" 표지 설치 여부
29-C. 분배기, 분파기, 혼합기	
29-C-001	● 먼지, 습기, 부식 등에 의한 기능 이상 여부
29-C-002	● 설치장소 적정 및 관리 여부
29-D. 증폭기 및 무선이동중계기	
29-D-001	● 상용전원 적정 여부
29-D-002	○ 전원표시등 및 전압계 설치상태 적정 여부
29-D-003	● 증폭기 비상전원 부착 상태 및 용량 적정 여부
29-E. 기능점검	
29-E-001	○ 무선통신 가능 여부

30. 연소방지설비 점검표

번호	점검항목
30-A. 배관	
30-A-001	○ 급수배관 개폐밸브 적정(개폐표시형) 설치 및 관리상태 적합 여부
30-A-002	● 다른 설비의 배관과의 구분 상태 적정 여부
30-B. 방수헤드	
30-B-001	○ 헤드의 변형·손상 유무
30-B-002	○ 헤드 살수장애 여부
30-B-003	○ 헤드상호 간 거리 적정 여부
30-B-004	● 살수구역 설정 적정 여부
30-C. 송수구	
30-C-001	○ 설치장소 적정 여부
30-C-002	● 송수구 구경(65mm) 및 형태(쌍구형) 적정 여부
30-C-003	○ 송수구 1m 이내 살수구역 안내표지 설치상태 적정 여부
30-C-004	○ 설치 높이 적정 여부
30-C-005	● 자동배수밸브 설치상태 적정 여부
30-C-006	● 연결배관에 개폐밸브를 설치한 경우 개폐상태 확인 및 조작 가능 여부
30-C-007	○ 송수구 마개 설치상태 적정 여부
30-D. 방화벽	
30-D-001	● 방화문 관리상태 및 정상기능 적정 여부
30-D-002	● 관통부위 내화성 화재차단제 마감 여부

31. 기타사항 점검표

번호	점검항목
31-A. 피난·방화시설	
31-A-001	○ 방화문 및 방화셔터의 관리 상태(폐쇄·훼손·변경) 및 정상 기능 적정 여부
31-A-002	● 비상구 및 피난통로 확보 적정 여부(피난·방화시설 주변 장애물 적치 포함)
31-B. 방염	
31-B-001	● 선처리 방염대상물품의 적합 여부(방염성능시험성적서 및 합격표시 확인)
31-B-002	● 후처리 방염대상물품의 적합 여부(방염성능검사결과 확인)

32. 다중이용업소 점검표

번호	점검항목
32-A. 소화설비	
	[소화기구(소화기, 자동확산소화기)]
32-A-001	○ 설치수량(구획된 실 등) 및 설치거리(보행거리) 적정 여부
32-A-002	○ 설치장소(손쉬운 사용) 및 설치 높이 적정 여부
32-A-003	○ 소화기 표지 설치상태 적정 여부
32-A-004	○ 외형의 이상 또는 사용상 장애 여부
32-A-005	○ 수동식 분말소화기 내용연수 적정여부
	[간이스프링클러설비]
32-A-011	○ 수원의 양 적정 여부
32-A-012	○ 가압송수장치의 정상 작동 여부
32-A-013	○ 배관 및 밸브의 파손, 변형 및 잠김 여부
32-A-014	○ 상용전원 및 비상전원의 이상 여부
32-A-015	● 유수검지장치의 정상 작동 여부
32-A-016	● 헤드의 적정 설치 여부(미설치, 살수장애, 도색 등)
32-A-017	● 송수구 결합부의 이상 여부
32-A-018	● 시험밸브 개방시 펌프기동 및 음향 경보 여부
32-B. 경보설비	
	[비상벨·자동화재탐지설비]
32-B-001	○ 구획된 실마다 감지기(발신기), 음향장치 설치 및 정상 작동 여부
32-B-002	○ 전용 수신기가 설치된 경우 주수신기와 상호 연동되는지 여부
32-B-003	○ 수신기 예비전원(축전지) 상태 적정 여부(상시 충전, 상용전원 차단 시 자동절환)
	[가스누설경보기]
32-B-011	● 주방 또는 난방시설이 설치된 장소에 설치 및 정상 작동 여부
32-C. 피난구조설비	
	[피난기구]
32-C-001	● 피난기구 종류 및 설치개수 적정 여부

번호	점검항목
32-C-002	○ 피난기구의 부착 위치 및 부착 방법 적정 여부
32-C-003	○ 피난기구(지지대 포함)의 변형·손상 또는 부식이 있는지 여부
32-C-004	○ 피난기구의 위치표시 표지 및 사용방법 표지 부착 적정 여부
32-C-005	● 피난에 유효한 개구부 확보(크기, 높이에 따른 발판, 창문 파괴장치) 및 관리상태
	[피난유도선]
32-C-011	○ 피난유도선의 변형 및 손상 여부
32-C-012	● 정상 점등(화재 신호와 연동 포함) 여부
	[유도등]
32-C-021	○ 상시(3선식의 경우 점검스위치 작동 시) 점등 여부
32-C-022	○ 시각장애(규정된 높이, 적정위치, 장애물 등으로 인한 시각장애 유무) 여부
32-C-023	○ 비상전원 성능 적정 및 상용전원 차단 시 예비전원 자동전환 여부
	[유도표지]
32-C-031	○ 설치 상태(유사 등화광고물·게시물 존재, 쉽게 떨어지지 않는 방식) 적정 여부
32-C-032	○ 외광·조명장치로 상시 조명 제공 또는 비상조명등 설치 여부
	[비상조명등]
32-C-041	○ 설치위치의 적정 여부
32-C-042	● 예비전원 내장형의 경우 점검스위치 설치 및 정상 작동 여부
	[휴대용비상조명등]
32-C-051	○ 영업장 안의 구획된 실마다 잘 보이는 곳에 1개 이상 설치 여부
32-C-052	● 설치높이 및 표지의 적합 여부
32-C-053	● 사용 시 자동으로 점등되는지 여부
32-D. 비상구	
32-D-001	○ 피난동선에 물건을 쌓아두거나 장애물 설치 여부
32-D-002	○ 피난구, 발코니 또는 부속실의 훼손 여부
32-D-003	○ 방화문·방화셔터의 관리 및 작동상태
32-E. 영업장 내부 피난통로 · 영상음향차단장치 · 누전차단기 · 창문	
32-E-001	○ 영업장 내부 피난통로 관리상태 적합 여부
32-E-002	● 영상음향차단장치 설치 및 정상작동 여부
32-E-003	● 누전차단기 설치 및 정상작동 여부
32-E-004	○ 영업장 창문 관리상태 적합 여부
32-F. 피난안내도 · 피난안내영상물	
32-F-001	○ 피난안내도의 정상 부착 및 피난안내영상물 상영 여부
32-G. 방염	
32-G-001	● 선처리 방염대상물품의 적합 여부(방염성능시험성적서 및 합격표시 확인)
32-G-002	● 후처리 방염대상물품의 적합 여부(방염성능검사결과 확인)

VIII. 소방시설의 외관점검표

[개정 2022.12.1.]

목 차

1. 소화기구 및 자동소화장치

2. 옥내·옥외소화전설비

3. (간이)스프링클러설비, 물분무소화설비, 미분무소화설비, 포소화설비

4. 이산화탄소, 할론소화설비, 할로겐화합물 및 불활성기체소화설비, 분말소화설비

5. 자동화재탐지설비, 비상경보설비, 시각경보기, 비상방송설비, 자동화재속보설비

6. 피난기구, 유도등(유도표지), 비상조명등 및 휴대용비상조명등

7. 제연설비, 특별피난계단의 계단실 및 부속실 제연설비

8. 연결송수관설비, 연결살수설비

9. 비상콘센트설비, 무선통신보조설비, 지하구

10. 기타사항 점검표

11. 위험물 저장·취급시설

12. 화기시설

13. 가연성 가스시설

14. 전기시설

1. 소화기구 및 자동소화장치

종류	점 검 내 용
소화기 (간이소화용구 포함)	거주자 등이 손쉽게 사용할 수 있는 장소에 설치되어 있는지 여부
	구획된 거실(바닥면적 33m² 이상)마다 소화기 설치 여부
	소화기 표지 설치 여부
	소화기의 변형·손상 또는 부식이 있는지 여부
	지시압력계(녹색범위)의 적정 여부
	수동식 분말소화기 내용연수(10년) 적정 여부
자동확산소화기	견고하게 고정되어 있는지 여부
	소화기의 변형·손상 또는 부식이 있는지 여부
	지시압력계(녹색범위)의 적정 여부
자동소화장치	수신부가 설치된 경우 수신부 정상(예비전원, 음향장치 등) 여부
	본체용기, 방출구, 분사헤드 등의 변형·손상 또는 부식이 있는지 여부
	소화약제의 지시압력 적정 및 외관의 이상 여부
	감지부(또는 화재감지기) 및 차단장치 설치 상태 적정 여부

2. 옥내·외 소화전설비

종류	점 검 내 용
수원	주된 수원의 유효수량 적정여부(겸용설비 포함)
	보조수원(옥상)의 유효수량 적정여부
	수조 표지 설치상태 적정 여부
가압송수장치	펌프 흡입측 연성계·진공계 및 토출측 압력계 등 부속장치의 변형·손상 유무
송수구	송수구 설치장소 적정 여부(소방차가 쉽게 접근할 수 있는 장소)
배관	급수배관 개폐밸브 설치(개폐표시형, 흡입측 버터플라이 제외) 적정 여부
함 및 방수구 등	함 개방 용이성 및 장애물 설치 여부 등 사용 편의성 적정 여부
	위치표시등 적정 설치 및 정상 점등 여부
	소화전 표시 및 사용요령(외국어 병기) 기재 표지판 설치상태 적정 여부
	함 내 소방호스 및 관창 비치 적정 여부
제어반	펌프별 자동·수동 전환스위치 위치 적정 여부

3. (간이)스프링클러설비, 물분무·미분무·포 소화설비

종류	점검내용
수원	주된수원의 유효수량 적정여부(겸용설비 포함)
	보조수원(옥상)의 유효수량 적정여부
	수조 표지 설치상태 적정 여부
저장탱크 (포소화설비)	포소화약제 저장량의 적정 여부
가압송수장치	펌프 흡입측 연성계·진공계 및 토출측 압력계 등 부속장치의 변형·손상 유무
유수검지장치	유수검지장치실 설치 적정(실내 또는 구획, 출입문 크기, 표지) 여부
배관	급수배관 개폐밸브 설치(개폐표시형, 흡입측 버터플라이 제외) 적정 여부
	준비작동식 유수검지장치 및 일제개방밸브 2차측 배관 부대설비 설치 적정 여부
	유수검지장치 시험장치 설치 적정(설치 위치, 배관구경, 개폐밸브 및 개방형 헤드, 물받이통 및 배수관) 여부
	다른 설비의 배관과의 구분 상태 적정 여부
기동장치	수동조작함(설치높이, 표시등) 설치 적정 여부
제어밸브 등 (물분무소화설비)	제어밸브 설치 위치 적정 및 표지 설치 여부
배수설비 (물분무소화설비 설치된 차고· 주차장)	배수설비(배수구, 기름분리장치 등) 설치 적정 여부
헤드	헤드의 변형·손상 유무 및 살수장애 여부
호스릴방식 (미분무소화설비, 포소화설비)	소화약제저장용기 근처 및 호스릴함 위치표시등 정상 점등 및 표지 설치 여부
송수구	송수구 설치장소 적정 여부(소방차가 쉽게 접근할 수 있는 장소)
제어반	펌프별 자동·수동 전환스위치가 정상위치에 있는지 여부

4. 이산화탄소·할론·할로겐화합물 및 불활성기체·분말 소화설비

종류	점 검 내 용
저장용기	설치장소 적정 및 관리 여부
	저장용기 설치장소 표지 설치 여부
	소화약제 저장량 적정 여부
기동장치	기동장치 설치 적정(출입구 부근 등, 높이 보호장치, 표지 전원표시 등) 여부
배관 등	배관의 변형·손상 유무
분사헤드	분사헤드의 변형·손상 유무
호스릴방식	소화약제저장용기의 위치표시등 정상 점등 및 표지 설치 여부
안전시설 등 (이산화탄소 소화설비)	방호구역 출입구 부근 잘 보이는 장소에 소화약제 방출 위험경고표지 부착 여부
	방호구역 출입구 외부 인근에 공기호흡기 설치 여부

5. 자동화재탐지설비, 비상경보설비, 시각경보기, 비상방송설비, 자동화재속보설비

종류	점 검 내 용
수신기	설치장소 적정 및 스위치 정상 위치 여부
	상용전원 공급 및 전원표시등 정상점등 여부
	예비전원(축전지) 상태 적정 여부
감지기	감지기의 변형 또는 손상이 있는지 여부(단독경보형감지기 포함)
음향장치	음향장치(경종 등) 변형·손상 여부
시각경보장치	시각경보장치 변형·손상 여부
발신기	발신기 변형·손상 여부
	위치표시등 변형·손상 및 정상점등 여부
비상방송설비	확성기 설치 적정(층마다 설치, 수평거리) 여부
	조작부상 설비 작동층 또는 작동구역 표시 여부
자동화재속보설비	상용전원 공급 및 전원표시등 정상 점등 여부

6. 피난기구, 유도등(유도표지), 비상조명등 및 휴대용비상조명등

종류	점 검 내 용
피난기구	피난에 유효한 개구부 확보(크기, 높이에 따른 발판, 창문 파괴장치) 및 관리 상태
	피난기구(지지대 포함)의 변형·손상 또는 부식이 있는지 여부
	피난기구의 위치표시 표지 및 사용방법 표지 부착 적정 여부
유도등	유도등 상시(3선식의 경우 점검스위치 작동 시) 점등 여부
	유도등의 변형 및 손상 여부
	장애물 등으로 인한 시각장애 여부
유도표지	유도표지의 변형 및 손상 여부
	설치 상태(쉽게 떨어지지 않는 방식, 장애물 등으로 시각장애 유무) 적정 여부
	비상조명등
	예비전원 내장형의 경우 점검스위치 설치 및 정상 작동 여부
휴대용비상조명등	휴대용비상조명등의 변형 및 손상 여부
	사용 시 자동으로 점등되는지 여부

7. 제연설비, 특별피난계단의 계단실 및 부속실 제연설비

종류	점 검 내 용
제연구역의 구획	제연경계의 폭, 수직거리 적정 설치 여부
배출구, 유입구	배출구, 공기유입구 변형·훼손 여부
기동장치	제어반 각종 스위치류 표시장치(작동표시등 등) 정상 여부
외기취입구 (부속실제연설비)	설치위치(오염공기 유입방지, 배기구 등으로부터 이격거리) 적정 여부
	설치구조(빗물·이물질 유입방지 등) 적정 여부
제연구역의 출입문 (부속실제연설비)	폐쇄상태 유지 또는 화재 시 자동폐쇄구조 여부
수동기동장치 (부속실제연설비)	기동장치 설치(위치, 전원표시등 등) 적정 여부

8. 연결송수관설비, 연결살수설비

종류	점검내용
연결송수관설비 송수구	표지 및 송수압력범위 표지 적정 설치 여부
방수구	위치표시(표시등, 축광식표지) 적정 여부
방수기구함	호스 및 관창 비치 적정 여부
방수기구함	'방수기구함' 표지 설치상태 적정 여부
연결살수설비 송수구	표지 및 송수구역 일람표 설치 여부
연결살수설비 송수구	송수구의 변형 또는 손상 여부
연결살수설비 헤드	헤드의 변형·손상 유무
연결살수설비 헤드	헤드 살수장애 여부

9. 비상콘센트설비, 무선통신보조설비, 지하구

종류	점검내용
비상콘센트설비 콘센트	변형·손상·현저한 부식이 없고 전원의 정상 공급여부
비상콘센트설비 보호함	'비상콘센트'표지 설치상태 적정 여부
비상콘센트설비 보호함	위치표시등 설치 및 정상 점등 여부
무선통신보조설비 무선기기접속단자	설치장소(소방활동 용이성, 상시 근무장소) 적정여부
무선통신보조설비 무선기기접속단자	보호함 '무선기기접속단지' 표지 설치 여부
지하구 (연소방지설비 등)	연소방지설비 헤드의 변형·손상 여부
지하구 (연소방지설비 등)	연소방지설비 송수구 1m 이내 살수구역 안내표지 설치상태 적정 여부
방화벽	방화문 관리상태 및 정상기능 적정 여부

10. 기타사항 점검표

종류	점검내용
피난·방화 시설	방화문 및 방화셔터의 관리 상태(폐쇄·훼손·변경) 및 정상기능 적정 여부
피난·방화 시설	비상구 및 피난통로 확보 적정 여부(피난·방화시설 주변 장애물 적치 포함)
방염	선처리 방염대상물품 적합 여부(방염성능시험성적서 및 합격표시 확인)
방염	후처리 방염대상물품의 적합 여부(방염성능검사결과 확인)

11. 위험물 저장 · 취급시설

점 검 내 용
가연물 방치 여부
채광 및 환기 설비 관리상태 이상 유무
위험물 종류에 따른 주의사항을 표시한 게시판 설치 유무
기름찌꺼기나 폐액 방치 여부
위험물 안전관리자 선임 여부
화재 시 응급조치 방법 및 소방관서 등 비상연락망 확보 여부

12. 화기시설

점 검 내 용
화기시설 주변 적정(거리, 수량, 능력단위) 소화기 설치 유무
건축물의 가연성부분 및 가연성물질로부터 1m 이상의 안전거리 확보 유무
가연성가스 또는 증기가 발생하거나 체류할 우려가 없는 장소에 설치 유무
연료탱크가 연소기로부터 2m 이상의 수평 거리 확보 유무
채광 및 환기설비 설치 유무
방화환경조성 및 주의 · 경고표시 유무

13. 가연성 가스시설

점 검 내 용
「도시가스사업법」 등에 따른 검사 실시 유무
채광이 되어 있고 환기 및 비를 피할 수 있는 장소에 용기 설치 유무
가스누설경보기 설치 유무
용기, 배관, 밸브 및 연소기의 파손, 변형, 노후 또는 부식 여부
환기설비 설치 유무
화재 시 연료를 차단할 수 있는 개폐밸브 설치상태 적정 여부
방화환경조성 및 주의 · 경고표시 유무

14. 전기시설

점 검 내 용
「전기사업법」에 따른 점검 또는 검사 실시 유무
개폐기 설치상태 등 손상 여부
규격 전선 사용 여부
선의 접속 상태 및 전선피복의 손상 여부
누전차단기 설치상태 적정여부
방화환경조성 및 주의·경고표시 설치 유무
전기관련 기술자 등의 근무 여부

과년도 출제문제 및 해답

소방시설의 점검실무행정

제 1 회

소방시설관리사 출제문제

소방시설의 점검실무행정

[문제1] 다음의 사항을 도시기호로 표시하시오.

    (1) 경보설비의 중계기
    (2) 포말 소화전
    (3) 이산화탄소의 저장용기
    (4) 물분무 헤드(평면도)
    (5) 자동방화문의 폐쇄장치

해답 (1) 중계기 (2) 포말소화전 (3) 이산화탄소 (4) 물분무헤드 (5) 자동방화문의
                                저장용기   폐쇄장치

[문제2] 유도등의 3선식 배선과 2선식 배선을 간략하게 설명하고 점멸기 설치할
경우, 점등되어야 할 때를 기술하시오.

해답 1. 3선식 배선

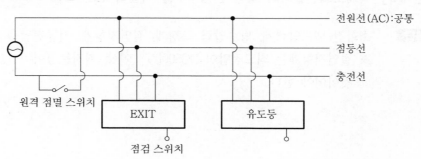

(1) 점멸기에 의하여 소등을 하게 되면 유도등은 꺼지나 예비전원에 충전
　　은 계속되고 있는 상태가 된다.
(2) 정전 또는 단선이 되어 교류전압(AC)에 의한 전원공급이 중단되면
　　자동적으로 예비전원에 의하여 20분 이상 점등된다.

2. 2선식 배선

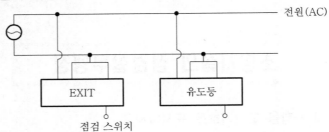

(1) 점멸기에 의하여 소등을 하게 되면 자동적으로 예비전원에 의한 점등
　　이 20분 이상 지속된 후 꺼진다.
(2) 소등하게 되면 예비전원이 자동 충전이 되지 않으므로 유도등으로서
　　의 기능을 상실하게 되므로 점멸스위치를 부착해서는 아니 된다.

3. 점멸기 설치시 점등되어야 할 때
(1) 자동화재탐지설비의 감지기 또는 발신기가 작동되는 때
(2) 비상경보설비의 발신기가 작동되는 때
(3) 상용전원이 정전되거나 전원선이 단선되는 때
(4) 자동소화설비가 작동되는 때
(5) 방재업무를 통제하는 곳 또는 전기실의 배전반에서 수동으로 점등하
　　는 때

[문제3] 옥외소화전설비의 법정 점검기구를 기술하시오.

해답　소화전 밸브압력계, 방수압력 측정계, 절연저항계, 전류전압측정계
　　　　※ 절연저항계는 최고전압이 DC500[V] 이상, 최저눈금이 0.1[MΩ] 이하의
　　　　　것이어야 한다.

[문제4] 위험물 안전관리자(기능사, 취급자)의 선임 대상을 기술하시오.

해답 이동탱크저장소를 제외한 위험물제조소 등(제조소, 저장소, 취급소)

[문제5] 연결살수설비의 살수헤드 점검항목과 내용을 기술하시오.

해답 (1) 설치장소, 헤드 상호 간 거리의 적부
(2) 살수장애 여부
(3) 가연성가스 시설인 경우 살수범위의 적부
(4) 헤드설치제외 적용의 적부

[문제6] 소방시설 자체점검 기록부 작성 항목 6가지의 작성요령을 기술하시오.

(1) 점검 구분　　(2) 점검 월별
(3) 점검 종류　　(4) 점검자 자격
(5) 점검 시설　　(6) 비고

해답 (1) 점검 구분 : "자체점검" 또는 "소방시설관리유지업자 점검" 구분하여 기재
(2) 점검 월별 : 연간 점검계획을 기재(5월, 11월 등 6개월 간격으로 기재)
(3) 점검 종류 : 작동기능점검, 종합정밀점검 등 구분 기재
(4) 점검자 자격 : 방화관리자, 소방설비기사, 소방시설관리사, 소방기술사
등 해당자격자를 기재
(5) 점검 시설 : 점검할 소방시설 현황을 기재
소방시설설치유지법 시행령의 소방시설명을 기재 : 소화기구, 옥내소화
전설비 등
(6) 비고 : 소방시설관리유지업자인 경우 업체명 등을 기재

[문제7] 소방시설의 설치유지관리 규정의 누전경보기의 수신기 설치가 제외되는
장소 5곳을 기술하시오.

해답 (1) 가연성 증기, 먼지, 부식성 증기, 가스 등이 다량으로 체류하는 장소
(2) 화약류를 제조하거나 또는 저장 취급하는 장소
(3) 습도가 높은 장소
(4) 온도변화가 급격한 장소

(5) 대전류 회로, 고주파 발생회로 등에 따른 영향을 받을 우려가 있는 장소

[문제8] 스프링클러설비의 말단 시험밸브의 시험작동 시 확인할 수 있는 사항을 기술하시오.

해답
(1) 압력스위치의 정상 작동여부를 확인한다.
(2) 방호구역 내의 경보 발령을 확인한다.
(3) 스프링클러 수신반에 화재표시등의 점등을 확인한다.
(4) 당해 방호구역을 담당하는 유수검지장치의 작동 표시등의 점등을 확인하다.
(5) 기동용 수압개폐장치의 정상작동여부를 확인한다.
(6) 가압송수장치의 정상작동여부를 확인하다.

[문제9] 스프링클러설비 헤드의 감열부 유무에 따른 헤드의 설치수와 급수관 구경과의 관계를 도표로 나타내고 작동기능점검시 설치된 헤드의 점검착안 사항을 열거하시오.

해답
1. 급수관의 구경별 설치 헤드수

급수관의 구경 / 구분	25	32	40	50	65	80	90	100	125	150
가	2	3	5	10	30	60	80	100	160	161 이상
나	2	4	7	15	30	60	65	100	160	161 이상
다	1	2	5	8	15	27	40	55	90	91 이상

2. 작동기능점검시 스프링클러헤드의 검검내용
(1) 외형 : 새거나 변형·손상 등이 있는가의 여부
(2) 감열 및 살수분포장애 : 헤드 감열 및 살수분포의 장애물 설치 유무
(3) 미경계부분 : 칸막이 설치 등으로 인한 헤드의 미설치 부분의 유무

[문제10] 고정포 소화설비의 약제저장탱크 종합정밀 점검방법을 기술하시오.

해답
(1) 화재 등 재해로 인한 피해의 방지 환경상태 점검
(2) 기온의 변동에 의한 포의 장애 발생 여부
(3) 포소화약제의 변질우려 및 점검의 편리성 여부

(4) 약제탱크의 압력이 가해지는 경우 압력계 설치 여부

(5) 액면계 또는 계량봉 설치 여부

(6) 가압식이 아닌 경우 글라스게이지 설치 여부

(7) 포소화약제 저장량의 적정여부

소방시설관리사 출제문제

소방시설의 점검실무행정

[문제1] 스프링클러설비 준비작동밸브(SDV)의 구성명칭은 다음과 같다. 작동순서, 작동 후 조치(배수 및 복구), 경보장치 작동시험방법을 설명하시오.

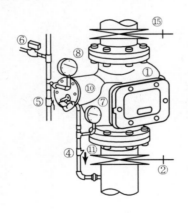
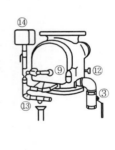

① 준비작동밸브 본체	② 1차측 제어밸브(개폐표시형)
③ 드레인밸브	④ 볼밸브(중간챔버급수용)
⑤ 수동기동밸브	⑥ 전자밸브
⑦ 압력계(1차측)	⑨ 경보시험밸브
⑩ 중간챔버	⑪ 체크밸브
⑫ 복구레버(밸브 후면)	⑬ 자동배수밸브
⑭ 압력스위치	⑮ 2차측 제어밸브(개폐표시형)

해답 1. 작동순서
   (1) 2차측 제어밸브(⑮)를 폐쇄한다.

(2) 감지기 1개회로 작동 : 경보장치 작동

감지기 2개회로 작동 : 전자밸브(⑥) 개방

(수신반의 기동스위치, 슈퍼비죠리판넬 또는 수동기동밸브 개방도 가능)

(3) 프리액션밸브의 중간챔버(⑩) 압력저하로 클래퍼가 개방된다.

(푸시로드(Push Rod)후진 → 레버 후진 → 클래퍼 개방)

(4) 2차측 제어밸브(⑮)까지 송수된다.

(5) 경보발령을 확인한다.

(6) 펌프 자동기동 및 압력 유지상태를 확인한다.

2. 배수 및 복구

(1) 1차측 제어밸브(②) 및 중간챔버 급수용 볼밸브(④)를 폐쇄한다.

(2) 배수밸브(③) 및 수동기동밸브(⑤)를 개방하여 배수한다.

(3) 제어반을 복구하고 경보 및 펌프기동정지를 확인한다.

(4) 복구레버(⑫) 반시계 방향으로 돌려 클래퍼 폐쇄한다.(소리로 확인)

(5) 배수밸브(③) 및 수동기동밸브(⑤)를 폐쇄한다.

(6) 중간챔버 급수용 볼밸브(④)를 개방하여 중간챔버(⑩)에 급수한다.

(7) 중간챔버용 압력계(⑧)의 눈금을 확인하고 1차측 제어밸브(②)를 서서히 개방한다.

(8) 중간챔버 급수용 볼밸브(④)를 폐쇄한다.

(9) 수신반(제어반)의 스위치 상태 등을 확인한다.

(10) 2차측 제어밸브(⑮)를 서서히 개방한다.

3. 경보장치 작동시험방법

(1) 2차측 제어밸브(⑮)를 폐쇄한다.

(2) 경보시험밸브(⑨)를 개방하면 압력스위치(⑭)가 작동된다.

(3) 경보발령을 확인한다.

(4) 경보시험밸브(⑨)를 폐쇄한다.

(5) 배수밸브(⑬)를 개방하여 2차측 물을 완전 배수한다.

(6) 수신반(제어반)의 스위치 상태 등이 정상적인지 확인한다.

(7) 2차측 제어밸브(⑮)를 서서히 개방한다.

[문제2] 전류전압측정계의 0점 조정, 콘덴서의 품질시험방법 및 사용상의 주의사항에 대하여 설명하시오.

해답

1. **0점 조정**

   측정하기 전에 반드시 바늘의 위치가 0점에 고정되어 있는가를 확인하여야 한다.

   그렇지 않을 경우에는 0점 조정나사를 좌우로 돌려 0점에 맞춰야 한다.

2. **품질시험 방법**

   (1) 2개의 측정용 도선을 Common 단자와 [V, A, Ω] 단자에 연결시킨다.

   (2) 선택스위치를 [Ω]의 측정범위 중 10[kΩ]에 고정시킨다.

   (3) 0점 조정나사를 돌려서 바늘이 0[Ω]에 일치하도록 조정한다.

   (4) 측정탐침의 끝을 각각 피측정저항의 양단에 접속시킨다.

   (5) 상태가 양호한 Condenser는 시험기의 건전지 전압으로 충전되어 바늘이 편향을 일으켰다가 서서히 ∞의 위치로 돌아간다.

   (6) 불량한 Condenser는 바늘이 편향을 일으키지 않으며 또한 단락된 Condenser는 바늘이 ∞위치로 되돌아가지 않는다.

3. **사용상의 주의사항**

   (1) 측정시 시험기는 수평으로 놓을 것

   (2) 측정범위가 미지수일 때는 눈금의 최대 범위에서 시작하여 한 단계씩 범위를 낮추어 갈 것

   (3) 선택스위치가 [DC mA]에 있을 때는 AC전압이 걸리지 않도록 할 것 (시험기의 분로 저항이 손상될 우려가 있음)

   (4) 어떤 장비의 회로저항을 측정할 때에는 측정 전에 장비용 전원을 반드시 차단하여야 한다. Condenser가 포함된 회로에는 Condenser에 충전된 전류는 방전시켜야 한다.

[문제3] 자동화재탐지설비 수신기의 화재표시작동시험, 도통시험, 공통선시험, 예비전원시험, 동시작동시험 및 회로저항시험의 작동시험방법과 가부판정기준에 대하여 기술하시오.

해답

1. **화재표시 작동시험**

   (1) 작동시험방법

   ① 회로시험 스위치를 화재시험 측으로 조작하여 스위치 주의표시등

　　　의 점등을 확인한 후 회로선택스위치를 순번대로 회전시키면서 화
　　　재표시등과 지구표시등이 차례로 점등되는가를 알아본다.
　　② 감지기 또는 발신기를 차례로 동작시켜 경계구역과 지구표시등과
　　　의 접속 상태를 확인한다.
　　③ 판정기준 : 각 릴레이 작동, 화재표시등 점등, 지구표시등·음향장
　　　치의 작동상태 확인

2. 회로도통시험
　(1) 작동시험방법
　　① 회로도통시험 버튼을 누르면 전원 지시값이 0[V]가 됨을 확인한다.
　　② 회로선택스위치를 차례로 회전시킨다.
　　③ 각 회선의 시험용 계기의 지시사항을 확인, 기록한다.
　　④ 종단저항의 접속상황을 확인한다.
　(2) 판정기준
　　① 0[V] 지시 : 단선상태
　　② 2~6[V] : 정상상태

3. 공통선시험
　(1) 작동시험방법
　　① 수신기 내의 접속단자에서 공통선을 1개씩 떼어낸다.
　　② 회로 도통시험의 예에 따라 회로선택스위치를 차례로 회전시킨다.
　　③ 시험용 계기의 지시사항과 경계구역의 회전수를 조사 확인한다.
　　　(0지시 회로)
　(2) 판정기준 : 하나의 공통선이 담당하고 있는 경계구역수가 7개 이하일 것

4. 동시작동시험
　(1) 작동시험방법
　　① 각 회선의 화재 작동을 복구시킴 없이 5회선을 동시에 작동시킨다.
　　② 회선이 증가될 때마다 전류를 조사한다.
　　③ 주 음향장치 및 지구 음향장치도 동작시키고 전류를 조사한다.
　(2) 판정기준 : 각 회로를 작동시켰을 때 수신기, 부수신기, 표시기, 음향
　　장치 등의 작동상태가 이상이 없을 것

5. 회로저항시험
　(1) 작동시험방법
　　① 감지기회로의 공통선과 표시선 사이의 전로에 저항을 접속한다.

② Multi Tester의 Rotary Switch를 [Ω]에 놓고 저항값을 측정한다. 이때 전원은 반드시 OFF 상태이어야 한다.

③ 회로저항을 30[Ω], 40[Ω], 50[Ω], 60[Ω], 70[Ω], 80[Ω]으로 교환하면서 회로의 변화를 살핀다.

(2) 판정기준 : 하나의 회로의 합성저항치가 50[Ω] 이하일 것

[문제4] 소방시설 자체점검자가 소방시설에 대하여 자체점검하였을 때 그 점검결과에 대한 요식 절차를 기술하시오.

해답 작동기능점검을 실시한 자는 그 점검결과를 2년간 자체 보관하여야 하고, 종합정밀점검을 실시한 자는 30일 이내에 그 결과를 기재한 소방시설 등 점검결과 보고서에 소방시설 등 점검표를 첨부하여 소방본부장 또는 소방서장에게 제출하여야 한다.

[문제5] 옥내소화전설비의 기동용 수압개폐장치를 점검한 결과 압력챔버 내에 공기를 모두 배출하고 물만 가득 채워져 있다. 기동용 수압개폐장치의 압력챔버를 재조정하는 방법을 기술하시오.

해답

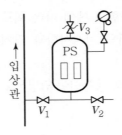

(1) 동력제어반에서 펌프의 작동스위치를 「정지」위치로 한다.

(2) V_1밸브를 폐쇄한다.

(3) V_2밸브를 개방하여 배수하면서 v_3밸브를 통해 공기를 유입시킨다.

(4) 배수완료 후 V_2밸브와 V_3밸브를 폐쇄한다.

(5) V_1밸브를 개방하여 주배관의 가압수가 압력챔버로 유입되도록 한다.

(6) 펌프제어반에서 펌프의 작동스위치를 「자동」위치로 복구한다.

(7) 압력스위치의 설정압력에 따라 펌프가 기동 또는 정지한다.

소방시설관리사 출제문제

소방시설의 점검실무행정

[문제1] 습식 스프링클러설비에서 유수검지장치의 작동시험방법을 기술하시오.

해답
  (1) 수신반에서 자동복구스위치를 누른다.
  (2) 말단시험밸브에서 압력계상의 압력을 확인한 후 시험밸브를 개방한다.
  (3) 말단시험밸브 개방으로 알람체크밸브 2차측의 압력이 급격히 저하한다.
  (4) 2차측 압력저하로 알람체크밸브 클래퍼가 개방되고 1차측에서 2차측으로 유수가 진행된다.
  (5) 유수로 인하여 리타딩챔버가 만수가 되면 압력스위치가 작동된다.
  (6) 압력스위치 작동으로 수신기의 화재표시등 점등 및 경보를 발령한다.
  (7) 유수로 인한 압력저하로 기동용 수압개폐장치의 압력스위치가 작동된다.
  (8) 가압송수장치(Pump)가 작동되어 계속적인 송수를 한다.
  (9) 말단시험밸브를 폐쇄하면 설정된 규정 방수압력에서 자동으로 펌프가 정지된다.
  (10) 모든 장치의 정상 여부를 확인한다.
  ※ 주요확인사항
    ① 유수검지장치 작동여부(클래퍼 작동, 압력스위치 작동)
    ② 경보발령 여부 및 수신기의 화재표시등 점등 여부
    ③ 수압개폐장치 작동여부(압력스위치 작동)
    ④ 가압송수장치 작동 및 정지 여부
    ⑤ 규정방수압력($1 \sim 12[kg/cm^2]$) 및 규정방수량($[80 \ell/min]$) 이상 여부 확인

[문제2] 소방시설의 자체점검에서 사용하는 소방시설별 점검기구를 아래와 같이
칸을 그리고 10개의 항목으로 작성하라.(단, 절연저항계의 규격은 비고에
기술하라.)

구분	설비별	점검 기구명	규격
①			
②			
⋮			
⑨			
⑩			

비고 :

해답

설비별	점검기구명	규격
소화기구	소화기고정틀·저울·내부조명기·반사경·메스실린더 또는 비커·캡스패너·가압용기 스패너	
옥내소화전설비 옥외소화전설비	소화전밸브압력계·방수압력측정계·절연저항계·전류전압측정계	
스프링클러설비 포소화설비	포콜렉터·헤드취부랜치·포콘테이너·방수압력측정계·절연저항계·전류전압측정계	1,400밀리터
이산화탄소 소화설비 분말소화설비 할로겐화합물소화설비 청정소화약제소화설비	입도계·검량계·토크렌치·기동관누설시험기·습도계(수분계)·절연저항계·전류전압측정계	표준체(80, 100, 200, 325메시)
자동화재탐지설비 시각경보기 통합감시시설	열감지기시험기·연기감지기시험기·공기주입시험기·절연저항계·전류전압측정계	
누전경보기	누전계·절연저항계·전류전압측정계	누전전류 및 부하전류 측정용
무선통신보조설비	무선기·전류전압측정계	통화시험용

설비별	점검기구명	규격
제연설비	풍속풍압계 · 절연저항계 · 전류전압측정계 · 폐쇄력측정기 · 차압계	
축전지설비	비중계 · 스포이드 · 절연저항계 · 전류전압측정계	
통로유도등 비상조명등	조도계 · 절연저항계 · 전류전압측정계	최소눈금 0.1Lux

(주) : 절연저항계는 최고전압이 DC 500V 이상, 최소눈금이 0.1MΩ 이하의 것이어야 한다.

[**문제3**] 가압송수장치의 성능시험방법을 설명하시오.

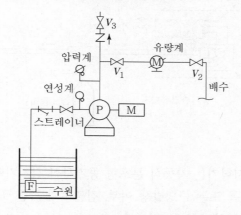

여기서, V_1 : 시험밸브(측정시 개방)

V_2 : 유량조절밸브(평상시 개방)

V_3 : 개폐밸브

해답

(1) 주배관(입상관) 개폐밸브 V_3를 잠근다.

(2) 제어반에서 충압펌프를 「정지」에 위치시킨다.

(3) 압력챔버의 배수밸브를 개방하여 주펌프가 기동되면 잠근다.

(4) 시험밸브 V_1을 개방한 후 V_2를 서서히 개방하면서 아래의 [판정방법]으로 성능을 판정한다.

(5) 성능시험 배관상에 설치된 유량계를 확인하여 펌프성능을 측정한다.

(6) 성능시험 측정 후 시험밸브 폐쇄 및 주밸브를 개방한다.

(7) 성능시험 완료 후 주펌프 정지의 확인 및 충압펌프의 [기동중지] 상태를 해제시킨다.

[판정방법]

(1) 정격토출량의 150%로 운전시 토출압력은 정격토출압력의 65% 이상이 되면 정상이다.

(2) 정격토출량의 100%로 운전시 토출압력은 정격토출압력의 100% 이상이 면 정상이다.

(3) 체절운전시 체절압력은 정격토출압력의 140% 미만이면 정상이다.

[문제4] 공기주입시험기의 시험방법과 측정시 주의사항을 설명하시오.(공기관식 감지기)

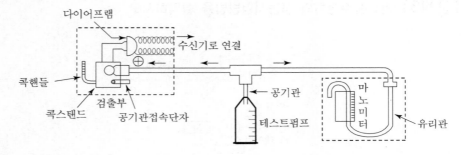

해답

1. 개요

공기주입시험기는 차동식 분포형 공기관식 감지기에 공기를 주입시켜 공기관의 절곡 또는 구멍발생 여부, 검출부의 작동 또는 지속 여부 등을 실험으로 확인하기 위한 것이다.

(1) 화재작동시험(펌프시험)은 화재에 의해 공기관 내의 공기가 팽창하는 것과 같은 정도의 공기를 테스트용 펌프(공기주입시험기)로 공기관에 주입하여 시험하는 것이다.

(2) 작동계속시험은 화재작동시험에서 감지기가 작동하고 난 후부터 작동 정지까지의 시간을 측정하여 감지기 작동의 계속이 정상인지의 여부를 시험하는 것이다.

(3) 유통시험은 공기관에 공기를 주입하여 공기관에 구멍이 생겨 공기가 새는지, 공기관이 찌그러지거나 절곡되어 공기의 유통이 되지 않는지를 시험하는 것이다.

(4) 다이어프램시험은 다이어프램에 공기를 주입하여 접점에 붙은 수고값을 확인하는 것으로 비화재보의 원인제거에 필요하다.

(5) 리크(Leak)시험은 Leak구멍이 합성수지재의 흡수성이 적은 면을 사용하여 서서히 공기의 출입이 가능토록 되어 있으며, Leak 구멍의 저항이 적으면 내부 공기압이 과다누설되어 둔감해지므로 실보의 원인이 되고, 저항이 크면 온도변화에 과민해져 비화재보의 원인이 된다.

2. 시험방법
   (1) 화재작동시험(펌프시험)
      ① 검출부의 시험구멍에 테스트펌프를 접속시켜 시험 코크 또는 키를 작동 시험위치에 조정한다.
      ② 공기량을 공기관에 주입한다.(감지기 또는 검출부의 종별이나 공기관 길이에 따라 지정량의 공기 주입)
      ③ 공기주입 후 부터 감지기의 접점이 작동하기까지의 시간을 측정하여 기록하고 각 검출부에 지정되어 있는 시간과 비교한다.
   (2) 작동계속시험 : 화재작동시험의 계속으로 감지기가 작동을 개시한 때부터 작동정지까지의 시간을 측정하여 기록한다.
   (3) 유통시험
      ① 검출부 시험구멍 또는 공기관의 한쪽 끝에 마노미터를 접속시키고 다른 한쪽 끝에 테스트 펌프를 접속시킨다.
      ② 테스트펌프로 공기를 주입시켜 마노미터의 수위를 약 100[mm]로 상승시키고 수위를 정지시킨다.
      ③ 시험코크 또는 키를 조작하여 급기구를 개방한다.
      ④ 이때 수위가 $\frac{1}{2}$ (50mm) 높이까지 내려가는 데 걸리는 시간을 측정한다.
   (4) 다이어프램 시험
      ① 공기관의 시험구멍에 마노미터 및 공기주입시험기(Test Pump)를 접속한다.
      ② 시험코크를 「접점수고」위치로 한다.
      ③ 테스트 펌프로 다이어프램에 공기를 미량으로 서서히 주입한다.
      ④ 접점이 붙은 접점수고값을 측정하고 검출기에 표시된 값의 범위 내인지를 비교 판정한다.
   (5) 리크(Leak)시험 : Leak 구멍으로 공기를 주입하고 이때의 상황과 값을 기록하고 비교한다.

3. 주의사항

(1) 공기의 주입은 서서히 하며 규정값 이상을 가하지 않는다.

(2) 공기관이 구부러지거나 꺾이지 않도록 한다.

[문제5] CO_2 소화설비의 작동시 Block Diagram과 CO_2 소화설비의 헤드설치 제외 장소를 쓰시오.

해답 1. CO_2 소화설비의 작동시 흐름도

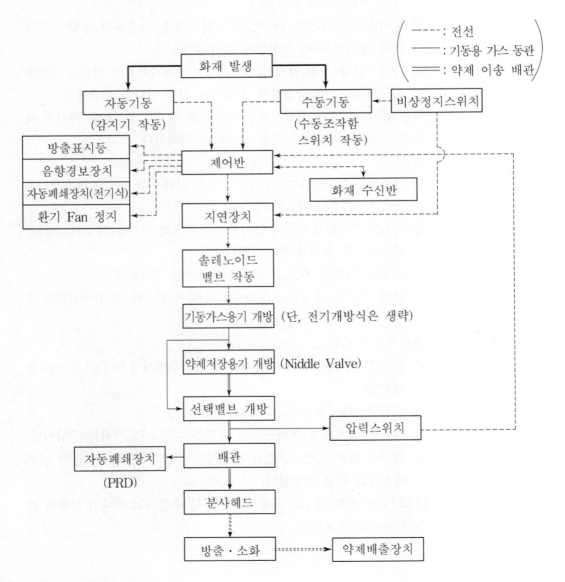

2. CO_2 소화설비의 헤드설치 제외장소

    (1) 방재실·제어실 등 사람이 상시 근무하는 장소

    (2) 니트로셀룰로오스·셀룰로이드류제품 등 자기연소성물질을 저장·취급하는 장소

    (3) 나트륨·칼륨·칼슘 등 활성금속물질을 저장·취급하는 장소

    (4) 전시장 등 관람을 위하여 다수인이 출입·통행하는 통로 및 전시실 등

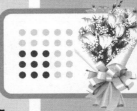

제 4 회

소방시설관리사 출제문제

소방시설의 점검실무행정

[문제1] 다음 건식밸브의 도면을 보고 물음에 답하시오.

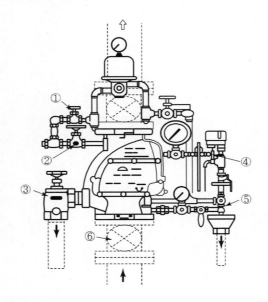

1. 건식밸브의 작동시험방법을 간략히 설명하시오.
2. 다음의 (예)와 같이 ①번에서 ⑤번까지의 밸브의 명칭, 밸브의 기능, 평상시 유지상태를 설명하시오.

　(예)　⑥　㉮ 개폐표시형 밸브

　　　　　㉯ 건식밸브 1차측 급수제어용 밸브

　　　　　㉰ 개방

해답   1. 건식밸브의 작동시험방법

   (1) 건식밸브의 메인 드레인밸브 또는 말단시험밸브 개방

   (2) 2차측 감압에 의해 엑셀레이터 작동으로 클래퍼 신속개방

   (3) 클래퍼 개방 후 2차측 수압상승에 의해 압력스위치 작동으로 경보발령

   (4) 건식밸브의 메인 드레인밸브 또는 말단시험밸브로 유수확인(방사개
      시시간 측정)

   ※ 경보시험만을 원할 때는 경보시험밸브만 개방

2. 밸브의 명칭, 밸브의 기능, 평상시 유지상태

   ① ㉮ 공기압축기 공기공급 밸브

      ㉯ 2차측 관내를 공기로 완전히 충압될 때까지 Accelerator로의 유입
         을 차단시켜 주는 밸브

      ㉰ 개방

   ② ㉮ 메인 공기공급밸브

      ㉯ 공기압축기로부터 공급되는 공기의 유입을 제어하는 밸브

      ㉰ 개방

   ③ ㉮ 메인 드레인밸브

      ㉯ 건식밸브 작동 후 2차측으로 방출된 물을 배출시키는 데 사용된다.

      ㉰ 폐지

   ④ ㉮ 수위조절밸브

      ㉯ 건식밸브 초기 세팅을 위하여 2차측에 적정수위를 채우고 그 여부
         를 확인시켜 주는 밸브

      ㉰ 폐지

   ⑤ ㉮ 수동 경보시험밸브

      ㉯ 정상적인 밸브의 작동 없이 화재경보를 시험하는 밸브

      ㉰ 폐지

[문제2] 준비작동식 스프링클러설비에 대하여 답하시오.

   1. 준비작동식 밸브의 동작방법
   2. 준비작동식 밸브의 오동작 원인(사람에 의한 것 포함)

해답 　1. 준비작동식 밸브의 동작방법

　　　(1) 슈퍼비조리판넬에서 기동스위치 작동

　　　(2) 감지기 2개회로 동시 작동

　　　(3) 감시제어반에서 동작시험 스위치를 누른 후 당해 회로선택스위치로
　　　　　A, B 회로 복수 동작

　　　(4) 감시제어반에서 수동 기동스위치 작동

　　　(5) 준비작동식 밸브의 수동 개방밸브를 개방

　2. 준비작동식 밸브의 오작동 원인

　　　(1) 해당 방호구역에 설치된 감지기의 오작동

　　　(2) 감시제어반에서 동작시험스위치 작동시 연동 정지스위치를 동작하지
　　　　　않은 경우

　　　(3) 슈퍼비조리판넬에서 동작시험시 자동복구를 하지 아니하고 동작한 경우

　　　(4) 감시제어반에서 동작시험시 자동복구를 하지 아니하고 동작한 경우

　　　(5) 솔레노이드 밸브의 누수 또는 고장

　　　(6) 수동 개방밸브의 누수 또는 사람이 오작동시킨 경우

[문제3] 불연성 가스계 소화설비의 가스압력식 기동방식의 점검시 오동작으로 가스 방출이 일어날 수 있다. 소화약제의 오방출을 방지하기 위한 대책을 쓰시오.

해답 　(1) 기동용기에 부착된 솔레노이드밸브에 안전핀을 삽입

　　(2) 기동용기에 부착된 솔레노이드밸브를 기동용기와 분리(탈거)시킴

　　(3) 제어반 또는 수신반에서 연동정지스위치 동작

　　(4) 약제저장용기에 부착된 용기개방밸브를 기동용기와 분리(탈거)시킴

　　(5) 기동용가스 동관을 기동용기와 분리(탈거)

　　(6) 기동용가스 동관을 저장용기와 분리(탈거)

　　(7) 제어반의 전원스위치 차단 및 예비전원(축전지전원) 차단

[문제4] 열감지기시험기(SH-H-119형)에 대하여 다음 물음에 답하시오.

　1. 미부착 감지기와 시험기와의 계통도

　2. 미부착 감지기의 시험방법

해답 1. 미부착 감지기와 시험기와의 계통도

[열감지기 시험기]

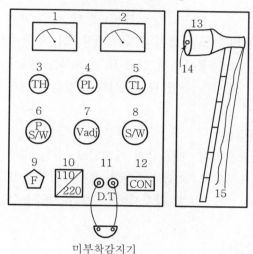

미부착감지기

1. 전압계
2. 온도지시계
3. 실온감지소자 : TH
4. 전원램프 : PL
5. 미부착감지기 동작램프 : TL
6. 전원스위치
7. 온도조절볼륨(knob)
8. 온도선택(전환)스위치

9. Fuse
10. 110/220V 절환스위치
11. 미부착감지기 연결단자
12. connector
13. 보조기(시험기 adapter)
14. 온도감지소자
15. 접속 플러그·전선

2. 미부착 감지기의 시험방법

(1) 가열시험기(Adapter)의 플러그를 시험기 본체 Connector에 접속한다.
(2) 본체의 전원플러그를 주전원의 전압 110V 또는 220V를 확인 후 접속한다.
(3) 본체의 전원스위치를 ON으로 한다.
(4) 미부착감지기 단자에 미부착 감지기를 연결한다.
(5) 온도선택스위치를 T_1위치에 놓고 실온을 측정한다.
(6) 온도선택스위치를 T_2로 전환하여 가열시험기의 온도가 측정에 필요한 가열온도에 이르도록 온도조절 손잡이를 시계방향으로 돌린다.
(7) 가열온도가 표시되면 가열시험기를 감지기에 밀착시켜 작동여부 및 제작회사에서 제시하는 작동시간과 비교하여 판정한다.
(8) 동작시 미부착감지기 동작램프가 점등된다.

[문제5] 봉인과 검인의 정의를 쓰고, 다음 각 설비의 봉인과 검인의 표시위치를 쓰시오.(스프링클러설비, 분말소화설비, 자동화재탐지설비, 연결송수관설비)

해답

1. 정의
   (1) 봉인 : 밀봉 또는 닫힌 부분을 개방 또는 작동시킨 경우 표시가 나도록 그 밀봉부위에 인장 또는 표식을 해놓는 행위
   (2) 검인 : 검사를 하였다는 표시로 도장을 찍어놓는 행위

2. 스프링클러설비
   (1) 봉인표시위치 : 배관상의 개폐밸브, 전원스위치
   (2) 검인표시위치 : 가압송수장치, 유수검지장치 또는 일제개방밸브, 동력 및 감시제어반, 중간 가압송수장치

3. 분말소화설비
   (1) 봉인표시위치 : 안전장치를 해제한 부분 또는 조작함의 뚜껑, 전원스위치
   (2) 검인표시위치 : 기동장치, 선택밸브, 제어반

4. 자동화재탐지설비
   (1) 봉인표시위치 : 경보기능을 정지시킬 수 있는 스위치, 전원스위치
   (2) 검인표시위치 : 수신기, 중계기

5. 연결송수관설비
   (1) 봉인표시위치 : 전원스위치
   (2) 검인표시위치 : 가압송수장치, 동력제어반(설치되어 있는 경우)

소방시설관리사 출제문제

소방시설의 점검실무행정

[문제1] 이산화탄소 소화설비가 오작동으로 방출되었다. 방출시 인체에 미치는 영향에 대하여 농도별로 쓰시오.

해답

공기중의 CO_2농도	인체에 미치는 영향
2%	불쾌감이 있다.
4%	눈의 자극, 두통, 현기증, 혈압상승
8%	호흡 곤란
9%	구토, 감정 둔화, 시력장애
10%	1분 이내 의식상실, 장시간 노출시 사망
20%	중추신경 마비, 단시간 내 사망

[문제2] 피난기구의 점검착안 사항에 대하여 쓰시오.

해답

(1) 피난기구를 계단·피난구로부터 적당한 거리를 두고 설치하였는가
(2) 여러 사람의 눈에 잘 보이는 장소인가
(3) 조작에 필요한 충분한 공간이 확보되어 있는가
(4) 피난기구를 사용하는 데 있어 장애가 되는 간판·차광막 기타 장애물이 있는지 여부
(5) 피난기구를 사용하는 개구부(창)의 구조는 당해 피난기구를 사용하여 피난하기에 적당한 구조와 크기로 되어 있는가(일반적으로 돌출창에는 피하는 것이 좋다.)

(6) 피난기구를 사용하는 개구부는 층별로 상호 동일 수직선상에 있지 않은 지 여부

(7) 피난기구를 설치하는 개구부에는 피난기구를 설치할 수 있게 철재의 고리가 견고하게 설치되어 있는지 여부

[문제3] 소화펌프의 성능시험방법 중 무부하, 정격부하, 피크부하 시험방법에 대하여 쓰고 펌프의 성능곡선을 그리시오.

해답

1. 무부하시험(체절운전시험)
   (1) 펌프 토출측밸브와 성능시험배관의 유량조절밸브를 완전히 잠근 상태에서 운전을 하게 될 경우
   (2) 압력계의 지시압이 정격양정의 140% 이하인지 확인

2. 정격부하시험
   (1) 펌프를 기동한 상태에서 성능시험배관의 유량조절밸브를 개방하여 유량계의 유량을 정격유량(100%) 상태일 때
   (2) 압력계의 지시압이 정격양정 이상이 되는지 확인

3. 피크부하시험(최대운전시험)
   (1) 유량조절밸브를 더욱 개방하여, 토출량이 150%가 되었을 때
   (2) 압력계의 지시압이 정격양정의 65% 이상이 되는지 확인

4. 펌프의 성능곡선

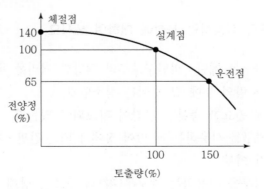

[문제4] 급기가압제연설비의 점검표에 의한 점검항목을 쓰시오.(10가지만)

해답
    (1) 제연구역(제연방식)
    (2) 급기송풍기
    (3) 차압
    (4) 급기댐퍼
    (5) 급기풍도
    (6) 수동기동장치
    (7) 제어반 및 비상전원
    (8) 제연구역의 출입문
    (9) 유입공기 배출 및 과압방지조치
    (10) 방연풍속

[문제5] 옥내·옥외소화전설비의 방사노즐과 분무노즐 방수시의 방수압력 측정방법에 대하여 쓰고, 옥외소화전 방수압력이 75.42 PSI일 경우 방수량은 몇 m³/min인가 계산하시오.

해답
    (1) 방수시험은 최상층과 최하층에 위치한 소화전을 선택하여 시험한다.
    (2) 봉상방수의 측정은 방수시 노즐선단으로부터 노즐구경의 1/2 이격된 위치에서 피토관의 중심선과 방수류가 일치하는 위치에 피토관의 선단이 오게 하여 압력계의 지시치를 확인한다.
    (3) 피토관으로 측정할 수 없거나 분무노즐방수의 측정은 호스결합 금속구와 노즐사이에 압력계를 부착한 관로 연결 접속구를 결합하여 방수하며, 방수시의 압력계 지시치를 읽어 확인한다.
    (4) 방수량은 다음 식에 의해 산정할 것

$$Q = 0.653D^2\sqrt{P}$$
$$= 0.653 \times 19^2 \times \sqrt{75.42 \times \frac{1.0332}{14.7}}$$
$$= 543\,\ell/min$$
$$= 0.543\,m^3/min$$

여기서, Q : 방수량[ℓ/min]
D : 노즐의 구경[mm]
P : 방수압력[kg/cm²]

소방시설관리사 출제문제

소방시설의 점검실무행정

[문제1] 가스계 소화설비의 이너젠가스 저장용기, 이산화탄소 저장용기, 기동용 가스용기의 가스량 측정(점검)방법을 각각 설명하시오.

해답 1. 이너젠가스 저장용기
    (1) 가스량 측정방법 : 압력을 측정하여 가스량을 산정
    (2) 점검방법 : 용기밸브의 고압용 게이지를 이용하여 저장용기 내부의 압력을 측정
    (3) 판정방법 : 압력손실이 5%를 초과할 경우 재충전하거나 저장용기를 교체할 것

  2. 이산화탄소 저장용기
    (1) 가스량 측정방법
       액면계(액화가스레벨메타)를 사용하여 가스량을 측정
    (2) 점검방법
       ① 액면계의 전원스위치를 켜고 전압을 체크한다.
       ② 용기는 통상의 상태 그대로 하고 액면계 프로프와 방사선원 간에 용기를 끼워 넣듯이 삽입한다.
       ③ 액면계의 검출부를 조심하여 상하방향으로 이동시켜 메타지침의 흔들림이 크게 다른 부분이 발견되면 그 위치가 용기의 바닥에서 얼마만큼의 높이인가를 측정한다.
       ④ 액면의 높이와 약제량과의 환산은 전용의 환산척을 이용한다.
    (3) 판정방법
       약제량의 측정 결과를 중량표와 비교하여 그 차이가 10% 이하일 것

3. 기동용 가스용기

(1) 가스량 측정방법

간평식 측정기를 사용하여 행하는 방법

(2) 점검순서

① 용기밸브에 설치되어 있는 용기밸브 개방장치, 조작관 등을 떼어 낸다.

② 간평식 측정기를 이용하여 기동용기의 중량을 측정한다.

③ 약제량은 측정값에서 용기밸브 및 용기의 중량을 뺀 값이다.

(3) 판정방법

약제량의 측정 결과를 중량표와 비교하여 그 차이가 10% 이하일 것

[문제2] 준비작동식 밸브의 작동방법(3가지) 및 복구방법을 기술하시오.

해답

1. 작동방법 3가지

(1) 준비작동식 밸브를 수신반에서 수동으로 작동시키기 위하여 설치된 방호구역별 개방스위치를 작동시키는 방법

(2) 준비작동식 밸브 부근에 설치된 슈퍼비조리패널의 수동식 기동스위치를 작동시키는 방법

(3) 준비작동식 밸브의 중간챔버에 설치된 수동기동밸브를 개방하는 방법

2. 복구방법

(1) 배수

① 1차측 제어밸브를 폐쇄

② 2차측에 설치된 배수밸브를 개방

③ 배수

④ 제어반 복구 및 펌프 정지 확인

(2) 복구

① 배수밸브 잠금

② 중간챔버에 급수용 볼밸브 개방

③ 중간챔버 급수(압력계 확인, 크래퍼 복구)

④ 1차측 제어밸브 서서히 개방

⑤ 중간챔버 급수용 볼밸브 잠금

⑥ 수신반 스위치 상태 확인

⑦ 2차측 제어밸브 서서히 개방

[문제3] 자동화재탐지설비 P형 1급 수신기의 화재작동시험, 회로도통시험, 공통선시험, 동시작동시험, 저전압시험의 작동시험방법과 가부판정의 기준을 기술하시오.

해답

1. 화재작동시험

(1) 시험방법

① 화재표시 작동시험 스위치를 「화재시험」 측에 놓는다.

② 회로선택스위치를 순차 회전시킨다.

③ 시험은 1회선마다 자기유지 기능을 유지하면서 복구스위치를 조작하여 다음의 회선을 이행한다.

(2) 가부판정

각 회선의 표시창과 번호를 조회하여 화재표시등, 지구표시등 및 음향장치의 작동과 계전기의 자기유지 기능이 정상일 것

2. 회로도통시험

(1) 시험방법

① 회로도통시험 스위치를 「도통시험」 측에 놓는다.

② 회로선택 스위치를 순차 회전시킨다.

(2) 가부판정

① 시험용 계기의 지시치가 적정의 범위 내일 것

② 또한, 확인 등에 의한 것에 있어서는 점등할 것

3. 공통선시험

(1) 시험방법

① 수신기 내의 접속단자의 공통선을 1선 제거한다.

② 회로도통시험의 예에 따라 회로선택스위치를 차례로 회전시킨다.

③ 시험용계기의 지시 등이 단선을 지시한 경계구역의 회선을 조사한다.

(2) 가부판정

하나의 공통선이 담당하고 있는 경계구역의 수가 7 이하일 것

4. 동시작동시험

(1) 시험방법

① 수신기의 화재표시 작동시험스위치를 「시험」 측에 넣는다.

② 회선선택스위치에 의해 복구시킴이 없이 5회선(5회선 미만인 것은 전 회선)마다 화재표시 작동시험을 한다.

(2) 가부판정

수신기(표시기 등을 포함한다.)가 정상으로 작동하고, 주음향장치 및 지구음향장치의 전부 또는 당해 5회선에 접속되어 있는 지구음향장치가 작동할 것

5. 저전압시험

(1) 시험방법

① 자동화재탐지설비용 전압시험기 또는 가변저항기 등을 사용하여 교류전원 전압을 정격전압의 80% 이하로 할 것

② 축전지 설비인 경우에는 축전지의 단자를 전환하여 정격전압의 80% 이하로 한다.

③ 화재표시 작동시험에 준하여 실행한다.

(2) 가부판정

화재신호를 정상적으로 수신할 수 있을 것

[문제4] CO_2 소화설비 기동장치의 설치기준을 기술하시오.

해답

1. 수동식 기동장치

(1) 전역방출방식에 있어서는 방호구역마다, 국소방출방식에 있어서는 방호대상물마다 설치할 것

(2) 당해 방호구역의 출입구부분 등 조작을 하는 자가 쉽게 피난할 수 있는 장소에 설치할 것

(3) 기동장치의 조작부는 바닥으로부터 높이 0.8~1.5m의 위치에 설치하고, 보호판 등에 의한 보호장치를 설치할 것

(4) 기동장치에는 그 가까운 곳의 보기 쉬운 곳에 "이산화탄소 소화설비 기동장치"라고 표시한 표지를 할 것

(5) 전기를 사용하는 기동장치에는 전원표시등을 설치할 것

(6) 기동장치의 방출용 스위치는 음향경보장치와 연동하여 조작될 수 있는 것으로 할 것

2. 자동식 기동장치

(1) 자동식 기동장치에는 수동으로도 기동할 수 있는 구조로 할 것

(2) 전기식 기동장치로서 7본 이상의 저장용기를 동시에 개방하는 설비에 있어서는 2본 이상의 저장용기에 전자개방밸브를 부착할 것

(3) 가스압력식 기동장치는 다음의 기준에 의할 것

　① 기동용 가스용기 및 당해 용기에 사용하는 밸브는 250kg/cm² 이상의 압력에 견딜 수 있는 것으로 할 것

　② 기동용 가스용기에는 내압시험압력의 0.8배 내지 내압시험 압력 이하에서 작동하는 안전장치를 설치할 것

　③ 기동용 가스용기의 용적은 1ℓ 이상으로 하고, 당해 용기에 저장하는 이산화탄소의 양은 0.6kg 이상으로 하며, 충전비는 1.5 이상으로 할 것

(4) 기계식 기동장치에 있어서는 저장용기를 쉽게 개방할 수 있는 구조로 할 것

[문제5] 소방용수시설에 있어서의 수원의 기준과 종합정밀점검항목을 기술하시오.

해답　1. 수원의 기준

(1) 소방용수시설의 수원의 양은 다음과 같다.

　① 소화전 및 급수탑의 토출량은 도시계획법에 의한 상업지역 및 공업지역에 있어서는 매분 3.3m³ 이상, 그 밖의 지역에 있어서는 매분 1.1m³ 이상일 것

　② 소화수조 및 저수조의 저수량은 도시계획법에 의한 상업지역 및 공업지역에 있어서는 100m³ 이상, 그 밖의 지역에 있어서는 40m³ 이상일 것

(2) 소방용수시설의 수원은 다음에 적합하여야 한다.

　① 지면으로부터의 낙차가 4.5m 이하일 것

　② 흡수부분의 수심이 0.5m 이상일 것

　③ 소방펌프자동차가 용이하게 접근할 수 있을 것

　④ 흡수에 지장이 없도록 토사·쓰레기 등을 제거할 수 있는 설비를 할 것

　⑤ 흡수관의 투입구가 사각형의 경우에는 한 변의 길이가 60cm 이상, 원형의 경우에는 지름이 60cm 이상일 것

2. 종합정밀점검항목

(1) 물의 상태(저수량의 적합 여부 등) 점검

(2) 급수장치 점검

(3) 수위계 또는 수위확인장치의 점검

제 7 회

소방시설관리사 출제문제

소방시설의 점검실무행정

[문제1] 스프링클러설비 중 준비작동식(프리액션) 밸브의 작동방법 및 점검방법을 순차적으로 설명하시오. 특히 준비작동식 밸브의 작동방법, 복구방법에 관하여는 구체적으로 기술하시오.(30점)(준비작동식 밸브의 1·2차측 배관 양쪽에 개폐밸브가 모두 설치된 것으로 가정한다.)

해답

1. 작동방법
   (1) 준비작동식 밸브를 수신반에서 수동으로 작동시키기 위하여 설치된 방호구역별 개방스위치를 작동
   (2) 준비작동식 밸브의 부근에 설치되는 슈퍼비조리판넬의 수동식 누름스위치를 작동
   (3) 준비작동식 밸브의 중간챔버에 설치된 수동기동밸브를 개방
   (4) 감지기 2개 회로를 작동

2. 작동순서
   (1) 2차측 제어밸브 잠금
   (2) 감지기 1개 회로 작동 : 경보장치 작동
       감지기 2개 회로 작동 : 전자밸브 개방
   (3) 프리액션 밸브의 중간챔버 압력저하
       → 푸시로드(Push Rod)후진, 레버후진, 클래퍼 개방
   (4) 2차측 제어밸브까지 송수
   (5) 경보상태 확인
   (6) 펌프 자동기동 상태 및 압력유지 확인

3. 작동 후 조치

(1) 배수

① 1차측 제어밸브 및 중간챔버 급수용 볼밸브의 잠금

② 배수밸브 및 수동기동밸브 개방 : 배수

③ 제어반을 복구 : 경보 및 펌프의 기동·정지 확인

(2) 복구

① 복구레버를 반시계 방향으로 돌려 클래퍼 폐쇄(소리로 확인)

② 배수밸브 및 수동기동밸브 잠금

③ 중간챔버 급수용 볼밸브 개방 → 중간챔버에 급수

→ 압력계(중간챔버용)의 압력지시 확인

④ 1차측 제어밸브 서서히 개방

⑤ 중간챔버 급수용 볼밸브 잠금

⑥ 수신반(제어반)의 스위치 상태 등이 정상적인지 확인

⑦ 2차측 제어밸브 서서히 개방

4. 경보장치 작동시험

(1) 2차측 제어밸브 잠금

(2) 경보시험밸브 개방

① 압력 스위치 연동

② 경보장치 작동

(3) 경보 확인 후 경보시험밸브 잠금

(4) 자동배수밸브 버튼 누름(수동개방) → 배수 및 복구

(5) 제어반 스위치 상태 확인

(6) 2차측 제어밸브 서서히 개방

[문제2] 지하층을 제외한 11층 건물의 비상콘센트 설비의 종합정밀점검을 실시하려 한다. 비상콘센트 설비의 화재안전기준(NFSC 504)에 의거하여 다음 각 물음에 답하시오.(40점)

1. 원칙적으로 설치 가능한 비상전원 2종류

2. 전원회로별 공급용량 2종류

3. 층별 비상콘센트가 5개씩 설치되어 있을 때 전원회로의 최소 회로수

4. 비상콘센트의 바닥으로부터 설치높이

5. 보호함의 설치기준 3가지

해답

1. 원칙적으로 설치 가능한 비상전원 2종류
   (1) 자가발전기설비
   (2) 비상전원수전설비

2. 전원회로별 공급용량 2종류
   3상교류의 경우 3KVA 이상인 것과 단상교류의 경우 1.5KVA 이상인 것

3. 층별 비상콘센트가 5개씩 설치되어 있을 때 전원회로의 최소 회로수
   2회로(전원회로는 각 층에 있어서 2회로 이상이 되도록 설치할 것. 다만, 설치하여야 할 층의 비상콘센트가 1개일 때에는 하나의 회로로 할 수 있다.)

4. 비상콘센트의 바닥으로부터 설치높이
   비상콘센트의 바닥으로부터 설치높이 : 0.8~1.5m

5. 보호함의 설치기준 3가지
   (1) 보호함에는 쉽게 개폐할 수 있는 문을 설치할 것
   (2) 보호함 표면에 "비상콘센트"라고 표시한 표지를 할 것
   (3) 보호함 상부에 적색의 표시 등을 설치할 것. 다만, 비상콘센트의 보호함을 옥내소화전함 등과 접속하여 설치하는 경우에는 옥내소화전함 등의 표시등과 겸용할 수 있다.

[**문제3**] 소방시설 등의 자체점검에 있어서 작동기능점검과 종합정밀점검의 대상, 점검자의 자격, 점검횟수를 기술하시오.(30점)

해답

	작동기능점검	종합정밀점검
점검 구분	작동기능점검 : 소방시설 등을 인위적으로 조작하여 화재안전기준에서 정하는 성능이 있는지를 점검하는 것	종합정밀점검 : 소방시설 등의 작동기능점검을 포함하여 설비별 주요 구성부품의 구조기능이 화재안전기준에 적합한지 여부를 점검하는 것
대상	소방시설 설치유치법 시행령 제5조에 의한 특정 소방대상물 (단, 위험물 제조소 등은 제외)	연면적 5,000m² 이상인 특정소방대상물(단, 위험물제조소 등은 제외)로서 스프링클러설비 또는 물분무등소화설비가 설치된 것. 다만, 아파트의 경우에는 연면적 5,000m² 이상으로서 층수가 16층 이상인 것

	작동기능점검	종합정밀점검
점검자의 자격	1) 관계인 2) 방화관리자 3) 소방시설 관리업자	1) 소방시설 관리업자 2) 소방안전관리자로 선임된 소방시설관리사·소방기술사
점검 횟수 및 시기	1) 횟수 : 연 1회 이상 2) 시기 　① 종합정밀점검대상 : 종합정밀점검을 받은 달로부터 6개월이 되는 달에 실시 　② 그 밖의 대상 : 연중 실시	1) 횟수 : 연 1회 이상 2) 시기 : 건축물의 사용승인일이 속하는 달까지 실시
점검 방법	방수압력측정계, 절연저항계, 전류전압측정계, 열감지기시험기, 연기감지기 시험기 등을 이용하여 점검	소방시설관리업 등록기준(시행령 별표 8)에 의한 소방시설별 장비를 이용하여 점검
점검 결과 보고서	2년간 자체보관	30일 이내에 소방본부장 또는 소방서장에게 제출

주의　위의 해답 내용은 제7회 소방시설관리사 시험 시행 당시의 기준(법령) 내용 임

소방시설관리사 출제문제

소방시설의 점검실무행정

[문제1] 방화구획의 기준에 대하여 쓰시오.(30점)

1. 10층 이하의(층면적 단위) 구획[m²] : (8점)
   (자동식 소화설비 설치된 경우와 그렇지 않은 경우를 구분하여 기술)
2. 자동식 소화설비가 설치된 11층 이상(층면적 단위)의 구획[m²] : (8점)
   (벽 및 반자의 실내의 접하는 부분의 마감을 불연 재료로 사용한 경우와
   그렇지 않은 경우를 구분하여 기술)
3. 층단위 구획 : (8점)
4. 용도단위 구획 : (6점)

해답
1. 10층 이하의 구획
   (1) 자동식 소화설비 설치된 경우 : 3,000m² 이내
   (2) 그렇지 않은 경우 : 1,000m² 이내

2. 자동식 소화설비가 설치된 11층 이상의 구획
   불연 재료로 사용한 경우 : 1,500m² 이내, 그렇지 않은 경우 : 600m² 이내

3. 층단위 구획
   지상 3층 이상의 층과 지하층은 층마다 구획할 것

4. 용도단위 구획
   (1) 건축법령상 주요 구조부를 내화구조로 하여야 하는 부분과 기타 부분
       과의 사이의 구획

(2) 관리·이용형태가 다른 2 이상의 용도가 존재하는 경우 그 사이를 방화 구획한다.

[문제2] 유도등에 대한 다음 물음에 대하여 기술하시오.(30점)

1. 유도등의 평상시 점등상태(6점)
2. 예비전원감시등이 점등되었을 경우의 원인(12점)
3. 3선식 유도등이 점등되어야 하는 경우의 원인(12점)

해답   1. 유도등의 평상시 점등상태
유도등은 전기회로에 점멸기를 설치하지 아니하고 항상 점등상태를 유지할 것. 다만 다음에 해당하는 장소로서 3선식 배선에 따라 상시 충전되는 구조인 경우에는 그러하지 아니하다.
(1) 외부광에 따라 피난구 또는 피난방향을 쉽게 식별할 수 있는 장소
(2) 공연장, 암실 등으로서 어두워야 할 필요가 있는 장소
(3) 소방대상물의 관계인 또는 종사원이 주로 사용하는 장소

2. 예비전원감시등이 점등되었을 경우의 원인
(1) 예비전원 배터리가 불량인 경우
(2) 예비전원 충전부가 불량인 경우
(3) 예비전원 연결 커넥터가 분리된 경우

3. 3선식 유도등이 점등되어야 하는 경우의 원인
(1) 자동화재탐지설비의 감지기 또는 발신기가 작동되는 때
(2) 비상경보설비의 발신기가 작동되는 때
(3) 상용전원이 정전되거나 전원선이 단선되는 때
(4) 방재업무를 통제하는 곳 또는 전기실의 배전반에서 수동으로 점등하는 때
(5) 자동소화설비가 작동되는 때

[문제3] 다음 각 설비의 구성요소에 대한 점검항목 중 소방시설 종합정밀점검표의 내용에 따라 답하시오.(40점)

1. 옥내소화전설비의 구성요소 중 하나인 '수조'의 점검항목 중 5항목을 기술하시오.(10점)
2. 스프링클러설비의 구성요소 중 하나인 '가압송수장치'의 점검항목 중 5항목을 기술하시오.(단, 펌프방식임) (10점)
3. 청정소화약제설비의 구성요소 중 하나인 '저장용기'의 점검항목 중 5항목을 기술하시오.(10점)
4. 지하 3층, 지상 5층, 연면적 5,000m²인 경우 화재 층이 아래와 같을 때 경보되는 층을 모두 쓰시오.(10점)
   (1) 지하 2층   (2) 지상 1층   (3) 지상 2층

해답

1. 수조의 점검항목
   (1) 점검의 편의성
   (2) 동결방지조치(또는 동결 우려 없는 장소의 환경) 상태
   (3) 수위계(또는 수위확인 조치)
   (4) 수조 외측사다리(바닥보다 낮은 경우 제외)
   (5) 조명설비(또는 채광상태)
   (6) 배수밸브 또는 배수관
   (7) "옥내소화전용 수조"의 표지 설치상태
   (8) 수온상승방지밸브 설치위치·배관규격과 설치상태 및 릴리프밸브 개방압력

2. 가압송수장치의 점검항목
   (1) 펌프설치장소의 점검편의성 및 화재·침수 등 재해방지 환경
   (2) 동결방지조치(또는 동결의 우려가 없는 장소의 환경) 상태
   (3) 기준개수의 헤드가 동시 방수시 방수압 및 방수량
   (4) 헤드의 최고방수압력 제한(12kg/cm² 이하)에 적합 여부
   (5) 다른설비와 펌프를 겸용하는 경우 소화용으로 사용시 장애발생 여부
   (6) 기동스위치 또는 수압개폐장치의 기능
   (7) 펌프성능시험배관 상태
   (8) 수온상승방지밸브 설치위치·배관규격 그 밖의 설치상태 및 릴리프밸브 개방압력

(9) 물올림장치 용량 · 배관 및 보급수 보충상태

(10) 물올림장치의 감수시 자동급수 및 저수위 경보작동상태

3. 청정소화약제 저장용기의 점검항목

(1) 설치장소의 환경 적정여부

(2) 설치장소의 방화구역 · 방호구역과의 분리 및 표지

(3) 저장용기의 충전비, 충전압력, 설계압력의 적정여부

(4) 약제명 등 표시의 적정여부

(5) 동일 집합관에 접속되는 저장용기의 충전비 적정여부

(6) 충전량 및 충전압력의 확인구조 적정여부

4. 화재시 경보되는 층

(1) 지하 2층 : 지하 1층, 지하 2층, 지하 3층

(2) 지상 1층 : 지하 1층, 지하 2층, 지하 3층, 지상 1층, 지상 2층

(3) 지상 2층 : 지상 2층, 지상 3층

소방시설관리사 출제문제

소방시설의 점검실무행정

[문제1] 다음 물음에 답하시오.(35점)

    1. 특별피난계단 부속실 제연설비의 종합정밀점검표에 나와 있는 점검항목 20가지를 쓰시오.(20점)

    2. 다중이용업소에 설치하여야 하는 소방시설의 종류를 모두 쓰시오.(15점)

해답   1. 특별피난계단부속실 제연설비의 종합정밀점검 항목

	점 검 항 목
차압 및 방연풍속	• 제연구역과 옥내 사이의 최소차압 40Pa(스프링클러설비가 설치된 경우 12.5Pa) 이상의 적정 여부 • 화재발생층 출입문 개방시 다른층 차압의 적정 여부 • 방연풍속의 적정 여부
과압방지조치 및 유입공기의 배출	• 자동차압과압조절형 급기댐퍼의 설치 또는 플랩댐퍼의 설치상태 및 기능의 적정 여부 • 수직풍도에 의한 배출방식의 경우 수직풍도의 구조 및 배출기능의 적정 여부 • 배연설비에 의한 배출방식의 경우 배출기능 적정 여부
급기풍도 및 급기구	• 급기풍도의 구조 및 설치상태 적정 여부 • 급기댐퍼의 작동상태의 적정 여부
송풍기	• 급기송풍기의 풍량 및 풍압의 적합 여부 • 급기송풍기의 설치상태 및 기능의 적합 여부 • 배출용 송풍기의 풍량 및 풍압의 적합 여부 • 배출용 송풍기의 설치상태 및 기능의 적합 여부

	점 검 항 목
제연구역의 출입문	• 평상시 자동폐쇄장치에 의한 닫힘 상태 유지 또는 연기감지기에 의한 폐쇄기능의 적합 여부 • 제연설비가 가동될 경우 출입문이 110N 이하의 힘으로 개방되는지 여부 • 출입문 틈새가 평균적으로 균일한지 여부 • 계단실 출입문 개방시 계단실로의 유입공기의 압력에도 불구하고 출입문을 용이하게 닫을 수 있는 폐쇄력이 있는지 여부
수동기동장치	• 수동기동장치의 설치위치 적정 여부 • 수동기동장치 조작시 제연구역에 설치된 급기댐퍼의 개방상태 및 당해층의 배출댐퍼 또는 개폐기의 개방상태 • 수동기동장치 조작시 급기송풍기, 배출용 송풍기(설치한 경우), 출입문의 해정장치 작동상태
제어반	• 비상용 축전지의 확보 및 기능의 적합 여부 • 제어반의 감시기능 및 원격조작기능의 적합 여부
비상전원	• 설치장소 및 기능의 적합 여부

2. 다중이용업소에 설치해야 하는 소방시설의 종류

(1) 소방시설

① 소화설비 : 수동식 또는 자동식소화기, 자동확산소화용구 및 간이스프링클러설비

② 피난설비 : 유도등·유도표지, 비상조명등, 휴대용 비상조명등 및 피난기구

③ 경보설비 : 비상벨설비, 비상방송설비, 가스누설경보기 및 단독경보형감지기

(2) 방화시설 : 방화문 및 비상구

(3) 그 밖의 시설 : 영상음향차단장치, 누전차단기 및 피난유도선

[문제2] 다음 그림은 차동식 분포형 공기관식 감지기의 계통도를 나타낸 것이다. 각 물음에 답하시오.(25점)

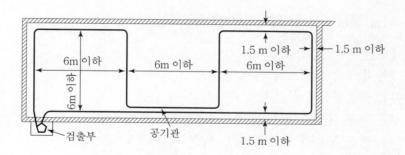

1. 동작시험방법을 쓰시오.(5점)
2. 동작에 이상이 있는 경우 그 원인을 2가지 쓰시오.(20점)

해답   1. 동작시험방법

다음순서에 의해 감지기의 작동 공기압에 상당하는 공기량을 공기주입시험기에 의하여 투입하여 작동하기까지의 시간 및 경계구역의 표시가 적정한가의 여부를 확인하는 시험이다.

(1) 검출부의 시험구멍에 공기주입시험기를 접속한다.
(2) 시험코크 또는 Key를 조작해서 시험위치에 조정한다.
(3) 검출부에 표시되어 있는 공기량을 공기관에 주입한다.
(4) 공기를 주입하고 나서 작동개시 할 때까지의 시간을 측정한다.

2. 동작에 이상이 있는 원인

(1) 기준치 보다 초과한 경우 : (경보지연의 원인)
   ① 리크 저항치가 규정치보다 작다.
   ② 공기관의 누설
   ③ 공기관 접점의 접촉 불량
   ④ 공기관의 길이가 너무 길다.
   ⑤ 접점 수고값이 규정치보다 높다.
(2) 기준치보다 미달인 경우 : (비화재보의 원인)
   ① 리크 저항치가 규정치보다 크다.
   ② 접점 수고값이 규정치보다 낮다.
   ③ 공기관의 길이가 주입량에 비해 짧다.

[문제3] 다음 물음에 각각 답하시오.(40점)

[조건]
가. 수조의 수위보다 펌프가 높게 설치되어 있다.
나. 물올림장치 부분의 부속류를 도시한다.
다. 펌프 흡입측 배관의 밸브 및 부속류를 도시한다.
라. 펌프 토출측 배관의 밸브 및 부속류를 도시한다.
마. 성능시험 배관의 밸브 및 부속류를 도시한다.

1. 펌프 주변의 계통도를 그리고 각 기기의 명칭을 표시하고 기능을 설명하시오.(20점)
2. 충압펌프가 5분마다 기동 및 정지를 반복한다. 그 원인으로 생각되는 사항 2가지를 쓰시오.(10점)
3. 방수시험을 하였으나 펌프가 기동하지 않았다. 그 원인으로 생각되는 사항 5가지를 쓰시오.(10점)

해답 1. 펌프 주변의 계통도 및 각 기기의 명칭·기능

(1) 계통도

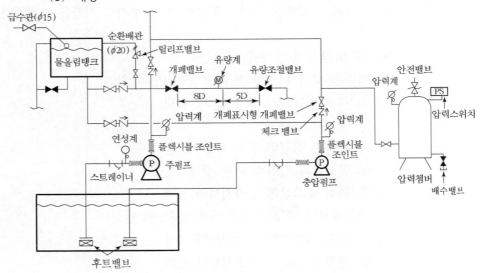

(2) 설치목적 또는 기능
① 후트밸브 : 이물질의 여과기능 및 소화수의 역류방지기능
② 플렉시블조인트 : 진동전달방지 및 신축흡수

③ 연성계 : 펌프의 흡입측 수두 측정

④ 압력계 : 펌프의 토출측 수두 측정

⑤ 물올림장치 : 후트밸브의 기능을 감시하고, 펌프 흡입측 배관에 물을 공급함

⑥ 순환배관 : 펌프의 체절운전시 수온 상승 방지

⑦ 릴리프밸브 : 체절압력 미만에서 개방하여 수온상승 방지

⑧ 체크밸브 : 소화수의 역류방지

⑨ 개폐표시형 개폐밸브 : 성능시험시 또는 배관수리시 유수를 차단

⑩ 유량계 : 성능시험시 펌프의 유량(토출량) 측정

⑪ 성능시험배관 : 가압송수장치의 성능시험

⑫ 주펌프 : 소화설비 작동시 소화수에 유속과 방사압력 부여함

⑬ 충압펌프 : 배관 내를 상시 충압하여 일정압력을 유지시킴

⑭ 기동용 수압개폐장치(압력챔버)

펌프의 자동기동 및 정지, 압력변화의 완충작용으로 압력변동에 따른 설비의 보호

2. 충압펌프가 5분마다 기동·정지를 반복하는 원인 2가지

(1) 펌프 토출측 체크밸브 2차측 배관라인에서 누수

(2) 펌프 토출측 체크밸브의 미세한 개방으로 인한 역류

(3) 압력탱크에 설치된 배수밸브의 미세한 개방 또는 누수

(4) 살수장치(방수구 또는 헤드 등)의 미세한 개방 또는 누수

(5) 스프링클러설비일 경우 유수검지장치 등에 설치된 배수밸브의 미세한 개방 또는 누수

스프링클러설비의 말단시험밸브의 미세한 개방 또는 누수

[특정 소화설비에 대한 지정이 없으므로 가급적 공통사항인(①~④) 중 2가지만 선택하여 작성하면 된다.]

3. 방수시험시 펌프가 기동하지 않는 원인 5가지

(1) 상용전원의 정전 및 비상전원의 고장 또는 전원의 차단

(2) 펌프의 고장

(3) 기동용 수압개폐장치에 설치된 압력스위치의 고장

(4) 체크밸브 2차측 배관과 압력탱크 사이에 설치된 개폐밸브의 폐쇄

(5) 동력제어반(MCC)에 설치된 기동스위치가 "수동" 또는 "정지" 위치

에 있을 경우

(6) 동력제어반(MCC)의 고장 또는 NFB의 동작 등으로 단전

(7) 감시제어반의 펌프기동용 스위치가 "정지" 위치에 있는 경우

소방시설관리사 출제문제

소방시설의 점검실무행정

[**문제1**] 다음 물음에 답하시오.(40점)

1. 다중이용업소에 설치하는 비상구의 위치기준과 규격기준에 대하여 설명하시오.(5점)
2. 종합정밀점검을 받아야 하는 공공기관의 대상에 대하여 쓰시오.(5점)
3. 2 이상의 특정소방대상물이 연결통로로 연결된 경우 다음 물음에 답하시오.(10점)
   (1) 하나의 소방대상물로 보는 조건 중 내화구조로 벽이 없는 통로와 벽이 있는 통로를 구분하여 쓰시오.(10점)
   (2) 위의 (1) 외에 하나의 소방대상물로 볼 수 있는 조건 5가지를 쓰시오.(10점)
   (3) 별개의 소방대상물로 볼 수 있는 조건에 대하여 쓰시오.(10점)

해답

1. 다중이용업소에 설치하는 비상구의 위치기준과 규격기준
   (1) 설치 위치 : 비상구는 영업장의 주 출입구 반대방향에 설치할 것. 단, 건물구조상 불가피한 경우에는 영업장의 장변(長邊) 길이의 2분의 1 이상 떨어진 위치에 설치 가능
   (2) 비상구 규격 : 가로 75cm 이상, 세로 150cm 이상.(비상구 문틀을 제외한 규격임)

2. 종합정밀점검을 받아야 하는 공공기관의 대상
   (1) 연면적 5,000m² 이상으로서 스프링클러설비 또는 물분무등소화설비가 설치된 공공기관

(2) 연면적 1,000m² 이상으로서 옥내소화전설비 또는 자동화재탐지설비
   가 설치된 공공기관

3. 2 이상의 특정소방대상물이 연결통로로 연결된 경우 다음 물음에 답하
시오.

(1) 하나의 소방대상물로 보는 조건 중 내화구조로 벽이 없는 통로와 벽이
   있는 통로를 구분하여 쓰시오.
   ① 벽이 없는 구조로서 그 길이가 6m 이하인 경우
   ② 벽이 있는 구조로서 그 길이가 10m 이하인 경우
   (다만, 벽 높이가 바닥으로부터 천장까지 높이의 2분의 1 이상인 경우
   에는 벽이 있는 구조로 보고, 벽 높이가 바닥으로부터 천장까지 높이
   의 2분의 1 미만인 경우에는 벽이 없는 구조로 본다.)

(2) 위의 (1) 외에 하나의 소방대상물로 볼 수 있는 조건 5가지
   ① 내화구조가 아닌 연결통로로 연결된 경우
   ② 콘베이어로 연결되어 플랜트설비의 배관 등으로 연결되어 있는 경우
   ③ 지하보도, 지하상가, 지하가로 연결된 경우
   ④ 방화셔터 또는 갑종방화문이 설치되지 아니한 피트로 연결된 경우
   ⑤ 지하구로 연결된 경우

(3) 별개의 소방대상물로 볼 수 있는 조건
   ① 화재시 경보설비 또는 자동소화설비의 작동과 연동하여 자동으로
   닫히는 방화셔터 또는 갑종방화문이 설치된 경우
   ② 화재시 자동으로 방수되는 방식의 드렌쳐설비 또는 개방형 스프링
   클러헤드가 설치된 경우

[문제2] 이산화탄소 소화설비에 대하여 다음 물음에 답하시오.(30점)

1. 가스압력식 기동장치가 설치된 이산화탄소 소화설비의 작동시험 관련 물
음에 답하시오.(18점)
   (1) 작동시험시 가스압력식 기동장치의 전자개방밸브 작동방법 중 4가지
   만 쓰시오.(8점)
   (2) 방호구역 내에 설치된 교차회로 감지기를 동시에 작동시킨 후 이산화
   탄소 소화설비의 정상작동 여부를 판단할 수 있는 확인사항들에 대해
   쓰시오.(10점)

2. 화재안전기준에서 정하는 소화약제 저장용기를 설치하기에 적합한 장소에 대한 기준 6가지만 쓰시오.(12점)

해답

1. 가스압력식 기동장치가 설치된 이산화탄소소화설비의 작동시험과 관련한 다음 물음에 답하시오.
   (1) 설비의 작동시험시 가스압력식 기동장치 전자개방밸브의 작동방법 4가지
       ① 해당 방호구역의 수동조작함 기동스위치 작동
       ② 해당 방호구역의 감지기 교차회로(2개회로 이상) 작동
       ③ 제어반에서 수동기동스위치 작동
       ④ 제어반에서 동작시험스위치를 누르고 회로선택스위치를 이용하여 해당 방호구역의 감지기 교차회로 동작
   (2) 방호구역 내에 설치된 교차회로 감지기를 동시에 작동시킨 후 이산화탄소 소화설비의 정상작동 여부를 판단할 수 있는 확인사항
       ① 해당 방호구역에 화재경보(사이렌)가 나오는지 확인
       ② 해당 방호구역의 출입구 바깥쪽 상부에 설치된 방출표시등 점등 확인
       ③ 수동조작함의 방출표시등 점등 확인
       ④ 제어반의 방출표시등 점등여부 확인
       ⑤ 화재표시반의 화재표시등, 지구표시등 점등여부 확인

2. 화재안전기준에서 정하는 소화약제 저장용기를 설치하기에 적합한 장소에 대한 기준 6가지
   (1) 방호구역 외의 장소에 설치할 것. 다만, 방호구역 내에 설치할 경우에는 피난 및 조작이 용이하도록 피난구 부근에 설치하여야 한다.
   (2) 온도가 40℃ 이하이고, 온도변화가 적은 곳에 설치할 것
   (3) 직사광선 및 빗물이 침투할 우려가 없는 곳에 설치할 것
   (4) 방화문으로 구획된 실에 설치할 것
   (5) 용기의 설치장소에는 당해 용기가 설치된 곳임을 표시하는 표지를 할 것
   (6) 용기간의 간격은 점검에 지장이 없도록 3cm 이상의 간격을 유지할 것
   (7) 저장용기와 집합관을 연결하는 연결배관에는 체크밸브를 설치할 것 다만, 저장용기가 하나의 방호구역만을 담당하는 경우에는 그러하지 아니하다.

[문제3] 다음 옥내소화전설비에 관한 물음에 답하시오.(30점)

1. 화재안전기준에서 정하는 감시제어반의 기능에 대한 기준을 5가지만 쓰시오.(10점)
2. 다음 그림을 보고 펌프를 운전하여 체절압력을 확인하고 릴리프밸브의 개방압력을 조정하는 방법을 기술하시오.(20점)

해답 1. 화재안전기준에서 정하는 감시제어반의 기능에 대한 기준 5가지
  (1) 각 펌프의 작동여부를 확인할 수 있는 표시등 및 음향경보기능이 있어야 한다.
  (2) 각 펌프를 자동 및 수동으로 작동시킬 수 있어야 한다.
  (3) 비상전원을 설치한 경우에는 상용전원 및 비상전원의 공급여부를 확인할 수 있어야 한다.
  (4) 수조 또는 물올림탱크가 저수위로 될 때 표시등 및 음향으로 경보할 것
  (5) 각 확인회로(기동용수압개폐장치의 압력스위치회로 · 수조 또는 물올림탱크의 감시회로를 말한다)마다 도통시험 및 작동시험을 할 수 있어야 한다.
  (6) 예비전원이 확보되고 예비전원의 적합여부를 시험할 수 있어야 한다.

2. 다음 그림을 보고 펌프를 운전하여 체절압력을 확인하고 릴리프밸브의 개방압력 조정하는 방법을 기술하시오.

[조 건]
가. 조정시 주펌프의 운전은 수동운전을 원칙으로 한다.
나. 릴리프밸브의 작동점은 체절압력의 90%로 한다.
다. 조정 전의 릴리프밸브는 체절압력에서도 개방되지 않은 상태이다.
라. 배관의 안전을 위해 주펌프 2차측의 V_1은 폐쇄 후 주펌프를 기동한다.
마. 조정 전의 $V_2 \cdot V_3$ 는 잠근 상태이며 체절압력의 90% 압력을 성능시험배관을 이용하여 만든다.

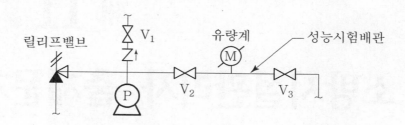

(1) 동력제어반에서 주펌프 및 보조펌프의 운전스위치를 「수동」 위치로 한다.

(2) V_1 밸브 : 잠근다.

(3) $V_2 \cdot V_3$ 밸브 : 잠근다.

(4) 주펌프를 기동시켜 체절운전을 한다.(동력제어반에서 주펌프의 수동 기동스위치를 누른다.)

(5) 이때 체절운전압력이 정격압력의 140% 이하인지 확인한다.

(6) V_2 밸브 : 개방한다.

(7) V_3 밸브를 서서히 조금씩 개방하여 체절압력의 90% 압력에 도달하였을 때 개방을 멈춘다.

(8) 릴리프밸브의 캡을 열어 압력조정나사를 반시계 방향으로 서서히 돌려 물이 릴리프밸브를 통과하여 배수관으로 흐르기 시작할 때 멈추고 고정너트로 고정시킨다.

(9) 주펌프를 정지시킨다.

(10) $V_2 \cdot V_3$ 밸브 : 잠근다.

(11) V_1 밸브 : 개방한다.

(12) 동력제어반의 보조펌프 운전스위치를 「자동」에 위치시킨다.

(13) 보조펌프를 기동하여 충분히 충압된 후에,

(14) 동력제어반의 주펌프 운전스위치를 「자동」 위치로 한다.

소방시설관리사 출제문제

소방시설의 점검실무행정

[문제1] 다음 물음에 답하시오.(40점)

1. 스프링클러설비의 화재안전기준에서 정하는 설치기준 중 도통시험 및 작동시험을 하여야 하는 확인회로 5가지를 쓰시오.(10점)
2. 소방시설종합정밀점검표에서 자동화재탐지설비의 시각경보장치 점검항목 5가지를 쓰시오.(10점)
3. 소방시설종합정밀점검표에서 청정소화약제소화설비의 수동식기동장치 점검항목 5가지를 쓰시오.(10점)

해답

1. 스프링클러설비의 화재안전기준에서 정하는 설치기준 중 도통시험 및 작동시험을 하여야 하는 확인회로 5가지
   (1) 기동용 수압개폐장치의 압력스위치회로
   (2) 유수검지장치 또는 일제개방밸브의 압력스위치회로
   (3) 수조 또는 물올림탱크의 저수위감시회로
   (4) 일제개방밸브를 사용하는 설비의 화재감지기회로
   (5) 급수배관 개폐밸브의 탬퍼스위치회로

2. 소방시설종합정밀점검표에서 자동화재탐지설비의 시각경보장치 점검항목 5가지
   (1) 변형·손상·탈락·현저한 부식 등의 유무
   (2) 바닥으로부터 2m 이상 2.5m 이하의 장소에 설치 여부
   (3) 복도·통로·청각장애인용 객실 및 공용으로 사용하는 거실에 설치여부
   (4) 각 부분에 유효하게 경보를 발할수있는 위치에 설치여부

(5) 감지기 또는 발신기 동작 시 정상 작동여부

3. 소방시설종합정밀점검표에서 청정소화약제소화설비의 수동식기동장치
   점검항목 5가지
   (1) 방호구역별 또는 방호대상별 설치위치(높이 포함) 및 기능
   (2) 조작부의 보호판 및 기동장치의 표지상태
   (3) 전원 및 위치표시등 상태
   (4) 음향경보장치와의 연동기능
   (5) 방출지연 비상스위치의 기능

[문제2] 다음 물음에 답하시오.(30점)

1. 다중이용업소의 영업주는 안전시설등을 정기적으로 "안전시설 등 세부
   점검표"를 사용하여 점검하여야 한다. 이 경우 "안전시설 등 세부점검
   표"의 점검사항 9가지만 쓰시오.(18점)
2. 소방시설관리업자가 영업정지에 해당하는 법령을 위반한 경우 위반행위
   의 동기등을 고려하여 그 처분 기준을 2분의 1까지를 경감하여 처분할
   수 있다. 그 경감처분 요건 중 경미한 위반사항에 해당하는 요인 3가지
   만 쓰시오.(6점)
3. 화재안전기준의 변경으로 그 기준이 강화된 경우 기존의 특정소방대상
   물의 소방시설 등에 대하여 변경전의 화재안전기준을 적용한다. 그러나
   일부 소방시설의 경우에는 화재안전기준 변경으로 강화된 기준을 적용
   한다. 강화된 화재안전기준을 적용하는 소방시설 3가지만 쓰시오.(6점)

해답 1. "안전시설 등 세부점검표"의 점검사항 9가지
   (1) 안전점검표 비치의 적정여부
   (2) 방염대상물품 및 방염처리상태 적정여부
   (3) 소화기 및 간이소화용구의 비치 적정여부 및 기능점검
   (4) 간이스프링클러설비 적정여부
   (5) 피난설비의 적정여부
       - 유도등, 유도표지, 비상조명등, 피난기구 등의 기능점검
   (6) 경보설비의 적정여부
       - 비상벨설비, 비상방송설비, 가스누설경보기의 기능점검
       - 경보설비의 각 실마다 설치여부

    (7) 방화시설의 적정여부

       - 방화문 성능의 적합여부(시험성적서, 열림구조, 기밀도등)

       - 비상구(비상탈출구) 구조의 적합여부(크기, 위치, 피난용이성 등)

    (8) 영상음향차단장치의 기능점검

       - 위치, 작동방법 등

    (9) 누전차단기의 기능점검

    (10) 피난유도선 확인

       - 피난유도선의 각 실마다 배치여부

    (11) 화기취급장소 및 위험물 안전관리 상태

2. 영업정지에 대한 경감처분 요건 중 경미한 위반사항 3가지

    ※ 소방시설설치유지법 시행규칙 [별표6]행정처분기준 제1호 라목 참조

    (1) 스프링클러설비 헤드가 살수(撒水)반경에 미달되는 경우

    (2) 자동화재탐지설비 감지기 2개 이하가 설치되지 않은 경우

    (3) 유도등(誘導橙)이 일시적으로 점등(點燈)되지 않는 경우

    (4) 유도표지(誘導標識)가 탈락된 경우

3. 화재안전기준 변경시 강화된 화재안전기준을 적용하는 소방시설 3가지

    (1) 소화기구

    (2) 비상경보설비

    (3) 자동화재속보설비

    (4) 피난설비

    (5) 지하구 가운데 공동구에 설치하여야 하는 소방시설 등

[문제3] 다음은 방화구획선상에 설치되는 자동방화셔터(국토해양부 고시 제2010-528호)에 관한 내용이다. 각 물음에 답하시오.(40점)

1. 자동방화셔터의 정의를 쓰시오.(5점)

2. 다음 문장의 ①~⑥ 빈칸에 알맞은 용어를 쓰시오.(18점)

> • 자동방화셔터는 화재발생시 (①)에 의한 일부폐쇄와 (②)에 의한 완전폐쇄가 이루어질 수 있는 구조를 가진 것이어야 한다.
> • 자동방화셔터가 사용되는 열감지기는 소방시설설치유지 및 안전관리에 관한 법률 제36조에서 정한 형식승인에 합격한 (③) 또는 (④)의 것으로서 특종의 공칭작동온도가 각각 (⑤)~(⑥)℃인 것으로 설치하여야 한다.

3. 일체형 자동방화셔터 출입구의 설치기준 3가지를 쓰시오.(9점)
4. 자동방화셔터의 작동기능을 점검하고자 한다. 셔터 작동시 확인사항 4가지를 쓰시오.(6점)

해답　1. 자동방화셔터의 정의

　　자동방화셔터란 방화구획의 용도로 설치하는 것으로, 화재시 연기 및 열을 감지하여 자동폐쇄되는 것으로서, 공항 · 체육관 등 넓은 공간에 부득이하게 내화구조로 된 벽을 설치하지 못하는 경우에 벽 대신에 설치하는 셔터를 말한다.

2. ①~⑥ 빈칸에 알맞은 용어
　① 연기　② 열　③ 정온식　④ 보상식　⑤ 60　⑥ 70

3. 일체형 자동방화셔터 출입구의 설치기준 3가지
　(1) 행정안전부장관이 정하는 기준에 적합한 출입구 상부에 피난구유도등 또는 피난구유도표지를 설치하여야 한다.
　(2) 출입구 부분은 셔터의 다른 부분과 색상을 달리하여 쉽게 구분될 수 있도록 하여야 한다.
　(3) 출입구의 유효너비는 0.9m 이상, 유효높이는 2m 이상이어야 한다.

4. 자동방화셔터의 작동기능점검에서 셔터 작동시 확인사항 4가지
　(1) 해당구역의 방화셔터가 정상적으로 폐쇄되는지의 여부
　　화재감지기 작동에 의한 셔터 폐쇄시에는 아래와 같이 1단강하와 2단강하로 구분되어 정상적으로 폐쇄되는지의 여부
　　• 연기감지기 동작시 : 1단강하(일부폐쇄) : 60cm(최소제연경계폭) 이상 하강
　　• 열감지기 동작시 : 2단강하(완전폐쇄) : 셔터가 바닥에 완전히 닿았는지 확인

(2) 방화셔터연동제어기에서 음향(부저)경보의 작동여부

(3) 수신반에서 방화셔터작동표시등의 점등여부

(4) 당해구역에 여러 개의 방화셔터가 설치된 경우에는 동시에 폐쇄되는 지의 여부

소방시설관리사 출제문제

소방시설의 점검실무행정

[문제1] 다음의 각 물음에 답하시오.(40점)

1. 불꽃감지기 설치기준 5가지를 쓰시오.(10점)
2. 광원점등방식 피난유도선의 설치기준 6가지를 쓰시오.(10점)
3. 자동화재탐지설비의 설치장소별 감지기의 적응성기준 [별표1]에서 연기 감지기를 설치할 수 없는 장소의 환경상태가 "먼지 또는 미분 등이 다량으로 체류하는 장소"인 경우 감지기를 설치할 때 확인사항 5가지를 쓰시오.(10점)
4. 피난구유도등의 설치제외장소 4가지를 쓰시오.(10점)

해답 1. 불꽃감지기 설치기준 5가지

(1) 공칭감시거리 및 공칭시야각은 형식승인 내용에 따를 것
(2) 공칭감시거리 및 공칭시야각을 기준으로 감시구역이 모두 포용될 수 있도록 설치
(3) 감지기의 설치위치 : 벽면 또는 모서리
(4) 천장에 설치하는 경우 : 감지기가 바닥을 향하도록 설치
(5) 수분이 많이 발생할 우려가 있는 장소 : 방수형 설치
(6) 그 밖의 설치기준은 형식승인 내용에 따르며, 형식승인 사항이 아닌 것은 제조사의 시방에 따라 설치한다.

2. 광원점등방식 피난유도선의 설치기준 6가지

(1) 구획된 각 실로부터 주출입구 또는 비상구까지 설치

(2) 피난유도 표시부는 바닥으로부터 높이 1m 이하의 위치 또는 바닥 면에 설치

(3) 피난유도 표시부는 50cm 이내의 간격으로 연속되도록 설치하되, 실내 장식물 등으로 설치가 곤란할 경우에는 1m 이내의 간격으로 설치

(4) 수신기로부터의 화재신호 및 수동조작에 의하여 광원이 점등되도록 설치

(5) 비상전원이 상시 충전상태를 유지하도록 설치

(6) 바닥에 설치되는 피난유도 표시부는 매립하는 방식을 사용할 것

(7) 피난유도 제어부는 조작 및 관리가 용이하도록 바닥으로부터 0.8m 이상 1.5m 이하의 높이에 설치한다.

3. 자동화재탐지설비의 설치장소별 감지기의 적응성기준 [별표1]에서 연기감지기를 설치할 수 없는 장소의 환경상태가 "먼지 또는 미분 등이 다량으로 체류하는 장소"인 경우 감지기를 설치할 때 확인사항 5가지

(1) 불꽃감지기에 따라 감시가 곤란한 장소는 적응성이 있는 열감지기를 설치한다.

(2) 차동식분포형감지기를 설치하는 경우에는 검출부에 먼지, 미분 등이 침입하지 않도록 조치한다.

(3) 차동식스포트형감지기 또는 보상식스포트형감지기를 설치하는 경우에는 검출부에 먼지, 미분 등이 침입하지 않도록 조치한다.

(4) 정온식감지기를 설치하는 경우에는 특종으로 설치한다.

(5) 섬유, 목재가공 공장 등 화재확대가 급속하게 진행될 우려가 있는 장소에 설치하는 경우 정온식감지기는 특종으로 설치할 것, 공칭작동온도 75℃ 이하의 열아날로그식스포트형감지기는 화재표시설정이 80℃ 이하가 되도록 한다.

4. 피난구유도등의 설치제외장소 4가지

(1) 바닥면적이 1,000㎡ 미만인 층으로서 옥내로부터 직접 지상으로 통하는 출입구

(2) 거실의 각 부분으로부터 쉽게 도달할 수 있는 출입구

(3) 거실의 각 부분으로부터 하나의 출입구에 이르는 보행거리가 20m 이하이고, 비상조명등과 유도표지가 설치된 거실의 출입구

(4) 출입구가 3 이상 있는 거실로서 그 거실 각 부분으로부터 하나의 출입구에 이르는 보행거리가 30m 이하인 경우에는 주된 출입구 2개소 외

의 출입구(유도표지가 부착된 출입구를 말한다) 다만, 공연장·집회장·관람장·전시장·판매시설 및 영업시설·숙박시설·노유자시설·의료시설의 경우에는 그러하지 아니하다.

[문제2] 다음의 각 물음에 답하시오.(30점)

1. 특정소방대상물에서 일반대상물과 공공기관대상물의 종합정밀점검 시기 및 면제조건을 각각 쓰시오.(10점)
2. 아래 표는 소방시설별 점검장비 및 규격을 나타내는 표이다. 표가 완성되도록 번호에 맞는 답을 쓰시오.(10점)

소방시설	점검장비	규격
소화기구	①	–
스프링클러설비, 포소화설비	②	③
이산화탄소소화설비, 분말소화설비, 할로겐화합물소화설비, 청정소화약제소화설비	④	⑤

3. 소방시설 설치유지 및 안전관리에 관한 법령에 의거한 숙박시설이 없는 특정소방대상물의 수용인원 산정방법을 쓰시오.(10점)

해답

1. 특정소방대상물에서 일반대상물과 공공기관대상물의 종합정밀점검 시기 및 면제조건

구분	일반대상물	공공기관대상물
점검시기	건축물의 사용승인일(건축물관리대장 또는 건축물의 등기부등본에 기재된 날)이 속하는 달까지 실시한다. 다만, 소방시설 완공검사필증을 받은 신축건축물의 경우에는 다음 연도부터 실시한다.	건축물의 사용승인일(건축물관리대장 또는 건축물의 등기부등본에 기재된 날)이 속하는 해의 다음 해부터 건축물의 사용승인일이 속하는 달까지 실시한다.
면제조건	소방본부장 또는 소방서장은 소방방재청장이 소방안전관리가 우수하다고 인정한 특정소방대상물의 경우에는 해당 연도부터 3년간 종합정밀점검을 면제할 수 있다. 다만, 면제기간 중 화재가 발생한 경우는 제외한다.	소방기본법 제2조 제5호의 규정에 의한 소방대가 근무하는 공공기관

2. 소방시설별 점검장비 및 규격

소방시설	점검장비	규격
소화기구	①	–
스프링클러설비, 포소화설비	②	③
이산화탄소소화설비, 분말소화설비, 할로겐화합물소화설비, 청정소화약제소화설비	④	⑤

① : 소화기고정틀, 저울, 내부조명기, 반사경, 메스실린더 또는 비커, 캡스패너, 가압용기스패너

② : 포콜렉터, 헤드취부렌치, 포콘테이너, 방수압력측정계, 절연저항계, 전류전압측정계

③ : 포콘테이너 용량 1,400mℓ

④ : 입도계, 검량계, 토크렌치, 기동관누설시험기, 습도계(수분계), 절연저항계, 전류전압측정계

⑤ : 표준체(80 · 100 · 200 · 325mesh)

3. 소방시설 설치유지 및 안전관리에 관한 법령에 의거한 숙박시설이 없는 특정소방대상물의 수용인원 산정방법

1. 강의실 · 교무실 · 상담실 · 실습실 · 휴게실 용도로 쓰이는 특정소방대상물
   당해 용도로 사용하는 바닥면적의 합계 ÷ 1.9m²

2. 강당. 문화집회시설 및 운동시설
   당해 용도로 사용하는 바닥면적의 합계 ÷ 4.6m²(단, 관람석이 있는 경우 고정식 의자를 설치한 부분에 있어서는 당해 부분의 의자수로 하고, 긴 의자의 경우에는 의자의 정면너비를 0.45m로 나누어 얻은 수로 한다)

3. 그 밖의 특정소방대상물
   당해 용도로 사용하는 바닥면적의 합계 ÷ 3m²

〈비고〉

(1) 위 계산에서 바닥면적의 산정 시 복도(건축법령에 의한 준불연재료 이상의 것을 사용하여 바닥에서 천정까지 벽으로 구획한 것), 계단 및 화장실의 바닥면적을 포함하지 아니한다.

(2) 계산결과 1 미만의 소수는 반올림한다.

[문제3] 스프링클러헤드의 형식승인 및 검정기술기준에 의거하여 다음의 각 물음에 답하시오.(30점)

1. 반응시간지수(RTI)의 계산식을 쓰고 설명하시오.(5점)
2. 스프링클러 폐쇄형헤드에 반드시 표시하여야 할 사항 5가지를 쓰시오.(5점)
3. 아래는 스프링클러 폐쇄형헤드의 유리벌브형과 퓨즈블링크형에 대한 표시온도별 색상표시방법을 나타내는 표이다. 표가 완성되도록 번호에 맞는 답을 쓰시오.(10점)

유리벌브형		퓨즈블링크형	
표시온도[℃]	액체의 색별	표시온도[℃]	프레임의 색
57[℃]	①	77[℃] 미만	⑥
68[℃]	②	78~120[℃]	⑦
79[℃]	③	121~162[℃]	⑧
141[℃]	④	163~203[℃]	⑨
227[℃] 이상	⑤	204~259[℃]	⑩

4. 소방시설자체점검사항 등에 관한 고시에 의거하여 다음 명칭의 도시기호를 그리시오.(단, 평면도 기준이다.)(10점)
   (1) 스프링클러헤드 개방형 하향식
   (2) 스프링클러헤드 폐쇄형 하향식
   (3) 프리액션밸브
   (4) 경보델류지밸브
   (5) 솔레노이드밸브

해답 1. 반응시간지수(RTI)의 계산식
   (1) 정의
   반응시간지수(RTI)라 함은 스프링클러헤드가 감열개방에 필요한 양의 열을 주위로부터 얼마나 빨리 흡수하는지를 나타내는 특성값을 말한다. 즉, 기류의 온도·속도 및 작동시간에 대하여 스프링클러헤드가 민감하게 반응하는 정도를 정량적인 수치로 나타낸 것으로서 단위는 $\sqrt{m \cdot s}$을 사용하고 있다.
   (2) 계산식
   $$RTI = \tau \sqrt{V}$$

여기서, RTI : 반응시간지수[$\sqrt{\text{m·s}}$]

　　　　τ : 감열체의 시간지연상수

　　　　V : 기류속도[m/sec]

$$\tau = \frac{m \cdot C}{h \cdot A}$$

여기서, m : 감열체의 질량[kg]

　　　　C : 감열체의 비열[kJ/kg · ℃]

　　　　A : 감열체의 면적[m²]

　　　　h : 대류의 열전달계수[W/m² · ℃]

(3) 설명

　　1) 반응시간지수(RTI)는 감열체(스프링클러헤드의 감열부)의 질량 및 비열에 비례하여 증가하고, 감열체의 면적과 대류의 열전달계수에 반비례하여 감소한다.

　　2) 즉, 결과적으로 RTI가 낮을수록 감열체의 온도상승비율이 높아 빨리 반응하므로 헤드가 조기에 개방된다고 할 수 있다.

2. 스프링클러 폐쇄형헤드에 반드시 표시하여야 할 사항 5가지

※ 참고 : 스프링클러헤드의 형식승인 및 검정기술기준 제12조의 5

(1) 종별

(2) 형식

(3) 형식승인번호

(4) 제조번호 또는 로트번호

(5) 제조업체명 또는 상호

(6) 제조년도

(7) 표시온도(폐쇄형헤드에 한함)

(8) 최고주위온도(폐쇄형헤드에 한함)

(9) 표시온도에 따른 색 표시(폐쇄형헤드에 한함)

(10) 취급상의 주의사항

(11) 품질보증에 관한 사항(보증기간, 보증내용, A/S방법, 자체검사필증 등)

3. 스프링클러 폐쇄형헤드의 유리벌브형과 퓨즈블링크형에 대한 표시온도별 색상표시방법

※ 참고 : 스프링클러헤드의 형식승인 및 검정기술기준 제12조의 5

유리벌브형		퓨즈블링크형	
표시온도[℃]	액체의 색별	표시온도[℃]	프레임의 색
57[℃]	① 오렌지	77[℃] 미만	⑥ 색표시 아니함
68[℃]	② 빨강	78~120[℃]	⑦ 흰색
79[℃]	③ 노랑	121~162[℃]	⑧ 파랑
141[℃]	④ 파랑	163~203[℃]	⑨ 빨강
227[℃] 이상	⑤ 검정	204~259[℃]	⑩ 초록

4. 소방시설자체점검사항 등에 관한 고시에 의거한 도시기호(단, 평면도 기준 이다.)

※ 참고 : 소방시설자체점검사항 등에 관한 고시 별지 제4호 서식

(1) 스프링클러헤드 개방형 하향식 :

(2) 스프링클러헤드 폐쇄형 하향식 :

(3) 프리액션밸브 :

(4) 경보델류지밸브 :

(5) 솔레노이드밸브 :

제 13 회

소방시설관리사 출제문제

소방시설의 점검실무행정

[문제1] 다음의 각 물음에 답하시오.(40점)

1. 연소방지설비의 화재안전기준에서 정하고 있는 연소방지도료를 도포하여야 하는 부분 5가지를 쓰시오.(10점)
2. 소방시설의 종합정밀점검표에서 거실제연설비 제어반의 점검항목 5가지를 쓰시오.(10점)
3. 스프링클러설비의 화재안전기준에서 정하고 있는 폐쇄형 스프링클러설비 유수검지장치의 설치기준 5가지를 쓰시오.(10점)
4. 공공기관의 소방안전관리에 관한 규정에서 정하고 있는 공공기관 종합정밀점검의 점검인력 배치기준을 쓰시오.(10점)

해답 1. 연소방지설비의 화재안전기준에서 정하고 있는 연소방지도료를 도포하여야 하는 부분 5가지

연소방지도료는 다음 각 호 부분의 중심으로부터 양쪽 방향으로 전력용 케이블의 경우에는 20m 이상, 통신용 케이블은 10m 이상 도포한다.
(1) 지하구와 교차된 수직구 또는 분기구
(2) 집수정 또는 환풍기가 설치된 부분
(3) 지하구로 인입 및 인출되는 부분
(4) 분전반, 절연유순환펌프 등이 설치된 부분
(5) 케이블이 상호 연결된 부분

2. 소방시설의 종합정밀점검표에서 거실제연설비 제어반의 점검항목 5가지

  (1) 스위치등 조작 시 표시등은 정상적으로 점등되는지 여부

  (2) 배선의 단선, 단자의 풀림은 없는지 확인

  (3) 계전기류 단자의 풀림, 접점이 손상 및 기능의 정상 여부

  (4) 감시제어반의 확인표시는 정상적으로 확인되는지 여부

  (5) 제어반에서 제연설비의 수동 기동 시 정상적으로 동작되는지 여부

3. 스프링클러설비의 화재안전기준에서 정하고 있는 폐쇄형 스프링클러설비 유수검지장치의 설치기준 5가지

  (1) 하나의 방호구역에는 1개 이상의 유수검지장치를 설치하되, 화재발생 시 접근이 쉽고 점검하기 편리한 장소에 설치할 것

  (2) 하나의 방호구역은 2개 층에 미치지 아니하도록 할 것. 다만, 1개 층에 스프링클러헤드의 수가 10개 이하인 경우와 복층형 구조의 공동주택에는 3개 층 이내로 할 수 있다.

  (3) 스프링클러헤드에 공급되는 물은 유수검지장치를 지나도록 할 것. 다만, 송수구를 통하여 공급되는 물은 그러하지 아니하다.

  (4) 자연낙차에 따른 압력수가 흐르는 배관 상에 설치된 유수검지장치는 화재 시 물의 흐름을 검지할 수 있는 최소한의 압력이 얻어질 수 있도록 수조의 하단으로부터 낙차를 두어 설치할 것

  (5) 조기반응형 스프링클러헤드를 설치하는 경우에는 습식 유수검지장치 또는 부압식 스프링클러설비를 설치할 것

4. 공공기관의 소방안전관리에 관한 규정에서 정하고 있는 공공기관 종합정밀점검의 점검인력 배치기준

  (1) 소방시설관리사「소방시설 설치·유지 및 안전관리에 관한 법률」시행령 별표 8 제1호나목에 따른 보조기술인력 2명을 점검인력 1단위로 하되, 점검인력 1단위에 2명(같은 건축물을 점검할 때에는 4명) 이내의 보조기술인력을 추가할 수 있다.

  (2) 점검인력 1단위가 하루에 점검할 수 있는 최대 연면적은 1만m²로 하되, 보조기술인력이 추가될 경우 추가되는 보조기술인력 1명당 3천m²를 점검한도면적에 더한다.

  (3) 점검하려는 건축물에 다음 각 호의 소방시설이 설치되어 있지 않은

경우에는 다음 각 호의 구분에 따른 값을 점검한도면적에 더한다.

① 스프링클러설비가 설치되어 있지 않은 경우 : 1,000m²

② 제연설비가 설치되어 있지 않은 경우 : 1,000m²

③ 물분무등소화설비가 설치되어 있지 않은 경우 : 1,500m²

(4) 2개 이상의 건축물을 하루에 점검하는 경우에는 건축물 상호 간의 최단 주행거리 5km마다 200m²를 점검한도면적에서 뺀다.

[문제2] 「초고층 및 지하연계 복합건축물의 재난관리에 관한 특별법」에 의거하여 다음 각 물음에 답하시오.(30점)

1. 초고층 건축물의 정의를 쓰시오.(3점)

2. 다음 각 항목의 피난안전구역 설치기준을 쓰시오.(6점)

(1) 초고층 건축물(3점)

(2) 16층 이상 29층 이하인 지하연계 복합건축물(3점)

3. 피난안전구역에 갖추어야 하는 피난설비의 종류 5가지를 쓰시오.(단, 유도등·유도표지는 제외한다.)(5점)

4. 피난안전구역의 면적산정기준을 쓰시오.(8점)

5. 95층 건축물에 설치하는 종합방재실의 최소 설치개수 및 위치기준을 쓰시오.(8점)

해답 1. 초고층 건축물의 정의

층수가 50층 이상 또는 높이가 200미터 이상인 건축물

2. 피난안전구역의 설치기준

(1) 초고층 건축물

(건축법 시행령 제34조 제3항)

초고층 건축물에는 피난층 또는 지상으로 통하는 직통계단과 직접 연결되는 피난안전구역(건축물의 피난·안전을 위하여 건축물 중간층에 설치하는 대피공간을 말한다. 이하 같다)을 지상층으로부터 최대 3개 층마다 1개소 이상 설치하여야 한다.

(2) 16층 이상 29층 이하인 지하연계복합건축물

(초고층 및 지하연계 복합건축물의 재난관리 특별법 시행령 제14조 제1항 제2호)

지상층별 거주밀도가 제곱미터당 1.5명을 초과하는 층은 해당 층의 사용형태별 면적 합의 10분의 1에 해당하는 면적을 피난안전구역으로 설치할 것

3. 피난안전구역에 갖추어야 하는 피난설비의 종류 5가지(단, 유도등·유도표지는 제외한다.)

[초고층 및 지하연계복합건축물의 재난관리 특별법 시행령 제14조 2항 3호]

(1) 방열복

(2) 공기호흡기(보조마스크를 포함한다)

(3) 인공소생기

(4) 피난유도선(피난안전구역으로 통하는 직통계단 및 특별피난계단을 포함한다.)

(5) 피난안전구역으로 피난을 유도하기 위한 비상조명등 및 휴대용 비상조명등

4. 피난안전구역의 면적산정기준

(1) 초고층 건축물 및 준초고층 건축물 피난안전구역의 면적산정기준

[건축물의 피난·방화구조 등의 기준에 관한 규칙 (별표1의 2) 피난안전구역의 면적산정기준]

피난안전구역 면적 = (피난안전구역 위층의 재실자 수 × 0.5) × 0.28m²

(2) 초고층 및 지하연계 복합건축물 피난안전구역의 면적산정기준

[초고층 및 지하연계 복합건축물 재난관리에 관한 특별법시행령 (별표2) 피난안전구역의 면적산정기준]

① 지하층이 하나의 용도로 사용되는 경우

피난안전구역의 면적 = (수용인원 × 0.1) × 0.28m²

② 지하층이 둘 이상의 용도로 사용되는 경우

피난안전구역의 면적 = (사용형태별 수용인원의 합 × 0.1) × 0.28m²

5. 95층 건축물에 설치하는 종합방재실의 최소 설치개수 및 위치기준

(1) 종합방재실의 개수

[답] 1개

다만, 100층 이상인 초고층 건축물 등(공동주택은 제외한다)의 관리

주체는 종합방재실이 그 기능을 상실하는 경우에 대비하여 종합방재실을 추가로 설치하거나, 관계지역 내 다른 종합방재실에 보조종합재난관리체제를 구축하여 재난관리업무가 중단되지 아니하도록 하여야 한다.

(2) 위치기준

① 1층 또는 피난층. 다만, 초고층 건축물 등에 「건축법 시행령」 제35조에 따른 특별피난계단이 설치되어 있고, 특별피난계단 출입구로부터 5m 이내에 종합방재실을 설치하려는 경우에는 2층 또는 지하 1층에 설치할 수 있으며, 공동주택의 경우에는 관리사무소 내에 설치할 수 있다.

② 비상용승강기의 승강장, 피난전용승강기의 승강장 및 특별피난계단으로 이동하기 쉬운 곳

③ 재난정보의 수집 및 제공, 방재활동의 거점(據點) 역할을 할 수 있는 곳

④ 소방대가 쉽게 도달할 수 있는 곳

⑤ 화재 및 침수 등으로 인하여 피해를 입을 우려가 적은 곳

[문제3] 다음 각 물음에 답하시오.(30점)

1. 위험물안전관리에 관한 세부기준에서 정하고 있는 이산화탄소소화설비의 배관기준 5가지를 쓰시오.(10점)

2. 위험물안전관리에 관한 세부기준에서 정하고 있는 II형 포방출구와 IV형 포방출구에 대하여 각각 설명하시오.(10점)

3. 피난기구의 화재안전기준에서 정하고 있는 다수인 피난장비의 설치기준 9가지를 쓰시오.(10점)

해답 1. 위험물안전관리에 관한 세부기준에서 정하고 있는 이산화탄소소화설비의 배관기준 5가지

(1) 전용으로 할 것

(2) 강관의 배관은 압력배관용 탄소강관(KS D 3562) 중에서 고압식인 것은 스케줄 80 이상, 저압식인 것은 스케줄 40 이상의 것 또는 이와 동등 이상의 강도를 갖는 것으로서 아연도금 등에 의한 방식처리를 한 것을 사용할 것

　(3) 동관의 배관은 이음매 없는 구리 및 구리합금관(KS D 5301) 또는 이
　　　와 동등 이상의 강도를 갖는 것으로서 고압식인 것은 16.5MPa 이상,
　　　저압식인 것은 3.75MPa 이상의 압력에 견딜 수 있는 것을 사용할 것

　(4) 관이음쇠는 고압식인 것은 16.5MPa 이상, 저압식인 것은 3.75MPa 이
　　　상의 압력에 견딜 수 있는 것으로서 적절한 방식처리를 한 것을 사용
　　　할 것

　(5) 낙차(배관의 가장 낮은 위치로부터 가장 높은 위치까지의 수직거리)
　　　는 50m 이하일 것

2. 위험물안전관리에 관한 세부기준에서 정하고 있는 II형 포방출구와 IV형 포방출구에 대한 설명

　(1) II형 포방출구

　　　고정지붕구조 또는 부상덮개부착고정지붕구조(옥외저장탱크의 액상
　　　에 금속제의 플로팅, 팬 등의 덮개를 부착한 고정지붕구조의 것)의 탱
　　　크에 상부 포주입법을 이용하는 것으로서 방출된 포가 탱크 옆판의
　　　내면을 따라 흘러 내려가면서 액면 아래로 몰입되거나 액면을 뒤섞지
　　　않고 액면 상을 덮을 수 있는 반사판 및 탱크 내의 위험물 증기가 외
　　　부로 역류되는 것을 저지할 수 있는 구조·기구를 갖춘 포방출구

　(2) IV형 포방출구

　　　고정지붕구조의 탱크에 저부 포주입법을 이용하는 것으로서 평상시
　　　에는 탱크의 액면하의 저부에 설치된 격납통(포를 보내는 것에 의하
　　　여 용이하게 이탈되는 캡을 갖는 것을 포함한다.)에 수납되어 있는 특
　　　수호스 등이 송포관의 말단에 접속되어 있다가 포를 방출할 때 특수
　　　호스 등이 전개되어 그 선단이 액면까지 도달한 후 포를 액면 위에
　　　방출하는 방식의 포방출구로서, III형 포방출구 방식에서 방출된 포가
　　　유면 위로 떠오르는 도중에 위험물과 혼합되는 단점을 보완하기 위한
　　　방식이다.

3. 피난기구의 화재안전기준에서 정하고 있는 다수인 피난장비의 설치기준 9가지

　(1) 피난에 용이하고 안전하게 하강할 수 있는 장소에 적재하중을 충분히
　　　견딜 수 있도록 「건축물의 구조기준 등에 관한 규칙」 제3조에서 정하

는 구조안전의 확인을 받아 견고하게 설치할 것

(2) 다수인피난장비 보관실은 건물 외측보다 돌출되지 아니하고, 빗물·먼지 등으로부터 장비를 보호할 수 있는 구조일 것

(3) 사용 시에 보관실 외측 문이 먼저 열리고 탑승기가 외측으로 자동으로 전개될 것

(4) 하강 시에 탑승기가 건물 외벽이나 돌출물에 충돌하지 않도록 설치할 것

(5) 상·하층에 설치할 경우에는 탑승기의 하강경로가 중첩되지 않도록 할 것

(6) 하강 시에는 안전하고 일정한 속도를 유지하도록 하고 전복, 흔들림, 경로이탈 등의 방지를 위한 안전조치를 할 것

(7) 보관실의 문에는 오작동 방지조치를 하고, 문 개방 시에는 당해 소방대상물에 설치된 경보설비와 연동하여 유효한 경보음을 발하도록 할 것

(8) 피난층에는 해당 층에 설치된 피난기구가 착지에 지장이 없도록 충분한 공간을 확보할 것

(9) 한국소방산업기술원 또는 법 제42조제1항에 따라 성능시험기관으로 지정받은 기관에서 그 성능을 검증받은 것으로 설치할 것

소방시설의 점검실무행정

[문제1] 다음 각 물음에 답하시오.(40점)

1. 자동화재탐지설비의 NFSC에서 정하는 설치기준에 따라 다음 각 물음에
   답하시오.(23점)
   (1) 일시적으로 발생한 열·연기 또는 먼지 등으로 인하여 화재신호를 발
       신할 우려가 있는 장소에 설치장소별 적응성이 있는 감지기를 설치하
       기 위한 [별표2]의 환경상태 구분장소 7가지를 쓰시오.(7점)
   (2) 정온식감지선형감지기의 설치기준 8가지를 쓰시오.(16점)
2. 이산화탄소소화설비의 NFSC에서 호스릴 이산화탄소소화설비의 설치기
   준 5가지를 쓰시오.(10점)
3. 옥외소화전설비의 화재안전기준에서 옥외소화전설비에 표시해야 할 표
   지의 명칭과 설치위치 7가지를 쓰시오.(7점)

해답 1. 자동화재탐지설비의 NFSC에서 정하는 설치기준에 따라 다음 각 물음에 답
   하시오.

   (1) [별표2]의 환경상태 구분장소 7가지
      ① 흡연에 의해 연기가 체류하며 환기가 되지 않는 장소
      ② 취침시설로 사용하는 장소
      ③ 연기 이외의 미분이 떠다니는 장소
      ④ 바람의 영향을 받기 쉬운 장소
      ⑤ 연기가 멀리 이동해서 감지기에 도달하는 장소
      ⑥ 훈소화재의 우려가 있는 장소

⑦ 넓은 공간으로서 천장이 높아 열 및 연기가 확산하기 쉬운 장소

(2) 정온식감지선형감지기의 설치기준 8가지

① 보조선이나 고정금구를 사용하여 감지선이 늘어지지 않도록 설치할 것

② 단자부와 마감 고정금구와의 설치간격은 10cm 이내로 설치할 것

③ 감지선형 감지기의 굴곡반경은 5cm 이상으로 할 것

④ 감지기와 감지구역의 각 부분과의 수평거리가 내화구조인 경우 1종 4.5m 이하, 2종 3m 이하로 할 것. 기타 구조의 경우 1종 3m 이하, 2종 1m 이하로 할 것

⑤ 케이블트레이에 감지기를 설치하는 경우에는 케이블트레이 받침대에 마감공구를 사용하여 설치할 것

⑥ 지하구나 창고의 천장 등에 지지물이 적당하지 않는 장소에서는 보조선을 설치하고 그 보조선에 설치할 것

⑦ 분전반 내부에 설치하는 경우 접착제를 이용하여 돌기를 바닥에 고정시키고 그곳에 감지기를 설치할 것

⑧ 그 밖의 설치방법은 형식승인 내용에 따르며 형식승인 사항이 아닌 것은 제조사의 시방에 따라 설치할 것

2. 호스릴 이산화탄소소화설비의 설치기준 5가지

① 방호대상물의 각 부분으로부터 하나의 호스접결구까지의 수평거리가 15m 이하가 되도록 할 것

② 노즐은 20℃에서 하나의 노즐마다 60[kg/min] 이상의 소화약제를 방사할 수 있는 것으로 할 것

③ 소화약제 저장용기는 호스릴을 설치하는 장소마다 설치할 것

④ 소화약제 저장용기의 개방밸브는 호스의 설치장소에서 수동으로 개폐할 수 있는 것으로 할 것

⑤ 소화약제 저장용기의 가장 가까운 곳의 보기 쉬운 곳에 표시등을 설치하고, 호스릴이산화탄소소화설비가 있다는 뜻을 표시한 표지를 할 것

3. 옥외소화전설비에 표시해야 할 표지의 명칭과 설치위치 7가지

① 수조의 외측 : [옥외소화전설비용 수조]

② 옥외소화전펌프의 흡수배관 또는 옥외소화전설비의 수직배관과 수조

의 접속부분 : [옥외소화전설비용 배관]

③ 가압송수장치 : [옥외소화전펌프]

④ 소화전함 표면 : [옥외소화전]

⑤ 동력제어반 : [옥외소화전설비용 동력제어반]

⑥ 과전류차단기 및 개폐기 : [옥외소화전설비용]

⑦ 전기배선의 양단 및 접속단자 : [옥외소화전단자]

[문제2] 다음 각 물음에 답하시오.(30점)

1. 무선통신보조설비의 종합정밀점검표에 대하여 다음 각 물음에 답하시오.(14점)

(1) 종합정밀점검표에서 분배기, 분파기, 혼합기의 점검항목 2가지를 쓰시오.(2점)

(2) 종합정밀점검표에서 누설동축케이블 등의 점검항목 6가지를 쓰시오.(12점)

2. 제연설비의 화재안전기준 및 작동기능점검표에서 정하는 기준에 따라 다음 각 물음에 답하시오.(16점)

(1) 예상제연구역의 바닥면적이 400m² 미만인 예상제연구역(통로인 예상제연구역 제외)에 대한 배출구의 설치기준 2가지를 쓰시오.(4점)

(2) 제연설비 작동기능점검표에서 배연기의 점검항목 및 점검내용 6가지를 쓰시오.(12점)

해답 1. 무선통신보조설비의 종합정밀점검표에 대하여 다음 각 물음에 답하시오.

(1) 종합정밀점검표에서 분배기, 분파기, 혼합기의 점검항목 2가지

① 먼지, 습기, 부식 등에 의한 기능의 이상 여부

② 설치장소 환경의 적부

(2) 종합정밀점검표에서 누설동축케이블 등의 점검항목 6가지

① 소방전용 주파수대에서 전송 또는 복사의 적부

② 누설동축케이블인 경우 공중선과 접속 적부

③ 동축케이블인 경우 공중선과 접속 적부

④ 누설동축케이블의 고정·지지 적부

⑤ 누설동축케이블 및 공중선의 설치위치의 적부

⑥ 누설동축케이블의 말단에 종단저항 설치 적부

2. 제연설비의 화재안전기준 및 작동기능점검표에서 정하는 기준에 따라 다음 각 물음에 답하시오.

(1) 예상제연구역의 바닥면적이 $400m^2$ 미만인 예상제연구역(통로인 예상 제연구역은 제외)에 대한 배출구의 설치기준 2가지

① 예상제연구역이 벽으로 구획되어 있는 경우의 배출구는 천장 또는 반자와 바닥 사이의 중간 윗부분에 설치할 것

② 예상제연구역 중 어느 한 부분이 제연경계로 구획되어 있는 경우에는 천장·반자 또는 이에 가까운 벽의 부분에 설치할 것. 다만, 배출구를 벽에 설치하는 경우에는 배출구의 하단이 해당 예상제연 구역에서 제연경계의 폭이 가장 짧은 제연경계의 하단보다 높이 되도록 하여야 한다.

(2) 제연설비 작동기능점검표에서 배연기의 점검항목 및 점검내용 6가지

1) 전동기

① 회전축 : 회전이 원활한지 여부

② 축받침 : 윤활유의 오염·변질이 없고 필요량의 충전 여부

③ 동력전달장치 : 변형, 손실 등이 없고 V－벨트의 기능이 정상 인지 여부

④ 본체 : 기동장치 조작에 의해 기능의 정상 여부

2) 회전날개

① 회전축 : 전동기를 회전시켜 날개가 정상 방향으로 원활하게 회전하는지 여부

② 축받침 : 윤활유의 오염·변질이 없고 필요량의 충전 여부

[문제3] 다음 각 물음에 답하시오.(30점)

1. 소방시설 설치·유지 및 안전관리에 관한 법률 시행령에 따라 다음 각 물음에 답하시오.(20점)

(1) 특정소방대상물 [별표 2]의 복합건축물 구분항목에서 하나의 건축물 이 둘 이상의 용도로 사용되는 경우에도 복합건축물에 해당되지 않는 경우를 쓰시오.(10점)

(2) 소방방재청장의 형식승인을 받아야 하는 소방용품 중 소화설비, 경보 설비, 피난설비를 구성하는 제품 또는 기기를 각각 쓰시오.(10점)

2. 비상전원수전설비의 화재안전기준에 따라 다음 각 물음에 답하시오.(10점)
  (1) 인입선 및 인입구 배선의 시설기준 2가지를 쓰시오.(2점)
  (2) 특별고압 또는 고압으로 수전하는 경우 큐비클형 방식의 설치기준 중 환기장치의 설치기준 4가지를 쓰시오.(10점)

해답 1. 소방시설 설치·유지 및 안전관리에 관한 법률 시행령에 따라 다음 각 물음에 답하시오.

  (1) 하나의 건축물이 둘 이상의 용도로 사용되는 경우에도 복합건축물에 해당되지 않는 경우
    ① 관계 법령에서 주된 용도의 부수시설로서 그 설치를 의무화하고 있는 용도 또는 시설
    ② 주택 안에 부대시설 또는 복리시설이 설치되는 특정소방대상물
    ③ 건축물의 주된 용도의 기능에 필수적인 용도로서 다음의 어느 하나에 해당하는 용도
      가. 건축물의 설비, 대피 또는 위생을 위한 용도, 그 밖에 이와 비슷한 용도
      나. 사무, 작업, 집회, 물품저장 또는 주차를 위한 용도, 그 밖에 이와 비슷한 용도
      다. 구내식당, 구내세탁소, 구내운동시설 등 종업원후생복리시설(기숙사는 제외) 또는 구내소각시설의 용도, 그 밖에 이와 비슷한 용도
  (2) 소방방재청장의 형식승인을 받아야 하는 소방용품 중 소화설비, 경보설비, 피난설비를 구성하는 제품 또는 기기
    1) 소화설비를 구성하는 제품 또는 기기
      ① 소화기구(소화약제 외의 것을 이용한 간이소화용구는 제외)
      ② 소화설비를 구성하는 소화전, 송수구, 관창, 소방호스, 스프링클러헤드, 기동용 수압 개폐장치, 유수제어밸브 및 가스관선택밸브
    2) 경보설비를 구성하는 제품 또는 기기
      ① 누전경보기 및 가스누설경보기
      ② 경보설비를 구성하는 발신기, 수신기, 중계기, 감지기 및 음향장치(경종만 해당한다)

3) 피난설비를 구성하는 제품 또는 기기

① 피난사다리, 구조대, 완강기(간이완강기 및 지지대를 포함)

② 공기호흡기(충전기를 포함한다)

③ 유도등 및 예비전원이 내장된 비상조명등

2. 비상전원수전설비의 화재안전기준에 따라 다음 각 물음에 답하시오.

(1) 인입선 및 인입구 배선의 시설기준 2가지

① 인입선은 특정소방대상물에 화재가 발생한 경우에도 화재로 인한 손상을 받지 않도록 설치하여야 한다.

② 인입구 배선은 옥내소화전설비의 화재안전기준 [별표1]에 따른 내화배선으로 하여야 한다.

(2) 큐비클형 방식의 설치기준 중 환기장치의 설치기준 4가지

① 내부의 온도가 상승하지 않도록 환기장치를 할 것

② 자연환기구의 개부구 면적의 합계는 외함의 한 면에 대하여 해당 면적의 3분의 1 이하로 할 것. 이 경우 하나의 통기구의 크기는 직경 10mm 이상의 둥근 막대가 들어가서는 아니 된다.

③ 자연환기구에 따라 충분히 환기할 수 없는 경우에는 환기설비를 설치할 것

④ 환기구에는 금속망, 방화댐퍼 등으로 방화조치를 하고, 옥외에 설치하는 것은 빗물 등이 들어가지 않도록 할 것

소방시설관리사 출제문제

소방시설의 점검실무행정

[문제1] 다음 각 물음에 답하시오.(40점)

1. 「기존 다중이용업소 건축물의 구조상 비상구를 설치할 수 없는 경우에 관한 고시」에서 규정한 기존 다중이용업소 건축물의 구조상 비상구를 설치할 수 없는 경우를 쓰시오.(15점)

2. 「소방기본법 시행령」제5조 관련 "보일러 등의 위치·구조 및 관리와 화재예방을 위하여 불의 사용에 있어서 지켜야 하는 사항" 중 보일러 사용 시 지켜야 하는 사항에 대해 쓰시오.(12점)

3. 「소방시설 설치·유지 및 안전관리에 관한 법률 시행령」의 임시소방시설과 기능 및 성능이 유사한 소방시설로서 임시소방시설을 설치한 것으로 보는 소방시설을 쓰시오.(6점)

4. 「다중이용업소의 안전관리에 관한 특별법」에서 다음 각 물음에 답하시오.(7점)
   (1) 밀폐구조의 영업장에 대한 정의를 쓰시오.(1점)
   (2) 밀폐구조의 영업장에 대한 요건을 쓰시오.(6점)

해답 1. 「기존다중이용업소 건축물의 구조상 비상구를 설치할 수 없는 경우에 관한 고시」에서 규정한 기존 다중이용업소 건축물의 구조상 비상구를 설치할 수 없는 경우

〈소방방재청 고시 제2006-8호. 2006.8.2. 제정 및 시행〉

   (1) 비상구 설치를 위하여 건축법 제2조 제1항 제7호 규정의 주요구조부를 관통하여야 하는 경우

(2) 비상구를 설치하여야 하는 영업장이 인접 건축물과의 이격거리(건축물 외벽과 외벽 사이의 거리를 말한다)가 100cm 이하인 경우

(3) 다음 각 목의 어느 하나에 해당하는 경우

① 비상구 설치를 위하여 당해 영업장 또는 다른 영업장의 공조설비, 냉·난방설비, 수도설비 등 고정설비를 철거 또는 이전하여야 하는 등 그 설비의 기능과 성능에 지장을 초래하는 경우

② 비상구 설치를 위하여 인접건물 또는 다른 사람 소유의 대지 경계선을 침범하는 등 재산권 분쟁의 우려가 있는 경우

③ 영업장이 도시 미관지구에 위치하여 비상구를 설치하는 경우 건축물 미관을 훼손한다고 인정되는 경우

④ 당해 영업장으로 사용하는 부분의 바닥면적 합계가 33m² 이하인 경우

(4) 그 밖에 관할 소방서장이 현장여건 등을 고려하여 비상구를 설치할 수 없다고 인정하는 경우

2. 「소방기본법 시행령」 제5조 관련 "보일러 등의 위치·구조 및 관리와 화재예방을 위하여 불의 사용에 있어서 지켜야 하는 사항" 중 보일러 사용 시 지켜야 하는 사항

〈소방기본법 시행령 별표 1〉

(1) 가연성 벽·바닥 또는 천장과 접촉하는 증기기관 또는 연통의 부분은 규조토·석면 등의 난연성 단열재로 덮어씌워야 한다.

(2) 경유·등유 등 액체연료를 사용하는 경우에는 다음 각 목의 사항을 지켜야 한다.

① 연료탱크는 보일러 본체로부터 수평거리 1m 이상의 간격을 두어 설치할 것

② 연료탱크에는 화재 등 긴급상황이 발생하는 경우 연료를 차단할 수 있는 개폐밸브를 연료탱크로부터 0.5m 이내에 설치할 것

③ 연료탱크 또는 연료를 공급하는 배관에는 여과장치를 설치할 것

④ 사용이 허용된 연료 외의 것을 사용하지 아니할 것

⑤ 연료탱크에는 불연재료(「건축법 시행령」 제2조 제10호의 규정에 의한 것을 말한다.)로 된 받침대를 설치하여 연료탱크가 넘어지지 아니하도록 할 것

(3) 기체연료를 사용하는 경우에는 다음 각 목에 의한다.

① 보일러를 설치하는 장소에는 환기구를 설치하는 등 가연성 가스가 머무르지 아니하도록 할 것

② 연료를 공급하는 배관은 금속관으로 할 것

③ 화재 등 긴급 시 연료를 차단할 수 있는 개폐밸브를 연료용기 등으로부터 0.5m 이내에 설치할 것

④ 보일러가 설치된 장소에는 가스누설경보기를 설치할 것

(4) 보일러와 벽·천장 사이의 거리는 0.6m 이상 되도록 하여야 한다.

(5) 보일러를 실내에 설치하는 경우에는 콘크리트바닥 또는 금속 외의 불연재료로 된 바닥 위에 설치하여야 한다.

3. 「소방시설 설치·유지 및 안전관리에 관한 법률 시행령」의 임시소방시설과 기능 및 성능이 유사한 소방시설로서 임시소방시설을 설치한 것으로 보는 소방시설

〈소방시설 설치·유지 및 안전관리에 관한 법률 시행령 별표 5의 2〉

(1) 간이소화장치를 설치한 것으로 보는 소방시설 : 옥내소화전 및 국민안전처장관이 정하여 고시하는 기준에 맞는 소화기

※ 여기서, "국민안전처장관이 정하여 고시하는 기준"이란, 대형소화기를 작업지점으로부터 5m 이내 쉽게 보이는 장소에 6개 이상을 배치한 경우를 말한다.

(2) 비상경보장치를 설치한 것으로 보는 소방시설 : 비상방송설비 또는 자동화재탐지설비

(3) 간이피난유도선을 설치한 것으로 보는 소방시설 : 피난유도선, 피난구유도등, 통로유도등 또는 비상조명등

4. 「다중이용업소의 안전관리에 관한 특별법」

(1) 밀폐구조의 영업장에 대한 정의

지상층에 있는 다중이용업소의 영업장 중 채광·환기·통풍 및 피난 등이 용이하지 못한 구조로 되어 있으면서 대통령령으로 정하는 기준에 해당하는 영업장을 말한다.

※ 여기서, "대통령령으로 정하는 기준"이란, 「소방시설 설치·유지 및 안전관리에 관한 법률 시행령」 제2조에 따른 요건을 모두 갖춘 개구

부의 면적의 합계가 영업장으로 사용하는 바닥면적의 30분의 1 이하
가 되는 것을 말한다.

(2) 밀폐구조의 영업장에 대한 요건
① 크기는 지름 50cm 이상의 원이 내접(內接)할 수 있는 크기일 것
② 해당 층의 바닥면으로부터 개구부 밑부분까지의 높이가 1.2m 이내
일 것
③ 도로 또는 차량이 진입할 수 있는 빈터를 향할 것
④ 화재 시 건축물로부터 쉽게 피난할 수 있도록 창살이나 그 밖의
장애물이 설치되지 아니할 것
⑤ 내부 또는 외부에서 쉽게 부수거나 열 수 있을 것

[문제2] 다음 각 물음에 답하시오.(30점)

1. 소방시설 종합정밀점검표에서 기타 사항 확인표의 피난 · 방화시설 점검
내용 8가지를 쓰시오.(8점)
2. 자동화재탐지설비 · 시각경보기 · 자동화재속보설비의 작동기능점검표에
서 수신기의 점검항목 및 점검내용 10가지를 쓰시오.(10점)
3. 다음 명칭에 대한 소방시설 도시기호를 그리시오.(4점)
① 릴리프 밸브(일반)
② 회로시험기
③ 연결살수헤드
④ 화재댐퍼
4. 이산화탄소소화설비의 종합정밀점검표에서 제어반 및 화재표시등의 점
검항목 8가지를 쓰시오.(8점)

해답 1. 소방시설 종합정밀점검표에서 기타 사항 확인표의 피난 · 방화시설 점검
내용 8가지

(1) 방화문 및 방화셔터 관리상태
(2) 계단(직통 · 피난 · 특별피난계단) 관리상태
(3) 옥상광장으로의 피난장애물(비상구 개방상태 유지 여부)
(4) 주요구조부 내장재의 불연화 상태
(5) 비상구 및 피난통로 확보 여부(물품 적재, 잠금장치 설치 등)

(6) 방화구획, 비상용승강기 등

(7) 피트공간(층) 관리상태

(8) 방화구획 관통부의 내화충진재 관리상태

2. 자동화재탐지설비 · 시각경보기 · 자동화재속보설비의 작동기능점검표에서 수신기의 점검항목 및 점검내용 10가지

(1) 스위치류 : 단자의 풀림 및 개폐기능의 정상 여부

(2) 퓨즈류 : 적정의 종류 및 용량의 사용 유무

(3) 계전기 : 기능의 정상 여부 확인

(4) 표시등 : 정상적인 점등 여부

(5) 경계구역 표시장치 : 손상 · 불선명한 부분 등의 유무

(6) 통화장치 : 수신기 상호 간 또는 발신기 등과의 통화가 명료하게 이루어지는가의 여부

(7) 결선접속 : 단선 · 단자의 풀림 · 탈락 · 손상 등의 유무

(8) 화재표시 : 화재표시시험을 하였을 때 정상적인 화재표시의 여부

(9) 회로도통 : 회로도통시험을 하였을 때 시험용 계기의 지시 또는 확인 등의 점검에 의한 도통 여부

(10) 예비품등 : 퓨즈 · 전구 등의 예비품 및 회로도 등의 비치 여부

3. 다음 명칭에 대한 소방시설 도시기호

명칭	① 릴리프밸브 (일반)	② 회로시험기	③ 연결살수헤드	④ 화재댐퍼
도시 기호				

4. 이산화탄소소화설비의 종합정밀점검표에서 제어반 및 화재표시등의 점검항목 8가지

(1) 자동화재탐지설비 수신기로 제어반과 화재표시반을 대신하는 경우 자동 화재탐지설비 수신기의 정상기능 유무

(2) 제어반의 신호수신 방법 · 상태, 음향경보장치 작동과 소화약제의 방출 및 방출시간 지연 등의 기능상태

(3) 화재표시반의 각 방호구역별 음향경보장치 작동과 감지기 작동의 명시 표시, 벨 및 부저(Buzzer) 등 경보기의 기능상태

(4) 수동식 기동장치 작동 시 화재표시반의 방출 스위치의 작동표시등의 점등상태

(5) 화재표시반의 소화약제 방출표시등의 점등상태

(6) 자동식 기동장치방식의 경우 자동·수동 절환기능 절환표시등의 점등상태

(7) 제어반 및 화재표시반의 설치장소·환경 적정 여부 및 점검의 용이성 여부

(8) 제어반 및 화재표시반의 취급설명서의 비치 및 적합 여부

[문제3] 다음 각 물음에 답하시오.(30점)

1. 「소방시설 설치·유지 및 안전관리에 관한 법률 시행규칙」 별표 8에서 규정하는 행정처분 일반기준에 대하여 쓰시오.(15점)
2. 「자동화재탐지설비 및 시각경보장치의 화재안전기준(NFSC 203)」 별표 1에서 규정한 연기감지기를 설치할 수 없는 장소 중 도금공장 또는 축전기실과 같이 부식성 가스의 발생우려가 있는 장소에 감지기 설치 시 유의사항을 쓰시오.(5점)
3. 「피난기구의 화재안전기준(NFSC 301)」 제6조 피난기구 설치의 감소기준을 쓰시오.(10점)

해답 1. 「소방시설 설치·유지 및 안전관리에 관한 법률 시행규칙」 별표 8에서 규정하는 행정처분 일반기준

(1) 위반행위가 동시에 둘 이상 발생한 때에는 그중 중한 처분기준(중한 처분기준이 동일한 경우에는 그 중 하나의 처분기준을 말한다.)에 의하되, 둘 이상의 처분기준이 동일한 영업정지이거나 사용정지인 경우에는 중한 처분의 2분의 1까지 가중하여 처분할 수 있다.

(2) 영업정지 또는 사용정지 처분기간 중 영업정지 또는 사용정지에 해당하는 위반사항이 있는 경우에는 종전의 처분기간 만료일의 다음 날부터 새로운 위반사항에 의한 영업정지 또는 사용정지의 행정처분을 한다.

(3) 위반행위의 차수에 의한 행정처분기준은 최근 1년간(소방시설관리사의 경우에는 2년간) 같은 위반행위로 행정처분을 받은 경우에 적용한다. 이 경우 기준적용일은 위반사항에 대한 행정처분일과 그 처분 후 위반한 사항이 다시 적발된 날을 기준으로 한다.

(4) 영업정지 등에 해당하는 위반사항으로서 위반행위의 동기·내용·횟수·사유 또는 그 결과를 고려하여 다음의 어느 하나에 해당하는 경우에는 그 처분을 가중하거나 감경할 수 있다. 이 경우 그 처분이 영업정지 또는 자격정지일 때에는 그 처분기준의 2분의 1의 범위에서 가중하거나 감경할 수 있고, 등록취소 또는 자격취소일 때에는 등록취소 또는 자격취소 전 차수의 행정처분이 영업정지 또는 자격정지이면 그 처분기준의 2배 이상의 영업정지 또는 자격정지로 감경할 수 있다.

1) 가중 사유
① 위반행위가 사소한 부주의나 오류가 아닌 고의나 중대한 과실에 의한 것으로 인정되는 경우
② 위반의 내용·정도가 중대하여 관계인에게 미치는 피해가 크다고 인정되는 경우

2) 감경 사유
① 위반행위가 사소한 부주의나 오류 등 과실에 의한 것으로 인정되는 경우
② 위반의 내용·정도가 경미하여 관계인에게 미치는 피해가 적다고 인정되는 경우
③ 위반행위를 처음으로 한 경우로서, 5년 이상 방염처리업, 소방시설관리업 등을 모범적으로 해 온 사실이 인정되는 경우
④ 그 밖에 다음의 경미한 위반사항에 해당되는 경우
㉮ 스프링클러설비 헤드가 살수반경에 미치지 못하는 경우
㉯ 자동화재탐지설비 감지기 2개 이하가 설치되지 않은 경우
㉰ 유도등이 일시적으로 점등되지 않는 경우
㉱ 유도표지가 정해진 위치에 붙어 있지 않은 경우

2. 「자동화재탐지설비 및 시각경보장치의 화재안전기준(NFSC 203)」 별표 1에서 규정한 연기감지기를 설치할 수 없는 장소 중 도금공장 또는 축전지실과 같이 부식성 가스의 발생 우려가 있는 장소에 감지기 설치 시 유의사항

(1) 차동식분포형감지기를 설치하는 경우에는 감지부가 피복되어 있고 검출부가 부식성가스에 영향을 받지 않을 것 또는 검출부에 부식성가스가 침입하지 않도록 조치할 것

(2) 보상식스포트형감지기, 정온식감지기 또는 열아날로그식스포트형감지기를 설치하는 경우에는 부식성가스의 성상에 반응하지 않는 내산형 또는 내알칼리형으로 설치할 것

(3) 정온식감지기를 설치하는 경우에는 특종으로 설치할 것

3. 「피난기구의 화재안전기준(NFSC 301)」 제6조 피난기구 설치의 감소기준

(1) 피난기구를 설치하여야 할 소방대상물 중 다음 각 호의 기준에 적합한 층에는 제4조 제2항에 따른 피난기구의 2분의 1을 감소할 수 있다. 이 경우 설치하여야 할 피난기구의 수에 있어서 소수점 이하의 수는 1로 한다.
  1) 주요구조부가 내화구조로 되어 있을 것
  2) 직통계단인 피난계단 또는 특별피난계단이 2 이상 설치되어 있을 것

(2) 피난기구를 설치하여야 할 소방대상물 중 주요구조부가 내화구조이고 다음 각 호의 기준에 적합한 건널복도가 설치되어 있는 층에는 제4조 제2항에 따른 피난기구의 수에서 해당 건널 복도의 수의 2배의 수를 뺀 수로 한다.
  1) 내화구조 또는 철골조로 되어 있을 것
  2) 건널복도 양단의 출입구에 자동폐쇄장치를 한 갑종방화문(방화셔터를 제외한다)이 설치되어 있을 것
  3) 피난·통행 또는 운반의 전용 용도일 것

(3) 피난기구를 설치하여야 할 소방대상물 중 다음 각 호의 기준에 적합한 노대가 설치된 거실의 바닥면적은 제4조제2항에 따른 피난기구의 설치개수 산정을 위한 바닥면적에서 이를 제외한다.
  1) 노대를 포함한 소방대상물의 주요구조부가 내화구조일 것
  2) 노대가 거실의 외기에 면하는 부분에 피난상 유효하게 설치되어 있어야 할 것
  3) 노대가 소방사다리차가 쉽게 통행할 수 있는 도로 또는 공지에 면하여 설치되어 있거나, 또는 거실부분과 방화구획되어 있거나 또는 노대에 지상으로 통하는 계단 그 밖의 피난기구가 설치되어 있어야 할 것

소방시설관리사 출제문제

소방시설의 점검실무행정

[**문제1**] 다음 물음에 답하시오.(40점)

1. 펌프를 작동시키는 압력챔버 방식에서 압력챔버 공기교체방법을 쓰시오.
(14점)

해답

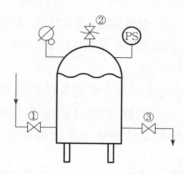

(1) 동력제어반의 펌프 운전스위치를 '정지' 위치에 놓는다.
(2) ①번 밸브 : 잠근다.
(3) ②번 밸브 : 개방(수압이 0이 될 때까지 배수)
(4) ③번 밸브 : 개방(공기 보충 시에는 채우고자 하는 공기량만큼(2~3
ℓ)만 배수
(5) 챔버 내 물의 배수가 완료되면 ② · ③번 밸브 : 잠근다.(압력챔버 내
에 공기만 가득 들어 있는 상태로 된다.)
(6) ①번 밸브 : 개방(주 배관의 가압수가 압력챔버로 유입된다.)
(7) 제어반의 펌프 운전스위치 : '자동'으로 복구한다.

(8) 펌프가 압력스위치의 Setting 압력범위 내에서 작동 및 정지하는지 확인한다.

2. 특정소방대상물의 규모, 용도 및 수용인원 등을 고려하여 갖추어야 하는 소방시설의 종류 중 제연설비에 대하여 다음 물음에 답하시오.(15점)
　(1) 화재예방, 소방시설 설치·유지 및 안전관리에 관한 법률에 따라 '제연설비를 설치하여야 하는 특정 소방대상물' 6가지를 쓰시오.(6점)
　(2) 화재예방, 소방시설 설치·유지 및 안전관리에 관한 법률에 따라 '제연설비를 면제할 수 있는 기준'을 쓰시오.(6점)
　(3) 제연설비의 화재안전기준(NFSC 501)에 따라 '제연설비를 설치하여야 할 특정소방대상물 중 배출구·공기유입구의 설치 및 배출량 산정에서 이를 제외할 수 있는 부분(장소)'을 쓰시오.(3점)

해답　(1) 화재예방, 소방시설 설치·유지 및 안전관리에 관한 법률에 따라 '제연설비를 설치하여야 하는 특정 소방대상물' 6가지
〈화재예방, 소방시설 설치·유지 및 안전관리에 관한 법 시행령 별표5〉
① 문화 및 집회시설, 종교시설, 운동시설로서 무대부의 바닥면적이 200㎡ 이상 또는 문화 및 집회시설 중 영화상영관으로서 수용인원이 100명 이상인 것
② 지하층이나 무창층에 설치된 근린생활시설, 판매시설, 운수시설, 숙박시설, 위락시설, 의료시설, 노유자시설 또는 창고시설(물류터미널만 해당한다)로서 해당 용도로 사용되는 바닥면적의 합계가 1천㎡ 이상인 층
③ 운수시설 중 시외버스정류장, 철도 및 도시철도 시설, 공항시설 및 항만시설의 대합실 또는 휴게시설로서 지하층 또는 무창층의 바닥면적이 1천㎡ 이상인 것
④ 지하가(터널은 제외한다)로서 연면적 1천㎡ 이상인 것
⑤ 지하가 중 예상 교통량, 경사도 등 터널의 특성을 고려하여 총리령으로 정하는 터널
⑥ 특정소방대상물(갓복도형 아파트 등은 제외)에 부설된 특별피난계단 또는 비상용 승강기의 승강장

(2) 화재예방, 소방시설 설치·유지 및 안전관리에 관한 법률에 따라 '제연설비를 면제할 수 있는 기준'

〈 화재예방, 소방시설 설치·유지 및 안전관리에 관한 법 시행령 별표6〉

① 제연설비를 설치하여야 하는 특정소방대상물(별표 5 제5호가목6은 제외한다.)에 다음의 어느 하나에 해당하는 설비를 설치한 경우에는 설치가 면제된다.

- 공기조화설비를 화재안전기준의 제연설비기준에 적합하게 설치하고 공기조화설비가 화재 시 제연설비기능으로 자동전환되는 구조로 설치되어 있는 경우
- 직접 외부 공기와 통하는 배출구의 면적의 합계가 해당 제연구역[제연경계(제연설비의 일부인 천장을 포함한다)에 의하여 구획된 건축물 내의 공간을 말한다] 바닥면적의 100분의 1 이상이고, 배출구로부터 각 부분까지의 수평거리가 30m 이내이며, 공기유입구가 화재안전기준에 적합하게(외부 공기를 직접 자연 유입할 경우 유입구의 크기는 배출구의 크기 이상이어야 한다) 설치되어 있는 경우

② 별표 5 제5호가목6)에 따라 제연설비를 설치하여야 하는 특정소방대상물 중 노대(露臺)와 연결된 특별피난계단 또는 노대가 설치된 비상용 승강기의 승강장에는 설치가 면제된다.

(3) 제연설비의 화재안전기준(NFSC 501)에 따라 제연설비를 설치하여야 할 특정소방대상물 중 배출구·공기유입구의 설치 및 배출량 산정에서 이를 제외할 수 있는 부분(장소)

〈제연설비의 화재안전기준(NFSC 501) 제13조〉

화장실·목욕실·주차장·발코니를 설치한 숙박시설(가족호텔 및 휴양콘도미니엄에 한 한다)의 객실과 사람이 상주하지 아니하는 기계실·전기실·공조실·50m² 미만의 창고 등으로 사용되는 부분

3. 다음은 종합정밀점검표에 관한 사항이다. 각 물음에 답하시오.(11점)
  (1) 다중이용업소의 종합정밀점검 시 "가스누설경보기" 점검내용 5가지를 쓰시오.(5점)
  (2) 청정소화약제의 소화설비의 "개구부의 자동폐쇄장치" 점검항목 3가지를 쓰시오.(3점)

(3) 거실제연설비의 "기동장치" 점검항목 3가지를 쓰시오.(3점)

해답 (1) 다중이용업소의 종합정밀점검 시 "가스누설경보기" 점검내용 5가지
　　① 주방 또는 난방시설이 설치된 장소에 설치 유무 확인
　　② 표시등에 의하여 전기가 통하는가 확인
　　③ 가스 누설 시 적정하게 경보가 발하는지 확인
　　④ 시험장치에 의한 가스차단밸브의 정상 개·폐 여부
　　⑤ 변형·손상·탈락·현저한 부식 등의 유무

(2) 청정소화약제의 소화설비의 "개구부의 자동폐쇄장치" 점검항목 3가지
　　① 환기장치 자동정지기능 적합 여부
　　② 개구부 및 통기구의 자동폐쇄장치 설치 및 기능의 적합 여부
　　③ 자동폐쇄장치의 복구장치의 위치 및 표지 적합 여부

(3) 거실제연설비의 "기동장치" 점검항목 3가지
　　① 수동기동조작 장치에 의해 정상적으로 작동되는지 여부
　　② 자동화재탐지설비 연기감지기의 동작에 의해 자동으로 제연설비가
　　　작동되는지 여부
　　③ 비상전원 확보 여부

[문제2] 다음 각 물음에 답하시오.(30점)

1. 소방시설관리사가 건물의 소방펌프를 점검한 결과 에어락 현상(Air
　Lock)이라고 판단하였다. 에어락 현상이라고 판단한 이유와 적절한 대
　책 5가지를 쓰시오.(8점)

해답 (1) 에어락 판단 이유
　　펌프가 기동되었을 때 펌프 토출측 압력계의 압력이 상승하지 못하고,
　　방출수의 압력이 연속적이 못하면서 방사 압력이 낮은 경우에는 관
　　(System) 내에 Air Lock이 발생된 현상이라고 할 수 있다.

(2) 적절한 대책
　　① 저수조로부터 공기가 유입되지 않도록 한다. : 저수조의 청소 등으로

인해 흡입배관으로 공기가 인입된 경우에는 공기를 배출시켜야 한다.

② 펌프 흡입측 개폐밸브가 잠겨 있지 않도록 한다.

③ 스트레이너가 이물질 등으로 막히지 않게 한다.

④ 펌프의 공동현상이 발생되지 않도록 한다.

⑤ 흡입측 배관 및 부속류를 통해 공기가 유입되지 않도록 한다. : 연결·접속부의 패킹보완 및 조임

2. 특별피난계단의 계단실 및 부속실의 제연설비 점검항목 중 방연풍속과 유입공기 배출량 측정방법을 각각 쓰시오.(12점)

해답

(1) 방연풍속 측정

① 계단실 및 부속실의 모든 개구부 폐쇄상태와 승강기 운행의 중단상태를 확인한다.

② 송풍기에서 가장 먼 층의 제연구역을 기준으로 최소 5개 층마다 측정함을 원칙으로 한다.

③ 측정하는 층의 유입공기배출장치(설치된 경우)를 작동시킨다.

④ 측정하는 층의 부속실과 면하는 옥내 출입문과 계단실 출입문을 동시에 개방한 상태에서 제연구역으로부터 옥내로 유입되는 풍속을 측정한다. 다만, 이때 부속실의 수가 20을 초과하는 경우에는 2개층의 제연구역 출입문을 동시에 개방한다.

⑤ 이때 출입문의 개방에 따른 개구부를 대칭적으로 균등 분할하는 10 이상의 지점에서 측정한 풍속의 평균치를 방연풍속으로 한다.

⑥ 직통계단식 공동주택으로서 제연구역에 면하는 세대의 현관문에서 방연풍속을 측정하는 경우에는 그 세대의 외기문(발코니문)을 개방한 상태에서 측정하여야 한다.(그 이유는 공동주택에는 유입공기배출장치가 면제되었으나, 이 개방된 외기문이 유입공기배출장치의 역할을 일부 대신할 수 있기 때문이다.)

⑦ 방연풍속의 판정기준

가. 계단실 단독제연방식 및 계단실과 부속실의 동시제연방식 : 0.5m/s 이상

나. 부속실 단독제연방식 또는 비상용승강기승강장 단독제연방식의 경우

- 부속실(또는 승강장)과 면하는 옥내가 거실인 경우 : 0.7m/s 이상
- 부속실(또는 승강장)과 면하는 옥내가 복도로서 그 구조가 방화구조인 것 : 0.5m/s 이상

(2) 유입공기 배출량 측정

① 측정위치 : 송풍기에서 가장 먼 위치(층)의 유입공기배출댐퍼를 개방하고, 그 댐퍼의 후방덕트에서 측정한다.

② 측정방식 : 피토관 이송에 의한 측정방식이나 풍속계에 의한 측정방식으로 하며, 배출덕트상의 동압과 풍속을 측정하고, 그것으로 풍량을 환산한다.

③ 풍량환산방법 : 각 지점에서 측정된 동압과 풍속의 각 평균값을 구한 후 다음 공식을 이용하여 전체 풍량을 산정한다.

- 풍속환산 공식

$$V = 1.29\sqrt{P_v} \quad (\ V : 풍속[m/s], \ P_v : 동압[Pa])$$

- 풍량계산 공식

$$Q = 3600\,VA$$

$(\ Q : 풍량[m^3/h], \ V : 평균풍속[m/s], \ A : 덕트의 단면적[m^2])$

3. 소화설비에 사용되는 밸브류에 관하여 다음의 명칭에 맞는 도시기호를 표시하고 그 기능을 쓰시오.(10점)

해답

명칭	도시 기호	기능
(가) 가스체크밸브		가스를 한 방향으로만 유동시키고, 역류하는 것을 방지하기 위한 밸브
(나) 앵글밸브		유체의 입구와 출구의 방향이 90°(직각)로 꺾이게 되는 스톱밸브
(다) 후트(Foot)밸브		수원(저수조)이 펌프보다 아래에 설치된 경우 펌프의 흡입구에 설치하는 체크밸브, 펌프가 기동할 때 흡입관 속을 만수상태로 만들고, 이 물질의 흡입을 방지하는 여과기능의 역할도 한다.

| (라) 자동배수 밸브 | ↓ | 관 내에 압력이 없을 때 밸브가 자동 개방되고, 압력이 차면 잠기는 밸브 |
| (마) 감압밸브 | ⓇⓍ | 유체의 사용압력이 설정압력보다 높을 때 감압하고, 감압 후에는 압력을 일정하게 유지하는 밸브 |

[문제3] 다음 물음에 답하시오.(30점)

1. 복도통로유도등과 계단통로유도등의 설치목적과 각 조도기준을 쓰시오.(8점)

해답 (1) 설치목적
 ① 복도통로유도등 : 피난통로가 되는 복도에 설치하여 복도로부터 피난구 또는 계단실로의 방향을 명시하여 피난구 또는 계단실로 대피를 유도하기 위하여 설치한다.
 ② 계단통로유도등 : 피난통로가 되는 계단이나 경사로에 설치하는 통로유도등으로서 바닥면 및 디딤 바닥면을 비추어 대피를 유도하기 위하여 설치한다.

(2) 조도기준
 ① 복도통로유도등 : 유도등의 바로 밑 바닥으로부터 수평으로 0.5m 떨어진 지점에서 측정하여 1lx 이상일 것
 ② 계단통로유도등 : 유도등의 바로 밑 바닥으로부터 수평으로 0.5m 떨어진 지점에서 측정하여 1lx 이상일 것

2. 화재 시 감지기가 동작하지 않고 화재 발견자가 화재구역에 있는 발신기를 눌렀을 경우, 자동화재탐지설비 수신기에서 발신기 동작상황 및 화재구역을 확인하는 방법을 쓰시오.(3점)

해답 (1) 수신기에서 발신기 동작상황
 ① 화재표시등, 지구표시등 및 발신기 응답등의 점등
 ② 주음향장치 및 지구음향장치의 울림

(2) 화재구역을 확인하는 방법

　　① P형 수신기 : 점등된 지구표시등 확인 후 경계구역일람도로 화재구역을 확인한다.

　　② R형 수신기 : 표시창에 표시된 내용을 보거나 Control Desk 화면을 보고 화재구역을 확인한다.

3. P형 1급 수신기(10회로 미만)에 대한 절연저항시험과 절연내력시험을 실시하였다.(9점)

　(1) 수신기의 절연저항 측정방법(측정개소, 계측기, 측정값)을 쓰시오.(3점)

　(2) 수신기의 절연내력시험을 각각 쓰시오.(3점)

　(3) 절연저항시험과 절연내력시험의 목적을 각각 쓰시오.(3점)

해답　(1) 수신기의 절연저항 측정방법(측정개소, 계측기, 측정값)

　　① 수신기의 절연된 충전부와 외함 간의 절연저항은 직류 500V의 절연저항계로 측정한 값이 5MΩ(교류 입력측과 외함 간에는 20MΩ) 이상일 것. 다만, P형, P형복합식, GP형 및 GP형복합식의 수신기로서 접속되는 회선수가 10 이상인 것, R형, R형복합식, GR형 및 GR형복합식의 수신기로서 접속되는 중계가 10 이상인 것, 또는 M형 수신기에 있어서는 교류입력측과 외함 간을 제외하고 1회선당 50MΩ 이상일 것

　　② 절연된 선로 간의 절연저항은 직류 500V의 절연저항계로 측정한 값이 20MΩ 이상일 것

　(2) 수신기의 절연내력 시험방법

　　절연저항시험부위의 절연내력은 60Hz의 정현파에 가까운 실효전압 500V(정격전압이 60V를 초과하고 150V 이하인 것은 1,000V, 정격전압이 150V를 초과하는 것은 그 정격전압에 2를 곱하여 1천을 더한 값)의 교류전압을 가하는 시험에서 1분간 견디는 것이어야 한다.

　(3) 절연저항시험과 절연내력시험의 목적

　　① 절연저항시험의 목적 : 절연 충전부와 외함 간의 절연된 선로에 얼마만큼 누전이 되고 있는가를 확인하고, 그 절연정도가 기준에 적합한지를 판단하기 위한 목적

② 절연내력시험의 목적 : 절연물이 어느 정도의 전압에 견딜 수 있는지를
    확인하는 시험으로, 수신기 절연물의 고장에 대한 여유도를 확인하기
    위한 목적

4. P형 수신기에 연결된 지구경종이 작동되지 않는 경우 그 원인 5가지를
   쓰시오. (10점)

해답

(1) 지구경종의 출력 부족(또는 저전압)등 지구경종 자체 불량
(2) 지구경종의 전원선 단선, 탈락 또는 배선 접속 불량
(3) 경보방식 판단 착오에 의한 오결선 또는 미결선
(4) 지구경종의 연동스위치 정지 상태
(5) 수신기 내부 지구경종용 Fuse의 단선

제 17 회

소방시설관리사 출제문제

소방시설의 점검실무행정

[문제1] 다음 물음에 답하시오. (40점)

1. 자동화재탐지설비의 감지기 설치기준에서 다음 물음에 답하시오.(7점)
   (1) 설치장소별 감지기 적응성(연기감지기를 설치할 수 없는 경우 적용)에서 설치장소의 환경상태가 "물방울이 발생하는 장소"에 설치할 수 있는 감지기의 종류별 설치조건을 쓰시오.(3점)
   (2) 설치장소별 감지기 적응성(연기감지기를 설치할 수 없는 경우 적용)에서 설치장소의 환경상태가 "부식성가스가 발생할 우려가 있는 장소"에 설치할 수 있는 감지기의 종류별 설치조건을 쓰시오.(4점)

해답   (1) "물방울이 발생하는 장소"에 설치할 수 있는 감지기의 설치조건
   ① 보상식스포트형감지기, 정온식감지기 또는 열아날로그식 스포트형감지기를 설치하는 경우에는 방수형으로 설치할 것
   ② 보상식스포트형감지기는 급격한 온도변화가 없는 장소에 한하여 설치할 것
   ③ 불꽃감지기를 설치하는 경우에는 방수형으로 설치할 것

   (2) "부식성가스가 발생할 우려가 있는 장소"에 설치할 수 있는 감지기의 설치조건
   ① 차동식분포형감지기를 설치하는 경우에는 감지부가 피복되어 있고 검출부가 부식성가스에 영향을 받지 않는 것 또는 검출부에 부식성가스가 침입하지 않도록 조치할 것

② 보상식스포트형감지기, 정온식감지기 또는 열아날로그식 스포트형감지기를 설치하는 경우에는 부식성가스의 성상에 반응하지 않는 내산형 또는 내알칼리형으로 설치할 것

③ 정온식감지기를 설치하는 경우에는 특종으로 설치할 것

2. 다음 국가화재안전기준(NFSC)에 대하여 각 물음에 답하시오.(5점)

(1) 무선통신보조설비를 설치하지 아니할 수 있는 경우의 특정소방대상물의 조건을 쓰시오.(2점)

(2) 분말소화설비의 자동식 기동장치에서 가스압력식 기동장치의 설치기준 3가지를 쓰시오.(3점)

해답

(1) 무선통신보조설비를 설치하지 아니할 수 있는 경우의 특정소방대상물의 조건

지하층으로서, 특정소방대상물의 바닥부분 2면 이상이 지표면과 동일하거나 지표면으로부터의 깊이가 1m 이하인 경우 그 해당층

(2) 분말소화설비의 자동식 기동장치에서 가스압력식 기동장치의 설치기준 3가지

① 기동용 가스용기 및 해당 용기에 사용하는 밸브는 25MPa 이상의 압력에 견딜 수 있는 것으로 할 것

② 기동용 가스용기에는 내압시험압력의 0.8배 내지 내압시험압력 이하에서 작동하는 안전장치를 설치할 것

③ 기동용 가스용기의 용적은 1ℓ 이상으로 하고, 해당 용기에 저장하는 이산화탄소의 양은 0.6kg 이상으로 하며, 충전비는 1.5 이상으로 할 것

3. 「소방용품의 품질관리 등에 관한 규칙」에서 성능인증을 받아야 하는 대상의 종류 중 "그 밖에 소방청장이 고시하는 소방용품"에 대하여 아래의 괄호에 적합한 품명을 쓰시오.(6점)

① 분기배관	② 시각경보장치	③ 자동폐쇄장치
④ 피난유도선	⑤ 방열복	⑥ 방염제품
⑦ 다수인피난장비	⑧ 승강식피난기	⑨ 미분무헤드
⑩ 압축공기포헤드	⑪ 플랩댐퍼	⑫ 비상문자동개폐장치
⑬ 포소화약제혼합장치	⑭ (A)	⑮ (B)
⑯ (C)	⑰ (D)	⑱ (E)
⑲ (F)		

해답   A : 가스계소화설비 설계프로그램   B : 자동차압 · 과압조절형댐퍼
           C : 가압수조식가압송수장치   D : 캐비닛형 간이스프링클러설비
           E : 상업용주방자동소화장치   F : 압축공기포혼합장치

4. 다음 빈칸에 소방시설 도시기호를 넣고 그 기능을 설명하시오.(6점)

명칭	도시기호	기능
시각경보기	A	시각경보기는 소리를 듣지 못하는 청각장애인을 위하여 화재나 피난 등 긴급한 상태를 볼 수 있도록 알리는 기능을 한다.
기압계	B	E
방화문 연동제어기	C	F
포헤드 (입면도)	D	포소화설비가 화재 등으로 작동되어 포소화약제가 방호구역에 방출될 때 포헤드에서 공기와 혼합하면서 포를 발포한다.

해답

명칭	도시기호	기능
시각경보기	A : ⬜	
기압계	B : 〰	E : 기압을 측정하는 게이지로서, 제연용 덕트의 압력 등을 측정하여 동압 · 정압을 측정하는데 사용한다.
방화문 연동제어기	C : ⬓	F : 방화셔터의 작동을 제어하는 제어반으로 화재감지기의 신호에 따른 자동기동과 수동기동을 제어하는 기능을 한다.
포헤드 (입면도	D : ⟟	

5. 특정소방대상물 가운데 대통령령으로 정하는 "소방시설을 설치하지 아니할 수 있는 특정소방대상물과 그에 따른 소방시설의 범위"를 다음 빈칸에 각각 쓰시오.(4점)

구분	특정소방대상물	소방시설
화재안전기준을 적용하기 어려운 특정소방대상물	A	B
	C	D

해답

구분	특정소방대상물	소방시설
화재안전기준을 적용하기 어려운 특정소방대상물	A : 펄프공장의 작업장, 음료수 공장의 세정 또는 충전하는 작업장, 그 밖에 이와 비슷한 용도로 사용하는 것	B : 스프링클러설비, 상수도 소화용수설비 및 연결살수설비
	C : 정수장, 수영장, 목욕장, 농예·축산·어류양식용 시설, 그 밖에 이와 비슷한 용도로 사용되는 것	D : 자동화재탐지설비, 상수도소화용수설비 및 연결살수설비

6. 다음 조건을 참조하여 물음에 답하시오.(단, 아래 조건에서 제시하지 않은 사항은 고려하지 않는다.)(12점)

<조건>
- 최근에 준공한 내화구조의 건축물로서 소방대상물의 용도는 복합건축물이며, 지하는 3층, 지상은 11층으로 1개 층의 바닥면적은 1000제곱미터이다.
- 지하3층부터 지하2층까지는 주차장, 지하1층은 판매시설, 지상1층부터 11층까지는 업무시설이다.
- 소방대상물의 각 층별 높이는 5.0m이다. 물탱크는 지하3층 기계실에 설치되어 있고 소화펌프 흡입구보다 높으며, 기계실과 물탱크실은 별도로 구획되어 있다.
- 옥상에는 옥상수조가 설치되어 있다.
- 펌프의 기동을 위해 기동용 수압개폐장치가 설치되어 있다.
- 한 개 층에 설치된 스프링클러헤드 개수는 160개이고, 지하1층부터 11층까지 모두 하향식헤드만 설치되어 있다.

- 스프링클러설비 적용현황
  - 지하3층, 지하1층~지상11층은 습식스프링클러설비(알람밸브) 방식이다.
  - 지하2층은 준비작동식스프링클러설비 방식이다.
- 옥내소화전은 층별로 5개가 설치되어 있다.
- 소화주펌프의 명판을 확인한 결과 정격양정은 105m이다.
- 체절양정은 정격양정의 130%이다.
- 소화펌프 및 소화배관은 스프링클러설비와 옥내소화전설비 겸용으로 사용한다.
- 지하1층과 지상11층은 콘크리트 슬래브(천장) 하단에 가연성단열재(100mm)로 시공되었다.
- 반자의 재질
  - 지상1층, 11층은 준불연재료이다.
  - 지하1층, 지상2층~10층은 불연재료이다.
- 반자와 콘크리트 슬래브(천장) 하단까지의 거리는 아래와 같다.(주차장 제외)
  - 지하1층은 2.2m, 지상1층은 1.9m이며 그 외의 층은 모두 0.7m이다.

(1) 상기 건출물의 점검과정에서 소화수원의 적정여부를 확인하고자 한다. 모든 수원용량(저수조 및 옥상수조)을 구하시오.(2점)

(2) 스프링클러헤드의 설치상태를 점검한 결과, 일부 층에서 천장과 반자 사이에 스프링클러헤드가 누락된 것이 확인되었다. 지하주차장을 제외한 층 중 천장과 반자 사이에 스프링클러헤드를 화재안전기준에 적합하게 설치해야하는 층과 스프링클러헤드가 설치되어야 하는 이유를 쓰시오.(4점)

(3) 무부하시험, 정격부하시험 및 최대부하시험 방법을 설명하고, 실제 성능시험을 실시하여 그 값을 토대로 펌프성능시험곡선을 작성하시오.(6점)

해답　(1) 수원용량(저수조 및 옥상수조)

① 저수조 수원용량

저수량 $= 30개 \times 80[\ell/min \cdot 개] \times 20min +$

$5개 \times 130[\ell/min \cdot 개] \times 20min = 61,000\ell = 61m^3$

② 옥상수조 수원용량

저수량 $= 61m^3 \times 1/3 = 20.333m^3$

∴ 합계 $= 61m^3 + 20.333m^3 = 81.333m^3$

[답] $81.333[m^3]$

(2) 스프링클러헤드를 설치해야 하는 층과 스프링클러헤드가 설치되어야 하는 이유

층	천장		반자 재질	천장속 깊이	설치 이유
	재질	천장하단			
지하 1층	불연 재료	가연성 단열재 두께 100mm	불연 재료	2.2m	천장·반자중 한쪽이 불연재료로 되어있고 천장과 반자 사이의 거리가 1m 이상
1층	불연 재료	/	준불연 재료	1.9m	천장·반자중 한쪽이 불연재료로 되어있고 천장과 반자 사이의 거리가 1m 이상
11층	불연 재료	가연성 단열재 두께 100mm	준불연 재료	0.7m	천장과 반자가 불연재료 외의 것으로 되어 있고 천장과 반자사이의 거리가 0.5m 이상
2~10층	불연 재료	/	불연 재료	0.7m	천장과 반자 양쪽이 불연재료로 되어있고 천장과 반자 사이의 거리가 2m 미만

(3) 무부하시험, 정격부하시험 및 최대부하시험 방법과 펌프성능시험곡선을 작성

① 무부하시험, 정격부하시험 및 최대부하시험 설명

(가) 무부하시험

㉮ 펌프 토출측 개폐밸브, 릴리프밸브 및 성능시험배관의 개폐밸브를 잠근 상태에서 펌프를 기동한다.

㉯ 이때, 압력계의 지시치가 정격토출압력의 140% 이하이면 정상이다.

(나) 정격부하시험

㉰ 펌프를 기동한 상태에서 성능시험배관의 개폐밸브를 완전개방하고 유량조절밸브를 서서히 개방하여 유량계를 통과하는 유량이 정격토출유량이 되도록 조정한다.

㉱ 이때, 압력계의 지시치가 정격토출압력 이상이 되는지를 확인한다.

(다) 최대부하시험

㉮ 유량조절밸브를 조금 더 개방하여 유량계를 통과하는 유량이
정격토출유량의 150%가 되도록 조정한다.

㉯ 이때, 압력계의 지시치가 정격토출압력의 65% 이상이면 정
상이다.

② 펌프성능시험곡선

	토출량[ℓ/min]	양정[m]
무부하시험	0	136.5
정격부하시험	3,050	105
최대부하시험	4,575	68.25

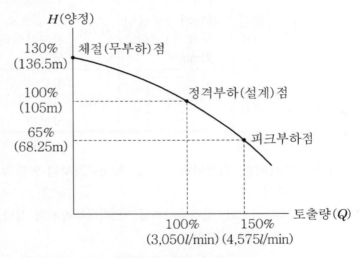

〈펌프성능시험곡선〉

[**문제2**] 다음 물음에 답하시오.(30점)

1. 「건축물의 피난·방화구조 등의 기준에 관한 규칙」에 따라 다음 물음에
답하시오.(8점)
   (1) 방화지구 내 건축물의 인접대지경계선에 접하는 외벽에 설치하는 창문
   등으로서 연소할 우려가 있는 부분에 설치하는 설비를 쓰시오.(4점)
   (2) 피난용승강기 전용 예비전원의 설치기준을 쓰시오.(4점)

해답 (1) 연소할 우려가 있는 부분에 설치하는 설비

① 제26조에 따른 갑종방화문

② 소방법령이 정하는 기준에 적합하게 창문 등에 설치하는 드렌처설비

③ 당해 창문 등과 연소할 우려가 있는 건축물의 다른 부분을 차단하는 내화구조나 불연재료로 된 벽·담장 기타 이와 유사한 방화설비

④ 환기구멍에 설치하는 불연재료로 방화커버 또는 그물눈이 2mm 이하인 금속망

(2) 피난용승강기 전용 예비전원의 설치기준

① 정전 시 피난용승강기, 기계실, 승강장 및 폐쇄회로 텔레비전 등의 설비를 작동할 수 있는 별도의 예비전원설비를 설치할 것

② ①호에 따른 예비전원은 초고층건축물의 경우에는 2시간 이상, 준초고층건축물의 경우에는 1시간 이상 작동이 가능한 용량일 것

③ 상용전원과 예비전원의 공급을 자동 또는 수동으로 전환이 가능한 설비를 갖출 것

④ 전선관 및 배선은 고온에 견딜 수 있는 내열성 자재를 사용하고, 방수조치를 할 것

2. 소방시설관리사가 종합정밀점검 과정에서 해당 건축물 내 다중이용업소 수가 지난해보다 크게 증가하여 이에 대한 화재위험평가를 해야 한다고 판단하였다. 「다중이용업소의 안전관리에 관한 특별법」에 따라 다중이용업소에 대한 화재위험평가를 해야 하는 경우를 쓰시오.(3점)

해답 ① 2,000m² 지역 안에 다중이용업소가 50개 이상 밀집하여 있는 경우

② 5층 이상인 건축물로서 다중이용업소가 10개 이상 있는 경우

③ 하나의 건축물에 다중이용업소로 사용하는 영업장 바닥면적의 합계가 1,000m² 이상인 경우

3. 방화구획 대상건축물에 방화구획을 적용하지 아니하거나 그 사용에 지장이 없는 범위에서 방화구획을 완화하여 적용할 수 있는 경우 7가지를 쓰시오.(7점)

해답 ① 문화 및 집회시설(동·식물원은 제외), 종교시설, 운동시설 또는 장례시설의 용도로 쓰는 거실로서 시선 및 활동공간의 확보를 위하여 불가피한 부분

② 물품의 제조·가공·보관 및 운반 등에 필요한 고정식 대형기기 설비의 설치를 위하여 불가피한 부분. 다만, 지하층인 경우에는 지하층의 외벽 한쪽 면(지하층의 바닥면에서 지상층 바닥 아래면까지의 외벽 면적 중 1/4 이상이 되는 면을 말한다) 다만, 전체가 건물 밖으로 개방되어 보행과 자동차의 진입·출입이 가능한 경우에 한정한다.

③ 복층형 공동주택의 세대별 층간바닥 부분

④ 건축물의 최상층 또는 피난층으로서 대규모 회의장·강당·스카이라운지·로비 또는 피난안전구역 등의 용도로 쓰는 부분으로서 그 용도로 사용하기 위하여 불가피한 부분

⑤ 주요구조부가 내화구조 또는 불연재료로 된 주차장

⑥ 계단실부분·복도 또는 승강기의 승강로 부분(해당 승강기의 승강을 위한 승강로비 부분을 포함)으로서 그 건축물의 다른 부분과 방화구획으로 구획된 부분

⑦ 단독주택, 동물 및 식물관련 시설 또는 교정 및 군사시설 중 군사시설(집회, 체육, 창고 등의 용도로 사용되는 시설만 해당한다)로 쓰는 건축물

4. 제연 TAB(Testing Adjusting Balancing)과정에서 소방시설관리사가 제연설비 작동 중에 거실에서 부속실로 통하는 출입문 개방에 필요한 힘을 구하려고 한다. 다음 조건을 보고 물음에 답하시오.(단, 계산과정을 쓰고, 답은 소수점 셋째자리에서 반올림하여 둘째자리까지 구하시오.)(7점)

──── <조건> ────

- 지하2층, 지상20층 공동주택
- 부속실과 거실 사이의 차압은 50Pa
- 제연설비 작동 전 거실에서 부속실로 통하는 출입문 개방에 필요한 힘은 60N
- 출입문 높이 2.1m, 폭은 1.1m
- 문의 손잡이에서 문의 끝단까지의 거리는 0.1m
- K_d = 상수(1.0)

(1) 제연설비 작동 중에 거실에서 부속실로 통하는 출입문 개방에 필요한 힘[N]을 구하시오.(5점)

(2) 제연설비가 작동되었을 경우 국가화재안전기준(NFSC 501A)에 따른 출입문의 개방에 필요한 최대 힘[N]과 (1)에서 구한 거실에서 부속실로 통하는 출입문 개방에 필요한 힘[N]의 차이를 구하시오.(2점)

해답　(1) 출입문 개방에 필요한 힘[N]

$$\text{개방력}(\,F\,) = F_p + F_r$$

　　여기서, F_P : 차압에 의해 방화문에 미치는 힘[N]
　　　　　　F_r : 도어클로져의 저항력[N]

① 차압에 의해 방화문에 미치는 힘(F_p)

$$F_p = \frac{K_d W \cdot A \cdot \Delta P}{2(W-d)}$$

　　여기서, K_d : 상수[=1]
　　　　　　W : 문의 폭[m]
　　　　　　A : 방화문의 면적[m²]
　　　　　　ΔP : 비제연구역과의 차압[Pa]=[N/m²]
　　　　　　d : 손잡이에서 문 끝까지의 거리[m]

$$F_p = \frac{K_d W \cdot A \cdot \Delta P}{2(W-d)} = \frac{1 \times 1.1\text{m} \times 2.1\text{m} \times 1.1\text{m} \times 50\text{N/m}^2}{2 \times (1.1\text{m}-0.1\text{m})}$$
$$= 63.525[\text{N}]$$

② 도어클로져의 저항력(F_r) = 60[N]

∴ 개방력=63.525+60=123.525 ≒123.53[N]

[답] 개방력 : 123.53[N]

(2) 화재안전기준상의 최대 개방력과 (1)에서 구한 개방력의 차이

120.53[N]－110[N](화재안전기상의 최대개방력) = 13.53[N]

[답] 13.53[N]

5. 소방시설관리사가 종합정밀점검 중에 연결송수관설비의 가압송수장치를 기동하여 연결송수관용 방수구에서 피토게이지(pitot gauge)로 측정한 방수압력이 72.54[psi]일 때 방수량[m³/min]을 계산하시오.(단, 계산과정을 쓰고, 답을 소수점 셋째자리에서 반올림하여 둘째자리까지 구하시오.)(5점)

해답　① 기본 공식

$$Q = AV$$

여기서, Q = 유량[m³/s]

A = 노즐(관창)말단의 단면적[m²]

$= \dfrac{\pi}{4} \times 0.019^2\,[\text{m}^2] = 2.84 \times 10^{-4}\,[\text{m}^2]$

V = 유속[m/s] $\left(V = \sqrt{2gh}, \quad h = \dfrac{P}{\gamma} \right)$

지문에서, "피토게이지로 측정한 방수압력"이라 하였는데, 피토게이지 측정은 노즐(관창)말단에서만 측정이 가능한 것이므로 방수구의 직경(D)을 노즐말단의 구경(19mm)으로 적용하여야 한다.

② 압력 환산

$\dfrac{72.54[psi]}{14.7[psi]} \times 10.332[\text{m H}_2\text{O}] = 50.985\,[\text{m H}_2\text{O}]$

③ 유량 환산

$Q = AV = A\sqrt{2gh} = \dfrac{\pi}{4} \times 0.019^2[\text{m}^2]$

$\times \sqrt{2 \times 9.8[\text{m/s}^2] \times 50.985[\text{m}]}$

$= 8.96 \times 10^{-3}\,[\text{m}^3/\text{s}]$

$\therefore\ 8.96 \times 10^{-3}\,[\text{m}^3/\text{s}] \times \dfrac{60[\text{s}]}{1[\text{min}]} = 0.537 \fallingdotseq 0.54\,[\text{m}^3/\text{min}]$

[답] 방수량 : 0.54[m³/min]

[문제3] 다음 물음에 답하시오.(30점)

1. 종합정밀점검표에 관하여 다음 물음에 답하시오.(12점)
   (1) 화재조기진압용 스프링클러설비의 설치금지 장소 2가지를 쓰시오.(2점)
   (2) 미분무소화설비의 가압송수장치 중 압력수조를 이용한 가압송수장치 점검항목 4가지를 쓰시오.(4점)
   (3) 피난기구 및 인명구조기구의 공통사항을 제외한 승강식피난기 · 피난사다리의 점검항목을 모두 쓰시오.(6점)

해답　(1) 화재조기진압용 스프링클러설비의 설치금지 장소 2가지
　① 제4류 위험물의 저장장소
　② 타이어, 두루마리 종이 및 섬유류, 섬유제품 등 연소 시 화염의 속도가 빠르고 방사된 물이 하부에 도달하지 못하는 물품의 장소

(2) 압력수조를 이용한 가압송수장치 점검항목 4가지
　① 압력수조의 방청조치
　② 압력수조의 경우 수조의 내용적 · 내용적과 저수량의 비율 · 가압가스의 평상시 압력 · 수위계 · 급수관 · 배수관 · 급기관 · 맨홀 · 압력계 · 안전장치 및 압력저하방지장치의 설치상태
　③ 토출측에 설치된 압력계의 측정범위의 적정성
　④ 작동장치의 구조 및 기능의 적합성 여부(감지기 신호에 의한 자동작동 및 수동작동 장치의 오동작 보호장치의 설치여부)

(3) 승강식피난기 · 피난사다리의 점검항목(피난기구 및 인명구조기구의 공통사항은 제외)
　① 구동장치 외장커버의 봉인상태 등의 적정 여부
　② 구동부 이상음 발생 등의 기능상 적정 여부
　③ 하강구 내측에 금속구 등 장애요소 적정 여부
　④ 대피실의 면적과 하강구 크기의 적정 여부
　⑤ 비상제어장치, 안전 손잡이의 적정 여부
　⑥ 레일, 로프의 휨이나 변형 등의 적정 여부
　⑦ 대피실 방화구획 및 출입문의 적정 여부
　⑧ 대피실 비상조명등의 적정 여부
　⑨ 각종 표지판(층의 위치표시와 사용설명서 및 주의사항 표지판)의 적정 여부

2. 소방시설관리사가 지상 53층인 건축물의 점검과정에서 설계도면상 자동화재탐지설비의 통신 및 신호배선방식의 적합성 판단을 위해 「고층건축물의 화재안전기준(NFSC604)」에서 확인해야할 배선관련 사항을 모두 쓰시오.(2점)

해답 ① 통신·신호배선의 성능기준

통신·신호배선은 이중배선을 설치하도록 하고, 단선 시에도 고장표시가 되며 정상 작동할 수 있는 성능을 갖도록 설비를 하여야 한다.

② 통신·신호배선을 이중배선으로 설치하는 배선

㉮ 수신기와 수신기 사이의 통신배선

㉯ 수신기와 중계기 사이의 신호배선

㉰ 수신기와 감지기 사이의 신호배선

3. 소방기본법령상 특수가연물의 저장 및 취급 기준을 쓰시오.(3점)

해답 ① 특수가연물을 저장 또는 취급하는 장소에는 품명·최대수량 및 화기취급의 금지표지를 설치할 것

② 다음의 기준에 따라 쌓아 저장할 것. 다만, 석탄·목탄류를 발전(發電)용으로 저장하는 경우에는 그러하지 아니하다.

㉮ 품명별로 구분하여 쌓을 것

㉯ 쌓는 높이는 10미터 이하가 되도록 하고, 쌓는 부분의 바닥면적은 50제곱미터(석탄·목탄류의 경우에는 200제곱미터) 이하가 되도록 할 것. 다만, 살수설비를 설치하거나, 방사능력 범위에 해당 특수가연물이 포함되도록 대형수동식소화기를 설치하는 경우에는 쌓는 높이를 15미터 이하, 쌓는 부분의 바닥면적을 200제곱미터(석탄·목탄류의 경우에는 300제곱미터) 이하로 할 수 있다.

㉰ 쌓는 부분의 바닥면적 사이는 1미터 이상이 되도록 할 것

4. 포소화약제 저장탱크 내 약제를 보충하고자 한다. 다음 그림을 보고 그 조작
   순서를 쓰시오.(단, 모든 설비는 정상상태로 유지되어 있다.)(6점)

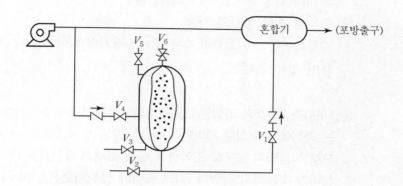

해답

① $V_1 \cdot V_2 \cdot V_4$: 잠근다.

② $V_3 \cdot V_5$: 개방 : (배수)

③ 챔버 내의 물 배수가 완료되면 V_3를 잠근다.

④ V_6 : 개방

⑤ V_2에 포약제 송액장치 연결

⑥ V_2를 개방하여 포소화약제를 서서히 송액한다.

⑦ 약제보충이 완료되었으면 V_2를 잠근다.

⑧ 소화펌프를 기동시킨다.

⑨ V_4를 서서히 개방하면서 급수한다.

⑩ $V_5 \cdot V_6$를 통해 공기의 배기가 완료되면 $V_5 \cdot V_6$를 잠근다.

⑪ 소화펌프를 정지시킨다.

⑫ V_1을 개방한다.

5. 청정소화약제설비 점검과정에서 점검자의 실수로 감지기 A·B가 동시에 작
   동하여 소화약제가 방출되기 전에 해당 방호구역 앞에서 점검자가 즉시 적
   절한 조치를 취하여 약제방출을 방지했다. 아래 물음에 답하시오.(단, 여기
   서 약제방출 지연시간은 30초 이며, 제3자의 개입은 없었다) (3점)
   (1) 조치를 취한 장치의 명칭 및 설치위치 (2점)
   (2) 조치를 취한 장치의 기능 (1점)

해답 (1) 조치를 취한 장치의 명칭 및 설치위치

① 명칭 : 비상스위치

② 설치위치 : 수동식 기동장치 부근

(2) 조치를 취한 장치의 기능

자동복귀형 스위치로서 수동식 기동장치의 타이머를 순간 정지시키는 기능이 있는 스위치

6. 지하3층 지상5층 복합건축물의 소방안전관리자가 소방시설을 유지·관리하는 과정에서 고의로 제어반에서 화재발생 시 소화펌프 및 제연설비가 자동으로 작동되지 않도록 조작하여 실제 화재가 발생했을 때 소화설비와 제연설비가 작동하지 않았다. 아래 물음에 답하시오.(단, 이 사고는 「화재예방, 소방시설 설치·유지 및 안전관리에 관한 법률」 제9조 제3항을 위반하여 동법 제48조의 벌칙을 적용 받았다.)(4점)

(1) 위 사례에서 소방안전관리자의 위반사항과 그에 따른 벌칙을 쓰시오.(2점)

① 위반내용

② 벌칙

(2) 위 사례에서 화재로 인해 사람이 상해를 입은 경우, 소방안전관리자가 받게 될 벌칙을 쓰시오.(2점)

해답 (1) 위 사례에서 소방안전관리자의 위반사항과 그에 따른 벌칙

① 위반내용 : 소방시설의 기능과 성능에 지장을 줄 수 있는 폐쇄(잠금을 포함)·차단 등의 행위

② 벌칙 : 5년 이하의 징역 또는 5천만 원 이하의 벌금

(2) 화재로 인해 사람이 상해를 입은 경우, 소방안전관리자가 받게 될 벌칙

7년 이하의 징역 또는 7천만 원 이하의 벌금

소방시설관리사 출제문제

소방시설의 점검실무행정

[문제1] 다음 물음에 답하시오.(40점)

1. R형복합형 수신기 화재표시 및 제어기능(스프링클러설비)의 조작·시험 시 표시창에 표시되어야 하는 성능시험 항목에 대하여 세부 확인사항 5가지를 각각 쓰시오.(10점)
   (1) 화재 표시창(5점)
   (2) 제어 표시창(5점)

해답　(1) 화재 표시창
① 화재신호를 수신하는 경우 적색의 화재표시등에 의하여 화재의 발생이 자동적으로 표시되는지 확인
② 지구표시장치에 의하여 화재가 발생한 당해 경계구역이 자동적으로 표시되는지 확인
③ 주음향장치 및 지구음향장치가 동작되는지 확인
④ 주음향장치는 스위치에 의하여 주음향장치의 울림이 정지된 상태에서도 새로운 경계구역의 화재신호를 수신하는 경우에는 자동적으로 주음향장치의 울림정지 기능을 해제하고 주음향장치가 울리는지 확인
⑤ 화재표시는 수동으로 복구시키지 아니하는 한 그 화재의 표시를 계속 유지하는지 확인

(2) 제어 표시창
① 각 유수검지장치, 일제개방밸브 및 펌프의 작동여부를 확인할 수 있는 표시기능이 있어야 한다.

② 수원 또는 물올림탱크의 저수위 감시 표시기능이 있어야 한다.

③ 일제개방밸브를 개방시킬 수 있는 스위치를 설치하여야 한다.

④ 각 펌프를 수동으로 작동 또는 중단시킬 수 있는 스위치를 설치하여야 한다.

⑤ 일제개방밸브를 사용하는 설비의 화재감지를 화재감지기에 의하는 경우에는 경계회로별로 화재표시를 할 수 있어야 한다.

2. R형복합형 수신기 점검 중 1계통에 있는 전체 중계기의 통신램프가 점멸되지 않을 경우 발생원인과 확인절차를 각각 쓰시오.(6점)

해답 (1) 발생원인

① 수신기와 중계반 사이의 통신선로의 단선 또는 결선 불량

② 통신카드 불량

③ 수신기 자체의 고장

(2) 확인절차

① 전류전압측정기를 DC로 전환한다.

② 통신 +단자와 통신 −단자에 리드봉을 접속한다.

③ 이 상태에서 전압 출력이 없을 경우 통신이 되지 않는 상황이다.

3. 소방펌프 동력제어반의 점검 시 화재신호가 정상 출력되었음에도 동력제어반의 전로기구 및 관리상태 이상으로 소방펌프의 자동기동이 되지 않을 수 있는 주요원인 5가지를 쓰시오.(5점)

해답 ① 동력제어반의 펌프제어용 셀렉터(선택) 스위치가 "수동" 위치에 있는 경우

② 동력제어반의 주전원공급용 배선용 차단기의 전원차단 상태

③ 동력제어반의 주전원공급용 전자접촉기가 불량하여 전원공급 불가

④ 동력제어반의 주전원공급용 열동계전기의 불량 또는 트립된 상태로 전원공급 불가

⑤ 동력제어반의 제어회로용 퓨즈가 단선되어 전자접촉기 자동동작 불가

4. 소방펌프용 농형유도전동기에서 Y결선과 Δ결선의 피상전력이 $P_a = \sqrt{3}\,VI[\mathrm{VA}]$으로 동일함을 전류, 전압을 이용하여 증명하시오.(5점)

해답 (1) Y결선

$$V_p = \frac{V_\ell}{\sqrt{3}}, \quad I_p = I_\ell \text{이므로}$$

$$\text{피상전력}(P_a) = 3V_pI_p = 3 \times \frac{V_\ell}{\sqrt{3}} \times I_\ell = \sqrt{3}\,V_\ell I_\ell$$

여기서, V_p : 상전압, V_ℓ : 선간전압, I_p : 상전류, I_ℓ : 선간전류

(2) Δ결선

$$V_p = V_\ell, \quad I_p = \frac{I_\ell}{\sqrt{3}} \text{이므로}$$

$$\text{피상전력}(P_a) = 3V_pI_p = 3 \times V_\ell \times \frac{I_\ell}{\sqrt{3}} = \sqrt{3}\,V_\ell I_\ell$$

여기서, V_p : 상전압, V_ℓ : 선간전압, I_p : 상전류, I_ℓ : 선간전류

∴ 위와 같이 Y결선 시의 피상전력과 Δ결선 시의 피상전력이 동일하다.

5. 아날로그방식 감지기에 관하여 다음 물음에 답하시오.(9점)
   (1) 감지기의 동작특성에 대하여 설명하시오.(3점)
   (2) 감지기의 시공방법에 대하여 설명하시오.(3점)
   (3) 수신반 회로수 산정에 대하여 설명하시오.(3점)

해답 (1) 감지기의 동작특성
   ① 주위의 온도 또는 연기농도의 변화에 따라 각각 다른 전류값 또는 전압값의 출력을 발하는 것으로 즉, 연속적으로 변화하는 물리량을 전송하는 개념이다.
   ② 각 감지기별로 고유의 주소(Address) 기능을 보유하고 있다.
   ③ 단계별(예비경보, 화재경보, 설비연동) 동작특성이 있다.

(2) 감지기의 시공방법
   ① 배선은 통신선(Twisted pair)으로서 전자파의 방해를 받지 않는 차폐배선(Shield선)을 사용

② 아날로그방식 감지기회로의 계통도

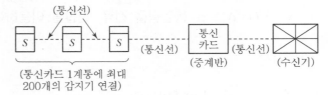

(통신선)

(통신카드 1계통에 최대
200개의 감지기 연결)

(중계반)

(수신기)

(3) 수신반 회로수 산정

각 감지기별로 고유의 주소기능이 있으므로, 각 감지기당 하나의 회로를 구성한다. 따라서, 감지기 설치개수가 바로 회로수이다.

6. 중계기 점검 중 감지기가 정상 동작하여도 중계기가 신호입력을 못 받을 때의 확인절차를 쓰시오.(5점)

해답

① 전류전압측정기를 "DC"로 전환한다.
② 해당구역 중계기의 회로단자와 공통단자에 리드봉을 접속한다.
③ 측정상태에서 출력전압으로 다음과 같이 판정한다.
  • 정상상태 : 약 21V 정도로 나오다가 감지기 동작 시 0V로 떨어진다.
  • 통신불능 : 측정상태에서 0V(전압출력이 없음)

[문제2] 다음 물음에 답하시오.(30점)

1. 물계통 소화설비의 관부속(90도 엘보, 티[분류]) 및 밸브류(볼밸브, 게이트밸브, 체크밸브, 앵글밸브) 상당 직관장(등가길이)이 작은 것부터 순서대로 도시기호를 그리시오.(단, 상당 직관장 배관경은 65mm이고 동일 시험조건이다.)(8점)

해답

게이트밸브	90도 엘보	티(분류)	체크밸브	앵글밸브	볼밸브

2. "소방시설 자체점검사항 등에 관한 고시" 중 소방시설외관점검표에 의한
스프링클러 · 물분무 · 포소화설비의 점검내용 6가지를 쓰시오.(4점)

해답
① 수원의 양 적정 여부
② 제어밸브의 개폐, 작동, 접근 등의 용이성 여부
③ 제어밸브의 수압 및 공기압 계기가 정상압으로 유지되고 있는지 여부
④ 배관 및 헤드의 누수 여부
⑤ 헤드 감열 및 살수 분포의 방해물 설치 여부
⑥ 동결 또는 부식할 우려가 있는 부분에 보온 · 방호조치가 되고 있는지 여부

3. 고시원업[구획된 실 안에 학습자가 공부할 수 있는 시설을 갖추고 숙박
또는 숙식을 제공하는 형태의 영업]의 영업장에 설치된 간이스프링클러
설비에 대하여 작동기능점검표에 의한 점검내용과 종합정밀점검표에 의
한 점검내용을 모두 쓰시오.(10점)

해답
(1) 작동기능점검
① 물탱크는 항상 충분한 양의 물이 들어 있는지 확인
② 전동기 및 펌프작동 확인
③ 배관은 파손, 변형 및 밸브가 잠겨있나 확인
④ 제어반의 사용전원과 비상전원의 이상 유무 확인
⑤ 경보장치 스위치는 항상 ON인가 확인

(2) 종합정밀점검
① 수원의 양은 적정한가 확인
② 가압송수장치의 작동 확인
③ 배관 및 밸브 등의 설치순서 확인
④ 배관 및 밸브의 파손 · 변형 확인
⑤ 제어반의 사용전원과 비상전원의 이상 유무 확인
⑥ 습식유수검지장치의 유무 확인
⑦ 헤드의 누수, 변형, 손상, 도색 등이 있는지의 여부 확인
⑧ 헤드의 감열 및 살수장애 확인
⑨ 칸막이 설치 등으로 인한 헤드의 미설치 부분의 유무 확인
⑩ 송수구 패킹의 노화 및 결합 여부 확인

⑪ 시험밸브 개방 시 해당 영업장 내의 음향경보 확인
⑫ 유수검지장치의 알람스위치 작동 및 수신반의 화재표시등 점등 확인
⑬ 기동용 수압개폐장치의 작동과 가압송수장치의 기동 확인

4. 하나의 특정소방대상물에 특별피난계단의 계단실 및 부속실 제연설비를 화재안전기준(NFSC 501A)에 의하여 설치한 경우 "시험, 측정 및 조정 등"에 관한 "제연설비 시험 등의 실시 기준"을 모두 쓰시오.(8점)

해답 ① 제연구역의 모든 출입문 등의 크기와 열리는 방향이 설계 시와 동일한지 여부를 확인하고, 동일하지 아니한 경우 급기량과 보충량 등을 다시 산출하여 조정가능 여부 또는 재설계·개수의 여부를 결정할 것
② '①'의 기준에 따른 확인결과 출입문 등이 설계 시와 동일한 경우에는 출입문마다 그 바닥 사이의 틈새가 평균적으로 균일한지 여부를 확인하고, 큰 편차가 있는 출입문 등에 대하여는 그 바닥의 마감을 재시공하거나, 출입문 등에 불연재료를 사용하여 틈새를 조정할 것
③ 제연구역의 출입문 및 복도와 거실(옥내가 복도와 거실로 되어 있는 경우에 한한다) 사이의 출입문마다 제연설비가 작동하고 있지 아니한 상태에서 그 폐쇄력을 측정할 것
④ 옥내의 층별로 화재감지기(수동기동장치를 포함한다)를 동작시켜 제연설비가 작동하는지 여부를 확인할 것. 다만, 둘 이상의 특정소방대상물이 지하에 설치된 주차장으로 연결되어 있는 경우에는 주차장에서 하나의 특정소방대상물의 제연구역으로 들어가는 입구에 설치된 제연용 연기감지기의 작동에 따라 특정소방대상물의 해당 수직풍도에 연결된 모든 제연구역의 댐퍼가 개방되도록 하고 비상전원을 작동시켜 급기 및 배기용 송풍기의 성능이 정상인지 확인할 것
⑤ '④'의 기준에 따라 제연설비가 작동하는 경우 다음 각 목의 기준에 따른 시험 등을 실시할 것
　㉠ 부속실과 면하는 옥내 및 계단실의 출입문을 동시에 개방할 경우, 유입공기의 풍속이 NFSC 501A 제10조의 규정에 따른 방연풍속에 적합한지 여부를 확인하고, 적합하지 아니한 경우에는 급기구의 개구율과 송풍기의 풍량조절 댐퍼 등을 조정하여 적합하게 할 것. 이 경우 유입공기의 풍속은 출입문의 개방에 따른 개구부를 대칭적으로 균등 분할하는 10 이상의 지점에서 측정하는 풍속의 평균치로 할 것

ⓛ 'ⓖ'의 기준에 따른 시험 등의 과정에서 출입문을 개방하지 아니하는 제연구역의 실제 차압이 NFSC 501A 제6조 제3항의 기준에 적합한지 여부를 출입문 등에 차압측정공을 설치하고 이를 통하여 차압측정기구로 실측하여 확인·조정할 것

ⓒ 제연구역의 출입문이 모두 닫혀 있는 상태에서 제연설비를 가동시킨 후 출입문의 개방에 필요한 힘을 측정하여 NFSC 501A 제6조 제2항의 규정에 따른 개방력에 적합하지 여부를 확인하고, 적합하지 아니한 경우에는 급기구의 개구율 조정 및 플랩댐퍼(설치하는 경우에 한한다)와 풍량조절용 댐퍼 등의 조정에 따라 적합하도록 조치할 것

ⓔ 'ⓖ'의 기준에 따른 시험 등의 과정에서 부속실의 개방된 출입문이 자동으로 완전히 닫히는지 여부를 확인하고, 닫힌 상태를 유지할 수 있도록 조정할 것

[문제3] 다음 물음에 답하시오.(30점)

1. 피난안전구역에 설치하는 소방시설 중 제연설비 및 휴대용비상조명등의 설치기준을 고층건축물의 화재안전기준(NFSC 604)에 따라 각각 쓰시오.(6점)

해답 (1) 제연설비

피난안전구역(제연구역)과 비 제연구역 간의 차압은 50Pa(옥내에 스프링클러설비가 설치된 경우에는 12.5Pa) 이상으로 하여야 한다. 다만, 피난안전구역의 한쪽 면 이상이 외기에 개방된 구조의 경우에는 설치하지 아니할 수 있다.

(2) 휴대용비상조명등

1) 휴대용비상조명등을 다음 각호의 기준에 따른 수량으로 설치하여야 한다.

① 초고층건축물에 설치된 피난안전구역 : 피난안전구역 위층의 재실자수(「건축물의 피난·방화구조 등의 기준에 관한 규칙」 별표 1의 2에 따라 산정된 재실자 수를 말한다)의 10분의 1 이상

② 지하연계 복합건축물에 설치된 피난안전구역 : 피난안전구역이 설치된 층의 수용인원(영 별표 2에 따라 산정된 수용인원을 말한다)의 10분의 1 이상

2) 건전지 및 충전식 건전지의 용량은 40분 이상 유효하게 사용할 수 있
는 것으로 한다. 다만, 피난안전구역이 50층 이상에 설치되어 있을 경
우의 용량은 60분 이상으로 할 것

2. 연소방지시설의 화재안전기준(NFSC 506)에 관하여 다음 물음에 답하시
오.(5점)
(1) 연소방지도료와 난연테이프의 용어 정의를 각각 쓰시오.(2점)
(2) 방화벽의 용어 정의와 설치기준을 각각 쓰시오.(3점)

해답 (1) 연소방지도료와 난연테이프의 용어 정의
① "연소방지도료"란, 케이블·전선 등에 칠하여 가열할 경우 칠한 막의
부분이 발포(發疱)하거나 단열의 효과가 있어 케이블·전선 등이 연
소하는 것을 지연시키는 도료를 말한다.
② "난연테이프"란, 케이블·전선 등에 감아 케이블·전선 등이 연소하
는 것을 지연시키는 테이프를 말한다.

(2) 방화벽의 용어 정의와 설치기준
① "방화벽"이란, 화재의 연소를 방지하기 위하여 설치하는 벽을 말한다.
② 방화벽의 설치기준은 다음 각 호에 따른다.
㉠ 내화구조로서 홀로 설 수 있는 구조일 것
㉡ 방화벽에 출입문을 설치하는 경우에는 방화문으로 할 것
㉢ 방화벽을 관통하는 케이블·전선 등에는 내화성이 있는 화재차단
재로 마감할 것
㉣ 방화벽의 위치는 분기구 및 환기구 등의 구조를 고려하여 설치할 것

3. 「화재예방, 소방시설 설치·유지 및 안전관리에 관한 법률」 시행령 제15
조에 근거한 인명구조기구 중 공기호흡기를 설치해야 할 특정소방대상
물과 설치기준을 각각 쓰시오.(7점)

해답 (1) 공기호흡기를 설치해야 할 특정소방대상물
① 수용인원 100명 이상인 문화 및 집회시설 중 영화상영관
② 판매시설 중 대규모 점포
③ 운수시설 중 지하역사

④ 지하가 중 지하상가
⑤ 물분무등소화설비를 설치하는 특정소방대상물 및 화재안전기준에 따라 이산화탄소소화설비(호스릴이산화탄소소화설비는 제외한다)를 설치하여야 하는 특정소방대상물

(2) 공기호흡기의 설치기준

① 특정소방대상물의 용도 및 장소별로 설치하여야 할 인명구조기구

특정소방대상물	인명구조기구의 종류	설치수량
• 지하층을 포함하는 층수가 7층 이상인 관광호텔 및 5층 이상인 병원	• 방열복 또는 방화복(헬멧, 보호장갑, 안전화 포함) • 공기호흡기 • 인공소생기	• 각 2개 이상 비치할 것. 다만, 병원의 경우에는 인공소생기를 설치하지 않을 수 있다.
• 문화 및 집회시설 중 수용인원 100명 이상의 영화상영관 • 판매시설 중 대규모 점포 • 운수시설 중 지하역사 • 지하가 중 지하상가	• 공기호흡기	• 층마다 2개 이상 비치할 것. 다만, 각 층마다 갖추어 두어야 할 공기호흡기 중 일부를 직원이 상주하는 인근 사무실에 갖추어 둘 수 있다.
• 물분무등소화설비 중 이산화탄소소화설비를 설치하여야 하는 특정소방대상물	• 공기호흡기	• 이산화탄소소화설비가 설치된 장소의 출입구 외부 인근에 1대 이상 비치할 것

② 화재 시 쉽게 반출 사용할 수 있는 장소에 비치할 것
③ 인명구조기구가 설치된 가까운 장소의 보기 쉬운 곳에 "인명구조기구"라는 축광식 표지와 그 사용방법을 표시한 표시를 부착하되, 축광식 표지는 소방청장이 고시한 「축광표지의 성능인증 및 제품검사의 기술기준」에 적합한 것으로 할 것

4. 다음 물음에 답하시오.(12점)

(1) LCX케이블(LCX-FR-SS-42D-146)의 표시사항을 빈칸에 각각 쓰시오.(5점)

표시	설명
LCX	누설동축케이블
FR	난연성(내열성)
SS	㉠
42	㉡
D	㉢
14	㉣
6	㉤

(2) 위험물안전관리법 시행규칙에 따른 제5류 위험물에 적응성 있는 대형·소형 소화기의 종류를 모두 쓰시오.(7점)

해답 (1) LCX케이블의 표시사항

① ㉠(SS) : 자기지지(Self Supporting)

② ㉡(42) : 절연체의 외경(42mm)

③ ㉢(D) : 특성임피던스(50Ω)

④ ㉣(14) : 사용주파수(150~400MHz 대역 전용)

⑤ ㉤(6) : 결합손실(6dB)

(2) 제5류 위험물에 적응성 있는 대형·소형 소화기의 종류

① 봉상수소화기

② 무상수소화기

③ 봉상강화액소화기

④ 무상강화액소화기

⑤ 포소화기

소방시설관리사 출제문제

소방시설의 점검실무행정

[문제1] 다음 물음에 답하시오.(40점)

1. 공동주택(아파트)에 설치된 옥내소화전설비에 대해 작동기능점검을 실시하려고 한다. 소화전 방수압 시험의 점검내용과 점검결과에 따른 가부판정기준에 대하여 각각 쓰시오.(5점)

(1) 점검내용(2점)
(2) 방사시간, 방사압력과 방사거리에 대한 가부판정기준(3점)

해답 (1) 점검내용

최상층 소화전을 이용한 방수상태 확인·점검
① 방수압력 및 거리(관계인) 적정 확인
② 최상층 소화전 개방 시 소화펌프 자동기동 및 기동표시등 점등 확인

(2) 방사시간, 방사압력과 방사거리에 대한 가부판정기준

① 방사시간 : 3분
② 방사압력 : 0.17MPa 이상
③ 방사거리 : 8m 이상

2. 공동주택(아파트) 지하 주차장에 설치되어 있는 준비작동식 스프링클러설비에 대해 작동기능점검을 실시하려고 한다. 다음 물음에 관하여 각각 쓰시오.(단, 작동기능점검을 위해 사전조치사항으로 2차측 개폐밸브는 폐쇄하였다.)(9점)

(1) 준비작동식밸브(프리액션밸브)를 작동시키는 방법에 관하여 모두 쓰
시오.(4점)

(2) 작동기능점검 후 복구절차이다. (   )에 들어갈 내용을 쓰시오.(5점)

1. 펌프를 정지시키기 위해 1차측 개폐밸브 폐쇄
2. 수신기의 복구스위치를 눌러 경보를 정지, 화재표시등을 끈다.
3. (㉠)
4. (㉡)
5. 급수밸브(세팅밸브) 개방하여 급수
6. (㉢)
7. (㉣)
8. (㉤)
9. 펌프를 수동으로 정지한 경우 수신반을 자동으로 놓는다.(복구 완료)

해답

(1) 준비작동식밸브(프리액션밸브)를 작동시키는 방법

① 방호구역 내 A · B 교차회로의 감지기를 동시에 작동시키는 경우
② 수동조작함(SVP)의 수동조작스위치를 작동시키는 경우
③ 준비작동식밸브에 설치된 수동기동밸브를 작동시키는 경우
④ 감시제어반(수신기)에서 준비작동식밸브의 수동기동스위치를 작동시
키는 경우
⑤ 감시제어반(수신기)에서 「동작시험」 선택 후 작동시험스위치를 통하
여 작동시키는 경우

(2) 작동기능점검 후 복구절차

1. 펌프를 정지시키기 위해 1차측 개폐밸브 폐쇄
2. 수신기의 복구스위치를 눌러 경보를 정지, 화재표시등을 끈다.
3. ㉠ : < 배수완료 확인 후 배수밸브 폐쇄 >
4. ㉡ : < 수동기동밸브 폐쇄 : (수동기동밸브로 작동시킨 경우) >
5. 급수밸브(세팅밸브) 개방하여 급수
6. ㉢ : < 1차측 개폐밸브를 서서히 개방하면서 1차측 압력계의 압력상승을 확인 >

| 7. ㉣ : < 세팅밸브 폐쇄 > |
| 8. ㉤ : < 2차측 개폐밸브 서서히 개방 > |
| 9. 펌프를 수동으로 정지한 경우 수신반을 자동으로 놓는다.(복구완료) |

3. 이산화탄소소화설비의 종합정밀점검 시 '전원 및 배선'에 대한 점검항목 중 5가지를 쓰시오.(5점)

해답
① 수전전압에 따른 배선방식
② 비상전원의 화재·침수 등 재해방지 환경
③ 비상전원의 종류
④ 비상전원에 대한 전기사업법에 따른 정기점검 결과 확인
⑤ 연료보유 적정 여부
⑥ 비상전원의 조명, 방화구획 및 비상전원설비 외 다른 설비·물품의 설치 또는 비치 여부

4. 소방대상물의 주요구조부가 내화구조인 장소에 공기관식 차동식분포형감지기가 설치되어 있다. 다음 물음에 답하시오.(13점)

(1) 공기관식 차동식분포형감지기의 설치기준에 관하여 쓰시오.(6점)

(2) 공기관식 차동식분포형감지기의 작동계속시험 방법에 관하여 ( )에 들어갈 내용을 쓰시오.(4점)

| 1. 검출부의 시험구멍에 (㉠)을/를 접속한다. |
| 2. 시험코크를 조작해서 (㉡)에 놓는다. |
| 3. 검출부에 표시된 공기량을 (㉢)에 투입한다. |
| 4. 공기를 투입한 후 (㉣)을/를 측정한다. |

(3) 작동계속시험 결과 작동지속시간이 기준치 미만으로 측정되었다. 이러한 결과가 나타나는 경우의 조건 3가지를 쓰시오.(3점)

해답 (1) 공기관식 차동식분포형감지기의 설치기준

① 공기관의 노출부분은 감지구역마다 20m 이상이 되도록 할 것
② 공기관과 감지구역의 각 변과의 수평거리는 1.5m 이하가 되도록 하고, 공기관 상호간의 거리는 6m(주요구조부를 내화구조로 한 특정소방대상물 또는 그 부분에 있어서는 9m) 이하가 되도록 할 것
③ 공기관은 도중에서 분기하지 아니하도록 할 것
④ 하나의 검출부분에 접속하는 공기관의 길이는 100m 이하로 할 것
⑤ 검출부는 5도 이상 경사되지 아니하도록 부착할 것
⑥ 검출부는 바닥으로부터 0.8m 이상 1.5m 이하의 위치에 설치할 것

(2) 공기관식 차동식분포형감지기의 작동계속시험 방법

1. 검출부의 시험구멍에 (㉠ : 공기주입시험기)를 접속한다.
2. 시험코크를 조작해서 (㉡ : 시험위치(P.A))에 놓는다.
3. 검출부에 표시된 공기량을 (㉢ : 공기관)에 투입한다.
4. 공기를 투입한 후 (㉣ : 감지기 동작 후 감지기의 동작이 해제될 때까지 시간)을 측정한다.

(3) 작동계속시험 결과 작동지속시간이 기준치 미만으로 측정되었다. 이러한 결과가 나타나는 경우의 조건 3가지

① 리크 저항치가 규정치보다 작은 경우
② 접점수고 값이 기준치보다 높은 경우
③ 공기관이 누설되는 경우

5. 자동화재탐지설비에 대한 작동기능점검을 실시하고자 한다. 다음 물음에 답하시오.(8점)

(1) 수신기에 관한 점검항목과 점검내용이다. ( )에 들어갈 내용을 쓰시오.(4점)

점검항목	점검내용
(㉠)	(㉡)
절환장치(예비전원)	상용전원 OFF 시 자동 예비전원 절환 여부

점검항목	점검내용
스위치	스위치 정위치(자동) 여부
(ㄷ)	(ㄹ)
(ㅁ)	(ㅂ)
(ㅅ)	(ㅇ)

(2) 수신기에서 예비전원감시등이 소등상태일 경우 예상원인과 점검방법이다. (　)에 들어갈 내용을 쓰시오. (4점)

예상원인	조치 및 점검방법
1. 퓨즈단선	(ㄴ)
2. 충전불량	(ㄷ)
3. (ㄱ)	(ㄹ)
4. 배터리 완전방전	

해답 (1) 수신기에 관한 점검항목과 점검내용

점검항목	점검내용
(ㄱ : 전원)	(ㄴ : 전원공급 및 전원표시등 정상 여부 확인)
절환장치(예비전원)	상용전원 OFF 시 자동 예비전원 절환 여부
스위치	스위치 정위치(자동) 여부
(ㄷ : 경계구역 일람도)	(ㄹ : 경계구역일람도 비치 여부)
(ㅁ : 도통시험)	(ㅂ : 회로단선 여부)
(ㅅ : 동작시험)	(ㅇ : 주·지구경종 및 시각경보기 작동상태)

(2) 수신기의 예비전원감시등이 소등상태일 경우 예상원인과 점검방법

예상원인	조치 및 점검방법
1. 퓨즈단선	(ㄴ : 수신기 전원을 끈 후 표시된 용량의 퓨즈로 교체한다.)
2. 충전불량	(ㄷ : 충전부 커넥터 등 접촉불량 개소 확인 후 충전한다.)

예상원인	조치 및 점검방법
3. (㉠ : 예비전원(배터리) 불량)	(㉣ : 배터리 교체 후 제조사의 권장시간 동안 충전한다.)
4. 배터리 완전방전	

[문제2] 다음 물음에 답하시오.(30점)

1. 「화재예방, 소방시설 설치·유지 및 안전관리에 관한 법률」에 따른 특정소방대상물의 관계인이 특정소방대상물의 규모·용도 및 수용인원 등을 고려하여 갖추어야 하는 소방시설의 종류에서 다음 물음에 답하시오.(13점)

    (1) 단독경보형 감지기를 설치하여야 하는 특정소방대상물에 관하여 쓰시오.(6점)
    (2) 시각경보기를 설치하여야 하는 특정소방대상물에 관하여 쓰시오.(4점)
    (3) 자동화재탐지설비와 시각경보기 점검에 필요한 점검장비에 관하여 쓰시오.(3점)

해답 (1) 단독경보형 감지기를 설치하여야 하는 특정소방대상물

① 연면적 1,000m² 미만의 아파트
② 연면적 1,000m² 미만의 기숙사
③ 교육연구시설 또는 수련시설 내에 있는 합숙소 또는 기숙사로서 연면적 2,000m² 미만인 것
④ 연면적 600m² 미만의 숙박시설
⑤ 숙박시설이 있는 수련시설로서 수용인원 100명 미만인 것
⑥ 연면적 400m² 미만의 유치원

(2) 시각경보기를 설치하여야 하는 특정소방대상물

① 근린생활시설, 문화 및 집회시설, 종교시설, 판매시설, 운수시설, 운동시설, 위락시설, 창고시설 중 물류터미널
② 의료시설, 노유자시설, 업무시설, 숙박시설, 발전시설 및 장례시설
③ 교육연구시설 중 도서관, 방송통신시설 중 방송국
④ 지하가 중 지하상가

(3) 자동화재탐지설비와 시각경보기 점검에 필요한 점검장비

　　열감지기시험기, 연(煙)감지기시험기, 공기주입시험기, 감지기시험기의
　　연결폴대, 음량계

2. 화재안전기준 및 다음 조건에 따라 물음에 답하시오.(6점)

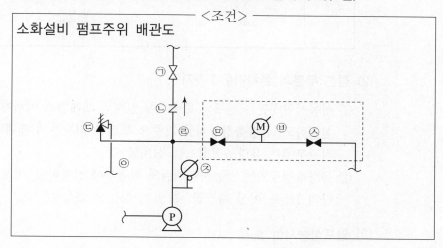

(1) (　)에 들어갈 내용을 쓰시오.(2점)

기호	소방시설 도시기호	명칭 및 기능
㉡		(①)
㉢		(②)

(2) 점선 부분의 설치기준 2가지를 쓰시오.(2점)

(3) 펌프성능시험 방법을 (　)에 순서대로 쓰시오.(2점)

＜보기＞
1. 주펌프 기동　2. 주펌프 정지　3. '㉠' 폐쇄　4. '㉢' 개방
5. '㉤' 개방　6. '㉥' 확인　7. '㉦' 개방　8. '㉧' 확인
9. '㉨' 확인

① 체절운전 시 : 3-(　)-(　)-(　)-(　)-(　)(1점)
② 정격운전 시 : 3-(　)-(　)-(　)-(　)-(　)-(　)(1점)

해답 (1) ( ) 안에 들어갈 내용

기호	소방시설 도시기호		명칭 및 기능
㉡		①	• 명칭 : 체크밸브 • 기능 : 역류방지기능
㉢		②	• 명칭 : 릴리프밸브 • 기능 : 체절운전 시 공회전에 의한 수온상승 방지

(2) 점선 부분의 설치기준 2가지

① 성능시험배관은 펌프의 토출측에 설치된 개폐밸브 이전에서 분기하여 설치하고, 유량측정장치를 기준으로 전단 직관부에 개폐밸브를, 후단 직관부에는 유량조절밸브를 설치할 것

② 유량측정장치는 성능시험배관의 직관부에 설치하되, 펌프의 정격토출량의 175% 이상 측정할 수 있는 성능이 있을 것

(3) 펌프성능시험 순서

① 체절운전 시 : 3(주밸브 폐쇄) - 1(주펌프 기동) - 9(압력계 확인) - 4(릴리프밸브 개방) - 8(순환배관 방출) - 2(주펌프 정지)

② 정격운전 시 : 3(주밸브 폐쇄) - 5(개폐밸브 개방) - 1(주펌프 기동) - 7(유량조절밸브 개방) - 6(유량계 확인) - 9(압력계 확인) - 2(주펌프 정지)

3. 소방시설관리사 시험의 응시자격에서 소방안전관리자 자격을 가진 사람은 최소 몇 년 이상의 실무경력이 필요한지 각각 쓰시오.(3점)

> • 특급 소방안전관리자로 (㉠)년 이상 근무한 실무 경력이 있는 사람
> • 1급 소방안전관리자로 (㉡)년 이상 근무한 실무 경력이 있는 사람
> • 3급 소방안전관리자로 (㉢)년 이상 근무한 실무 경력이 있는 사람

해답 ㉠ : 2년   ㉡ : 3년   ㉢ : 7년

4. 제연설비의 설치장소 및 제연구획의 설치기준에 관하여 각각 쓰시오.(8점)

(1) 설치장소에 대한 구획기준(5점)

(2) 제연구획의 설치기준(3점)

해답 (1) 설치장소에 대한 구획기준

① 하나의 제연구역의 면적은 1,000m² 이내로 할 것

② 거실과 통로(복도를 포함한다. 이하 같다)는 상호 제연구획 할 것

③ 통로상의 제연구역은 보행중심선의 길이가 60m를 초과하지 아니할 것

④ 하나의 제연구역은 직경 60m 원내에 들어갈 수 있을 것

⑤ 하나의 제연구역은 2개 이상 층에 미치지 아니하도록 할 것. 다만, 층의 구분이 불분명한 부분은 그 부분을 다른 부분과 별도로 제연구획하여야 한다.

(2) 제연구획의 설치기준

① 재질은 내화재료, 불연재료 또는 제연경계벽으로 성능을 인정받은 것으로서 화재 시 쉽게 변형·파괴되지 아니하고 연기가 누설되지 않는 기밀성 있는 재료로 할 것

② 제연경계는 제연경계의 폭이 0.6m 이상이고, 수직거리는 2m 이내이어야 한다. 다만, 구조상 불가피한 경우는 2m를 초과할 수 있다.

③ 제연경계벽은 배연 시 기류에 따라 그 하단이 쉽게 흔들리지 아니하여야 하며, 또한 가동식의 경우에는 급속히 하강하여 인명에 위해를 주지 아니하는 구조일 것

[문제3] 다음 물음에 답하시오.(30점)

1. 이산화탄소소화설비(NFSC 106)에 관하여 다음 물음에 답하시오.(8점)

(1) 이산화탄소소화설비의 비상스위치 작동점검 순서를 쓰시오.(4점)

(2) 분사헤드의 오리피스구경 등에 관하여 (   )에 들어갈 내용을 쓰시오.(4점)

구분	기준
표시내용	(㉠)
분사헤드의 개수	(㉡)
방출율 및 방출압력	(㉢)
오리피스의 면적	(㉣)

해답　(1) 이산화탄소소화설비의 비상스위치 작동점검 순서

① 제어반 솔레노이드밸브의 연동정지 스위치를 누른다.

② 기동용기의 솔레노이드밸브를 분리(안전핀을 체결한 상태에서 실시)한다.

③ 솔레노이드밸브의 안전핀을 제거한 후 기동용기의 동관을 분리한다.

④ 제어반의 음향경보를 정지시킨다.

⑤ 감지기 2개회로 작동 또는 수동조작스위치를 작동시킨다.

⑥ 지연타이머의 동작 확인 후 비상스위치를 눌러 지연타이머가 정지하는지 확인한다.

⑦ 비상스위치를 해제하여 솔레노이드밸브의 격발을 확인한 후 원래 상태로 복구한다.

(2) 분사헤드의 오리피스구경 등에 관하여 (　)에 들어갈 내용

구분	기준
표시내용	(㉠ : 오리피스의 크기, 제조일자, 제조업체)
분사헤드의 개수	(㉡ : 방호구역에 방사시간이 충족되도록 설치)
방출율 및 방출압력	(㉢ : 제조업체에서 정한 값)
오리피스의 면적	(㉣ : 분사헤드가 연결되는 배관구경면적의 70%를 초과하지 아니할 것)

2. 자동화재탐지설비(NFSC 203)에 관하여 다음 물음에 답하시오.(17점)

(1) 중계기 설치기준 3가지를 쓰시오.(3점)

(2) 다음 표에 따른 설비별 중계기 입력 및 출력 회로수를 각각 구분하여 쓰시오.(4점)

설비별	회로	입력(감시)	출력(제어)
자동화재 탐지설비	발신기, 경종 시각경보기	(㉠)	(㉡)
습식스프링클러 설비	압력스위치 탬퍼스위치 사이렌	(㉢)	(㉣)
준비작동식 스프링클러설비	감지기 A 감지기 B 압력스위치 탬퍼스위치 솔레노이드 사이렌	(㉤)	(㉥)
할로겐화합물 및 불활성기체 소화설비	감지기 A 감지기 B 압력스위치 지연스위치 솔레노이드 사이렌 방출표시등	(㉦)	(㉧)

(3) 광전식분리형감지기 설치기준 6가지를 쓰시오.(6점)

(4) 취침 · 숙박 · 입원 등 이와 유사한 용도로 사용되는 거실에 설치하여야 하는 연기감지기 설치대상 특정소방대상물 4가지를 쓰시오.(4점)

해답 (1) 중계기 설치기준 3가지

① 수신기에서 직접 감지기회로의 도통시험을 행하지 아니하는 것에 있어서는 수신기와 감지기 사이에 설치할 것

② 조작 및 점검에 편리하고 화재 및 침수 등의 재해로 인한 피해를 받을 우려가 없는 장소에 설치할 것

③ 수신기에 따라 감시되지 아니하는 배선을 통하여 전력을 공급받는 것에 있어서는 전원입력측의 배선에 과전류 차단기를 설치하고 해당 전원의 정전이 즉시 수신기에 표시되는 것으로 하며, 상용전원 및 예비전원의 시험을 할 수 있도록 할 것

(2) 설비별 중계기 입력 및 출력 회로수

설비별	회로	입력(감시)	출력(제어)
자동화재 탐지설비	발신기 경종 시각경보기	㉠ 입력 1 : 발신기	㉡ 출력 2 : 경종 시각경보기
습식스프링클러 설비	압력스위치 탬퍼스위치 사이렌	㉢ 입력 2 : 압력스위치 탬퍼스위치	㉣ 출력 1 : 사이렌
준비작동식 스프링클러설비	감지기 A 감지기 B 압력스위치 탬퍼스위치 솔레노이드 사이렌	㉤ 입력 4 : 감지기 A 감지기 B 압력스위치 탬퍼스위치	㉥ 출력 2 : 솔레노이드 사이렌
할로겐화합물 및 불활성기체 소화설비	감지기 A 감지기 B 압력스위치 지연스위치 솔레노이드 사이렌 방출표시등	㉦ 입력 4 : 감지기 A 감지기 B 압력스위치 지연스위치)	◎ 출력 3 : 솔레노이드 사이렌 방출표시등 (단, 전용 제어반이 설치된 시스템에서 는 R형 수신기에서 의 출력은 없음)

주의
> 가스계소화설비에는 대부분 전용제어반(P형수신기)을 소화약제저장용기실
> 내에 설치하여 출력회로(솔레노이드, 사이렌, 방출표시등)가 여기에 연결되
> 므로, R형수신기에는 입력회로만 연결되고 출력회로는 연결되지 않는다.
> 그러나 만일, 전용제어반(P형수신기)이 설치되지 아니하고 수신기에 직접
> 연결되는 시스템이라면, 위 답안과 같이 중계기에 출력회로가 연결된다.

(3) 광전식분리형감지기 설치기준 6가지

① 감지기의 수광면은 햇빛을 직접 받지 않도록 설치할 것
② 광축(송광면과 수광면의 중심을 연결한 선)은 나란한 벽으로부터 0.6m
   이상 이격하여 설치할 것
③ 감지기의 송광부와 수광부는 설치된 뒷벽으로부터 1m 이내 위치에 설
   치할 것
④ 광축의 높이는 천장 등(천장의 실내에 면한 부분 또는 상층의 바닥하
   부면을 말한다) 높이의 80% 이상일 것

⑤ 감지기의 광축의 길이는 공칭감시거리 범위 이내일 것

⑥ 그 밖의 설치기준은 형식승인 내용에 따르며 형식승인 사항이 아닌 것
은 제조사의 시방에 따라 설치할 것

(4) 취침·숙박·입원 등 이와 유사한 용도로 사용되는 거실에 설치하여야
하는 연기감지기 설치대상 특정소방대상물 4가지

① 공동주택·오피스텔·숙박시설·노유자시설·수련시설

② 교육연구시설 중 합숙소

③ 의료시설, 근린생활시설 중 입원실이 있는 의원·조산원

④ 교정 및 군사시설

⑤ 근린생활시설 중 고시원

3. 연소방지설비의 화재안전기준(NFSC 506)에서 정하는 방수헤드의 설치기
준 3가지를 쓰시오.(3점)

해답　① 천장 또는 벽면에 설치할 것

② 방수헤드간의 수평거리는 연소방지설비 전용헤드의 경우에는 2m 이하,
스프링클러헤드의 경우에는 1.5m 이하로 할 것

③ 살수구역은 환기구 등을 기준으로 지하구의 길이방향으로 350m 이내마다
1개 이상 설치하되, 하나의 살수구역의 길이는 3m 이상으로 할 것

4. 간이스프링클러설비(NFSC 103A)의 간이헤드에 관한 것이다. ( )에 들어
갈 내용을 쓰시오.(2점)

> 간이헤드의 작동온도는 실내의 최대 주위천장온도가 0℃ 이상 38℃
> 이하인 경우 공칭작동온도가 (㉠)의 것을 사용하고, 39℃ 이상
> 66℃ 이하인 경우에는 공칭작동온도가 (㉡)의 것을 사용한다.

해답　㉠ : 57℃~77℃

㉡ : 79℃~109℃

제 20 회

소방시설관리사 출제문제

소방시설의 점검실무행정

[문제1] 다음 물음에 답하시오.(40점)

물음 1) 복합건축물에 관한 다음 물음에 답하시오.(20점)

― <조건> ―

- 건축물의 개요 : 철근콘크리트조, 지하2층～지상8층, 바닥면적 200m², 연면적 2,000m² 1개동
- 지하1층, 지하2층 : 주차장
- 1층(피난층)～3층 : 근린생활시설(소매점)
- 4층～8층 : 공동주택(아파트등), 각 층에 주방(LNG 사용) 설치
- 층고 3m, 무창층 및 복도식 구조 없음. 계단 1개 설치
- 소화기구, 유도등·유도표지는 제외하고 소방시설을 산출하되, 법정 용어를 사용할 것
- 「화재예방, 소방시설 설치·유지 및 안전관리에 관한 법률」상 특정소방대상물의 소방시설 설치의 면제기준을 적용할 것
- 주어진 조건 외에는 고려하지 않는다.

(1) 「화재예방, 소방시설·설치유지 및 안전관리에 관한 법률」상 설치되어야 하는 소방시설의 종류 6가지를 쓰시오.(단, 물분무등소화설비 및 연결송수관설비는 제외함)(6점)

(2) 연결송수관설비의 화재안전기준(NFSC 502)상 연결송수관설비 방수구의 설치제외가 가능한 층과 제외기준을 위의 조건을 적용하여 각각 쓰시오.(3점)

(3) 2층을 노인의료복지시설(노인요양시설)로 구조변경 없이 용도변경하려고 한다. 다음에 답하시오.(4점)

    1) 「화재예방, 소방시설·설치유지 및 안전관리에 관한 법률」상 2층에 추가로 설치되어야 하는 소방시설의 종류를 쓰시오.

    2) 「소방기본법」상 불꽃을 사용하는 용접·용단기구로서 용접 또는 용단하는 작업장에서 지켜야 하는 사항을 쓰시오.(단, 「산업안전보건법」 제38조의 적용을 받는 사업장은 제외함)

(4) 2층에 일반음식점영업(영업장 사용면적 100m²)을 하고자 한다. 다음에 답하시오.(7점)

    1) 「다중이용업소의 안전관리에 관한 특별법」상 영업장의 비상구에 부속실을 설치하는 경우 부속실 입구의 문과 부속실에서 건물 외부로 나가는 문(난간 높이 1m)에 설치하여야 하는 추락 등의 방지를 위한 시설을 각각 쓰시오.

    2) 「다중이용업소의 안전관리에 관한 특별법」상 안전시설등 세부점검표의 점검사항 중 피난설비 작동기능점검 및 외관점검에 관한 확인사항 4가지를 쓰시오.

해답

(1) 「소방시설법」상 설치되어야 하는 소방시설의 종류 6가지
  ① 주거용 주방자동소화장치, ② 옥내소화전설비, ③ 스프링클러설비
  ④ 자동화재탐지설비, ⑤ 시각경보기, ⑥ 피난기구

(2) 연결송수관설비의 화재안전기준(NFSC 502)상 연결송수관설비 방수구의 설치 제외가 가능한 층과 제외기준

  1) 층 : ① 지하 2층, ② 지하 1층, ③ 지상 1층(피난층)

  2) 제외기준

    ① 아파트의 1층 및 2층

    ② 소방차의 접근이 가능하고 소방대원이 소방차로부터 각 부분에 쉽게 도달할 수 있는 피난층

    ③ 송수구가 부설된 옥내소화전을 설치한 특정소방대상물(집회장·관람장·백화점·도매시장·소매시장·판매시설·공장·창고시설 또는 지하가를 제외한다)로서 다음의 어느 하나에 해당하는 층

      ㉮ 지하층을 제외한 층수가 4층 이하이고 연면적이 6,000m² 미만인 특정소방대상물의 지상층

      ㉯ 지하층의 층수가 2 이하인 특정소방대상물의 지하층

(3) 2층을 노인의료복지시설(노인요양시설)로 구조변경 없이 용도변경하려고 한다. 다음에 답하시오.

1) 「소방시설법」상 2층에 추가로 설치되어야 하는 소방시설의 종류
   ① 피난기구
   ② 자동화재속보설비
   ③ 가스누설경보기(가스시설이 설치된 경우만 해당한다.)

2) 「소방기본법」상 불꽃을 사용하는 용접·용단기구로서 용접 또는 용단하는 작업장에서 지켜야 하는 사항
   ① 용접 또는 용단 작업자로부터 반경 5m 이내에 소화기를 갖추어 둘 것
   ② 용접 또는 용단 작업장 주변 반경 10m 이내에는 가연물을 쌓아두거나 놓아두지 말 것. 다만, 가연물의 제거가 곤란하여 방지포 등으로 방호조치를 한 경우는 제외한다.

(4) 2층에 일반음식점영업(영업장 사용면적 100m²)을 하고자 한다. 다음에 답하시오.

1) 「다중이용업소의 안전관리에 관한 특별법」상 영업장의 비상구에 부속실을 설치하는 경우 부속실 입구의 문과 부속실에서 건물 외부로 나가는 문(난간높이 1m)에 설치하여야 하는 추락 등의 방지를 위한 시설
   ① 발코니 및 부속실 입구의 문을 개방하면 경보음이 울리도록 경보음 발생장치를 설치하고, 추락위험을 알리는 표지를 문(부속실의 경우 외부로 나가는 문도 포함한다)에 부착할 것
   ② 부속실에서 건물 외부로 나가는 문 안쪽에는 기둥·바닥·벽 등의 견고한 부분에 탈착이 가능한 쇠사슬 또는 안전로프 등을 바닥에서부터 120cm 이상의 높이에 가로로 설치할 것. 다만, 120cm 이상의 난간이 설치된 경우에는 쇠사슬 또는 안전로프 등을 설치하지 않을 수 있다.

2) 「다중이용업소의 안전관리에 관한 특별법」상 안전시설등 세부점검표의 점검사항 중 피난설비 작동기능점검 및 외관점검에 관한 확인사항 4가지
   ① 유도등·유도표지 등 부착상태 및 점등상태 확인
   ② 구획된 실마다 휴대용비상조명등 비치 여부
   ③ 화재신호 시 피난유도선 점등상태 확인
   ④ 피난기구(완강기, 피난사다리 등) 설치상태 확인

물음 2) 다음 물음에 답하시오.(20점)

(1) 「특별피난계단의 계단실 및 부속실 제연설비의 화재안전기준(NFSC 501A)」상 방연풍속 측정방법 및 측정결과 부적합 시 조치방법을 각각 쓰시오.(4점)

(2) 특별피난계단의 계단실 및 부속실 제연설비의 성능시험조사표에서 송풍기 풍량측정의 일반사항 중 측정점에 대하여 쓰고, 풍속·풍량 계산식을 각각 쓰시오.(8점)

(3) 수신기의 기록장치에 저장하여야 하는 데이터는 다음과 같다. ( )에 들어갈 내용을 순서에 관계없이 쓰시오.(4점)

> - (①)
> - (②)
> - 수신기와 외부배선(지구음향장치용의 배선, 확인장치용의 배선 및 전화장치용의 배선을 제외한다)과의 단선 상태
> - (③)
> - 수신기의 주경종스위치, 지구경종스위치, 복구스위치 등 기준 「수신기 형식승인 및 제품검사의 기술기준」 제11조(수신기의 제어기능)를 조작하기 위한 스위치의 정지 상태
> - (④)
> - 「수신기 형식승인 및 제품검사의 기술기준」 제15조의2 제2항에 해당하는 신호(무선식 감지기, 무선식 중계기, 무선식 발신기와 접속되는 경우에 한함)
> - 「수신기 형식승인 및 제품검사의 기술기준」 제15조의2 제3항에 의한 확인신호를 수신하지 못한 내역(무선식 감지기, 무선식 중계기, 무선식 발신기와 접속되는 경우에 한함)

(4) 「미분무소화설비의 화재안전기준(NFSC 104A)」상 '미분무'의 정의를 쓰고, 미분무소화설비의 사용압력에 따른 저압, 중압 및 고압의 압력(MPa)범위를 각각 쓰시오.(4점)

해답

(1) 부속실제연설비의 화재안전기준상 방연풍속 측정방법 및 측정결과 부적합 시 조치방법

① 계단실 및 부속실의 모든 개구부 폐쇄상태와 승강기 운행의 중단상태를 확인한다.

② 송풍기에서 가장 먼 층의 제연구역을 기준으로 측정한다.

③ 측정하는 층의 유입공기배출장치(설치된 경우)를 작동시킨다.

④ 측정하는 층의 부속실과 면하는 옥내 출입문과 계단실 출입문을 동시

에 개방한 상태에서 제연구역으로부터 옥내로 유입되는 풍속을 측정한다. 다만, 이때 부속실의 수가 20을 초과하는 경우에는 2개층의 제연구역 출입문(4개)을 동시에 개방한 상태에서 측정한다.

⑤ 이때, 출입문의 개방에 따른 개구부를 대칭적으로 균등 분할하는 10 이상의 지점에서 측정한 풍속의 평균치를 방연풍속으로 한다.

⑥ 방연풍속의 판정기준

  ㉮ 계단실 단독제연방식 및 계단실과 부속실의 동시제연방식 : 0.5m/s 이상

  ㉯ 부속실 단독제연방식 또는 비상용승강기승강장 단독제연방식의 경우

    ㉠ 부속실(또는 승강장)과 면하는 옥내가 거실인 경우 : 0.7m/s 이상

    ㉡ 부속실(또는 승강장)과 면하는 옥내가 복도로서 그 구조가 방화구조인 것 : 0.5m/s 이상

⑦ 방연풍속 측정결과 부적합한 경우

  ㉮ 급기구(자동차압조절형 댐퍼)의 개구율 조정

  ㉯ 송풍기측의 풍량조절댐퍼(VD) 조정

(2) 송풍기 풍량측정의 일반사항 중 측정점과 풍속·풍량의 계산식

1) 풍량 측정점

풍량 측정점은 덕트 내의 풍속, 시공상태, 현장 여건 등을 고려하여 송풍기의 흡입측 또는 토출측 덕트에서 정상류가 형성되는 위치를 선정한다. 일반적으로 엘보 등 방향전환 지점기준 하류 쪽은 덕트직경(장방형 덕트의 경우 상당지름)의 7.5배 이상 상류 쪽은 2.5배 이상 지점에서 측정하여야 하며, 직관길이가 미달하는 경우 최적 위치를 선정하여 측정하고 측정기록지에 기록한다.

2) 풍속·풍량의 계산식

① 풍속 계산식

$$V = 1.29\sqrt{P_v} \quad \text{(여기서, } V : 풍속[m/s], \ P_v : 동압[Pa])$$

② 풍량 계산식

$$Q = 3,600\,VA \quad \text{(여기서, } Q : 풍량[m^3/h], \ V : 평균풍속[m/s], \ A : 덕트의 단면적)$$

(3) 수신기의 기록장치에 저장하여야 하는 데이터는 다음과 같다. ( )에 들어갈 내용을 순서에 관계없이 쓰시오.

- (주전원과 예비전원의 On/Off 상태)
- (경계구역의 감지기, 중계기 및 발신기 등의 화재신호와 소화설비, 소화활동설비, 소화용수설비의 작동신호)
- 수신기와 외부배선(지구음향장치용의 배선, 확인장치용의 배선 및 전화장치용의 배선을 제외한다)과의 단선 상태
- (수신기에서 제어하는 설비로의 출력신호와 수신기에 설비의 작동 확인표시가 있는 경우 확인신호)
- 수신기의 주경종스위치, 지구경종스위치, 복구스위치 등 기준 「수신기의 형식승인 및 제품검사의 기술기준」 제11조(수신기의 제어기능)을 조작하기 위한 스위치의 정지 상태
- (가스누설신호. 단, 가스누설신호표시가 있는 경우에 한함)
- 「수신기의 형식승인 및 제품검사의 기술기준」 제15조의2제2항에 해당하는 신호(무선식 감지기, 무선식 중계기, 무선식 발신기와 접속되는 경우에 한함)
- 「수신기의 형식승인 및 제품검사의 기술기준」 제15조의2제3항에 의한 확인신호를 수신하지 못한 내역(무선식 감지기, 무선식 중계기, 무선식 발신기와 접속되는 경우에 한함)

(4) 미분무소화설비의 화재안전기준(NFSC 104A)상 '미분무'의 정의 및 미분무소화설비의 사용압력에 따른 저압, 중압 및 고압의 압력(MPa)범위

① "미분무"란 물 만을 사용하여 소화하는 방식으로 최소설계압력에서 헤드로부터 방출되는 물입자 중 99 %의 누적체적분포가 $400 \mu \text{m}$ 이하로 분무되고 A · B · C급 화재에 적응성을 갖는 것을 말한다.

② "저압 미분무 소화설비"란 최고사용압력이 1.2MPa 이하인 미분무소화설비를 말한다.

③ "중압 미분무 소화설비"란 사용압력이 1.2MPa을 초과하고 3.5MPa 이하인 미분무소화설비를 말한다.

④ "고압 미분무 소화설비"란 최저사용압력이 3.5MPa을 초과하는 미분무소화설비를 말한다.

[문제2] 다음 물음에 답하시오.(30점)

물음 1) 「화재예방, 소방시설 설치·유지 및 안전관리에 관한 법령」상 소방시설등의 자체점검 시 점검인력 배치기준에 관한 다음 물음에 답하시오.(15점)

(1) 다음 ( )에 들어갈 내용을 쓰시오.(9점)

대상용도	가감계수
공동주택(아파트 제외), (①), 항공기 및 자동차 관련시설, 동물 및 식물 관련시설, 분뇨 및 쓰레기 처리시설, 군사시설, 묘지 관련시설, 관광휴게시설, 장례식장, 지하구, 문화재	(⑦)
문화 및 집회시설, (②), 의료시설(정신보건시설 제외), 교정 및 군사시설(군사시설 제외), 지하가, 복합건축물(1류에 속하는 시설이 있는 경우 제외), 발전시설, (③)	1.1
공장, 위험물 저장 및 처리시설, 창고시설	0.9
근린생활시설, 운동시설, 업무시설, 방송통신시설, (④)	(⑧)
노유자시설, (⑤), 위락시설, 의료시설(정신보건 의료기관), 수련시설, (⑥)(1류에 속하는 시설이 있는 경우)	(⑨)

(2) 「화재예방, 소방시설 설치. 유지 및 안전관리에 관한 법령」상 소방시설의 자체점검 시 인력배치기준에 따라 지하구의 길이가 800m, 4차로인 터널의 길이가 1,000m일 때, 다음에 답하시오.(6점)

1) 지하구의 실제 점검면적[m²]을 구하시오.

2) 한쪽 측벽에 소방시설이 설치되어 있는 터널의 실제 점검면적[m²]을 구하시오.

3) 한쪽 측벽에 소방시설이 설치되어 있지 않는 터널의 실제 점검면적 [m²]을 구하시오.

해답　(1) ( ) 안에 들어갈 내용

① 교육연구시설　② 종교시설　③ 판매시설

④ 운수시설　　　⑤ 숙박시설　⑥ 복합건축물

⑦ 0.8　　　　　⑧ 1.0　　　⑨ 1.2

(2) 「소방시설법」상 소방시설의 자체점검 시 인력배치기준에 따라 지하구의 길이가 800m, 4차로인 터널의 길이가 1,000m일 때, 다음에 답하시오.

1) 지하구의 실제 점검면적[m²]

$800 \times 1.8 = 1,440[m^2]$

2) 한쪽 측벽에 소방시설이 설치되어 있는 터널의 실제 점검면적[m²]

$1,000 \times 3.5 = 3,500[m^2]$

3) 한쪽 측벽에 소방시설이 설치되어 있지 않는 터널의 실제 점검면적[m²]

$1,000 \times 7 = 7,000[m^2]$

물음 2) 「소방시설 자체점검사항 등에 관한 고시」에 관한 다음 물음에 답하시오.(9점)

(1) 통합감시시설 종합정밀점검 시 주·보조수신기 점검항목을 쓰시오.(5점)
(2) 거실제연설비 종합정밀점검 시 송풍기 점검사항을 쓰시오.(4점)

해답　(1) 통합감시시설 종합정밀점검 시 주·보조수신기 점검항목

① 설치장소의 환경
② 음향장치의 설치장소 및 음색, 음량의 적합
③ 손상, 불선명한 부분 등의 유무
④ 주수신기의 원격제어 기능의 정상 여부
⑤ 예비품 등의 비치 여부
⑥ 단선, 단자의 풀림, 탈락, 손상 등의 유무
⑦ 단자의 풀림 및 개폐기능의 정상 여부
⑧ 화재표시 시험을 하였을 때 정상적인 화재표시의 여부

(2) 거실제연설비 종합정밀점검 시 송풍기 점검사항

① 동력전달장치의 변형, 손실 등이 없고 V-벨트의 기능이 정상인지 여부
② 송풍기의 회전방향이 정상인지 여부
③ 회전축의 회전이 원활한지 여부
④ 축받침의 윤활유에 오염, 변질 등이 없고 필요량이 충전되었는지 여부

물음 3) 「자동화재탐지설비 및 시각경보장치의 화재안전기준」(NFSC 203)상 감지기에 관한 다음 물음에 답하시오.(6점)

(1) 연기감지기를 설치할 수 없는 경우, 건조실·살균실·보일러실·주조실·영사실·스튜디오에 설치할 수 있는 적응 열감지기 3가지를 쓰

시오.(3점)

(2) 감지기회로의 도통시험을 위한 종단저항의 기준 3가지를 쓰시오.(3점)

해답 (1) 연기감지기를 설치할 수 없는 경우, 건조실 · 살균실 · 보일러실 · 주조실 · 영사실 · 스튜디오에 설치할 수 있는 적응 열감지기 3가지(3점)

① 정온식 특종 감지기

② 정온식 1종 감지기

③ 열아날로그식 감지기

(2) 감지기회로의 도통시험을 위한 종단저항의 기준 3가지

① 점검 및 관리가 쉬운 장소에 설치할 것

② 전용함을 설치하는 경우 그 설치 높이는 바닥으로부터 1.5m 이내로 할 것

③ 감지기 회로의 끝부분에 설치하며, 종단감지기에 설치할 경우에는 구별이 쉽도록 해당 감지기의 기판 및 감지기 외부 등에 별도의 표시를 할 것

[문제3] 다음 물음에 답하시오.(30점)

물음 1) 「소방시설 자체점검사항 등에 관한 고시」에서 규정하고 있는 조사표에 관한 사항이다. 다음 물음에 답하시오.(16점)

(1) 내진설비 성능시험 조사표의 종합정밀점검표 중 가압송수장치, 지진분리이음, 수평배관 흔들림방지 버팀대의 점검항목을 각각 쓰시오. (10점)

(2) 미분무소화설비 성능시험 조사표의 성능 및 점검항목 중 "설계도서 등"의 점검항목을 쓰시오.(6점)

해답 (1) 내진설비 성능시험 조사표의 종합정밀점검표 중 가압송수장치, 지진분리이음, 수평배관 흔들림방지 버팀대의 점검항목

1) 가압송수장치

① 앵커볼트

㉮ 가동중량 1,000kg 이하인 설비에서 바닥면에 고정되는 길이가 긴 변의 양쪽 모서리에 직경 12mm 이상의 앵커볼트로 고정 및 앵커볼트의 근입깊이 10cm 이상 여부

㉯ 가동중량 1,000kg 이상인 설비에서 바닥면에 고정되는 길이가 긴 변의 양쪽 모서리에 직경 20mm 이상의 앵커볼트로 고정 및

앵커볼트의 근입깊이 10cm 이상 여부

② 펌프와 연결되는 입상배관 연결부의 배관에 대한 내진설계방법 적용 여부

③ 내진스토퍼

㉮ 내진스토퍼 설치상태의 적합 여부

㉯ 내진스토퍼의 허용하중이 수평지진하중 이상 여부

2) 지진분리이음

① 신축이음쇠가 배관의 변형을 최소화하고 주요부품 사이의 유연성을 증가시킬 필요가 있는 위치에 설치 여부

② 배관구경 65mm 이상의 배관에서 입상관의 상·하 단부의 0.6m, 0.3m 이내에 설치 여부 및 입상관의 길이 0.9~2.1m 시 1개 이상의 신축이음쇠 설치 여부

③ 배관구경 65mm 이상의 배관에서 입상관의 길이 0.9m 미만 시 신축이음쇠 미설치 여부

④ 배관구경 65mm 이상의 배관에서 입상관 또는 수직배관의 중간지지부가 있는 경우 지지부의 윗부분 및 아랫부분으로부터 0.6m 이내에 신축이음쇠 설치 여부

3) 수평배관 흔들림방지 버팀대

① 횡방향 흔들림방지 버팀대

㉮ 주배관, 교차배관 및 65mm 이상의 가지배관 및 기타배관에 설치여부

㉯ 버팀대의 간격이 중심선 기준으로 최대 12m 초과 여부

㉰ 마지막 버팀대와 배관 단부 사이의 거리가 1.8m 초과 여부

㉱ 수평지진하중 산정 시 버팀대의 모든 가지배관 포함 여부

② 종방향 흔들림방지 버팀대

㉮ 주배관 및 교차배관에 설치된 종방향 흔들림방지 버팀대의 간격이 24m 초과 여부

㉯ 마지막 버팀대와 배관 단부 사이의 거리가 12m 초과 여부

㉰ 4방향 버팀대의 경우 횡방향 및 종방향 버팀대의 역할을 동시에 수행 여부

(2) 미분무소화설비 성능시험 조사표의 성능 및 점검항목 중 "설계도서 등"의 점검항목

1) 설계도서는 구분작성 여부(일반설계도서와 특별설계도서)
2) 설계도서 작성 시 고려사항의 적정성(점화원 형태, 초기점화 연료의 유형, 화재위치, 개구부 초기상태 및 시간에 따른 변화상태, 공조조화 설비 형태, 시공유형 및 내장재 유형)
3) 특별도서의 위험도 설정의 적합성
4) 성능시험기관으로부터의 검증 여부

물음 2) 「다중이용업소의 안전관리에 관한 특별법」상 다중이용업소의 비상구 공통 기준 중 비상구의 구조, 문이 열리는 방향, 문의 재질에 대하여 규정된 사항을 각각 쓰시오.(10점)

해답 **(1) 비상구의 구조**

1) 비상구는 구획된 실 또는 천장으로 통하는 구조가 아닌 것으로 할 것. 다만, 영업장 바닥에서 천장까지 불연재료로 구획된 부속실(전실)은 그러하지 아니하다.
2) 비상구는 다른 영업장 또는 다른 용도의 시설(주차장은 제외한다)을 경유하는 구조가 아닌 것이어야 하고, 층별 영업장은 다른 영업장 또는 다른 용도의 시설과 불연재료·준불연재료로 된 차단벽이나 칸막이로 분리되도록 할 것. 다만, 둘 이상의 영업소가 주방 외에 객실부분을 공동으로 사용하는 등의 구조 또는 「식품위생법 시행규칙」 별표 14 제8호가목5)다)에 따라 각 영업소와 영업소 사이를 분리 또는 구획하는 별도의 차단벽이나 칸막이 등을 설치하지 않을 수 있는 경우는 그러하지 아니하다.

(2) 문이 열리는 방향

피난방향으로 열리는 구조로 할 것. 다만, 주된 출입구의 문이 「건축법 시행령」 제35조에 따른 피난계단 또는 특별피난계단의 설치기준에 따라 설치하여야 하는 문이 아니거나 같은 법 시행령 제46조에 따라 설치되는 방화구획이 아닌 곳에 위치한 주된 출입구가 다음의 기준을 충족하는 경우에는 자동문[미서기(슬라이딩)문을 말한다]으로 설치할 수 있다.
1) 화재감지기와 연동하여 개방되는 구조
2) 정전 시 자동으로 개방되는 구조
3) 정전 시 수동으로 개방되는 구조

(3) 문의 재질

주요구조부(영업장의 벽, 천장 및 바닥을 말한다)가 내화구조인 경우 비상구와 주된 출입구의 문은 방화문으로 설치할 것. 다만, 다음의 어느 하나에 해당하는 경우에는 불연재료로 설치할 수 있다.

1) 주요구조부가 내화구조가 아닌 경우

2) 건물의 구조상 비상구 또는 주된 출입구의 문이 지표면과 접하는 경우로서 화재의 연소확대 우려가 없는 경우

3) 비상구 또는 주 출입구의 문이 「건축법 시행령」 제35조에 따른 피난계단 또는 특별피난계단의 설치기준에 따라 설치하여야 하는 문이 아니거나 같은 법 시행령 제46조에 따라 설치되는 방화구획이 아닌 곳에 위치한 경우

물음 3) 「옥내소화전설비의 화재안전기준」(NFSC 102)상 배선에 사용되는 전선의 종류 및 공사방법에 관한 다음 물음에 답하시오.(4점)

(1) 내화전선의 내화성능을 설명하시오.(2점)
(2) 내열전선의 내열성능을 설명하시오.(2점)

해답

(1) 내화전선의 내화성능

내화전선의 내화성능은 버너의 노즐에서 75mm의 거리에서 온도가 750 ±5℃인 불꽃으로 3시간 동안 가열한 다음 12시간 경과 후 전선 간에 허용전류용량 3A의 퓨즈를 연결하여 내화시험 전압을 가한 경우 퓨즈가 단선되지 아니하는 것. 또는 소방청장이 정하여 고시한 「소방용전선의 성능인증 및 제품검사의 기술기준」에 적합할 것

(2) 내열전선의 내열성능

내열전선의 내열성능은 온도가 816 ± 10℃인 불꽃을 20분간 가한 후 불꽃을 제거하였을 때 10초 이내에 자연소화가 되고, 전선의 연소된 길이가 180mm 이하이거나 가열온도의 값을 한국산업표준(KS F 2257 – 1)에서 정한 건축구조부분의 내화시험방법으로 15분 동안 380℃까지 가열한 후 전선의 연소된 길이가 가열로의 벽으로부터 150mm 이하일 것. 또는 소방청장이 정하여 고시한 「소방용전선의 성능인증 및 제품검사의 기술기준」에 적합할 것

소방시설관리사 출제문제

소방시설의 점검실무행정

[문제1] 다음 물음에 답하시오.(40점)

물음 1) 비상경보설비 및 단독경보형감지기의 화재안전기준(NFSC 201)에서 발신기의 설치기준이다. (　　)에 들어갈 내용을 쓰시오.(5점)

> 1. 조작이 쉬운 장소에 설치하고, 조작스위치는 바닥으로부터 0.8m 이상 1.5m 이하의 높이에 설치할 것
> 2. 특정소방대상물의 층마다 설치하되, 해당 특정소방대상물의 각 부분으로부터 하나의 발신기까지의 (ㄱ)가 25m 이하가 되도록 할 것. 다만, 복도 또는 별도로 구획된 실로서 (ㄴ)가 40m 이상일 경우에는 추가로 설치하여야 한다.
> 3. 발신기의 위치표시등은 (ㄷ)에 설치하되, 그 불빛은 부착 면으로부터 (ㄹ) 이상의 범위 안에서 부착지점으로부터 10m 이내의 어느 곳에서도 쉽게 식별할 수 있는 (ㅁ)으로 할 것

해답　　ㄱ : 수평거리,　ㄴ : 보행거리,　ㄷ : 함의 상부,　ㄹ : 15°,　ㅁ : 적색등

물음 2) 옥내소화전설비의 화재안전기준(NFSC 102)에서 소방용 합성수지배관의 성능인증 및 제품검사의 기술기준에 적합한 소방용 합성수지배관을 설치할 수 있는 경우 3가지를 쓰시오.(6점)

해답　　① 배관을 지하에 매설하는 경우
　　② 다른 부분과 내화구조로 구획된 덕트 또는 피트의 내부에 설치하는 경우
　　③ 천장(상층이 있는 경우에는 상층바닥의 하단을 포함한다)과 반자를 불연재료 또는 준불연 재료로 설치하고 그 내부에 습식으로 배관을 설치하는 경우

물음 3) 옥내소화전설비의 방수압력 점검 시 노즐 방수압력이 절대압력으로 2,760 mmHg일 경우 방수량[m³/s]과 노즐에서의 유속[m/s]을 구하시오.(단, 유량계수는 0.99, 옥내소화전 노즐 구경은 1.3[cm]이다.)(10점)

해답　(1) 방수량(Q)

$$Q = 0.6597 CD^2 \sqrt{10P} \times \frac{1[\mathrm{m}^3]}{1,000[l]} \times \frac{1[\mathrm{min}]}{60[\mathrm{sec}]}$$

$$= 0.6597 \times 0.99 \times 13^2 \times \sqrt{10 \times (2,760 - 760)[\mathrm{mmHg}] \times \frac{0.101325[\mathrm{MPa}]}{760[\mathrm{mmHg}]}}$$

$$\times \frac{1[\mathrm{m}^3]}{1,000[l]} \times \frac{1[\mathrm{min}]}{60[\mathrm{sec}]}$$

$$= 0.003[\mathrm{m}^3/\mathrm{sec}]$$

(2) 유속(V)

$$V = \frac{유량(Q)}{면적(A)} = \frac{0.003[\mathrm{m}^3/\mathrm{sec}]}{\frac{\pi}{4}(0.013[\mathrm{m}])^2} = 22.601[\mathrm{m}/\mathrm{sec}] \fallingdotseq 22.6[\mathrm{m}/\mathrm{sec}]$$

[답] 방수량 $= 0.003[\mathrm{m}^3/\mathrm{sec}]$, 유속 $= 22.6[\mathrm{m}/\mathrm{sec}]$

물음 4) 소방시설 자체점검사항 등에 관한 고시의 소방시설 외관점검표에 대하여 다음 물음에 답하시오.(7점)

　(1) 소화기의 점검내용 5가지를 쓰시오.(3점)

　(2) 스프링클러설비의 점검내용 6가지를 쓰시오.(4점)

해답　(1) 소화기의 점검내용 5가지

① 잘 보이는 위치에 소화기 설치 여부

② 보행거리의 적정 설치 여부

③ 소화기의 용기 변형·손상·부식 여부

④ 안전핀의 고정 여부

⑤ 가압식소화기(폐기 대상, 압력계 미부착 분말소화기) 비치 여부

(2) 스프링클러설비의 점검내용 6가지

① 수원의 양 적정 여부

② 제어밸브의 개폐, 작동, 접근 등의 용이성 여부

③ 제어밸브의 수압 및 공기압 계기가 정상압으로 유지되고 있는지 여부

④ 배관 및 헤드의 누수 여부

⑤ 헤드 감열 및 살수 분포의 방해물 설치 여부

⑥ 동결 또는 부식할 우려가 있는 부분에 보온, 방호조치가 되고 있는지 여부

물음 5) 건축물의 소방점검 중 다음과 같은 사항이 발생하였다. 이에 대한 원인과 조치방법을 각각 3가지씩 쓰시오.(12점)

(1) 아날로그감지기 통신선로의 단선표시등 점등(6점)

(2) 습식스프링클러설비의 충압펌프의 잦은 기동과 정지(단, 충압펌프는 자동정지, 기동용 수압개폐장치는 압력챔버방식이다.)(6점)

해답 (1) 아날로그감지기 통신선로의 단선표시등 점등

1) 원인

① 아날로그감지기 통신선로 단선

② 감지기 자체 불량

③ R형 수신기의 통신기판 불량

2) 조치방법

① 아날로그감지기 통신선로 정비

② 아날로그감지기 교체

③ R형 수신기 통신기판 정비 또는 교체

(2) 습식스프링클러설비의 충압펌프의 잦은 기동과 정지

1) 원인

① 주펌프 또는 충압펌프의 토출측 체크밸브의 역류

② 알람밸브에 설치된 배수밸브의 미세한 개방 또는 누수

③ 압력챔버에 설치된 배수밸브의 미세한 개방 또는 누수

2) 조치방법

① 주펌프 또는 충압펌프의 토출측 체크밸브의 정비

② 알람밸브에 설치된 배수밸브의 확실한 폐쇄 또는 정비

③ 압력챔버에 설치된 배수밸브의 확실한 폐쇄 또는 정비

[문제2] 다음 물음에 답하시오.(30점)

물음 1) 소방시설 자체점검사항 등에 관한 고시의 소방시설등(작동기능, 종합정밀) 점검표에 대하여 다음 물음에 답하시오.(10점)

(1) 제연설비 배출기의 점검항목 5가지를 쓰시오.(5점)

(2) 분말소화설비 가압용 가스용기의 점검항목 5가지를 쓰시오.(5점)

해답 (1) 제연설비 배출기의 점검항목 5가지

① 배출기와 배출풍도 사이 캔버스의 내열성 확보 여부

② 배출기의 회전이 원활하며 회전방향의 정상 여부

③ 변형, 훼손 등이 없고 V-벨트 기능의 정상 여부

④ 본체의 방청, 보존상태 및 캔버스의 부식 여부

⑤ 배출기의 내열성 단열재 단열처리 여부

(2) 분말소화설비 가압용 가스용기의 점검항목 5가지

① 가압용 가스용기와 소화약제저장용기의 접속 여부

② 가압용 가스용기 전자개방밸브의 부착 적정 여부

③ 가압용 가스용기 압력조정기의 설치 적정 여부

④ 가압용 또는 축압용 가스의 종류 및 가스량 적정 여부

⑤ 배관 청소용 가스의 별도 용기 저장 여부

물음 2) 건축물의 피난·방화구조 등의 기준에 관한 규칙에 대하여 다음 물음에 답하시오.(10점)

(1) 건축물의 바깥쪽에 설치하는 피난계단의 구조 기준 4가지를 쓰시오. (4점)

(2) 하향식 피난구(덮개, 사다리, 경보시스템을 포함한다) 구조 기준 6가지를 쓰시오.(6점)

해답 (1) 건축물의 바깥쪽에 설치하는 피난계단의 구조 기준 4가지

① 계단은 그 계단으로 통하는 출입구 외의 창문등(망이 들어 있는 유리의 붙박이창으로서 그 면적이 각각 1m² 이하인 것을 제외한다)으로부터 2m 이상의 거리를 두고 설치할 것

② 건축물의 내부에서 계단으로 통하는 출입구에는 60+ 방화문 또는 60분방화문을 설치할 것

③ 계단의 유효너비는 0.9m 이상으로 할 것

④ 계단은 내화구조로 하고 지상까지 직접 연결되도록 할 것

(2) 하향식 피난구(덮개, 사다리, 경보시스템을 포함한다) 구조 기준 6가지

① 피난구의 덮개는 품질시험을 실시한 결과 비차열 1시간 이상의 내화성능을 가져야 하며, 피난구의 유효 개구부 규격은 직경 60cm 이상일 것

② 상층·하층 간 피난구의 설치위치는 수직방향 간격을 15cm 이상 띄어서 설치할 것

③ 아래층에서는 바로 위층의 피난구를 열 수 없는 구조일 것

④ 사다리는 바로 아래층의 바닥면으로부터 50cm 이하까지 내려오는 길이로 할 것

⑤ 덮개가 개방될 경우에는 건축물관리시스템 등을 통하여 경보음이 울리는 구조일 것

⑥ 피난구가 있는 곳에는 예비전원에 의한 조명설비를 설치할 것

물음 3) 비상조명등의 화재안전기준(NFSC 304)상의 설치기준에 관한 내용 중 일부이다. (   )에 들어갈 내용을 쓰시오.(5점)

> 비상전원은 비상조명등을 20분 이상 유효하게 작동시킬 수 있는 용량으로 할 것. 다만, 다음 각 목의 특정소방대상물의 경우에는 그 부분에서 피난층에 이르는 부분의 비상조명등을 60분 이상 유효하게 작동시킬 수 있는 용량으로 하여야 한다.
> 가. 지하층을 제외한 층수가 11층 이상의 층
> 나. 지하층 또는 무창층으로서 용도가 (ㄱ)·(ㄴ)·(ㄷ)·
>   (ㄹ) 또는 (ㅁ)

해답 ㄱ : 도매시장,   ㄴ : 소매시장,   ㄷ : 여객자동차터미널,   ㄹ : 지하역사
ㅁ : 지하상가

물음 4) 유도등 및 유도표지의 화재안전기준(NFSC 303)에서 공연장 등 어두워야
할 필요가 있는 장소에 3선식 배선으로 상시 충전되는 유도등의 전기회로
에 점멸기를 설치하는 경우, 점등되어야 하는 때에 해당하는 것 5가지를
쓰시오.(5점)

해답　① 자동화재탐지설비의 감지기 또는 발신기가 작동되는 때
② 비상경보설비의 발신기가 작동되는 때
③ 상용전원이 정전되거나 전원선이 단선되는 때
④ 방재업무를 통제하는 곳 또는 전기실의 배전반에서 수동으로 점등하는 때
⑤ 자동소화설비가 작동되는 때

[문제3] 다음 물음에 답하시오.(30점)

물음 1) 할론 1301 소화설비 약제저장용기의 저장량을 측정하려고 한다. 다음 물음
에 답하시오.(12점)

(1) 액위측정법을 설명하시오.(3점)
(2) 아래 그림의 레벨메터(Level meter) 구성부품 중 각 부품(㉠ ~ ㉢)의
명칭을 쓰시오.(3점)

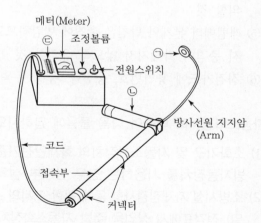

(3) 레벨메터(Level meter) 사용 시 주의사항 6가지를 쓰시오.(6점)

해답　(1) 액위측정법

① 기기 세팅 : 방사선원의 캡 제거 및 탐침의 연결

② 배터리 체크 : 전원스위치를 "Check" 위치로 하고 조정볼륨으로 계기 0점 조정을 한다.

③ 실내온도 측정

④ 액면높이 측정 : 탐침과 방사선원을 용기의 양쪽 옆에 대고 위아래로 천천히 이동하여 계기의 지침이 크게 흔들리는 최초지점의 높이를 측정한다.

⑤ 약제량 환산 : 약제량 환산표 또는 전용의 환산척을 이용

(2) 레벨메터(Level meter) 구성부품 중 각 부품(㉠ ~ ㉢)의 명칭

　　㉠ : 방사선원(코발트 60), 　　㉡ : 액면계 탐침(프로브), 　　㉢ : 온도계

(3) 레벨메터(Level meter) 사용 시 주의사항 6가지

① 방사선원(코발트 60)은 봉인(부착)한 채로 관리하고, 분실에 각별히 유의할 것

② 코발트 60의 사용연한은 약 3년이므로 3년마다 교체할 것

③ 측정장소 주위온도가 높을 경우 액면의 판별이 곤란하므로 주의할 것

④ 용기는 중량물(약 150kg)이므로 주의해 취급하고 특히, 전도 등에 유의할 것

⑤ 레벨메터 본체와 탐침은 충격에 민감하므로 측정을 위한 조립 및 측정 시 충격이 가해지지 않도록 유의할 것

⑥ 점검카드에 용기번호, 충전량, 중량 등을 기록해 둘 것

물음 2) 자동소화장치에 대하여 다음 물음에 답하시오.(5점)

(1) 소화기구 및 자동소화장치의 화재안전기준(NFSC 101)에서 가스용 주방자동장치를 사용하는 경우 탐지부 설치 위치를 쓰시오.(2점)

(2) 소방시설 자체점검사항 등에 관한 고시의 소방시설등(작동기능, 종합정밀) 점검표에서 상업용 주방 자동소화장치의 점검항목을 쓰시오.(3점)

해답　(1) 가스용 주방자동창지를 사용하는 경우 탐지부 설치 위치

탐지부는 수신부와 분리하여 설치하되, 공기보다 가벼운 가스를 사용하는 경우에는 천장 면으로부터 30cm 이하의 위치에 설치하고, 공기보다

무거운 가스를 사용하는 장소에는 바닥면으로부터 30cm 이하의 위치에 설치할 것

(2) 상업용 주방 자동소화장치의 점검항목

① 소화약제의 지시압력 적정 및 외관의 이상 여부
② 후드 및 덕트에 감지부와 분사헤드의 설치상태 적정 여부
③ 수동기동장치의 설치상태 적정 여부

물음 3) 준비작동식 스프링클러설비의 전기 계통도(R형 수신기)이다. 최소 배선 수 및 회로 명칭을 각각 쓰시오.(4점)

구분	전선의 굵기	최소 배선 수 및 회로 명칭
①	1.5mm²	(ㄱ)
②	2.5mm²	(ㄴ)
③	2.5mm²	(ㄷ)
④	2.5mm²	(ㄹ)

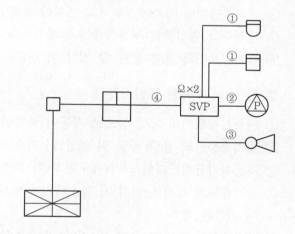

해답

ㄱ : 4선(회로 2, 공통 2)

ㄴ : 4선(공통, 템퍼스위치, 압력스위치, 솔레노이드밸브)

ㄷ : 2선(공통, 사이렌)

ㄹ : 9선(전원 +, 전원 -, 전화, 감지기 A, 감지기 B, 사이렌, 템퍼스위치, 압력스위치, 솔레노이드밸브)

물음 4) 특별피난계단의 부속실(전실) 제연설비에 대하여 다음 물음에 답하시오.(9점)

   (1) 소방시설 자체점검사항 등에 관한 고시의 소방시설 성능시험조사표에서 부속실제연설비의 "차압 등" 점검항목 4가지를 쓰시오.(4점)

   (2) 전층이 닫힌 상태에서 차압이 과다한 원인 3가지를 쓰시오.(2점)

   (3) 방연풍속이 부족한 원인 3가지를 쓰시오.(3점)

해답

(1) 소방시설 성능시험 조사표에서 부속실제연설비의 "차압 등" 점검항목 4가지

   ① 제연구역과 옥내 사이 최소차압 적정 여부

   ② 제연설비 가동 시 출입문 개방력 적정 여부

   ③ 비개방층의 최소차압 적정 여부

   ④ 부속실과 계단실 사이 차압 적정 여부(계단실과 부속실 동시제연의 경우)

(2) 전 층이 닫힌 상태에서 차압이 과다한 원인 3가지

   ① 자동차압급기댐퍼가 폐쇄된 상태에서 누기량이 과다한 경우

   ② 자동차압급기댐퍼의 차압조절기능이 불량한 경우

   ③ 급기송풍기측 풍량조절댐퍼의 조절이 부적합하게 된 경우

   ④ 제연구역 출입문의 누설틈새가 설계치보다 작은 경우

   ⑤ 급기송풍기의 용량(풍량 및 정압)이 과다하게 설계된 경우

(3) 방연풍속이 부족한 원인 3가지

   ① 자동복합댐퍼의 고장 등으로 작동이 불량한 경우

   ② 급기송풍기의 용량(풍량 및 정압)이 과소하게 설계된 경우

   ③ 자동차압급기댐퍼의 크기(개구면적)가 과소하게 설계된 경우

   ④ 급기풍도의 크기(단면적)가 과소하거나 덕트부속류에 대한 정압손실이 과다한 경우

   ⑤ 배출송풍기의 용량(풍량 및 정압)이 과소하게 설계된 경우

   ⑥ 각 층 배출댐퍼에서 누기량이 과다하거나 배기풍도의 크기(단면적)가 과소한 경우

소방시설관리사 출제문제

소방시설의 점검실무행정

[문제1] 다음 물음에 답하시오.(40점)

물음 1) 누전경보기의 화재안전기준(NFSC 205)에서 누전경보기의 설치방법에 대하여 쓰시오.(7점)

해답 ① 경계전로의 정격전류가 60A를 초과하는 전로에 있어서는 1급 누전경보기를, 60A 이하의 전로에 있어서는 1급 또는 2급 누전경보기를 설치할 것. 다만, 정격전류가 60A를 초과하는 경계전로가 분기되어 각 분기회로의 정격전류가 60A 이하로 되는 경우 당해 분기회로마다 2급 누전경보기를 설치한 때에는 당해 경계전로에 1급 누전경보기를 설치한 것으로 본다.
② 변류기는 특정소방대상물의 형태, 인입선의 시설방법 등에 따라 옥외 인입선의 제1지점의 부하측 또는 제2종 접지선측의 점검이 쉬운 위치에 설치할 것. 다만, 인입선의 형태 또는 특정소방대상물의 구조상 부득이한 경우에는 인입구에 근접한 옥내에 설치할 수 있다.
③ 변류기를 옥외의 전로에 설치하는 경우에는 옥외형으로 설치할 것

물음 2) 누전경보기에 대한 종합정밀점검표에서 수신부의 점검항목 4가지와 전원의 점검항목 3가지를 쓰시오.(7점)

해답 (1) 수신부

① 가연성 증기, 먼지 등 체류 우려 장소의 경우 차단기구 설치 여부
② 상용전원 공급 및 전원표시등 정상 점등 여부
③ 수신부의 성능 및 누전경보시험 적정 여부
④ 음향장치 설치장소(상시 사람이 근무) 및 음량·음색 적정 여부

(2) 전원

① 다른 차단기에 의한 전원차단 여부(전원을 분기할 경우)

② 분전반으로부터 전용회로 구성 여부

③ 개폐기 및 과전류차단기 설치 여부

물음 3) 화재예방, 소방시설 설치·유지 및 안전관리에 관한 법령에 따라 무선통신
보조설비를 설치하여야 하는 특정소방대상물(위험물 저장 및 처리시설 중
가스시설은 제외한다) 5가지를 쓰시오.(5점)

해답 ① 지하가(터널은 제외)로서 연면적 1천m² 이상인 것

② 지하층의 바닥면적의 합계가 3천m² 이상인 것 또는 지하층의 층수가 3층 이
상이고 지하층의 바닥면적의 합계가 1천m² 이상인 것은 지하층의 모든 층

③ 지하가 중 터널로서 길이가 500m 이상인 것

④ 층수가 30층 이상인 것으로서 16층 이상 부분의 모든 층

⑤ 「국토의 계획 및 이용에 관한 법률」 제2조제9호에 따른 공동구

물음 4) 소방시설 자체점검사항 등에 관한 고시에서 무선통신보조설비 종합정밀점
검표의 누설종축케이블의 점검항목 5가지와 증폭기 및 무선이동중계기의
점검항목 3가지를 쓰시오.(8점)

해답 (1) 누설종축케이블의 점검항목

① 피난 및 통행 지장 여부(노출하여 설치한 경우)

② 케이블 구성 적정(누설동축케이블+안테나 또는 동축케이블+안테나)
여부

③ 지지금구 변형·손상 여부

④ 누설동축케이블 및 안테나 설치 적정 및 변형·손상 여부

⑤ 누설동축케이블 말단 무반사 종단저항 설치 여부

(2) 무선이동중계기의 점검항목

① 증폭기 비상전원 부착 상태 및 용량 적정 여부

② 상용전원 적정 여부

③ 전원표시등 및 전압계 설치상태 적정 여부

물음 5) 소방시설 자체점검사항 등에 관한 고시에서 소방시설외관점검표의 자동화재탐지설비, 자동화재속보설비, 비상경보설비의 점검항목 6가지를 쓰시오.(6점)

해답
① 스위치 정위치(자동) 여부
② 수신기 작동에 지장을 주는 장애물 유무
③ 변형·손상·탈락·현저한 부식 등의 유무
④ 속보세트 내 발신기, 표시등, 경종의 변형·손상·단선·현저한 부식 등의 유무
⑤ 구획된 실마다 감지기 설치 여부
⑥ 비상전원의 방전 여부

물음 6) 소방시설 자체점검사항 등에 관한 고시에서 이산화탄소소화설비의 종합정밀점검표상 수동식기동장치의 점검항목 4가지와 안전시설 등의 점검항목 3가지를 쓰시오.(7점)

해답
(1) 수동식기동장치의 점검항목
① 방호구역별 또는 방호대상별 기동장치 설치 여부
② 기동장치 설치 적정(출입구부근 등, 높이, 보호장치, 표지, 전원표시등) 여부
③ 기동장치 부근에 비상스위치 설치 여부
④ 방출스위치와 음향경보장치 연동 여부

(2) 안전시설 등의 점검항목
① 방호구역 출입구 외부 인근에 공기호흡기 설치 여부
② 소화약제 방출알림 시각경보장치 설치기준 적합 및 정상 작동 여부
③ 방호구역 출입구 부근 잘 보이는 장소에 소화약제 방출 위험경고표지 부착 여부

[문제2] 다음 물음에 답하시오.(30점)

물음 1) 화재예방, 소방시설 설치·유지 및 안전관리에 관한 법령상 종합정밀점검의 대상인 특정소방대상물을 나열한 것이다. (   )에 들어갈 내용을 쓰시오.(5점)

> 1) (ㄱ)가 설치된 특정소방대상물
> 2) (ㄴ)[호스릴(Hose Reel) 방식의 (ㄴ)만을 설치한 경우는 제외한다)가 설치된 연면적 5,000㎡ 이상인 특정소방대상물(위험물 제조소등은 제외한다)
> 3) 「다중이용업소의 안전관리에 관한 특별법 시행령」 제2조제1호나목, 같은 조 제2호(비디오물소극장업은 제외한다)·제6호·제7호·제7호의2 및 제7호의5의 다중이용업의 영업장이 설치된 특정소방대상물로서 연면적이 2,000㎡ 이상인 것
> 4) (ㄷ)가 설치된 터널
> 5) 「공공기관의 소방안전관리에 관한 규정」 제2조에 따른 공공기관 중 연면적(터널·지하구의 경우 그 길이와 평균폭을 곱하여 계산된 값을 말한다)이 1,000㎡ 이상인 것으로서 (ㄹ) 또는 (ㅁ)가 설치된 것. 다만, 「소방기본법」 제2조제5호에 따른 소방대가 근무하는 공공기관은 제외한다.

해답 ㄱ : 스프링클러설비, ㄴ : 물분무등소화설비, ㄷ : 제연설비, ㄹ : 옥내소화전설비, ㅁ : 자동화재탐지설비

물음 2) 아래 조건을 참고하여 다음 물음에 답하시오.(11점)

> ────〈조건〉────
> 1) 용도 : 복합건축물(1류 가감계수 : 1.2)
> 2) 연면적 : 450,000㎡(아파트, 의료시설, 판매시설, 업무시설)
>   ① 아파트 400세대(아파트용 주차장 및 부속용도 면적 합계 : 180,000㎡)
>   ② 의료시설, 판매시설, 업무시설 및 부속용도 면적 : 270,000㎡
> 3) 스프링클러설비, 이산화탄소 소화설비, 제연설비 설치됨
> 4) 점검인력 1단위 + 보조인력 2인

(1) 화재예방, 소방시설 설치·유지 및 안전관리에 관한 법령상 위 특정소방대상물에 대한 소방시설관리업자가 종합정밀점검을 실시한 경우 점검면적과 적정한 최소 점검일수를 계산하시오.(8점)

(2) 화재예방, 소방시설 설치·유지 및 안전관리에 관한 법령상 소방시설관리업자가 위 특정소방대상물의 종합정밀점검을 실시한 후 부착해야 하는 점검기록표의 기재사항 5가지 중 3가지(대상명은 제외)만 쓰시오.(3점)

해답 (1) 점검면적과 최소 점검일수 계산

1) 점검면적 계산

〈점검면적 계산식〉

> 점검면적 = (실제점검면적×가감계수)−(실제점검면적 × 가감
> 계수 × 미설치계수)

※ 여기서, 아파트로서 세대수로 주어진 경우 환산 점검면적 산정 :
점검세대수 × 점검계수(종합정밀점검 : 33.3)

주의 이때, 아파트용 주차장 및 부속용도의 면적은 세대수를 환산한 아파트 점검면적에 포함된 것으로 간주한다. 즉, 상업용 주차장 및 부속용도의 면적만 적용하여 합산한다.

① 아파트의 환산 점검면적

400세대 × 33.3 = 13,320m²

② 전체 점검면적

(아파트의 환산점검면적 + 의료시설, 판매시설, 업무시설 및 부속용도의 면적) × 1.2 = (13,320m² + 270,000m²) × 1.2 = 339,984m²

※ 여기서, 미설치계수에 해당되는 소방설비(스프링클러설비, 물분무등소화설비, 제연설비)가 모두 설치 되었으므로 미설치계수 부분은 적용하지 아니한다.

∴ 전체 점검면적 : 339,984m²

2) 최소 점검일수 계산

① 하루 점검한도 면적 : 10,000m² + (3,000m² × 2인) = 16,000m²

② 점검일수 : 339,984m² ÷ 16,000m²/일 = 21.249일 ≒ 22일

∴ 최소 점검일수 : 22일

(2) 종합점검 기록표의 기재사항 5가지 중 3가지

점검의 구분, 점검업체명, 점검자, 점검기간, 유효기간 중 3가지 작성

물음 3) 화재예방, 소방시설 설치·유지 및 안전관리에 관한 법령상 소방시설등의 자체점검의 횟수 및 시기, 점검결과보고서의 제출기한 등에 관한 내용이다. (　　)에 들어갈 내용을 쓰시오.(7점)

1) 본 문항의 특정소방대상물은 연면적 1,500m²의 종합정밀점검 대상이며, 공공기관, 특급소방안전관리대상물, 종합정밀점검 면제 대상물이 아니다.
2) 위 특정소방대상물의 관계인은 종합정밀점검과 작동기능점검을 연 (ㄱ) 이상 실시해야 하고, 관계인이 종합정밀점검 및 작동기능점검을 실시한 경우 (ㄴ) 이내에 소방본부장 또는 소방서장에게 점검결과보고서를 제출해야 하며, 그 점검결과를 (ㄷ) 간 자체 보관해야 한다.
3) 소방시설관리업자가 점검을 실시한 경우, 점검이 끝난 날부터 (ㄹ) 이내에 점검 인력 배치 상황을 포함한 소방시설등에 대한 자체점검실적을 평가기관에 통보하여야 한다.
4) 소방본부장 또는 소방서장은 소방시설이 화재안전기준에 따라 설치 또는 유지·관리되어 있지 아니할 때에는 조치명령을 내릴 수 있다. 조치명령을 받은 관계인이 조치명령의 연기를 신청하려면 조치명령의 이행기간 만료 (ㅁ) 전까지 연기신청서를 소방본부장 또는 소방서장에게 제출하여야 한다.
5) 위 특정소방대상물의 사용승인일이 2014년 5월 27일인 경우 특별한 사정이 없는 한 2022년에는 종합정밀점검을 (ㅂ)까지 실시해야 하고, 작동기능점검을 (ㅅ)까지 실시해야 한다.

해답　ㄱ : 1회, ㄴ : 7일, ㄷ : 2년, ㄹ : 10일, ㅁ : 5일, ㅂ : 5월 31일, ㅅ : 11월 30일

물음 4) 화재예방, 소방시설 설치·유지 및 안전관리에 관한 법령상 소방청장이 소방시설관리사의 자격을 취소하거나 2년 이내의 기간을 정하여 자격의 정지를 명할 수 있는 사유 7가지를 쓰시오.(7점)

해답
(1) 거짓이나 그 밖의 부정한 방법으로 시험에 합격한 경우
(2) 제20조제6항에 따른 소방안전관리 업무를 하지 아니하거나 거짓으로 한 경우
(3) 제25조에 따른 점검을 하지 아니하거나 거짓으로 한 경우
(4) 제26조제6항을 위반하여 소방시설관리사증을 다른 자에게 빌려준 경우
(5) 제26조제7항을 위반하여 동시에 둘 이상의 업체에 취업한 경우
(6) 제26조제8항을 위반하여 성실하게 자체점검 업무를 수행하지 아니한 경우
(7) 제27조 각 호의 어느 하나에 따른 결격사유에 해당하게 된 경우

[문제3] 다음 물음에 답하시오.(30점)

물음 1) 화재예방, 소방시설 설치·유지 및 안전관리에 관한 법령상 소방시설별 점검 장비이다. (   )에 들어갈 내용을 쓰시오.(단, 종합정밀점검의 경우임) (5점)

소방시설	장비
스프링클러설비 포소화설비	○ (ㄱ)
이산화탄소소화설비 분말소화설비 할론소화설비 할로겐화합물 및 불활성기체(다른 원소와 화학 반응을 일으키기 어려운 기체) 소화설비	○ (ㄴ) ○ (ㄷ) ○ 그 밖에 소화약제의 저장량을 측정할 수 있는 점검기구
자동화재탐지설비 시각경보기	○ 열감지기시험기 ○ 연(煙)감지기시험기 ○ (ㄹ) ○ (ㅁ) ○ 음량계

해답 ㄱ : 헤드결합렌치, ㄴ : 검량계, ㄷ : 기동관누설시험기, ㄹ : 감지기시험기 연결막대, ㅁ : 공기주입시험기

물음 2) 소방시설 자체점검사항 등에 관한 고시에서 비상조명등 및 휴대용비상조명등 점검표상의 휴대용비상조명등의 점검항목 7가지를 쓰시오.(7점)

해답
(1) 설치 대상 및 설치 수량 적정 여부
(2) 설치 높이 적정 여부
(3) 휴대용비상조명등의 변형 및 손상 여부
(4) 어둠 속에서 위치를 확인할 수 있는 구조인지 여부
(5) 사용 시 자동으로 점등되는지 여부
(6) 건전지를 사용하는 경우 유효한 방전방지조치가 되어 있는지 여부
(7) 충전식 배터리의 경우에는 상시 충전되도록 되어 있는지의 여부

물음 3) 옥내소화전설비의 화재안전기준(NFSC 102)에서 가압송수장치의 압력수조
에 설치해야 하는 것을 5가지만 쓰시오.(5점)

해답 수위계, 급수관, 배수관, 급기관, 맨홀, 압력계, 안전장치 및 압력저하 방지를
위한 자동식 공기압축기 중 5가지 기재

물음 4) 소방시설 자체점검사항 등에 관한 고시에서 비상경보설비 및 단독경보형
감지기 점검표상의 비상경보설비의 점검항목 8가지를 쓰시오.(8점)

해답 (1) 수신기 설치장소 적정(관리용이) 및 스위치 정상위치 여부
(2) 수신기 상용전원 공급 및 전원표시등 정상 점등 여부
(3) 예비전원(축전지) 상태 적정 여부(상시 충전, 상용전원 차단 시 자동절환)
(4) 지구음향장치 설치기준 적합 여부
(5) 음향장치(경종 등) 변형·손상 확인 및 정상 작동(음량 포함) 여부
(6) 발신기 설치장소, 위치(수평거리) 및 높이 적정 여부
(7) 발신기 변형·손상 확인 및 정상 작동 여부
(8) 위치표시등 변형·손상 확인 및 정상 점등 여부

물음 5) 가스누설경보기의 화재안전기준(NFSC 206)에서 분리형 경보기의 탐지부
및 단독형 경보기 설치 제외 장소 5가지를 쓰시오.(5점)

해답 (1) 출입구 부근 등으로서 외부의 기류가 통하는 곳
(2) 환기구 등 공기가 들어오는 곳으로부터 1.5m 이내인 곳
(3) 연소기의 폐가스에 접촉하기 쉬운 곳
(4) 가구·보·설비 등에 가려져 누설가스의 유통이 원활하지 못한 곳
(5) 수증기, 기름 섞인 연기 등이 직접 접촉될 우려가 있는 곳

제 23 회

소방시설관리사 출제문제

소방시설의 점검실무행정

[문제1] 다음 물음에 답하시오.(40점)

물음 1) 「소방시설 폐쇄·차단 시 행동요령 등에 관한 고시」상 소방시설의 점검·정비를 위하여 소방시설이 폐쇄·차단된 이후 수신기 등으로 화재신호가 수신되거나 화재상황을 인지한 경우 특정소방대상물 관계인의 행동요령 5가지를 쓰시오.(5점)

해답

   (1) 폐쇄·차단되어 있는 모든 소방시설(수신기, 스프링클러 밸브 등)을 정상상태로 복구한다.

   (2) 즉시 소방관서(119)에 신고하고, 재실자를 대피시키는 등 적절한 조치를 취한다.

   (3) 화재신호가 발신된 장소로 이동하여 화재여부를 확인한다.

   (4) 화재로 확인된 경우에는 초기소화, 상황전파 등의 조치를 취한다.

   (5) 화재가 아닌 것으로 확인된 경우에는 재실자에게 관련 사실을 안내하고, 수신기에서 화재경보 복구 후 비화재보 방지를 위해 적절한 조치를 취한다.

물음 2) 화재안전성능기준(NFPC) 및 화재안전기술기준(NFTC)에 대하여 다음 물음에 답하시오.(16점)

   (1) 「소화기구 및 자동소화장치의 화재안전기술기준(NFTC 101)」상 용어의 정의에서 정한 자동확산소화기의 종류 3가지를 설명하시오.(6점)

   (2) 「유도등 및 유도표지의 화재안전성능기준(NFPC 303)」상 유도등 및 유도표지를 설치하지 않을 수 있는 경우 4가지를 쓰시오.(4점)

(3) 「전기저장시설의 화재안전기술기준(NFTC 607)」에 대하여 다음 물음
에 답하시오.(6점)

1) 전기저장장치의 설치장소에 대하여 쓰시오.(2점)

2) 배출설비 설치기준 4가지를 쓰시오.(4점)

해답 (1) 자동확산소화기의 종류 3가지

① 일반화재용 자동확산소화기 : 보일러실, 건조실, 세탁소, 대량화기취급
소 등에 설치되는 자동확산소화기를 말한다.

② 주방화재용 자동확산소화기 : 음식점, 다중이용업소, 호텔, 기숙사, 의료
시설, 업무시설, 공장 등의 주방에 설치되는 자동확산소화기를 말한다.

③ 전기설비용 자동확산소화기 : 변전실, 송전실, 변압기실, 배전반실, 제
어반, 분전반 등에 설치되는 자동확산소화기를 말한다.

(2) 유도등 및 유도표지를 설치하지 않을 수 있는 경우 4가지

① 바닥면적이 1,000m² 미만인 층으로서 옥내로부터 직접 지상으로 통하
는 출입구 또는 거실 각 부분으로부터 쉽게 도달할 수 있는 출입구등
의 경우에는 피난구유도등을 설치하지 않을 수 있다.

② 구부러지지 아니한 복도 또는 통로로서 그 길이가 30m 미만인 복도
또는 통로등의 경우에는 통로유도등을 설치하지 않을 수 있다.

③ 주간에만 사용하는 장소로서 채광이 충분한 객석등의 경우에는 객석
유도등을 설치하지 않을 수 있다.

④ 유도등이 「유도등 및 유도표시의 화재안전성능기준」 제5조와 제6조에
따라 적합하게 설치된 출입구ㆍ복도ㆍ계단 및 통로등의 경우에는 유
도표지를 설치하지 않을 수 있다.

(3) 전기저장시설의 화재안전기술기준(NFTC 607)」

1) 전기저장장치의 설치장소
전기저장장치는 관할 소방대의 원활한 소방활동을 위해 지면으로부
터 지상 22m(전기저장장치가 설치된 전용 건축물의 최상부 끝단까지
의 높이) 이내, 지하 9m(전기저장장치가 설치된 바닥면까지의 깊이)
이내로 설치해야 한다.

2) 배출설비 설치기준 4가지
① 배풍기ㆍ배출덕트ㆍ후드 등을 이용하여 강제적으로 배출할 것

② 바닥면적 $1m^2$에 시간당 $18m^3$ 이상의 용량을 배출할 것

③ 화재감지기의 감지에 따라 작동할 것

④ 옥외와 면하는 벽체에 설치할 것

물음 3) 「소방시설 자체점검사항 등에 관한 고시」에 대하여 다음 물음에 답하시오.(12점)

(1) 평가기관은 배치신고 시 오기로 인한 수정사항이 발생한 경우 점검인력 배치상황 신고사항을 수정해야 한다. 다만, 평가기관이 배치기준 적합여부 확인 결과 부적합인 경우 관할 소방서의 담당자 승인 후에 평가기관이 수정할 수 있는 사항을 모두 쓰시오.(8점)

(2) 소방청장, 소방본부장 또는 소방서장이 부실점검을 방지하고 점검품질을 향상시키기 위하여 표본조사를 실시하여야 하는 특정소방대상물 대상 4가지를 쓰시오.(4점)

해답

(1) 평가기관이 배치기준 적합여부 확인 결과 부적합인 경우 관할 소방서의 담당자 승인 후에 평가기관이 수정할 수 있는 사항

① 소방시설의 설비 유무

② 점검인력, 점검일자

③ 점검 대상물의 추가·삭제

④ 건축물대장에 기재된 내용으로 확인할 수 없는 사항

㉮ 점검 대상물의 주소, 동수

㉯ 점검 대상물의 주용도, 아파트(세대수를 포함한다) 여부, 연면적 수정

㉰ 점검 대상물의 점검 구분

(2) 표본조사를 실시하여야 하는 특정소방대상물 대상 4가지

① 점검인력 배치상황 확인 결과 점검인력 배치기준 등을 부적정하게 신고한 대상

② 표준자체점검비 대비 현저하게 낮은 가격으로 용역계약을 체결하고 자체점검을 실시하여 부실점검이 의심되는 대상

③ 특정소방대상물 관계인이 자체점검한 대상

④ 그 밖에 소방청장, 소방본부장 또는 소방서장이 필요하다고 인정한 대상

물음 4) 소방시설등 (작동점검 · 종합점검) 점검표에 대하여 다음 물음에 답하시오.(7점)

   (1) 소방시설등 (작동점검 · 종합점검) 점검표의 작성 및 유의사항 2가지를 쓰시오.(2점)

   (2) 연결살수설비 점검표에서 송수구 점검항목 중 종합점검의 경우에만 해당하는 점검항목 3가지와 배관 등 점검항목 중 작동점검에 해당하는 점검항목 2가지를 쓰시오.(5점)

해답   (1) 소방시설등 (작동점검 · 종합점검) 점검표의 작성 및 유의사항 2가지

    ① 소방시설등 (작동, 종합) 점검결과보고서의 '각 설비별 점검결과'에는 본 서식의 점검번호를 기재한다.

    ② 자체점검결과(보고서 및 점검표)를 2년간 보관하여야 한다.

   (2) 연결살수설비 점검표의 점검항목

    1) 송수구 점검항목 중 종합점검 항목 3가지

     ① 송수구에서 주배관상 연결배관 개폐밸브 설치 여부

     ② 자동배수밸브 및 체크밸브 설치순서의 적정 여부

     ③ 1개 송수구역에 설치하는 살수헤드 수량의 적정 여부(개방형 헤드의 경우)

    2) 배관 등 점검항목 중 작동점검 항목 2가지

     ① 급수배관 개폐밸브 설치의 적정(개폐표시형, 흡입측 버터플라이 제외) 여부

     ② 시험장치 설치의 적정 여부(폐쇄형 헤드의 경우)

[문제2] 다음 물음에 답하시오.(30점)

물음 1) 「소방시설 자체점검사항 등에 관한 고시」상 소방시설 성능시험조사표에 대하여 다음 물음에 답하시오.(19점)

   (1) 스프링클러설비 성능시험조사표의 성능 및 점검항목 중 수압시험 점검항목 3가지를 쓰시오.(3점)

   (2) 다음은 스프링클러설비 성능시험조사표의 성능 및 점검항목 중 수압시험 방법을 기술한 것이다. ( )에 들어갈 내용을 쓰시오.(4점)

수압시험은 (㉠)MPa의 압력으로 (㉡)시간 이상 시험하고자 하는 배관의 가장 낮은 부분에서 가압하되, 배관과 배관·배관부속류·밸브류·각종장치 및 기구의 접속부분에서 누수현상이 없어야 한다. 이 경우 상용수압이 (㉢)MPa 이상인 부분에 있어서의 압력은 그 사용수압에 (㉣)MPa을 더한값으로 한다.

(3) 도로터널 성능시험조사표의 성능 및 점검항목 중 제연설비 점검항목 7가지만 쓰시오.(7점)

(4) 스프링클러설비 성능시험조사표의 성능 및 점검항목 중 감시제어반의 전용실(중앙제어실 내에 감시제어반 설치 시 제외) 점검항목 5가지를 쓰시오.(5점)

해답

(1) 스프링클러설비의 수압시험 점검항목 3가지
① 가압송수장치 및 부속장치(밸브류·배관·배관부속류·압력챔버)의 수압시험(접속상태에서 실시한다)결과
② 옥외 연결송수구 연결배관의 수압시험결과
③ 입상배관 및 가지배관의 수압시험결과

(2) ㉠ : 1.4   ㉡ : 2   ㉢ : 1.05   ㉣ : 0.35

(3) 도로터널의 제연설비 점검항목 7가지
① 설계 적정(설계화재강도, 연기발생률 및 배출용량) 여부
② 위험도분석을 통한 설계화재강도 설정 적정 여부(화재강도가 설계화재강도보다 높을 것으로 예상될 경우)
③ 예비용 제트팬 설치 여부(종류환기방식의 경우)
④ 배연용 팬의 내열성 적정 여부(〈반〉횡류환기방식 및 대배기구방식의 경우)
⑤ 개폐용 전동모터의 정전 등 전원차단 시 조작상태 적정 여부(대배기구방식의 경우)
⑥ 화재에 노출 우려가 있는 제연설비, 전원공급선 및 전원공급장치 등의 250℃ 온도에서 60분 이상 운전 가능 여부
⑦ 제연설비 기동방식(자동 및 수동) 적정 여부
⑧ 제연설비 비상전원 용량 적정 여부

(4) 감시제어반의 전용실 점검항목 5가지

① 다른 부분과 방화구획 적정 여부

② 설치 위치(층) 적정 여부

③ 비상조명등 및 급·배기설비 설치 적정 여부

④ 무선기기 접속단자 설치 적정 여부

⑤ 바닥면적 적정 확보 여부

물음 2) 「소방시설 설치 및 관리에 관한 법률」상 소방시설등의 자체점검 결과의 조치 등에 대하여 다음 물음에 답하시오.(6점)

(1) 자체점검 결과의 조치 중 중대위반사항에 해당하는 경우 4가지를 쓰시오.(4점)

(2) 다음은 자체점검 결과 공개에 관한 내용이다. (   )에 들어갈 내용을 쓰시오.(2점)

> • 소방본부장 또는 소방서장은 법 제24조제2항에 따라 자체점검 결과를 공개하는 경우 (㉠)일 이상 법 제48조에 따른 전산시스템 또는 인터넷 홈페이지 등을 통해 공개해야 한다.
> • 소방본부장 또는 소방서장은 이의신청을 받은 날부터 (㉡)일 이내에 심사·결정하여 그 결과를 지체 없이 신청인에게 알려야 한다.

해답 (1) 중대위반사항에 해당하는 경우 4가지

① 소화펌프(가압송수장치를 포함한다), 동력·감시제어반 또는 소방시설용 전원(비상전원을 포함한다)의 고장으로 소방시설이 작동되지 않는 경우

② 화재 수신기의 고장으로 화재경보음이 자동으로 울리지 않거나 화재 수신기와 연동된 소방시설의 작동이 불가능한 경우

③ 소화배관 등이 폐쇄·차단되어 소화수 또는 소화약제가 자동 방출되지 않는 경우

④ 방화문 또는 자동방화셔터가 훼손되거나 철거되어 본래의 기능을 못하는 경우

(2) 자체점검 결과 공개에 관한 (   )에 들어갈 내용

㉠ : 30   ㉡ : 10

물음 3) 차동식 분포형 공기관식 감지기에 대한 화재작동시험(공기주입시험)을 했을 경우 동작시간이 느린 경우(기준치 이상)의 원인 5가지를 쓰시오.(5점)

해답
(1) 리크 구멍이 규정치보다 클 경우 : (리크 저항값이 작음)
(2) 접점 수고값이 규정치보다 높은 경우 : (접점간격이 멀어서 느리게 붙음)
(3) 공기관의 길이가 주입량에 비해 너무 길 경우
(4) 공기관의 변형 또는 일부 폐쇄가 된 경우
(5) 공기관 자체에서 공기가 누설이 되는 경우

[문제3] 다음 물음에 답하시오.(30점)

물음 1) 소방시설등 (작동점검 · 종합점검) 점검표상 분말소화설비 점검표의 저장용기 점검항목 중 종합점검의 경우에만 해당하는 점검항목 6가지를 쓰시오.(6점)

해답
(1) 설치장소 적정 및 관리 여부
(2) 저장용기 설치 간격 적정 여부
(3) 저장용기와 집합관 연결배관상 체크밸브 설치 여부
(4) 저장용기 안전밸브 설치 적정 여부
(5) 저장용기 정압작동장치 설치 적정 여부
(6) 저장용기 청소장치 설치 적정 여부

물음 2) 「지하구의 화재안전성능기준(NFPC 605)」상 방화벽 설치기준 5가지를 쓰시오.(5점)

해답
(1) 내화구조로서 홀로 설 수 있는 구조일 것
(2) 방화벽의 출입문은 「건축법 시행령」 제64조에 따른 방화문으로서 60분 + 방화문 또는 60분 방화문으로 설치하고, 항상 닫힌 상태를 유지하거나 자동폐쇄 장치에 의하여 화재 신호를 받으면 자동으로 닫히는 구조로 해야 한다.

(3) 방화벽을 관통하는 케이블·전선 등에는 국토교통부고시(내화구조의 인 정 및 관리기준)에 따라 내화채움구조로 마감할 것

(4) 방화벽은 분기구 및 국사·변전소 등의 건축물과 지하구가 연결되는 부 위(건축물로부터 20m 이내)에 설치할 것

(5) 자동폐쇄장치를 사용하는 경우에는 「자동폐쇄장치의 성능인증 및 제품 검사의 기술기준」에 적합한 것으로 설치할 것

물음 3) 화재조기진압용 스프링클러설비에서 수리학적으로 가장 먼 가지배관 4개 에 각각 4개의 스프링클러헤드가 하향식으로 설치되어 있다. 이 경우 스프 링클러헤드가 동시에 개방되었을때 헤드선단의 최소방사압력 0.28MPa, K[ℓ/min·MPa$^{1/2}$]=320일 때 수원의 양[m^3]을 구하시오.(단, 소수점 셋째 자리에서 반올림하여 소수점 둘째 자리까지 구하시오)(5점)

해답
$$Q = 12 \times 60 \times K\sqrt{10P}$$
$$= 12 \times 60 \times 320\sqrt{10 \times 0.28} = 385532.9402[\ell]$$
$$= 382.5329402[\mathrm{m}^3] = 385.53[\mathrm{m}^3]$$

[답] 385.53[m^3]

물음 4) 「화재안전기술기준(NFTC)」에 대하여 다음 물음에 답하시오.(9점)

(1) 「포화설비의 화재안전기술기준(NFTC 105)」상 다음 용어의 정의를 쓰시오.(5점)
1) 펌프 프로포셔너방식(1점)
2) 프레셔 프로포셔너방식(1점)
3) 라인 프로포셔너방식(1점)
4) 프레셔사이드 프로포셔너방식(1점)
5) 압축공기포 믹싱챔버방식(1점)

(2) 「고층건축물의 화재안전기술기준(NFTC 604)」상 「초고층 및 지하연 계 복합건축물 재난관리에 관한 특별법 시행령」에 따른 피난안전구 역에 설치하는 소방시설 중 인명구조기구의 설치기준 4가지를 쓰시 오.(4점)

해답 (1) 용어의 정의

　　1) 펌프 프로포셔너방식

　　　펌프의 토출관과 흡입관 사이의 배관 도중에 설치한 흡입기에 펌프에서 토출된 물의 일부를 보내고, 농도조정밸브에서 조정된 포소화약제의 필요량을 포소화약제 저장탱크에서 펌프 흡입측으로 보내어 이를 혼합하는 방식

　　2) 프레셔 프로포셔너방식

　　　펌프와 발포기의 중간에 설치된 벤추리관의 벤추리작용과 펌프 가압수의 압력에 따라 포소화약제를 흡입·혼합하는 방식

　　3) 라인 프로포셔너방식

　　　펌프와 발포기의 중간에 설치된 벤추리관의 벤추리 작용에 따라 포소화약제를 흡입·혼합하는 방식

　　4) 프레셔사이드 프로포셔너방식

　　　펌프의 토출관에 압입기를 설치하여 포소화약제 압입용 펌프로 포소화약제를 압입시켜 혼합하는 방식

　　5) 압축공기포 믹싱챔버방식

　　　물, 포소화약제 및 공기를 믹싱챔버에 강제주입시켜 챔버 내에서 포수용액을 생성한 후 포를 방사하는 방식

(2) 인명구조기구의 설치기준 4가지

　　1) 방열복, 인공소생기를 각 2개 이상 비치할 것

　　2) 45분 이상 사용할 수 있는 성능의 공기호흡기(보조마스크를 포함한다)를 2개 이상 비치해야 한다. 다만, 피난안전구역이 50층 이상에 설치되어 있을 경우에는 동일한 성능의 예비용기를 10개 이상 비치할 것

　　3) 화재 시 쉽게 반출할 수 있는 곳에 비치할 것

　　4) 인명구조기구가 설치된 장소의 보기 쉬운 곳에 "인명구조기구"라는 표지판 등을 설치할 것

물음 5) 「특별피난계단의 계단실 및 부속실 제연설비의 화재안전성능기준(NFPC 501A)」상 제연설비의 시험기준 5가지를 쓰시오.(5점)

해답 (1) 제연구역의 모든 출입문 등의 크기와 열리는 방향이 설계 시와 동일한지 여부를 확인할 것

(2) 출입문 등이 설계 시와 동일한 경우에는 출입문마다 그 바닥 사이의 틈 새가 평균적으로 균일한지 여부를 확인할 것

(3) 제연구역의 출입문 및 복도와 거실(옥내가 복도와 거실로 되어 있는 경 우에 한한다) 사이의 출입문마다 제연설비가 작동하고 있지 아니한 상태 에서 그 폐쇄력을 측정할 것

(4) 옥내의 층별로 화재감지기(수동기동장치를 포함한다)를 동작시켜 제연 설비가 작동하는지 여부를 확인할 것. 다만, 둘 이상의 특정소방대상물이 지하에 설치된 주차장으로 연결되어 있는 경우에는 주차장에서 하나의 특정소방대상물의 제연구역으로 들어가는 입구에 설치된 제연용 연기감 지기의 작동에 따라 특정소방대상물의 해당 수직풍도에 연결된 모든 제 연구역의 댐퍼가 개방되도록 하고 비상전원을 작동시켜 급기 및 배기용 송풍기의 성능이 정상인지 확인할 것

(5) 제(4)호의 기준에 따라 제연설비가 작동하는 경우 방연풍속, 차압 및 출입 문의 개방력과 자동닫힘 등이 적합한지 여부를 확인하는 시험을 실시할 것

포 인 트
소방시설관리사 ⑦
소방시설의 점검실무행정

발행일 / 2008년 5월 30일 초판 발행
2009년 9월 5일 개정 1판 발행
2010년 3월 5일 개정 2판 발행
2011년 2월 1일 개정 3판 발행
2012년 2월 20일 개정 4판 발행
2013년 1월 25일 개정 5판 발행
2014년 1월 25일 개정 6판 발행
2015년 3월 5일 개정 7판 발행
2016년 1월 5일 개정 8판 발행
2017년 1월 5일 개정 9판 발행
2017년 8월 1일 개정 10판 발행
2018년 1월 5일 개정 11판 발행(전면개정증보판)
2019년 1월 5일 개정 12판 발행
2020년 1월 5일 개정 13판 발행
2021년 1월 5일 개정 14판 발행
2022년 2월 20일 개정 15판 발행
2023년 1월 25일 개정 16판 발행(전면개정증보판)
2024년 1월 10일 개정 17판 발행

저 자 / 권 순 택
발행인 / 정 용 수
발행처 / 예문사
주 소 / 경기도 파주시 직지길 460(출판도시) 도서출판 예문사
T E L / (031) 955-0550
F A X / (031) 955-0660

등록번호 / 11-76호

정가 : 34,000원

ISBN 978-89-274-5334-5   13530